U0258248

国际制造业先进技术译丛

现代传感器手册：原理、设计及应用

（原书第5版）

［美］雅各布·弗雷登（Jacob Fraden）　编著

宋　萍　隋　丽　潘志强　译

机械工业出版社

本书系统全面地提供了关于近 20 种传感器的理论（物理原理）、设计和实际应用的知识体系。主要涵盖了数据获取、传递函数、传感器特性、感知的物理原理、传感器的光学元件及接口电路等基本原理，以及人体探测器、位置与位移和水平传感器、速度和加速度传感器、力和力变传感器、压力传感器、流量传感器、声传感器、湿度传感器、光探测器、电离辐射探测器、温度传感器、化学和生物传感器及传感器材料与技术等领域的技术与应用。结构层次分明，内容翔实丰富，希望能为广大读者的学习和研究带来帮助。

本书可供传感器领域的研发设计人员、应用工程师、技术人员，以及对现代仪器感兴趣的研究人员使用，也可供高等院校相关专业本科生及研究生参考。

First published in English under the title
Handbook of Modern Sensors：Physics，Designs，and Applications (5th Ed.)
by Jacob Fraden
Copyright © Springer International Publishing Switzerland, 2016
This edition has been translated and published under licence from
Springer Nature Switzerland AG.

图书在版编目（CIP）数据

现代传感器手册：原理、设计及应用：原书第 5 版/（美）雅各布·弗雷登（Jacob Fraden）编著；宋萍，隋丽，潘志强译. —北京：机械工业出版社，2019.4（2024.5 重印）
（国际制造业先进技术译丛）
书名原文：Handbook of Modern Sensors：Physics，Designs，and Applications Fifth Edition
ISBN 978-7-111-61743-3

Ⅰ.①现… Ⅱ.①雅… ②宋… ③隋… ④潘… Ⅲ.①传感器-手册
Ⅳ.①TP212-62

中国版本图书馆 CIP 数据核字（2019）第 002485 号

机械工业出版社（北京市百万庄大街 22 号　邮政编码 100037）
策划编辑：雷云辉　　　　　　　责任编辑：雷云辉
责任校对：郑　婕　王　延　封面设计：鞠　杨
责任印制：李　昂
北京盛通印刷股份有限公司印刷
2024 年 5 月第 1 版第 7 次印刷
169mm×239mm · 39.25 印张 · 2 插页 · 804 千字
标准书号：ISBN 978-7-111-61743-3
定价：198.00 元

凡购本书，如有缺页、倒页、脱页，由本社发行部调换
电话服务　　　　　　　　　　网络服务
服务咨询热线：010-88361066　机工官网：www.cmpbook.com
读者购书热线：010-68326294　机工官博：weibo.com/cmp1952
　　　　　　　010-88379203　金　书　网：www.golden-book.com
封面无防伪标均为盗版　　　　教育服务网：www.cmpedu.com

译 丛 序 言

一、制造技术长盛永恒

先进制造技术的概念是 20 世纪 80 年代提出的，它由机械制造技术发展而来。通常可以认为先进制造技术是将机械、电子、信息、材料、能源和管理等方面的技术，进行交叉、融合和集成，综合应用于产品全生命周期的制造全过程，包括市场需求、产品设计、工艺设计、加工装配、检测、销售、使用、维修、报废处理、回收利用等，以实现优质、敏捷、高效、低耗、清洁生产，快速响应市场的需求。因此，当前的先进制造技术以产品为中心，以光机电一体化的机械制造技术为主体，以广义制造为手段，具有先进性和时代感。

制造技术是一个永恒的主题，与社会发展密切相关，是设想、概念、科学技术物化的基础和手段，是所有工业的支柱，是国家经济与国防实力的体现，是国家工业化的关键。现代制造技术是当前世界各国研究和发展的主题，特别是在市场经济高度发展的今天，它更占有十分重要的地位。

信息技术的发展及其被引入到制造技术，使制造技术产生了革命性的变化，出现了制造系统和制造科学。制造系统由物质流、能量流和信息流组成，物质流是本质，能量流是动力，信息流是控制。制造技术与系统论、方法论、信息论、控制论和协同论相结合就形成了新的制造学科。

制造技术的覆盖面极广，涉及机械、电子、计算机、冶金、建筑、水利、电子、运载、农业以及化学、物理学、材料学、管理科学等领域。各个行业都需要制造业的支持，制造技术既有普遍性、基础性的一面，又有特殊性、专业性的一面；既有共性，又有个性。

我国的制造业涉及以下三大领域：

- 机械、电子制造业，包括机床、专用设备、交通运输工具、机械设备、电子通信设备、仪器等。
- 资源加工工业，包括石油化工、化学纤维、橡胶、塑料等。
- 轻纺工业，包括服装、纺织、皮革、印刷等。

目前世界先进制造技术沿着全球化、绿色化、高技术化、信息化、个性化和服务化、集群化六个方向发展，在加工技术上主要有超精密加工技术、纳米加工技术、数控加工技术、极限加工技术、绿色加工技术等，在制造模式上主要有自动化、集成化、柔性化、敏捷化、虚拟化、网络化、智能化、协作化和绿色化等。

二、图书交流源远流长

近年来，国际间的交流与合作对制造业领域的发展、技术进步及重大关键技术的突破起到了积极的促进作用，制造业科技人员需要及时了解国外相关技术领域的最新发展状况、成果取得情况及先进技术应用情况等。

必须看到，我国制造业与工业发达国家相比，仍存在较大差距。因此必须加强原始创新，在实践中继承和创新，学习国外的先进制造技术和经验、引进消化吸收创新，提高自主创新能力，形成自己的创新体系。

国家、地区间的学术、技术交流已有很长的历史，可以追溯到唐朝甚至更远一些，唐玄奘去印度取经可以说是一次典型的图书交流佳话。图书资料是一种传统、永恒、有效的学术、技术交流方式，早在 20 世纪初期，我国清代学者严复就翻译了英国学者赫胥黎所著的《天演论》，其后学者周建人翻译了英国学者达尔文所著的《物种起源》，对我国自然科学的发展起到了很大的推动作用。

图书是一种信息载体，图书是一个海洋。虽然现在已有网络、光盘、计算机等信息传输和储存手段，但图书更具有广泛性、适应性、系统性、持久性和经济性，看书总比在计算机上看资料要习惯，不同层次的要求可以用不同层次的图书来满足，不同职业的人员可以参考不同类型的技术图书，同时，图书具有比较长期的参考价值和收藏价值。当然，技术图书的交流具有时间上的滞后性，不够及时，翻译的质量也是个关键问题，需要及时、快速、高质量的出版工作支持。

机械工业出版社希望能够在先进制造技术的引进、消化、吸收、创新方面为广大读者做出贡献，为我国的制造业科技人员引进、纳新国外先进制造技术的出版资源，翻译出版国际上优秀的制造业先进技术著作，从而能够提升我国制造业的自主创新能力，引导和推进科研与实践水平的不断进步。

三、选译严谨质高面广

1）精品重点高质。本套丛书作为我社的精品重点书，在内容、编辑、装帧设计等方面追求高质量，力求为读者奉献一套高品质的丛书。

2）专家选译把关。本套丛书的选书、翻译工作均由国内相关专业的专家、教授、工程技术人员承担，充分保证了内容的先进性、适用性和翻译质量。

3）引纳地区广泛。主要从制造业比较发达的国家引进一系列先进制造技术图书，组成一套"国际制造业先进技术译丛"。当然其他国家的优秀制造科技图书也在选择之内。

4）内容先进丰富。在内容上应具有先进性、经典性、广泛性，应能代表相关专业的技术前沿，对生产实践有较强的指导、借鉴作用。本套丛书尽量涵盖制造业各行业，例如机械、材料、能源等，既包括对传统技术的改进，又包括新的设计方法、制造工艺等技术。

5）读者层次面广。面对的读者对象主要是制造业企业、科研院所的专家、研究人员和工程技术人员，高等院校的教师和学生，可以按照不同层次和水平要求各取所需。

四、衷心感谢不吝赐教

首先要感谢积极热心支持出版"国际制造业先进技术译丛"的专家学者，积极推荐国外相关优秀图书，仔细评审外文原版书，推荐评审和翻译的知名专家，特别要感谢承担翻译工作的译者，对各位专家学者所付出的辛勤劳动表示深深的敬意。还要感谢国外各出版社版权工作人员的热心支持。

希望本套丛书能对广大读者的工作提供切实的帮助，欢迎广大读者不吝赐教，提出宝贵意见和建议。

机械工业出版社

译 者 序

传感器技术是现代信息产业的三大支柱之一，随着科学技术的飞速发展，传感器也在不断地更新换代并向着自动化程度更高的方向发展。从基础科学研究到航天航空、生物医学、工业生产、移动通信、智能家居等各领域，传感器都得到了广泛应用。近年来，传感器技术已成为国内高校机械电子学、电子科学与技术、人工智能等专业本科生的必修课程。进入 21 世纪，人们越来越亲身感受到没有传感器就没有现代科学技术，传感器技术已成为科学技术和国民经济发展水平的重要标志。

本书从原理、设计和应用方面，全面介绍了应用于科学、工业和商业领域的各种传感器，内容新颖，理论性和实用性很强。

全书内容分为 19 章。第 1 章介绍了有关传感器的基础知识；第 2 章介绍了描述传感器基本特性的方法，即传递函数；第 3 章系统性地介绍了传感器的各项特性及要求；第 4 章介绍了非电量至电量的各种转换的物理原理；第 5 章介绍了传感器设计中的光学知识；第 6 章针对传感器常用的接口电路，介绍了电信号的测量、放大及转换方法等；第 7 章~18 章重点从应用的角度介绍了各种传感器，包括人体探测器、位置与位移和水平传感器、速度和加速度传感器、力和应变传感器、压力传感器、流量传感器、声学传感器、湿度传感器、光探测器、电离辐射探测器、温度传感器、化学和生物传感器；第 19 章介绍了制作传感器的各种材料。本书的附录还提供了很多有用的资料，对读者畅读本书大有益处。

本书第 1 章~第 8 章由北京理工大学宋萍翻译，第 9 章~第 11 章由中国仪器进出口集团有限公司潘志强翻译，第 12 章~第 19 章及附录由北京理工大学隋丽翻译，全书译稿的统校工作由宋萍和隋丽完成。此外，课题组的部分硕士研究生和博士研究生也为本书的翻译提供了帮助，在此表示最诚挚的谢意。同时还要感谢机械工业出版社的舒雯编辑、杨明远编辑和雷云辉编辑为本书的出版所付出的辛苦。

由于译者水平有限，书中难免有错译、误译等不当之处，敬请读者批评指正，在此先致感谢之意。欢迎广大读者扫描以下二维码进行交流，以及获取勘误信息。

前　　言

众多使用计算机控制的设备可以洗衣服、泡咖啡、播放音乐、看家护院，可以实现许多有用的功能。然而，没有电子设备能在不接收外部信息的情况下运行。即使这些信息来自设备链中某处的其他电子设备，该链中也至少存在一个组件用于感知外部输入的信号，该组件便是传感器。现代信号处理器是处理通常由电脉冲表示的二进制码的设备。我们生活在一个模拟世界中，这个世界中的信息大多数不是数字或电子的（除了原子水平），传感器是各种物理量与电子电路之间的接口设备，它们只能“理解”移动电荷所传递的语言。换句话说，传感器是硅芯片的眼睛、耳朵和鼻子。本书讲述的是与生物体的感知器官非常不同的人造传感器。

自本书上一版出版以来，传感技术取得了显著的飞跃。传感器的灵敏度更高，尺寸更小，选择性更好，价格更低。传感器的一个新的主要应用领域——移动通信设备，正在迅猛发展。尽管这些设备使用的传感器与其他传感器的基本原理相同，但它们在移动设备中的使用需要有特定的要求，其中包括尺寸微小性以及与信号处理和通信组件的完全集成性。因此，在本版中，我们更详细地讨论了传感技术的移动趋势。

传感器是将物理特性的输入信号转换为电气输出，因此我们将详细研究这种转换的原理和其他相关的物理定律。达·芬奇可以说是有史以来最伟大的天才之一，他有着自己独特的祈祷方式（根据我多年前读过的一本书，作者为 AkimVolinsky，1900 年出版于俄罗斯）。粗略地说，他的祈祷可以被翻译成现代英语，比如：“哦，上帝啊，谢谢你遵守你自己的法则。”令人欣慰的是，自然法则并没有改变，而是不断细化。本版中涉及这些法则的章节自前几版以来没有太大的变化，而对描述实际设计的章节已进行了重大修改。最新的思路和发展已被添加进来，而过时和不那么引人关注的设计则被删除。

在工程实践过程中，我经常希望能有这样一本书，书中有重要的物理原理、设计和各种传感器应用等有关的许多实用信息。当然，我可以浏览互联网或去图书馆，寻找物理、化学、电子、技术和科学杂志等相关资料，但这些信息分散在许多出版物和网站上，而我思考的几乎每一个问题都需要进行大量的研究。渐渐地，我收集了所有与各种传感器及其在科学和工程测量中的应用相关的实用信息。我还在实验室中花了无数时间，发明和开发了许多带有各种传感器的设备。很快，我意识到我收集到的信息对很多人都非常有用。这个想法促使我写了本书，到目前它已经更新到第 5 版，证明了我没有做错。

　　书中包含的主题反映了我自己的喜好和观点。有些人可能会发现对特定传感器的描述过于详细或过于简短。在决定将什么样的传感器写入新版本时，我试图保持这本书的范围尽可能广泛，选择许多简单描述的不同设计（我希望不是琐碎的），而不是在深度上去开展。本版试图（也许并不谦虚）覆盖范围非常广泛的传感器和探测器，其中许多传感器都是众所周知的，但对它们的介绍仍然对学生和那些寻求方便参考的人是有用的。

　　本书绝不是专门文献的替代品，它以多种设计和可能性来呈现传感器世界的鸟瞰图，但不会深入探讨任何特定的主题。在大多数情况下，我试图在写作的细节和简单性之间取得平衡。然而，简单和清晰是我对自己提出的最重要的要求。我真正的目标不是收集大量信息，而是启发读者的创造性思维。正如普鲁塔克在近两千年前所说的："头脑不是一个要被填满的容器，而是一支需要点燃的火把……"

　　尽管本书适用于科学家和工程师，但通常情况下，技术描述和数学运算基本均没有超出高中课程范围。这是一本参考书，可供学生、对现代仪器感兴趣的研究人员（应用物理学家和工程师）以及想了解、选择或设计用于实际系统的传感器的传感器设计师、应用工程师和技术人员使用。

　　本书以前的版本已经被广泛地用作相关大学课程的参考资料和教科书。来自传感器设计人员、应用工程师、教授和学生的意见和建议帮助我进行了一些更改并纠正了错误。我非常感谢那些帮助我进一步改进本书第 5 版的人，非常感激和感谢 Ephraim Suhir 博士和 David Pintsov 博士协助我对传递函数进行的数学处理，并感谢 Sanjay V. Patel 博士对有关化学传感器的章节所做的进一步贡献。

美国加利福尼亚州圣迭戈　　雅各布·弗雷登（Jacob Fraden）

目　　录

IX

第1章
数据获取

1.1 传感器、信号和系统

传感器通常定义为一种接收和响应某种信号或激励的装置。这种定义非常宽泛。事实上，它宽泛到涵盖了从人的眼睛到手枪扳机的几乎任何事物。以图 1.1[1] 所示的液面控制系统为例，操作者通过控制阀门来调节箱体中液面的位置。箱体入口处液体流速和温度的变化（这将改变液体的黏度，并因此改变经由阀门的液体的流速），以及类似的扰动都应由操作者消除。如果没有操作者的控制，箱体中的液体就可能溢出或者流光。而操作者要想控制准确，就必须实时地获取箱体中液位的信息。在这个例子中，液位信息是通过传感器感知的，该传感器主要包括两个部分：箱体上的观察管和在操作者眼睛中产生电响应的视神经细胞。在这个特殊的控制系统中，观察管本身不是一个独立的传感器，眼睛也不是一个独立的传感器。只有这两者结合起来才能构成一种具有特定目的的传感器（探测器），该传感器仅对液位信息敏感。如果观察管设计合理，它会非常迅速地反映出液位的变化，也就是说传感器具有很快的响应速度。如果观察管的内径对于给定的液体黏度来说太小，管中显示的液位变化就会滞后于箱体中的液位变化。对于这样的传感器，我们就不得不考虑它的相位特性了。在某些情况下，这种滞后是可以接受的，而在其他一些情况下，则需要设计更好的观察管。因此，传感器的性能只能作为数据获取系统的一部分来进行评定。

这个世界分为自然物体和人造物体。自然的传感器通常存在于生物体中，对信号做出响应且具有电化学特性，也就是说，它们的物理原理是基于离子的转移，就像在神经纤维中一样（如上述液体箱操作者的视神经）。在人造装置中，信号同样以电的形式传输和处理，但它是通过电子的转移实现的。人造系

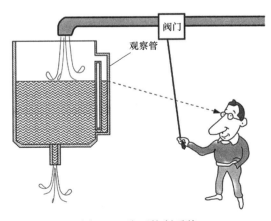

图 1.1 液面控制系统

统中的传感器必须与和它接口的装置"说相同的语言"。这种语言本质上是电的，并且人造传感器应该具有对该信号响应的能力，这里携带信息的是移动电子，而不是离子[⊖]。所以，需要使用电线连接传感器和电子系统，而不是用电化学溶液或是神经纤维。因此，在本书中我们使用了传感器的相对狭义的定义：传感器是一种接收激励并以电信号响应的装置。

"激励"这个术语将在全书中使用，因此需要清楚地理解它。激励是指被感知并转换成电信号的某种量、性质或状态，如光的强度和波长、声音、力、加速度、距离、速率和化学组成等。我们所说的"电信号"是指能被电子装置传送、放大和调整的信号。一些文献（如参考文献［2］）中使用了不同的术语——被测物理量，意思和激励相同，但是它的重点在于感知的定量特性。

我们可以说，传感器是一种将一般的非电量转换成电量的转换器。传感器的输出信号可以是电压、电流或电荷。它们可以进一步描述成幅值、极性、频率、相位或数字编码等。这一系列输出特性称为输出信号格式。所以，传感器具有输入特性（某种类型的）和电输出特性。

任何传感器都是能量转换装置。无论要测量什么，总要处理从被测对象到传感器的能量转换。感知的过程是一个特殊的信息传递过程，而信息的任何传递都需要能量的传递。当然，我们不应该对"能量的传递具有双向性"这个明显的事实而感到困惑——它可以是正向的，也可以是反向的，即能量既可以从被测对象流向传感器，也可以从传感器流向被测对象。特殊的情况就是当净能量流动为零时，我们仍可获得这种特殊情况所携带的信息。例如，当被测对象比传感器的温度高时（红外辐射通量流向传感器），热电堆红外辐射传感器产生正电压；当被测对象比传感器的温度低时（红外辐射通量从传感器流向被测对象），输出电压是负值。当被测对象和传感器处于相同的温度时，红外辐射通量为零，输出电压也为零，它所携带的信息是：被测对象和传感器的温度相同。

术语"传感器"与"探测器"是同义词，可互换并具有相同的意义。但探测器更加强调定性而非定量的测量。例如，用来检测人是否在移动的被动式红外探测器（PIR）通常是不能测量它的移动方向、速度和加速度的。

我们应将术语"传感器"和"换能器"区分开。换能器是将一种类型的能量或特性转换成另一种类型能量或特性的转换器，而传感器是将某种类型的能量或特性转换成电信号的转换器。扬声器是换能器的一个例子，它将电信号转换成可变磁场，然后转换成声波[⊖]。但该过程不是感知过程。换能器可以在不同系统中用作执行器。执行器与传感器的描述正好相反，它通常将电信号转换成非电量。例如，电动机就是一种执行器，它将电能转换成机械运动；而气动执行机构则在电信号的作

⊖ 在光学计算和通信领域中，信息的处理是通过光子的传输完成的，这一领域超出了本书的范围。

⊖ 应该注意的是，当扬声器连接到放大器的输入端时，它可以作为传声器，这时它将成为一种声学传感器。

用下将气压转换成力。

换能器可以作为复合传感器的一部分（见图1.2）。例如，一种化学传感器可能包含两部分，它的一部分能将化学反应能转换成热能（换能器），另一部分是一种热电堆，能够将热能转换成电信号输出，这两部分组合在一起就构成了一种复合的化学传感器，即一种对化学试剂响应并产生电信号的装置。在上面的例子中应注意的是，这种化学传感器是一种复合的传感器，它包括一个非电信号换能器和一个将热转换成电的简单（直接）传感器。这表明，许多传感器包含至少一种直接式传感器和一定数量的换能器。直接式传感器能够利用某种物理效应，将能量直接转换成电信号，或者是对电信号的调制。这种类型的物理效应，如光电效应或泽贝克效应，将会在第4章中介绍。

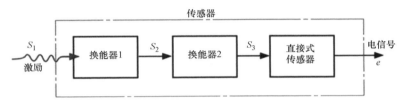

图 1.2　传感器可能包括几个换能器，S_1、S_2 等代表各种不同类型的能量，
直接式传感器输出电信号 e

总的来说，有两种类型的传感器：直接式传感器和复合式传感器。直接式传感器是利用适当的物理效应将激励转换成电信号或是对电信号的调制，而复合式传感器除使用直接式传感器产生电信号输出外，还需要一个或多个换能器。

传感器自身不能单独工作，它通常是一个更大的系统中的一部分，这个更大的系统可以包含许多其他的部分，如探测器、信号调节器、信号处理器、存储装置、数据记录器和执行器等。在系统中传感器的位置可以在内部也可以在外部。它可以放在系统的输入部分去感知外部的影响，并告知系统外部激励的变化。同样，它也可以作为系统内部的一部分，用于监测系统的自身状态以具备适当的性能。传感器通常是某种数据获取系统的一部分。一般来说，数据获取系统是包括各种反馈机构在内的更大的控制系统的一部分。

为了阐述在更大的系统中传感器的位置，图1.3给出了一个数据获取和控制系统的框图。被测对象可以是任何物体：汽车、宇宙飞船、动物或人、液体或气体。任何材料的被测对象都可以成为某种类型的测量和控制对象。数据通过一定数量的传感器从被测对象获取过来，其中的一些传感器（传感器2、3和4）直接安装在被测对象上或在其内部。传感器1感知被测对象时没有与被测对象物理接触，因此被称为非接触式传感器。这种传感器的例子有辐射探测器和电视摄影机。尽管说"非接触"，但要记住在任何传感器和被测对象之间仍然发生能量的传递。

传感器5具有不同的作用。它监测着数据获取系统自身的内部状态。一些传感

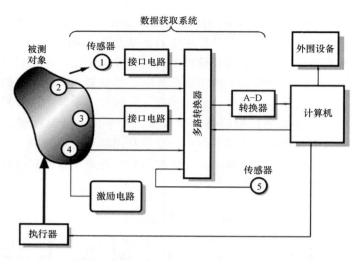

图 1.3　传感器在数据获取和控制系统中的位置（传感器 1 是非接触式的，传感器 2 和
传感器 3 是无源的，传感器 4 是有源的，传感器 5 是系统内部的传感器）

器（传感器 1 和 3）由于输出信号格式不匹配，因此不能与标准电路直接连接。它们需要使用接口装置（信号调节装置）以产生特定的输出信号格式。

传感器 1、2、3 和 5 是无源的，它们产生电信号时不需要从电路中消耗能量。传感器 4 是有源的，它需要由激励电路提供工作信号，该信号被传感器或被测对象的激励所调整或改变。热敏电阻是有源传感器的一个例子，它需要一个激励电路作为电源才能工作。根据系统的复杂性，传感器的总数可从一个（如家用恒温器）到几千个（如空间站）不等。

从传感器输出的电信号会被反馈至多路转换器（MUX），多路转换器是一个开关或门，如果传感器产生的是模拟信号，多路转换器的作用就是将传感器和模-数（A-D 或 ADC）转换器相连接；如果传感器产生的是数字信号，则它直接将传感器连接到计算机。计算机根据适当的时序控制多路转换器和 A-D 转换器。除此之外，计算机还可以将控制信号传送到作用于被测对象的执行器上。执行器可以是电动机、螺线管、继电器和气动阀等。系统还包括一些外设（如数据记录器、显示器、警报器等）和一定数量没有在框图中给出的组件，如滤波器、采样保持电路和放大器等。

为了解这样的系统如何工作，我们以简单的汽车车门的监测装置为例进行说明。汽车的每个车门都装有探测车门位置（开或关）的传感器。在大多数的汽车中，该传感器是一个简单的电开关。所有车门的传感器信号直接传送到汽车的内部处理器（不需要 A-D 转换器，因为所有车门的传感器信号是数字格式：1 或 0）。处理器识别哪个车门是开着的（输出信号为"0"），并发送指示信号给外围设备

(仪表显示板或警报器)。汽车驾驶员 (执行器) 得到此信息，并操纵被测对象 (将车门关上)，传感器输出信号 "1"。

一个更复杂的例子是麻醉蒸气传输系统。该系统用于控制在外科手术中通过吸入方式传送给病人的麻醉药品的量。系统使用了一些有源和无源传感器。麻醉药品 (如三氟溴氯乙烷、异氟醚、安氟醚) 的蒸气浓度由安装在通气管道中的有源压电传感器进行选择性的监测。麻醉蒸气的分子使传感器中的振荡晶体的质量增加，并改变了其固有频率，这是一种测试麻醉蒸气浓度的方法。其他的几种传感器通过监测二氧化碳的浓度来辨别病人的吸气和呼气，以及监测温度和压力，用来补偿其他的变化因素。所有的数据都是多路复用的、数字化的，并会反馈至数字信号处理器 (DSP)，处理器计算出麻醉蒸气的实际浓度。麻醉医师预设一个理想的传送量，处理器调节执行器 (阀门)，以将麻醉蒸气保持在准确的浓度。

另一结合了各种不同传感器、执行器和信号指示器的复杂系统的例子如图 1.4 所示。这是一种由日产汽车公司开发的先进安全车辆 (ASV)。该系统的目标是提高汽车的安全性。与许多其他的系统相比，ASV 包括了瞌睡报警系统和瞌睡唤醒系统。它包括眼球运动传感器和驾驶员头部倾斜探测器。微波、超声波、红外位移测量传感器均被纳入紧急制动先进报警系统中，用于在紧急情况下驾驶员难以制动之前亮起制动灯，从而提醒后面的车辆采取避让措施。障碍报警系统包含雷达和红外探测器。当驾驶员将车开至与前方车辆距离太近时，自适应巡航控制系统开始工作：汽车自动减速到与前方车辆保持合适的安全距离。行人监控系统探测并提醒驾驶员在夜晚和汽车的盲点处行人的存在。路线控制系统在系统探测并确定路线偏离驾驶员的目的地时起作用，如有必要，它会发出警告并自动驾驶车辆，阻止车辆偏离它的行车路线。

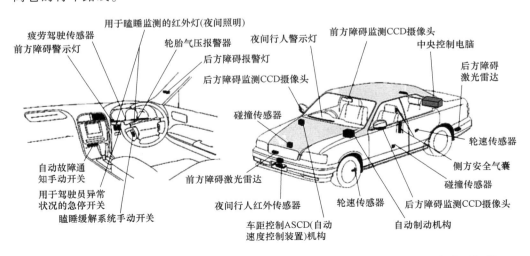

图 1.4 多个传感器、执行器和警报信号是先进安全车辆的组成部分 (日产汽车公司提供)

在后面的各章中，我们将重点介绍感知的方法、传感器工作的物理原理、实际设计及其接口电路。监控系统的其他基本组成部分，如执行器、显示器、数据记录器、数据传送器等，超出了本书的范围，因此仅做简单介绍。

传感器的封装设计可以是通用的。而在特殊应用时，传感器需要设计专门的封装和外壳。例如，当通过导管侵入式测量动脉血压时，微机械压阻压力传感器必须封装在防水外壳内。当采用同样的传感器，通过非侵入式示波法（结合充气臂带）测量血压时，其封装方式就与上述完全不同。一些传感器专门设计成对特定范围的输入激励具有绝对的选择性，而对此范围外的输入信号很不敏感。例如，安全系统中的运动探测器应只对人的运动敏感，而对狗和猫之类的小动物的运动则不响应。

1.2 传感器的分类

传感器的分类方法有很多种，有的很简单，有的很复杂。分类的目的不同，可能会选择不同的分类标准。这里，我们提供了几种实用的传感器分类方法。

1）所有的传感器可以划分为两种：无源（被动）传感器和有源（主动）传感器。无源传感器不需要任何附加能量源可直接响应外部激励产生电信号。也就是说，输入的激励能量被传感器转换成输出信号。无源传感器有热电偶、光敏二极管和压电传感器等。大部分的无源传感器都属于前文定义的直接式传感器。

有源传感器工作时需要外部能量源，该外部能量被称为激励信号。这些信号经传感器改变而产生输出信号。有源传感器有时称为参数化传感器，因为它们的特性随外界激励而变化，并且这些特性能够被转换成电信号。例如，热敏电阻是一种温度敏感型电阻，它不产生任何电信号，但当有电流（激励信号）通过它时，它的电阻值可以通过检测其上电流或电压的变化来得到。这些变化（用电阻表示）通过一个已知的函数直接和温度相关联。另一个有源传感器的例子是电阻应变仪，其电阻值和应变相关。为了测量传感器的电阻，必须通过外部电源给它施加电流。

2）根据选定的标准，传感器可以被划分成绝对传感器和相对传感器。绝对传感器探测激励时参照绝对的物理基准，与测量环境无关，而相对传感器产生的信号则与一些特殊情况相关。绝对传感器的一个例子是热敏电阻，它是一种温度敏感型电阻，它的电阻直接与开尔文绝对温标相关。另一种非常通用的温度传感器热电偶则是一种相对传感器。它产生的电压是热电偶金属丝两端温度梯度的函数。因此，如果没有已知的参考基准，热电偶的输出信号不能与任何特定的温度相关联。另一个例子是压力传感器，绝对压力传感器的输出是相对于真空（压力度量的绝对零点）的。相对压力传感器的输出信号是相对于一个选定的基准，这个基准并非零压力，如大气压力。

3）一些传感器的分类方法是考虑传感器的一些特性[3]。表 1.1～表 1.5 列举了各种传感器的特征和特性。

表 1.1　传感器的规格参数

灵敏度	激励范围(持续时间)
稳定性(长期或短期)	分辨率
精度	选择性
响应速度	环境条件
过载特性	线性度
迟滞	死区
工作寿命	输出格式
成本、尺寸、重量	其他

表 1.2　传感器的材料

无机材料	有机材料
导体	绝缘体
半导体	液化气或等离子体
生物基体	其他

表 1.3　转换现象

物理	热电性	化学	化学转换
	光电性		物理转换
	光磁性		电化学过程
	磁电性		光谱学
	电磁性		其他
	热弹性	生物	生化转换
	电弹性		物理转换
	热磁性		测试效应
	热光性		光谱学
	光弹性		其他
	其他		

表 1.4　应用领域

农业	汽车
土木工程、建筑	家用电器及用具
分销、商业、金融	环境、气象、安全
能源、电力	信息、电信
健康、医疗	航海
制造	娱乐、玩具
军事	空间
科学测量	其他
运输(不包括汽车)	

表 1.5　激励

激励			激励	
声学	声波振幅、相位	机械	位置(线性、角度)	
	频谱		加速度	
	偏振		力	
	波速		压力、压强	
	其他		张力	
生物学	生物量(类型、浓度、状态)		质量、密度	
	其他		力矩、扭矩	
化学	组成(特性、浓度、状态)		流速、质量传递速率比	
	其他		外形、表面粗糙度	
电学	电荷、电流		方位	
	电势、电压		刚度、柔度	
	电场(幅度、相位、极化、频谱)		黏度	
	电导率		结晶度、结构	
	电容率		完整度	
	其他		其他	
磁学	磁场(幅度、相位、极化、频谱)	辐射	类型	
	磁通量		能量	
	磁导率		强度	
	其他		其他	
光学	光波振幅、相位、偏振、频谱	热学	温度	
	波速		热通量	
	折射率		比热容	
	辐射率、反射率、吸收率		热导	
	其他		其他	

1.3　测量的单位

在本书中，我们使用在第十四届国际计量大会（1971）上确定的基本单位。基本计量系统被称作 SI，它代表的是法语的"国际单位制"（见表 1.6）[4]。其他的物理量都由这些基本单位派生而来⊖。

　⊖　SI 通常称为现代米制体系。

表 1.6 国际单位制中的基本单位

物理量	单位名称	符号	定义（定义的时间）
长度	米	m	1/299792458s 的时间间隔内光在真空中传播的长度（1983 年）
质量	千克	kg	铂铱合金原器的质量（1889 年）
时间	秒	s	铯-133 原子基态两个超精细能级间跃迁时所辐射的电磁波的周期的 9192631770 倍的时间（1967 年）
电流	安培	A	真空中两平行导线中通以强度相同的恒定电流，导线每米长度所受的力为 2×10^{-7}N 时，则导线中的电流强度为 1A（1946 年）
热力学温度	开尔文	K	三相点水的热力学温度的 1/273.16（规定水的三相点的温度为 273.16K）（1967 年）
物质的量	摩尔	mol	如果物质中所含基本单元数与 0.012kg 的碳-12 中所含原子数相同，则该物质的量为 1mol（1971 年）
发光强度	坎德拉	cd	当黑体处于铂的凝固温度下，受到 101325Pa 压强时，其 $1/600000m^2$ 表面积在垂直方向上的发光强度（1967 年）
平面角	弧度	rad	补充单位
立体角	球面度	sr	补充单位

通常直接使用这些基本单位或派生的单位是不方便的。在实际中，数值要么太大要么太小。为了便于工程作业，经常使用这些单位的倍数单位或约数单位，可以通过将基本单位乘以附表 A.2 中的因数得到。例如，1A 可以乘以 10^{-3} 得到更小的单位；1mA（毫安），它是 1A 的千分之一；$1k\Omega$ 为 1000Ω，是 1Ω 的 1000 倍。

有时，也使用另外两种单位制，即高斯制和英制。英制在美国修正后称为"美国惯例单位制"。美国是唯一一个仍没有使用国际单位制 SI 的发达国家。然而，随着国际合作的增强，美国将会不可避免地转换成 SI，虽然我们可能看不到这一天。所以，在这本书中我们一般使用国际单位制 SI，但是为了方便读者，在某些地方，如美国制造商仍将美国惯例单位制用于他们的传感器的技术指标。

读者可查附表 A.4 将其他单位制转换为国际单位制$^{\ominus}$。转换时，非标准单位制的值应乘以表中一个给定的因数。例如，若要将 $55ft/s^2$ 的加速度转换成标准单位制，它必须乘以 0.3048，即

$$55ft/s^2 \times 0.3048 = 16.764m/s^2$$

读者应注意正确使用物理术语和技术术语，例如，在美国及其他许多国家，电势差称为"voltage"，而在其他一些国家称为"electric tension"，或通常仅用 tension 表示，例如，在德国用"Spannung"，而在俄罗斯用"напряжение"表示，在意大利用"tensione"表示，在中国用"电压"表示。在本书中我们按照美国惯

$\ominus$ 转换表格中的术语、缩写和拼写依据 ASTM SI10-02 IEEE/ASTM SI10《American National Standard for Use of the International System of Units（SI）：The Modern Metric System》。可从 ASTM 的网址 www.astm.org/Standards/SI10.htm 获得这份标准。

例来使用相关术语。

参考文献

1. Thompson，S.（1989）. *Control Systems*：*Engineering & design*. Essex，England：Longman Scientific &Technical.
2. Norton，H. N.（1989）. *Handbook of transducers*. Englewood Cliffs，NJ：Prentice Hall.
3. White，R. W.（1991）. A sensor classification scheme. In：*Microsensors*（pp. 3-5）. NewYork：IEEE Press.
4. Thompson，A.，& Taylor，B. N.（2008）. *Guide for the use of the international system of units*（*SI*）. NIST Special Publication 811，National Institute of Standards and Technology，Gaithersburg，MD 20899，March 2008.

第2章 —————————————————————————————————
传递函数

由于传感器的大多数激励是非电量的，因此从输入到输出，传感器在产生并输出电信号之前可能有几个信号转换步骤。例如，压力作用在光纤压力传感器上，首先导致光纤内的应变，然后引起光纤折射率改变，进而又导致光传输和光子密度调制的全面变化，最终通过光敏二极管探测出光通量并将其转换成电流。在本章中，我们将讨论传感器的总体特性，而忽略其内部物理本质以及信号转换所需要的步骤。这里，我们将传感器当作"黑匣子"，只关注输出信号和输入激励之间的关系而不考虑内部正在发生的情况。此外，我们将讨论感知的关键点：通过测量传感器的电输出来计算输入的激励值。为了进行计算，我们应该明确输入和输出之间是如何相关的。

2.1　数学模型

任何传感器都存在理想的或理论的输入输出（激励响应）关系。如果某一传感器是由理想的操作人员在理想的环境下使用理想的工具和理想的材料理想地设计并制作出来，那么这样的传感器输出应始终代表激励的真值。这种理想的输入-输出关系可以用数值表格、图、数学式或数学方程的解来表示。如果输入-输出函数是时不变（不随时间而变化）的，通常称此函数为传递函数（静态传递函数）。这个术语贯穿于全书。

传递函数反映了激励 s 和传感器产生的响应电信号 E 之间的关系。这种关系可以写为 $E = f(s)$。通常，激励 s 是未知的，而输出信号是可测的。在测量中得到的 E 值可能是一个电压值、电流值、数字转换值或其他类型的值，它可以反映激励 s。设计师的工作就是使这种反映尽可能接近激励的真实值。

实际上，任何传感器都是与测量系统相关联的。系统的工作之一是"破译代码 E"并从测量值 E 中推断出未知值 s。因此，在测量系统中可以采用反传递函数 $s = f^{-1}(E) = F(E)$ 来获取激励 s 的值。通常传递函数不只是由传感器决定，而是由传感器和接口电路组成的系统决定。

图 2.1a 给出了一种热式流量传感器（一种测量气体质量流量的传感器）的传递函数。一般而言，可用输入气流速度的平方根函数 $f(s)$ 建立模型。传感器的输出可以是电压值或通过模-数转换器转换成的数值，图 2.1a 的 y 轴所示数据来自一

个十位的模-数转换器。在测量得到输出数值 $n=f(s)$ 后，必须通过反函数将其转换回流速。单调的平方根函数 $f(s)$ 是抛物线 $F(n)$ 的反函数。图 2.1b 中所示的抛物线反映了输出数值（或伏特值）和输入气流速度之间的关系。反函数可以通过 x 轴、y 轴所成直角的角平分线镜像得到。

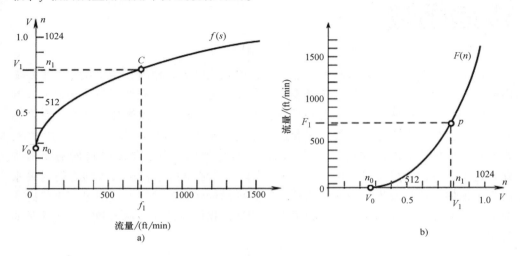

图 2.1　一种热式流量传感器的传递函数和反函数

a）传递函数　b）反函数

2.1.1　概念

形成传感器工作基础的物理或化学定律应该是已知的。如果这一定律可用数学式表达，那么可对该式进行转换从而计算出传感器的反函数，并通过测得的值 E 计算出未知量 s。例如，如果用线性电阻电位器测量位移 d（即上述的激励 s），那么可用欧姆定律来计算式（8.1）给出传递函数。在这个例子中，响应值 E 是测得的电压值 v，则其反函数为

$$d = F(E) = \frac{D}{v_0} v \tag{2.1}$$

式中，v_0 为参考电压；D 为最大位移（满量程）。它们都是常数。

通过这个函数我们就可以用测得的电压值 v 计算出位移 d。

实际上，对许多传递函数特别是对复杂传感器的传递函数而言，很难得到解析解，我们必须对传递函数和反传递函数采取各种近似的方法，这些将会在下文中讲述。

2.1.2　函数逼近

逼近法是用一个合适的数学表达式来尽可能地拟合实验数据的方法，可看作是

一种用逼近函数对实验观测数据进行的曲线拟合。逼近函数应该足够简单以方便进行运算、逆运算和其他数学处理，例如可以通过计算导数来获取传感器的灵敏度。选择逼近函数需要一些数学经验，选择最合适的函数来拟合实验数据是没有捷径的，目测或者通过以往经验可能是找到合适函数的仅有的实用方法。开始可以用基本函数检验能否拟合数据，如果不能拟合，则应使用更一般的曲线拟合方法，例如多项式拟合或如下所述的一些方法。这里给出一些最常见的用于传递函数逼近的函数式。

线性函数是最简单的传递函数，可用式（2.2）表示

$$E = A + Bs \qquad (2.2)$$

如图 2.2 所示，式（2.2）所述直线对应的截距为 A，即当输入信号 $s = 0$ 时的输出信号为 E，直线的斜率为 B，有时称其为灵敏度系数（因为这个系数越大，激励产生的作用也就越大）。输出 E 是输出电信号的特性之一，它可以是电压或电流的振幅、相位、频率、脉冲调制宽度（PWM）或数字编码，这取决于传感器的性能、信号的调节及接口电路。

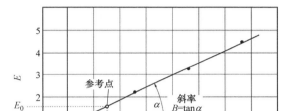

图 2.2　线性传递函数（黑点表示实验数据）

需要注意的是，式（2.2）假设传递函数至少从理论上来说通过了输入激励 s 的零值。但在很多实际情况下，在零输入时测试传感器是困难或者不可能的。例如用于测量热力学温度的传感器不可能在绝对零度（-273.15℃）下测温。因此，在许多线性或准线性传感器中，可能并不会取参考值为 0 而是选取更为实用的输入参考值 s_0。如果传感器对应输入参考值 s_0 的响应 E_0 是已知的，那么式（2.2）可以改写为

$$E = E_0 + B(s - s_0) \qquad (2.3)$$

参考点的坐标为（s_0，E_0）。在 $s_0 = 0$ 的特殊情况时，式（2.3）变成了式（2.2），$E_0 = A$。通过反线性传递函数，可以在已知输出 E 的情况下计算出输入激励

$$s = \frac{E - E_0}{B} + s_0 \qquad (2.4)$$

值得注意的是，计算激励 s 的 3 个常数应都为已知的：灵敏度 B 和参考点的坐标 s_0 和 E_0。

很少有传感器是严格线性的。在现实世界中，至少总会存在一个小的非线性

度，尤其是对输入范围宽的激励。因此，式（2.2）和式（2.3）仅仅是对非线性传感器响应的线性逼近，在实际应用中非线性部分可以被忽略。但在很多情况下，当非线性不能被忽略时，传递函数可以用多个线性函数来逼近，我们将在下文中详细讨论（见2.1.6节）。

非线性传递函数可以通过非线性数学函数来逼近。这里有几个有用的函数。

对数函数（见图2.3）和相应的反函数（指数函数）分别为

$$E = A + B\ln s \tag{2.5}$$

$$s = e^{\frac{E-A}{B}} \tag{2.6}$$

式中，A、B 是定值。

指数函数（见图2.4）和它的反函数（对数函数）为

$$E = Ae^{ks} \tag{2.7}$$

$$s = \frac{1}{k}\ln\frac{E}{A} \tag{2.8}$$

式中，A、k 是定值。

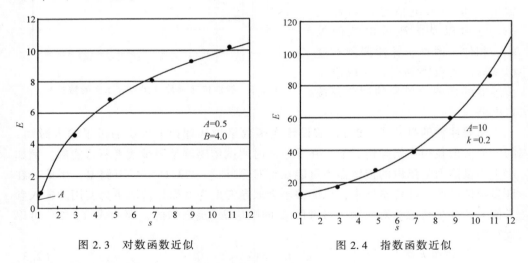

图 2.3　对数函数近似　　　　　　　　图 2.4　指数函数近似

幂函数（见图2.5）和它的反函数表示为

$$E = A + Bs^k \tag{2.9}$$

$$s = \sqrt[k]{\frac{E-A}{B}} \tag{2.10}$$

式中，A、B 是定值；k 是幂指数。

上述的三种非线性逼近函数所具有的少量参数必须通过校准获得。如果他们能真正地与某一特定传感器的响应相匹配，那么使用起来会非常方便。参数的数量应尽可能少，但不仅仅是为了降低校准成本。参数越少，校准所需要的测量就会越少。

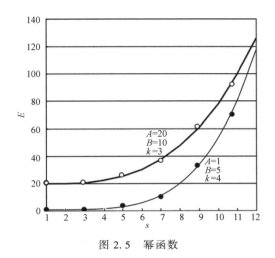

图 2.5　幂函数

2.1.3　线性回归

如果校准期间输入激励的测量精度不高，并且估计存在大的随机误差，那么有限数量的测量将不能产生足够的精度。为应对校准过程中的随机误差，可以使用最小二乘法来确定截距和斜率。由于这一方法在很多教科书和手册中有描述，这里仅仅给出线性回归未知参数的最后表达式。读者可以参考任何一本关于统计误差分析的教科书。步骤如下：

1）在足够宽的范围内多次（k）测量输入为 s 的输出值 E，最好覆盖整个感应区间。

2）使用下面的线性回归式（2.11）来确定式（2.2）中最佳拟合直线的截距 A 和斜率 B

$$A = \frac{\sum E \sum s^2 - \sum s \sum sE}{k \sum s^2 - (\sum s)^2} \quad B = \frac{k \sum sE - \sum s \sum E}{k \sum s^2 - (\sum s)^2} \qquad (2.11)$$

式中，$\sum$ 为所有 k 次测量的和。当系数 A 和 B 确定时，式（2.2）可以用于实验传递函数的线性逼近。

2.1.4　多项式逼近

有时传感器可能会有这样一种传递函数，即上述任何一种逼近函数都不能很好地满足要求。对于拥有良好的数学背景和物理直觉的传感器设计者来说，他可以利用其他合适的函数逼近，但是如果找不到，则这里就可以用到一些古老但可靠的技术。其中之一就是多项式逼近，也就是幂级数。

应该注意，任何连续函数都可以用幂级数来逼近。例如，指数函数式（2.7）

可以用幂级数展开式舍弃所有高阶项后的三阶多项式[○]逼近

$$E = A\mathrm{e}^{ks} \approx A\left(1 + ks + \frac{k^2}{2!}s^2 + \frac{k^3}{3!}s^3\right) \qquad (2.12)$$

在很多情况下，根据试验数据用二阶和三阶多项式就足以逼近传感器响应，逼近函数可分别表示为

$$E = a_2 s^2 + a_1 s + a_0 \qquad (2.13)$$

$$E = b_3 s^3 + b_2 s^2 + b_1 s + b_0 \qquad (2.14)$$

a 和 b 为可以将式（2.13）和式（2.14）定义为各种不同形式的传递函数的常数。应该意识到，二阶多项式（2.13）是三阶多项式（2.14）在 $b_3 = 0$ 时的一种特殊形式。相似的，一阶（线性）多项式（2.2）是二阶多项式（2.13）在 $a_2 = 0$ 时的特殊形式。

显然，同样的方法可应用于反传递函数。因此，它也可以通过二阶或三阶多项式逼近来实现。

$$s = A_2 E^2 + A_1 E + A_0 \qquad (2.15)$$

$$s = B_3 E^3 + B_2 E^2 + B_1 E + B_0 \qquad (2.16)$$

系数 A 和 B 可以转换为系数 a 和 b，但是分析转换很烦琐，因此很少使用。相反，如果需要，通常可以根据实验数据用函数或反函数逼近。

在某些情况下，特别是需要高精度的情况下，应该考虑高阶多项式，因为多项式阶数越高，逼近得越好。尽管如此，通常二阶多项式在输入激励范围相对较小且传递函数单调（无起伏）的情况下，也可以满足精确度的要求。

2.1.5 灵敏度

前文中式（2.2）和式（2.3）中的系数 B 称为灵敏度。对于非线性传递函数，灵敏度 B 不像在线性传递函数中是一个固定值。非线性传递函数在不同激励下有不同的灵敏度。对于非线性传递函数，灵敏度被定义为传递函数在激励为 s_i 时的一阶导数

$$b_i(s_i) = \frac{\mathrm{d}E(s_i)}{\mathrm{d}s} \approx \frac{\Delta E_i}{\Delta s_i} \qquad (2.17)$$

式中，Δs_i 为输入激励的小增量；ΔE_i 为传递函数输出 E 对应的变化。

2.1.6 线性分段逼近

线性分段逼近法是一种在计算机数据采集系统中使用的有效方法。它的思想是

○ 三阶多项式逼近仅在 $ks \ll 1$ 时逼近得较好。一般来说，幂级数逼近的误差的数学分析是相当复杂的。幸运的是，在大多数的实际情况下这种分析很少使用。

将任一形状的非线性传递函数分成几个部分，将每一部分看作如式（2.2）或式（2.3）所描述的线性函数段，将区分的每一部分样本点（节点）之间的曲线段用直线段替换，这样大大地简化了样本点之间的函数形式。换句话说，用直线将样本点连成图形。这也可以看作原始非线性函数的多边形逼近。图 2.6 反映了样本点输入值为 s_0、s_1、s_2、s_3、s_4 时的非线性函数的线性分段逼近，相应的输出值为 n_0、n_1、n_2、n_3、n_4（由模-数转换器得到）。

应该仅在相关输入范围（即量程，具体内容见第 3 章）内选择节点，由于超出了实际所需的量程范围，因此忽略图 2.6 中从 0 到 s_0 之间的曲线。

分段逼近的误差可以用逼近直线与真实曲线的最大偏差 δ 来表示。最大偏差有不同的定义（最大均方差、最大绝对值或平均值等），但是无论采用哪种度量标准，δ 越大，需要的样本点数越多，也就是需要更多的分

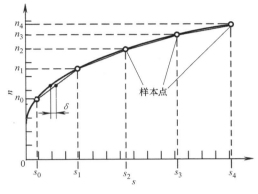

图 2.6　线性分段逼近

段使得样本偏差尽可能地小。也就是说样本点数越多，误差越小。样本点不需要等间隔。它们应该在非线性度高的地方间隔较近，而在非线性度低的地方间隔较远。

当采用线性分段逼近时，信号处理器将存储样本点的坐标。为了计算激励 s，需要采用一种线性插值法（见 2.4.2 节）。

2.1.7　样条插值

用高阶（三阶及以上）多项式逼近有很多缺点：在曲线的一侧选择点会对远离曲线的部分点产生很大影响。这一缺点可用样条插值逼近法解决。与线性分段插值相似，样条法是在选择的被称为样本点[1]的实验点之间使用不同的三阶多项式插值。两个相邻样本点间形成一条曲线，而后所有曲线"连接"或"粘接"在一起获得一条光滑的拟合曲线。实际上，不一定必须是三阶曲线，也可以是简单的一阶（线性）插值。线性样条插值（一阶）是一种最简单的形式，它等价于上文描述的线性分段插值。

样条插值能够利用不同阶次的多项式，其中三次多项式是最常用的。曲线在每个样本点处的曲率由其二阶导数定义。应该在每个样本点处都计算这个导数。如果二阶导数为 0，样条称为"松弛"三次样条，许多实际的逼近方法中通常采用这种方式。样条插值能有效保持传递函数的平滑性。但是，应当考虑实施的简易程度以及样条插值的计算成本，特别是在微处理器计算能力有限的情况下。

2.1.8　多维传递函数

当传感器的输出取决于多个输入激励时，传递函数可能是一个多变量函数。例如，湿度传感器的输出由两个输入变量，相对湿度和温度确定。再如，热辐射（红外）传感器的传递函数，该函数⊖有两个参数，即两个温度（T_b 为被测对象的绝对温度，T_s 为传感器元件的绝对温度），其输出电压 V 与其四阶抛物线差值成比例

$$V = G(T_b^4 - T_s^4) \tag{2.18}$$

式中，G 为常数，$G = 10^{-12}$。

很显然，被测对象的温度 T_b 和输出电压 V 之间的关系（传递函数）不仅是非线性的（取决于四阶抛物线），而且还取决于传感器的表面温度 T_s，该表面温度应由单独的温度传感器测得。式（2.18）中的二维传递函数的图形表示如图 2.7 所示。

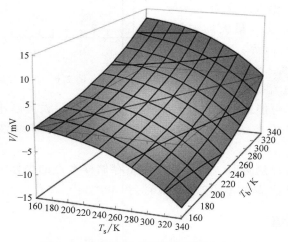

图 2.7　热辐射传感器的二维传递函数

2.2　校准

如果传感器及接口电路（信号调理）的公差比系统所要求的公差大，就需要对传感器或者最好是对传感器与接口电路的组合进行校准，以尽量减小误差。也就是说，当需要从低精度的传感器获得更高的精度时，则需要进行校准。例如，如果需要以 0.1℃ 的精度测试温度，而可用的传感器精度为 1℃，这并不代表这个传感器不能用，而是需要校准。也就是说，应该建立专门的传递函数，这一过程称为校准。

⊖　该传递函数通常是指斯特藩-玻尔兹曼定律（见 4.12.3 节）。

校准需要使用一系列精确且已知的激励并读取相应传感器的响应。这些已知的输入和输出值称为校准点。在少数幸运的情况下只需要一对校准点，但通常需要2~5 个校准点来描述较高精度的传递函数。在建立了专门的传递函数后，就可以确定校准点之间的任意一个点了。

为了产生校准点，需要一个标准的基准输入激励源。基准源应被妥善维护，并定期与其他已建立的基准源进行校核，最好能追溯至国家标准，例如 NIST[⊖] 的一个基准源。需要明确，作为校准设备的一部分，基准传感器的精度与校准精度密切相关。基准传感器的不确定度应包含在整个不确定度的描述中，详见 3.21 节。

校准前，必须建立传递函数的数学模型以及整个量程范围内传感器响应的良好的逼近函数。大多数情况下，函数应光滑且单调。很少会出现奇异性，就算有，这种奇异性也是有用的，可以用来进行信息感知（如电离粒子探测器）。

有许多方法可以进行传感器校准，下面是其中的几种：

1）修正传递函数或其逼近函数以适应所选实验点。这包括所选择的传递函数的系数（参数）计算。参数被确定后，对于特定的传感器，传递函数是唯一的。传递函数可根据范围内的传感器的输出响应计算输入激励。每个被校准的传感器将有其设定的唯一参数，传感器没有被改变。

2）调节数据采集系统，通过使输出信号符合规范或"理想"的传递函数来调整（修正）传感器的输出。例如，缩放和移动采集到的数据（修改系统增益或者偏移量）。传感器没有被改变。

3）修正（调整）传感器的特性以符合预定的传递函数，传感器被改变。

4）在特定的校准点处，建立与传感器特性相匹配的特定的基准装置。这个特定的基准被数据采集系统用于补偿传感器的精度。传感器没有被改变。

例如，图 2.8 给出了校准热敏电阻（温敏电阻器）的 3 种方法。如图 2.8a 所示，将热敏电阻器浸入到一个搅拌均匀的液槽中，槽内温度可被精确控制和显示。液体温度由一精密基准温度计连续检测，为了防止热敏电阻终端短路，槽中液体应是绝缘的，如矿物油或者 Fluorinert™。热敏电阻的阻值通过精确的欧姆表测量。用微型研磨机机械地去除热敏电阻上的一些材料以改变其尺寸。尺寸的减小导致热敏电阻在给定槽内温度下的阻值增加。当该热敏电阻达到与预定值匹配的"理想"电阻之后，研磨停止，校准完成。此时，热敏电阻的响应至少在该温度下接近于"理想"传递函数。当然，单点校准假定，通过该点传递函数可以被全面描述。

另一种校准热敏电阻的方法如图 2.8b 所示，这种方法中热敏电阻没有被改变，只是在给定的基准温度下进行测量。该测量提供了一个用于选择传统（温度稳定）匹配电阻的数值作为唯一基准。该电阻用于接口校准电路。基准匹配电阻的精确值是通过激光微调获得或者直接通过在库存中选择来实现的。单独匹配的热敏电阻-

---

⊖　NIST——美国国家标准与技术研究院，其网址为 www.nist.gov。

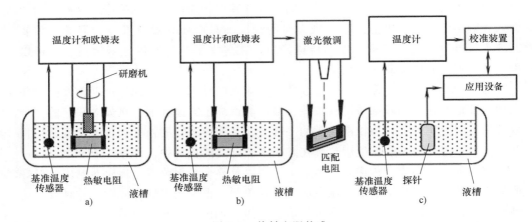

图 2.8　热敏电阻校准

a）研磨　b）基准电阻的微调　c）确定校准点以计算传递函数

电阻对被用于测量电路中，如惠斯通电桥。由于它是一个匹配对，因此电桥的响应与热敏电阻的"理想"传递函数相对应。

　　在本例中，图 2.8a 和图 2.8b 所示的方法只适用于在一个温度点进行校准，且假设传递函数中的其他参数不需要校准。如果情况并非如此，就需要在不同的温度和电阻值下产生校准点，如图 2.8c 所示。这里，将液槽设置为 2、3 或 4 种不同的温度，热敏电阻在校准下产生相应的响应，这些响应被校准装置利用，得到反传递函数适当的参数，而这些参数将储存在应用设备（如温度计）中。

2.3　参数计算

　　如果传递函数是式（2.2）所给出的线性形式，那么校准就需要确定常数 A 和 B。如果传递函数是式（2.7）所给出的指数形式，那么就需要确定常数 A 和 k，以此类推。

　　要计算线性传递函数的参数（常数），需要由两个基准的输入-输出对定义的两个数据点。应考虑用式（2.3）所示的简单的线性传递函数。由于确定一条直线需要两个点，所以应进行两点校准。例如，如果用正向偏压半导体 PN 结（图 2.9a）作为温度传感器（见 17.6 节），其传递函数是线性的（图 2.9b），以温度 t 作为输入激励，接口电路中 A-D 转换器的转换数值 n 是输出

$$n = n_1 + B(t - t_1) \tag{2.19}$$

　　注意，t_1 和 n_1 是第一个参考校准点的坐标。为了完全定义出直线，传感器应经过两个校准温度（t_1 和 t_2），相应的，两个相应的输出数值（n_1 和 n_2）被记录下来。在第一个校准温度 t_1 时，输出数值是 n_1。将传感器置于第二个校准温度 t_2

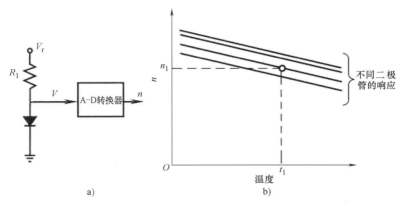

图 2.9　PN 结温度传感器

a）几个传感器的传递函数　b）每个二极管在相同温度 t_1 下产生不同的 n_1

后，接收第二校准点的转换数值，数值结果为

$$n_2 = n_1 + B(t_2 - t_1) \tag{2.20}$$

通过式（2.20）得到灵敏度（斜率）的计算公式为

$$B = \frac{n_2 - n_1}{t_2 - t_1} \tag{2.21}$$

同时，式（2.19）变为一个具有已知参数 B、n_1 和 t_1 的线性传递函数。灵敏度（斜率）B 的单位是数值/度（视具体温度单位而定）。如图 2.9 所示，因为 PN 结温度传感器有负温度系数（NTC），所以斜率 B 是负的。应该注意的是，校准获得的这些参数对于特定的传感器是唯一的，且必须被存储到该传感器所连接的测量系统中。对另一个类似的传感器，这些参数就不同了（可能除了 t_1，如果所有传感器都在同一温度下进行校准）。在校准完成后，温度可以根据 A-D 转换器的输出数值 n 利用反传递函数计算出

$$t = t_1 + \frac{n - n_1}{B} \tag{2.22}$$

在一些幸运的情况下，参数 B 可能已经以足够的精度而已知，因此不需要计算 B。在图 2.9a 所示的 PN 结中，对于给定批量和类型的半导体晶片，斜率 B 通常是非常一致的，因此可以看作是生产该批所有二极管的已知参数。但是，二极管之间可能有不同的偏移量，因此仍需要单点校准，以获得在校准温度 t_1 下的每个传感器的输出 n_1。

对于非线性传递函数，只有在当其他参数为已知时的很少情况下，在一个数据点上进行校准可能就可以满足要求，但通常需要两个或以上的输入-输出校准对。当使用二阶或三阶多项式传递函数时，则分别需要 3 个和 4 个校准对。对于一个三阶多项式

$$E = b_3 s^3 + b_2 s^2 + b_1 s + b_0 \qquad (2.23)$$

为了得到从 b_0 到 b_3 这 4 个参数，需要 4 个校准输入-输出对（校准点）：s_1 和 E_1、s_2 和 E_2、s_3 和 E_3、s_4 和 E_4。

将这些试验数据对代入式（2.23），我们可以得到一个四式系统

$$E_1 = b_3 s_1^3 + b_2 s_1^2 + b_1 s_1 + b_0$$
$$E_2 = b_3 s_2^3 + b_2 s_2^2 + b_1 s_2 + b_0$$
$$E_3 = b_3 s_3^3 + b_2 s_3^2 + b_1 s_3 + b_0$$
$$E_4 = b_3 s_4^3 + b_2 s_4^2 + b_1 s_4 + b_0 \qquad (2.24)$$

为求解该系统的参数，首先计算系统的决定因子

$$\Delta = \left(\frac{s_1^2 - s_2^2}{s_1 - s_2} - \frac{s_1^2 - s_4^2}{s_1 - s_4} \right) \left(\frac{s_1^3 - s_2^3}{s_1 - s_2} - \frac{s_1^3 - s_3^3}{s_1 - s_3} \right) - \left(\frac{s_1^2 - s_2^2}{s_1 - s_2} - \frac{s_1^2 - s_3^2}{s_1 - s_3} \right) \left(\frac{s_1^3 - s_2^3}{s_1 - s_2} - \frac{s_1^3 - s_4^3}{s_1 - s_4} \right)$$

$$\Delta_a = \left(\frac{s_1^2 - s_2^2}{s_1 - s_2} - \frac{s_1^2 - s_4^2}{s_1 - s_4} \right) \left(\frac{E_1 - E_2}{s_1 - s_2} - \frac{E_1 - E_3}{s_1 - s_3} \right) - \left(\frac{s_1^2 - s_2^2}{s_1 - s_2} - \frac{s_1^2 - s_3^2}{s_1 - s_3} \right) \left(\frac{E_1 - E_2}{s_1 - s_2} - \frac{E_1 - E_4}{s_1 - s_4} \right) \qquad (2.25)$$

$$\Delta_b = \left(\frac{s_1^3 - s_2^3}{s_1 - s_2} - \frac{s_1^3 - s_3^3}{s_1 - s_3} \right) \left(\frac{E_1 - E_2}{s_1 - s_2} - \frac{E_1 - E_4}{s_1 - s_4} \right) - \left(\frac{s_1^3 - s_2^3}{s_1 - s_2} - \frac{s_1^3 - s_4^3}{s_1 - s_4} \right) \left(\frac{E_1 - E_2}{s_1 - s_2} - \frac{E_1 - E_3}{s_1 - s_3} \right)$$

通过这些决定因子可以计算出多项式的系数

$$b_3 = \frac{\Delta_a}{\Delta}$$

$$b_2 = \frac{\Delta_b}{\Delta}$$

$$b_1 = \frac{1}{s_1 - s_4} \left[E_1 - E_4 - b_3 (s_1^3 - s_4^3) - b_2 (s_1^2 - s_4^2) \right]$$

$$b_0 = E_1 - b_3 s_1^3 - b_2 s_1^2 - b_1 s_1 \qquad (2.26)$$

如果系统的决定因子 Δ 很小，则会导致相当大的误差。因此，校准点应尽可能地分布在工作范围之内，且各自的距离应尽可能远。

在处理大惯性或高温问题时，校准过程可能比较慢。为了减少制造成本，节省时间和减少校准点的数量非常重要。因此，应该选择最简洁的传递函数或逼近法。简洁意味着具有最少的未知参数。例如，如果用二阶多项式能够获得可接受的精度，那么就不需要使用三阶多项式。

2.4　激励的计算

传感的目的是根据传感器输出信号 E 来确定输入激励 s。有两种方法可实现。

1）根据反传递函数 $s = F(E)$ 获得，该函数可能是一个解析函数，也可以是一

个逼近函数。

2）直接根据传递函数 $E=f(s)$ 通过迭代计算获得。

2.4.1　利用解析式

当传递函数的解析等式已知时，这是一条直接的途径。只需要测量输出信号 E，将其带入公式，然后计算出输入激励 s。例如，利用式（2.4）通过电位器的电阻变化计算位移。对于其他功能模型，请使用各自的公式（2.4）、（2.6）、（2.8）和（2.10）。

2.4.2　使用线性分段逼近法

请参阅 2.1.6 节有关逼近的描述。在计算激励 s 时，第一步就是找出其位置所在，换句话说，输出信号 E 放置在哪两个样本点之间。下一步是采用线性插值方法计算输入激励 s。

下面介绍如何实现。

首先，确定输出在什么位置，即位于哪两个样本点之间。例如，我们发现输出在样本点 p_1 和 p_4 之间的某处，如图 2.10 所示。传感器的输出 $E=n$ 由 A-D 转换器的转换数值得出。由点 p_1、p_3 和 p_4 构成大三角。未知激励 s_x 对应于测得的数值 n_x，由近似直线上的点 p_5 表示，从而由点 p_1、p_2 和 p_5 构成一个较小的三角形。这两个三角形是相似三角形，从而可以推导出线性方程，由 n_x 的值计算得到未知激励 s_x。

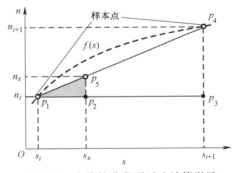

图 2.10　由线性分段逼近法计算激励

$$s_x = s_i + \frac{n_x - n_i}{n_{i+1} - n_i}(s_{i+1} - s_i) \quad (2.27)$$

此方程易于在成本低的微处理器上编程和计算，并在其存储器中保存包括各样本点坐标在内的查询表（见表 2.1）。

表 2.1　通过测量输出来计算输入的样本点查询表

样本点	0	1	2	…	i	…	k
输出	n_0	n_1	n_2	…	n_i	…	n_k
输入	s_0	s_1	s_2	…	s_i	…	s_k

为了举例说明，将传递函数的全功能模型与线性分段逼近函数的用法进行比较。显然，全功能模型给出了最精确的计算。图 2.11a 所示为带上拉电阻 R_1 的热敏电阻温度传感器连接到 12 位 A-D 转换器（与参考电压 V_r 相对应的满量程 $N_0 = 4095$）。该热敏电阻的测量范围为 $0 \sim 60^{\circ}\mathrm{C}$。

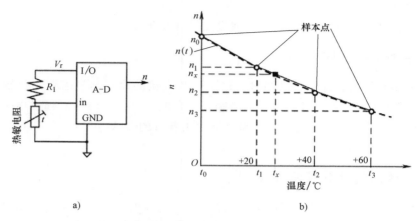

图 2.11　热敏电阻电路及 4 样本点的线性分段逼近法

a)　热敏电阻电路　b）4 样本点的线性分段逼近法

热敏电阻测量电路的输出数值可用温度的非线性函数表示

$$n_x = N_0 \frac{R_r e^{\beta(T_x^{-1} - T_r^{-1})}}{R_1 + R_r e^{\beta(T_x^{-1} - T_r^{-1})}} \tag{2.28}$$

式中，T_x 是测得的温度，单位为 K；T_r 是参考温度，单位为 K；R_r 是参考温度 T_r 时的热敏电阻的阻值；β 是一个特征温度，单位为 K。

利用式（2.28），可以得到反传递函数，它能让我们解析计算出输入温度（单位为 K）。

$$T_x = \left[\frac{1}{T_r} + \frac{1}{\beta} \ln\left(\frac{n_x}{N_0 - n_x} \frac{R_1}{R_r}\right)\right]^{-1} \tag{2.29}$$

式（2.28）和式（2.29）中包含未知参数 R_r 和 β。因此，在进行下一步之前，包括 A-D 转换器在内的整个电路应该在温度 T_r 和某一其他温度 T_c 下进行校准。在该电路中，我们使用上拉电阻 $R_1 = 10.0\text{k}\Omega$。校准时，我们在工作温度范围中部选择两个校准温度 $T_r = 293.15\text{K}$ 和 $T_c = 313.15\text{K}$，即 20℃ 和 40℃。

在校准过程中，热敏电阻依次浸入到这两个温度下的液体中，记录下 A-D 转换器在这两个温度下相应的转换数值。

在 $T_r = 293.15\text{K}$ 时，$n_r = 1863$；在 $T_c = 313.15\text{K}$ 时，$n_c = 1078$。

将这两对数据带入式（2.28），通过求解两个方程，得到参数 $R_r = 8.350\text{k}\Omega$，$\beta = 3895\text{K}$。至此完成了传感器校准。

至此，式（2.28）及式（2.29）中的所有参数已全部给出，因此在工作温度范围内，都可利用 A-D 转换器的转换结果使用式（2.29）得到所测温度。我们认为这是计算真实温度的最精确的方法。现在，来看一下线性分段逼近的方法。

我们将式（2.28）所述的传递函数分解成三部分（见图 2.11b），两个端样本点分别在 0℃ 和 60℃ （测量极限），两个中间样本点在 20℃ 和 40℃。在相邻样本点温度[⊖] $t_0=0℃$ 和 $t_1=t_r=20℃$，$t_2=40℃$ 和 $t_3=60℃$ 之间利用线性逼近。

通过校准，得到这些样本点温度下 A-D 转换器的输出。

$t_0=0℃$ 时，$n_0=2819$。

$t_1=t_r=20℃$ 时，$n_1=n_r=1863$。

$t_2=40℃$ 时，$n_2=1078$。

$t_3=60℃$ 时，$n_3=593$。

将转换数值-温度坐标对插入到查询表 2.2 中。

例如，为了比较由传递函数表达式（2.29）和表 2.2 计算出的温度，考虑到在某个未知温度下 A-D 转换器的输出转换数值 $n_x=1505$，我们来看一下所对应的温度。从表 2.2 可知被测值 n_x 位于样本点 1 和样本点 2 之间。为得到温度 t_s，将测量值和样本点温度值代入式（2.27）得到

$$t_x=t_1+\frac{n_x-n_1}{n_2-n_1}(t_2-t_1)=20℃+\frac{1505-1863}{1078-1863}(40-20)℃=29.12℃ \qquad (2.30)$$

现在，为了比较这两种计算方法，将 $n_x=1505$ 代入传递函数表达式（2.29）。经过计算，得出激励温度 $t_x=28.22℃$。该数值低于由式（2.30）计算出的温度，因此，在两个中间样本点间选择的线性分段逼近温度比实际高出了 0.90℃，这一误差可能比较大。对于要求较高的应用场合，为了减少误差，需要用两个以上的中间样本点进行逼近。

表 2.2 用于温度计算的样本点查询表

转换数值	0	1	2	3
计数	2819	1863	1078	593
温度/℃	0	20	40	60

2.4.3 激励的迭代计算 （牛顿法）

在未知反传递函数的情况下，迭代法允许直接使用传递函数来计算输入激励。一个非常强大的迭代方法是牛顿迭代法或割线法[⊜][1-3]。这种方法首先赋予激励一个合理的初始值 $s=s_0$，然后应用牛顿算法来计算一系列 s 值，其收敛于要求取的激励值。因此，该算法涉及多个步骤，其中，每个新步骤都使结果更接近于所寻求的激励值。当两个连续计算的 s 值的偏差足够小（小于可接受的误差）时，算法停止，并且最后计算得到的 s 值被认为是原始方程的解，由此得到未知激励值。牛顿法收敛速度非常快，特别是当初始假定值相当接近 s 的实际值时。输出信号通过传

⊖ 用摄氏温度来表示的参考温度是 $t_r=t_1=T_r-273.15$，T_r 的单位为 K。

⊜ 这种方法也称为牛顿-拉弗森迭代法，以牛顿和约瑟夫·拉弗森命名。

感器的传递函数 $f(s)$ 表示为 $E=f(s)$，也可以写作 $E-f(s)=0$。牛顿法规定了如何利用测得的输出值 E 计算激励的序列值。

$$s_{i+1}=s_i-\frac{f(s_i)-E}{f'(s_i)} \qquad (2.31)$$

这个序列经过多步计算后收敛于所求输入激励 s。其中，s_{i+1} 是第 $i+1$ 次迭代得到的值，s_i 是第 i 次迭代的值，$f'(s_i)$ 是在输入为 s_i 处的传递函数的一阶导数（$i=0$，1，2，3，…），注意在所有迭代中都需使用相同的测量值 E。

从设定激励值 s_0 开始，然后使用式（2.31）来计算真实激励 s 的下一个近似值。然后用 s 的前一个近似值再计算一次。换句话说，在传感器分辨率的范围内对后续 s_i 的计算进行多次（迭代）直到 s_i 的增量变化足够小。

为了说明牛顿法的应用，假设传递函数为一个三次多项式

$$f(s)=as^3+bs^2+cs+d \qquad (2.32)$$

式中，系数 $a=1.5$，$b=5$，$c=25$，$d=1$。将式（2.32）代入式（2.31）得到 s_{i+1} 的迭代式

$$s_{i+1}=s_i-\frac{as_i^3+bs_i^2+cs_i+d-E}{3as_i^2+2bs_i+c}=\frac{2as_i^3+bs_i^2-d+E}{3as_i^2+2bs_i+c} \qquad (2.33)$$

该公式用于所有的后续迭代。例如，假定测得传感器的响应 $E=22.000$，设定真实的激励值 $s_0=2$。由式（2.33）可得出下列 s_{i+1} 序列值

$$s_1=\frac{2\times1.5\times2^3+5\times2^2-1+22}{3\times1.5\times2^2+2\times5\times2+25}=1.032$$

$$s_2=\frac{2\times1.5\times1.032^3+5\times1.032^2-1+22}{3\times1.5\times1.032^2+2\times5\times1.032+25}=0.738$$

$$s_3=\frac{2\times1.5\times0.738^3+5\times0.738^2-1+22}{3\times1.5\times0.738^2+2\times5\times0.738+25}=0.716$$

$$s_4=\frac{2\times1.5\times0.716^3+5\times0.716^2-1+22}{3\times1.5\times0.716^2+2\times5\times0.716+25}=0.716$$

$$(2.34)$$

可以看出在第 3 次迭代后，s_i 序列值收敛于 0.716。

因此在第 4 步时，牛顿法停止，激励值确定为 $s=0.716$。为了检查解的准确性，将这个数代入式（2.32）可得到 $f(s)=E=22.014$，在实际测量响应 $E=22.000$ 的 0.06% 之内。

应该注意，如果传感器的灵敏度变低时，牛顿法会引起很大的误差。换言之，当传递函数为常数（一阶导数为 0）时，这种方法不可用。在这种情况下，可以采用改进牛顿法。在一些情况下，当一阶导数不容易被分析计算时，可以利用 Δs 和 ΔE 求得近似灵敏度值 [见式（2.17）]。

参考文献

1. Stoer, J. , & Bulirsch, R. （1991）. *Introduction to numerical analysis* （2nd ed. , pp. 93-106）. New York, NY：Springer.

2. Kelley, C. T. （2003）. *Solving nonlinear equations with Newton's method. Number 1 in Fundamental algorithms for numerical calculations.* Philadelphia, PA：SIAM.

3. Süli, E. , & Mayers, D. （2003）. *An introduction to numerical analysis.* Cambridge, UK：Cambridge University Press.

第 3 章

传感器特性

在进行传感器选择时，首先应根据具体的应用去概述使用要求。当明确要求后，就要开始评估什么是可用的。评估工作由研究传感器的数据表开始，数据表给出了传感器所有的基本特征。接下来的任务是将要求与可用的传感器进行匹配。在可用的传感器中选择最好的传感器虽然很吸引人，但选太好的传感器意味着成本过高——不适用于工程实践。本章将介绍最典型传感器的特性和要求，这些特性和要求通常在数据表中给出，或至少应被给出。

3.1　用于移动通信设备中的传感器

在过去十年中，传感器的主要市场——**移动通信设备**（MCD）已经出现，如智能手机、智能手表和平板电脑。如今，MCD 已经成为我们自己的一个仿生延伸。电话不再仅是为了远距离（**电**）传递声音（**话**），它已经演变成我们个人的网络管家，可完成多种服务功能。为了完成工作，MCD 需要利用一些外置或内置的传感器和探测器来获取自身外部的信息。一些传感器被用作人-MCD 接口，用于接收操作命令（键盘、传声器、加速度计），而其他一些传感器则用于感知环境信息（光、压力、化学变化等）。现在，一个通用 MCD 中包含传感器的数量虽然相当有限，但它们支持工业、科技、消费和医疗等领域的上千个应用。目前这些内置传感器有：

成像相机——拍摄静态照片和视频。

传声器——在可听频率范围内探测声音。

加速度计——探测 MCD 的运动和重力的方向。

陀螺仪——测量 MCD 的空间方向。

磁强计（指南针）——探测磁场强度和方向。

GPS——用于识别全局坐标的射频接收器和处理器。

接近探测器——探测 MCD 和用户身体的接近。

当然，上述传感器仅能感知相当有限的激励，不能支持许多新兴的 MCD 的应用。这些新兴的应用领域包括：

工业上，非接触式地探测温度、热成像、湿度、空气流动、辐射、气味、物体的介电常数、材料的组成、范围（距离）、气压、产品新鲜度等。

医疗上，内部（核心）及表皮温度、热成像、动脉血压、心电图、血液因子

（葡萄糖、胆固醇、血红蛋白氧饱和度）、深度体成像、嗅觉（电子鼻）、行为矫正等。

军事上，用于夜视、探测有毒气体、接近、电离辐射、爆炸物、化学和生物制剂等。

消费领域中，用于检测身体内部温度、心率、氡气、妊娠检查、测醉检测、硫化氢检测、食物成分、行为矫正、接近、紫外线水平、电磁污染、地表温度等。

3.1.1　MCD 传感器的需求

由于 MCD 传感器需要嵌入到小型手持设备中，应该使用特定的方式进行设计。也许 MCD 传感器的最重要的特征应该是集成性，完整地集成配件，包括信号调节、数据处理和通信电路。总体思路是，MCD 传感器将不仅仅是一个传感器，它是一个完整的自身包含传感模块的微型仪器——可以进行检测、调节、数字化、处理、输出和信号的传递。MCD 传感模块的其他重要要求包括：低功耗、小尺寸/重量、高精度、稳定、响应快等。MCD 传感器的 10 项基本要求见表 3.1[1]。为了强调它们的重要性，将其称为移动传感器设计的"**10 大戒律**"。所列的每一条都是至关重要、不容忽视的。可以说任何一条"戒律"不满足，该传感器则不能完全适用于移动领域。

表 3.1　移动传感器设计的"10 大戒律"

1	智能传感器:内置信号调节器和 DSP
2	内置通信电路(I^2C、NFC、蓝牙等)
3	集成配件(光学器件、温度自动调节器、鼓风机等)
4	敏感信号的高选择性(抗干扰)
5	快速响应
6	小尺寸以适应移动设备
7	低功耗
8	在变化环境中稳定性好
9	生命周期内稳定性好:不需要定期校准或更换
10	大批量生产时成本低

有 4 种可行的方式可将传感模块耦合于 MCD 中，如图 3.1 所示。其中，可将传感模块直接嵌入 MCD 壳体内，如图 3.1a 所示；用一个可拆卸的保护罩（外壳）包住 MCD，如图 3.1b 所示；作为外设插入 MCD 的通信接口，如图 3.1c 所示；模块全部外设，通过无线网络与 MCD 通信，如图 3.1d 所示。

从工程角度来看，上述所有选项都是可行的，但是从方便性和实用性角度来看，消费者在连接一个**通用**的 MCD 时，方式 2 是最具吸引力的。在保护罩内安装传感器，应该将传感器隐藏得符合人体工程学并难以被发现，而当需要使用传感器时，应该使操作者在不去进行额外操作的情况下立即启动传感器。传感"智能罩"

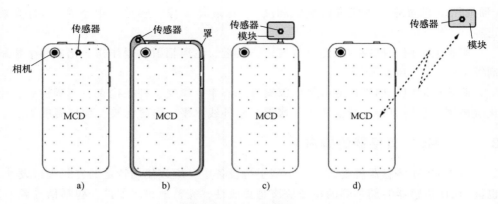

图 3.1 4 种将传感模块耦合于移动通信设备的可行方法

a）方式 1 b）方式 2 c）方式 3 d）方式 4

通过有线或者无线与 MCD 通信，最好的方式是无线，例如通过 NFC⊖或者蓝牙。

3.1.2 集成

将多种功能集成在传感模块中是基于敏感元件本身很少能自己工作这一现实，它需要多种配件，例如电压或电流基准器、信号调节器、加热器、多路复用器、气体鼓风机、透镜、数字信号处理器（DSP），以及许多其他配件。图 3.2 则说明了上述观点。图 3.2 所示为一个集成了非接触 IR 温度计的传感模块[2]。该模块可以直接嵌入 MCD 壳体内（方式 1），或者作为"智能"罩的一部分（方式 2）。

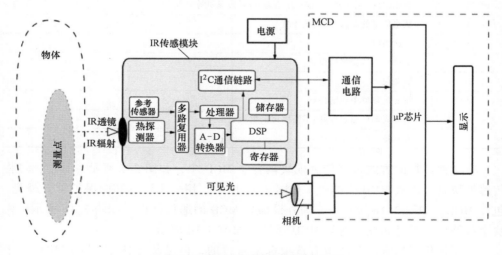

图 3.2 MCD 热辐射传感模块框图

⊖ NFC 代表近场通信。

IR 传感模块与 MCD 内部的数字成像相机协同工作，相机相当于 IR 透镜的取景器。相机和 IR 透镜都是为了获取物体的最佳测量位置（测量点）。测量点表面自然发出的热红外辐射由窄角 IR 透镜聚焦在热辐射探测器上，例如热电堆或微型测热辐射计。探测元件将辐射转换为微小电压，并与参考温度传感器的输出一起经多路复用器传输到信号调节器。调节器滤掉干扰电压，使测量信号达到适合进行数字转换的幅值，模数转换由高分辨率 A-D 转换器完成。数字信号处理器（DSP）对数字信号进行处理，计算物体的温度，然后通过串行数字通信链路（I^{2}C）将结果发送给 MCD 进行显示和解释。可以看出，该传感模块是完整的非接触 IR 温度计，它不需要或很少需要外部组件去与 MCD 接口。任何用于 MCD 的传感器应该遵循类似的方法——将所有基本功能完整地集成到一个独立的小壳体内。

3.2 量程（满量程输入）

能被传感器转换的激励的动态范围称为量程或满量程（FS）输入。它代表了施加在传感器上，且不会使得传感器误差超过最大可接受范围的最大可能的输入值。对于一个具有很宽且非线性响应特性的传感器而言，输入激励的动态范围通常用分贝来表示，它是功率或者力（电压）比率的对数值。必须强调的是分贝不测量绝对的数值，而仅是一个数值比。分贝标度用更小的数字表示了信号的幅度，在许多情况下，这是非常方便的。作为一个非线性标度，它可以用高分辨率表示小信号，同时压缩大信号的值。换而言之，对数标度对于小信号测量对象起到了显微镜的作用，而对于大信号测量对象则起到了望远镜的作用。根据定义，分贝为 10 倍的功率比的对数值（见表 3.2）

$$1\text{dB} = 10\lg\frac{P_2}{P_1} \tag{3.1}$$

类似地，分贝也被定义为 20 倍的力、电流或电压比的对数值

$$1\text{dB} = 20\lg\frac{E_2}{E_1} \tag{3.2}$$

表 3.2 功率、力（电压、电流）与分贝之间的关系

功率比	1.023	1.26	10.0	100	10^3	10^4	10^5	10^6	10^7	10^8	10^9	10^{10}
力比	1.012	1.12	3.16	10.0	31.6	100	316	10^3	3162	10^4	3×10^4	10^5
分贝	0.1	1.0	10.0	20.0	30.0	40.0	50.0	60.0	70.0	80.0	90.0	100.0

3.3 满量程输出

模拟输出的满量程输出（FSO）是指施加的最大输入激励产生的输出电信号与

最小输入激励产生的输出电信号之间的代数差。对于数字输出，它表示 A-D 转换器对于绝对最大满量程输入的最大数字转换数值。它必须包括所有由理想传递函数引起的偏差。例如，图 3.3a 中满量程输出用 E_{FS} 表示。

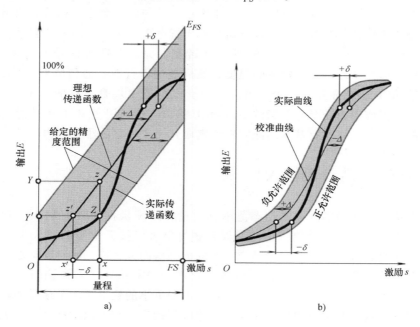

图 3.3　误差由输入值确定

a）传递函数　b）校准的精度范围

3.4　精度

精度是传感器非常重要的特性，它实际上指的是"不精确度"。不精确度表示的是，传感器所表示的激励值与其输入端理想的或真实的激励值之间的最大偏差。真值取决于输入激励，且具有一定的不确定度（见下文），因为人们永远不可能完全确定真值究竟是多少。

理想传递函数的偏差可以描述为由输出计算出的输入激励值与实际的输入值之间的差值。例如，某线性位移传感器理想情况下每 1mm 位移应产生 1mV 电压，即其传递函数是线性，斜率（灵敏度）$B = 1mV/mm$。然而，在试验中，当位移 $s = 10mm$ 时产生的输出 $E = 10.5mV$。将该值通过反函数（$1/B = 1mm/mV$）转换成位移，我们将计算出位移 $s_x = E/B = 10.5mm$，即 $s_x - s = 0.5mm$，比实际多出 0.5mm。多出来的 0.5mm 即为测量过程中不正确的偏差或误差。因此，在 10mm 的范围内传感器的绝对误差是 0.5mm，或者说相对误差为（0.5mm/10mm）×100% = 5%。对于大的位移，误差可能会更大。如果不计随机误差，反复进行试验，每次观察到的误差均为 0.5mm，我们就可以说传感器在 10mm 的测量范围内具有 0.5mm 的系统误差。当然随机成分总是存在的，因此系统误差为多次测量误差的平均值。

图 3.3a 中给出了一种理想的或理论的线性传递函数（细线）。实际中，任何传感器都具有某种程度的不足。图中粗线表示可接受范围内的实际传递函数曲线，它通常既不是线性的也不是单调的。实际的传递函数很少与理想的传递函数一致。由于材料的变化、工艺、设计误差、制造公差或其他的一些限制条件，即使是在相同的条件下测试，传感器的实际传递函数也可能多种多样。但是，所有的实际传递函数必须在给定的精度范围内，它与理想传递函数的允许偏差为 $\pm\Delta$。实际传递函数与理想函数的偏差用 $\pm\delta$ 表示，这里，$\delta \leqslant \Delta$。

举例来说，假设激励的值为 x，理想情况下，我们希望这个值与传递函数的 z 点对应，产生的输出值为 Y，但实际的传递函数在 Z 点响应，产生的输出值为 Y'。当我们用测得的 Y' 值计算激励值时，我们并不知道实际的传递函数如何不同于希望的 "理想" 的传递函数，因此我们用理想的反传递函数进行计算。测得的输出值 Y' 在理想传递函数中对应的是 z'，相应的输入激励为 x'，并且其值小于 x。所以，在这个例子中，传感器性能上的不足导致了测量误差 $-\delta$。

精度包含了零件间的变差、迟滞、死区、校准及重复性误差（见下文）的综合影响。给定的精度范围一般用于最坏情况下的分析以确定系统可能的最差性能。

为了提高精度，应减少引起误差的因素。这不能完全依赖于传感器制造商给定的制造公差，而可通过在选定条件下单独校准每个传感器实现。如图 3.3b 所示，$\pm\Delta$ 越贴合实际传递函数，意味着传感器精度越高。可以通过对每个单独的传感器进行多点校准或曲线拟合来实现。所以，给定的精度范围不是围绕理论（理想）传递函数来建立的，而是围绕校准过程中确定的实际校准曲线建立起来的。由于允许的精度范围不包含购买的传感器之间的零件间误差，且这些传感器专门针对特定装置，所以其允许的精度边界会变窄。显然，这种方法使得感知精度更高。然而，其高成本反而限制了它在一些应用中的使用。

通常不精确度（精度）被定义为一个最大的，或者典型的，或者平均的误差。

不精确度等级可由下列方式表示：

1）直接以激励的测量值（Δ）的方式。

这种方式适用于误差与输入信号大小无关的情况。通常，它与附加噪声或系统偏差有关，但也包含所有其他可能的误差源，如校准、制造精度等。例如，对温度传感器可规定为 0.15℃，对一个流量传感器可规定为 10fpm（ft/min）。通常，某一具体激励范围的测量值伴随的精度指标也不同，例如同样流量传感器的精度指标可以是：

在 100ft/min 以下的流量范围内的精度指标为 10fpm。

在超过 100ft/min 的流量范围内的精度指标为 20fpm。

2）用相对于输入量程（满量程）的百分比表示。

这种方式适用于具有线性传递函数的传感器，且与方式 1）关系密切。它仅仅是用另一种方式阐述同一件事情，因为传感器的输入量程对于几乎所有的传感器而言是特定的。这种方式不适用于具有非线性传递函数的传感器，除非指定一个很小的近似线性范围。例如，某热式流量传感器（见 12.3 节）的响应可以用平方根函数建模，即在低风速下较敏感，而在高风速下较不敏感。我们假设传感器的量程为 3000fpm，它的精度为满量程的 3%，也就是 90fpm。但是，在测量低风速时，如 30～100fpm，90fpm 这个偏差看上去很大，而事实上由于非线性，这个结果会令人误解。

3）用相对于测量信号的百分比表示。

由于误差幅值仅为信号幅值很小的一部分，方式 3）是一种用乘法表达误差的方式。它适用于具有高非线性度传递函数的传感器。在上述方式 2）的例子中，测量信号的 3% 对低风速而言更实用，因为它只有几个 fpm，而对于高风速，它将是几十个 fpm，也是合理的。但是，我们通常不推荐这种方式，因为通常情况下误差会随着激励而发生变化。将整个非线性范围分解为更小的准线性部分则更有意义，这样，就可对每个单独的部分使用方式 2）了。

4）根据输出信号。这种方式适用于具有数字输出形式的传感器，例如，其误差可用 LSB 表示。

具体用哪一种方法通常取决于实际应用。

在现代传感器中，精度通常由更具综合性的不确定度（见 3.21 节）表示。因为不确定度包含了包括系统误差和随机误差在内的所有失真效应，而不仅限于传感器的精度。

3.5　校准误差

校准误差是指传感器在工厂中校准时允许的不精确度。这个误差属于系统误差类，这意味着它将作用于所有可能的实际传递函数。它通过一个常数来改变每一激励点的转换精度。该误差在整个量程范围内不一定是相同的，它可能随校准过程中误差类型的不同而改变。例如，我们来看一个实际线性传递函数两点校准的例子（见图 3.4 中的粗线）。为了确定函数的斜率和截距，s_1 和 s_2 两个激励施加到传感器上。传感器相应地产生了两个输出信号 A_1 和 A_2。如果说第一个响应得到绝对精确的测量，那么第二个响应测得的误差则为 $-\Delta$。这导致了斜率和截距的计算误差，新的不正确的截距 a_1 将与实际截距 a 不同。

$$\delta_a = a_1 - a = \frac{\Delta s_1}{s_2 - s_1} \tag{3.3}$$

斜率的计算将会带有误差

$$\delta_b = -\frac{\Delta s_1}{s_2 - s_1} \tag{3.4}$$

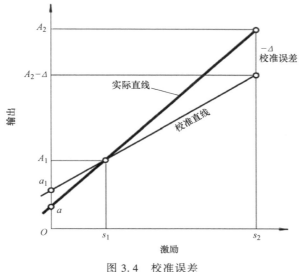

图 3.4　校准误差

校准时的另一个误差源是参考传感器。如果使用一个不太精确的参考传感器就不可能精确校准。因此，使用和维护高精度的参考信号源或传感器（计量仪器）是必不可少的，这些都能追溯到国家标准。

3.6　迟滞

迟滞误差是指在输入信号的给定点处传感器从反方向逼近时其输出与正向输出相比的偏移量（见图 3.5）。例如，对于位移传感器，当被测物体在某一点处由左

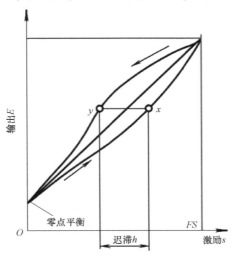

图 3.5　具有迟滞的传递函数

向右移动时产生的电压与由右向左运动时产生的电压相差 20mV。如果传感器的灵敏度是 10mV/mm 的话，则以位移为单位的迟滞误差是 2mm。通常迟滞的产生主要由传感器设计的外形、摩擦力和材料（尤其是塑料和环氧基树脂）内部的结构变化引起的。

3.7　非线性度

非线性度误差专门针对其传递函数可由直线［式（2.2）或式（2.3）］逼近的传感器。非线性度是指实际传递函数和逼近直线之间的最大偏差（L）。"线性度"这个词实际上就意味着"非线性度"。当传感器经过多次校准后，应表示出任一校准循环中获得的最差线性度。线性度通常是以相对于满量程的百分比或根据测得的值给出，比如以 kPa 或 ℃ 为单位表示。线性度在没有指明参考哪种直线的情况下是无意义的。非线性度的确定有几种方法，取决于如何根据传递函数获得附加直线。一种方法是采用端点法（见图 3.6a），即确定最小和最大输入激励的输出值并在这两点之间划一条直线（直线 1）。其中，接近端点处，非线性度误差是最小的，中间任何点的非线性误差都比端点处大。

在一些应用中，有时需要在较窄输入范围内得到较高的精度。例如，医学体温计应在发烧确定的范围内即 36~38℃ 温度范围内具有最佳的精度，而在这个范围之外允许有稍低的精确度。通常这种传感器是在所需的高精度范围内进行校准的。然后，可以通过校准点 c 画出拟合直线（图 3.6a 中的直线 3）。因此，在校准点附近

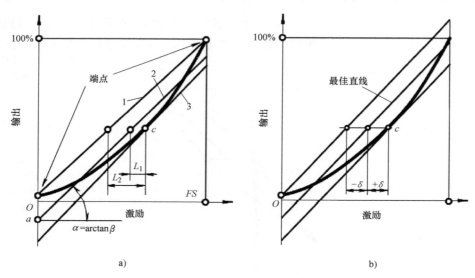

图 3.6　非线性传递函数的线性近似以及独立线性度

a）非线性传递函数的线性近似　b）独立线性度

非线性度取得最小值，而随着向量程的两端延伸，非线性度增大。这种方法中，拟合直线通常确定为传递函数在 c 点的切线。当实际传递函数已知时，直线的斜率就可以通过式（2.17）获得。

独立线性度是对于"最佳直线"（见图 3.6b）而言的。"最佳直线"是指将实际传递函数所有输出值都包含在内且距离最近的两条平行线的中位线。

根据规定的方法，拟合直线可能会有不同的斜率和截距。因此，测得的非线性度可能互相之间相差很大。使用者应该注意的是，制造商经常只公布最小可能的数值来确定非线性度，而没有定义使用了哪种方法。

3.8　饱和度

每一个传感器都具有使用范围。即使该传感器是线性的，对于某一范围的输入激励，传感器的输出信号也将不再有响应。也就是说，进一步增大激励时不能产生预期的输出。即传感器存在一定范围的非线性区或饱和区（见图 3.7）。

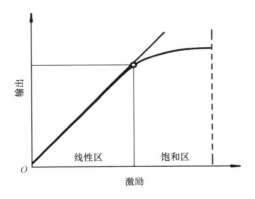

图 3.7　具有饱和区的传递函数

3.9　重复性

重复性（可重现性）误差是由传感器在相同的情况下不能再现相同的值而引起的。除非另有说明，重复性表示为两个校准循环所确定的输出读数的最大偏差（见图 3.8a）。重复性通常是用满量程的百分比来表示的

$$\delta_{\mathrm{r}} = \frac{\Delta}{FS} \times 100\% \qquad (3.5)$$

重复性误差可能的来源有热噪声、累积电荷、材料塑性等。

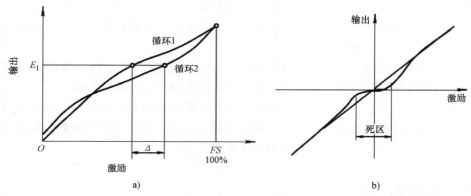

图 3.8　两个不同的输入信号产生了相同的输出信号 E_1

a）重复性误差　b）传递函数的死区

3.10　死区

死区指传感器对于特定范围的输入信号的不敏感性（不响应）（见图 3.8b）。在整个死区区间内传感器的输出保持为一个确定的值（通常为零）。

3.11　分辨率

分辨率描述了传感器能够感知的最小激励增量。当一个激励在一定范围内持续变化时，即使是在没有噪声的情况下，某些传感器的输出信号也不会是完全平滑的。传感器的输出可能以小的步长发生变化。对于电位器式传感器、具有栅格结构的红外占用探测器，以及其他只有在一定程度的激励变化下才会产生输出信号变化的传感器来说，这种情况是比较典型的。此外，任何转换成数字形式的信号都要被分成小的步长，每一个步长分配一个数字。能引起输出最小步长（变化）的输入变化称为给定条件下（如果有）的分辨率。例如，对于运动探测器，分辨率可以定义如下："分辨率——在 5m 的距离上被测对象最小的等距位移为 20cm"。对于金属丝绕制的电位器角度传感器，分辨率可以定义为"最小角度 0.5°"。有时，分辨率是以满量程的百分比形式来表示的。例如，对于满量程为 270° 的角度传感器，0.5° 的分辨率可以定义成满量程的 0.18%。应该注意的是，步长可以随范围而改变，因此分辨率可定义为典型的、平均的或最差的。

数字输出形式的传感器的分辨率可通过数字的位数给出。例如，其分辨率可以定义为"8 位分辨率"，为使之合理，这种表示方式必须以满量程值或 LSB（最低有效位）来实现。当在输出信号中没有可测量的步长时，传感器具有连续的或无穷小的分辨率（有时会被错误地当成"无限分辨率"）。

3.12 特殊性质

对于某些传感器需要给定其特殊的输入特性。例如,光探测器只在一定的光学带宽内具有敏感性。因此需要适当地说明其光谱响应。

3.13 输出阻抗

输出阻抗 Z_{out} 对于更好地连接传感器和电路非常重要。输出阻抗与输入阻抗 Z_{in} 以并联(电压连接)或者串联(电流连接)的形式连接。图 3.9 给出了这两种连接方式。由于可能包含电抗元件(电容和电感),输出和输入阻抗通常以一种复数形式表达。为了减小输出信号的失真,产生电流的传感器(见图 3.9b)应有尽可能高的输出阻抗 Z_{out} 且电路的输入阻抗 Z_{in} 应尽可能低。而对于电压连接(见图 3.9a),传感器应具有尽可能低的输出阻抗 Z_{out},而相应的接口电路输入阻抗 Z_{in} 应尽可能高。

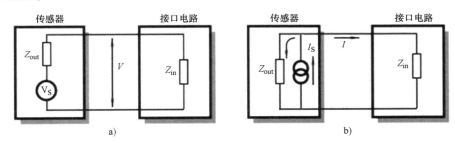

图 3.9 传感器与接口电路相连

a) 传感器输出电压 b) 传感器输出电流

3.14 输出格式

输出格式是由传感器自身或与激励电路及信号调节器一起产生的一组输出电特性。这种特性可以包括电压、电流、电荷、频率、振幅、相位、极性、信号的图形、时间延迟以及数字代码。图 3.10 给出了电流或电压格式的输出信号的例子。传感器制造商应该提供传感器输出格式的详细信息,以便于有效应用。

在集成传感器与外部设备之间最流行的数字通信方式是串行连接。顾名思义,串行连接是以串行方式发送或接收字节信息(每次一个比特)。这些字节是通过二进制格式或文本(ASCII)格式传输的。对于数字输出的集成传感器,最常用的通信方式是 PWM(脉宽调制)和 I^2C 及其相关变化形式。

I^2C 协议是由飞利浦半导体公司开发的,用于在两根线之间的 I^2C 设备发送数

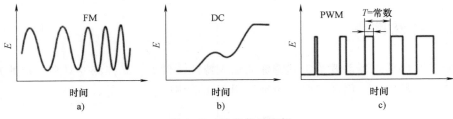

图 3.10　输出信号实例

a）调频（FM）恒定幅值正弦波　b）在输出范围内变化模拟信号（DC）

c）恒定周期变化宽度的矩形波脉冲宽度调制（PWM）

据。通过两根线将信息从传感器串行地发送到外部设备：一根线发送数据（SDA），一根线发送时钟（SCL）。该协议以主机和从机的概念为基础。主机是一个控制器（通常为微处理器），可以实时控制总线和时钟，还可以产生开始（START）和停止（STOP）信号。从机只能接收总线的数据，并响应控制信号或发送来的数据。主机可以向从机发送数据或从从机接收数据，但从机不能在它们之间传输数据。它们之间基本的通信速度可选择在 0~100kHz 之间。有些传感器的响应相对较慢（如接触式温度传感器），因此一个响应较慢的从机模块可能需要在收集和处理数据时让总线停止工作，要想实现该功能，可以在时钟线（SCL）保持在低电平时将主机强制转换为等待状态，等到 SCL 恢复高电平后主机才能开始工作。

3.15　激励

激励是有源传感器工作所需的电信号。激励定义为一定范围的电压和/或电流，或者是光、磁场和其他类型的信号。对于某些传感器，必须给出激励信号的频率、形状以及它的稳定性。激励的虚假变化可能改变传感器的传递函数，产生噪声并引起输出误差。一个关于激励信号的例子是通过热敏电阻的电流，通过它来测量随温度变化的电阻。

以下是关于激励信号规格说明的一个例子：

通过热敏电阻的最大电流	在静止空气中	50μA
	在水中	1mA

3.16　动态特性

静态条件下（输入激励变化非常缓慢），传感器可以通过非时变传递函数、精度、量程、校准等全面描述。但是，当输入激励变化速度较快时，传感器响应通常不能完全准确地随输入激励而变化。原因在于传感器和它与激励源之间的耦合并不总是立即响应。换而言之，传感器可用一个随时间变化的特征来描述其特性，我们把它称为动态特性。如果传感器没有实时响应，则可能表示激励值与真实值稍有不同，即传感器的响应具有动态误差。传感器的静态误差与动态误差的不同在于后者是与时间有关的。如果传感器是某动态控制系统的一部分，两者结合后，如果情况好的话，只是在传感器表示激励真值时产生时延，最坏的情况是引起系统的寄生振荡。

预热时间是指从给传感器施加电压或激励信号到传感器能工作在给定的精度范围内的时间。许多传感器的预热时间很短，可忽略，但是对于许多传感器而言，尤其是那些工作在热控环境下的传感器（如恒温器）和需要使用加热器的化学传感器，在它们处于预期精度范围之前，可能需要几秒到几分钟的预热时间。

在控制理论中，一般用常系数线性微分方程描述输入-输出的关系。那么，传感器的动态（时间相关）特性可以通过求解这样的方程进行研究。根据传感器的设计，这种微分方程可达数阶。

零阶传感器的特性可以用一个与时间无关的传递函数表示。这样一个传感器不包含任何能量存储装置，如电容。零阶传感器即刻响应。换而言之，这种传感器无须给定任何动态特性。当然，几乎所有的传感器都有一定的响应时间，但这些时间可以短到忽略不计。

一阶微分方程描述了含有一个储能装置的传感器。输入 $s(t)$ 和输出 $E(t)$ 之间的关系可以通过一阶微分方程表示

$$b_1 \frac{\mathrm{d}E(t)}{\mathrm{d}t} + b_0 E(t) = s(t) \tag{3.6}$$

一阶传感器的典型例子是温度传感器，其储能器件是传感器内封装的热电容。

一阶传感器的动态特性可由制造商以不同的方式给定。典型的是频率响应，它表示一阶传感器响应输入激励变化的速度。频率响应由 Hz 或 rad/s 表示，以给定在某一特定频率激励下输出信号的相对衰减量（见图 3.11a）。常用的衰减量（频率范围）为 $-3\mathrm{dB}$。它显示输出电压（或电流）衰减约 30% 时的频率大小。频率响应的极限 f_u 通常被称为上限截止频率，是传感器所能处理的最高频率。

频率响应直接关系到传感器的响应速度，响应速度通常定义为单位时间内输入激励的单位数。在一些特殊情况下，如何给定频率或速度取决于传感器的类型、应用场合和设计者的偏好。

另一种给定响应速度的方法是用时间，对于阶跃激励来说，指的是传感器到达稳定状态或最大响应值的任意比例（如 63% 或 90%）所需的时间。对于一阶响应，使用时间常数的概念非常方便。时间常数 τ 表征传感器的惯性。在电学术语中，它等于电容和电阻的乘积：$\tau = CR$，在热学术语中，则为热容和热阻的乘积。实际上，时间常数能够很容易测出。

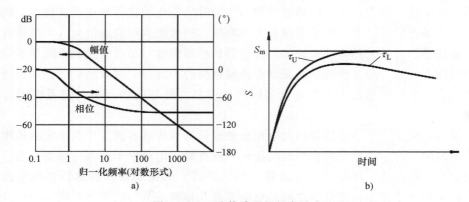

图 3.11　一阶传感器的频率响应

a）频率特性　b）一阶传感器在上、下截止频率下的响应，

其中 τ_U 和 τ_L 分别代表上限和下限截止频率对应的时间常数

一阶系统的响应为

$$E = E_m(1 - e^{-t/\tau}) \tag{3.7}$$

式中，E_m 是稳态输出；t 为时间；e 是自然对数的底数。

令 $t = \tau$，我们得到

$$\frac{E}{E_m} = 1 - \frac{1}{e} = 0.6321 \tag{3.8}$$

换而言之，经过一个时间常数的延时，响应就会达到稳态值 E_m 的 63%。类似的，我们可以给出经过两个时间常数的延时，响应会达到稳定值的 86.5%，经过 3 个时间常数之后，就会达到稳定值的 95%。

截止频率是指传感器能处理的激励信号的最低或最高的频率。上限截止频率指的是传感器的响应速度有多快，下限截止频率指的是传感器能够处理变化多慢的激励信号。图 3.11b 给出了限定了上限和下限截止频率后传感器的响应。根据经验，我们可以通过一个简单的公式来建立截止频率 f_c（上限截止频率或下限截止频率）和一阶传感器时间常数之间的关系

$$f_c \approx \frac{0.159}{\tau} \tag{3.9}$$

某一给定频率的相位偏移是指输出信号如何滞后于激励变化（见图 3.11a）。这种相位偏移通过角度或弧度测得且通常专门用于处理周期信号的传感器。如果传感器是反馈控制系统的一部分，了解其相位特性非常重要。相位滞后减小了系统的相位裕度，会导致系统整体的不稳定性。

二阶微分方程描述了含有两个储能装置的传感器。输入 $s(t)$ 和输出 $E(t)$ 的关系，用微分方程的形式表示为

$$b_2 \frac{d^2 E(t)}{dt^2} + b_1 \frac{dE(t)}{dt} + b_0 E(t) = s(t) \tag{3.10}$$

二阶传感器的例子是包含质量块和弹簧的加速度传感器。

二阶响应是输出响应包含周期信号的传感器特有的。这种周期响应可能会很简单，我们称这种传感器是有阻尼的，也有可能会出现延时，甚至有可能是持续振荡的。当然，对传感器而言，这样的持续振荡是有害的，必须加以消除。

任何二阶传感器都可以用谐振（自然）频率定义其特性，单位是 Hz 或者 rad/s。自然频率表示在该频率点，激励不增加而传感器输出会显著增加。当传感器输出响应符合二阶响应的标准曲线时，制造商会阐明传感器的谐振频率和阻尼比。谐振频率与探测器的机械、热或电特性相关。一般来说，传感器的工作频率范围应显著低于（至少 60%）或高于谐振频率。然而，有些传感器采用谐振频率作为其工作点。例如，玻璃破碎探测器（用于安全系统中），谐振频率使得传感器敏感频带很窄，此频带仅限于玻璃破碎产生的声谱范围。图 3.12 说明拥有不同截止频率的传感器的响应。

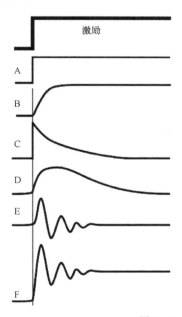

A—不限制截止频率
B——阶设置上限截止频率
C——阶设置下限截止频率
D——阶设置上限和下限截止频率
E—窄带宽响应（共振）
F—带谐振的宽带宽响应

图 3.12　响应的类型

阻尼是指，在具有高于一阶响应的传感器中，对振荡逐步地减小或抑制。当传感器的响应尽可能地快而又没有超调时，这种响应我们称为临界阻尼（见图 3.13），欠阻尼响应发生在有超调量时，而过阻尼响应比临界阻尼响应速度还要慢。阻尼比是二阶线性传感器的实际阻尼与其临界阻尼的商。传感器中的阻尼表现为一种含有黏性的特殊组件（阻尼器），例如流体（空气、油、水）。

传感器的振荡响应如图 3.13 所示，阻尼因子是阻尼的衡量标准，可表述为（不带符号）：两个相邻的（连续）偏离输出信号最终稳定状态且方向相反的振幅

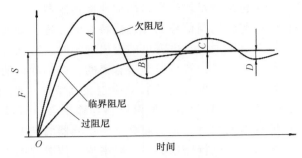

图 3.13　具有不同阻尼系数的传感器响应曲线

之中，较大的振幅除以较小的振幅所得到的商。因此，阻尼因子的测量结果为

$$阻尼因子 = \frac{F}{A} = \frac{A}{B} = \frac{B}{C} = \cdots \tag{3.11}$$

3.17　传感器元件的动态模型

为了确定传感器的动态响应，应在其输入端施加变化的激励，同时观察输出值。一般来说，测试激励可以是任意形式，应根据实际需要进行选择。例如，当确定加速度传感器的固有频率时，不同频率的正弦振动是最合适的。另外，对于温度探测器来说，温度的阶跃函数更为可取。在许多其他情况下，经常使用阶跃或方波脉冲作为输入激励。原因在于，阶跃或脉冲信号理论上具有无限频谱，即传感器同时在所有频率下进行测试。

传感器的数学建模是一个强大的用于评估其性能的工具。建模可以解决两种响应：静态和动态。这些模型通常处理传感器的传递函数。这里我们简要概括如何对传感器进行动态评估。动态模型可能具有几个独立变量，然而，其中之一一定是时间。由此产生的模型被称为集总参数模型。本节中，数学模型的建立是通过将物理定律应用到一些简单的集总参数传感器元件。也就是说，为了便于分析，将传感器分为简单且独立的元件。不过，一旦用于描述这些元件的方程被建立，各个元件则可被重组来产生初始传感器的数学模型。这种处理的目的不是详尽的，而是为了引入下面的话题。

3.17.1　力学元件

动态力学元件由质量块，或者带弹簧或阻尼的惯性物体构成。通常阻尼有黏滞性，对于直线运动，保持力与速度成正比；同样，对于圆周运动，保持力与转速成正比。弹簧或轴施加的力或力矩与其位移成正比。不同力学元件及其控制方程见表 3.3。

表 3.3 力、热、电原理表达式比较

力	热	电	
质量块 $\boxed{M}$ $F = M\dfrac{\mathrm{d}(v)}{\mathrm{d}t}$	电容 $\overset{T}{\dashv\vdash}C$ $Q = C\dfrac{\mathrm{d}T}{\mathrm{d}t}$	电感器 $\overset{}{\frown\frown\frown}L$ $V = L\dfrac{\mathrm{d}i}{\mathrm{d}t}$	电容器 $\dashv\vdash$ $i = C\dfrac{\mathrm{d}V}{\mathrm{d}t}$
弹簧 $\mathrm{\LARGE\otimes}\,k$ $F = k\displaystyle\int v\mathrm{d}t$	电容 $\overset{T}{\dashv\vdash}C$ $T = \dfrac{1}{C}\displaystyle\int Q\mathrm{d}t$	电容器 $\dashv\vdash C$ $V = \dfrac{1}{C}\displaystyle\int i\mathrm{d}t$	电感器 $\frown\frown\frown L$ $i = \dfrac{1}{L}\displaystyle\int V\mathrm{d}t$
阻尼器 $\blacksquare\,b$ $F = bv$	电阻 $\boxed{\ \ }R$ $Q = \dfrac{1}{R}(T_2 - T_1)$	电阻器 $\mathrm{-\!\bigwedge\!-}R$ $V = Ri$	电阻器 $\mathrm{-\!\bigwedge\!-}R$ $i = \dfrac{1}{R}V$

确定运动方程最简单的方法之一是将物体分离出来作为隔离体单独研究其运动状态。然后假定自由体离开平衡位置一段距离，所受的回复力或力矩迫使其回到平衡位置。对自由体应用牛顿第二运动定律则得到所需的运动方程。

对于直线运动，牛顿第二定律表明，在单位一致时，物体受力总和等于质量与加速度的乘积。国际单位制中，力的单位是牛顿（N），质量为千克（kg），加速度为米每二次方秒（m/s²）。

对于圆周运动，力矩总和等于惯性矩与角加速度的乘积。力矩的单位为牛米（N·m），惯性矩的单位为千克每平方米（kg/m²），角加速度的单位为弧度每二次方秒（rad/s²）。

线加速度表的详细数学模型见 9.3.1 节。

3.17.2 热学元件

热学元件有散热片、加热和制冷元件、绝热体、热反射器、吸热器等。考虑热传递情况下，应将传感器视作某个大装置的一个部件。换而言之，传感器外壳与安装元件之间的热传导，空气热对流以及与其他元件之间的热辐射都是应该考虑在内的（详见 17.1 节）。

热可以通过 3 种机理传递（见 4.12 节）：传导、自然或强制对流、热辐射。对于简单的集总参数模型，应用热力学第一定律可以得到物体的温度变化。物体内能的变化率等于流入物体的热流与流出热流的差值，与具有进水管和出水管的容器的水量变化率类似。热量变化率如下

$$C\frac{\mathrm{d}T}{\mathrm{d}t} = \Delta Q \qquad\qquad (3.12)$$

式中，$C = Mc$，为物体的热容，单位为 J/K；M 为物体的质量，单位为 kg；c 为材料的比热容 [J/(kg·K)]；T 为温度，单位为 K；ΔQ 为热流率，单位为 W。

通过物体的热流率是热阻的函数，该函数通常假设为线性的

$$\Delta Q = \frac{T_1 - T_2}{r} \tag{3.13}$$

式中，r 为热阻（K/W）；$T_1 - T_2$ 是元件的温度梯度，这里考虑热传导的方式。

为说明这个过程，我们分析一个温度为 T_h 的加热元件（见图 3.14），该元件表面涂有绝热层。周围空气温度为 T_a，Q_1 为热吸收率，Q_0 为散热率。由式（3.12）得到

$$C\frac{dT_h}{dt} = Q_1 - Q_0 \tag{3.14}$$

而由式（3.13）得到

$$Q_0 = \frac{T_h - T_a}{r} \tag{3.15}$$

最终得到微分方程

$$\frac{dT_h}{dt} + \frac{T_h}{rC} = \frac{Q_1}{C} + \frac{T_a}{rC} \tag{3.16}$$

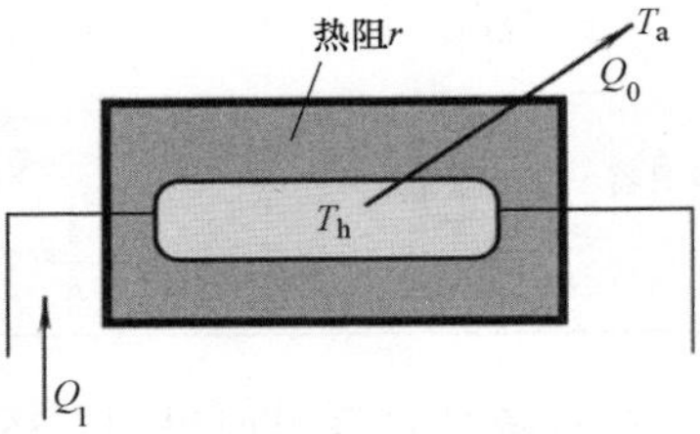

图 3.14　热学元件的模型

这是温度系统的典型一阶微分方程。如果温度单元不是闭环控制系统的一部分，它本质上是稳定的。简单温度元件的响应可用热时间常数来表示，其为热容与热阻的乘积，即 $\tau_T = Cr$。热时间常数单位为 s，对于被动制冷元件，其数值等于达到初始温度梯度的 63% 所用的时间。

3.17.3　电学元件

基本的电学元件有 3 种：电容、电感和电阻。表 3.3 给出了理想化元件的控制方程。对于理想化元件，其描述传感器特性的方程由基尔霍夫定律推出，而该定律遵循能量转换定律：

基尔霍夫第一定律：流向接点的电流总和等于流出接点的电流总和，也就是说流过接点电流的代数和为零。

基尔霍夫第二定律：在闭合回路中，电路每部分的电压总代数和与外加电势相等。

假定有一传感器回路，其基本元件如图 3.15 所示。采用基尔霍夫第一定律（也称为基尔霍夫电流定律），对于接点 A 可得方程

$$i_1 - i_2 - i_3 = 0 \tag{3.17}$$

式中，每个电流值为

$$i_1 = \frac{e - V_3}{R_1} = \frac{1}{L}\int (V_3 - V_1)\,dt$$

$$i_2 = \frac{V_1 - V_2}{R_3} = C\frac{dV_2}{dt} \tag{3.18}$$

$$i_3 = \frac{V_1}{R_2}$$

将它们代入式（3.17），得到最终方程

$$\frac{V_3}{R_1} + \frac{V_1 - V_2}{R_3} + 2\frac{V_1}{R_2} + C\frac{dV_2}{dt} - \frac{1}{L}\int (V_3 - V_1)\,dt = \frac{e}{R_1} \qquad (3.19)$$

式中，e/R_1 为外部输入，输出 V_1、V_2 和 V_3 是可测的。要得到最终方程（3.19），必须得到 i_1、i_2 和 i_3 的具体表达式。应用式（3.17）可知 $i_1 - i_2 - i_3 = 0$，再将 3 个变量代入得到完整表达式。注意，此表达式中每个元件电流的单位为 A。

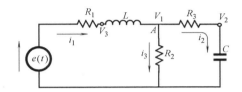

图 3.15 电路图由阻抗，容抗，感抗元件组成

3.17.4 类比

前面我们虽然分别研究了力学、热学和电学元件，但这些系统的动态特性是类似的。例如，我们可以把力学或热学元件转化为等效电路回路，并用基尔霍夫定律分析回路。表 3.3 给出了不同集总参数的力学、热学和电学的回路，以及它们的控制方程。对于力学元件，应用牛顿第二定律来研究；对于热学元件应用牛顿冷却定律。

表 3.3 的第一列为线性力学元件及其力学（F）式。第二列为线性热学元件及其热量（Q）式。第三列和第四列是电压 V 和电流 i 的对照式。此对照表在实际评估传感器性能时非常有用，广泛用于力学分析和与物体和环境的热传递分析。

3.18 环境因素

每个传感器不论是在非工作的储藏状态还是在工作状态都易受不同环境的影响。制造商一般要给出所有可能对传感器性能造成影响的环境因素。

储藏条件是指在规定的期限内易影响传感器性能，但当在正常工作条件下，又不会永久改变其性能的非工作环境限制。通常，储藏条件包括最高和最低储藏温度以及在这些温度时的最大相对湿度。相对湿度中应包含"无凝结"条件。根据传感器的固有特性，还应该考虑许多特殊的储藏条件，如最大压力、某些气体或污染烟雾的存在等。

短期和长期的稳定性（漂移）是精度指标的一部分。短期稳定性表明传感器在几分钟、几小时或者几天内性能的变化。实际上，它是重复性的另一种表达方式（见上文），因为漂移可能是双向的，也就是说，传感器的输出信号有可能增加也有可能减小，换而言之，也可将该特性描述为超低频噪声。

长期稳定性与传感器材料的老化问题相关，它在材料的电、力、化学或热特性中是不可逆的变化。也就是说，长期漂移是单向性的，它经过一段相对长的时间后发生，如数月或数年。长期稳定性对用于精密测量的传感器来说是一个非常重要的参数。老化很大程度上取决于储藏环境、工作条件、传感器的各部分如何与外界环境隔离，以及采用何种材料制成传感器等因素。老化现象通常是包含有机物部件的传感器的典型问题，一般而言，只用非有机物质制造的传感器不存在老化问题。例如，玻璃封装的金属氧化物热敏电阻与环氧树脂封装的热敏电阻相比长期稳定性要好很多。

提高长期稳定性的一个有效方法就是在极限条件下预老化器件。极限条件可以从最低到最高循环。例如，传感器可以被周期性地从冰点温度转向沸点温度。由于在人工老化过程中暴露了许多隐藏的缺陷，这种加速老化的方法不仅增强了传感器的稳定性而且提高了传感器的可靠性（见下文）。例如，热敏电阻如果在校准或安装到产品前在 150℃ 环境中预老化 1 个月，其性能会显著提高。

在正常工作情况下影响传感器的环境条件不包括传感器要测量的变量。例如，对于压力传感器通常不仅承受空气压力而且也受到其他因素的影响，如空气温度、湿度、振动、电离辐射、电磁场、重力等。所有这些因素都可能影响传感器的性能。这些条件的静态和动态变化都应该考虑到。许多环境条件通常具有倍增效应，也就是说，它改变了传感器的传递函数（例如，改变了它的增益）。如电阻应变计的灵敏度会随温度的增加而增加。

环境稳定性是一项非常重要的要求。传感器的设计者和使用传感器的工程人员应该考虑所有可能影响传感器性能的外部因素。压电加速度传感器如果承受外界环境温度突变、静电放电、摩擦起电效应、连接电缆的振动及电磁干扰（EMI）等影响时，就会产生杂散信号。即使制造商没有指明这些效应，传感器应用工程师也应该在原理样机的设计过程中模拟这些效应的影响，否则，这些环境因素会降低传感器的性能。此外，还可能需要额外的矫正措施（见 6.7 节）。例如，将传感器放入保护壳内，电屏蔽，使用热绝缘或恒温器等。

温度因素对于传感器的性能而言是非常重要的，必须认识到这一点并在设计使用中充分考虑。工作温度范围是指传感器能够保持给定精度的外界最高和最低温度的范围（如 -20~150℃）。许多传感器性能随温度的变化而变化，其传递函数也会发生显著改变。需要将一些特殊的补偿元件直接置入传感器内部或者纳入信号处理电路中以补偿温度误差。指定热效应公差最简单的方法是用适用于整个工作温度范围的误差带。该温度范围可分成几部分，同时每一部分的温度带都有单独给定的误差带。例如，可以给定传感器在 0~50℃ 范围内具有 ±1% 的精度；在 -20~0℃ 和

50～100℃ 范围内具有 ±2% 的精度；在 −20～150℃ 的工作温度范围内的其他温度范围，精度为 ±3%。

温度同样也会影响传感器的动态特性，特别是在承受黏滞阻尼的情况下。相对快的温度变化会使传感器产生杂散输出信号。例如，运动探测器中的双热释电红外传感器对缓慢变化的环境温度不敏感，但当温度变化很快时，传感器将产生电流，该电流可能被处理电路当作对输入激励的有效响应，从而引起误测。

传感器吸收激励信号，其自身温度会发生一定程度的改变，以致其精度受到影响，产生自热误差。例如，热敏电阻温度传感器需要电流通路，会引起传感器内部的散热。如果其与环境的耦合比较差，传感器会因自热效应而产生温升，这将导致温度测量误差。这种与环境的耦合取决于传感器的工作介质——干接触、液体、空气等。静止的空气可能是最差的热耦合方式。对于热敏电阻，制造商通常会给定其在空气、液体或其他介质中的自热误差。

传感器高于环境的温度增加量可以用下式来计算

$$\Delta t° = \frac{V^2}{R(\xi vc + \alpha)} \tag{3.20}$$

式中，V 是电阻两端的有效恒定电压；R 是传感器的电阻；ξ 是传感器的质量密度；v 是传感器的体积；c 是比热容；α 是传感器和外界环境的热耦合系数（热传导）。

如果自热效应导致误差，可参考式（3.20）指导设计。例如，为增大 α，热敏电阻探测器应该加大与测量对象的接触面积、使用热导电油脂或使用热导电粘合剂。同时最好使用高电阻传感器和低测量电压。

3.19 可靠性

可靠性是指产品（如传感器）在特定条件下、给定时间内完成既定功能的能力。可靠性以统计术语可表示为设备在指定时间内或多次使用中无故障运行的可能性。可靠性指出了一种失效，即一传感器的暂时性或永久性故障。尽管可靠性是一项重要的要求，但传感器制造商们却很少指定这项要求，其原因可能是对传感器的可靠性缺乏公认的测量方法。

3.19.1 MTTF

对于许多可修复的电子器件，预估工作可靠性的方法是通过 MIL-HDBK-217 标准中描述的平均故障间隔时间（MTBF）计算法[3]。而传感器通常是一个不可修复的器件，发生故障后通常会被更换，而不是被维修，因此传感器用平均故障时间（MTTF）计算法，也就是用传感器出现故障前的平均工作时间来预估工作可靠性更加有效。MTTF 决定了器件的可靠性，计算方法为

$$\text{MTTF} = \frac{1}{n} \sum_{i} (t_{\text{f}i} - t_{0i}) \qquad (3.21)$$

式中，t_{f} 为出现故障的时间；t_0 为检测开始时间；n 为检测器件的总数量；i 为被检测器件的序号。

这意味着每个被检测器件将工作到发生故障（可修复或不可修复），它们到发生故障前的平均工作时间才能被计算。MTTF 测试法应在极端的（而不是正常或标准的）工作条件下进行。

3.19.2 极限测试

在极端条件下进行测试后，可以推断出设备的可靠性。其中一个方法（参照 MIL-STD-883[4]）是置于最高温度下 1000h。然而，这种测试不符合检测要求，它忽视了快速温度变化和其他例如湿度、电离辐射、冲击和振动等诸多因素的重要影响。

极限测试在传感器设计阶段特别有用，可以发现一些隐藏问题。在极限测试时，传感器会受到一些剧烈的环境因素影响，这可能会改变它的性能或发现它的隐藏缺陷。通过一些附加测试可以发现它的问题：

1）全电供电时的高温度/高湿度测试。例如，传感器能在最高温度为 85℃，相对湿度为 90% 的环境下工作 500h。该测试对于检测污染和评估封装的完整性非常有用。传感器通常会在 85℃、85% 的相对湿度条件下发生故障，该测试有时也被称为"85-85 测试"。

2）机械冲击和振动可模拟恶劣的环境条件，特别是在评估焊线、环氧树脂的附着力等情况时。传感器可用坠落产生高加速度（高达 3000g）。坠落时应沿不同的轴线方向。施加到传感器上的谐振范围应包含传感器的自然频率。

3）极限储藏条件也可模拟。例如，在 100℃ 和 -40℃ 环境下将传感器保持至少 1000h。这种测试模拟了传感器储藏和运输的环境而且通常施加于非工作设备。测试的高温限和低温限必须与传感器的物理性质保持一致。例如，过去由 Philips 公司生产的 TGS 热释电传感器的特点是其 60℃ 的居里温度。接近或超过该温度点就会导致传感器灵敏度的永久失效。所以这种传感器的储藏温度不能超过 50℃，这必须在传感器的包装材料上清楚地给定和标记出来。

4）传感器用热冲击和温度循环来替代其极限工作条件。例如，可以将传感器在 -40℃ 放置 30min，随后迅速转移到 100℃ 下放置 30min，然后再放回 -40℃。这种方法必须规定总循环数，如 100 或 1000。该测试有助于发现传感器死区、焊线、环氧树脂连接及封装完整性问题等。

5）模拟海洋环境。传感器可在给定的时间内经受盐雾气体的测试，如 24h。这有助于发现传感器的抗腐蚀性和结构缺陷。

3.19.3 加速寿命测试

可靠性测试的另一个重要方法是加速寿命（AL）测试。这是一个模拟传感器使用的程序，为传感器施加真实的应力，但是将数年的时间压缩为几周。该试验的3 个目标是：建立 MTTF；找出第一个失效点，然后通过改变设计来进行改进；确定整个系统的实际寿命。

1. 环境加速

压缩时间的一种方法是：使用与实际工作周期相同的参数，包括最大负载和启动、停止周期，但扩大环境的最高和最低范围（温度、湿度和压力）。与正常工作条件相比其最高限和最低限应大幅增加。传感器的功能特性可能会超出技术指标，但当设备恢复到给定的工作范围时其性能也必须恢复。例如，如果一个传感器在最大相对湿度 85%，最大供电电压 15V 时，规定工作温度上限为 50℃，那么在 99% 的相对湿度和 18V 工作电压（仍低于最高容许电压）下它可能是 100℃。可用由美国伊利诺伊州罗克福德的 Sundstrand 公司和华盛顿州雷德蒙德的 Interpoint 公司[1]开发的经验式（3.22）估算测试循环的次数（n）

$$n = N \left(\frac{\Delta T_{\max}}{\Delta T_{\text{test}}} \right)^{2.5} \tag{3.22}$$

式中，N 为估算的单位生命周期的循环次数；$\Delta T_{\max}$ 为给定的最大温度波动；ΔT_{test} 为测试过程中的最大循环温度波动。

例如，如果正常的温度为 25℃，最高的规定温度为 50℃，（测试的）循环温度可达 100℃，经过整个生命周期（假定 10 年），传感器估计承受 20000 次循环，那么测试的循环数可以通过式（3.23）来计算

$$n = 20000 \times \left(\frac{50-25}{100-25} \right)^{2.5} = 1283 \tag{3.23}$$

因此，加速寿命测试需要约 1300 个周期而不是 20000 个循环周期。然而，应该注意的是，式中的参数 2.5 源自于焊锡的疲劳倍数，因为循环对此类元件影响极大。一些传感器根本没有用焊锡连接，而一些又可能含有比焊锡受循环的影响更敏感的物质，如电传导环氧树脂。因此，该参数应选得小一些。作为加速寿命测试的结果，可靠性可用失败概率来表示。例如，100 个传感器（估计的寿命周期为 10年）中有 2 个不能通过加速寿命测试，那么可靠性规定为 10 年内 98%。为了更深入地理解加速寿命测试及加速老化，请见参考文献 [5]。在短时间内，以最低的成本得到最大可靠性信息，是制造商的主要目标。同时，目前典型传感器的寿命是数十万小时，所以等待产品发生故障是不现实的。因此，加速试验是生产中必不可少，且强有力的手段。

2. HALT

为了在研发过程中发现潜在的问题，高加速寿命测试（HALT）[6]目前被广泛应用于不同的改进中。在该项试验中，传感器可被看作"黑箱"而不用考虑其内部结构或功能。HALT 用于测定产品的可靠性薄弱环节，评估其可靠性极限，通过提高应力（不一定是机械应力，不局限于可预期领域的应力）的方法来引发失效，

从而强化产品。HALT 经常会涉及强化应力、快速热变化和其他一些手段，使实施的测试时间和成本得到有效节省。HALT 有时被称为"发现"试验，而不是质量检测（QT）（质量检测是一项"通过/失败"试验，在产品制造和可靠性保证中是必要的）。多年来，HALT 通过"试验—失败—修改"过程，验证了其能够提高鲁棒性的能力，在这一过程中，所施加的应力和激励要略高于规定的操作极限。然而，这种"略高于"是基于直觉而不是计算得到的。普遍认为，HALT 能够快速预测和识别不同来源的故障。

3. FOAT

除 HALT 外，还可开展高度集中和高度节约成本的面向故障的加速试验（FOAT），在某些情况下也可以代替 HALT[7]。与 HALT 不同，FOAT 关注传感器内在的实际物理或化学作用。FOAT 基于传递函数的理论模型和其他能建立解析或数字模型的器件属性。FOAT 的目标是使用特定的预测模型（如 Arrhenius 模型）来确认（实施 HALT 之后）实际的失效机理，并建立其数值特征（活化能、时间常数、灵敏度因素等）和改进设计。FOAT 模型允许预测失败。显然，模型的主要假设是传感器在实际操作条件下是有效的。因此，HALT 可用于"粗调"器件的可靠性，而当需要采用"微调"时，FOAT 则是必要的。FOAT 和 HALT 可独立开展，在特殊的加速试验工作中也可部分结合。

一些有效的故障预测是基于最近提出的多参数 Boltzmann Arrhenius Zhurkov（BAZ）模型[8]。该模型认为器件的可靠性是基于 FOAT 和针对产品的失效概率预测的。

3.20　应用特性

传感器的设计、重量、整体尺寸都应适用于传感器特定的应用领域。如 3.1 节所述，移动设备对传感器有特定的要求。整体尺寸和功耗是两个至关重要的要求。这种传感器的尺寸应该非常小——约为几个毫米，同时其能耗通常不应超过 10mW。

在传感器的可靠性和精度非常重要的情况下，价格可以是第二位的因素。如果传感器应用于生命维持设备、武器或航天器，高价格标签可以说是高精度和高可靠性的很好证明。另一方面，在广泛的大批量消费类应用中，包括几乎所有用于移动通信设备的传感器或传感器模块，价格可能是设计的主要决定因素。

3.21　不确定性

至少在我们能够感知的范围内，世界上还没有绝对完美的事物。任何材料都不能完全如我们所想的那样。即使是对于最纯净的物质，我们的认识也只能是近似的。机器是不完美的，它永远不会根据图样加工出完美的可互换零件。所有的部件都经历与环境和老化相关的漂移；外界干扰会进入系统并改变系统的性能和输出信号。工人不是始终如一的，人为因素几乎总是存在的。制造商为了提高加工中的均匀性和一致性一直在做着不懈的努力，但是事实却是生产的每一个零件都不是绝对理想的，它的特性总承载有一定的不确定性。包括传感器在内，任何测试系统都含有许多的组件。因此，不管测量多么精确，其仅仅是对于测量参量真值的估计和近似。测量的结果只有附加对不确定性的定量描述才是完整的。我们永远不能完全百分百地相信测试的值。

当我们在噪声条件下进行单个（样品）测试时，期望激励 s 经传感器显示为与之不同的值 s'，这样，测量的误差表示为

$$\delta = s' - s \tag{3.24}$$

我们应该清楚地理解式（3.24）中给定误差和不确定度的区别。误差可以在一定程度上通过调整其系统组件进行补偿。这种调整的结果与未知的激励真值有多接近是未知的，所以，仍会存在一个小误差。但是，尽管是小误差，测量的不准确度也可能非常大。所以我们不能确信该误差确实是小的。换而言之，测试中的误差是我们无法获知的，而不确定度是我们所认为的误差可能有多大[9]。

国际计量委员会（CIPM）认为不确定度包含了许多部分，归纳起来为两种类型[10,11]：

A：用统计方法评估；

B：用其他方法评估。

这种划分是不清晰的，而且 A 型和 B 型之间的分界线有些模糊。一般而言，A 型的不确定度是由随机影响产生的，而 B 型的不确定度则来自系统的影响。

A 型不确定度通常是由标准偏差 σ_i 确定，等于统计估计方差 σ_i^2 的正平方根，且与自由度 ν_i 的数量相关联。对于每一部分，标准不确定度：$u_i = \sigma_i$。标准不确定度表示每一部分的不确定度，其组成了整个测量结果的不确定度。

可用任何有效的数据统计方法估计 A 型不确定度。例如，可用最小二乘法计算一系列独立观测的平均值的标准偏差来拟合数据曲线。如果测量情况非常复杂，则需考虑借助统计学家的指导。

B 型标准不确定度的评定方法通常是基于对所有可能相关信息的科学判断，包括：

- 原有的测量数据。
- 与相关传感器、材料以及设备性能特性相关的经验和常识。
- 制造商的技术指标。
- 校准以及其他报告中获取的数据。
- 来自手册或指南中的给定参考数据的不确定度。

有关标准不确定度评估和给定的详细指导，应参考专业文献，如参考文献［12］。

当评估出 A 型和 B 型不确定度时，应将二者结合在一起以代表合成的标准不确定度。可以通过传统的合成标准不确定度的方法来获得。这种方法称为不确定度传播定律，常被称为"平方和根"（平方和的平方根）或 RSS 法，该法结合了不确定度的各个部分，每个部分都是估计的标准偏差

$$u_c = \sqrt{u_1^2 + u_2^2 + \cdots + u_i^2 + \cdots + u_n^2} \tag{3.25}$$

式中，n 为不确定度估算中标准不确定度的数目。

表 3.4 给出的是电子温度计不确定度计算的一个例子，该温度计利用热敏电阻传感器来测水浴温度。编辑这样一个表格时，必须非常小心，不能错过任何一个标准不确定度，不仅是传感器，还包括接口仪器、试验装置以及测量对象等。必须在多种环境条件下实施，包括温度、湿度、气压、电压变化、传递噪声、老化及很多其他因素。

表 3.4 热敏电阻温度计的不确定度计算

不 确 定 源		标准不确定度/℃	类 型
传感器的校正	参考温度源	0.03	A
	传感器之间的耦合	0.02	A
测量误差	重复观测值	0.02	A
	传感器固有噪声	0.01	A
	放大器噪声	0.005	A
	DVM 误差	0.005	A
	传感器老化	0.025	B
	连接导线的热损失	0.015	A
	传感器惯性引起的动态误差	0.005	B
	传播噪声	0.02	A
	传递函数的不吻合性	0.02	B
外界漂移	参考电压	0.01	A
	电桥电阻	0.01	A
	A-D 电容器的介电吸收	0.005	B
	数字分辨率	0.01	A
	合成标准不确定度	0.062	

不管实施的单个测量有多准确，即不论测量的温度与被测对象真实温度有多接近，都不可能确定其是完全准确的。合成标准不确定度为 0.062℃ 并不表示测量的误差不会超过 0.062℃。此值只是一个标准偏差，而且如果观察者有足够的耐心，会发现单个误差可能要大得多。不确定度这个词本身就表示：测量结果的不确定度是一种估计值而且通常并没有很好的界定范围。

参考文献

1. Fraden, J. (2015). Medical sensors for mobile communication devices, Chapt. D-11. In H. Eren& J. G. Webster (Eds.), *The E-medicine, E-health, M-health, telemedicine and telehealth handbook*. Boca Raton, FL: CRC Press.

2. Fraden, J., et al. (2012, September 25). Wireless communication device with integrated electromagnetic sensors. *U. S. Patent No. 8,275,413*.

3. U. S. Dept. of Defense. (1991, December 2). *Military handbook. Reliability prediction of electronic equipment* (Mil-HDBK-217F).

4. Department of Defense. (1996, December 31). *Test method standard. Microcircuits* (MIL-STD-883E).

5. Suhir, E. (2007). How to make a device into a product. Accelerated life testing (ALT), its role attributes, challenges, pitfalls and interaction with qualification tests, Chapt. 8. In E. Suhir, Y. C. Lee, & C. P. Wong (Eds.), *Micro-and opto-electronic materials and structures: physics, mechanics, design, reliability, packaging* (Vol. 2, pp. 203-230). New York: Springer.

6. Suhir, E., et al. (2014, March). *Highly accelerated life testing (HALT), failure oriented accelerated Testing (FOAT), and their role in making a viable device into a reliable product*. 2014 I. E. Aerospace Conference, Big Sky, Montana.

7. Suhir, E. (2014, March 9-13). *Failure-oriented-accelerated-testing (FOAT) and its role in making a viable IC package into a reliable product*. SEMI-THERM 2014, San Jose, CA.

8. Suhir, E., et al. (2014, March). *Application of multi-parametric BAZ Model in aerospace optoelectronics*. IEEE Aerospace Conference, Big Sky, Montana.

9. Taylor, B. N., et al. (1994). *Guidelines for evaluation and expressing the uncertainty of NIST Measurement Results* (NIST Technical Note 1297).

10. CIPM. (1981). *BIPM Proc. -Verb. Com. Int. Poids et Mesures* (in French) *49*, 8-9, No. 26.

11. International Organization for Standardization. (1993). *ISO Guide to the expression of uncertainty in measurements*. Geneva, Switzerland: Author.

12. Better reliability via system tests. (1991, August 19). *Electronic Engineering Times*, CMP Publication, *40-41*.

第4章
感知的物理原理

由于传感器是一种将一般的非电效应转换成电信号的转换器，因此，在产生输出电信号之前需要经过一次或（通常）几次转换。这些转换涉及多个能量类型或材料物理性能的转变，但最终都必须产生一个所需形式的电信号。我们在第1章中提到过，一般来说传感器有两种类型：直接式传感器和复合式传感器。直接式传感器能够直接把非电激励转换成电信号。很多激励不能直接转换成电信号，所以需要多个转换步骤。例如，如果要测量一个不透明物体的位移，可以使用光纤传感器。由发光二极管（LED）发出的指示（激励）信号经光纤传输到物体上并在它表面发生反射。反射的光子流进入接收光纤并向光敏二极管传播，光敏二极管产生的电流的大小反映了从光纤末端到物体的距离。这种传感器涉及电流到光子的转换，折射介质（光纤）中光子的传播，物体的反射，再次通过光纤传播，以及再转换回电流信号等过程。因此，这个感知过程包含了两个能量转换步骤和一个光信号的处理步骤。

有些物理效应可以将非电作用信号直接转换为电信号，因此可以将其应用在直接式传感器上。例如热电（泽贝克）效应、压电效应和光电效应。另一些能量转换不能直接输出电信号，而需要使用换能器。能将一种形式的能量转换成另一种非电形式能量的物理效应不在本书范围内。然而，由于光学换能器常被用于传感器中，下一章我们将重点介绍其细节。

本章主要介绍各种物理效应，可以利用这些物理效应将激励信号直接转化为电信号。所有这些效应都是基于基本的物理原理，首先简要地回顾一下这些基本定律。

4.1 电荷、电场和电势

生活在干燥气候中的人们经常会遇到一个现象——走过地毯时由于摩擦可能产生电火花。这是摩擦起电效应造成的，它是一种由物体的运动、衣服纤维的摩擦、空气的湍流、大气静电等因素所引起的电荷分离过程[1]。电荷分为两种，同种电荷相斥，异种电荷相吸。本杰明·富兰克林（1706—1790），美国杰出的物理学家，他将其中一种电荷命名为正电荷，另一种命名为负电荷。这一命名一直被保留到现在。富兰克林还进行了著名的风筝实验，以此证明大气电荷和摩擦产生的电荷是一样的。做这个实验时，富兰克林是非常幸运的，因为有几个想重复他实验的欧洲人被雷电严重击伤，并且有一个不幸死亡⊖。

摩擦起电效应是电荷重新分布的结果。例如，丝绸摩擦玻璃棒从棒的表面带走了电子，从而留下大量的正电荷，即棒带正电荷。应该注意的是电荷是守恒的，它既不能被创造，也不能被毁灭。电荷只能从一个地方转移到另一个地方。带负电荷意味着把电子从一个物体转移到另一个物体上（使它带负电）。失去一定数量电子的物体则带正电荷。

与物体的总电荷量相比，摩擦起电效应影响的只是极少量的一部分电荷。任何物体上的实际电荷量是非常大的。为了说明这点，我们可以计算一下一个美国铜便士⊖上的总电子数[1]。硬币重 3.1g，因此，它的原子总数约为 2.9×10^{22}。一个铜原子的正原子核电量为 4.6×10^{-18} C，相应的，其电子电量大小相同但极性相反。因此一个便士上的所有电荷量为：$q = 4.6 \times 10^{-18}$ C/原子 $\times 2.9 \times 10^{22}$ 个原子 $= 1.3 \times 10^{5}$ C，实际上这是一个非常大的电荷量。来自一个铜便士的电子电荷可以产生 0.91A 的电流，使一个 100W 的灯泡工作 40h。

与电荷相关的材料有三种类型：导体、绝缘体和半导体。对于导体来说，电荷（电子）可以自由地在材料中移动，而在绝缘体中，它们不能自由移动。尽管没有绝对的绝缘体，但是熔凝石英的绝缘能力约为铜的 10^{25} 倍。因此，很多材料实际上都可以视为良好的绝缘体。半导体在导电性能上介于导体和绝缘体之间。硅和锗是我们熟知的半导体材料。通过在半导体中加入少量的其他元素，可以显著地提高其导电率，为此常在硅中加入微量的砷和硼。对于传感技术而言，半导体是非常有趣的材料，因为它们导电的能力可以通过施加外部输入，如电、磁场和光来控制。

图 4.1a 所示为一个带有正电荷 q 的物体。如果一个小的带正电的测试电荷 q_0 置于这个物体附近，它将受到排斥力。如果使该物体带负电，那么它将吸引测试电荷。排斥（或吸引）力可表示为矢量 f。可实际上，测试电荷受到的作用力并不是电荷间的物理接触造成的，其占据的空间可以用电场来描述。

每一点上的电场通过力定义为

$$E = \frac{f}{q_0} \tag{4.1}$$

式中，因为 q_0 为标量，因此矢量 E 和 f 具有相同的方向。式（4.1）将电场表示为力除以测试电荷的电量。这里测试电荷必须小到不干扰电场。理想情况下，它应该无限小；然而，因为电荷是量化的，我们不能获得一个比电子电荷 $e = 1.602 \times 10^{-19}$ C 还小的自由测试电荷。

图 4.1a 中所示的电场是用电场线来表示的，在空间每一点，它与力矢量相切。

⊖　Georg Wilhelm Richmann（1711—1753），一名具有德国血统的俄罗斯物理学家，在一次雷雨实验中死亡，一个拳头大小的闪电球从静电计中跳出来击中了他的前额。

⊖　现在美国的便士是镀铜的锌合金（铜含量为 2.5%），但在 1982 年以前的铜含量为 95%。

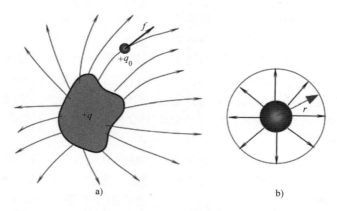

图 4.1   正测试电荷在一个带电物体附近和球形物体的电场

a）正测试电荷在一个带电物体附近   b）球形物体的电场

根据定义，电场线始于正极，结束于负极。电场线的密度表示在任何特定空间电场 E 的大小。

在物理学家看来，任何场都是一个在给定相关区域内，所有点都同时确定的物理量。如压力场、温度场、电场和磁场。场变量可以是标量（如温度场），也可以是矢量（如环绕地球的重力场）。场变量可以是时变的，也可以是时不变的。矢量场可以用矢量通量（Φ）的分布来描述。通量可以方便地描述许多场，如电场、磁场、热场等。"通量"（flux）起源于拉丁文"fluere"（流动）。我们可以把通量类比为一个静止的用恒定流动矢量 v 来描述流体（水）流动的均匀场，v 表示在任意点液体的恒定速度。在电场中，并不能用常规方式感知这种流动。如果用 E（表示电场的矢量）代替 v，电场线就形成通量。可以想象一个假定的闭合曲面（高斯面）S，电荷 q 和通量之间的联系可以用式（4.2）确立

$$\varepsilon_0 \Phi_E = q \tag{4.2}$$

式中，$\varepsilon_0 = 8.8541878 \times 10^{-12} C^2/(N \cdot m^2)$，是真空介电常数。

或者对通过曲面的通量进行积分

$$\varepsilon_0 \oint E dS = q \tag{4.3}$$

式中，积分项等于 Φ_E。

上述等式称为高斯定律，电荷 q 是被高斯面包围的净电荷。如果高斯面包围的是等量且极性相反的电荷，则净通量 Φ_E 为零。高斯面外的电荷对 q 值没有影响，内部电荷的分布位置也不会影响这个值。高斯定律可以用来做一个重要的推断：绝缘导体上的电荷处于平衡状态，并完全分布在其外表面上。这个假设在高斯定律和库仑定律提出前，已得到实验验证。库仑定律可根据高斯定律导出。它表明作用在一个测试电荷上的力与它到电荷的距离的平方成反比。

$$f = \frac{q q_0}{4 \pi \varepsilon_0 r^2} \tag{4.4}$$

高斯定律的另一结论是任何沿球面对称分布电荷的外电场（见图 4.1b）方向是径向的，其大小为（注意这个量不是矢量）

$$E = \frac{q}{4\pi\varepsilon_0 r^2} \qquad (4.5)$$

式中，r 为到球体中心的距离。

同样地，在一个带电量为 q 的均匀球体内的电场也是沿径向辐射的，并且其大小为

$$E = \frac{qr}{4\pi\varepsilon_0 R^3} \qquad (4.6)$$

式中，R 为球体的半径；r 为到球体中心的距离。注意，球体中心（$r=0$）的电场为零。

如果电荷沿一个无限长（或出于实用的目的，有限长）直线（见图 4.2 a）分布，则电场沿径向垂直于该直线，其大小为

$$E = \frac{\lambda}{2\pi\varepsilon_0 r} \qquad (4.7)$$

式中，r 为到直线的距离；λ 为电荷线密度（每单位长度的电荷）。

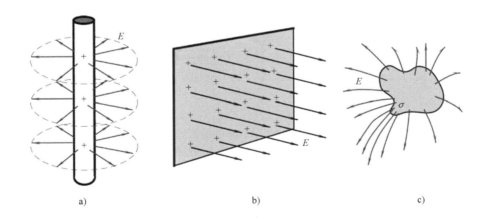

图 4.2 三种电场

a）无限长直线的电场 b）无限大面附近的电场 c）尖锐导体聚集的电场

由电荷的无限大面产生的电场（见图 4.2b）垂直于该平面，其大小为

$$E = \frac{\sigma}{2\varepsilon_0} \qquad (4.8)$$

式中，σ 为电荷面密度（每单位面积电荷）。

但是，对一个孤立的导电物体，其场强为上述值的两倍

$$E = \frac{\sigma}{\varepsilon_0} \qquad\qquad (4.9)$$

式（4.8）和式（4.9）的电场之间的明显差别是由不同的几何形状引起的：前者是一无限大平板而后者为任意形状。高斯定律的一个非常重要的结论是电荷仅分布在外表面。这是由相同电荷的排斥力造成的：所有的电荷都尽量远离其他的相同电荷。实现这一目的的唯一方法就是移动到材料的最外端，也就是外表面。外表面的所有位置中，最合适的位置就是曲率最高的位置。这就是为什么尖锐导体是电场最好的聚集器（见图 4.2c）。基于这种效应的法拉第笼（一片由接地导体片或金属网完全覆盖的空间）是非常有用的科学和工程工具。不管外电场多强，但其内部电场必为零。这就是金属制成的飞机、汽车以及船舶等在雷暴中能够充当保护体的原因，因为它们实质上起到了法拉第笼的作用。然而，应该记住的是，尽管法拉第笼能完美地屏蔽电场，但对磁场的防护几乎没有作用，除非它由厚的铁磁体材料制成。

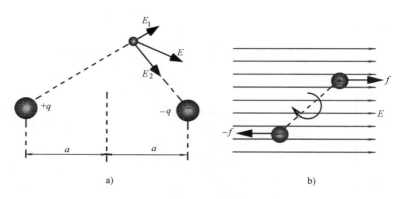

图 4.3　电偶极子及其在电场受到旋转力

a）电偶极子　b）电偶极子在电场受到旋转力

电偶极子是相距 $2a$ 的两个带有相同电量的相反电荷的结合体（见图 4.3a）。每个电荷作为测试电荷，受到的力定义了它们各自产生的电场 E_1 和 E_2。电偶极子的合电场 E 是两个电场的矢量和。该电场的大小为

$$E = \frac{1}{4\pi\varepsilon_0} \frac{2qa}{r^3} \qquad\qquad (4.10)$$

式中，r 为到电偶极子中心的距离。

电荷分布的两个基本参数是电量 q 和间隔距离 $2a$。在式（4.10）中，电量和距离仅作为一个乘积出现。这意味着如果从电偶极子的各个距离上测量电场 E（假设距离比 a 大得多），不会把 q 和 $2a$ 分开推导，而只会应用乘积 $2qa$。例如，如果 q 变为原先的两倍，a 变为原先的一半大小，则电场将不会改变。乘积 $2qa$ 称为电偶极矩 p。因此，式（4.10）可以写为

$$E = \frac{1}{4\pi\varepsilon_0} \frac{p}{r^3} \tag{4.11}$$

电偶极子的空间位置可以用电偶极矩的矢量形式 **p** 来说明。不是所有的物质都有电偶极矩，一些气体如甲烷、乙炔、乙烯和二氧化碳以及很多其他物质都没有电偶极矩。另外，一氧化碳有微弱的电偶极矩（0.37×10^{-30} C·m），而水有很强的电偶极矩（6.17×10^{-30} C·m）。

电偶极子存在于晶体材料中，它是压电、热电探测传感器的基础。通常，电偶极子是晶体的一部分，这定义了它的初始方向。当电偶极子放置在电场中时，它受到旋转力的作用（见图 4.3b）。如果电场足够强，将会使电偶极子沿着电场线排列。作用在电偶极子上的转矩矢量形式为

$$\tau = pE \tag{4.12}$$

要改变外部电场中的电偶极子的方向必须有外力做功。这个功在系统中以电势能 U 的形式储存，该系统包含电偶极子以及建立外部电场所需的各种排列。该电势能的矢量形式为

$$U = -pE \tag{4.13}$$

电偶极子的定向过程称为极化。极化电场必须有足够的强度来克服材料晶体结构的保持力。为简化该过程，可以在极化过程中加热材料，以增加其分子结构的运动性。极化的陶瓷或晶体聚合物通常被用于制造压电和热电晶体。

带电物体周围的电场不仅可以用矢量 **E** 来描述，也可以用标量电势 V 来描述。这些物理量密切相关，在实际应用中会根据方便与否，选择其中之一。电势很少用来对空间特定点的电场进行描述，但两点电势差（电压）是电气工程中最常见的物理量。为找出任意两点之间的电压，同样可以采用上面的方法：利用一个小的带正电的测试电荷 q_0。如果把电荷放置在 A 点，在力 q_0E 下保持平衡。理论上，它可以保持无限久时间。如果把它移动到另一点 B，就需要克服电场做功。把电荷从 A 移动到 B 克服电场（这就是为什么它是负的原因）做功为 $-W_{AB}$。定义两点之间的电压

$$V_B - V_A = -\frac{W_{AB}}{q_0} \tag{4.14}$$

相应的，B 点的电势比在 A 点的小。电压的国际单位是 $1V = 1J/C$。为方便起见，A 点选择放置在远离所有电荷的位置（理论上为无限远），并且认为那点的电势为零。这样就可以定义任意点的电势

$$V = -\frac{W}{q_0} \tag{4.15}$$

式（4.15）告诉我们在正电荷附近的电势为正，因为把正电荷从无限远处移到这点必须对排斥力做功。这将消去式（4.15）中的负号。应该注意的是，两点之间的电势与测试电荷移动的路径无关。它是两点间电场差的严格描述。如果沿着

一条直线穿过电场并且同时测量 V，V 沿距离 l 的变化率是 E 在该方向的分量

$$E_l = -\frac{dV}{dl} \tag{4.16}$$

负号是指 E 指向 V 减小的方向，如式（4.16）所示，电场的近似单位是 V/m。

4.2 电容

两个互不接触的任意形状（板状）的导电物体，把它们连接在电池的相反电极上（见图 4.4a）。两块平板上会带有等量且极性相反的电荷，就是说，带负电的平板获得额外的电子，而带正电的平板会失去一些电子。现在把电池与电路分开。如果平板是完全隔离的，并且位于真空中，理论上它们将保持带电状态无限长时间。带电平板的结合体称为电容。如果一个小的带正电的测试电荷 q_0，位于带电平板之间，它会受到带正电平板指向带负电平板的作用力。带正电平板会排斥测试电荷，带负电平板会吸引它，合成一个推拉力。根据测试电荷在两带电平板之间的位置，力会有特定的大小和方向，用矢量 f 来表示。

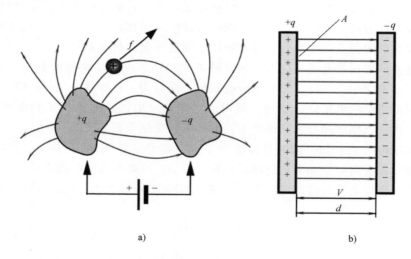

a)   b)

图 4.4 电荷和电压定义了两物体之间的电容以及平行板电容

a）电荷和电压定义了两物体之间的电容   b）平行板电容

电容可以用其中任一个导体上（见图 4.4a）的电荷量 q 以及导体之间的正电势差 V 来描述。应该注意的是，q 不是电容上的净电荷（电容上的净电荷为 0）。此外，V 不是任一极板的电势，而是两者的电势差。每个电容上电荷与电压的比值都是固定的

$$\frac{q}{V} = C \tag{4.17}$$

这个固定的比值 C 称为电容器的电容。它的值取决于极板的形状和它们的相对位置，同时还取决于极板间的介质。由于使用的 q 和 V 具有相同的符号，所以 C 总是正的。电容的国际单位是法拉，可用缩写 F 代替，$1F = 1C/V$。法拉是非常大的电容单位，因此，实用中常使用法拉的约数。

$$1pF(皮法拉) = 10^{-12}F$$

$$1nF(纳法拉) = 10^{-9}F$$

$$1\mu F(微法拉) = 10^{-6}F$$

当连接到电子电路中时，电容可用"复阻抗"Z 来表示

$$Z_c = \frac{V}{i} = -\frac{1}{j\omega C} \tag{4.18}$$

式中，$j = \sqrt{-1}$；i 为频率为 ω 的正弦电流。

从式（4.18）可以看出，电容的复阻抗在频率升高时下降。式（4.18）称为电容的欧姆定律。负号和复数表示通过电容的电压滞后电流 $90°$。

电容对于传感器设计者来说是非常有用的工具。根据式（4.18），可以直接将输入激励通过电容控制转换为电流或电压。电容传感器能有效地用于距离、面积、容量、压强、力等参数的测量中。下面的背景资料给出了电容的基本属性以及一些有用的公式。

4.2.1 电容器

图 4.4b 给出了一个平行板电容器，导体是两块平行放置的面积为 A、相距为 d 的极板。如果 d 比极板的尺寸小得多，则极板之间的电场是相同的，意味着电场线（力 f 的线）是平行均匀分布的。根据电磁学定律，在极板的边缘会出现"边缘效应"，但如果 d 足够小，该效应可以忽略。

为计算电容，必须建立两极板间的电势差 V 以及电容器的电荷 q 之间的关系

$$C = \frac{q}{V} \tag{4.19}$$

此外，平行板电容器的电容也可根据式（4.20）得到

$$C = \frac{\varepsilon_0 A}{d} \tag{4.20}$$

可以开玩笑地说，制造电容传感器需要一个"坏"的电容器。通常所有的电子元件都是尽可能不受任何环境影响的，但是当应用于制造传感器时，电容器的某个参数需要被"破坏"。出于这种目的，电容传感器的电容值应该在外界的影响下发生变化。在电容传感器中，电容值的调整（修正）受外部激励或中间转化器发出的信号控制。所以为了改变电容值，激励信号需要改变电容器中的某一参数，这些平行板电容器的参数由式（4.20）确定。它建立了极板面积与两极板间距之间的关系。其中任一参数的改变都会改变电容值，而电容值可通过合适的电路精确测

量。应该注意的是，式（4.20）只对极板间无任何介质的平行板电容器适用。如果几何形状发生变化，则需要修正公式。对于平行板电容器，比率 A/d 被称为几何因子。

如图 4.5a 所示，圆柱电容器由两个半径分别为 a 和 b、长为 l 的同轴圆柱体组成。当 $l \gg b$ 时，我们可以忽略边缘效应，用式（4.21）计算电容

$$C = \frac{2\pi\varepsilon_0 l}{\ln(b/a)} \tag{4.21}$$

在式（4.21）中，l 是导体重叠部分的长度（见图 4.5b），$2\pi l \left[\ln(b/a)\right]^{-1}$ 称为同轴电容器的几何因子。如果内部圆柱体可以从外部圆柱体中移入和移出，则可以制成位移传感器。由式（4.21）可知，这种传感器的电容和位移 l 是一种线性关系。值得注意的是，圆柱电容位移传感器不是一个容易实现的装置，因为从技术角度来看，利用微机电系统（MEMS）技术（见第 19 章）制造同轴结构仍是一个挑战。

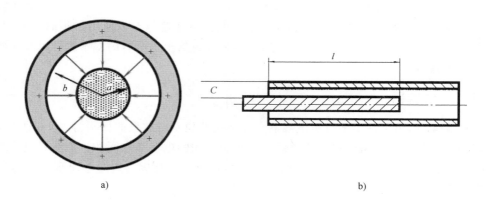

a)   b)

图 4.5   圆柱形电容器和电容位移传感器
a）圆柱形电容器   b）电容位移传感器

4.2.2   介电常数

式（4.20）适用于处于真空（或空气，对大多数实际应用而言）中的平行板电容器。1837 年，迈克尔·法拉第首次研究了在平行板电容器两极板之间充满电介质后产生的效应。他发现充满电介质后电容值增加了 κ 倍，κ 即为材料的介电常数。

电容的增加是电介质分子极化的结果。在一些电介质（如水）中，分子有永久的电偶极矩，而在其他电介质中，仅当外电场作用时分子才产生极化，这种极化称为感应。无论是永久的电偶极子还是需要感应的电偶极子，在有外部电场作用时，都会进行分子排列。这个过程称为电介质的极化。图 4.6a 所示为外电场作用

于电容前的永久电偶极子，图 4.6b 所示为外电场作用于电容后的永久电偶极子。在前一种情况下，电容器极板间没有电压，所有电偶极子随机定向。在电容器充电后，电偶极子沿着电场线方向排列，然而，热振动将阻止其在电场线方向的完全排列。每个电偶极子形成了其自身的电场 E_0，其方向与外部电场的方向完全相反。因为大量的电偶极子（E'）的联合效应，电容器的电场变弱（$E = E_0 + E'$）。当没有电介质时电容器电场会是 E_0。

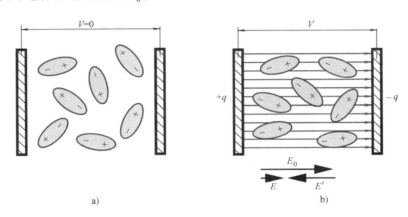

图 4.6　电介质的极化

a) 无外电场时电偶极子随机排列　b) 电偶极子与电场匹配

减小的电场导致电容器产生一个更小的电压：$V = V_0 / \kappa$。代入式（4.19），得到有电介质的电容器的表达式

$$C = \kappa \frac{q}{V_0} = \kappa C_0 \tag{4.22}$$

对平行板电容器，则有

$$C = \frac{\kappa \varepsilon_0 A}{d} \tag{4.23}$$

采用更一般的形式，两任何形状物体间的电容可通过一个几何因子 G 来表示

$$C = \varepsilon_0 \kappa G \tag{4.24}$$

式中，G 取决于物体的形状和它们之间的距离。因此，式（4.24）表明电容同样可以通过改变几何形状和介电常数 κ 来进行调节。附表 A.5 给出了不同材料的介电常数 κ。由于电介质参数取决于材料、温度、湿度等因素，这些变化都可以用在电容传感器中作为输入来改变电容。

介电常数必须指定测试频率和温度。一些电介质（如聚乙烯）在宽的频率范围内具有非常一致的介电常数，而还有一些电介质则显示出很强的负频率特性，即介电常数随频率增加而减小。温度特性也是负的，图 4.7 所示为水的介电常数 κ 随温度的变化规律。

为了说明电容如何用于传感器，接下来介绍一种电容式水位传感器（见图 4.8a）。传感器以同轴电容器的形式制成，每个导体（电极）的表面涂覆一层薄的绝缘层，以防止通过水发生短路。绝缘层是电介质，但在下文的分析中予以忽略，因为在测试过程中它没有发生变化。将传感器浸入水箱中，当水面上升时，传感器同轴导体间越来越多的空间被水充满，从而改变了传感器两导体间的平均介电常数，根据式（4.24），相应地改变了传感器的电容值。同轴传感器的总电容为

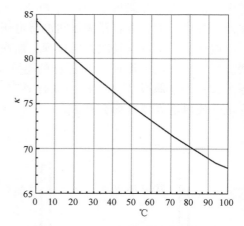

图 4.7　水的介电常数随温度
的变化规律

$$C_h = C_1 + C_2 = \varepsilon_0 G_1 + \varepsilon_0 \kappa G_2 \quad (4.25)$$

式中，C_1 为传感器没有水部分的电容；C_2 为充满水部分的电容。相应的几何因子分别为 G_1 和 G_2。由式（4.21）和式（4.25）可以得到，总的传感器电容为

$$C_h = \frac{2\pi\varepsilon_0}{\ln(b/a)} \left[H + h(\kappa_w - 1) \right] \quad (4.26)$$

式中，h 为传感器充满水部分的高度；κ_w 是在校正温度下水的介电常数。如果水位

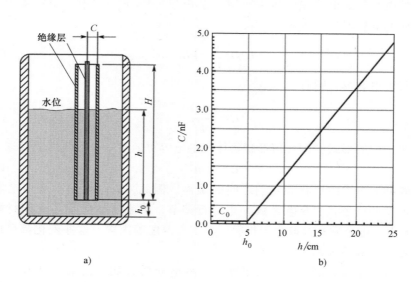

a)　　　　　　　　　　　　　b)

图 4.8　电容式水位传感器以及电容与水位的函数关系（传感器尺寸：
$a = 10\,\mathrm{mm}$，$b = 12\,\mathrm{mm}$，$H = 200\,\mathrm{mm}$，液体为水）

a）电容式水位传感器　b）电容与水位的函数关系

等于或低于 h_0，此时传感器电极之间没有水（$h=0$），所以电容保持不变。

$$C_{min} = \frac{2\pi\varepsilon_0}{\ln\dfrac{b}{a}}H \tag{4.27}$$

图 4.8b 所示为电容与水位的函数关系。它是从水平面 h_0 开始的一条直线。由于水的介电常数具有温度相关性（见图 4.7），电容式水位传感器可以和温度传感器联合使用。例如用热敏电阻或电阻式温度探测器来测量水温，以实现通过电子信号调节器来对传递函数进行修正。

式（4.26）传递函数的斜率取决于液体的类型。如果用该传感器测量变压器油的液位时，其灵敏度与测量水位时相比，会降低 22 倍（见附表 A.5），因为油的 κ 远远小于水。

湿度传感器是另一种电容传感器。该类传感器电容极板之间的电介质由吸湿材料制成，即它可以吸收水分子。该材料的介电常数随吸收的水分的量而发生变化。由式（4.24）可知，电容值的这种变化可测量出并转化为相对湿度的值。图 4.9 所示为该传感器电容与相对湿度的关系。这种关系不是完全线性的，但通常可以在信号处理过程中解决。

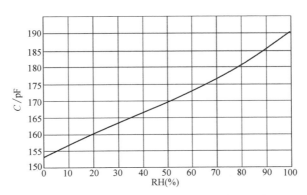

图 4.9　电容式相对湿度传感器的传递函数

4.3　磁性

物质的磁性是在史前某些铁矿石，如磁铁矿（Fe_3O_4）样本中发现的。同时也发现使用软铁片摩擦磁性物质也能获得与磁铁相同的磁性，如吸引其他的磁体和铁片。第一个全面开展磁性研究的人是威廉·吉尔伯特（William Gilbert）。他最大的贡献在于他的"地球是一个巨大磁体"的理论。"磁性"一词来源于小亚细亚的马格尼西亚地区，这是发现磁石的地方之一。

电和磁之间有很强的相似性。比如两个带电的棒有相吸端和相斥端，这和磁铁有两个相斥端非常相似。磁铁的两端分别称为 S（南）极和 N（北）极。同极相斥，异极相吸。和电荷相反，磁极总是成对出现。可以通过将磁铁分成任意数量的小块来证明这个结论，每一部分不论多小，都具有 S 极和 N 极。这表明磁性产生的原因与原子或原子间的排列相关，更可能的是与二者都相关。

如果在一个特定空间中放置一个磁极，该空间与之前会有一些不同。为证明这点，在该空间中放入一铁片，那么铁片会受到一个力的作用，如果将磁极移开，这个力就会消失。这个被改变的空间称为磁场。这个场对任何处于其中的磁体都会施加作用力。如果该磁体是小磁棒或磁针，就会发现磁场是有方向的。磁场中任意点的方向被定义为作用在一小的 N 极单元上的力的方向，并定义磁场线的方向是从 N 极到 S 极。图 4.10a 用箭头指示了磁场的方向。图中小的测试磁铁沿矢量力 **F** 的方向被吸引。自然地，测试磁铁的 S 极受到大小相同但方向相反的力。

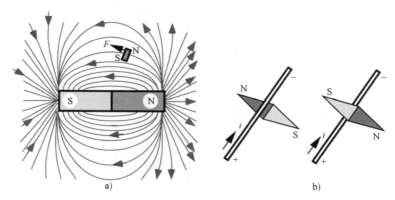

图 4.10　磁场中的测试磁铁；指南针根据电流的方向而旋转
a）磁场中的测试磁铁　b）指南针根据电流的方向而旋转

上文中对磁场的描述是对永磁体而言的。当然，如果磁场是由其他装置，如通过导体的电流产生的，其特性不会改变。丹麦物理学教授汉斯·克里斯蒂安·奥斯特（Hans Christian Oersted）于 1820 年发现，在完全没有磁体的地方也可以有磁场存在。在一系列的实验中，他使用了一个特别大的伏打电堆（电池）以产生大电流。他偶然注意到处于导线周围区域的指南针总是表现很奇怪，进一步实验显示指南针的指针指向总是与通电导线成直角，如果电流反向，或者将指南针从导线下方移到上方，指针都会发生反转（见图 4.10b）。静电荷对指南针没有影响（在这个实验中，指南针可看作小测试磁体）。很明显，电荷的移动是磁场产生的原因。实验表明，围绕导线的磁场线是环形的，它们的指向取决于电流（即移动的电子）的方向（见图 4.11）。在导线上方和导线下方，磁场线指向相反的方向。这就是为什么当指南针放置在导线下方时会反转的原因。

磁性的基本的性质是，磁场本质上是由移动电荷（电流）产生的。利用这个

性质，阿尔伯特·爱因斯坦解释了永磁铁的本质。图 4.12a
所示为磁场产生过程的简化模型。电子绕原子不停地做涡
旋运动，电子的运动构成了绕原子核的圆形电流。该电流
产生了小磁场。换句话说，旋转电子形成了原子尺寸的永
磁体。现在可以想象有很多这样的原子磁体以一定的方式
排列（见图 4.12b），从而使得它们的磁场叠加。这样磁化
过程就显而易见，没有从材料中增加或移除任何部分，仅
仅是原子的方位发生改变。在某些具有适当化学成分和晶
体结构的材料中，原子磁体对齐排列。这些材料称为铁
磁体。

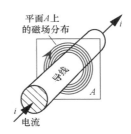

图 4.11　电流在导体
附近形成圆形磁场

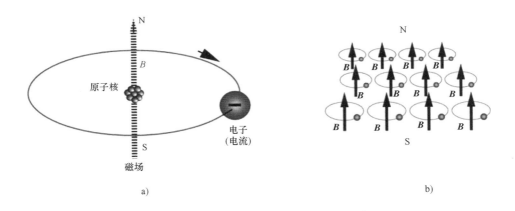

a)

b)

图 4.12　移动电子形成磁场和磁场矢量的叠加构成磁体的组合磁场

a）移动电子形成磁场　b）磁场矢量的叠加构成磁体的组合磁场

4.3.1　法拉第定律

迈克尔·法拉第思考了这样一个问题"如果电流能产生磁场，那么磁场能用
来产生电流吗？"他花费了九到十年的时间才解开了这个问题。如果电荷穿过磁
场，会受到一个偏转力。需要强调的是，无论是电荷移动还是磁场源移动，这并不
重要，重要的是它们的相对移动。移动电荷在磁场的作用下偏转是电磁理论的基本
原理。偏转的电荷导致电场产生，使得导电材料中产生电势差，进而产生了电流。

任意特定点的磁场密度由矢量 $\boldsymbol{B}$ 来定义，其方向与该点的磁场线相切。为了
更形象地描述磁场密度，单位横截面（垂直于磁场线）内的磁场线数量与 $\boldsymbol{B}$ 的大
小成正比。当磁场线很密时，$\boldsymbol{B}$ 就很大，当磁场线稀疏时，$\boldsymbol{B}$ 就很小。

磁通量可由式（4.28）确定

$$\varPhi_B = \oint \boldsymbol{B}\mathrm{d}s \qquad (4.28)$$

式中，积分的面是定义 F_B 所在的面。

为定义磁场矢量 B，我们采用实验室步骤，将单个正电荷 q_0 作为测试目标。电荷以速度 v 进入磁场，会受到侧向偏转力 F_B 的作用（见图 4.13a），这里提到的"侧向"，是指 F_B 与速度 v 垂直。有趣的是，矢量 v 在电荷穿过磁场时改变了方向，使得电荷做螺旋运动而不是抛物线运动（见图 4.13b）。螺旋运动是磁阻效应产生的原因之一，这是磁阻传感器的理论基础。图 4.13c 所示为一个磁敏电阻器被放置在了磁场 B 中，电阻器中通入了恒定的电流。盘旋的电子路径反映了电阻的变化（见图 4.13c），因而对于已知电流来说，电阻器两端的电压代表了磁场的强度。电阻上升的原因在于电子在材料中的运动路径变长了，所受的阻力也就越大了。

偏转力 F_B 与电荷量、速度及磁场强度成正比

$$F_B = q_0 v \times B \tag{4.29}$$

矢量 F_B 总是垂直于 v 和 B 形成的平面，因此其总是与 v 和 B 成直角，这也是称其为侧向力的原因。磁场偏转力的大小根据矢量积定律得到

$$F_B = q_0 v B \sin\phi \tag{4.30}$$

式中，ϕ 为矢量 v 和 B 之间的夹角。如果 v 和 B 平行，则磁场力消失。式（4.30）以偏转电荷、速度及其所受偏移力的关系来定义磁场。因此，B 的单位是（N/C）/（m/s）。在国际单位制中，单位为特斯拉（缩写为 T）。因为 C/s 等于 A（安培），可知 $1T = 1N/(A \cdot m)$。B 的旧制单位为高斯（缩写为 G），现在依然在使用：$1T = 10^4 G$。

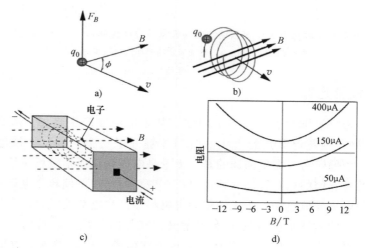

图 4.13　带正电电荷穿过磁场时受到侧向力；磁场中电荷的螺旋运动；
磁敏电阻器；电阻与磁场和电流的关系

a）带正电电荷穿过磁场时受到侧向力　b）磁场中电荷的螺旋运动　c）磁敏电阻器
d）电阻与磁场和电流的关系

4.3.2　永磁体

永磁体是测量运动、位移或位置等物理量的磁传感器的重要组成部分。针对特定用途选择磁体时，应该考虑以下特性：

1）残余电感 B（单位：G 或 mT）——磁体有多强？

2）矫顽力 H（单位：Oe 或 kA/m）——磁体抵抗外部退磁力的能力有多大？作为对比，$1Oe = 0.08kA/m$。

3）最大磁能积 MEP，等于 BH_{max}，单位是 GOe 的 10^6 倍（或 kJ/m^3）。1 百万 GOe 常表示为 MGOe，作为对比，$1MGOe = 7.96kJ/m^3$。对退磁力具有高抗性的强磁体，其 MEP 也很高。MEP 越高的磁体越好，越强，也越昂贵。

4）温度系数（%/℃），表示 B 随温度的变化率。

永磁体由特殊合金制造（见附表 A.6），比如稀土（如钐）-钴合金，它是最好的永磁体，但是加工非常困难，如果需要成型，则必须研磨。它们的 MEP 最大值大约是 $16×10^6$ 或 16MGOe。另一种常用的合金是阿尔尼科（Alnico）永磁合金，它含有铝、镍、钴、铁及一些添加剂。这类磁体可通过铸造或利用压紧的金属粉末在模具中加热烧结而成。烧结而成的 Alnico 合金适合大量生产。陶瓷磁体是通过在压紧烧结而成的陶瓷材料基质中加入钡或锶铁氧体（或同组其他元素）而制成。它们是热和电的不良导体，具有化学惰性及高 H 值。

还有一种用于永磁体制造的合金是库尼菲（Cunife）永磁合金，它含有铜、镍及铁元素。可通过冲压、模锻、拉伸或轧辊实现最终成型。它的 MEP 值约为 $1.4×10^6$。铁-铬磁体在最后硬化处理前有足够的软度来进行加工。它们的最大 MEP 值为 $5.25×10^6$。塑料和橡胶永磁体由含有钡或锶铁氧体的塑料基体材料组成，并且可以制成很多形状，其 MEP 值大约为 $1.2×10^6$。

钕磁体（也称为 NdFeB、NIB，或者 Neo 磁铁），是一种稀土永磁体，由钕铁硼合金组成，这种合金的化学分子式是 $Nd_2Fe_{14}B$，具有四方晶体结构。这种材料是目前最强的永磁体类型。实际应用中，钕磁体的磁特性依赖于合金的构成和微结构，以及所采用的制造技术。钕磁体具有高的矫顽力和磁能积，但是相对于其他类型的磁体，其居里温度较低。

在 20 世纪 90 年代，人们发现某些含有顺磁性金属离子的分子可以在非常低的温度下储存磁矩。实际上，这些磁体拥有强磁性的大分子。该类磁体被称为单分子磁体（SMM）。大多数 SMM 含有锰，但也发现含有钒、铁、镍和钴簇元素。SMM 的优势在于具有强残余电感，可溶于有机溶剂和具有亚纳米级的尺寸。最近，科学家已经发现在一些链系统中也出现了一种可以在相对高的温度下持续很长时间的磁化现象。这些系统被称为单链系统（SCM）。

如果要选择一种永磁体做实际应用，可以参考互联网上的一种磁体计算器（www.kjmagnetics.com/calculator.asp），对读者非常有用。

4.3.3 线圈和螺线管

线圈和螺线管是产生磁场的实用器件之一，它们以紧密缠绕成螺旋结构的长导线制成，承载电流 i。螺线管通常用于将电流转换为机械力，同时它也是许多传感器的基本部件，尤其是在运动与距离检测领域中。线圈和螺线管之间的主要区别在于前者可以具有多种形状，而后者指的是紧密地在一起绕成圆柱形的线圈。在下面的讨论中，假定与其直径相比，螺线管非常长。其磁场是构成螺线管的所有线圈匝的磁场的矢量和。

如果线圈匝数排列疏松，线与线之间的磁场会相互抵消。在螺线管内部远离导线的点，磁场强度 B 的方向与线圈轴线平行。在导线紧密缠绕的情况下（见图 4.14），螺线管本质上可看作圆筒状电流层。如果对该电流层应用安培定律，则螺线管的内部磁场为

$$B = \mu_0 i_0 n \qquad (4.31)$$

式中，n 为单位长度的线圈匝数；i_0 为通过螺线管的电流。

尽管式（4.31）是由无限长螺线管导出的，但是其对于线圈内部靠近中心轴线的点仍然非常适用。应该注意的是，B 与螺线管直径以及长度无关，其在螺线管横截面上是常量。由于线圈的直径不是式（4.31）的一部分，所以可以通过多层缠绕的方法以产生更强的磁场。应该注意的是，螺线管的外部磁场比内部的弱。

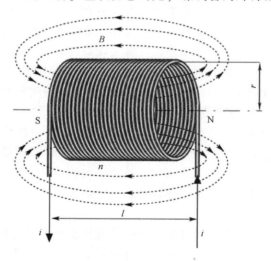

图 4.14 螺线管和线圈

4.4 电磁感应

1831 年，英国的迈克尔·法拉第和美国的约瑟夫·亨利发现了电磁学的最基

本效应之一：变化的磁场能够在导线中产生电流。磁场是如何产生的并不重要，无论是永磁体还是螺线管产生磁场，效果是一样的。只要磁场发生改变电流就会产生。静磁场不会产生电流。

法拉第电磁感应定律表明，感应电压或电动势（e. m. f）等于电路中磁通量的变化率。如果变化率的单位是 Wb/s，则 e. m. f. (e) 的单位是 V

$$e = -\frac{\mathrm{d}\varPhi_B}{\mathrm{d}t} \tag{4.32}$$

负号表示感应电动势的方向。如果改变的是螺线管上的磁通量，则其每匝线圈都会产生电动势，所有的电动势必须被叠加起来。如果螺线管或其他线圈每匝的横截面积相同，则通过每一匝的磁通量也是相同的，感应电动势为

$$V = -N\frac{\mathrm{d}\varPhi_B}{\mathrm{d}t} \tag{4.33}$$

式中，N 为匝数。式（4.33）可改写成以下这种传感器设计者及应用工程师更喜欢的形式

$$V = -N\frac{\mathrm{d}(BA)}{\mathrm{d}t} \tag{4.34}$$

式（4.34）表示在信号拾取电路中可通过改变磁场（B）的大小或线圈的面积（A）来产生感应电压。因此，感应电压取决于以下几项：

1）相对于线圈移动磁场源（磁体、线圈、导线等）。

2）改变产生磁场的线圈或导线中的电流。

3）改变磁场源相对于信号拾取电路的方位。

4）改变信号拾取电路的几何形状，如拉伸、挤压或改变线圈的匝数。

根据法拉第定律，如果电流通过一个线圈，距离此线圈很近的另一个线圈会产生电动势。当然，磁场不仅穿过第二个线圈，也穿过了第一个线圈。因此，磁场在其发源的同一个线圈中产生电动势。这种现象称为自感。产生的电压称为自感电动势。对螺线管中心部分应用法拉第定律

$$v = -\frac{\mathrm{d}(n\varPhi_B)}{\mathrm{d}t} \tag{4.35}$$

圆括号中的量称为磁链，它是螺线管的一个重要参数。对一个附近没有磁性材料的简单线圈来说，该值与通过线圈的电流成正比

$$n\varPhi_B = Li \tag{4.36}$$

式中，L 为比例常数，称为线圈的电感。

则式（4.35）可改写为

$$v = -\frac{\mathrm{d}(n\varPhi_B)}{\mathrm{d}t} = -L\frac{\mathrm{d}i}{\mathrm{d}t} \tag{4.37}$$

根据式（4.37），可以定义电感系数

$$L = -\frac{\nu}{\mathrm{d}i/\mathrm{d}t} \tag{4.38}$$

如果电感器（具有电感的装置）附近没有磁性材料，由式（4.38）定义的电感值仅由螺线管的几何形状决定。电感的国际单位是 V·s/A，为纪念美国物理学家约瑟夫·亨利（1797—1878），定义 1H = 1V·s/A。H 为亨利的缩写。

由式（4.37）可以得到以下几个结论：

1）感应电压与通过电感器的电流的变化率成正比。

2）直流电流的感应电压为 0。

3）电压随电流的变化率的增加而线性增加。

4）同方向电流增加或减小产生的电压极性不同。

5）感应电压的方向总是与电流改变的方向相反。

像电容一样，电感可以用几何因子计算。对一个类似图 4.14 所示的排列紧密的线圈，其电感系数为

$$L = \frac{n\varPhi_B}{i} \tag{4.39}$$

如果 n 是每单位长度的匝数，在线圈长度 l 上的磁链数目为

$$N\varPhi_B = nlBA \tag{4.40}$$

式中，A 为线圈的横截面积。对于无磁芯的螺线管，$B = \mu_0 ni$，其电感系数为

$$L = \frac{N\varPhi_B}{i} = \mu_0 n^2 lA \tag{4.41}$$

应该注意到 lA 是螺线管的体积，通常称为几何因子（G）。

如果往螺线管的内部插入一根磁芯，电感将取决于额外两个因素：磁芯的相对磁导率 μ_r 和磁芯几何因子 g，即

$$L = \mu_0 \mu_r n^2 gG \tag{4.42}$$

其中，g 取决于磁芯的形状、大小、插入深度及与螺线管断面的距离。此外，铁磁材料的相对磁导率 μ_r 是随着电流而变化的，因此在式（4.42）中需要加入修正系数 η_i（在有磁芯的螺线管中，η_i 是线圈中电流的函数，而无磁芯的螺线管中 $\mu_r = \eta_i = 1$）。

$$L = \mu_0 \mu_r n^2 \eta_i gG \tag{4.43}$$

式（4.43）表明调节电感 L 可以通过适当地调节上述等式右边的每个因子来实现（除了 μ_0 属于常量，无法改变）：可以改变线圈匝数，可以改变线圈的任意尺寸，可以改变磁芯的形状以及插入深度，甚至可以改变核心材料。这种特性使得电感传感器在许多应用领域十分突出，如可以将电感传感器应用于测量位移、力、压力、位置等变量。

当连接到电子电路中时，电感可看作"复阻抗"

$$\frac{V}{i} = j\omega L \tag{4.44}$$

式中，$j = \sqrt{-1}$；i 是频率 $\omega = 2\pi f$ 的正弦电流。

式（4.44）表明电感的复阻抗在频率升高时上升，这被称为电感器的欧姆定律。复数记法表示电流相位比电压相位滞后 90°，因此这样的线圈被称为电抗元件。

如果两个线圈相互靠近，一个线圈中有电流流过，产生的磁场与第二个线圈中的电子相互作用，使其产生了感应电动势 ν_2

$$\nu_2 = -M_{21}\frac{\mathrm{d}i_1}{\mathrm{d}t} \tag{4.45}$$

式中，M_{21} 为两个线圈的互感系数。

互感系数的计算并不简单，在许多实际应用中，可以非常方便地通过实验测得。尽管如此，对一些相对简单的组合形式，可计算出其互感系数。例如，一个 N 匝的线圈，放置在一个单位长度匝数为 n 的长螺线管附近，则互感系数为

$$M = \mu_0 \pi R^2 n N \tag{4.46}$$

式中，R 为线圈半径。

如果两个线圈相互接近，那么它们的互感系数可以表示为

$$M_{12} = N_1 N_2 P_{21} \tag{4.47}$$

式中，N_1、N_2 分别为两个线圈的匝数；而 P_{21} 为磁通传播空间的持久性。

持久性是一种应用于磁通的量，其定义类似于电场中的电阻，它与耦合线圈材料的磁导率和几何形状成正比，这为设计实用的电感传感器提供了理论基础。

此外，还可以通过两个线圈的自感以及耦合系数来表示自感系数（耦合系数 k 满足 $0 \leqslant k \leqslant 1$）

$$M = k\sqrt{L_1 L_2} \tag{4.48}$$

为了说明线圈的自感与互感如何在传感器中应用，图 4.15 展示了 4 个概念设计。如图 4.15a 所示，如果将线圈缠绕在了一个具有弹性的软圆柱上，那么根据式（4.43）可以在磁芯上施加外力 F 来改变线圈的几何因子 G，从而改变线圈电感 L 的大小。如果该线圈是 LC 振荡器的一部分，那么施加外力 F 则可以调节振荡器的输出频率。

在图 4.15b 中，螺线管中有一个可运动的磁芯。由于只有在线圈内部的那部分磁芯才能够调节线圈的电感，根据式（4.43），磁芯在运动的时候磁芯的几何因子 g 将会变化，因此磁芯越深入电感值也就越高。图 4.15c 展示了一对相对运动的线圈。由振荡器往左边的线圈中输入激励信号，由于式（4.47）中 P_{21} 的变化改变了互感系数，则右边的线圈会输出与线圈耦合成比例的交流电压。此外，图 4.15d 还展示了另外一种通过旋转铁磁半圆改变耦合介质来调节线圈耦合的方法。当两个线圈与半圆盘的重叠面积最大时耦合程度最高，同理，当任何一个线圈没有与半圆盘

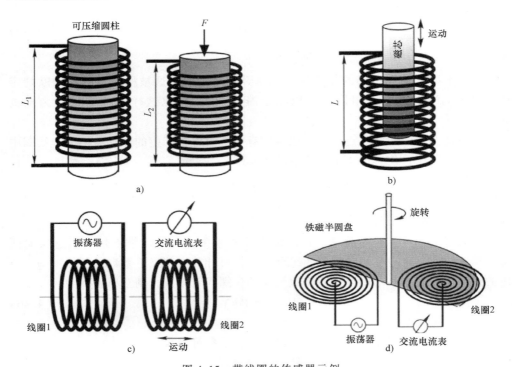

图 4.15　带线圈的传感器示例

a）可改变几何因子的线圈　b）带有可移动磁芯的螺线管

c）两个移动的线圈　d）互感系数可变的线圈

重叠时则耦合程度最低。

4.4.1　楞次定律

在许多涉及电感耦合的传感器应用中，必须考虑副线圈中感应电流产生的磁场对主线圈的反向作用。这就是著名的楞次定律⊖所描述的现象：感应电流的方向，与产生它的电流的方向总是相反，式（4.35）中的负号就是用来表示电流方向是相反的。因此，感应电流总是趋向于减小主线圈中的电流的，在这一点上楞次定律与牛顿第三定律十分相似（即每一个作用力都会有一个大小相等、方向相反的反作用力）。楞次定律描述的是感应电流，因此它只适用于封闭的导电回路中。此外还需要注意的是线圈中存在反向磁通会减弱线圈的自感。楞次定律有着非常广泛的应用，包括电磁制动、电磁炉、金属探测器等。

4.4.2　电涡流

电涡流是法国物理学家莱昂·傅科于 1851 发现的一种电学现象，因此这种电

⊖　楞次定律是 1834 年以德国科学家 H. F. E. Lenz 命名的。

流有时候也被称作傅科电流。电涡流产生于以下两种情况中：①导体被放置于由磁场源和导体相对运动导致的变磁场当中；②导体被放置于磁感应强度发生变化的磁场当中。上述效应将会导致导体内的电子循环流动或者环形电流，导体既可以是磁性的也可以是非磁性的。电涡流的环流反向垂直于磁通的方向，如果电涡流是由线圈引起的，那么通常情况下它会平行于线圈的绕线，在感应磁场的范围内进行环流。电涡流一般集中在靠近励磁线圈的表面，电流强度随着与线圈距离的增大而减小。此外，电涡流密度随着深度呈现指数衰减，这种现象被称为趋肤效应。

根据楞次定律，这些流动的电涡流将会产生感应磁场阻碍原磁场的变化，从而引起导体和磁体或者感应线圈之间产生斥力或者阻力。外加的磁场越强、导体的电导率越高以及导体所处的磁场变化越快，导体内的电涡流就会越大，产生的反向磁场也就越大⊖。当在测试物体任意深度处的电涡流产生与原磁场方向相反的磁场时，趋肤效应就会出现，因此随着深度的增加，净磁通量减小，电流也在减小。另外，表面附近的电涡流可以被看作是屏蔽线圈的磁场，从而减弱更深处的磁场并减小感应电流。

4.5 电阻

任何材料中的电子都像密闭容器中的空气一样随机移动。电子的运动没有指向性，且其在材料任何部分的平均浓度是一致的（假定材料是均质的）。一根任意材料的杆，其长度为 l。杆的末端连接到电压为 V 的电源（见图 4.16），材料中将形成电场 E。易知电场强度

$$E = \frac{V}{l} \tag{4.49}$$

例如，如果杆长 1m，电池电压 1.5V，则电场强度为 1.5V/m。电场对自由电子施加作用力，使其沿电场反方向移动。因此，电流开始在材料中流动。可以想象材料的一个横截面上通过电荷 q。电荷的流动速率（单位时间内流过的电荷量）称为电流

$$i = \frac{dq}{dt} \tag{4.50}$$

电流的国际单位是安培（A）：1A＝1C/s。

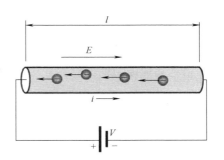

图 4.16 材料上的电压产生电流

⊖ 电涡流可用于感应烹饪。位于锅底下方的线圈在锅底内产生强大的环电流。为了将电涡流转换成热能，锅底不应太高且电阻值不应太低。这就是为什么玻璃、陶瓷、铜或铝制炊具都不能用于感应烹饪的原因。

在国际单位制中，对于自由空间中两根无限长且相距 1m 的平行导线，如果流过导线的电流使得两根导线之间每米长度产生 $2 \times 10^{-7} \text{N}$ 作用力（由两导线磁场所产生），那么该电流强度定为 1 安培（A）。1A 是很大的电流。在传感器技术中，通常所用电流要小得多，因此，常使用 A 的约数。

$$1\text{mA}(\text{毫安}) = 10^{-3}\text{A}$$

$$1\mu\text{A}(\text{微安}) = 10^{-6}\text{A}$$

$$1\text{nA}(\text{纳安}) = 10^{-9}\text{A}$$

$$1\text{pA}(\text{皮安}) = 10^{-12}\text{A}$$

$$1\text{fA}(\text{飞安}) = 10^{-15}\text{A}$$

不管材料的横截面是不是均质的，在给定电场下，通过任意横截面的电流总是相同的。这与水流过一组串联的不同直径的管道相似：整个组合管道中的流量是相同的。水在狭窄管道中流动更快，在粗的管道中流动更慢，但是单位时间通过任意横截面的水量是常数。原因很简单：管道中的水既没有消失，也没有被创造。同样的原理可以应用到电流中。电荷守恒定律是物理学基础理论之一。在稳态条件下，材料中的电荷既不会被创造，也不会消失。进来多少就出去多少。在这里，不考虑电荷的存储（电容），并且我们讨论的所有材料都具有纯电阻特性。

导电现象可用下面的机制简单描述。导电体材料，如铜导线，可抽象为一个由带正电的铜离子组成的像弹簧一样的半刚性的周期性晶格。这些铜离子通过强电磁力耦合在一起。每个铜原子有一个载流电子可以在晶格附近自由移动。当导体内施加电场 E 时，每个电子都会受到力 $-eE$ 的作用（e 是电子的电量）。电子在该力的作用下加速移动。但是，这种移动是很短的，因为电子与临近的铜原子发生碰撞，铜原子以一定的强度不停地振动，该强度取决于材料的温度。电子把动能转移给晶格，且通常被正离子捕获，捕获后，释放另一个电子，电子不停在电场作用下移动，直到它与晶格的下一部分碰撞。碰撞之间的平均时间为 τ。它取决于材料的种类、结构和纯度。例如，在室温下，纯铜中载流电子在碰撞之间移动的平均距离是 $0.04\mu\text{m}$，其 $\tau = 2.5 \times 10^{-14}\text{s}$。实际上，电池负极附近流入材料的电子与正极流出的电子是不同的，但是电子的持续流动是在材料内部始终保持的。电子和材料原子的碰撞加剧了其振动，从而升高了材料的温度。这就是为什么电流通过电阻材料时释放焦耳热的原因。

将电流方向定义为与电场方向相同，即与电子的流动方向相反，其实是比较主观的。因此，按该定义电流从电池的正极流向负极，而电子实际上是以相反的方向移动。有趣的是，不同于水流过管道，电子不需要在开始流出正极一侧之前事先把导体"填满"，因为电子总是存在于导体中。由于导体中的电场在导体材料中以光速传播，电流几乎瞬间就会出现在导体的各个部位。

4.5.1　电阻率

如果用不同的材料，如铜和玻璃，制成形状完全一致的棒，并在上面施加相同的电压，棒中的电场是相同的，但产生的电流将是大不相同的。某种材料可以用其通过电流的能力来表征，这种能力称为电阻率，即该材料具有电阻。电阻由欧姆定律所定义，即电压与电流的比率是一个常数

$$R = \frac{V}{i} \tag{4.51}$$

对于纯电阻（无电感或电容），其电压和电流是同相的，即它们的变化是同步的。

任何材料都具有电阻率[⊖]，因此被称为电阻。电阻的国际单位是欧姆（Ω）（$1\Omega = 1\text{V/A}$）。其他欧姆的倍数和约数为

$$1\text{m}\Omega = 10^{-3}\,\Omega$$
$$1\text{k}\Omega = 10^{3}\,\Omega$$
$$1\text{M}\Omega = 10^{6}\,\Omega$$
$$1\text{G}\Omega = 10^{9}\,\Omega$$
$$1\text{T}\Omega = 10^{12}\,\Omega$$

如果把电流与水流相比较，管道的压力（Pa）与电阻上的电压（V）是相似的，电流（C/s）与水流（L/s）相似，电阻（Ω）与管道中的水流阻力（无特定单位）相对应。很明显，当管道很短很粗，且没有障碍时，水流的阻力会更小。但如果管道里安装了过滤器，水流的阻力会更大。以人体为例，动脉血液的流动可能受到沉积在血管内壁上胆固醇的限制。这些沉积物增加了流动阻力（称为血管阻力），人体会提高动脉血压以补偿血管阻力的增加，所以心跳加强。如果动脉血压的提高不足以补偿血管阻力的增加，心脏跳动就不足以为包括心脏在内的生命器官提供必需的血液供应，这可能引发心脏病或其他的并发症。

基尔霍夫定律是电路设计的基本定律，它是以德国物理学家古斯塔夫·罗伯特·基尔霍夫（1824—1887）的名字命名的。这个定律最初的构思借鉴了电网与管网的相似性，当然，我们已经知道，这种网络与电网十分相似。

电阻是器件的特性之一。它取决于材料和电阻器的几何形状。而材料自身可由电阻率 ρ 来表征

$$\rho = \frac{E}{j} \tag{4.52}$$

式中，j 为电流密度，$j = i/a$（a 为材料横截面积）。

电阻率的国际单位是 $\Omega \cdot \text{m}$。一些材料的电阻率在附录（见附表 A.7）中给

⊖　超导体除外，这超出了本章讨论的范围。

出。经常会用到电阻率的倒数，称为电导率：$\sigma = 1/\rho$。电导率的国际单位是西门子每米（S/m）。

材料的电阻率可由碰撞之间的平均时间 τ，电子电量 e，电子质量 m，以及单位体积内的载流电子数 n 之间的关系来表述

$$\rho = \frac{m}{ne^2\tau} \tag{4.53}$$

可用式（4.54）来得到导体的电阻

$$R = \rho \frac{l}{a} \tag{4.54}$$

式中，l 为导体的长度；a 为横截面积。比值 l/a 称为电阻的几何因子。

式（4.54）建立了电阻和其参数之间的基本关系。因此，如果想设计一个电阻式传感器，就应该想办法调整电阻的电阻率或者几何因子。接下来，我们回顾几种通过改变式（4.54）中变量制成的电阻式传感器。

4.5.2 电阻的温度灵敏度

实际上，一种材料的电阻率并不是固定不变的。它随着温度 t 而改变，在一个相对较窄的温度范围内，可通过热灵敏度（斜率）α 近似线性化，α 称为电阻温度系数（TCR）

$$\rho = \rho_0 \left(1 + \alpha \frac{t - t_0}{t_0} \right) \tag{4.55}$$

式中，ρ_0 是在参考温度 t_0（一般是 0℃ 或 25℃）下的电阻率，在更宽的范围内，电阻率与温度呈非线性关系。

对于工作温度范围较宽且精度要求不高的应用场合，如图 4.17 所示，可以用一条最佳拟合直线来模拟钨的电阻率随温度的变化曲线。当精度要求较高时，式（4.55）将不再满足要求。这就需要更高阶的多项式对电阻率进行建模。例如，当处于更宽的温度范围时，钨的电阻率可以用二阶多项式（4.56）得出

$$\rho = 4.45 + 0.0269t + 1.914 \times 10^{-6} t^2 \tag{4.56}$$

式中，t 为温度，单位为 ℃；ρ 为电阻率，单位为 $\Omega \cdot m$。

金属具有正温度系数（PTC）[⊖]，而很多半导体和氧化物具有负温度系数（NTC）。一般来说，NTC 电阻拥有高温非线性特性。

电路中的电阻器应该尽量降低与温度的相关性。"好"电阻的 $\alpha = 10^{-5}$ 或者更低；而在传感器技术中，则需要一个"差"的电阻，其 α 很高并且是可预测的。高温度系数 α 便于制造两种温度传感器，一种是热敏电阻，另一种是电阻温度探

⊖ 由于金属的电阻随温度升高而增加，白炽灯中的钨丝起到了温度调节的作用，所以钨丝是不会被烧断的。当温度升高的时候，电阻增加，电流减小，使温度下降。但如果金属的温度系数是负的，那么钨丝会马上烧断，也就不会有白炽灯了。

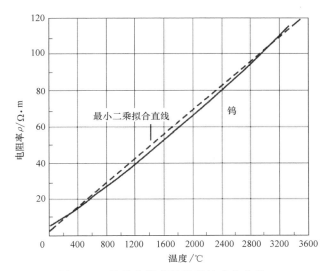

图 4.17　钨的电阻率随温度的变化曲线

测器（RTD）[⊖]。最常见的 RTD 是铂（Pt）温度传感器，其工作温度范围很宽，上限可达 600℃。Pt RTD 的电阻变化如图 4.18 所示。最佳拟合直线由式（4.57）给出

$$R = R_0(1 + 36.79 \times 10^{-4} t) \qquad (4.57)$$

式中，R 的单位为 Ω；R_0 为处于 0℃时的标定电阻；t 为温度，单位为℃。

Pt 电阻曲线有轻微的非线性，如果不校正，可能在宽的温度范围内导致相当大的的误差。Pt 电阻更精确的近似值用二阶多项式给出，其精度高于 0.01℃

$$R = R_0(1 + 39.08 \times 10^{-4} t - 5.8 \times 10^{-7} t^2) \Omega \qquad (4.58)$$

然而，应该注意的是式（4.57）和式（4.58）中的系数多少会受材料的纯度和制造工艺的影响。可通过下面的例子来比较 Pt 温度计的线性模型以及二阶模型的精度。如果 Pt RTD 传感器在 0℃时阻值为 $R_0 = 100\Omega$，在 150℃时，其线性近似阻值为

$$R = 100 \times (1 + 36.79 \times 10^{-4} \times 150) = 155.18\Omega$$

而对于二阶近似值

$$R = 100 \times (1 + 39.08 \times 10^{-4} \times 150 - 5.8 \times 10^{-7} \times 150^2) = 157.32\Omega$$

两者之差是 2.13Ω。这等效于在 150℃时，具有 -5.8℃的误差（接近 -4%）。这意味着线性近似给出了接近 -4% 误差的读数。

另一种电阻式温度传感器为具有大的、正或负温度系数的热敏电阻，在温度测量中通常采用负温度系数，而正温度系数由于其高的非线性则常被用于在选定区域对精度要求不高而对灵敏度要求较高的场合。这种热敏电阻即为半导体陶瓷，一般

⊖　见 17.1 节。

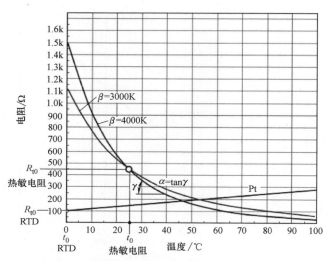

图 4.18　两种热敏电阻以及 Pt RTD（$R_0 = 1k\Omega$）的电阻-温度特性

注：热敏电阻的标定温度为 $t_0 = 25℃$，而 RTD 为 0℃。

由一种或镍、锰、钴、钛、铁等多种元素的氧化物制成。偶尔也用到其他金属的氧化物。热敏电阻阻值在几分之一欧到几兆欧间变化。热敏电阻能制成盘状、水滴状、管状、薄片状，或沉积在陶瓷基片上形成薄膜。此外，还可以将厚膜膏直接印在陶瓷基片上形成厚膜热敏电阻。也可通过控制半导体（Ge 和 Si）的电阻使其具有正温度系数或负温度系数来形成半导体 RTD 和热敏电阻。

　　热敏电阻具有非线性的温度-电阻特性（见图 4.18），第 17 章将介绍几种不同的近似式。最常用的热敏电阻近似传递函数是指数形式

$$R_t = R_0 e^{\beta(1/T - 1/T_0)} \qquad (4.59)$$

式中，T 为热敏电阻温度；T_0 为校准温度；R_0 为在校准温度 T_0 下的电阻值；β 为材料的特征温度。所有温度及 β 均采用开尔文温标。通常，β 在 2600~4200K 之间（对于由锗制成的半导体热敏电阻，该值甚至可达到 6000K），在相对窄的温度范围内，可认为其与温度无关，从而使式（4.59）的计算结果具有相当好的近似度。当需要更高的精度时，则需要使用其他近似。图 4.18 所示为在 $\beta = 3000K$ 和 4000K 时的两个热敏电阻以及 Pt RTD 的电阻-温度关系。Pt RTD 灵敏度要小很多，但其线性度更高且具有正斜率，而热敏电阻具有较强的非线性度，但其灵敏度高且具有可变的负斜率。

　　一般的，热敏电阻阻值在温度 $t_0 = 25℃$（$T_0 = 298.15K$）下规定，而 RTD 阻值则在 $t_0 = 0℃$（$T_0 = 273.15K$）下规定。

4.5.3　电阻的应变灵敏度

　　通常，当材料机械变形时电阻会发生改变，而应变则是变形的度量。机械变形

可以改变式（4.54）所示的电阻率或几何因子。这种电阻应变敏感性被称为"压阻效应"（piezoresistivity），该词由希腊语中的压力（$\pi\iota\varepsilon\sigma\eta$）一词衍生而来。我们之前讲过，"好"电阻应该具有一定的稳定性，而"差"电阻却可以用来设计传感器。在本节中，我们讨论的是可以用来测量应变的应变传感器。此外，它还可以作为许多其他复杂传感器的一部分，如位移、力、压力传感器等。

应力 σ 是使电阻变形产生应变的原因。应力与力的关系为

$$\sigma = \frac{F}{a} = E\frac{\mathrm{d}l}{l} = Ee \tag{4.60}$$

式中，E 为材料的弹性模量；F 为施加的作用力；a 为横截面积。

在式（4.60）中，比率 $\mathrm{d}l/l = e$ 称为应变，它是材料单位长度的变形量。

图 4.19 所示为被作用力 F 拉伸的圆柱形导体（电线）。物体的体积 v 保持不变（没有增加或去除材料），当长度增加时横截面积变小。因此式（4.54）可以改写为

$$R = \frac{\rho}{v}l^2 \tag{4.61}$$

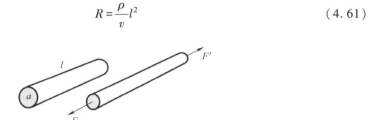

图 4.19　应变改变导体的几何形状及其电阻

当给定导体的材料和设计结构后，上述比值为常量。微分后，可以定义电阻对于导线拉伸量的灵敏度

$$\frac{\mathrm{d}R}{\mathrm{d}l} = 2\frac{\rho}{v}l \tag{4.62}$$

由式（4.62）可知，导线越长、越细，电阻率越高，其电阻对于拉伸量的灵敏度就越高。拉伸导线电阻增加率是应变 e 的线性函数，可表述为

$$\frac{\mathrm{d}R}{R} = S_e e \tag{4.63}$$

式中，S_e 为应变系数或应变元件的灵敏度，对于金属导线，它的范围是 2~6，对半导体，其值更高，在 40~200 之间，因为在半导体中，几何因子所起的作用要远小于材料晶体结构的变形所引起的电阻率的变化。当半导体材料受压时，它的电阻率发生改变，而这种改变取决于材料类型及掺杂浓度（见 10.2 节）。然而，半导体的应变灵敏度是与温度相关的，因此当应用于较大的温度范围时需要适当的温度补偿。

4.5.4　电阻的湿度灵敏度

我们可以通过选择电阻的材料来控制它的电阻率及其对环境因素的敏感性。其中，对电阻率 ρ 影响较大的因素之一是可被电阻吸收的水分。一种与湿度有关的电阻可用吸湿材料制成，它的电阻率受其吸收的水分子浓度影响。这是电阻式湿度传感器的基础，这种电阻称为湿敏电阻。

典型的湿敏电阻是在一个陶瓷基片上用丝网印刷技术加工两个叉指（如双手十指叉握）电极⊖（见图 4.20a）。电极是导体，电极之间的空间充有吸湿的半导体胶体，这些胶体可以作为存储导电粒子的基体（见 14.4 节）。这种结构在电极之间形成电阻。胶体[2]通常由羟乙基纤维素、壬苯基聚乙二醇醚以及其他加入碳粉的有机材料制成。胶体被完全磨碎以形成均匀的混合物。另一种湿敏电阻由氯化锂（LiCl）薄层和粘结剂组成。带有该涂层的基片在受控的温度和湿度下固化。

涂层电阻随湿度的变化呈现非线性（见图 4.20b），在校准和数据处理过程中需要考虑到这一点。对于大多数湿敏电阻，其响应时间为 $10 \sim 30s$，在气流中可被缩短。其电阻变化范围从 $1k\Omega \sim 100M\Omega$。

湿敏电阻传感器是主动式（有源）传感器，也就是说，它需要一个激励信号才能输出电信号。只能使用对称的、没有直流偏量的交流激励信号，以防止涂层极化，这一点非常重要，否则传感器将被毁坏。

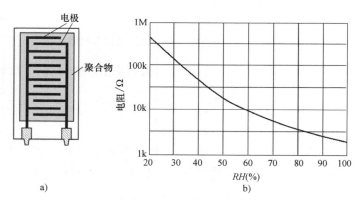

图 4.20　湿敏电阻设计和它的传递函数

a）湿敏电阻设计　b）湿敏电阻传递函数

4.6　压电效应

压电效应是指晶体材料受到压力时产生电荷，或者更准确地说是电荷重新分配

⊖　这种形式基于电极形状和人手指形状的相似性。

的现象。这种效应存在于天然晶体，如石英（SiO_2）、极化（人工极化）的人造陶瓷，以及一些聚合物，如聚偏氟乙烯（PVDF）中。据说压电材料具有铁电性，该名词通过与铁磁性的类比而得名，尽管大多数压电材料中不含铁。不同于压阻效应对受压的响应是其阻值的改变，压电效应对受压的响应具体表现为其外表面会出现电荷。

居里兄弟于 1880 年在石英中发现了压电效应，但直到 1917 年才有了实际应用，那时另一个法国人，P. Langevin 教授用石英的 x 切片在水中产生了声波并成功探测到了它。他的成就促进了声呐的发展。

1927 年，A. Meissner 提出了一个简化了的、但能有效解释压电效应的模型[3]。将石英晶体模型化为一个螺旋体，其中一个硅原子（Si）和两个氧原子（O_2）螺旋交替（见图 4.21a）。石英晶体沿着 x、y、z 轴切割，图 4.21a 是沿着 z 轴看过去的。在一个晶胞中，有 3 个硅原子和 6 个氧原子。氧原子成对地在一起。每个硅原子带有 4 个正电荷，一对氧原子带有 4 个负电荷（每个原子两个）。因此，硅晶体在没有压力的条件下是呈现电中性的。当外力 F_x 沿着 x 轴作用时，六方晶格产生形变。图 4.21b 所示为压力改变了晶体中原子的位置，使得硅原子一边带正电，而氧原子对一边带负电。因此，晶体沿着 y 轴产生了电荷。如果晶体沿着 x 轴被拉伸（见图 4.21c），在 y 轴上会积累相反极性的电荷，这是由变形的不同引起的。这个简单的模型证明了机械变形可使晶体材料表面产生电荷。可用类似的方式解释热电效应，这将在本章 4.7 节介绍。

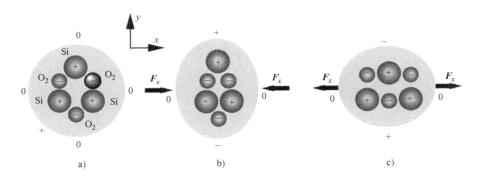

图 4.21 石英晶体中的压电效应

a) z 轴方向 b) 沿 x 轴作用压力 c) 沿 x 轴作用拉力

为收集电荷，晶体切割的相对面必须至少添加两个导电电极（见图 4.22）。这样，压电传感器就可以被视作一个极板间充有电介质的电容，这种电介质是压电晶体材料。电介质的角色是电荷产生器，使电容上产生电压 V。尽管晶体电介质中的电荷是在施加作用力的位置产生的，但金属电极使电荷沿其表面均匀分布，使得该电容器不具有区域选择性。但是，如果将电极做成复杂形式（如多重电极），通过测量选定电极的响应信号可以判定所施加力的精确位置。

可以说是材料中的应变对电容进行了充电。压电传感器是一种直接将机械应力转换成电能的转换器。压电效应是可逆的物理现象，这意味着除了能由压力产生电力，如果对晶体施加电压，还可使其产生机械应变，使材料变形。因此压电材料不仅能将应变转化为电能，还可以将电能转化为应变。我们可以在晶体上放置几个电极，用其中一对电极给晶体施加电压引起材料应变，其他电极用来拾取晶体动态应变而产生的电荷。这个方法在各种压电换能器（如晶体振荡器等）中应用非常广泛。

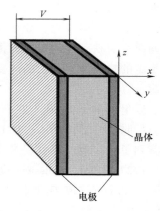

图 4.22 由极化晶体材料上放置电极形成的压电传感器

简化形式的压电效应强度大小可用极化矢量来表示[4]

$$P = P_{xx} + P_{yy} + P_{zz} \tag{4.64}$$

式中，x、y、z 指与晶轴相关的常用正交系。可以通过轴向应力 σ 的形式写出⊖ P_{xx}、P_{yy}、P_{zz} 的值

$$P_{xx} = d_{11}\sigma_{xx} + d_{12}\sigma_{yy} + d_{13}\sigma_{zz}$$

$$P_{yy} = d_{21}\sigma_{xx} + d_{22}\sigma_{yy} + d_{23}\sigma_{zz} \tag{4.65}$$

$$P_{zz} = d_{31}\sigma_{xx} + d_{32}\sigma_{yy} + d_{33}\sigma_{zz}$$

式中，常量 d_{mn} 为沿着与晶体切割方向正交的轴的压电系数，单位为 C/N（库仑/牛顿），其物理意义为每牛的力所产生的电荷。根据材料的不同，压电系数 d 可能差异非常大，因此在实际的使用中应该采用材料压电系数最大的主方向。

压电晶体产生的电荷与施加的力成正比，例如，在 x 方向上电荷为

$$Q_x = d_{11}F_x \tag{4.66}$$

由于带有电极的晶体形成了电容为 C 的电容器，电极之间产生的电压 V 为

$$V = \frac{Q_x}{C} = \frac{d_{11}}{C}F_x \tag{4.67}$$

反过来，由式（4.23）及电极表面积⊖a、晶体的厚度 l 可得到电容

⊖ 该系列参数也包含了剪应力及相应的系数 d。

⊖ 注意是电极表面积而不是晶体面积，因为压电产生的电荷只能通过被电极覆盖的区域收集。

$$C = \kappa \varepsilon_0 \frac{a}{l} \qquad (4.68)$$

然后，得到传感器输出电压

$$V = \frac{d_{11}}{C} F_x = \frac{d_{11} l}{\kappa \varepsilon_0 a} F_x \qquad (4.69)$$

式（4.69）表明，为了获得更高的输出电压，应该减小压电材料的电极面积并增大厚度。此外，从公式中还能看出力与电压之间为线性关系。但需要注意的是，如下文将会解释的一样，压电传感器是一种只对变化的力有响应的交流传感器，对恒力并无响应，因此式（4.69）所表示的电压是衰减瞬态的峰值电压。

4.6.1　压电陶瓷材料

一种常用的压电传感器陶瓷材料是锆钛酸铅 $[Pb(Zr,Ti)O_3]$。制造传感器，首先要制造高纯度的金属氧化物（如氧化铅、氧化锆、氧化钛等），这些氧化物是各种颜色的精细粉末。粉末研磨成特定的细度，以特定化学比例完全混合，然后在"煅烧"程序中，把混合物置于高温下，使各成分反应后形成的粉末中每个颗粒都有接近最终需求的化学组成。但在这种情况下，颗粒仍不具备所需的晶体结构。

下一个步骤是把经过煅烧的粉末与固体及/或液体有机粘结剂（在火中会烧掉）混合，用机械方式把混合物制成"蛋糕"，该形状与最终传感元件的形状十分相似。为形成想要的"蛋糕"形状，可采用几种方法。其中包括压（由液压动力活塞施压）、铸造（把黏性的液体倒入模具中然后使其干燥）、挤压（用一个印模或一对轧辊把混合物压成薄片）、流延成型（把黏性的液体涂敷在光滑的移动带上）。

在"蛋糕"形成后，把它们放置在炉中，置于严格控制的温度下。当有机粘结剂烧尽后，材料大约收缩 15%。当"蛋糕"加热到呈红色时，在这个状态下保持一定时间，称为"浸泡时间"，在这个过程中会发生最终的化学反应。当材料冷却后，晶体结构就形成了。根据材料的不同，整个烧制过程可能需要 24h。

当材料冷却后，将接触电极连接到它的表面上。这可以通过几种方法来实现，最常用的方法是烧结银（丝网印刷银—玻璃混合物并重新煅烧）、化学镀（在特定池中化学沉积）以及阴极真空喷镀法（暴露在局部真空的金属蒸气中）。

材料中的微晶（晶胞）可认为是电偶极子。在某些材料如石英中，这些晶胞沿晶轴自然排列，使得物体对压力有一定的敏感性。在其他一些材料中，电偶极子随机定向，因此需要"极化"来获得压电性质。为使得晶体材料获得压电性质，可采用几种极化技术。最常用的极化处理是热极化，包括以下步骤：

1）具有随机定向电偶极子（见图 4.23a）的晶体材料（陶瓷或聚合物薄膜）在其居里点下轻微地加热。某些情况下（如 PVDF 薄膜），材料被拉伸（产生应变）从而使晶体具有择优取向。高温导致电偶极子振动更加强烈，这样能够很容易地使它们按照需求定向。

2）将材料置于强电场 E 中（见图 4.23b），电偶极子沿着电场线排列。但并不是所有的都沿电场线排列。很多电偶极子偏离电场线很多，但电偶极子总体保持了统计学上的主要方向。

3）维持沿材料厚度方向的电场，将材料冷却。

4）移开电场，极化过程就完成了。只要极化的材料维持在居里温度以下，其极化就具有永久性。电偶极子沿其极化方向被"冻结"，该方向是在高温下由电场方向给定的（见图 4.23c）。

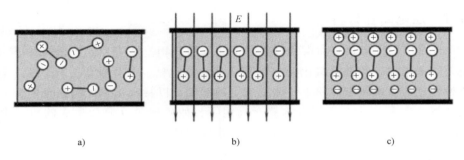

图 4.23　压电和热释电材料的热极化

a）随机定向的电偶极子　b）电偶极子沿电场线排列　c）电偶极子沿其极化方向被"冻结"

还有一种方法称为电晕放电极化，用来制造压电/热释电聚合物薄膜（见 4.6.2 节）。在薄膜厚度方向上每厘米施加几百万伏的电压，维持 40～50s，薄膜会受到电极的电晕放电作用[5,6]。电晕极化实现起来并不复杂，在电击穿之前很容易实施，这使得该过程在室温下也可以应用。

制作的最后步骤包括切割、加工和研磨。在压电（热释电）元件准备好后，它被安装在传感器外壳中，将其电极连接到电端子或其他电子元件上。

极化后，晶体保持永久的极化状态，并且在相对短的时间内使电极带电。大量的自由电荷载体沿着材料内部电场方向移动，在附近空气中有大量的带电离子。电荷载体向极化的电偶极子移动，并中和它们的电荷（见图 4.23c）。因此，一段时间后，只要保持稳定状态的话，极化的压电材料就会放电。当施加压力，或空气在它表面流过（见 12.6 节）时，平衡状态被打破，压电材料在相对的表面产生电荷。如果压力维持一段时间，电荷又会通过内部泄漏被中和掉。因此，压电传感器只对压力的变化产生响应，而不是不变的压力。换句话说，压电传感器是一个交流器件而不是直流器件。

压电方向灵敏度（系数 d）具有温度相关性。对于一些材料（如石英），其灵

敏度以 $-0.016\%/℃$ 的斜率下降。其他材料（如 PVDF 薄膜及陶瓷）在温度低于 $40℃$ 时，其灵敏度可能下降，而高于此温度时，其灵敏度随温度升高而增大。当前，制作压电传感器最常见的材料是陶瓷[7-9]。最早的铁电陶瓷是钛酸钡，它是一种化学式为 $BaTiO_3$ 的多晶体。永久极化的稳定性取决于电偶极子的矫顽力。在一些材料中，极化可能随着时间而减弱。为增加极化材料的稳定性，需在基本材料中加入杂质，以"锁"住极化特性[4]。压电常数随工作温度而改变，介电常数 κ 也具有类似的温度相关性，根据式（4.69），它们分别处在分子和分母的位置，因此由温度引起的数值变化会相互抵消。使得输出电压 V 在较宽的温度范围内具有良好的稳定性。

　　压电元件可用作单晶或多层（几层材料层压在一起）的形式。层与层中间必须放置电极。图 4.24 所示为一个双层力传感器⊖。当施加外力 F 时，传感器的上部拉伸，而底部压缩。如果这些层经过正确的层压，就会产生一个双输出信号。双层传感器可如图 4.25a 所示

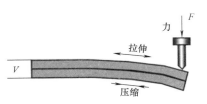

图 4.24　双层压电传感器

并联，也可以如图 4.25c 所示串联。压电传感器的等效电路由压力感应电流源（i），泄漏电阻（r）以及电容（C）并联而成。根据层的连接方式不同，层压传感器的等效电路分别如图 4.25b 和 d 所示。泄漏电阻 r 很大（约为 $10^{12} \sim 10^{14}\Omega$），意味着传感器有非常高的输出电阻。这就需要特殊的接口电路，如电荷-电压和电流-电压转换器，或者具有高输入电阻和低输入电容的电压放大器。

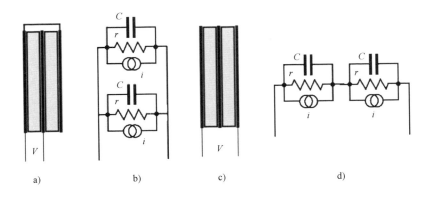

图 4.25　并联和串联层压压电传感器与它们相应的等效电路
a）并联　b）并联等效电路　c）串联　d）串联等效电路

⊖　注意，压电传感器是一个交流设备，所以对于保持不变或者缓慢变化的力信号，它不会产生响应。

　　由于硅不具有压电特性，可通过在其上沉积压电材料晶体层使其具有该特性。3 种最常用的压电材料分别是氧化锌（ZnO）、氮化铝（AlN）和 PZT 陶瓷，基本上与上述制造分立压电传感器的材料相同。

　　氧化锌除了压电特性外还具有热释电特性，这是超声波声学传感器、表面声波（SAW）装置和微量天平等发展的首选，也是最受青睐的材料。它的优点之一是在 MEMS 器件生产中易于进行化学蚀刻，氧化锌薄膜通常采用溅射技术沉积在硅上。

　　由于高声速和在高湿度和高温度环境下的耐久度，氮化铝成为一种非常出色的压电材料。它的压电系数在某些情况下低于氧化锌（ZnO），但高于其他薄膜压电材料（不包括陶瓷）。高声速使氮化铝成为在吉赫（GHz）频率范围内极具吸引力的选择。氮化铝薄膜通常利用化学气相沉积（CVD）技术或者活性分子束外延（MBE）技术制成。而使用这些沉积方法的缺点是基底需要很高的加热温度（高达 1300℃）。

　　PZT 薄膜具有比氧化锌和氮化铝更高的压电系数以及高的热释电系数，从而使其成为热辐射探测器制造一个好的选项。适用于 PZT 薄膜的沉积技术有很多，如电子束蒸镀法[10]、RF 溅射法[11]、离子束沉积法[12]、通过 RF 溅射的外延生长法[13]、磁控溅射法[14]、激光烧蚀法[15]以及溶胶-凝胶法[16]等。

4.6.2　高分子压电薄膜

　　1969 年，H. Kawai 在 PVDF 中发现了强的压电现象。1975 年，日本先锋公司开发了第一款商用产品，使用 PVDF 制成了压电扬声器和耳机[17]。PVDF 是半晶质的高分子聚合物，其结晶度约为 50%[18]。同其他的半晶质聚合物类似，PVDF 由层状单晶结构与非晶区混合组成。它的化学结构包含重复的双氟化乙烯单元 CF_2-CH_2。

$$\left[\begin{array}{c} \underset{\underset{H}{|}}{\overset{\overset{H}{|}}{-C-}} \ \underset{\underset{F}{|}}{\overset{\overset{F}{|}}{C-}} \end{array} \right]_n \qquad (4.70)$$

　　PVDF 的相对分子质量约为 10^5，相当于约 2000 个上述重复单元。这种薄膜在可视光谱以及近红外光谱区域具有很高的透明度，在电磁频谱的中远红外区具有吸收特性。这种高分子聚合物熔点约为 170℃，密度约为 1780kg/m^3。PVDF 是一种机械耐用性好的柔性材料。

　　与其他常用材料如 $BaTiO_3$ 或 PZT 相比，PVDF 不具有更高或相同的压电系数。但是在极高的交变电场中，它有独一无二的抗去极化能力。这意味着尽管 PVDF 的 d_{31} 值只有 PZT 的 10%，由于 PVDF 的最大允许电场要比 PZT 大 100 倍，所以 PVDF 的最大可观测应变比 PZT 大 10 倍。PVDF 薄膜具有良好的稳定性：当存储温度在 60℃ 时，6 个月时间内，其灵敏度仅仅降低约 1% ~ 2%。各种压电材料的特性比较见附表 A.8。压电薄膜相对于压电陶瓷的另一个优势是它的声阻抗低，它与水、人体组织和其他有机材料更接近。例如，压电薄膜的声学阻抗仅为水的 2.6 倍，而压电陶瓷的声阻抗通常要比水大 11 倍。相近的阻抗匹配使得声信号在水和人体组织中的转换更有效。

同许多其他铁电材料一样，PVDF 也具有热释电特性（见 4.7 节），温度改变使其产生电荷。PVDF 对波长范围为 7 ~ 20μm 的红外光有很强的吸收率，该范围覆盖了人体发出热量的同样的波长频谱范围。然而，尽管该薄膜能够吸收热辐射，将该薄膜夹在两片金属电极之间的热释电传感器能够完全反射相关频谱范围内的辐射。所以，红外辐射不会穿过金属电极被薄膜吸收。为解决这个问题，可以将置于热辐射中的电极涂覆吸热层或者由对红外辐射具有高吸收性的镍镉合金制成。当热辐射被吸收后，可以通过热传导迅速将其转化为热能在 PVDF 薄膜内传播。

PVDF 薄膜既可用于制作人体运动传感器，也可用作热释电传感器，用于更加复杂的应用场合，如夜视仪和激光轮廓传感器。同时，它在机器人、医学、假肢[19]等领域中有广泛的应用，甚至可以用于探索太空中的微小陨石。PVDF 的共聚物允许其在更高的温度（135℃）下使用，且能够制作成各种新形状的传感器，如圆柱形和半球形。压电电缆（见 10.5 节）也能用这些共聚物来制造。

4.7 热释电效应

热释电材料是能感知热量流动并产生电荷的晶体材料。热释电效应与压电效应是紧密相关的。在进行深入探讨前，建议读者先了解 4.6 节的内容。

与压电材料相同，热释电材料通常也加工成薄陶瓷片或薄膜的形式，电极分别沉积在薄片或薄膜的两个相对面以获取热产生的电荷（见图 4.26a）。热释电传感器本质上是能通过热流产生电荷的电容。无论热源是通过接触冷/热表面还是吸收热辐射，结果都是一样会产生电荷。

这种探测器不需要任何外部电压（激励信号），因此它是一个将热能直接转换成电能的转换器。它仅需要适当的接口电路来测量电荷。热电元件（热电偶）是两种不同温度的异种金属稳定连接（见 4.9 节）时能够产生稳定的电压，与之相反，热释电效应只有在温度发生改变时才产生电荷。因为温度的改变本质上需要热的传播，热释电器件是一个热流探测器而不是热探测器。当热释电晶体接触热流（来自如红外辐射源或者与冷/热物体接触）时，接触热流一侧的温度上升，同时该侧又成为一个热源。通过热释电材料向其另一侧传播热量，因此会有热量从晶体流出到外界环境，如图 4.26a 所示。

如果晶体呈现出自发的与温度相关的极化现象，则认为其具有热释电效应。在 32 种晶体类型中，有 21 种是非中心对称的，其中 10 种具有热释电特性。除了热释电特性，所有这些材料也都具有一定的压电特性：机械压力使其产生电荷。因此，设计热释电传感器时，最小化其所有潜在的机械干扰是非常重要的。

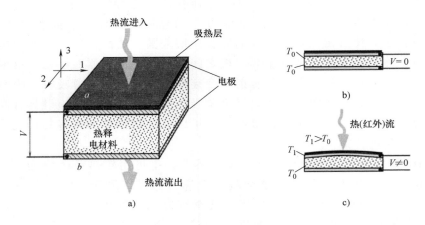

图 4.26　热释电效应

a）热释电传感器在晶体两个相对面上有两个电极（热辐射沿轴 3 从顶层输入并被吸热层吸收，热量通过热释电材料传导，部分从 a 面向下辐射）　b）热释电传感器处于中间态

c）热量使得上层拉伸，进而产生压电电荷

热释电效应是 18 世纪首先在电气石晶体中发现的（一些人宣称是 23 个世纪前希腊人发现的）。之后，在 19 世纪时，已经用罗谢尔（Rochelle）盐来制造热释电传感器。1915 年以后，人们发现了很多种类的具有热释电性质的材料：KDP（KH_2PO_4）、ADP（$NH_4H_2PO_4$）、$BaTiO_3$，以及 $PbZrO_3$ 和 $PbTiO_3$ 的合成物 PZT。现在，已经知道有超过 1000 种材料具有可逆极化特性，统称为铁电（ferroelectric）⊖晶体。其中最重要的是硫酸三甘肽（TGS）和钽酸锂（$LiTaO_3$）。1969 年，H. Kawai 在塑料材料、PVF 和 PVDF 中发现了强压电特性[20]。这些材料也有基本的热释电性质。

热释电材料可认为是由大量微晶构成的，每个微晶相当于一个小的电偶极子。这些电偶极子都是随机定向的（见图 4.23a）。超过某个温度（居里点）后，微晶失去电偶极矩。热释电材料的制造（极化）与压电材料类似（见 4.6.1 节）。

⊖　这是一种使用不当的名称，因为前缀 ferro 的意思是铁，而事实上大多数铁电材料的晶格中都不含铁，这样写是为了与铁磁（ferromagnetic）特性类比。

温度改变引发热释电现象的机制有几种。温度的改变可能引起单个电偶极子的变短或延伸，也可能由于热振动而影响电偶极子排列方向的随机性。这些现象称为初级热释电效应。而次级热释电效应，简单地讲，是压电效应作用的结果，即热膨胀导致材料中应变的增加。如图 4.26b 所示，热释电传感器的温度 T_0，且在其体内是均匀分布的。即传感器在电极两端产生的电压为零。现在假设热量以热（红外）辐射的形式施加到传感器的顶部（见图 4.26c），辐射的热量被上面的吸热层（如金黑层或者有机涂层）吸收并加热了热释电材料的上侧。热吸收的结果是上侧温度升高（新的温度是 T_1），从而导致材料上侧膨胀。膨胀引起传感器的弯曲（应变），反过来，弯曲产生压力使电偶极子的方向改变。由于压电效应的作用，受压材料在电极上产生相反极性的电荷，从而在电极的两侧观察到电压。因此，可以用下述顺序来描述次级热释电效应：热辐射—热吸收—热感应压力—电荷。

我们来分析一下热释电材料的特性，热释电传感器中的电偶极矩 M 为

$$M = \mu A h \tag{4.71}$$

式中，μ 为单位体积的电偶极矩；A 为传感器的面积；h 为厚度。

电荷 Q_a 可由电极获得，在材料上形成了电偶极矩

$$M_0 = Q_a h \tag{4.72}$$

M 必等于 M_0，所以

$$Q_a = \mu A \tag{4.73}$$

当随着温度变化时，电偶极矩也会发生改变，导致感应电荷的产生。热吸收可能与电偶极子的改变有关，所以 μ 应当视为温度 T_a 及材料热能增量 ΔW 的函数

$$\Delta Q_a = A \mu (T_a, \Delta W) \tag{4.74}$$

如图 4.27 所示，将热释电探测器（热释电元件）与电阻 R_b 相连，R_b 表示传感器内部泄漏电阻或者传感器接口电路的总输入电阻。右图为传感器的等效电路。它由三部分组成：①产生热感应

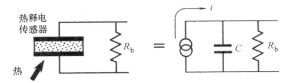

图 4.27　热释电传感器及其等效电路

电流 i 的电流源（电流是电荷的移动）；②传感器电容 C；③泄漏电阻 R_b。

热释电传感器输出的信号可以是电荷（电流）或电压的形式，这取决于具体的应用。作为电容，当与电阻 R_b 相连时，热释电器件放电。流过电阻的电流和电阻两端的电压反映了感应电荷的多少。可用两个热释电系数来表示[21]

$$热释电电荷系数 \quad P_Q = \frac{\mathrm{d}P_s}{\mathrm{d}T} \tag{4.75}$$

$$热释电电压系数 \quad P_V = \frac{\mathrm{d}E}{\mathrm{d}T} \tag{4.76}$$

式中，P_s 为自然极化（电荷的另一种说法）；E 为电场强度；T 为温度，单位为 K。

两个系数均与相对介电常数 κ 以及真空介电常数 ε_0 相关

$$\frac{P_Q}{P_V} = \frac{\mathrm{d}P_s}{\mathrm{d}E} = \kappa\varepsilon_0 \tag{4.77}$$

极化与温度相关，因此两种热释电系数［式（4.75）和式（4.76）］也是温度的函数。

如果将热释电材料与热源相接触，它的温度上升为 ΔT，相应的电荷和电压改变可用式（4.78）和式（4.79）来描述

$$\Delta Q = P_Q A \Delta T \tag{4.78}$$

$$\Delta V = P_V h \Delta T \tag{4.79}$$

传感器的电容可定义为

$$C_e = \frac{\Delta Q}{\Delta V} = \kappa\varepsilon_0 \frac{A}{h} \tag{4.80}$$

由式（4.78）~式（4.80）可得

$$\Delta V = P_Q \frac{A}{C_e} \Delta T = P_Q \frac{\kappa\varepsilon_0}{h} \Delta T \tag{4.81}$$

可以看出，峰值输出电压与传感器的温升和热释电电荷系数成正比，与它的厚度成反比。

当热释电传感器在热梯度下作用时，它的极化（在晶体上产生电荷）随着晶体的温度而改变。典型的极化-温度曲线如图 4.28 所示。电压热释电系数 P_v 是极化曲线的斜率。它在居里温度附近明显增加。居里温度是极化消失和材料永久失去热释电性质的临界温度。图 4.28 中曲线表明传感器的灵敏度随温度的上升而增大，但不是线性增加。

压电和热释电材料，如钛酸锂和极化热释电陶瓷，均为制作热释电传感器的典型材料。近年来，热释电薄膜的沉积方法已经在 MEMS 技术中广泛使用。在这些材料中，钛酸铅（$PbTiO_3$）的应用非常有前景，这种材料是一种铁电陶瓷，具有很高的热释电系数及高达 490℃ 左右的居里温度，该材料可以用溶胶-凝胶旋转涂膜沉积法在硅衬底上沉积得到[22]（见 19.3.1 节）。

图 4.29 所示为热释电传感器在热阶跃函数作用下的时间图。由图可知，电荷几乎是瞬时达到峰值的，然

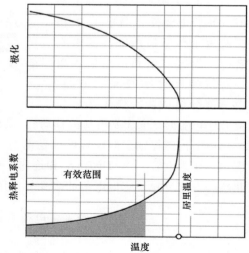

图 4.28　热释电晶体的极化（传感器必须存放和工作在居里温度以下）

后有一个热时间常数 τ_T 的衰减。其物理意义是：热引起的极化最初发生在晶体材料的最外层（仅仅几个原子层），温度几乎立即上升到最大值。这导致了材料厚度方向上的最大热梯度，使得极化最大化。然后，热在材料中传播，并被其本身吸收，吸收量与它的热容 C_T 成比例，其中一部分热量通过热电阻 R_T 损失到环境中，这就减小了产生电荷的初始温度梯度。热时间常数是传感器的热容和热阻的乘积

$$\tau_T = C_T R_T = cAhR_T \tag{4.82}$$

式中，c 为热释电元件的比热容；热阻 R_T 是所有通过对流、传导、热辐射损失到环境中的热量的函数。在低频的应用环境下，希望 τ_T 尽量大，而在高频应用（如测量激光脉冲）时，热时间常数 τ_T 应该尽量地减小。针对这个用途，热释电器件可用一个散热片（铝片或铜片）层压而成。

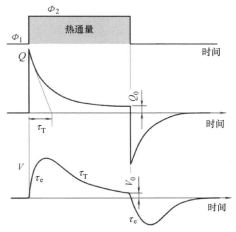

图 4.29 热释电传感器对热阶跃函数的响应
（为了看得更清晰电荷，Q_0 和 V_0 值被放大）

当热释电传感器与热源接触时，假定热源的热容量很大（无限热源），而传感器的热容量很小。因此，测量时可将待测目标的表面温度 T_b 当作定值，而传感器的温度 T_s 是时间的函数。这个函数取决于敏感元件自身的密度、比热容和厚度［式（4.82）］等。如果输入热通量是时间的阶跃函数，传感器置于空气中时，输出电流可近似为一个指数函数，即

$$i = i_0 e^{-t/\tau_T} \tag{4.83}$$

式中，i_0 为峰值电流。

从图 4.29 可以看出，只要热源存在，电量 Q 和电压 V 随时间的推移不可能回到 0。热能从热释电材料的 a 侧（见图 4.26）输入，使材料温度上升，引起传感器以 τ_T 为时间常数的衰减响应。而传感器的另一侧 b 处于温度相对较低的环境中，于是一部分热量损失到环境当中。由于 a 侧和 b 侧分别面向不同的温度（一侧是热源，另一侧是环境）时，在热释电材料中热流持续存在，并保持虽然是小的但是持续的极化。热释电传感器产生的电流和热流通过敏感材料产生的电流具有同样的波形。通过精确测量可以证明，只要热量持续传递，热释电传感器将产生一个恒定的电压 v_0，其大小与热流成正比，从而构成热流传感器。输出电压很大程度上取决于传感元件的电容和接口电路的输入电阻，它们决定了电压上升时间。它的特点是电气时间常数 τ_e 为传感器的电容和输入电阻的乘积。

4.8 霍尔效应

霍尔效应是由约翰·霍普金斯大学的 E. H. Hall 于 1879 年发现的。最初霍尔效应的应用很有限，但是对于研究金属、半导体和其他导体材料中的电传导却非常有用。现在，霍尔传感器被广泛用于测量目标的磁场、位置和位移[23,24]。

霍尔效应基于移动的带电粒子与外部磁场的相互作用，即法拉第定律。在金属中，这些带电粒子是电子。当电子在磁场中运动时，受到侧向力的作用

$$F = qvB \tag{4.84}$$

式中，$q = 1.6 \times 10^{-19}\text{C}$ 为一个电子的电量；v 为电子的速度；B 为磁场强度。矢量符号（黑体）表明侧向力的方向和大小取决于磁场和电子运动方向之间的空间关系。B 的单位是特斯拉（T），$1\text{T} = 1\text{N}/(\text{A} \cdot \text{m}) = 10^4\text{G}$。

假定电子在一个扁平导电带中运动，导电带置于磁场 B 中（见图 4.30）。在导电带的左右两侧有两个附加的触点分别连在电压表两端，在上下两端另有两个触点分别连接电流源。由于磁场的作用，偏转力使运动电子向导体右侧移动，使其比导体左侧带更多负电，电流和磁场越强，被移动的电子越多即磁场和电流产生侧向霍尔电势差 V_H。它的符号和大小取决于磁场和电流的大小和方向。在恒定温度下，侧向霍尔电势差为

$$V_H = hiB\sin\alpha \tag{4.85}$$

式中，α 为磁场矢量和霍尔片的夹角（见图 4.31）；h 为综合灵敏度系数，其值取决于霍尔片的材料、几何形状（有效面积）及温度。

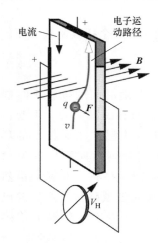

图 4.30 霍尔传感器（磁场
使电荷的方向发生改变）

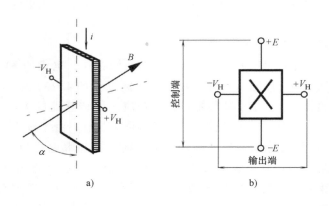

a)   b)

图 4.31 霍尔传感器
a）霍尔传感器的输出取决于磁场矢量与霍尔片的夹角
b）霍尔传感器的 4 个接线端

综合灵敏度取决于霍尔系数，霍尔系数是在单位电流密度单位磁场强度下产生的侧向电势梯度。根据金属中自由电子理论，霍尔系数应为

$$H = \frac{1}{Ncq} \tag{4.86}$$

式中，N 为单位体积内自由电子的数量；c 为光速。

由于材料的晶格结构不同，其电荷可能是电子（负）或空穴（正），因此霍尔效应会有正有负。

线性霍尔传感器通常被封装在带 4 个接线端的外壳内。施加控制电流的端子称为控制端，它们之间的电阻称为控制电阻 R_i。电压输出端称为差动输出端，其间的电阻称为差动输出电阻 R_0。传感器的等效电路（见图 4.32）包含交叉相连的电阻以及两个串接于输出端的电压源。图 4.31b 和图 4.32 中的 ⊗ 表示磁场方向从观察者指向符号平面。

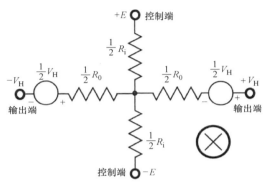

图 4.32　霍尔传感器的等效电路

传感器特性参数包括两端子间的电阻 R_i 和 R_0、无磁场时的偏置电压、灵敏度，以及灵敏度温度系数。许多霍尔传感器由硅制作而成，一般分为两类：基本传感器和集成传感器。其他用来制造霍尔元件的材料有 InSb、InAs、Ge 和 GaAs。在硅元件上，接口电路和霍尔元件可以集成在同一晶片上。由于霍尔效应电压很微弱，因此这种集成是非常重要的。例如由旭化成（AsahiKasei）公司生产的用于智能手机的三轴电子罗盘 AK8975 就是采用集成的方式。

在分立的霍尔传感器中，其嵌入式接口电路可以包含阈值器件，从而使集成传感器成为一个双态装置：即当磁场低于阈值时输出为 0，当磁场高于阈值时输出为 1。

由于硅的压阻效应，所有的霍尔传感器都易受机械应力的影响。因此应将作用到引线或外壳的应力降到最小。由于温度会影响元件的电阻，因此传感器对温度变化也很敏感。如果元件采用电压源供电，温度将会改变控制阻抗，进而改变控制电流。因此最好将控制端子接电流源，而不是电压源。

制造霍尔元件的一种方法是在 P 型硅衬底上离子植入 N 阱（见图 4.33a）。电触点连接电源端子并产生传感器输出。霍尔元件形状是一个简单的正方形，4 个电极分别位于 4 个对角上（见图 4.33b）。研究霍尔传感器一个比较有效的方法是将其绘成图 4.33c 所示的电阻桥。这种方法更加符合实际应用，因为电桥电路是最常用且设计方法非常完善（见 6.2.3 节）的电路网络。有关霍尔传感器实际设计的

例子见 8.4.6 节相关内容。

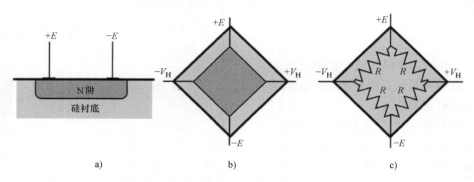

图 4.33　N 阱硅霍尔传感器及它的等效电阻桥电路
a）、b）N 阱硅霍尔传感器　c）等效电阻桥电路

4.9　热电效应

4.9.1　泽贝克效应

1821 年，物理学家托马斯・约翰・泽贝克（Thomas Johann Seebeck，1770—1831）在研究电的热效应时，意外地将半圆的铋片和铜连接[25]，附近的一个小磁针显示有磁场扰动（见图 4.34a）。泽贝克于是用不同的金属组合在不同温度下重复实验，并记录相应的磁场强度。奇怪的是，他并不认为有电流在流动而更倾向于用"热磁现象"来描述这种效应[26]。

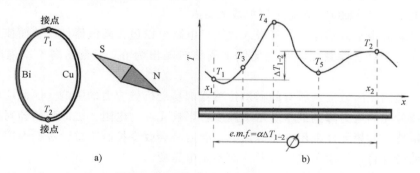

图 4.34　泽贝克实验；沿导体的温度变化产生热电动势
a）泽贝克实验　b）沿导体的温度变化产生热电动势

如果将导体的一端置于冷的位置，另一端置于热的位置，能量将以热量的形式从热的部分流向冷的部分。热流的强度与导体的导热性成正比。另外，在温度梯度

作用下导体内部产生电场（和汤姆逊效应$^{\ominus}$有直接关系）。这个内电场产生电压增量为

$$dV_a = \alpha_a \frac{dT}{dx} dx \qquad (4.87)$$

式中，dT 为一小段长度 dx 内的温度梯度；α_a 为材料的绝对泽贝克系数[27]。

如果材料是均匀的，α_a 不是长度的函数并且式（4.87）可以简化为

$$dV_a = \alpha_a dT \qquad (4.88)$$

式（4.88）是热电效应的数学原理表达式。如图 4.34b 所示，沿长度 x 方向，导体温度 T 并不相同。任意两点间的温度差决定了它们之间的电动势；1 和 2 之间的其他点的温度（如 T_3、T_4 和 T_5）对 1 和 2 两点间的电动势取值无任何影响。

为了测量电动势，可以按照图 4.34b 所示的方法，将电压表连接到导体两端，但这并非如图中所示的那么简单。测量热感应电动势时，需连接电压表探针，但是探针的材料可能与我们研究的导体材料不同，所以探针的接触将会引入额外的电动势，从而干扰测试。现在我们来研究一个由电流环路组成的简单测量电路。如图 4.35a 所示，将导体（Cu）左端切开，然后将电流计串联进切开的线路中。如果整个环路用同样的材料（如铜）组成，尽管导体两端的温度不同，但是检测不到有电流通过。因为电场在左臂和右臂产生的电流相等 $i_a = i_b$，互相抵消导致净电流为 0。热效应产生的电动势存在于每一个温度不均匀的导体内，但是不能直接测量得到。

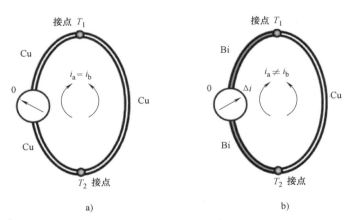

图 4.35 热电环路

a）同种材料导体在任何温差下净电流为 0　b）不同材料净电流为 Δi

$\ominus$　汤姆逊效应由 William Thomson 于 1850 年前后发现。它是关于沿长度方向存在温度梯度的均匀导体内通过电流时的吸收和散热的理论。与焦耳效应不同，热量线性正比于电流。当电流方向与热流方向相反时吸热，当电流与热流方向相同时产生热。

99

为了观察到温差电动势，实际中，必须采用两种不同材料⊖组成回路，之后即可测量它们温差电特性的净差值。如图 4.35b 所示，由两种不同金属组成的回路的净电流为 $\Delta i = i_a - i_b$。实际电流取决于许多因素，如导体形状、大小等。另外，如果测量的不是电流而是断开的导体两端的电压，该电压将仅取决于材料类型和温度差，与任何其他因素无关。由热效应产生的电势差称为泽贝克电势。需要注意的是，消除电压表热电影响的唯一方法就是将其与切口相连，如图 4.35b 所示，即电压表两端必须与同一种材料的导体相连。

当两个导体连接到一起会发生什么？金属中的自由电子将像理想气体一样运动。电子的动能是材料温度的函数。然而对于不同材料，自由电子的能量和密度是不一样的。同一温度下将两种不同材料连到一起，自由电子会在接点处发生扩散[27]。接收电子的一方电势负极性更强，释放电子的一方电势正极性更强。接点两端的不同电极性建立起电场，电场恰好抑制电子的扩散过程最终达到平衡。如果组成回路的两个接点温度相同，则形成的电场相互抵消，而两接点处于不同温度时，则情况是不同的。

进一步的实验表明泽贝克效应本质上是电学现象。一般意义上说，导体的热电特性与电、热传导特性一样重要。系数 α_a 是材料特有的参数。当两种不同材料 A 和 B 组合时，泽贝克系数由两系数的差决定

$$\alpha_{AB} = \alpha_A - \alpha_B \tag{4.89}$$

接点的净电压值

$$dV_{AB} = \alpha_{AB} dT \tag{4.90}$$

通过式（4.90）可以确定微分系数

$$\alpha_{AB} = \frac{dV_{AB}}{dT} \tag{4.91}$$

注意，泽贝克系数并不是一个真正的常数，它与温度相关，因此泽贝克电势会根据温度的不同而不同。例如，对于高精度热电偶，电压是温度梯度的函数，它可以由一个二阶多项式来近似表示

$$V_{AB} = a_0 + a_1 T + a_2 T^2 \tag{4.92}$$

于是热电偶的泽贝克微分系数

$$\alpha_{AB} = \frac{dV_{AB}}{dT} = a_1 + 2a_2 T \tag{4.93}$$

可以看出泽贝克系数 α_{AB} 是关于温度的线性函数。有时 α_{AB} 称为热电偶接点的灵敏度。传统上把放在较低温度的参考接点称为冷端，较高温度的接点称为热端。

接点有一个非常有用的特性：泽贝克系数与接点的性质无关，金属能通过压、焊接、熔融或扭接等方式连接在一起，它只与接点的温度和导体的材料有关。泽贝

⊖ 或者同种材料但不同状态，如一个受拉，而另一个不受力。

克效应直接将热能转化为电能。

　　附表 A. 11 给出了一些热电材料的热电系数和体电阻率。可以看出，要想获得高灵敏度，选取接点材料时，应使得两种材料的 α 符号相反，并且这些系数应尽可能大。

　　早在 1826 年 A. C. Becquerel 就提出应用泽贝克的发现来测量温度。然而直到 60 年之后，第一个实用的热电偶才由 Henry LeChatelier 制造出来[28]。他发现铂和铂铑合金导线的接点产生的电压最"有用"。他将很多合金的热电特性完整地整理出来，这些数据多年来一直用于温度测量。附表 A. 10 给出了一些常用热电偶的灵敏度（在 25℃），图 4. 36 所示为宽温度范围内，标准热电偶的泽贝克电压值变化。

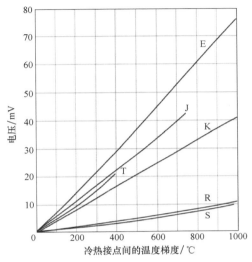

图 4. 36　标准热电偶输出电压与温度梯度的函数曲线

　　需要再次强调的是，随温度的变化热电灵敏度在温度范围内并不是定值，习惯上，以 0℃ 时的热电偶作为参考。泽贝克效应不仅用于热电偶，还用于热电堆（本质上由多个热电偶串连而成）中。目前，热电堆广泛用于热辐射的探测（见 15. 8. 3 节）。最早的热电堆由 James Joule（1818—1889）发明，它由导线组成，以增强输出电压[29]。

　　目前，我们可利用泽贝克效应制造集成的 MEMS 传感器，具体做法是将成对的导体材料沉积到半导体晶片的表面。高灵敏度的传感器可以用硅来制造，因为硅具有较大的泽贝克系数。泽贝克效应源于费米能量 E_F 的温度相关性，并且在相关范围内，N 型硅整体泽贝克系数可近似为电阻率的函数

$$\alpha_a = \frac{mk}{q} \ln \frac{\rho}{\rho_0} \tag{4.94}$$

式中，$\rho_0 \approx 5 \times 10^{-6} \Omega \cdot m$；$m \approx 2.5$，为常数；$k$ 为玻尔兹曼常量；q 为电量。

　　实际应用中，半导体的掺杂浓度使泽贝克系数可达到 0. 6mV/K。查附表 A. 11 可以看出，金属的泽贝克系数要远小于硅，而且相比于硅来说铝接线端的泽贝克系数造成的影响可以忽略。从以上关于热电效应的讨论中可以得出这样的结论：热电效应可用来制造相对温度传感器而不能是绝对温度传感器。换而言之，热电偶或者热电堆传感器仅可测量温度梯度。为测量绝对温度，必须提前知道冷端或热端温度，或者可以用另一种传感器（参考绝对传感器，如热敏电阻）测量出来。

4.9.2 佩尔捷效应

19 世纪初，钟表匠出身的法国物理学家 Jean Charles Athanase Peltier（1785 ~ 1845）发现当电流从一种物质流向另一种物质时（见图 4.37），接点处将会产生吸热或放热现象[30]。吸热或放热与电流的流向有关

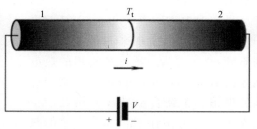

图 4.37 佩尔捷效应

$$dQ_P = \pm pidt \qquad (4.95)$$

式中，i 为电流；t 为时间；系数 p 的量纲是电压，反映材料的热电特性。

应该注意的是，热量的产生和吸收与材料另一接点的温度无关。

佩尔捷效应是指当电流流过两种不同材料组成的接点处时，产生的可逆的吸热现象。无论是外部电流还是热电偶自身接点感应（泽贝克效应）产生的电流，都会产生佩尔捷效应。

佩尔捷效应用于两种目的：依据通过接点的电流流向，可以产生吸热或放热现象。因此在要求精确控制温度的场合，佩尔捷效应非常有用。很明显，佩尔捷效应与泽贝克效应本质上是相同的。需要说明的是，佩尔捷热与焦耳热不同。相比于焦耳热⊖，佩尔捷热与通过的电流大小成线性关系。佩尔捷热的大小和方向与接点连接的形式无任何关系。它仅仅是组成接点的两种不同导体材料的函数，并且每种材料的热电特性都能对帕尔帖热的产生起作用。佩尔捷效应是热电冷却器工作的基础，热电冷却器用于冷却远红外光谱光子探测器（见 15.5 节），以及冷镜湿度计（见 14.6.1 节）。

总之，如果回路由至少两种不同导体组成，将其接点置于不同的温度下就会产生热电流。这种温差总是伴随着不可逆的傅里叶热传导，而电流的流动总是伴随着不可逆的焦耳热效应。与此同时，电流流过不同金属的接点处总是伴随着可逆的佩尔捷加热或冷却效应，而且温差和电流同时存在会伴随有沿着导体的可逆的导体汤姆逊加热和冷却现象。两种可逆的加热和冷却效应可表示为 4 种不同的电动势，这 4 种电动势组成了净泽贝克电动势

$$E_S = p_{AB_{T2}} - p_{AB_{T1}} + \int_{T_1}^{T_2} \sigma_A dT - \int_{T_1}^{T_2} \sigma_B dT = \int_{T_1}^{T_2} \alpha_{AB} dT \qquad (4.96)$$

式中，σ 为汤姆逊系数，它可以看作电的"比热容"，因为 σ 与热力学的比热容 c 具有明显的相似性。σ 的值代表单位质量的材料单位温差下的吸热或放热率[31,32]。

⊖ 焦耳热是在电流通过有限阻抗的导体时产生的。释放的焦耳热与电流的平方成正比：$P = i^2/R$，其中 R 是导体的电阻。

4.10 声波

声波是介质（固体、液体和气体）以一定的频率交替地收缩或扩张。介质沿声波的传播方向产生振动，因而这种波统称为纵向机械波。"声音"这个说法是和人耳的听觉范围相关联的，约为 20Hz～20kHz。频率低于 20Hz 的机械波称为次声波，而高于 20kHz 的称为超声波。如果按其他动物（如狗）的标准进行分类，那么声波的范围肯定会更宽，因为狗能听到 45kHz 的声波。

次声波检测可用于建筑结构分析、地震预报，以及其他几何尺寸很大的声源。当次声波强度达到一定程度时，虽然人们可能听不到，但是至少可以感觉出来，会对人的心理产生刺激作用（恐慌、害怕等）[⊖]。可听的声波可由弦振动（弦乐器）、空气柱振动（管乐器）、板振动（打击乐器、声带和扬声器）等方式产生。声音产生时，空气会交替压缩和变稀薄，这种扰动向外传播。从节拍器或管风琴发出的单色音，到小提琴发出的多重谐波，声音的频谱有很大的区别。噪声可能会有较宽的频谱，其功率谱密度可能在频域范围内均匀分布（白噪声），也可能集中在某些区域，而使其具有"颜色"（相对于白噪声）。

当介质被压缩时，它的体积由 V 变为 $V-\Delta V$。压力变化率 Δp 和体积相对变化量的比值称作介质的体积弹性模量

$$B = -\frac{\Delta p}{\Delta V/V} = \rho_0 v^2 \tag{4.97}$$

式中，ρ_0 为未压缩部位的密度；v 为声波在介质中的传播速度。

声速可定义为

$$v = \sqrt{\frac{B}{\rho_0}} \tag{4.98}$$

因此声速由介质的弹性模量 B 和惯性特性 ρ_0 决定。由于这两个变量都是温度的函数，因此声速同样取决于温度，该特性是声学温度计工作的基础（见 17.10 节）。在固体中，纵波波速由弹性模量 E 和柏松比 ν 决定

$$v = \sqrt{\frac{E(1-\nu)}{\rho_0(1+\nu)(1-2\nu)}} \tag{4.99}$$

附表 A.16 给出了一些介质中纵波的传播速度。

⊖ 有一个关于美国物理学家 R. W. Wood（1886—1955）的逸闻。他的朋友，一位来自纽约的戏剧导演要求 Wood 为一个戏剧发明一种关于穿越时空的神秘音效。Wood 做了一个巨大的风琴管，可以发出 8Hz 的次声波。一次彩排的时候，Wood 奏响了这个风琴管，然后整幢建筑以及建筑里的所有东西都开始振动。被惊吓到的观众跑到街上去，感到难以自抑的害怕和恐慌。不用说了，表演中肯定不会再用这套东西了。

如果考虑声波在风琴管中传播的情形，每一个微空气体积单元围绕其自身平衡位置振荡。对于某个单音调，质点距离平衡位置的位移可用式（4.100）表示

$$y = y_m \cos \frac{2}{\lambda}(x - vt) \tag{4.100}$$

式中，x 为质点平衡位置处的坐标；y 为质点相对于平衡位置的位移；y_m 为其幅值；λ 为波长。

实际中计算质点在声波中的压力变化比计算质点的位移要方便一些。声波引起的压力变化可写为

$$p = k\rho_0 v^2 y_m \sin(kx - \omega t) \tag{4.101}$$

式中，$k = 2\pi/\lambda$，为波数；ω 为角频率；三角函数前的内容表示声压的幅值 p_m。

因此声波可看作压力波。需要注意的是式（4.100）中的 cos 和式（4.101）中的 sin 表明位移波和压力波有 90° 相位差。

介质中任意一点的压力都不是定值，而是不断变化的，瞬时和平均压强的差值称为声压 P。在波的传播过程中，质点以瞬时速度 ξ 在平衡位置附近振荡。声压与瞬时速度（不要将其与声速混淆）的比值称为声阻

$$Z = \frac{P}{\xi} \tag{4.102}$$

它是一个复数量，用幅值和相位的形式表示。对于理想介质（无损耗），Z 是和声速相关的实数

$$Z = \rho_0 v \tag{4.103}$$

可以定义声波的强度 I 为单位面积内能量的传递量，而且它可以用声阻来表示

$$I = P\xi = \frac{P^2}{Z} \tag{4.104}$$

一般情况下，我们并不直接以声强来表示声波而是用相关参数 β（称为声级），来表示，并根据参考强度 $I_0 = 10^{-12} \, \mathrm{W/m^2}$ 来定义

$$\beta = 10\log_{10}\left(\frac{I}{I_0}\right) \tag{4.105}$$

I_0 的取值是人耳所能听到的最低强度。β 的单位是分贝（dB），以亚历山大·格雷厄姆·贝尔（Alexander Graham Bell）的名字命名。如果 $I = I_0$，则 $\beta = 0$。

声压级也可以表示成分贝的形式

$$\Pi = 20\log_{10}\left(\frac{p}{p_0}\right) \tag{4.106}$$

式中，$p_0 = 2 \times 10^{-5} \, \mathrm{N/m^2}$。

表 4.1 列举了一些声源的声级。因为人耳对于不同频率的响应不同，通常 I_0 是在 1kHz 时给出的，因为人耳对于此范围的声音最敏感。

表 4.1　以 I_0 为参照，在 1000Hz 时的声级（β）

声源	dB	声源	dB
标准大气压下的理论限值	194	拥挤的交通	80
音爆	160	汽车(距离 5m)	75
液压机(距离 1m)	130	真空吸尘器	70
听觉痛阈	130	对话交谈(距离 1m)	60
10W 的 Hi-Fi 音响(距离 3m)	110	财务室	50
去掉消音器的摩托车	110	城市街道(没有交通)	30
摩托艇	100	耳语(距离 1m)	20
地铁(距离 5m)	100	沙沙的树叶	10
风钻(距离 3m)	90	听阈	0
尼亚加拉大瀑布	85		

由于声波是一种传播的压力波，所以理论上它可以通过适用于波传播介质的压力传感器来测量。声压在几个方面与其他类型的压力不同（主要是频率和强度范围），因此声音（声学）传感器在将振荡压力有效地转换成有用的电信号这个过程中有些不一样的特性，如灵敏度、频率范围和方向性等。这些都将在第 13 章中有更详细的讨论。

4.11　材料的温度和热性质

人的身体可以感受到温度，但不能精确测量我们体外的热量。人的感觉不仅是非线性的，还与先觉经验有关。不过我们可以容易判断出哪些物体温度低哪些物体温度高。那么这些物体因何使人产生不同感觉？

宇宙中的每一个微粒都处于永恒的运动中。简单地讲，具有一定体积的材料的温度可认为是对材料内部振动粒子平均动能的一种度量。微粒运动越剧烈，温度越高。当然，给定体积物体内的分子和原子的运动并不是等强度的，即微观上它们具有不同的温度，而物体的宏观温度是由大量运动微粒的平均动能决定的。该过程可通过热力学和统计力学进行研究，然而，此处我们所涉及的是能测量振动微粒宏观平均动能（它是温度的另一种体现形式）的方法和器件。由于温度和分子动能相关，那么它与压强也密切相关，压强定义为单位面积上由运动分子所施加的压力。

当材料中的分子或原子运动时，会与其接触的分子相互作用。振动的原子会"搅动"其相邻的另一个原子，将部分动能传递给它，使得这个相邻的原子振动更加剧烈，同时以更大的力带动下一个相邻的原子。这种搅动在材料内传播，使其温度升高。由于原子含有围绕其原子核做涡旋运动的电子，看起来就像电流云，热振荡使得该电流产生电磁波，因此每一个振动的原子都可视为一个微型的无线电发射机，不停地向周围辐射电磁波。这两种运动形式是热量从高温向低温物体传递（热传导和热辐射）的基础。原子运动越剧烈，温度越高，向周围的辐射越强。采用专门的工具（温度计）与物体接触或者接收热辐射可以得到温度响应或产生测量信号。此信号即可成为物体温度的度量。

"温度计"一词最早有文献记载是在 1624 年，出现在 J. Leurechon 的著作《*La Récréation Mathématique*》中[27]。作者介绍了一种由水填充的玻璃温度计，测量范围内每 8 度一个刻度。第一个与压力无关的温度计是 1654 年由托斯卡纳区大公斐迪南二世发明的⊖，将酒精密封于管内制作而成。

热能就是我们所说的热量，是以卡路里⊖来计量的。1cal 等于 1g 水在标准大气压下升高 1℃所需的热量。在美国，采用英制单位 Btu（British thermal unit），1Btu = 252.02cal。

4. 11. 1　温标

测量温度可采用多种温标，为得到线性温标（方便起见，所有温度计都采用线性温标），至少需要两个参考点，其中一个称为零参考点。第一个温标零点是 1664 年由 Robert Hooke 确立的，定义为蒸馏水结冰时的温度。1694 年，意大利帕多瓦的 Carlo Renaldi 提出将冰的融化点（零点）与水的沸点（第二个参考点）之间的温度范围作为其温度计的量程，并且将此范围划分为 12 等份。不幸的是，他的观点提出后 50 年内一直没有引起人们的注意。1701 年，牛顿也采用冰融化时的温度作为零点，第二个点采用"健康英国人"腋窝的温度，标定值为 12。依据牛顿温标，水沸腾时的标定值为 34。1706 年，荷兰仪器制造商华伦海特采用他能制造出的最低温度，即水、冰和氯化铵（或家用盐）混合物的温度作为其温度计的零点。方便起见，他将第二个参考点定为 96 度，即"正常人的血液温⊖度"。依据他的温标，冰融化时的温度为 32 度，水的沸点为 212 度。1742 年，（瑞典）乌普萨拉大学天文学教授摄尔修斯将冰融化点作为零点，并将水的沸点定为 100 度，他将此范围分成 100 等份，每份为一度。

目前，科学和工程界普遍采用的是摄氏温标和开尔文温标。开尔文温标以水的三相点为基准。有一个固定的温度能使水的气、液、固态在特定的 4.58mmHg 压力下三相共存，该唯一的温度定为 273.16K（开尔文），近似等同于 0℃。开尔文温

⊖　准确地讲，不是他发明的，而是为他发明的。这位大公痴迷于新技术，在他位于佛罗伦萨的彼提宫中有湿度计、气压计、温度计和望远镜等。

⊖　食物能量衡量中的 1 卡路里等于 1000 物理学卡路里，称为千卡。

⊖　毕竟华伦海特是个仪器制造者，对于他来说 96 是很方便的数值，因为可以容易地进行 2 分度，96、48、24、12 等。考虑到血液的种族性，他并不关心它是否来自英国人。现在广为人知的是，正常人的血液温度并不是常量，而是近似在 97°F 和 99.5°F（36℃ 和 37.5℃）之间变化，但在当时他找不到比人体更好的恒温器了。

标是线性的，且零点（0K）是物质所能达到的最低温度，此温度下所有运动粒子的动能为零。实际中不可能达到此温度，这是一个严格的理论极限，被称为绝对零度。开尔文温标和摄氏温标具有同样的斜率⊖（即 1℃ = 1K 且 0K = -273.150℃）

$$℃ = K - 273.15 \tag{4.107}$$

水的沸点为 100℃ = 373.15K。而华氏温标斜率比摄氏温标大，1℃ = 1.8℉。摄氏温标线和华氏温标线在 -40℃ 和 -40℉ 时相交。两者之间的关系为

$$℉ = 32 + 1.8℃ \tag{4.108}$$

表明在 0℃ 时，华氏温度为 +32℉。

4.11.2 热膨胀

本质上说，所有物体在温度升高时体积都会增大。这是因为物体中的分子或原子是振动的，当温度升高时，原子间平均距离增加导致物体整体膨胀⊖。这种线性元素（长、宽或高）的变化称为线性膨胀。物体在温度 T_2 时的长度 l_2 取决于初始温度 T_1 时的长度 l_1，可近似由式（4.109）计算

$$l_2 = l_1 [1 + \alpha(T_2 - T_1)] \tag{4.109}$$

式中，α 为线膨胀系数，不同的材料取值不同。定义为

$$\alpha = \frac{\Delta l}{l} \frac{1}{\Delta T} \tag{4.110}$$

式中，$\Delta T = T_2 - T_1$。

附表 A.17 列出了不同材料的线胀系数 α。严格地讲，α 取决于实际温度并且不是严格线性的，但是在大多数工程应用中 α 的微小变化可以忽略。对于各向同性的材料，α 在任何方向都一样。可分别通过式（4.111）和式（4.112）精确计算面积和体积变化量

$$\Delta A = 2\alpha A \Delta T \tag{4.111}$$

$$\Delta V = 3\alpha V \Delta T \tag{4.112}$$

热胀冷缩现象可利用价值很高，可应用于许多测量热能或将热能作为激励信号的传感器。如图 4.38a 所示，两块层叠板 X 和 Y 熔合在一起，温度为 T_1。两块板具有相同的厚度、表面积及弹性模量，但具有不同的热膨胀系数，分别为 α_X 和 α_Y，双层板的左端固定于参照墙上。现在对此结构进行加热（从 T_1 增到 T_2），X 板增长量将比 Y 板大（因为 $\alpha_X > \alpha_Y$）。板之间的接合面将会限制 X 的膨胀，同时迫使 Y 的长度在自身膨胀系数决定的膨胀基础上继续增长，这样就导致两板间形成内部应力并使该结构向下弯曲。反之，如果降低温度将会向上弯曲。弯曲变形的半径可近似表示为[33]

⊖ 开尔文温标与摄氏温标有 0.01° 的差值，因为 0℃ 不是像开尔文温标那样由水的三相点定义，而是常压下冰和大气饱和水平衡时的温度。

⊖ 这是在假设温度升高的过程中不发生相变（如从固体变为液体）的情况下。

$$r \approx \frac{2j}{3(\alpha_X - \alpha_Y)(T_2 - T_1)} \tag{4.113}$$

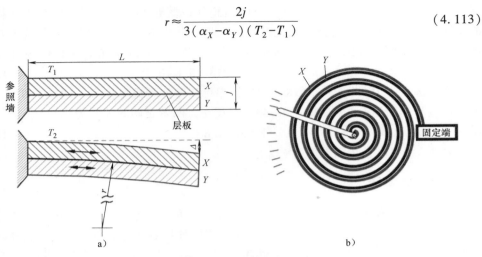

图 4.38 热膨胀举例

a）两种热膨胀系数不同的材料组成的层叠板产生变形 b）双金属线圈做成的温度换能器

弯曲使得双层板的非固定端发生偏转，在结构的末端偏转最大，可通过测量偏转量来获得双层板温度相对于参考温度（校准温度）的变化量。在参考温度下，板是平的，当然在该温度下，任何便于测量的形状都可采用。双层板实际上将温度转化为位移，但它并不是传感器，因为其没有输出电信号。

此类换能器多数由双金属片制成，采用铁-镍-铬合金，适用于−75 ~ +600℃的温度范围。然而实际上对于微小的温度变化，弯曲半径很大（几米），末端偏转量非常小。双金属片的偏转量可由式（4.114）计算

$$\Delta = r\left(1 - \cos\frac{180L}{\pi r}\right) \tag{4.114}$$

式中，r 来自式（4.113）；L 为金属片的长度。

例如对于某双金属片，由黄铜（$\alpha = 20 \times 10^{-6}$）和铬（$\alpha = 6 \times 10^{-6}$）制成，长度 $L = 50\text{mm}$，厚度 $j = 1\text{mm}$，温度变化为 10℃，则偏转量 $\Delta \approx 0.26\text{mm}$。这么小的偏转量很难用肉眼观察到，因此实际中双金属片温度计要制成图 4.38b 所示的线圈状。这样大大增加了双金属片长度 L，因而 Δ 就大多了。还是刚才这个例子，如果 $L = 200\text{mm}$，则偏移量会达到 4.2mm，可见效果非常显著。现代传感器中，双金属结构是采用 MEMS 技术制造的。

4.11.3 热容

当物体被加热时，温度会升高。通过加热将一定量的热（热能）传递给物体。热能以振动原子动能的形式存储在物体中。由于不同材料的原子量不同，有些原子甚至被锁定在晶体结构内部，所以原子的振动动能也不相同。我们可将物体储存热

量的能力比作水槽容纳水的能力。自然，它所存储的水量不能超过其自身的容积，这就代表了水槽的容量，类似的，任何物体都具有热容特性，其取决于材料特性及质量 m

$$C = cm \qquad\qquad (4.115)$$

式中，c 为表征材料热特性的常量，我们称其为比热容，定义为

$$c = \frac{Q}{m\Delta T} \qquad\qquad (4.116)$$

比热容是针对某种材料而言的，而热容描述的是由这种材料制成的某个物体的特性。严格地讲，对于处于特定相态的材料而言，在整个温度变化范围内，比热容并不是恒定的。当材料的相态发生变化时，例如从固态到液态，比热容会发生显著变化。从微观角度说，比热容反映材料结构的变化。例如水的比热容在 $0 \sim 100$℃ 之间（液相）时基本上是常量。在冰点附近它的值比较高，当温度接近 35℃ 时略微减小，然后在 $38 \sim 100$℃ 之间又缓慢上升——该趋势能反映基本规律，但并不完全如此。值得注意的是，水的比热容在 37℃ 附近达到最低，而此温度是温血动物的最佳生理温度○。

附表 A.18 列出了常用材料的比热容，单位是 J/（g·℃）。其他资料的表格给出的比热容单位可能是 cal/（g·℃）。两种单位的关系如下

$$1\text{J}/(\text{g}\cdot\text{℃}) = 0.2388\text{cal}/(\text{g}\cdot\text{℃}) \qquad\qquad (4.117)$$

通常情况下，物体密度越大，比热容越小。比热容的概念对于温度传感器的发展至关重要。根据式（4.116），若温度提升量相同，质量较轻、比热容较小的传感器所需要从测量对象获取的热能就越少。所以，拥有较小热容的温度传感器对测量对象的影响程度就越小、响应更快。

4.12 热传递

热有两种基本特性被广泛认可：

1）热是完全非特定的，也就是说，一旦产生了，很难说它来源于哪个物体。

2）热不能够被控制，即它只能自发地从系统的高温部分流向低温部分，在现代科学当中，没有哪种方法可以完全阻止热量的流动。

热量在物体间的传递方式有 3 种：传导、对流和辐射。无论是固体、液体还是气体都能进行热传导和热辐射，但是热对流需要流体介质（液体或气体）来传递热量。任何物理量的测量过程都会发生能量的传递。参与热交换的对象可以是热传感器，它的目的是测量热量，而该热量反映的是产生热量的物体的某些信息，这些信息可以是温度、化学反应、目标位置和热流等。

○ 很可能是因为在这个温度下，动物蛋白质分子和水结晶之间具有更好的相容性。

　　为了说明热传递的方式，我们来考虑一个三明治结构的多层物体，它的不同层的材料不同。当热量在层间传递时，每种材料内部的温度曲线取决于它的厚度和热传导性。图 4.39 所示的是第一层与热源接触的三层层叠板，其中热源具有"无限"的热容量且有很高的热传导性。可以用来做无限热源的最好的固体材料之一是恒温可控铜块。对于液体，搅拌的液体（如可控温度水槽内的水）具有无限大的热容。除了靠近层叠板材料结合处的非常薄的边界区域外，热源的温度较高

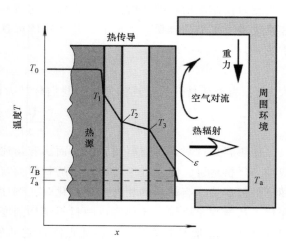

图 4.39　层叠材料的温度曲线

且恒定。热量通过传导的方式在材料之间传递并逐渐降至环境温度，每一层材料的温度根据材料热特性的不同下降的速率也不一样。最后一层通过自然对流将热量传递给空气，通过红外辐射将热量传递给周围物体。图 4.39 描述了三种物体间热传递的方式：传导、对流和辐射。当然，将热源替换成低于环境温度的冷源也同样适用。

4.12.1　热传导

　　热传导要求两个物体之间保持物理接触。高温物体内的微粒剧烈振动，激发低温物体的微粒运动从而将动能传递给低温物体。最后高温物体失去热量而低温物体获得热量。热传导的方式类似于水流和电流的传导方式。例如，热在杆内的传递规律类似于欧姆定律。热流速（热"电流"）与通过材料（$\mathrm{d}T/\mathrm{d}x$）的热梯度（热"电压"）和横截面积 A 成正比

$$H = \frac{\mathrm{d}Q}{\mathrm{d}t} = -kA\frac{\Delta T}{\mathrm{d}x} \tag{4.118}$$

式中，k 为热导率；负号表示热量流向温度降低的方向（如果导数为负，应该取消前面的负号）。

　　好的导热体（多数金属）k 值都很高，而绝热体（多数电介质）的 k 值较低。通常规定热导率为常数，但是它会随温度升高稍有增加。以电线为例，要计算通过它的热量，必须知道两端的温度（T_1 和 T_2）

$$H = kA\frac{T_1 - T_2}{L} \tag{4.119}$$

式中，L 为电线的长度。计算时，使用较多的是热阻而非热导率

$$r = \frac{L}{k} \tag{4.120}$$

因此式（4.119）改写为

$$H = A\frac{T_1 - T_2}{r} \tag{4.121}$$

附表 A.18 列出了常用材料的热导率。

图 4.39 展示了具有不同热导率的层叠材料内的理想温度分布。当材料熔为一体时，可能会出现这样的情况。现实中热量在两临界材料连接处传递的实际情况可能与理想情形不同。如果将两种材料连接，并观察连接体的热量传导，温度曲线可能如图 4.40a 所示。假定材料的两端绝热良好，稳定条件下通过两种材料的热通量是一样的。由于存在面积为 a 的接触面，其具有热接触阻抗，因此温度在交界处会突然下降。通过连接体的热量可表示为

$$H = \frac{T_1 - T_3}{R_A + R_B + R_c} \tag{4.122}$$

式中，R_A 和 R_B 是两种材料的热阻抗；R_c 为接触阻抗。

$$R_c = \frac{1}{h_c a} \tag{4.123}$$

式中，h_c 为接触系数。这个参数对于许多传感器来说非常重要，因为许多热传递的情形都会涉及两种材料的机械连接。从微观角度看，连接处情况如图 4.40b 所示。物体表面不可能绝对光滑，实际表面都是粗糙不平的，这是决定接触阻抗的重要因素。连接点对热传递产生的作用主要有两个：

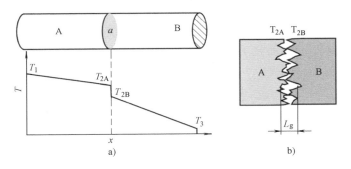

图 4.40　两种连接材料的热传递
a）连接处的温度曲线　b）接触表面的放大图

1）通过实体接触实现材料间的热传导。

2）粗糙表面形成的间隙内残留气体的热传导。

与许多固体相比，气体热传导率非常小，残留气体的热阻抗占整个热传递阻抗大部分。因此热接触系数可定义如下

$$h_c = \frac{1}{L_g}\left(\frac{a_c}{a}\frac{2k_A k_B}{k_A + k_B} + \frac{a_v}{a}k_f\right) \tag{4.124}$$

式中，L_g 为间隙的厚度；k_f 为间隙内流体（空气）的热导率；a_c 和 a_v 分别为接触面积和间隙面积；k_A 和 k_B 分别为材料的热导率。

这种方法最主要的问题是很难由实验确定 a_c、a_v 和 L_g。通过分析可以得出，接触阻抗会随外界气压降低而升高。另一方面，接触阻抗随连接处压力升高而降低，这是由于接触表面凸起点形变，导致两种材料的接触面积 a_c 增大。接触表面应尽量光滑，为了降低热阻抗，必须避免两种材料干燥接触。连接前，材料表面最好涂一层低热阻的液体，如热油脂。

4.12.2 热对流

另一种热传递方式是对流。它需要中间媒介（流体：气体或液体）将高温物体的热量运送到低温物体，将热量释放给低温物体后，部分媒介可能再返回高温物体继续传送热量。固体与流动的媒介间以及流动的媒介内部之间发生的热传递称为对流。对流分为自然对流（由于重力）和强制对流（由机构产生）。空气的自然对流是由于重力作用产生的浮力作用在分子上引起的。受热的气体会上升，将热量从高温物体带走，低温气体下降，与高温物体接触。强制对流由风扇或吹风机形成，它通常用于液体恒温器，将设备维持在预定的温度。对流传递的效率取决于媒介运动速率、温度差、物体表面积，以及运动媒介的热特性。当物体温度与周围环境温度不同时，会吸热或放热，传热过程符合牛顿冷却定律，取决于类似热传导的式（4.125）

$$H = \alpha A (T_1 - T_2) \tag{4.125}$$

式中，对流系数 α 取决于流体的比热容、黏度和运动速率。它不仅与重力有关，其取值还会随温差不同而稍有变化。对于空气中的水平板，对流系数 α 可由式（4.126）近似表示

$$\alpha = 2.49\sqrt[4]{T_1 - T_2} \quad W/(m^2 \cdot K) \tag{4.126}$$

而对于垂直板可用式（4.127）表示

$$\alpha = 1.77\sqrt[4]{T_1 - T_2} \quad W/(m^2 \cdot K) \tag{4.127}$$

然而，需要注意的是以上公式仅适用于板的一侧，并且要假定板的表面有无限热源（自身温度与热量损耗无关），周围环境温度恒定。如果对流空气的体积很小，如同不同温度表面间的空气间隙一样，由于黏度的原因，气体分子运动受到极大限制。这种情况下应考虑空气的热传导和热辐射。

4.12.3 热辐射

前文提到任何物体中的所有原子或分子都处于振动状态。振动粒子的平均动能

表现为物体的温度。每个振动原子都包含一个原子核和一个电子云（绕轨道运动的电荷）。根据电动力学原理，运动的电荷产生变化的电场，变化的电场又产生周期性变化的磁场。同样周期性变化的磁场也会伴随周期性电场产生，如此往复。因此，振动的粒子是一种电磁（Electromagnetic Field，EMF）源，它以光速向外传播，并遵循光学定律。换而言之，电磁波可以被反射、过滤和聚焦等。与热有关的电磁辐射称为热辐射。图 4.41 给出了从 γ 射线到无线电波的全部电磁辐射波谱。热辐射主要位于中红外和远红外波段范围之内。

波长和频率 ν 相关，在媒介中以光速传播

$$\lambda = \frac{c}{\nu} \tag{4.128}$$

波长与温度之间的关系更加复杂，且遵循普朗克定律[⊖]。普朗克定律提出了辐射通量密度 W_λ 的概念，它是波长 λ 和绝对温度 T 的函数，物理意义为单位波长内的辐射能量

$$W_\lambda = \frac{\varepsilon(\lambda) C_1}{\pi \lambda^5 (e^{C_2/\lambda T} - 1)} \tag{4.129}$$

式中，$\varepsilon(\lambda)$ 为物体 EMF 辐射表面的辐射率；$C_1 = 3.74 \times 10^{-12}\,\mathrm{W \cdot cm^2}$ 和 $C_2 = 1.44\,\mathrm{cm \cdot K}$ 均为常数；e 是自然对数的底数。

需要注意的是，式（4.129）表明特定波长的辐射功率是物体温度 T 的函数。

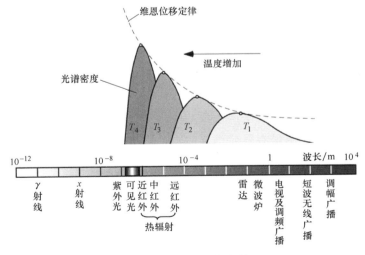

图 4.41　电磁辐射波谱

温度是大量振动粒子平均动能的宏观体现。然而，并不是所有粒子都以同样的

⊖　1918 年，Max K. E. L. Planck（德国，柏林大学）被授予诺贝尔物理学奖，以表彰他在推动量子物理学发展中所做出的贡献。

频率和振幅振动。不同容许频率（波长和能量）被分成很接近的小段，这样材料辐射出电磁波的波长覆盖范围可以从很小到很大。由于温度就是平均动能的统计表示，它确定的是振动粒子以特定频率振动和具有特定波长的最高概率。这一最可能的波长由维恩定律[⊖]得出，可通过使式（4.129）的一阶导数为零得到。计算结果为波长值，绝大多数辐射功率集中于此波长附近

$$\lambda_m = \frac{2898}{T} \tag{4.130}$$

式中，λ_m 的单位为 μm；T 的单位为 K。

维恩定律表明，温度越高，波长越短（见图 4.41）。由式（4.128）可以看出，整个光谱中最可能的频率与绝对温度成正比

$$\nu_m = 10^{11} T \quad Hz \tag{4.131}$$

例如，室温下绝大多数中远红外能量来自于频率在 30THz（30×10^{12} Hz）附近的物体。根据普朗克的等式，辐射频率和波长仅取决于温度，而辐射强度取决于物体表面的辐射率 $\varepsilon(\lambda)$。我们将在下面详细讨论这个问题，因为这是热辐射传感器的重要特性。

图 4.42 所示的是无限带宽（$\lambda_1 = 0$ 到 $\lambda_2 = \infty$）内 3 种不同温度的辐射通量密度的曲线。可以看出，辐射能量在电磁辐射波谱的分布极不均匀，有一明显的峰值，这与维恩定理中提出的理论是相对应的。高温物体的很大一部分辐射能量处于可见光谱范围，低温物体辐射出的能量集中于近、中、远红外波段。

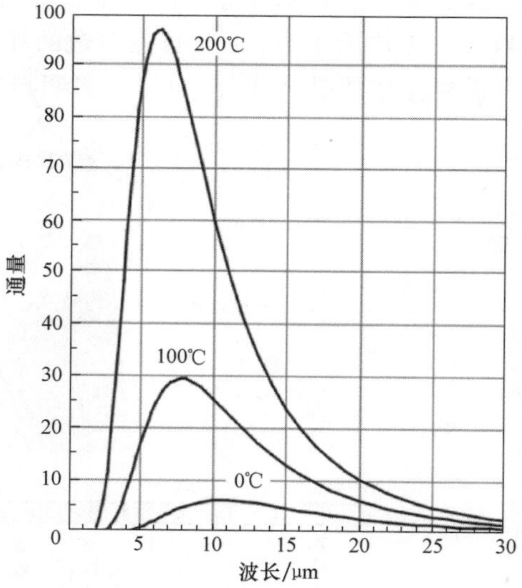

理论上热辐射的带宽是无限宽的。然而在进行辐射检测时，必须考虑实际传感器的特性，它只能测量有限波谱范围（带宽）内的辐射。为了在特定带宽确定总的辐射功率，式（4.129）在 $\lambda_1 \sim \lambda_2$ 范围内积分

$$\Phi_{bo} = \frac{1}{\pi} \int_{\lambda_1}^{\lambda_2} \frac{\varepsilon(\lambda) C_1 \lambda^{-5}}{e^{C_2/\lambda T} - 1} d\lambda$$

$$\tag{4.132}$$

图 4.42　3 种温度下向无限低温空间发出的理想辐射的辐射通量密度曲线

式（4.132）非常复杂且在任何特定带宽内不可能得到解析解，只能得到它的

⊖　1911 年，Wilhelm Wien（德国，维尔茨堡大学）被授予诺贝尔物理学奖，以奖励其在热辐射定律方面的一系列探索和发现。

数值解或近似解。根据斯特藩-玻尔兹曼定律，我们可以用一个四阶抛物线对较大带宽（λ_1 和 λ_2 内包含总辐射功率一半以上）近似表示

$$\Phi_{bo} = A\varepsilon\sigma T^4 \tag{4.133}$$

式中，$\sigma = 5.67 \times 10^{-8} \, \text{W}/(\text{m}^2 \cdot \text{K}^4)$（斯特藩-玻尔兹曼常量）；$A$ 为几何因子；辐射率 ε 假设与波长无关[34]。

式（4.133）定义了从一个具有温度 T 和辐射率 ε 的表面向无限低温空间（绝对零度）的所有方向辐射的总热辐射通量。事实上，任何表面对其他表面的面都有自己的温度，因而也能吸收到它们的热量。这个概念是发展热辐射传感器的基础，将在下文中有更详细地讨论。

1. 辐射率

虽然红外辐射的波长与温度有关，但辐射强度也是表面辐射率 ε 的函数。辐射率 ε 的取值范围是 $0 \sim 1$。处于相同温度的某表面热辐射通量与理想辐射源的热辐射通量的比值，即为辐射率 ε，式（4.134）描述了辐射率 ε、透射率 γ 和反射率 ρ 之间的关系。

$$\varepsilon + \gamma + \rho = 1 \tag{4.134}$$

1860 年，基尔霍夫发现辐射率和吸收率 α 是相同的。因此对于不透明的物体（$\gamma = 0$），反射率与辐射率间的关系可以简化为 $\rho = 1 - \varepsilon$。

斯特藩-玻尔兹曼定律［式（4.133）］明确提出了辐射功率（通量）的概念，该物理量是由温度为 T 的物体表面向无限低温（绝对零度）空间发出的。当用热传感器⊖探测物体表面的热辐射通量时，传感器对物体的热辐射也要考虑在内。热传感器有能力只对净热通量，即从物体辐射过来的通量 Φ_{bo} 减掉它辐射回的通量 Φ_s 响应。正对物体的传感器表面的辐射率为 ε_s，进而得到反射率为 $\rho_s = 1 - \varepsilon_s$。物体辐射过来的热通量 Φ_{bo}，并不能被传感器全部吸收利用。其中的一部分 Φ_{ba}

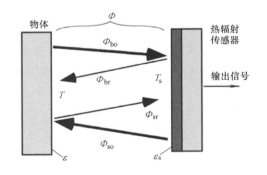

图 4.43　物体和热辐射传感器间的热辐射交换

被传感器吸收，而另一部分 Φ_{br} 被反射回物体表面⊖以及散失（见图 4.43）。反射热通量与传感器反射系数成正比

$$\Phi_{br} = -\rho_s \Phi_{bo} = -A\varepsilon(1 - \varepsilon_s)\sigma T^4 \tag{4.135}$$

负号表示与热通量 Φ_{bo} 方向相反。最终由物体辐射出的净热通量见式

⊖ 这里我们讨论的热传感器是相对于第 14 章的量子传感器而言的。

⊖ 这个简化的分析假定传感器检测范围内没有其他物体。

（4.136），它和物体与传感器的辐射率均相关。

$$\Phi_b = \Phi_{bo} + \Phi_{br} = A\varepsilon\varepsilon_s\sigma T^4 \tag{4.136}$$

传感器自身温度为 T_s，从传感器表面向物体辐射的净热通量为

$$\Phi_s = -A\varepsilon\varepsilon_s\sigma T_s^4 \tag{4.137}$$

两种净热通量方向相反，将两者结合，得到存在于两表面间的最终净热通量

$$\Phi = \Phi_b + \Phi_s = A\varepsilon\varepsilon_s\sigma(T^4 - T_s^4) \tag{4.138}$$

式（4.138）给出了由热传感器转化为输出信号的净热通量的数学模型，通过它建立了（传感器吸收的）热功率与物体和传感器绝对温度之间的关系。由这个模型可以看出，热辐射传感器将会根据两个温度做出响应，即物体的温度和传感器自身的温度。

介质的表面辐射率是自身介电常数和折射率 n 的函数。辐射率最大可能值为 1，只有在黑体存在的情况才能达到，黑体是电磁辐射的理想辐射源。顾名思义，它的名字反映了它在正常室温下的外观，因为理想黑体的辐射率与波长无关，在整个波谱范围内都是 1。如果物体无透射（$\gamma = 0$）、无反射（$\rho = 0$），根据式（4.134），它成为电磁辐射的理想辐射体和接收体（因为 $\varepsilon = \alpha$）。因此，黑体是一种理想的光发射和接收体。因为它没有任何反射，所以它看来是黑的。但在实际中，理想黑体是不存在的，不过可以通过专门设计的装置来高度模拟黑体，正如下面讨论的。设计良好的黑体可以非常接近理想情况，辐射率 ε 在 0.999 左右。如果辐射率再低一点，大约 0.97~0.99，称为灰体。

值得注意的是，真实表面的辐射率通常取决于波长（见图 4.44）。例如，白纸可以极大地反射可见光却不会发出可见光；但是在中远红外波段，它的反射率很低而辐射率很高（约 0.92），这使得纸成为性能优良的热辐射体。某些材料，例如聚合物和气体，在不同的波长下有着非常不均匀的辐射率（吸收率），但即使在非常窄的光谱范围内，它们必定也满足式（4.134）所列关系。聚乙烯广泛用于远红外透镜的制造，它可以很好地吸收（辐射）波长为 3.5μm、6.8μm 和 13.5μm 附近的窄带电磁波，而对其他波段却是完全透射（无辐射性）的。

实际应用中，在相对较窄的波段内可以将不透明材料热辐射的辐射率视为常数。然而，对于非接触红外精确测量，当要求热辐射的测量精度优于 1% 时，必须知道物体的辐射率，或采用减少辐射率对精度影响的特殊方法，一种方法是使用双波段红外探测器[⊖]，另一种方法是利用热平衡红外传感器[⊜]。

对于沿法线方向的非极化中远红外光，辐射率可由折射率通过式（4.139）确定

⊖ 双波段探测器采用两个窄带段来探测红外辐射通量。采用信号处理的细分技术，可以得到物体的温度。计算过程中，辐射率和其他乘常数被消去。

⊜ 在热平衡红外传感器中，传感器温度是一直可控的（升温或者降温），这使得净热通量接近 0。根据式（4.138），辐射率乘以 0，因此它的值将不会对结果产生影响。

$$\varepsilon = \frac{4n}{(n+1)^2} \tag{4.139}$$

所有非金属都是辐射率良好的热辐射发射体，立体角可达 ±70°[32]，由式（4.139）可知它们的辐射率非常恒定。超出 ±70° 的范围，辐射率在从法向接近 90° 时迅速降为 0。在 90° 附近区域，辐射率很低。图 4.45a 所示为非金属向空气的定向辐射率的典型计算图。需要强调的是以上情况只适用于中远红外光谱，而不适用于可见光，因为热辐射是由处于电介质表面下方一定深度的电磁效应引起的。

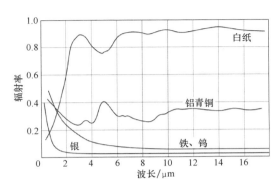

图 4.44　辐射率的波长相关度

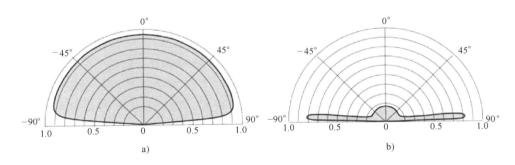

图 4.45　非金属的空间辐射率与抛光金属的辐射率

a）非金属的空间辐射率　b）抛光金属的辐射率

金属的辐射率与上述有很大不同。其辐射率很大程度上取决于表面抛光度。一般来说，抛光金属在 ±70° 立体角内辐射率很低（反射率很高），而在更大的角度范围辐射率迅速增大（见图 4.45b）。这也意味着在立体角接近 90° 时，性能良好的金属镜反射率也会很低。附表 A.19 列出了一些典型材料在 0~100℃ 时法线方向的辐射率。

与多数固体不同，气体对热辐射是透明的，它们只能在特定的很窄的波段吸收和辐射电磁波。一些气体，如 N_2、O_2，还有其他非极化的对称分子结构的气体，在低温时本质上都是透明的；而对于 CO_2、H_2O 以及许多碳氢化合物气体，吸收和辐射电磁波的范围相对较广。当红外光进入气体层时，根据比尔定律，它的吸收率呈指数衰减

$$\frac{\Phi_x}{\Phi_o} = e^{-\alpha_\lambda x} \tag{4.140}$$

式中，Φ_o 为入射热通量；Φ_x 为厚度 x 处的热通量；α_λ 为谱吸收系数。

式（4.140）中的比值是波长为 λ 时的单色透射率 γ_λ。假定气体无反射，则波长为 λ 时的辐射率定义为

$$\varepsilon_\lambda = 1 - \gamma_\lambda = 1 - e^{-\alpha_\lambda x} \tag{4.141}$$

需要强调一点，因为气体只在某一窄带内吸收，对任一特定波长辐射的辐射率和透射率必须分开考虑。例如，水蒸气在波长为 $1.4\mu m$、$1.8\mu m$ 和 $2.7\mu m$ 时吸收性很好，在波长为 $1.6\mu m$、$2.2\mu m$ 和 $4\mu m$ 时透射性较高。

在利用红外传感器进行非接触温度测量时需要知道物体的辐射率［见式（4.138）］。要对此非接触温度计进行校准或检验其精度，必须要有一个实验室标准的辐射热源。我们必须清楚地知道热源的辐射率，而且辐射率应尽可能趋于 1。换而言之，应该用黑体作为中远红外辐射的试验辐射源。辐射率不合适会导致来自周围物体的热辐射的反射［式（4.134）］，这将在红外通量测量时引入很大的误差。目前还没有发现辐射率为 1 的材料，比较切实可行的方法是利用空腔效应人工产生这种表面，它是构造黑体的基础。

2. 空腔效应

当对一个空腔内的热辐射进行测量时会产生有趣的现象。这里所提到的空腔通常是一个形状不规则的内腔，它整个内壁表面的温度都是一致的（见图 4.46a）。与平板相比，腔体的开口或小孔（并非腔体内表面）对任意波长的辐射率都接近 1。当空腔内壁的辐射率比较高（>0.95）时，空腔效应尤为明显。现在我们来研究非金属空腔表面。一切非金属都是散射型辐射体，同时也是散射型反射体（见

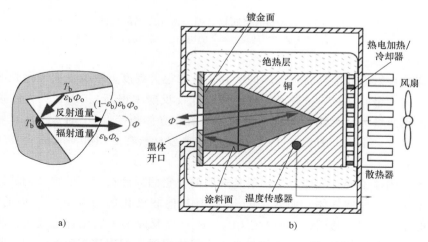

图 4.46 空腔效应使辐射率增加；双腔表面构建的实用黑体结构

a）空腔效应使辐射率增加 b）双腔表面的实用黑体结构

图 4.45a）。假定腔体的温度和表面辐射率在整个面积上都是均匀的。根据斯特藩-玻尔兹曼定律［式（4.133）］，源自基本面积为 a 的理想表面发射 $\Phi_\mathrm{o} = a\sigma T_\mathrm{b}^4$ 的红外光子通量，然而物体实际表面的辐射率为 ε_b，所以最终从那个表面出来的辐射通量比理想情况要小：$\Phi_\mathrm{r} = \varepsilon_\mathrm{b}\Phi_\mathrm{o}$。因为空腔具有热均匀特性，从空腔的其他表面射向面积 a 的热通量同样等于 Φ_r。这些表面入射通量 Φ_r 绝大部分被面积 a 表面吸收，只有一小部分被发散反射

$$\Phi_\rho = \rho\Phi_\mathrm{r} = (1-\varepsilon_\mathrm{b})\varepsilon_\mathrm{b}\Phi_\mathrm{o} \tag{4.142}$$

由面积为 a 的表面向空腔的辐射通量和反射通量总和为

$$\Phi = \Phi_\mathrm{r} + \Phi_\rho = \varepsilon_\mathrm{b}\Phi_\mathrm{o} + (1-\varepsilon_\mathrm{b})\varepsilon_\mathrm{b}\Phi_\mathrm{o} = (2-\varepsilon_\mathrm{b})\varepsilon_\mathrm{b}\Phi_\mathrm{o} \tag{4.143}$$

如果小孔是一块辐射率为 ε_b 的平板，那么它的辐射通量为 $\Phi_\mathrm{r} = \varepsilon_\mathrm{b}\Phi_\mathrm{o}$。然而，由于实际中它是空腔的开口（小孔），那么根据式（4.143）该小孔的有效辐射率为

$$\varepsilon_\mathrm{e} = \frac{\Phi}{\Phi_\mathrm{o}} = (2-\varepsilon_\mathrm{b})\varepsilon_\mathrm{b} \tag{4.144}$$

式（4.144）只考虑了单次内部反射（事实上有很多次），空腔小孔的有效辐射率仅被放大为空腔内壁表面辐射率的（$2-\varepsilon_\mathrm{b}$）倍。例如，假设空腔内壁涂有丙烯酸类涂料（辐射率为 0.95），则小孔的有效辐射率变为 $\varepsilon_\mathrm{e} = (2 - 0.95) \times 0.95 = 0.9975$。

要使空腔效应发挥作用，有效辐射率必须仅为辐射发出的空腔开口。如果在热辐射测量过程中红外传感器进入空腔太深，直接和内壁相对，就会挡住反射线，空腔效应就会消失，辐射率会接近内壁表面的辐射率，该辐射率通常小于 1。

当测量空腔表面的红外辐射时，空腔效应会改变表面感应的辐射率，如果不考虑它的影响，在对辐射功率进行估算时会引入误差，进而影响测得的温度。为了说明这个问题，图 4.47 提供了人脸的两张照片：一张是在可见光下拍摄的，另一张是在中红外光下拍摄的。可以发现右图在鼻孔附近比较亮（代表温度高）。但是，这些点处皮肤的温度和附近是一样的。胡须上方的两条皱纹产生了空腔效应，使皮肤的辐射率从均值 0.96 增大到更高值。由于辐射热通量增强，造成了此处皮肤温度高的假象。

图 4.47　可见光下以及人体自身红外热辐射下的照片［因为中远红外频谱范围内的光波不能从玻璃中透过，因此眼镜显示为黑色（代表温度低）］［照片由红外培训中心（www.infraredtraining.com）提供］

黑体的设计和制作并不是件很烦琐的事。空腔效应要发挥作用应满足以下条件：

1）黑体空腔内壁总面积必须远大于开口面积。

2）腔体的形状必须允许多次的内反射，然后光才能从小孔中逸出，或者任何从外部进入小孔的光都应完全从内部消失，因此，腔体应该是一个光阱。

3）空腔内壁整个表面的温度必须保持高度一致。

图 4.46b 即为构造黑体的有效方法[35]，其小孔的辐射率接近 0.999。该腔体由带倒锥形内腔的铜块或铝块制成，这样可以实现多次内部反射。内置的温度传感器和装有控制电路（未示出）的热电加热器/冷却器共同构成的恒温器能够将空腔温度维持在预设水平上，控制的精度和稳定性优于±0.02℃。设定的温度可高于或低于环境温度。整个金属主体上覆盖了一层绝热层。此外为了最小化腔内流失到外部的热量，还在整个组件外覆盖了一个保温罩。保温罩的温度十分接近腔内温度，因此通过绝热层的热流急剧减少，这有助于空腔内壁的温度保持均衡与稳定。

腔体内部涂上有机涂料，涂料的颜色并不重要，因为可见光谱段涂料的反射率与红外光谱段的辐射率没有联系。腔体内最难处理的地方为靠近小孔的地方，因为很难保证小孔处的温度不受外界影响而保持与腔体内其他部分相同。为了将环境温度的影响最小化并增大腔体实际尺寸，小孔处前壁板的内侧表面高度抛光并镀金。因此腔体前壁板的辐射率很低，这样它的温度就不那么重要了。此外，镀金表面可以对高辐射率的腔体右侧部分辐射过来的射线进行反射，进而增强腔体效应。这叫作双空腔表面。需要再次强调的是，辐射率接近 1 的黑体只是小孔（事实上是一个孔）的实际表面。

参考文献

1. Halliday, D., et al.（1986）. *Fundamentals of physics*（2nd ed.）. New York：John Wiley & Sons.

2. Crotzer, D., et al.（1993）Method for manufacturing hygristors. *U. S. Patent No. 5, 273, 777.*

3. Meissner, A.（1927）. Über piezoelektrische Krystalle bei Hochfrequenz. *Zeitschrift füir Technische Physik*, 8（74）.

4. Neubert, H. K. P.（1975）. *Instrument transducers. An introduction to their performance and design*（2nd ed.）. Oxford：Clarendon.

5. Radice, P. F.（1982）. Corona discharge poling process. *U. S. Patent No.* 4365283.

6. Southgate, P. D.（1976）. Room-temperature poling and morphology changes in pyroelectric polyvinylidene fluoride. *Applied Physics Letters*, 28, 250.

7. Jaffe, B., et al.（1971）. *Piezoelectric ceramics* London：Academic.

8. Mason, W. P.（1950）. *Piezoelectric crystals and their application to ultrasonics.* New York：Van Nostrand.

9. Megaw, H. D. (1957). *Ferroelectricity in crystals*. London: Methuen.

10. Oikawa, A., et al. (1976). Preparation of Pb (Zr, Ti) O_3 thin films by an electron beam evaporation technique. *Applied Physics Letters*, *29*, 491.

11. Okada, A. (1977). Some electrical and optical properties of ferroelectric lead-zirconite-lead-titanate thin films. *Journal of Applied Physics*, *48*, 2905.

12. Castelano, R. N., et al. (1979). Ion-beam deposition of thin films of ferroelectric lead-zirconite-titanate (PZT). *Journal of Applied Physics*, *50*, 4406.

13. Adachi, H., et al. (1986). Ferroelectric (Pb, La) (Zr, Ti) O_3 epitaxial thin films on sapphire grown by RF-planar magnetron sputtering. *Journal of Applied Physics*, *60*, 736.

14. Ogawa, T., et al. (1989). Preparation of ferroelectric thin films by RF sputtering. *Journal of Applied Physics*, *28*, 11-14.

15. Roy, D., et al. (1991). Excimer laser ablated lead zirconite titanate thin films. *Journal of Applied Physics*, *69*, 1.

16. Yi, G., et al. (1989). Preparation of PZT thin film by sol-gel processing: Electrical, optical, and electro-optic properties. *Journal of Applied Physics*, *64*, 2717.

17. Tamura, M., et al. (1975). Electroacoustical transducers with piezoelectric high polymer. *Journal of the Audio Engineering Society*, *23* (31), 21-26.

18. Elliason, S. (1984). Electronic properties of piezoelectric polymers. *Report TRITA-FYS 6665 from Dept. of Applied Physics*, The Royal Inst. of Techn., Stockholm, Sweden.

19. Dargahi, J. (2000). A piezoelectric tactile sensor with three sensing elements for robotic, endoscopic and prosthetic applications. *Sensors and Actuators A: Physical*, *80* (1), 1-90.

20. Kawai, H. (1969). The piezoelectricity of poly (vinylidene fluoride). *Japanese Journal of Applied Physics*, *8*, 975-976.

21. Meixner, H., et al. (1986). Infrared sensors based on the pyroelectric polymer polyvinylidene fluoride (PVDF). *Siemens Forsch-u Entwicl Ber Bd*, *15* (3), 105-114.

22. Ye, C., et al. (1991). Pyroelectric $PbTiO_3$ thin films for microsensor applications. In: *Transducers '91 International Conference on Solid-State Sensors and Actuators. Digest of Technical Papers* (pp. 904-907). ©IEEE

23. Beer, A. C. (1963). Galvanomagnetic effect in semiconductors. In F. Seitz & D. Tumbull (Eds.), *Suppl. to solid state physics*. New York: Academic.

24. Putlye, E. H. (1960). The Hall effect and related phenomena. In C. A. Hogarth (Ed.), *Semiconductor monographs*. London: Butterwort.

25. Williams, J. (1990). Thermocouple measurement, AN28. In: *Linear applications*

handbook. © Linear Technology Corp.

26. Seebeck, T. (1822-1823). Magnetische Polarisation der Metalle und Erze durch Temperamr-Differenz. *Abhaandulgen der Preussischen Akademic der Wissenschaften* (pp. 265-373).

27. Benedict, R. P. (1984). *Fundamentals of temperature, pressure, and fiow measurements* (3rd ed.). New York: John Wiley & Sons.

28. LeChatelier, H. (1962). Copt. Tend., 102, 188629. In: D. K. C. MacDonald (Eds.), *Thermoelectricity: An introduction to the principles.* New York: John Wiley & Sons.

29. Carter, E. F. (1966). Dictionary of inventions and discoveries. In F. Muller (Ed.), *Crane.* New York: Russak.

30. Peltier, J. C. A. (1834). Investigation of the heat developed by electric currents in homogeneous materials and at the junction of two different conductors. *Annals of Physical Chemistry, 56* (2nd ser.), 371-386.

31. Thomson, W. (1854, May). On the thermal effects of electric currents in unequal heated conductors. *Proceedings of the Royal Soc.* (Vol. VII).

32. Manual on the use of thermocouples in temperature measurement. (1981). *ASTM Publication code number 04-470020-40.* Philadelphia: ASTM.

33. Doebelin, E. O. (1990). *Measurement systems: Application and design* (4th ed.). New York: McGraw-Hill.

34. Holman, J. P. (1972). *Heat transfer* (3rd ed.). New York: McGraw-Hill Book.

35. Fraden, J. (2002). Blackbody cavity for calibration of infrared thermometers. *U. S. Patent No. 6447160.*

第5章
传感器的光学元件

5.1 光

5.1.1 光子能量

光是一种可用于感应各种激励信号，如距离、运动状态、温度、化学组成和压力等的非常有效的能量形式。光具有电磁特性，既可将其视为能量量子的传播也可视其为电磁波的传播。现在这一令人困惑的二重性可用量子电动力学很好地解释[1]，并且量子和波的特性均可用于传感器中。

电磁波谱依据频率划分为不同部分，每一部分都有专门的名字：紫外光（UV）、可见光、近红外光、中红外光和远红外光（IR）等。"光"这个词特指波长在 0.1~100μm 范围的电磁波。波长小于可见光最小波长（紫光）的称为紫外光，大于可见光最大波长（红光）的称为红外光。紫外光波长的上限值约为 0.38μm，红外光的范围细分为 3 个区域：近红外（0.75~1.5μm）、中红外（1.5~5μm）和远红外（5~100μm）。

电磁波谱的各个部分对应着不同物理学分支的研究领域，并且在实际应用中也对应着不一样的工程领域。图 4.41 描述的是一个完整的电磁辐射波谱，从 γ 射线（波长最短，约为 1pm）到无线电波（波长最长，数百米）。本节我们将简要回顾光和光学元件的特性，这些特性涉及电磁波谱的可见光和近红外部分，热辐射（中红外或远红外区域）已经在 4.12.3 节中做了介绍。

光在真空中的速度 c_0 与波长无关，可用 $\mu_0 = 4\pi \times 10^{-7} \mathrm{H/m}$ 和 $\varepsilon_0 = 8.854 \times 10^{-12}$ F/m 来表示，其中 μ_0 和 ε_0 分别为自由空间内的磁导率和电容率

$$c_0 = \frac{1}{\sqrt{\mu_0 \varepsilon_0}} = (299792458.7 \pm 1.1) \mathrm{m/s} \tag{5.1}$$

然而，当光并非在真空中，而是在某些介质中传播时，它的速度较低。根据式（4.128），光在真空中或任何介质中的频率由波长 λ 决定，见式（4.128），可将其改写为

$$\nu = \frac{c}{\lambda} \tag{5.2}$$

式中，c 为介质中的光速。

光子的能量由频率决定

$$E = h\nu \tag{5.3}$$

式中，$h = 6.63 \times 10^{-34} \mathrm{J \cdot s}(4.13 \times 10^{-15} \mathrm{eV \cdot s})$，为普朗克常量；光子能 E 以电子伏特 $1.602 \times 10^{-19} \mathrm{J} = 1\mathrm{eV}$ 计算。在这里我们回顾一下上一章提到的维恩定律，由式（4.130）可知，物体温度越高，辐射光波的波长越短。再由式（5.2）和式（5.3）不难得出光子能量与物体绝对温度成正比。因此，物体温度越高，其所辐射的光子能量越强。

紫外光与可见光很容易被基于光电效应的传感器探测到，因为其光子能量相对较大。而物体温度下降，波长增大，向红外波段移动时，探测难度则越来越大。例如，近红外光子波长为 $1\mu\mathrm{m}$，能量为 $1.24\mathrm{eV}$，因此在 $1\mu\mathrm{m}$ 波段工作的光学量子探测器必须能对此水平的能量具有良好的响应能力。如果波长继续向中、远红外波段移动，光子能量更小。人的皮肤（34℃）辐射的近红外和远红外的光子能量约为 $0.13\mathrm{eV}$，比红光的能量要低一个数量级，对它的探测更加困难。这就是为什么低能量的辐射通常不是由量子探测器而是由热探测器探测到的。不同于量子（光子）探测器能够对单个光量子做出响应，热探测器对光量子的敏感度则低多了。因为它们只会对传感元件在吸收光量子时温度的升高做出响应，而这需要大量的光子。

5.1.2 光的偏振

电磁波（忽略光的粒子性）还有一个性质，即偏振性（具体来说，是平面偏振）。这意味着电磁波中所有点的交变电场矢量是平行的，同样它们的磁场矢量也是相互平行的，但是因为多数电磁辐射传感器对电场很敏感，在处理与传感技术相关的偏振问题时，我们只关注电场。图 5.1a 所示为电磁波的偏振特性。如图所示，波沿 x 方向传播，电场矢量与 y 方向平行，因此波在 y 方向偏振。由波传播方向（x 轴）和偏振方向（y 轴）确定的平面称为偏振面。对于偏振光来说，场矢量没有其他方向。

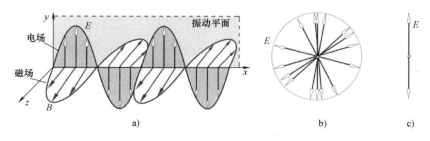

图 5.1　光的偏振性

a）电磁波具有电场和磁场矢量　b）沿 x 轴的非偏振电场（磁场没有显示但一定是存在的）
c）经过偏振的电场

图 5.1b 描述的是由太阳或白炽灯产生的光，其偏振方向是任意的，此外大多数激光器发射的光束是偏振光。如果非偏振光穿过偏振滤波器（偏振片），那么只有特定面的光才能穿过，输出电场如图 5.1c 所示。偏振滤波器只允许电场矢量与其偏振方向平行的光波通过，并吸收那些与偏振片方向成直角的光波。入射光经过偏振片后被偏振。滤波器的偏振方向在制作过程中已被设定好，将一定数目的长链分子内嵌到柔软的塑料薄片上，然后拉伸薄片从而使分子互相平行排列。偏振滤波器广泛应用于液晶显示屏（LCD）以及一些光学传感器中，这些传感器在本书的相应章节中进行了描述。

5.2　光的散射

在空旷并且远离巨大的天文星体的空间中，光是沿直线传播的。但如果空间不完全是空的，那么上述规则可能会被打破。散射是一种电磁现象，通过介质中的一处或多处局部不均匀性，使得光偏离直线传播路径[2]。不均匀性的例子有烟雾颗粒、灰尘、细菌、水滴和气体分子等。当一个粒子的直径大于入射光的波长且其恰好处在光的传播路径中时，它将成为一个光反射器（见图 5.2b）。反射遵循下述的常规反射定律。

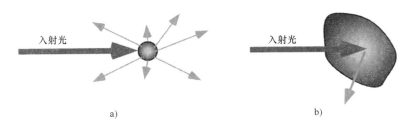

图 5.2　在小粒子和大粒子表面的光的散射

a）小粒子　b）大粒子

小粒子可引起不同类型的散射现象，尤其是直径比光波长小 10 倍的粒子。简单来说，小粒子的散射机制可以解释为对光能的吸收及向各个方向的重新发射（见图 5.2a）。散射理论研究被不同折射率的小的球状物，如气泡、水滴甚至密度波动等散射的电磁辐射。这种效应最初是由物理学家 Lord Rayleigh 提出并建模，并以他的名字命名。对于一个很小的粒子，散射粒子的确切形状通常并不重要，通常可以等效为具有相同体积的球体。光经过纯气体时的固有散射是由于气体分子四处移动时的微观密度波动引起的，这些波动的规模通常很小，足以应用瑞利模型。

散射取决于粒子的尺寸或者不规则性，光的波长，以及散射光和入射光之间的角度。这种散射机制是天空在晴天呈现蓝色的主要原因，因为正上方角度较高的太阳光中，蓝色光的波长较短，相对于波长较长的红光散射现象更强烈，显著偏离了太阳光的传播方向。但是，当太阳落山的时候，在接近太阳的方向上，天空呈现橙色和红色，这是因为此时较长波长的光（红光）散射更强烈。在晚上，天空呈现黑色，因为太阳光束此时在大气层上方通过，而没有散射，所以此时地球上是观察不到散射光的。因此对于应用粒子散射原理的传感器，既可以测量光密度，也可以测量散射光谱的移动。

光的散射可以用来监测气体和液体中的微小杂质，并且可以感应流体中颗粒的浓度。可以感应粉尘的烟雾报警器及感应粉尘及其浓度的空气净化检测器同样也利用了这个原理。

5.3　几何光学

光的反射、折射、吸收、干涉、偏振及传播速度等光学现象，对于传感器设计者来说利用价值非常高。光学元件有助于我们通过多种方式控制光。本节我们将从几何光学或射线光学的角度来讨论这些光学元件。我们将用"光线"来描述光的传播，这是一种几何光学中用于近似模拟光传播方式的抽象概念。光线意指光在均匀的介质中以直线路径进行传播。我们可以把光看成是一个始终移动的边，或者更简单地理解为是垂直于这条边（通常）的一条线。为此，本书将不会讨论那些尺寸比波长小的光学元件。对于那些非常小的物体，则需要采用量子电动力学（QED）的方法进行分析[1]。在使用几何光学时，我们忽略了光的一些特性，这些特性可以通过量子力学和量子电动力学更好地进行描述。本章将不仅忽略光的量子性还有其波动性。这里我们也会简要介绍新兴的纳米光学。本章将概述适于传感器设计的光学元件。如果想获得关于几何光学更详尽的资料，请读者查阅专业文献，如参考文献 [3-5]。

在控制光之前，我们首先需要产生光。产生光的途径有几种。有些光源是自然存在的，不随人的意志和影响而改变，而另一些光源则必须纳入到测量装置中。自然光源包括太阳、月亮、星星、火等天体。另外，如第 4 章中涉及的中、远红外频谱范围内的自然光源还包括所有依靠自身温度而辐射电磁波的物质，这些物质包括火、放热化学反应、活的生物体以及其他热辐射可通过特定光学装置选择性地进行探测的自然光源。人造光源包括电灯泡里的灯丝、发光二极管（LED）、气体放电灯、激光器、激光二极管和加热器等。

光产生之后，可通过多种方式对其进行控制。图 5.3 给出了几种传感器中控制光的例子。这些方法大部分涉及光传播方向的改变，还有一些方法则是对特定波长的光进行了选择性阻断。后者称为过滤。在反射镜、棱镜、光波导、光纤和反射物等的辅助下，光的方向可通过反射作用而改变。同样，在透镜、棱镜、化学溶液、晶体、有机材料和生物学物体的辅助下，光的方向也可通过折射作用改变。当光线通过这些物体时，光的特性可通过被测激励信号来改变（调制），而传感器设计者的任务就是将该调制过程转换成与激励信号相关的电信号。那么，光的哪些参数可被调制呢？光的强度、传播方向、偏振、光谱特性都能被调制，甚至光速及光波的相位也能被改变。

当开发传感器时，设计者既要考虑辐射测量，又要考虑光度测量。前者是关于光功率及其控制，后者则是关于光照（亮度）及其控制。

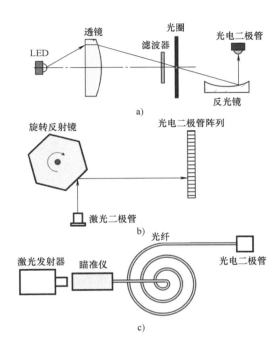

图 5.3 利用折射和反射的光学系统

a) 折射 b)、c) 反射

5.4 辐射测量

假设光穿过一个三层的材料。所有的层均由所谓的不同物质（材料）组成。图 5.4 所示为一光线从第一种介质进入第二种介质，接着进入第三种介质时情况的变化。介质可以是空气、玻璃或者液体。根据光的反射定律，部分入射光在第一种和第二种介质的边界面上被反射，并且入射角与反射角相等

$$\Theta_1 = \Theta_1' \qquad (5.4)$$

需要重申的是，当反射光在两点间传播时，总是采用最短路径或最短时间。后者由费马原理得出。这种镜面一样的反射称为镜面反射。反射并不一定都是如式

(5.4) 所定义的镜面反射。当光照在一个粗糙的或颗粒状的两介质边缘时，它会由于微观表面的不规则而向各个方向反射，称为漫反射。具体是哪一种反射方式要取决于反射表面的结构和光的波长。

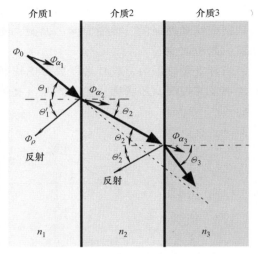

图 5.4　光穿过不同折射率的介质
（Φ_α 为被介质层吸收的光）

当通过介质 1 和介质 2 之间的边界面时，一部分原始的光通量以不同的角度进入介质 2。这个新的角度 Θ_2 由折射定律来确定，折射定律由威里布里德·斯涅耳（1580—1626）于 1621 年发现，并被称为斯涅耳定律

$$n_1 \sin\Theta_1 = n_2 \sin\Theta_2 \qquad (5.5)$$

式中，n_1 和 n_2 分别为两种介质的折射率。

在任何介质中，光的传播速度都比在真空中慢。折射率 n 是光在真空中的速度 c_0 与光在介质中速度 c 的比值

$$n = \frac{c_0}{c} \qquad (5.6)$$

由于 $c < c_0$，介质的折射率总是大于 1。介质中光的传播速度与介质的介电常数 ε_r 直接相关，相应地就决定了折射率

$$n = \sqrt{\varepsilon_r} \qquad (5.7)$$

通常，n 是波长的函数。牛顿在他的光谱实验中用棱镜证明了折射率的波长相关性。在可见光范围内，折射率 n 通常是对指定波长为 $0.58756\mu m$ 的黄-橘色氦光线而言的。一些材料的折射率见附表 A.20。

折射率的波长相关性称为色散。n 随波长的变化通常是渐进的，且通常可忽略，除非波长接近材料的不透明区域。

如图 5.4 所示，光在介质中传播时有一部分光 Φ_α 被材料吸收了，大多数情况下被吸收的光能转化成了热能。吸收系数 α 是与波长相关的，因此介质的透明度会对光谱产生影响。图 5.5 所示为各种光学传感器使用的一些光学材质的透明度曲线。

当电磁辐射（包括光）到达两种不同折射率介质之间的界面时总会发生反射，记住这一点很重要。但如果两种介质折射率相同就不会发生反射，光在两种介质中的传播方向也不会发生改变。上述现象表明了光的反射和折射是密切相连的。

一部分光通量在边界面上以角度 Θ_1' 被反射，该部分所占的比例取决于光在两种相邻介质中的传播速度。反射通量 Φ_ρ 与入射通量 Φ_0 通过反射率 ρ 关联起来，ρ 可由两种介质的折射率计算

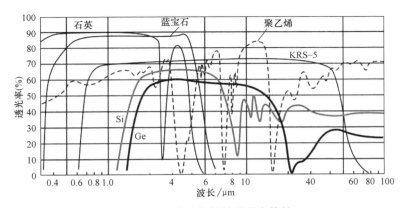

图 5.5　各种光学材料透明度特性

$$\rho = \frac{\Phi_\rho}{\Phi_0} = \left(\frac{n_1 - n_2}{n_1 + n_2}\right)^2 \qquad (5.8)$$

式（4.139）和式（5.8）表明反射和吸收（与辐射率 ε 一样）都只取决于特定波长下材料的折射率。

如果光通量由空气入射到一个折射率为 n 的物体中，式（5.8）可简化为

$$\rho = \left(\frac{n-1}{n+1}\right)^2 \qquad (5.9)$$

在光射出介质 2（见图 5.4）进入折射率为 n_3 的介质 3 之前，另一部分光从介质 2 和介质 3 之间的边界以角度 Θ_2' 反射。剩余部分光以角度 Θ_3 射出，这个角度也同样由斯涅耳定律确定。如果介质 1 和介质 3 是相同的（如空气），那么 $n_1 = n_3$，$\Theta_1 = \Theta_3$。图 5.6 说明了这种情况。由式（5.8）可知，无论从高折射率还是低折射率介质方向入射到界面时，反射率都是相同的。

平板的两表面两次反射的综合反射率的简化式为

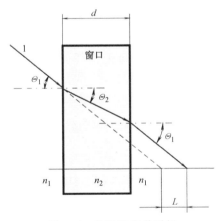

图 5.6　光通过光学平板

$$\rho_2 \approx \rho_1(2 - \rho_1) \qquad (5.10)$$

式中，ρ_1 为其中一个面的反射率。

实际上，从第二个界面反射的光又被从第一个界面反射回到第二个界面，如此循环。那么，假设材料中没有吸收，则平板中总的反射损耗可以通过材料的折射率来计算

$$\rho_2 \approx 1 - \frac{2n}{n^2 + 1} \qquad (5.11)$$

反射量随折射率之间的差值的增大而增加。例如，如果不考虑吸收，可见光从

空气入射到重燧石玻璃平板上时，两次反射造成的损耗约为 11%，而对于空气-锗-空气界面（在中远红外光谱范围内），其反射损耗约为 59%。为了减少反射损耗，光学材料通常涂覆抗反射涂层（ARC），该涂层的折射率和厚度与特定波长相适应，并用作光学缓冲器。

考虑到光学材料中的两次反射，辐射能平衡式（4.134）应改写为

$$\rho_2 + \alpha + \gamma = 1 \tag{5.12}$$

式中，α 为吸收率；γ 为透光率。在透明区域，$\alpha \approx 0$，因此，总透光率约为

$$\gamma = 1 - \rho_2 \approx \frac{2n}{n^2 + 1} \tag{5.13}$$

式（5.13）为光学平板最大理论透光率。

在上面的例子中，玻璃平板的透光率是 88.6%（对可见光），而锗平板的透光率是 41%（对远红外光）。在可见光范围内，锗的透光率为 0，意味着 100% 的光被反射和吸收。图 5.7 所示为薄平板的反射率和透光率相对于折射率的函数。这里，平板是指任何工作于其有效光谱范围内的光学装置（如光学窗口或透镜），它的吸收损耗很小（$\alpha \approx 0$）。

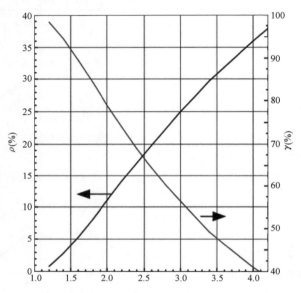

图 5.7　光学薄板的反射率和透光率与折射率的函数关系

图 5.8 所示为当入射光通量 Φ_0 入射到光学平板表面时的能量分布。一部分入射光通量 Φ_ρ 被反射，另一部分 Φ_α 被材料吸收，第三部分 Φ_γ 穿过平板。被吸收的那部分光转换为热量，其中部分热量 ΔP 通过热传导和热对流的方式损耗到支撑结构和环境中。剩余部分热量提升了材料的温度。当该材料用作强激光的窗口时，应当注意其温升。远红外探测器也会产生材料的温升问题。温升会带来额外的辐射通量 $\Phi_\varepsilon = \Phi_\alpha - \Delta P$，称为二次辐射。显而易见，辐射光谱与材料的温度有关，且位于光谱的中远红外区域。由于吸收率和辐射率是相同的，所以二次辐射的光谱分布与材料的吸收光谱分布是一致的。

对于低吸收率的材料，吸收率通过材料的温升来确定

$$\alpha = \frac{mc}{\Phi_\gamma} \frac{2n}{n^2 + 1} \left(\frac{dT_g}{dt} + \frac{dT_L}{dt} \right) T_0 \tag{5.14}$$

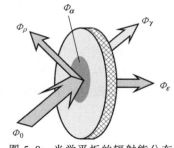

图 5.8　光学平板的辐射能分布

式中，m 和 c 分别为光学材料的质量及比热容；相应地，T_g 和 T_L 分别为当测试温度为 T_0 时，材料温度曲线上升和下降部分的斜率。严格来说，光在材料中的损耗不仅是由吸收造成的，而且还受散射影响。材料内部的综合损耗取决于它的厚度，并且可通过衰减系数 g 和样本的厚度 h 来表示。透光率可由式（5.13）得到，考虑衰减，改写为

$$\gamma \approx (1-\rho_2) e^{-gh} \tag{5.15}$$

衰减（或消光）系数 g 通常由光学材料制造商给定。

5.5　光度测量

当使用光敏元件（光电探测器）时，综合考虑传感器和光源是至关重要的。某些应用中，光是直接从独立光源接收到的；而在一些其他应用中，光源则是测量系统的一部分。无论哪种情况，都应该考虑光学系统的光度测量特性。这些特性包括光、辐射度、发光度、亮度等。

为了测量辐射强度和亮度，人们设计了专门的测量单元。位于光谱的可见光部分的辐射通量（单位时间发射的能量）称为光通量。这样区分是因为人眼无法对不同波长但具有相同能量等级的光产生同样的响应。例如，一束相同强度的红光和蓝光将产生完全不同的感觉，红光感觉更明亮些[⊖]。

因此，当比较不同颜色的光时，用瓦特来衡量亮度就显得无能为力，所以引入一个专用单位"流明"来描述光通量。它基于熔融铂形成的黑体状标准辐射源，并通过在一球面立体角内的给定小孔可见。立体角在球面几何中的定义为

$$\omega = \frac{A}{r^2} \tag{5.16}$$

式中，r 为球体半径；A 为相关区域的球表面面积。当 $A = r^2$ 时，为一个单位的球面弧度或球面度（单位：sr）（见表 5.1）。

照度由式（5.17）确定

$$E = \frac{\mathrm{d}\Phi}{\mathrm{d}A} \tag{5.17}$$

即光通量（Φ）在微分区域（A）上的微分值。其最常用的单位为 $\mathrm{lm/m^2}$（$\mathrm{lm/ft^2}$）或米烛光（英尺烛光）。发光强度定义为通过立体角的光通量

$$I_L = \frac{\mathrm{d}\Phi}{\mathrm{d}\omega} \tag{5.18}$$

通常，其单位为流明（lm）每球面度（sr）或坎德拉（cd）。如果发光强度相对于发射角是恒定的，则式（5.18）变为

⊖　这就是交通信号灯中的"停"用红色表示的原因，在远距离情况下更容易被注意到。

$$I_L = \frac{\Phi}{\omega} \tag{5.19}$$

如果辐射光波长改变而照度保持不变，则发现辐射功率（瓦特）在变化。必须在特定的频率下规定照度与辐射功率之间的关系。具体而言，选定精确值为 $0.555\mu m$ 的波长，该波长是人眼光谱响应的峰值。在该波长处，1W 辐射功率等于 680lm。为了方便读者阅读，表 5.1 给出了一些常用术语。

表 5.1 辐射测量和光度测量术语

名　　称	辐射测量	光度测量
总通量	辐射功率（Φ）（单位：W）	光通量（Φ）（单位：lm）
光源表面的发射通量密度	辐射度（W）（单位：W/cm^2）	发光度（L）（单位：lm/cm^2 或 lm/ft^2）
源强度（点光源）	辐射强度（I_r）（单位：W/sr）	发光强度（I_L）（单位：lm/sr 或 cd）
源强度（面光源）	辐射率（B_r）[单位：$W/(sr \cdot cm^2)$]	亮度（B_L）[单位：$lm/(sr \cdot cm^2)$]
接收器表面的入射通量密度	辐射照度（H）（单位：W/cm^2）	照度（E）（单位：lm/cm^2 或 lm/ft^2）

在选择光电传感器时，首先要考虑光源的设计。光源实际上是以点光源或面光源的形式出现的，这取决于光源的尺寸和光源与探测器之间距离的关系。点光源被定义为那些直径小于光源与探测器之间距离10%的光源。尽管通常希望布置光电探测器时，其表面区域与球面（以点光源为中心）相切，但探测器平面可能倾斜于该相切平面。在这种情况下，入射光通量密度（辐射照度）与倾角 φ 的余弦成比例

$$H = \frac{I_r}{\cos\varphi} \tag{5.20}$$

且照度

$$E = \frac{I_L}{r^2}\cos\varphi \tag{5.21}$$

面光源被定义为那些直径大于分离距离10%的光源。当光源的半径 R 远大于到传感器的距离 r 时，会出现一种需要考虑的特殊情况，在这种情况下

$$H = \frac{B_r A_s}{r^2 + R^2} \approx \frac{B_r A_s}{R^2} \tag{5.22}$$

式中，A_s 为光源的面积；B_r 是辐射率。

因为光源的面积 $A_s = \pi R^2$，则辐射照度为

$$H \approx B_r \pi = W \tag{5.23}$$

即发射通量和入射通量密度相等。如果探测器的面积和光源的面积相同且 $R \gg r$，总的入射能量与总的辐射能量近似相等，即光源与探测器整体耦合。当光学系统由引导、校准或调焦元件组成时，必须考虑其效率及相应的耦合系数。点光源和面光

源的重要关系见表 5.2 和表 5.3。

表 5.2　点光源

描述	辐射测量	光度测量
点光源光强	I_r（单位：W/sr）	I_L（单位：lm/sr）
入射通量密度	辐射照度 $H = I_r/r^2$（单位：W/m^2）	照度 $E = I_L/r^2$（单位：lm/m^2）
点光源的总通量输出	$P = 4\pi I_r$（单位：W）	$F = 4\pi I_L$（单位：lm）

表 5.3　面光源

描述	辐射测量	光度测量
点光源强度	B_r［单位：W/（cm^2·sr）］	B_L［单位：lm/（cm^2·sr）］
发射通量密度	$W = \pi B_r$（单位：W/cm^2）	$L = \pi B_L$（单位：lm/cm^2）

5.6　窗口

　　窗口的主要目的是保护光学传感器和探测器的内部免受环境影响。好的窗口应能以最小的失真传播特定波长范围的光线。因此，窗口应根据具体应用具备某些特性。例如，如果一个光学探测器在水下工作，它的窗口应该拥有下列的特性：承受水压的机械强度；低吸水性；带宽能覆盖相关波长的频率范围以及折射率尽可能接近水。图 5.9 所示为一种能够承受高压力的球形可用窗口。为了减小光学失真，对球形窗口应施加三条限制条件：孔径 D（它的最大尺寸）必须比

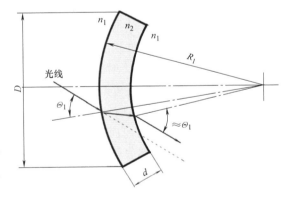

图 5.9　球形窗口

窗口的球半径 R_1 小，且窗口的厚度 d 必须一致且远小于半径 R_1。如果这些条件不满足，窗口就成了同心球面透镜。

　　窗口的整体性能应包含其表面反射率。为使其反射损耗最小，可在窗口的单侧或双侧涂覆抗反射涂层（ARC）（见 5.10.4 节）。这些涂层使得相机镜头和滤光器呈现出蓝色和琥珀色。由于在窗口中存在折射（见图 5.6），透射光线偏移了距离 L，对于小角度 Θ_1，L 由式（5.24）给出

$$L = d\frac{n-1}{n} \qquad (5.24)$$

式中，n 为材料的折射率。

工作在中远红外范围的传感器需要专门的窗口，该窗口对可见光和紫外光谱区域是不透明的，但对感兴趣的波长透明。有几种材料可用于制作这种窗口。一些材料的光谱透光率如图 5.5 所示。当为中远红外光窗口选择材料时，必须认真考虑折射率，因为它决定了反射率、吸收率和最后的透光率。图 5.10 所示为两个不同厚度的硅窗口的光谱透光率。窗口中的总辐射（100%）被分成三个部分：反射部分（约为整个光谱范围的 50%）、吸收部分（随波长不同而改变）和透射部分（它是反射和吸收后剩余的部分）。因为所有的窗口都有特定的光谱透射特性，通常称它们为滤光器。

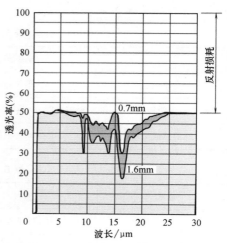

图 5.10　硅窗口的光谱透光率（注意大部分损耗是因为两个表面的反射）

5.7　反射镜

反射镜是设计和应用的最古老的光学装置。只要光从一种介质传播到另一介质时就会有反射。为了提高反射率，平行平板或其他所需形状的基板的前（第一表面）或后（第二表面）表面会涂有单层或多层反射涂层。第一表面的反射镜最精确。而对于第二表面反射镜，光必须进入与外部介质具有不同折射率的平板。第二表面反射镜实际上是镜面与窗口的组合。

必须考虑第二表面反射镜的几个影响。首先，由于平板的折射率 n，反射面看起来更近（见图 5.11）。对于较小的角度 Θ_1，载体的虚拟厚度 d 可用简单公式计算

$$d \approx \frac{L}{n} \qquad (5.25)$$

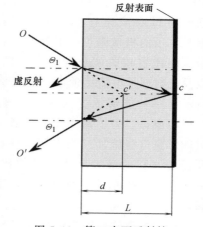

图 5.11　第二表面反射镜

第二表面反射镜的前表面也可以反射大量的光，造成所谓的虚反射，如玻璃平板通常在空气中反射大约 4% 的可见光。

5.7.1　涂层反射镜

用于可见光和近红外范围的表面反射涂层可以是银、铝、铬、铑。金更适用于中远红外光谱范围。通过选择合适的涂层，反射率可以达到 0 ~ 1 的任何期望值（见图 5.12）。

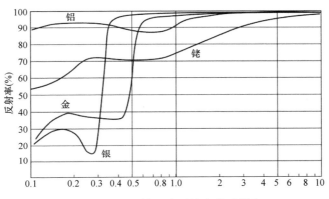

图 5.12　一些镜面涂层的光谱反射率

最适合宽频应用的反射镜具有纯金属涂层，通过真空沉积或电解沉积的方法将其沉积在玻璃、熔融石英或金属基板上。在沉积反射层之前，为了实现"均化效应"，可为反射镜增加铜、铜锆或钼底涂层。

实际上，反射平面几乎能加工成任何形状以改变光线传播的方向。在光学系统中，曲面反射镜产生的作用等同于透镜。它们的优点包括：①更高的透光率，特别是在长波长光谱范围内，在该范围内透镜由于吸收和反射损耗更高，所以效率变低；②没有因折射表面的色散（色差）引起的失真；③与多种透镜相比，具有更小的尺寸和重量。球面反射镜可用于任何收集和聚焦光的场合。但是，球面反射镜只对接近于法向入射到反射镜面的平行光或近平行光束有良好的聚焦作用。这种反射镜的成像缺陷称为像差。图 5.13a 所示为曲率中心在 C 点的球面反射镜。其焦点位于反射镜面到球面中心的半径的一半处。球面反射镜是像散的，这意味着离轴光线并不在焦点处聚焦。尽管如此，这样的球面反射镜在某些探测器中作用非常明显，因为这些探测器不要求高成像质量，例如红外运动探测器，详细介绍见 7.8.8 节。

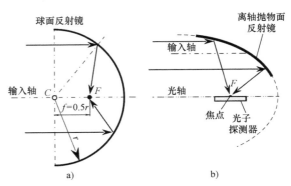

图 5.13　球面和抛物面的第一表面反射镜

a）球面　b）抛物面

抛物面反射镜能有效聚焦离轴光线。当其用于该用途时，可使光线毫无遮蔽地进入聚焦区域，如图5.13b所示。

5.7.2　棱镜

图5.14a所示为光线从折射率为 n_2 的介质进入具有更低折射率 n_1 的介质中。光线a垂直通过边界，方向没有发生改变（虽然部分能源仍被反射）。光线b以角度 Θ_1 进入介质，根据式（5.5），以大一些的角度 Θ_2 折射。光线c入射角度 Θ_3 更大，折射角 Θ_4 也更大一些。如果入射角度继续增加，光线d以某个角度 Θ_0 入射，然后沿着边界折射，折射角为90°。这种特殊的入射角称为全内反射（TIR）角。全内反射角是两个折射率的函数

$$\Theta_0 = \arcsin\left(\frac{n_1}{n_2}\right) \tag{5.26}$$

光线e以更大的入射角 Θ_5 进入，这时光线将不穿越边界，而是像遇到一面镜子那样，以同样的角度 Θ_5 被反射。请注意，只有当光线从折射率大的介质射入折射率较小的介质时，才会产生TIR效应。TIR形成时，作为反射面的第二层表面并不需要反射涂层。通常它被应用于图5.14b所示的棱镜。棱镜的形状允许光线以小角度 Θ_1 进入棱镜，从内部以超过全内反射的角度到达上表面。最后，光线在棱镜上表面反射，从右侧射出。全内反射在可见光和近红外光谱范围内最为高效，因为反射系数接近1。TIR原理是光纤和光纤传感器的基础。

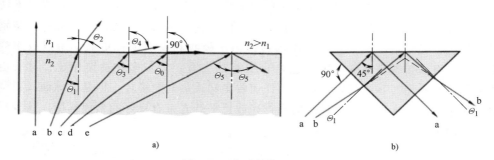

图5-14　内反射镜和棱镜

a）内反射镜　b）棱镜

5.8　透镜

像反射镜一样，在传感器和探测器中使用透镜也是为了改变光线的方向。但与反射镜反射不同，透镜应用的是基于斯奈尔定律（见5.4节）和式（5.5）的折射原理。透镜背后的主要思想是光线射入透镜又射入另一种介质（如空气）中而发生折弯。通过设计镜头表面，光线可以按预定要求转移到所需的位置，比如焦点。

5.8.1　曲面透镜

图 5.15 所示为平凸透镜，透镜一面是球面，其他各面是平面。在透镜两边有两个焦点：F 和 F'，它们到透镜的距离相等，分别为 $-f$ 和 f，当光线从物体 G 进入透镜时，根据斯奈尔折射定律，它们的方向发生改变。光只在通过透镜和外部之间的边界时改变方向，透镜内的光仍沿直线传播。

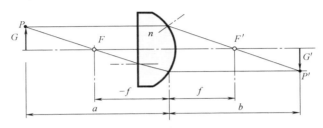

图 5.15　平凸透镜的几何原理

透镜及曲面镜的一个实用属性是能产生物体 G 的像。为了更好地理解这一点，如图 5.15 所示，假设物体是被照亮的（除非它是发光的），那么物体上任意一点 P 都会将光线反射向透镜表面上直对物体的每一个点。换句话说，物体 G 上每个点都在向透镜表面射出无数条光线。为了确定点 P 的像，不需要跟踪所有可能射向透镜的光线。我们只需要知道两条光线就够了，由平面几何知识可以知道，一个点的位置可以由两条相交直线来定义，所以我们只需要两条射线，一条平行于光轴，另一条通过透镜焦点 F。

光线 1（平行于光轴的）射出透镜后经过焦点 F'。另一光线 2 则先通过焦点 F 然后射出透镜，再平行于光轴传播。而后两条射线交叉于点 P'，此即为点 P 的像。从物体上 P 点反射出来的所有光线穿过透镜后收敛于同一个像点 P'（如果忽略一些光学像差，例如球形等）。

形成的像 G' 是倒置的，其与透镜的距离 b 可由薄透镜公式计算得到

$$\frac{1}{f} = \frac{1}{a} + \frac{1}{b} \tag{5.27}$$

透镜有不同的形状，例如：

1）两面凸的（收敛的），即双面都弯曲隆起。

2）平凸的（收敛的），即一面弯曲隆起，另一面是平的。

3）两面凹的（发散的），即双面都弯曲凹陷。

4）平凹的（发散的），即一面凹陷，另一面是平的。或者其他组合，如弯月面。

对于曲率半径大于厚度的薄双凸透镜，其焦距 f 可由式（5.28）得到

$$\frac{1}{f} = (n-1)\left(\frac{1}{r_1} + \frac{1}{r_2}\right) \tag{5.28}$$

式中，r_1 和 r_2 为双凸透镜的曲率半径。

对于厚度 t 与曲率半径相差不大的厚的双凸透镜，其焦距可由式（5.29）得到

$$\frac{1}{f}=(n-1)\left[\frac{1}{r_1}-\frac{1}{r_2}+\frac{(n-1)\,t}{nr_1r_2}\right] \tag{5.29}$$

几个透镜可组成更复杂的系统。对于相距为 d 的两个透镜，其组合焦距的长度为

$$f=\frac{f_1f_2}{f_1+f_2-d} \tag{5.30}$$

5.8.2 菲涅耳透镜

菲涅耳透镜是具有阶梯状表面的光学元件。它们在某些传感器和探测器中应用广泛，这类传感器或探测器的特点是成像质量不高但重量和成本低。其主要应用范围包括聚光器、放大镜及红外测温仪和占用探测器的聚焦元件。菲涅耳透镜可由玻璃、丙烯酸（可见光和近红外范围）、硅或聚乙烯（中远红外范围）制成。菲涅耳透镜的历史始于 1748 年，当时布冯伯爵提议以阶梯状同心环的形式研磨出一块玻璃透镜，使其厚度达到最小并减少能量损耗。他认识到只有在透镜的表面才需要折射光线，因为一旦光线进入透镜的内部，它就以直线形式传播。他的设想在 1822 年得到奥古斯汀·菲涅耳（1788—1827）的改进。奥古斯汀·菲涅耳构造了一个透镜，在透镜中不同圆环的曲率中心按照其到中心的距离沿轴越来越远，以消除球面像差。

菲涅耳透镜的原理如图 5.16 所示，图中为一个规则的平凸透镜。透镜被切成几个同心的圆环。切割完成后，所有的圆环仍保持为透镜，并使其入射光折射到由式（5.27）确定的公共焦点上。角度的改变发生在光线离开曲面时，而不是在透镜内部，因此，字母 x 标记的圆环区域没有聚焦特性。如果去除所有这样的部分，透镜看起来如图 5.16b 所示，它完全保留了聚焦光线的能力。现在，将所有的圆环移到另一边并使其平面排列在同一面上（见图 5.16c），由此产生的近平面但开有槽的透镜称为菲涅耳透镜，它和原来的平凸透镜具有几乎一样的聚焦特性。

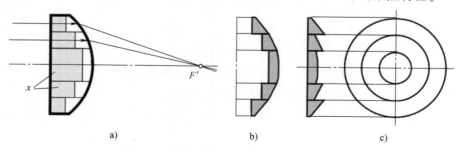

图 5.16 菲涅耳透镜的原理

a）规则的平凸透镜 b）去除无用部分后 c）移到另一边后

　　菲涅耳透镜基本上由一系列同心棱镜槽组成，协同引导入射光线到公共焦点上。菲涅耳透镜与传统的透镜相比具有几个优点，如重量轻、厚度尺寸小、能弯曲（仅限于塑料透镜）成任何想要的形状，最重要的是其具有较低的光通量吸收损耗。这就是该类型透镜几乎是灯塔上用来产生平行光束的唯一选择的原因（见图5.17a）。在中远红外透镜的加工中，最后一个特性尤为重要，因为在中远红外区，材料内的吸收损耗是非常明显的。这就是被动红外运动探测器（PIR）几乎全部使用低成本聚合物菲涅耳透镜的原因。然而在这些探测器中很少使用整块的镜头，比较典型的是图5.17b所示的许多小镜头"镶嵌"在一起组成一个多层透镜，它能将外部空间不同的部分聚焦在一个焦点上，详见7.8.5节。

a)　　　　　　　　　　　　　　　　b)

图 5.17　菲涅耳透镜

a）灯塔上的菲涅耳透镜　b）塑料材质的多层菲涅耳透镜的一部分

　　制作菲涅耳透镜时，很难保证每一个小槽都是一个曲面，因此，每个槽的侧面要接近平面（见图5.18a），实质上变为了折射棱镜。这需要每一阶都相距很近。事实上，阶与阶之间距离越近，透镜的精确度越高。加工和制造这种紧密定位槽的能力是制作这种透镜的限制因素。有几种方法可以用来设计镜头的槽。最常见的是恒定台阶法，这种方法使所有的槽具有相同的节距，即相邻槽的距离相同。

　　透镜的计算本质上是根据槽的数量计算槽角[6]。我们假设单色平行光束从左侧垂直入射到透镜平面。光线只在槽一侧才发生折射。对通过槽中心的光线应用斯奈尔折射定律，可得

$$\sin\Theta_m = n\sin(\Theta_m + \beta_m) \tag{5.31}$$

式中，n 为期望波长在材料中的折射率；角度如图5.18b所示。

　　假定 y_m 是光轴到第 m 个槽的距离，对这个特定槽，有

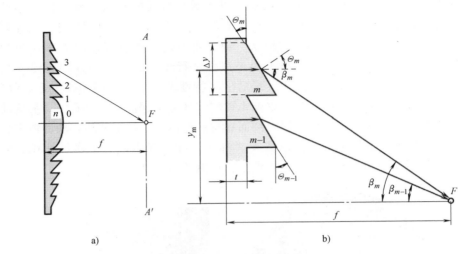

图 5.18　菲涅耳透镜槽以及槽角计算

a）槽　b）槽角计算

$$\Theta_m = \arctan \frac{y_m}{n\sqrt{y_m^2 + (f-t)^2} - (f-t)} \tag{5.32}$$

式中，f 为焦距；t 为透镜的平均厚度。该式可改写为无量纲形式

$$y_m' = \frac{y_m}{f} \qquad t' = \frac{t}{f} \tag{5.33}$$

最后，得到菲涅耳透镜的基本计算式

$$\Theta_m = \arctan \frac{y_m'}{n\sqrt{y_m'^2 + (1-t')^2} - (1-t')} \tag{5.34}$$

折射棱镜的角度 Θ_m 被计算出来，以使所有特定波长的平行入射光都具有共同的焦点。可见光谱的折射率 n 见附表 A.20。对于中远红外光谱范围，低密度聚乙烯（LDPE）的折射率为 1.510，而高密度聚乙烯（HDPE）的折射率为 1.540。对于现在的集成红外传感器，菲涅耳透镜由 Si 或 Ge 制成，这些材料具有更大的折射率，因此焦点位置更接近镜头槽的表面。

根据传感器设计的需要，菲涅尔透镜可以稍微弯曲。但是，弯曲会改变焦点位置。如果透镜的弯曲使槽处于弯曲部分内部，则所有角度 Θ_m' 的变化都取决于弯曲部分的曲率半径。新的焦距可以根据式（5.32）反算得出。

5.8.3　平面纳米透镜

最近，MEMS 加工技术已经发展到了纳米级。基于这一技术设计出的超薄平面透镜不但具有超薄的特点，同时还可避免球形透镜中存在的像差（球面像差、色差等）问题[7]。纳米透镜的原理是控制照射在透镜表面，具有不同波长的光的相位移动。透镜表面具有小于光波长的 V 形微观金结构，可得到预定相位延迟的散射光。通过旋转 V 形反射结构和改变其形状，纳米透镜可以像传统透镜一样，产生聚于同一焦点的光束。

值得注意的是，纳米结构需要使用金，从而使加工技术变得复杂，因为金是一种微电子电路的污染物（见 19.3.2 节），因此该纳米透镜应该在专用设备下制造加工。

5.9　光纤光学和波导

尽管光不会绕过拐角，但可通过波导管来引导光沿着复杂的路径传播。为了使其工作在可见光和近红外光谱范围，波导可由玻璃或聚合体光纤构成。对于中远红外光谱范围，波导管可由对这部分光具有低吸收率的特殊材料制成，或者做成内表面具有高反射性的中空管。波导管的工作运用了第一表面反射原理，光束以曲折的路径在管内前进。光纤的工作运用了 TIR 原理（见 5.7.2 节），可以应用于在其他无法到达的区域内传输光能。此外，由于玻璃和大多数塑料在热辐射的光学范围内是不透明的，所以它们可以在不传播光源热量的情况下传输光。

将光纤表面和端面磨光，在外面增加一层包层。当玻璃受热时，光纤可弯曲，曲率半径为它们截面直径 20～50 倍，且冷却后，可达到 200～300 倍直径。有机玻璃制造的塑料光纤弯曲半径比玻璃光纤小得多。

0.25mm 的聚合物光纤由于光吸收和光反射引起的沿长度方向的衰减范围通常在 0.5dB/m 以内。光依靠全内反射在光纤中传播，如图 5.19b 所示。它遵循式（5.26），光从折射率为 n 的介质传播到空气中时要受到全内反射角的限制。假设包层折射率为 n_1，那么式（5.26）可写为

$$\Theta_0 = \arcsin \frac{n_1}{n} \qquad (5.35)$$

图 5.19a 所示为具有包层的单个光纤的折射率分布图，包层必须具有较低的折射率，以确保光线在界面处发生全内反射。例如，硅包层光纤的组分设置应使得纤芯（光纤）材质折射率为 1.5，而包层折射率为 1.485。为了保护包层光纤，通常把它包覆在某种保护性的橡胶或塑料套内。

当光进入光纤时，确定全内反射的最大入射角非常重要（见图 5.19b）。如果设定内反射的最小角 $\Theta_0 = \Theta_3$，那么最大角度 Θ_2 可从斯奈尔折射定律中得到

$$\Theta_{2(\max)} = \arcsin \frac{\sqrt{n^2 - n_1^2}}{n} \qquad (5.36)$$

再次运用斯奈尔折射定律，取空气折射率 $n \approx 1$，我们得到

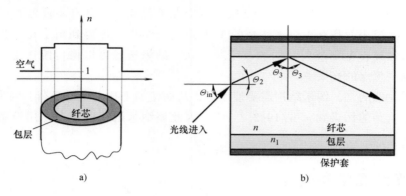

图 5.19 光纤

a）阶跃多模光纤 b）最大输入角的确定

$$\sin\Theta_{in(max)} = n_1 \sin\Theta_{2(max)} \tag{5.37}$$

联合式（5.36）和式（5.37），我们得到在纤芯内发生全内反射时光纤末端最大入射角度

$$\Theta_{in(max)} = \arcsin\sqrt{n^2 - n_1^2} \tag{5.38}$$

当光线以大于 $\Theta_{in(max)}$ 的角度进入光纤时将穿过纤芯到达包层，并损耗掉。这不利于数据传输，然而在特殊设计的光纤传感器中，最大入射角对于调制光强是非常有用的。有时，$\Theta_{in(max)}$ 称为光纤的数值孔径。由于光纤的特性变动、弯曲及路径倾斜，当接近 $\Theta_{in(max)}$ 时，使得光强不是突然地降到 0 而是逐渐减小到 0。实际应用中，数值孔径定义为光强下降某些任意给定数值（如最大值 -10dB）时的角度。

光纤传感器的实用特性之一是其可根据实际应用情况做成多种几何形状。这在微型光学传感器的设计中非常有用。这些微型光学传感器能对压力、温度、化学浓度等激励做出响应。使用光纤来进行感知的基本思想是调制光纤中光的一种或几种特性，随后通过传统方法解调光学信息。

激励可以直接作用于光纤或者作用于附在光纤外表面的元件上，或作用于磨光的末端以产生光学上可检测的信号。为了制造光纤化学传感器，可在与光线耦合的光路中加入特殊的固相试剂。试剂与被分析物相互作用产生一种可探测的光学效应（如调节折射率或吸收率）。光纤的包层可以由一些化学材料制作，这些化学材料的折射率会因一些液体的存在而改变[8]。当全内反射的角度改变时，光强发生改变。

光纤的使用有两种模式。第一种模式（见图 5.20a），同一光纤既用于传递激励信号也用于接收、传导返回到处理装置的光学响应信号。第二种模式，使用两个或多个光纤，发射功能和接收功能是通过相互独立的光纤来完成的（见图 5.20b）。

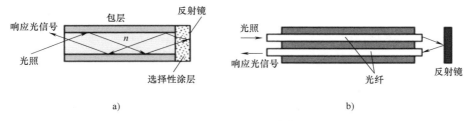

图 5.20　单、双光纤传感器
a) 单光纤传感器　b) 双光纤传感器

最常用的光纤传感器类型是光强传感器，这种传感器中光强为外部激励所调制[9]。图 5.21 所示为一种光纤位移传感器，其利用单纤波导向反射表面发射光。它的工作是基于光纤末端和被测物体之间光耦合的变化。光沿着光纤传播且以圆锥形截面射向物体。如果物体接近光纤末端（距离为 d），则光耦合最高，且大部分的光被反射回光纤中并传播回光纤另一端的光探测器中。如果物体移开（光纤末端），一些光线反射到光纤末端的外边，则返回的光子减少。在一定的范围内，由于出射光线是圆锥形截面，距离 d 和返回光的光强之间具有一定的准线性关系。

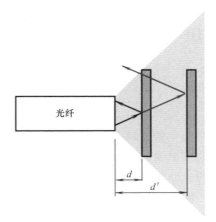

图 5.21　光纤位移传感器对反射光强进行调制

所谓的微弯应变仪可设计成光纤在两变形器间被挤压，如图 5.22a 所示，作用于变形器上面的外部压力使光纤弯曲以改变内反射表面的角度。这样，通常应该在 x 方向反射的光以小于全内反射角度 Θ_0 [见式 (5.35)] 的角度接近光纤的低折射率部分，那么光线将发生折射，而不是被反射，且沿方向 y 透过光纤壁并散失。两个变形器越靠近，就有越多的光射出光纤，沿光纤传播的光线就越少。

对于光纤损耗比较大的光谱范围（中远红外光谱范围）内的光，可利用中空管作为光的传输管道（见图 5.22b）。管内高度抛光且涂有一层金属反射层。例如，为了传输热辐射，管子内部可涂有双层涂层：镍作为基准衬底层，另一层是厚度范围为 $500 \sim 1000\text{Å}$（$1\text{Å} = 10^{-10}\text{m}$）且具有光学性能的镀金层。中空的光导管的弯曲半径可达其横截面直径的 20 倍甚至更大。

光纤光学利用全内反射效应，而波导管利用第一表面镜面反射，其反射率总是小于 100%。这样的话，中空波导管中的损耗为反射次数的函数，而且对于直径更小、长度更长的管子，其损耗越高。当长径比大于 20 时，中空波导管效率非常低，

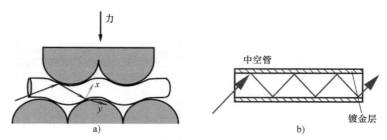

图 5.22 光纤微弯应变仪以及远红外辐射波导

a）光纤微弯应变仪 b）远红外辐射波导

这时应考虑采用光纤设备，如 AMTIR（见附表 A.20）。

5.10 光学效率

5.10.1 透镜效应

光探测器（见第 15 章）通常与一些光学系统结合使用，这里的光学系统可能只是简单的窗口或者光谱滤波器。通常，光学系统包括透镜、反射镜、光纤以及其他改变光向的元件。在很多的应用中，传感器与光源结合使用。但不论是光谱还是空间，光源的特性都要与传感器相匹配。

在设计光学器件时，有一些关键的因素需要考虑。例如，光电探测器要能感应到我们放置的点光源发出的光（见图 5.23a）。在大多数情况下，探测器的输出信号与接收到的光功率成正比，相应的，光功率与探测器的表面积（输入孔径）成正比。但是，探测器感应区域的面积通常非常小。例如，图 15.25a 所示的热电堆传感器，其感应区域面积约为 $0.08mm^2$，因此它将只接收到物体发出的全部光通量中很小的一部分。图 5.24b 展示了如何利用孔径大于敏感元件的聚焦透镜去大幅

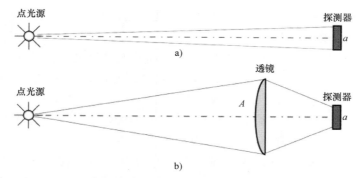

图 5.23 光学系统效率取决于其表面积 a 以及系统的输入孔径 A

a）表面积 a b）系统的输入孔径 A

度提高接收到的光通量。这也就是为什么高质量的相机有相当大的镜头。这个透镜就像一个漏斗，接收入射光通量并使其聚集到一个小的感应区域上。单个透镜的效率取决于其折射率 n（见 5.4 节）。通过式（5.8）和式（5.11）计算反射损耗，可以估算出灵敏度的整体提高程度

$$k \approx \frac{A}{a}\left[1 - 2\left(\frac{n-1}{n+1}\right)^2\right] \tag{5.39}$$

式中，A 和 a 分别为透镜的有效面积（孔径）以及光电探测器的感应面积。

对于玻璃及大多数塑料制品在可见光和近红外光光谱范围内，式（5.39）可以简化为

$$k \approx 0.92\frac{A}{a} \tag{5.40}$$

因此，敏感元件接收到的光量与透镜面积成正比。需要指出的是，任意放置透镜带来的害处可能会大于益处。这是因为，透镜系统必须经过严格地设计才能有效发挥作用。例如，很多光电探测器有对平行光线有效的内置透镜。如果在这个探测器前增加一个透镜，这个透镜会在输入端产生非平行光，导致该光学系统的失调和性能变差。因此，每当需要添加光学器件时，一定要考虑探测器自身的光学特性。

5.10.2　集中器

提高射向传感器表面的光通量密度是非常重要的。如果只考虑能量因素而不要求聚焦或成像时，可以使用一种特殊的光学器件——非成像收集器或集中器[10-12]。该器件既有波导管的特性又有成像光学器件（如透镜和曲面镜）的特性。集中器最重要的特性参数是集中度 C，它是入射孔面积与出射孔面积的比率，并且其值总是大于 1。集中器从更大范围中收集光，然后把它集中在一个更小的面积内（见图 4.24a），而敏感元件就放在这个较小的面积中。C 有一个理论上的最大值

$$C_{max} = \frac{1}{\sin^2\Theta_i} \tag{5.41}$$

式中，Θ_i 是最大的输入半角。在该条件下，出射光线与出射面法线的夹角范围为 $0 \sim \pi/2$。这意味着出射孔直径是入射孔直径的 $\sin\Theta_i$ 倍。这给传感器设计带来了许多便利，因为可以利用这个数值缩减传感器的线性尺寸，又能维持效率几乎不变。当入射角度为 Θ 时，其出射光线在锥形出射范围内，角度由入射点的位置决定。

集中器可以由反射面（反射镜）或折射体（如菲涅耳透镜）或两者的组合来构成。抛物面形反射集中器的实际形状如图 5.24b 所示，有趣的是，人眼视网膜上的锥形光接收器与图 5.24b 具有相似的外形[11]。

倾斜抛物面形集中器效率非常高：能收集和集中超过 90% 的入射辐射。如果对效率要求不高，可采用圆锥形的集中器。一些入射光线在圆锥内数次反射后可能

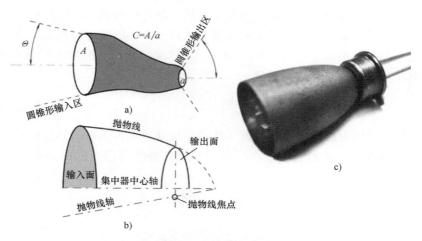

图 5.24　非成像集中器

a）通用示意性图　b）有抛物线外形的集中器　c）安装在集中器上的传感器

会返回，然而其总效率仍接近 80%。显然，圆锥体比旋转抛物面更容易制造。

5.10.3　吸热涂层

所有的热辐射传感器（见 15.8 节），其工作原理都是基于吸收或者发射中远红外光谱范围内的电磁波。基尔霍夫认为，吸收率 α 和辐射率 ε 是一回事（见4.12.3 节）。对于高效传感器来说，这两个参数的值必须尽可能大，即尽可能接近1。可以通过传感元件特殊表面处理或覆盖高辐射率涂层来实现这一目的。任何该类涂层都应具有良好的热传导性和非常小的热容量，这意味着它必须薄，但不能太薄，一般认为首选厚度至少为其应吸收的一个最大波长。

现在，已知有几种方法可以增强表面的辐射（吸收）特性。其中有：表面沉积具有高辐射率的薄金属层（如镍铬铁合金），电沉积多孔的铂黑薄膜[13]，以及在低压氮气中的金属蒸发[14]。制作高吸收性（辐射性）材质最有效的方式是使其形成多孔表面[15]。尺寸比波长小得多的微粒通常会吸收和衍射光线。多孔表面在较宽的光谱范围内都具有高辐射率，然而，随着波长的增加，辐射率会降低。厚度相当于 $500\mu g/cm^2$ 的金黑薄膜在近红外、中红外和远红外光谱范围辐射率超过 0.99。

为了形成多孔的铂黑薄膜，要用到下面的电镀配方[14]：

氯化铂	$H_2PTCl_6 \cdot xH_2O$	2g
乙酸铅	$Pb(OOCCH_3)_2 \cdot 3H_2O$	16mg
水	H_2O	58g

电镀槽外，室温下，薄膜在具有金衬底薄膜的硅片上生长。电流强度是 $30mA/cm^2$。为使吸收率大于 0.95，薄膜的厚度应为 $1.5g/cm^2$。

为了通过蒸发形成金黑薄膜，制作过程必须在压力为 100Pa 的氮气热反应堆中进行。气体经一个微阀注入，金源由相距约 6cm 的电加热钨金属丝蒸发得到。由于蒸发的金原子和氮原子相互碰撞，金原子失去了原有的动能，热运动速度减小。当它们到达表面时，能量太小从而不足以使它们在表面活动，所以在第一次与表面接触时就粘在表面。金原子以线性尺寸 25nm 的针状形态形成表层结构。表层结构类似于手术药棉。金黑薄膜的最优厚度范围应该为 $250 \sim 500 \mu g/cm^2$。

另外一种提高表面辐射率的常见方法是通过氧化表面金属薄层以形成具有高辐射性的金属氧化物。该方法可通过在半真空中沉积金属来实现。

另外一种提高表面辐射率的方法是在表面涂一层有机涂料（涂料的颜色不重要）。这些涂料远红外辐射率为 $0.92 \sim 0.97$，然而，有机材料有低的热传导率且不能有效地沉积 $10 \mu m$ 以下的厚度。这可能严重降低传感器的响应速度。在微机械传感器中，顶层可以是钝化玻璃层，它不仅提供环境保护而且在远红外光谱范围内辐射率约为 0.95。

5.10.4　抗反射涂层

在中远红外光谱范围使用的窗口和透镜是由具有高折射率的材料制成的，该材料在与空气接触的边界将会产生很强的反射。例如，锗平板，在 $4 \sim 16 \mu m$ 波长之间，由于反射损耗，其传输率仅仅为 40%。为减少反射损耗，可以在窗口和透镜的两侧涂覆（真空蒸镀）抗反射涂层（ARC），以形成从空气到透镜（窗口）折射率的逐渐过渡。例如，将厚度为 YbF_3（氟化镱）波长的 $1/4$（$\lambda/4$）的 ARC 层涂于透镜的前后表面。YbF_3 的折射率（1.52）相对较低，但是它在从紫外光到 $12 \mu m$ 以上的宽波长范围内是透明的。因此，YbF_3 薄层起到了"缓冲"作用——减少反射并使更多的光通过窗口边界。为进一步改善光的透射情况，可以使用多层 ARC。因此，光的透射，尤其是中远红外光谱范围内，可以大幅度增强，如图 5.25 所示。

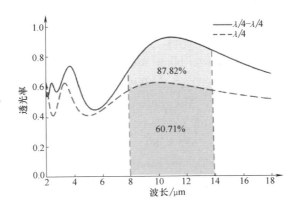

图 5.25　锗上单层及双层 ARC 层的透光率（改编自参考文献 [16]）

参考文献

1. Feynman, R. P. (2006). *QED: The strange theory of light and matter*. Princeton, NJ: Princeton University Press.

2. Stover, J. C. (1995). *Optical scattering: Measurement and analysis*. Bellingham, WA: SPIE Optical Engineering Press.

3. Begunov, B. N., et al. (1988). *Optical instrumentation. Theory and design*. Moscow: Mir Publishers.

4. Katz, M. (1994). *Introduction to geometrical optics*. New York: Penumbra Publishing.

5. Kingslake, R. (1978). *Lens design fundamentals*. New York: Academic Press.

6. Sirohi, R. S. (1979). Design and performance of plano-cylindrical fresnel lens. *Applied Optics*, *45* (4), 1509-1512.

7. Aieta, F., et al. (2012). Aberration-free ultrathin flat lenses and axicons at telecom wavelengths based on plasmonic metasurfaces. *Nano Letters*. dx. doi. org/10. 1021/n1302516v

8. Giuliani, J. F. (1989). Optical waveguide chemical sensors. In *Chemical sensors and microinstrumentation. Chapt. 24*. Washington, DC: American Chemical Society.

9. Johnson, L. M. (1991). Optical modulators for fiber optic sensors. In E. Udd (Ed.), *Fiber optic sensors: Introduction for engineers and scientists*. Hoboken, NJ: John Wiley & Sons.

10. Welford, W. T., et al. (1989). *High collection nonimaging optics*. San Diego: Academic.

11. Winston, R., et al. (1971). Retinal cone receptor as an ideal light collector. *Journal of the Optical Society of America*, *61*, 1120-1121.

12. Leutz, R., et al. (2001). *Nonimaging fresnel lenses: Design and performance of solar concentrators*. Berlin: Springer Verlag.

13. Persky, M. J. (1999). Review of black surfaces for space-borne infrared systems. *Review of Scientific Instruments*, *70* (5), 2193-2217.

14. Lang, W., et al. (1991). Absorption layers for thermal infrared detectors. In: *Transducers ' 91. International Conference on Solid-State Sensors and Actuators. Digest of technical papers* (pp. 635-638). IEEE.

15. Harris, L., et al. (1948). The Preparation and Optical Properties of Gold Blacks. *J. of the Opt. Soc. of Am.*, *38*, 582-588.

16. Jiang, B. et al. (2013). Design and analysis of hermetic single chip packaging for large format thermistor. *Applied Mechanics and Materials*. *3*, 1-x manuscripts.

第6章
接口电路

　　系统的设计者很少将传感器直接连接到处理、监测或记录仪器上，除非传感器带有内置电路，且电路有适当的输出格式。当传感器产生电信号时，该信号不是太弱，就是噪声太大，或者包含了不必要的成分。此外，传感器的输出格式可能与数据采集系统所要求的输入格式不兼容，即它的输出格式可能是错误的。为了使传感器和数据处理装置相匹配，它们必须具有"共同值"，或者需要在它们之间加"匹配装置"。换而言之，传感器的信号在输入数据处理装置（负载）之前通常需要进行调理。这种负载通常需要电压或电流作为其输入信号。目前，更可取的做法是将传感器的输出进行预处理使其输出信号成为可直接使用的格式。例如，加速度计输出被测量量 g 的编码数的数字信号等。因此，很多产生模拟信号的传感器就需要使用接口电路。

　　敏感元件与信号调节电路、信号转换电路、信号通信电路的集成化是现代传感器设计的趋势。这种集成体称为传感模块。举例来说，图 6.1 所示为一个集成传感模块，该模块有两个敏感元件，这两个元件对两个输入激励产生选择性的响应。工作时，敏感元件可能需要一些辅助部件。例如，相对湿度传感器可能需要防护栅，甚至需要吹风机将采样的空气输送到敏感元件；图像传感器需要聚焦透镜；有源传感器需要另一种类型的辅助部件——控制信号发生器（激励源）；湿敏电阻（湿度敏感的电阻器）的工作需要交流电，因此敏感元件应该附加交流电源。

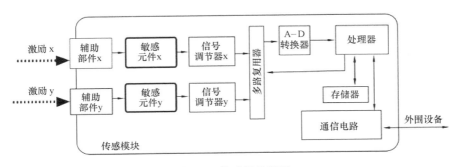

图 6.1　传感模块框图

　　因为典型的敏感元件产生的模拟信号质量较差，因此在其转化为数字信号前，输出信号需要通过信号调节器进行放大、滤波、阻抗匹配及电平转换。由于一个模块可能含有多路通道，因此所有的信号调节器应转换为同一种数字格式。一种实现方法是每路通道都设有一个 A-D 转换器，但是多数情况下，所有通道共用一个高质量的 A-D 转换器更为便捷且经济。因此，所有信号调节器的输出应该通过模拟开关门电路或是多路复用器（MUX）依次连接到共同的 A-D 转换器。

A-D 转换器生成数字码并被送入处理器以对输入激励进行片上计算（on-board computation）。例如，如果激励是温度，处理器应以可接受的分辨率计算其值，如以摄氏度为单位，分辨率为 0.02℃。此外，由于各种误差的存在，输出往往难以达到规定的精度，除非对整个系统从输入到处理器的各个环节分别进行校准。在校准过程中，需要确定存储在传感模块存储器中的一些特定的参数。最后，处理后的信息必须以选定的格式传送给外围设备，这是通信电路的功能。例如，仅需两条电线传输多通道数字信息的 I^2C 串行通信电路等。

在本章中，我们将讨论一些电子接口组件。这些组件可能是传感模块中的一部分，也可能是在非集成的传感器中单独使用。对于数字信号处理器、存储器及通信器件的细节问题，读者可参考专业文献。

6.1 信号调节器

信号调节电路有一个特定的目的，即将来自敏感元件的信号转换成与负载装置（通常为 A-D 转换器）兼容的格式。为了有效地完成该项工作，信号调节器必须忠实于它的两个"主人"：敏感元件（传感器）和负载。它的输入特性必须与敏感元件的输出特性相匹配，而它的输出特性必须与 A-D 转换器或其他负载的输入特性相匹配。因为本书主要关注传感器，所以仅讨论各种传感器信号调节电路的前半部分。

信号调节器的前端取决于传感器的输出电特性的类型。表 6.1 列出了 5 种基本类型传感器的输出特性：电压、电流、电阻、电容及电感。选择恰当的信号调节器输入级对优化数据采集至关重要。

表 6.1 传感器类型及相应的信号调节器的输入

传感器类型	传感器阻抗	信号调节器前端
电压输出	很低的阻抗	高输入电阻放大器（"电压表"）
电流输出	高复合性	高输入阻抗放大器或低输入电阻电路（"电流表"）

（续）

传感器类型	传感器阻抗	信号调节器前端
电阻 R	电阻 R	电阻到电压的转换器（"欧姆表"）
电容 C	复合性 r_1　r_2　C	电容到电压的转换器（"电容表"）
电感 L	复合性 r_1　L　C	电感表

必须清楚地理解电压型传感器和电流型传感器的区别。前者有相对低的输出阻抗，其输出电压不受负载影响但是电流受负载影响，这类传感器类似于由激励驱动电压的电池。后者有很大的输出阻抗，远大于负载，因此其产生的电流不受负载影响。

6.1.1　输入特性

信号调节器的输入部分可通过几个标准参数来给定，这些参数对于计算电路能多精确地处理传感器输出信号以及电路对总误差的影响是什么等非常有用。

输入阻抗可以用传感器在不同频率下对电路的负载量来表示。阻抗大小可以表示为式（6.1）所示的复数形式

$$Z = \frac{V}{I} \tag{6.1}$$

式中，V 和 I 分别为输入阻抗的电压和电流的复数形式。如果信号调节器的输入部分采用输入电阻 R 和输入电容 C 并联的形式（见图 6.2a），则其输入复阻抗可以表示为

$$Z = \frac{R}{1 + \mathrm{j}\omega RC} \tag{6.2}$$

式中，ω 为角频率，$\mathrm{j} = \sqrt{-1}$ 为虚数单位。

式（6.2）表明输入阻抗是信号频率的函数，随着信号改变速率的增加，输入阻抗相应减小。另一方面，频率很低时，具有相对低的输入电容 C 和输入电阻 R

电路的输入阻抗与输入电阻几乎相等：$Z \approx R$。相对低在这里的意思是指式（6.2）中的电抗部分会变得很小且满足如下条件

$$RC \ll \frac{1}{\omega} \tag{6.3}$$

RC 的值被称为时间常数 τ，其单位为秒。当考虑接口电路的输入阻抗时必须考虑传感器的输出阻抗，主要原因是传感器接入电路的同时阻抗被并联接入。例如，如果传感器具有电容特性（见表6.1），为定义输入级的频率响应，传感器的电容及其电阻 r_1 和 r_2 必须与接口电路的输入电容并联。

图 6.2b 所示为电压型传感器的等效电路。信号调节器前端包括传感器输出阻抗 Z_{out} 和电路的输入阻抗 Z_{in}（这里采用标量符号）。传感器的输出信号用电压源 E 表示，它与传感器的输出阻抗 Z_{out} 串接在一起。注意，理想电压源的内阻为零。其真实阻抗用 Z_{out} 表示。如果阻抗较低，特别是在全频率范围内其电阻都较低的情况下，传感器和信号调节器的无功元件（电容或电感）可以被忽略。

然而，如果传感器输出阻抗较大，则其不能被忽略。我们来分析一种电压型传感器（见表 6.1）。当考虑两种阻抗（传感器输出阻抗和信号调节器输入阻抗）时，信号调节器的输入电压可表示为

$$V_{in} = E \frac{Z_{in}}{Z_{in} + Z_{out}} \tag{6.4}$$

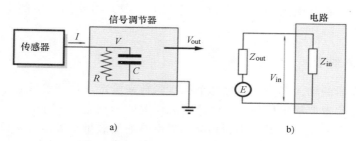

图 6.2　接口电路的复输入阻抗与电压型传感器等效电路

a）接口电路的复输入阻抗　b）电压型传感器等效电路

在任何特定的情况下，都应该明确传感器的输出阻抗。这有助于分析传感器与信号调节器连接后的频率响应及其相位滞后。例如，能用与电容（10pF 数量级）并联的非常高输出电阻（$10^{11}\Omega$ 数量级）表示的压电传感器可以被看作一个电流型传感器。

为阐述输入阻抗特性的重要性，我们考虑一种纯电阻式传感器连接到图 6.2a、b 所示的输入阻抗，$Z_{out} = R_{out}$。电路的输入总电阻变为

$$R_{in} = \frac{R_{out}R}{R_{out} + R} \tag{6.5}$$

作为频率 f 的函数，该接口电路的输入电压为

$$V_{in} = \frac{E}{\sqrt{1 + \left(\dfrac{f}{f_c}\right)^2}} \qquad (6.6)$$

式中，$f_c = (2\pi R_{in} C)^{-1}$ 为转折频率（即幅值降低 3dB 时的频率）。如果假定幅值检波需要 1% 的精度，那么可以计算该电路能够处理的最大激励频率为

$$f_{max} \approx 0.14 f_c \qquad (6.7)$$

或者 $f_c = 7 f_{max}$，即阻抗的选择首先得保证足够的转折频率。例如，如果激励的最高频率为 1kHz，那么信号调节器的转折频率至少应选为 7kHz。实际上，由于后置电路的附加频率限制，f_c 一般会选择得更高。

对于电压型传感器，可知 $R_{out} \ll R$，根据式（6.5）可得 $R_{in} \approx R_{out}$，因此 f_c 变得非常大。这使得 $V_{in} \approx E$，因此，信号调节器输入级不会改变传感器信号。因此，对于电压型传感器来说，应尽可能提高信号调节器的输入电阻。输入电容与其相同，这是由于输入电容被传感器的低输出电阻分流。

图 6.3 所示为信号调节器（如放大器）的输入特性的更为详尽的等效电路。该等效电路模型由输入阻抗 Z_{in} 和若干产生干扰信号的发生器组成，它们代表着由电路自身产生的或者从各种外部源接收的电压和电流，即使传感器没有产生任何信号。如果处理不当，这些不良的电压和电流信号可能带来严重的问题。此外，许多这样的噪声发生器均与温度相关。

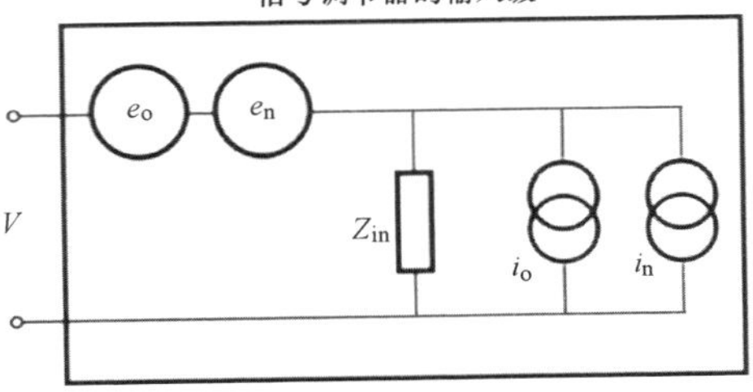

图 6.3　输入级电噪声源的等效电路

电压 e_o 接近常数，称为输入失调电压。如果将信号调节器的输入端短接（零输入信号），该电压相当于一个值为 e_o 的虚拟直流电压输入信号。应该注意的是失调电压源与输入是串联的，而且它所带来的偏差与传感器的输出阻抗或它的信号无关，即偏置电压具有可加性。

输入偏置电流 i_o 同样由接口电路前级内部产生或由一些外部干扰源引入，例如电路板泄漏电流。它的大小对于许多输入双极型晶体管来说是非常高的，而对于结型场效应晶体管（JFET）来说，又小很多，对于 CMOS 电路就更小了。当电路使用高输出阻抗元件（电流型传感器）时，那么该电流会带来严重问题。偏置电流流过传感器的输出电阻，会引起一个假压降。该压降可能是一个很大的值。例如，如果将压电式传感器连接到一个总输入电阻为 1GΩ（$10^9\Omega$）、输入偏置电流为 100pA（10^{-10}A）的电路中，在输入端所产生的压降等于 1GΩ×100pA = 0.1V，这个电压实际上已经非常大了。与失调电压相比，偏置电流产生的误差与传感器和接口电路的总电阻是成正比的。对于低输出电阻（电压型）传感器而言，该误差是

可以忽略的。例如，感应探测器对偏置电流是不敏感的。

当与电流型传感器一起工作时，电路板的泄漏电流可能成为误差源。该电流可能是由印制电路板（PCB）上表面电阻的降低引起的。可能原因有：劣质的 PCB 材料、助焊剂残留引起的表面污染（PCB 未清洗干净）、潮湿冷凝及变质的保形涂层。如图 6.4a 所示，电源总线与电路板电阻 R_L 可引起流过前级联合阻抗的泄漏电流 i_L。如果传感器是电容式的，泄漏电流会快速地向其输出电容充电。这不仅会引起误差，甚至会造成传感器的损坏，特别是在传感器使用一些化合物的情况下（如湿度传感器）。

有几种方法可以将电路板泄漏电流的影响降至最低。其中之一是在电路板布线时使高压导体远离高阻抗部件。多层电路板中通过板厚的泄漏不容忽视。另一种老办法是采用电防护装置。所谓的有源屏蔽同样也是非常有效的。这里，输入电路被一个导电环包围，该导电环连接到一个与输入等电平的低阻抗点。这种屏蔽吸收电路板上其他点的泄漏，彻底消除可能到达输入端的电流。为使其完全有效，必须在印制电路板的两侧都加上这种屏蔽环。例如，图 6.4b 所示为带有屏蔽环的放大器，由其相对较低的反相输入阻抗来驱动。

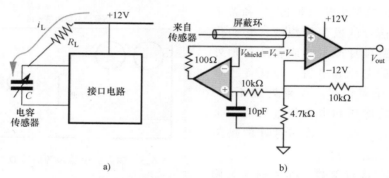

图 6.4　电路板泄漏对输入级的影响与输入级的有源屏蔽
a）电路板泄漏对输入级的影响　b）输入级的有源屏蔽

建议将高输入阻抗信号调节器的位置尽可能地靠近传感器。但是，有时连线是不可避免的，推荐使用带有良好屏蔽效果的同轴屏蔽电缆[1]。实际应用中，聚乙烯和纯（未重构的）聚四氟乙烯是最佳选择。然而，即使是短电缆也可能由于高的传感器电阻而使带宽降低至无法使用。这些问题都可以通过引入电缆屏蔽而得到很好的解决。图 6.4b 所示为一个连接到放大器反相输入端的电压跟随器。电压跟随器驱动电缆的屏蔽罩，从而减小了电缆电容及由电缆弯曲引起的泄漏电压和干扰电压。电压跟随器同相输入端的小电容改善了其稳定性。

另一个需要注意的问题是必须避免在信号调节器的输入端连接除传感器之外任何可能引起问题的部件，如陶瓷电容。为了将输入端的高频传输噪声滤掉，设计者应不断地在输入端或者输入级的反馈电路中加入滤波电容。如果为了节省成本和空间而选择陶瓷电容，则可能会带来无法预料的问题。许多电容具有电介质吸收特性，它表现为一种记忆效应。如果这种电容受到来自传感器、电源或者外部噪声源的电荷尖峰作用，那么电荷将改变电容器的介电性能，使电容器开始像小电池一样工作。该"电池"可能需要很长的时间（从几秒钟到几小时）才能放掉电荷。其产生的电压叠加到传感器输出信号上，可能导致重大的误差。如果输入级电路必须使用电容，那么应当用薄膜电容来代替陶瓷电容。

6.1.2　放大器

大多数敏感元件的输出信号都非常弱。对于电压型传感器，这些信号的量级可能只是微伏（μV），对于电流型传感器，这些信号的量级可能为皮安（pA）。而另一方面，标准的数据处理器，如 A-D 转换器、调频器、数据记录仪等，需要输入信号的数量级是伏（V）。因此，传感器输出信号的放大器应当具有 1 万倍的电压增益以及 100 万倍的电流增益。放大是信号调节的一部分。现有许多种标准配置的放大器可用于放大各种传感器的低电平信号。这些放大器可由分立元件构成，如半导体器件、电阻、电容和电感等。现在，放大器常由标准的集成模块构成，例如运算放大器（OP-AMPs），它由各种分立元件扩充而成。

必须明确的是，放大器的作用不仅仅在于提高信号的幅度，也可以成为阻抗匹配装置、信噪比的增强器、滤波器及传感器和电路其余部分的隔离器。

6.1.3　运算放大器

运算放大器是放大器基本构成模块之一，它是一个集成电路（单片元件）或者是一个混合电路（单片元件和分立元件的结合）。集成运算放大器可能包括成百上千的晶体管、二极管、电阻和电容。模拟电路设计者通过配置运算放大器外围的分立元件（电阻、电容和电感等），可以建立多种用途的电路，不仅是放大器，也可以是其他电路。集成运算放大器也可作为定制的模拟或者混合技术的集成电路的组件。这些定制电路称为专用集成电路（ASIC）。下面我们来看几种带有运算放大器的典型电路，这些电路常被用作信号调节电路的前端。

作为集成模块，好的运算放大器应具有如下特性（运算放大器的符号表示如图 6.5a 所示）

1）两个输入端，一端为反相输入，另一端为同相输入。

2）高输入电阻（GΩ 量级）。

3）低输出电阻（dΩ 量级，多与负载无关）。

4）能够在变得不稳定前驱动电容负载。

5）低输入失调电压 E_o（mV 量级甚至 μV 量级）。

6）低输入偏置电流 i_o（pA 量级甚至更小）。

7）高开环增益 A_{OL}（至少 10^4，最好大于 10^6），即运算放大器必须能够将其两个输入端间的电势差 V_{in} 放大 A_{OL} 倍。

8）高共模抑制比（CMRR），也就是说，放大器可以抑制施加到两个输入端的同相等幅输入信号（共模信号）V_{CM}。

9）低固有噪声。

10）宽工作频率范围。

11）对电源电压变化的敏感性低。

12）自身的高环境稳定性。

用户可以参考各制造商和网站提供的数据表及用户手册，以获取更加详尽的信息和应用指导。这些手册通常指导用户如何选择运算放大器的每个重要参数。例如，将运算放大器以低失调电压、低偏置电流、低噪声和带宽等为标准来分组。

图 6.5a 所示为一种不带有任何反馈元件的运算放大器。因而，它工作于开环状态。运算放大器的开环增益 A_{OL} 是特定的，但并不是一个非常稳定的参数。其频率相关性近似于图 6.5b 中所示。A_{OL} 随着负载电阻、温度及电源的波动而变化。许多放大器都有一个 $(0.2 \sim 1)\%/℃$ 量级的开环增益温度系数以及 $1\%/\%$ 量级的电源增益灵敏度。运算放大器用作线性电路时很少使用这种开环接法（不带反馈元件），因为其高开环增益可能导致电路不稳定、强温漂和噪声等。例如，如果其开环增益为 10^5，$10\mu V$ 的输入电压漂移将带来 $1V$ 的输出电压漂移。

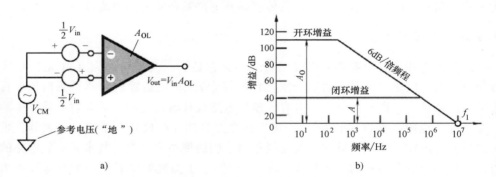

图 6.5 运算放大器的通用符号及其增益-频率特性

a）通用符号 b）增益-频率特性

运算放大器对幅值较小的高频信号的放大能力是由增益带宽积（GBW）表示的，它等于开环增益为 1 时的频率 f_1。换而言之，对频率高于 f_1 的信号，放大器是不能放大的。

图 6.6a 所示为一个同相放大器，其中 R_1 和 R_2 组成其反馈回路。输入电压被施加到运算放大器同相输入端。放大器输入端输入阻抗非常高。反馈电阻把运算放大器转换为同相放大器，获得了闭环增益

$$A = 1 + \frac{R_2}{R_1} \qquad (6.8)$$

　　考虑到 A_{OL} 非常大，闭环增益 A 只取决于反馈元件，并且在较宽的频率范围内近似为常数（见图 6.5b），然而 f_1 依然是频率的限制因素，与反馈无关。反馈改善了运算放大器的线性度、增益稳定性和输出阻抗，反馈包括各种线性元件，比如电阻、电容、电感及非线性元件，如二极管。通常，为了获得适中的精度，在运算放大器的最高频率处，开环增益至少要比其闭环增益大 100 倍。若想获得更高的精度，开环增益与闭环增益的比值应当达到 1000 甚至更高。

6.1.4　电压跟随器

　　电压跟随器（见图 6.6b）是一种将高电平转变为低电平的阻抗变换电路。图 6.6a 所示为一种特殊情况的放大器，其中 R_1 被去除（值无穷大），$R_2 = 0$。由式（6.8）可知闭环增益为 1。典型的电压跟随器具有高输入阻抗（高输入电阻和低输入电容）及低输出电阻（输出电容没区别）。好的电压跟随器电压增益接近 1（通常，在宽的频率范围内为 0.999）。它的缓冲性能（高输入阻抗和低输出阻抗）使其成为许多传感器和信号处理装置之间接口的必要装置。

　　设计电压跟随器时，应注意以下几点：

　　1）对于电流型传感器，跟随器的输入偏置电流必须至少比传感器的电流小 100 倍。

　　2）输入失调电压必须不能大于所需最低有效位。

　　3）偏置电流和失调电压的温度系数在整个温度变化范围内都不能使误差大于 1LSB。

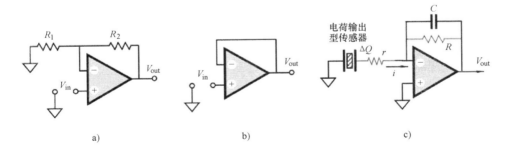

图 6.6　放大器、跟随器和转换器

a）同相放大器　b）电压跟随器　c）电荷-电压转换器

6.1.5　电荷-电压转换器和电流-电压转换器

　　电荷-电压转换器（CVC）用于转换电荷型传感器的输出信号。与电压跟随器作用类似，CVC 是电荷型传感器和需低阻抗源电压的 A-D 转换器之间的缓冲。CVC 的基本电路如图 6.6c 所示。电容器 C 接入一个负反馈 OP-AMP 网络中。其泄

漏电阻 R 必须远大于电容器在最低工作频率时的阻抗。一个好的薄膜电容器通常会使用高质量的印制电路板，且电路板的组件上涂有保形涂层。

转换器的转换公式为

$$V_{out} = -\frac{\Delta Q}{C} \tag{6.9}$$

如果传感器是电容性的（如一些电荷型传感器），它连接到 OP-AMP 的反相输入端可能导致放大器在高频率下工作不稳定。换而言之，放大器可能发生振荡，这是我们非常不希望发生的。为了避免振荡，应该将一个小电阻 r 与电容性传感器串联。

需要注意的是，当 OP-AMP 工作时，反相输入端（-）的反馈电压与同相端电压非常接近，同相端电压在该电路为零（地）。这也就是为什么与同相输入的真实地相比，反相输入被称为虚地的原因。在实际电路中，应该对反馈电容的定期放电做出规定。例如，可通过并行模拟开关进行定期放电。

很多传感器可以建模为电流发生器，如光敏二极管。电流型传感器可用一个阻值很大的泄漏电阻 r 表示，与定义为内阻无限大的电流发生器（双圆的符号）相并联，如图 6.7a 所示。为使电流转化为电压，必须使电流通过负载电阻 R。传感器的电流 i_0 分为两支：一支经过传感器的内部泄漏电阻 r，即 i_r；另一支通过负载电阻，即 i_{out}。由于电流 i_r 是无用的，因此为减小误差，传感器的泄漏电阻 r 必须远大于负载电阻 R。

根据欧姆定律，输出电压 V 的大小与电流及电阻 R 的大小成正比。在传感器中，此类电压也会出现。而我们往往不希望这种情况出现，因为这可能会导致误差的产生，包括非线性及频率限制。为解决这一问题，可采用一种叫作电流-电压转换器的特殊电路。这种电路的其中一种功能是使传感器的电压保持恒定，通常保持为零。图 6.7b 所示为转换器，其传感器连接到一个虚地（放大器的反相输入端），因而总是保持零电势（与接同相输入端相同）。这是因为一个非常大 A_{OL} 通过反馈使运算放大器各端的输入彼此非常接近。虚地输入的另一个优点是，无论传感器的电容有多大，其输出电压都不依赖于传感器的电容，因此与图 6.7a 所示的基本电

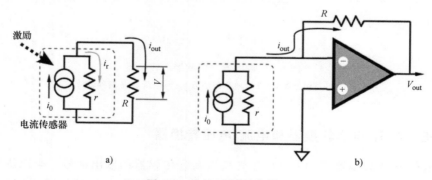

图 6.7　电流-电压转换器
a) 基本电路　b) 转换器

路相比，有更宽的频响范围。电路的输出电压为

$$V_{\text{out}} = -iR \qquad\qquad (6.10)$$

减号表示正（流入）电流时输出电压为负（低于地）。

6.1.6　光-电压转换器

光-电压转换器需要把光传感器的输出信号转换为电压。为了探测强度极低的光，如几个光子，通常要用到光电倍增管（见16.1节），但是，对于要求较低的应用，可用以下三种传感器代替：光敏二极管、光敏晶体管和光敏电阻（见第15章）。它们都利用了光电效应，该效应由阿尔伯特·爱因斯坦发现，他也因此获得了诺贝尔奖。这些光敏元件被称为量子探测器。光敏二极管和光敏晶体管的不同在于半导体晶片的结构。光敏二极管有一个 PN 结，而光敏晶体管有两个 PN 结，这使得它的基极悬空或具有一个独立的引脚。晶体管的基极电流是光生电流，其乘以晶体管的放大倍数 β（电流增益）后得到集电极电流，然后转换为电压。因此，光敏晶体管相当于一个有内置电流放大器的光敏二极管。量子探测器是具有非常大内阻的电流型传感器。

光敏二极管可用图 6.8a 所示的等效电路表示。它包括电流产生器（内部输入阻抗无限大）、并联的普通二极管（类似一个整流二极管）、结电阻 R_{j}、结电容 C_{j} 和串联电阻 R_{s}。电流产生器产生与吸收的光通量成正比的光电流。该电流从光敏二极管的负极（−）流向正极（+），这与二极管正常工作的方向相反。需要注意的是，如果光照很强，光电流 i_{p} 的部分电流 i_{D} 将会流过一个非线性的整流二极管，使其线性度降低。

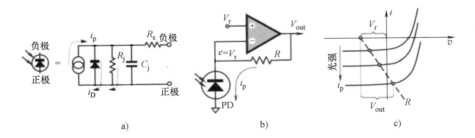

图 6.8　光敏二极管

a）光敏二极管等效电路　b）带有电流-电压转换器的反向偏置二极管　c）电路负载

光敏二极管可用于电压模式或电流模式下。在电压模式下，光敏二极管与一个非常高的电阻（$10^7 \sim 10^9\,\Omega$）及一个良好的电压放大器相连。该二极管起到一个电池的作用，提供与光强成正比的电压。该电压是光电流 i_{p} 流经内部结电阻 R_{j} 产生的。在电流模式下，光敏二极管两端保持恒定的电压或实际上是短路的（二极管两端电压为0），电流 i_{p} 进入电流-电压转换器。该模式更常用一些，特别是在需要

高速响应的应用场合。

图 6.8b 所示为一个具有运算放大器的电路。需要注意的是其参考电压 V_r 在光敏二极管上产生了恒定的反向偏置电压。图 6.8c 所示为负载反馈电阻 R 的工作点。该电路用到了反向偏置光敏二极管，其特点是响应速度快、线性输出范围宽，因此该电路应用广泛。通常在光通量很小时，不施加偏置电压，而是将运算放大器的同相输入端接地。

光敏晶体管的接口电路类似，除了必须为其提供图 6.9a 所示的集电极和发射极两端的电压。电路的传递函数如图 6.9b 所示。光敏晶体管电路对于光更加敏感，但是当光强更高时，其非线性也更高。

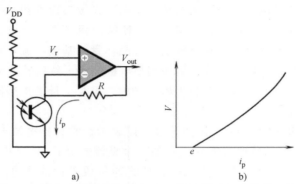

图 6.9　具有光敏晶体管的光-电压转换器及电路传递函数
a）具有光敏晶体管的光-电压转换器　b）电路传递函数

6.1.7　电容-电压转换器

电容式传感器在许多应用中使用非常广泛。现在我们可以利用微机械技术来制造小型单片的集成电容式传感器。例如，电容式压力传感器用很薄的硅膜作为变间隙式电容的一个可动电极。在机械式电容式传感器中，如加速度计或压力传感器等，通过调节电容器的动极板（薄膜或质量块）与定极板间的距离，改变电容器的电容性能。这种传感器称为电容式位移传感器，是目前采用 MEMS 技术广泛生产的一种传感器。

电容式传感器可分为非对称结构和对称结构两种。在非对称的机械机构中，如图 6.10a 所示，是在力敏动极板和单一的定极板（电极）之间进行电容测量。在对称结构中，如图 6.10b 所示，则是在动极板和放置在动极板两侧的两个定极板之间进行电容测量，这种结构可构成差动电容（C_1-C_2）的测量。

这种微型电容的一个主要问题是极板在每单位面积上的电容相对较低（约 $2pF/mm^2$），这将会导致芯片尺寸增加。典型的电容压力传感器可以提供 pF 量级的零压力电容，因此对于 10 位的分辨率来说，需要检测到 15fF（$1fF = 10^{-15}F$）或更小的电容变化。这一困难可以通过进一步缩小板之间的间隙（降低到几微米）来

减小，或者通过提供力反馈来使间隙尽可能保持恒定来减小，如 6.1.8 节所述。很
明显任何外部的测量电路都束手无策，因为连接导线的寄生电容最高会有 1pF 级，
这对于传感器的电容来说太高了。因此，唯一的办法是将信号调节和其他接口电路
与传感器本身集成在一起。

设计电容-电压转换器的一种非常有效的方法是利用开关电容技术。该方法通
过固态模拟开关实现从一个电容到另一个电容的电荷转移。

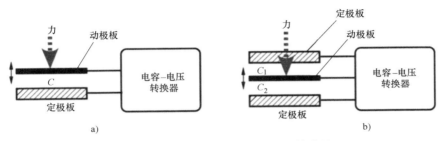

图 6.10　非对称和对称电容式位移传感器

a）非对称　b）对称

图 6.11a 所示为差分开关电容转换器的简化电路图[2]，其中可变电容 C_x 与参
考电容 C_r 为同一个对称硅压力传感器的一部分。同样的电路也可用于非对称传感
器，其中 C_r 是一个平衡参考电容。

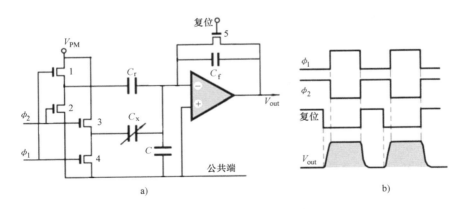

图 6.11　使用了开关电容技术的电容-电压转换器的简化电路与时序图

a）简化电路图　b）时序图

集成 MOS 开关（1~4）由相位相反的两个时钟脉冲 ϕ_1 和 ϕ_2 控制。当时钟切换
时，电荷会出现在公共电容节点上。该电荷由恒压源 V_{PM} 提供，其大小与 C_x-C_r 成
正比，因此与对传感器施加的压力成正比。电荷被输入电荷-电压转换器中，该转
换器包含运算放大器、积分电容 C_f 及 MOS 放电（复位）开关 5。输出信号为振幅
可变脉冲（见图 6.11b），这些脉冲可通过解调产生线性信号或者可被直接转换为

数字信号。只要集成运算放大器的开环增益够大，输出电压就不易受输入电容 C、失调电压和温度漂移的影响。最小可探测信号（本底噪声）由部件噪声及部件的温漂决定。

当 MOS 开关由打开转为关闭状态时，栅极处的开关信号从栅极向 OP-AMP 的反相输入端注入一些电荷。注入的电荷使放大器的输出产生了失调电压。这一误差可通过电荷消除器件进行补偿[3]，该器件可以使未补偿电荷的信噪比提高两个数量级。

对具有更大电容（10~1000pF）的电容式传感器，可以采用更为简单的方式。一种方式是使用 RC 或 LC 振荡器将变量 C 的值转换为交流信号的不变频率或占空比。图 6.12a 表明，LC 振荡器的频率取决于可变的电容和固定的电感。

$$f = \frac{1}{2\pi \sqrt{L \frac{C_1 + C_2}{C_1 C_2}}} \qquad (6.11)$$

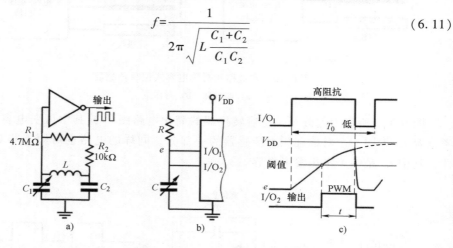

图 6.12　LC 振荡器、电容对 PWM 信号的微控制器转换器和 PWM 转换器的时序图
a）LC 振荡器　b）电容对 PWM 信号的微控制器转换器　c）PWM 转换器的时序图

另一种方式是使用由固定电阻 R 和可变传感器电容 C 组成的松弛网络构成的电路，如图 6.12b 所示。该网络连接到具有两个 I/O 端口的微控制器，在 $\mathrm{I/O_1}$ 端口产生周期为 T_0 的三态脉冲方波，该方波在高阻与低地之间变化。$\mathrm{I/O_2}$ 端口是约为 $0.5V_{DD}$ 的触发门限数字输入。若此输入为施密特触发器则更佳。当 $\mathrm{I/O_1}$ 为低电平时，电容 C 处于放电状态，如图 6.12c 所示。当 $\mathrm{I/O_1}$ 为高阻抗时，传感器的电容 C 通过电阻 R 充电到电压值为 V_{DD}。当跨越阈值时，$\mathrm{I/O_2}$ 存储翻转，同时微控制器计算占空比 M，M 与传感器的电容成正比

$$M = \frac{0.693R}{T_0}C \qquad (6.12)$$

6.1.8　闭环电容-电压转换器

电容-电压转换器的闭环反馈具有扩展动态范围、增加线性度、平滑频响及改

善加速度计中横向灵敏度等能力。该方法实质上是产生一个补偿力以避免电容式传感器的动极板离开其平衡位置[4]。这是在 6.2.4 节中所述的零点平衡电桥概念的一个实例。图 6.13a 所示为电容式传感器受差分力的闭环控制框图。此处差分力即机械性激励（压力、加速度、声波等）引起的偏转力减去电压-力转换器反馈的力。差分力被电容式位移传感器感测到，并被转换成电信号，放大后应用于控制器，以实现对电压-力转换器的调节。机械反馈保证了施加到传感器的动极板上的差分力几乎为零，因而激励和补偿力大小基本相等。因此，控制电压-力转换器的电压并非用于测量激励产生的偏转力，而是将其作为输出信号。

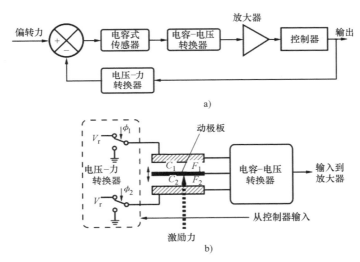

图 6.13 闭环电容信号调节器的控制框图以及电压-力转换器的结构原理图
a）闭环电容信号调节器的控制框图 b）通过电压-力转换器产生静电
作用力使对称的电容传感器处于平衡状态

电压-力转换器的设计不是一项简单的工作。与 MEMS 技术一同使用的最具实用性的设计方案是将电容传感器极板间的电压梯度转化为两个对称极板之间的静电力。力 F_e 可通过电容器两极板之间的电势差（电压）U，两极板间的距离 d，两极板间空间的介电常数 $\varepsilon_0 \kappa$ 及极板的面积 A 来表示

$$F_e = \frac{\varepsilon_0 \kappa}{2} \int_A \frac{U^2}{d^2} \mathrm{d}A \qquad (6.13)$$

静电反馈力可由脉冲电压产生。如果所施加的电压的脉冲速率基本高于传感器动态响应的截止频率（即传感器最低的固有频率），动极板将受到一个平均的静电力作用。需要注意的是，电容-电压转换器是使用交流信号测量极板间的电容值 C_1 和 C_2。而交流信号的频率必须远大于静电调制的速率。正由于频率不同，因而选用适当的滤波器就可以很容易地将它们分开。

图 6.13b 所示为电压-力转换器，该转换器的两个开关在电压 V_r 及地之间交替变化以适用于不同的高低电极，其中动极板处于虚地状态（零电势）。激励力施加在动极板上，对开关脉冲进行相位和脉冲宽度调制（PWM）时，施加的电压产生的静电作用力 F_1 和 F_2 会抑制动极板的运动。为抵消激励力，脉冲的相位 Φ_1 和 Φ_2 需经过设计。由于采用了反馈控制，故差动式电容传感器的中间极板可以保持稳定不动。这种基于受力平衡原理的传感器具有良好的线性度和低的温度依赖性。

6.2　传感器的连接

传感器可以直接与信号调节器相连，但是通常我们希望进入信号调节器之前能够减少各种干扰源引起的误差及噪声。在信号调节器之前使用特殊的传感器连接，某些误差可以被减小甚至是完全消除。下面详细介绍几种最常用的电路。

6.2.1　比例电路

比例测量技术是改善传感器精度的一种有效方式。但是，需要注意的是，这种技术只有在误差源具有乘法而非加法性质时才有效。换而言之，用这种技术来减小噪声（如热噪声）是无效的。此外，该技术对于解决传感器对电源不稳定、环境温度、湿度、压力、老化效应等的灵敏度相关性问题十分有效。该技术本质上需要用到两个传感器：一个是作用传感器，用于对外部激励做出响应；另一个是补偿传感器，该传感器需屏蔽激励或者本身对激励不敏感。外部的影响可能会很大程度改变传感器的性能，因此这两个传感器必须都暴露于全部外部影响之下。第二个传感器通常称为参考传感器，它必须经过参考激励的校正，且该激励在有效期内必须始终保持稳定。在很多实际的系统中，参考传感器与作用传感器不必完全相同，但是其物理特性中可能出现不稳定的部分应相同。

比例测量技术本质上需要除法的使用。其使用可在两种标准形式（数字形式和模拟形式）下进行。在数字形式中，作用传感器和参考传感器的输出信号为多路复用，经模-数转换器转换成二进制码，随后由计算机或微处理器执行除法操作。在模拟形式中，除法器可以是信号调节器的一部分。图 6.14a 所示的"除法器"，产生的输出电压或输出电流与两个输入电压或输入电流或输入数字的比值成正比

$$V_{\text{DIV}} = k \frac{V_{\text{N}}}{V_{\text{D}}} \tag{6.14}$$

式中，当 $V_{\text{N}} = V_{\text{D}}$ 时，k 等于输出电压。变量的变化范围（象限操作）根据分子和分母的输入及输出的极性和大小定义。例如，如果 V_{N} 和 V_{D} 都为正或者都为负，除法器为第一象限。如果 V_{N} 是双极性的，除法器为第二象限。通常，分母是严格单极性的，因为从一个极性到另一个极性的过渡，分母需要通过零，而这需要一个

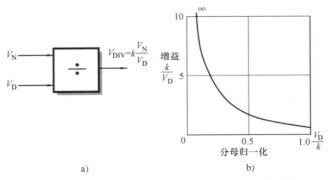

a)

b)

图 6.14　除法器符号以及增益随除法器分母的变化

a) 除法器符号　b) 增益随除法器分母的变化

无限的输出（除非分子也为零）。实际上，V_D 是参考传感器输出的信号，因而一般情况下其值相对保持恒定。

一直以来，除法是 4 种运算中最难实现的运算。这主要是由于除法的性质：当分母趋近于零时（分子不为零），分数的值将会趋向于无穷大。因此，理想的除法器必须具备无穷增益和无限动态范围的能力。但对于真正的除法器来说，这些因素都将受到低 V_D 值时的漂移和噪声的放大倍率的限制。换而言之，除法器分子的增益与分母的值成反比，如图 6.14b 所示。因此，总体误差是多个因素作用的最终结果，例如分子、分母及分母的输入误差如偏移、噪声和漂移（一定远小于输入信号的最小值）都对增益产生影响。此外，由于分子与分母的比值为常数，而与分子分母自身的大小无关，因此除法器的输出必为常值。例如，10/10 = 0.01/0.01 = 1，以及 1/10 = 0.001/0.01 = 0.1。一些简单的比例电路在实际中应用十分广泛。如图 6.15b 所示，其输出信号是电阻比值的函数（注意参考电压 V_r 为负）

$$V_{DIV} = V_r \frac{R_N}{R_T} \qquad (6.15)$$

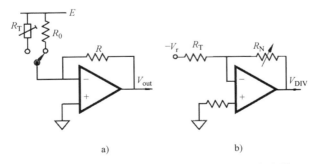

a)

b)

图 6.15　比例式温度探测器与电阻值的模拟除法器

a) 比例式温度探测器　b) 电阻值的模拟除法器

应用最广且最为有效的比例电路是基于惠斯通电桥设计而成的，下面将详细介绍。

为阐明比例测量技术的作用，请参照图 6.15a，该图是一个简单的温度探测器，其作用传感器为负温度系数的（NTC）热敏电阻 R_T。参考电阻 R_0 的值等于参考温度（如 25℃）下热敏电阻的阻值。两个电阻都通过模拟多路复用器连接到一个带有反馈电阻 R 的放大器。假设传感器的阻值存在一个微小的漂移，由于传感器的阻值是时间的函数，因此传感器的电阻变为 $R_T(t) = a(t)R_T$。电阻 R_0 的特性也随相同函数发生变化，故 $R_0(t) = a(t)R_0$。传感器经放大器后的输出信号以及参考电阻分别为

$$V_D = -\frac{ER}{a(t)R_T} = -\frac{ER}{a(t)R_T} \tag{6.16}$$

$$V_N = -\frac{ER}{a(t)R_0} = -\frac{ER}{a(t)R_0} \tag{6.17}$$

可以看出，这两个电压都为电源电压 E 和电路增益（定义为电阻 R）的函数，同时也是漂移 $a(t)$ 的函数。多路复用开关使电压 V_N 和 V_D 在放大器的输出端依次出现。这些电压经过除法器电路后，得到的信号表达式为

$$N_{DIV} = k\frac{V_N}{V_D} = k\frac{R_T}{R_0} \tag{6.18}$$

式中，k 为除法器因子（增益）。因此，除法器的输出信号并非取决于电源供电电压或放大器增益。它也与所乘的漂移 $a(t)$ 无关。因此，所有的负因子都变得无关紧要。除法器的输出只取决于传感器本身及其参考电阻。只有当伪变量（如函数 $a(t)$、电源或者放大器增益）变化并不剧烈的时候，以上结论才成立。换而言之，这些伪变量在复用期间不应存在明显变化。这一要求决定了多路复用的速率。

6.2.2 差分电路

除乘性干扰外，加性干扰也非常普遍，而且对于低强度的输出信号影响很大。这里举一个热释电传感器（见图 15.26a）的例子，其金属壳内置一个热敏陶瓷板。由于热释电材料都具有压电特性，除了热流外，传感器还易受机械压力的干扰。即使很小的振荡也会产生虚假的压电信号，其大小要比热释电电流高几个数量级。解决的办法是在同一个陶瓷基片上沉积两对电极，如图 15.26b 所示。其目的是在陶瓷板上做两个相同的传感器。这两个传感器对所有激励信号的响应都几乎相同。它们反向连接，并且我们假设式中一个传感器的热释电电压 V_{pyro} 与压电电压 V_{piezo} 分别与另一个传感器的相等，输出电压为 0，即

$$V_{out} = (V_{pyro1} + V_{piezo1}) - (V_{pyro2} + V_{piezo2}) = 0 \tag{6.19}$$

如果式（6.19）中一个传感器不能接收热辐射（$V_{pyro2} = 0$），那么就会有 $V_{out} = V_{pyro1}$。换句话说，由于抵消作用（$V_{piezo1} = V_{piezo2}$，两者相消），由这两个传感器组

成的联合传感器产生的输出电压基本为零。

　　将传感器做成对称形式，并接到对称的信号调节电路中（如差分放大器），使得输出为式（6.19）中一个传感器的输出信号减去另一个的输出信号，这种方法称为差分方法，它能有效地减少噪声和漂移的影响。但是该方法要求这两个传感器必须完全对称，不对称性会减少噪声的消除率。如果不对称率为 5%，那么噪声的消除率不会超过 95%。

6.2.3　惠斯通电桥

　　惠斯通电桥电路是一种应用广泛，并且可以在传感器与信号调节器耦合之前有效实现比例测量技术（除法）和差分技术（减法）的电路。基本电桥电路如图 6.16a 所示。阻抗 Z 可以是有功或无功的，即它可以是简单的电阻，如压阻式应变仪的电阻一样，也可以是电容或者电感，或者上述元件的组合。对于纯电阻，其阻抗是 R；对于理想电容，阻抗等于 $1/2\pi fC$；对于电感，其阻抗则为 $2\pi fL$。f 为通过桥臂的电流频率，至少一个桥臂是传感器。桥电路的输出电压值表示为

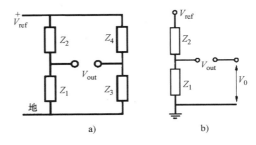

图 6.16　惠斯通电桥与惠斯通半桥的通用电路
a）惠斯通电桥　b）惠斯通半桥

$$V_{out} = \left(\frac{Z_1}{Z_1 + Z_2} - \frac{Z_3}{Z_3 + Z_4} \right) V_{ref} = V_{ref} \left[\left(1 + \frac{Z_2}{Z_1} \right)^{-1} - \left(1 + \frac{Z_4}{Z_3} \right)^{-1} \right] \tag{6.20}$$

　　若满足以下条件，则电桥处于平衡状态

$$\frac{Z_1}{Z_2} = \frac{Z_3}{Z_4} \tag{6.21}$$

　　在平衡状态下，输出电压为 0。如果电桥中至少有一个阻抗的值发生变化，那么电桥就会失去平衡，输出电压或正或负，这要取决于阻抗变化的方向。为了确定电桥的灵敏度，需要先根据式（6.20）求输出电压对每个阻抗的偏导数

$$\frac{\partial V_{out}}{\partial Z_1} = \frac{Z_2}{(Z_1 + Z_2)^2} V_{ref}$$

$$\frac{\partial V_{out}}{\partial Z_2} = -\frac{Z_1}{(Z_1 + Z_2)^2} V_{ref}$$

$$\frac{\partial V_{out}}{\partial Z_3} = -\frac{Z_4}{(Z_3 + Z_4)^2} V_{ref}$$

$$\frac{\partial V_{out}}{\partial Z_4} = \frac{Z_3}{(Z_3+Z_4)^2} V_{ref} \tag{6.22}$$

联合以上各式，可以得到电桥的灵敏度

$$\frac{\partial V_{out}}{V_{ref}} = \frac{Z_2 \delta Z_1 - Z_1 \delta Z_2}{(Z_1+Z_2)^2} - \frac{Z_4 \delta Z_3 - Z_3 \delta Z_4}{(Z_3+Z_4)^2} \tag{6.23}$$

需要注意，根据式（6.20），惠斯通电桥具有两个性质：比例性和差分性。比值 Z_2/Z_1 和 Z_4/Z_3 为比例性，括号内的差值为差分性，这两个性质使惠斯通电桥成为十分有用的电路。

进一步分析式（6.23）可以看到，只有当相邻的阻抗（如 Z_1 和 Z_2，Z_3 和 Z_4）相同时，才能实现比例计算补偿（如温度稳定性和漂移等）。注意，鉴于微分特性，平衡电桥中的阻抗不一定要相等，只要满足式（6.21）的比例相等即可。

在许多实际电路中，只用一个阻抗作为传感器，例如，如果用 Z_1 作为传感器，电桥灵敏度就变为：

$$\frac{\delta V_{out}}{V_{ref}} = \frac{\delta Z_1}{4 Z_1} \tag{6.24}$$

简化后的电桥如图 6.16b 所示，该电桥仅用两个阻抗串联以实现分压的目的。第二个除法器由一个固定参考电压 V_0 代替。因此，该电路（半桥）不具有差分性，但是由于其输出电压可用式（6.25）表示，故仍具有比例性。

$$V_{out} = V_{ref} \left(1 + \frac{Z_2}{Z_1}\right)^{-1} - V_0 \tag{6.25}$$

电阻式电桥经常用于应变仪、压阻式压力传感器、热敏电阻式温度计、湿度计及其他需要抗环境因素干扰的传感器中。用电容式磁敏传感器测量力、位移及湿度等时也会用到类似结构的电路。

基本的惠斯通电桥电路（见图 6.16a）通常在桥路不平衡时工作。这种测量方式称为偏差测量。它通过检测电桥的对角线位置的电压得到 V_{out}。如果用一个传感器代替电桥上的阻抗 Z_1，当传感器的阻抗值变化 Δ 时，则阻抗变为 $Z_v = Z_1(1+\Delta)$。电桥的输出电压是 Δ 的非线性函数。然而，大多数情况下 Δ 变化很小（$\Delta < 0.05 Z_1$），因此电桥的输出可认为是近似线性的。当 $Z_1 = Z_2$ 时，电桥达到最大灵敏度。当 $Z_1 \gg Z_2$ 或 $Z_2 \gg Z_1$ 时，电桥的输出电压降低。假设 $k = Z_1/Z_2$，电桥的灵敏度可表示为

$$\alpha = \frac{k}{(k+1)^2} \tag{6.26}$$

由式（6.26）可计算得到归一化曲线，如图 6.17 所示。从图 6-17 中可以看出，当 $k = 1$ 时，达到最大灵敏度；而当 $0.5 < k < 2$ 时，灵敏度降低较慢。如果电桥由电流源 i_{ref} 而非电压源 V_{ref} 供电，那么微小的 Δ 及单个可变元件（传感器）所对应的电桥输出电压可表示为

$$V_{out} = i_{ref} \frac{k\Delta}{2(k+1)} \qquad (6.27)$$

6.2.4 零点平衡电桥

电桥的另一种应用方式是零点平衡电桥。该方法克服了桥臂中微变量 Δ 的限制，可以在一个宽的输入激励范围获得良好的线性度。从本质上讲，零点平衡要求电桥必须始终维持在稳定状态。为了满足式（6.21）所示电桥平衡的需要，这里有两种平衡电桥的方法要求：

1）电桥上的其中一个阻抗（不是传感器）随传感器一起变化以保持电桥的平衡，如图 6.18a 所示。误差放大器放大了电桥上微小的不平衡，控制器根据

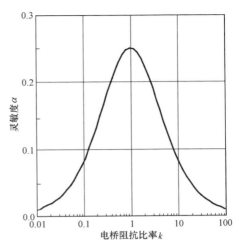

图 6.17 非平衡电桥的灵敏度
（它是阻抗比率的函数）

误差放大器的信号调整 Z_2 的值。实际上，这是一种 PID（比例积分微分）类型的闭环控制电路。输出电压来自于调整 Z_2 以保持电桥平衡的控制信号。例如，若 Z_1 和 Z_2 皆为光敏电阻，Z_1 用来感知外部光照强度。光敏电阻 Z_2 与发光二极管（LED）进行光学耦合，其中 LED 是控制器的一部分。控制器通过控制 LED 改变 Z_2 以实现平衡电桥的目的。当电桥平衡时，LED 发出的光与 Z_1 感应到的光强度近似相等。因此，流过 LED 的电流可以表征电阻 Z_1 的大小，继而光强可以被传感器测得。需要注意，使用阻抗 Z_2 作为反馈而非 Z_3、Z_4，是因为使用 Z_2 不仅可以保持电桥的平衡，而且可以使通过传感器的电压保持恒定，k 值基本一致，确保电路

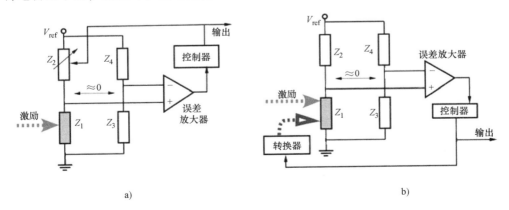

a)   b)

图 6.18 通过两种反馈使惠斯通电桥保持平衡

a）通过非感测阻抗反馈 b）通过传感器反馈

169

具有最佳的线性度和灵敏度。

2）保持电桥平衡的反馈直接输入传感器中，该传感器与感测激励的传感器相同。因此，反馈具有与激励相同的类型和大小但是其相位相反，如图 6.18b 所示。当所有的激励以及"反激励"都大小相等相位相反时，电桥将平衡，控制器的输出即可表征激励。在 6.1.8 节中通过测量机械力对该方法进行了例证。该方法要求选用的转换器可以将电压转换为反激励。例如，静电效应可以产生双向的力，因此该方法可以用于差分压力传感器、加速度计及传声器。但是，该方法不可用于光电探测器，因为目前还没有办法产生"负的光"。

6.2.5 电桥放大器

对于电阻式传感器来说，电桥放大器可能是信号调节器使用最频繁的前端。电桥放大器有多种结构，这取决于所需的接地方式及接地或者浮动基准电压的可用性。下面我们介绍几种运算放大器的基本电路。图 6.19a 所示为有源电桥，其可变电阻是浮动的，即与地隔离，并接到运算放大器的反馈回路中。如果电阻式传感器的传递函数可由线性函数近似，即

$$R_x \approx R_0(1+\alpha) \tag{6.28}$$

式中，α 为小的标准输入激励信号。那么该电路的输出电压为

$$V_{out} = \frac{V}{2}(1-\alpha) \tag{6.29}$$

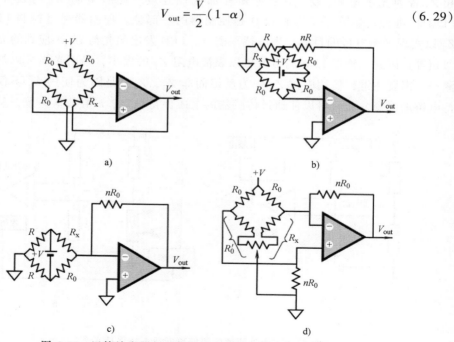

图 6.19　运算放大器与电阻桥接电路（偏转法）的连接方式

a）方式一　b）方式二　c）方式三　d）方式四

图 6.19b 所示的电路，具有浮动电桥及浮动基准电压 V。该电路的增益由反馈电阻决定，其阻值为 nR_0，输出电压为

$$V_{\text{out}} = V\left(\frac{1+\alpha}{2+\alpha} - \frac{1}{2}\right)(n+1) \qquad (6.30)$$

注意，当浮动时，传感器和基准电压源不应直接或通过其他任何电路接地。所有与放大器连接的导线必须很短，因此放大器应置于传感器附近。

图 6.19c 所示为一种电桥，其接地传感器为 R_x，浮动基准电压为 V。输出电压为

$$V_{\text{out}} = V\left(\frac{1+\alpha}{2+\alpha} - \frac{1}{2}\right)n \qquad (6.31)$$

图 6.19d 所示电路可能是一种应用最为广泛的电阻桥放大电路。该电路主要用于接地式电阻传感器 R_x，放大器增益为 n。该电路输出电压为

$$V_{\text{out}} = Vn\left[\frac{1}{2n+1}\left(1+n\,\frac{2+\alpha}{1+\alpha}\right) - 1\right] \qquad (6.32)$$

注意，电路中可能包含了一个平衡电位计，它的电阻部分应该包含在对应电桥的臂当中。电位计用于调节电桥的元件容差，且通过固定偏置来补偿电桥的平衡，当电桥完全平衡后，其输出电压 V_{out} 等于 0。为了更好地利用运算放大器的开环增益，n 应大于 100。

注意，虽然传感器是线性的，但是图 6.19b～d 所示电路是关于 α 的非线性电路。图 6.19a 所示的电路为线性的，主要原因是在图 6.19a 所示电路中，传感器的供电电流与传感器电阻无关，该内容将在下节中解释。在其他电路中，传感器电流随着传感器电阻的变化而变化，从而产生非线性输出，尽管对于小的 α，这种非线性通常较小。

6.3　激励电路

有源传感器要求有外部信号才能工作。例如绝对温度传感器（热敏电阻和 RTD）、压力传感器（压阻式和电容式）及位移传感器（电磁式、电容式和电阻式）等。不同的有源传感器需要不同类型的外部信号，可以是恒定电压、恒定电流，也可以是正弦电流或脉冲电流，有时甚至可能是光、磁场或电离辐射。这些外部信号称为传感器的激励信号或导频信号。大多数情况下，激励信号的稳定性和精确性直接影响传感器的精度和稳定性。因而，所产生的激励信号精度须保证整个测试系统的性能不降低。下面将介绍几种基本电路，它们能为相应的传感器提供合适的电激励信号。

当选择激励电路时，不仅要考虑传感器，同时也需要考虑信号的处理类型，因为激励信号通常要与传感器的传递函数相乘，所以可以直接得到输出信号的波形和表现。图 6.20a 和图 6.20b 所示分别是两种可能用以说明上述问题的电路。该电路

中电流通过阻值为 r 的热敏电阻，每个阻值 r 对应一个固定的温度。因此，可以通过测量阻值得到温度值。然而，测量阻值就必须使电流 i 通过该电阻。根据欧姆定律，热敏电阻的电压 V_{out} 是电流 i 及电阻 r 的函数，即

$$V_{out} = ir \tag{6.33}$$

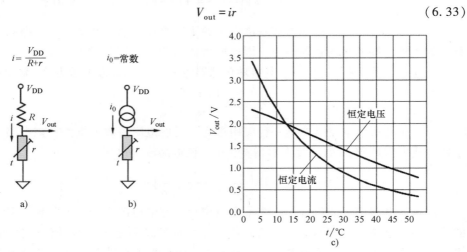

图 6.20　产生励磁电流的电路及电压随温度的变化

a）由恒压源 V_{DD} 产生的励磁电流　b）由恒流源 i 产生的励磁电流

c）两种励磁电流下热敏电阻 r 两端的电压随温度的变化

图 6.20a 表明，通过 r 的电流也是连接到恒压源 V_{DD} 的上拉电阻 R 的函数。因为 r 在负温度系数（NTC）下传递函数具有高度非线性，因此在温度范围内，电阻 r 和电流变化非常剧烈。但是，如图 6.20c 所示，在一个较窄的温度变化范围内，变化的电阻 r 和变化的电流 i 的组合可以得到线性的输出电压 V_{out}，即图中的"恒定电压"曲线。虽然只是在很窄的温度范围内呈现线性，但是对于很多要求不高的应用来说已经足够。另一方面，图 6.20b 所示电路，除了电阻 R，还使用了恒流源。它产生的固定电流 i_0 与热敏电阻和电源电压 V_{DD} 无关，因此，根据式（6.33）V_{out} 直接正比于 r。图 6.20c 表明"恒定电流"曲线与温度呈现出高度非线性。这两种电路都非常实用，但是具体采用哪一种电路，取决于接下来对 V_{out} 采取的处理方式。

6.3.1　电流发生器

电流发生器通常用于为需要特定电流的传感器提供激励信号，该电流在一定范围内不受传感器性能、激励值及环境因素的影响。通常情况下，电流发生器（电流泵、电源或电流吸收器）产生的电流不受负载阻抗的影响，即在电流发生器的能力范围内，它的输出电流必须保持稳定而不受负载阻抗和电源电压变化的影响。换而言之，理想电流源（产生器）的输出电阻无限大，任何串联负载值都无法改变其特性。当为可变负载产生电流时，根据欧姆定律，相应的电压会同时改变。

对于传感器接口电路来说，电流发生器的作用在于它可以提供大小和波形都得到精确控制的激励电流。因此，电流发生器所产生的电流应不仅与负载无关，而且必须受控于外部信号源（波形发生器），通常该外部信号源有一个电压输出。

电流发生器有两个主要的参数：输出电阻和恒流输出电压。输出电阻应当尽量高。恒流输出电压是加到负载两端且不会影响输出电流的最高电压。根据欧姆定律［式（6-33）］，对于高阻值负载，要想得到某个特定的电流就需要施加一个较高的电压。例如，如果所需的激励电流为 $i = 10\text{mA}$，并且在任意给定的频段内最高负载阻抗为 $Z_L = 10\text{k}\Omega$，则恒流输出电压至少是 $iZ_L = 100\text{V}$。下文会涉及一些增加恒流输出电压的电路，其输出电流能够由外部信号来控制。

单极电流发生器也称为电流源（产生流出电流）或者电流吸收器（产生流入电流）。这里，单极的意思是它只能提供一个方向的电流，通常是流向地端。许多这样的电流发生器利用了晶体管的电流-电压转换特性。压控电流源或电流吸收器可以包含运算放大器（见图 6.21a）。在该电路中，稳定的精密电阻 R_1 决定了流过负载阻抗 Z_L 的输出电流 i_L。该电路包含带有运算放大器的反馈回路，可以保证 R_1 两端的电压恒定，进而使得通过它的电流也是恒定的。为了最大化恒流输出电压，电阻 R_1 上的压降应尽可能小。实际上，该电流等于 V_1/R_1。为了获得更好的性能，应将输出晶体管基极电流减到最小。因而，当用作电流输出装置时，场效应晶体管比双极型晶体管用得多。注意在这种电路中负载没有接地。

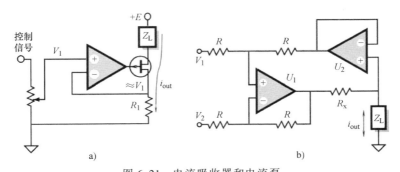

图 6.21　电流吸收器和电流泵

a) 具有 JFET 晶体管的电流吸收器　b) 豪兰电流泵

许多传感器可能会用到双极型电流发生器。它可以为传感器提供两个方向的激励电流（流入和流出）。当传感器必须接地时，可以使用由麻省理工学院的布拉德·豪兰发明的电流泵[5]。图 6.21b 所示为它的一个应用实例。电流泵的原理是运用运算放大器的正/负反馈。负载连接到正反馈回路中。在该电路中，所有的电阻应尽可能相等，且具有高的容差。电阻 R_x 应该是一个相对较低的值，以获得足够的输出电流。虽然该电路对大多数电阻负载是稳定的，但为了确保稳定性，可在负反馈电路中加入一个几皮法的电容或/并将其接在运算放大器 U_1 的同相输入端和地之间。若负载是电感性质的，当加入快速瞬态控制信号时，恒流输出电压应无穷大以保证输出期望电流。因此，实际的电流泵的输出电流会沿有限的上升斜率变化。该电流将在输出端产生一个感应尖锋，它对运算放大器可能是致命的。对于大电感负载，明智的做法是将带有二极管的负载固接到电源总线上。豪兰电流泵的输出电流的定义式为

$$i_L = \frac{V_1 - V_2}{R_s} \qquad (6.34)$$

该电路的优点是可以选择具有较高阻值的电阻 R，并封装在热均匀的封装材料中，以便更好地进行热跟踪。

当传感器浮动（未接地）时，可以采用更简单的电流源。图 6.22 所示为带有运算放大器的反相（图 6.22a）和同相（图 6.22b）电路，反馈回路接负载。通过负载 Z_L 的电流等于 V_1/R_1，与负载无关。负载电流在放大器的控制下随 V_1 变化。该电路一个明显的限制就是负载是"悬空"的，也就是说它没有接地或接其他参考电位点。虽然对于某些应用这没什么问题，但许多传感器有时需要接地或接其他参考电位点。图 6.22b 所示的电路保持负载阻抗的一端电位与地几乎相等，因为运算放大器的同相输入端为虚地。然而，即使在这种电路中，负载也是与地完全隔离的。

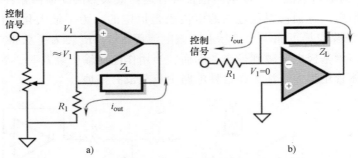

图 6.22　带浮动负载（传感器）的双向电流源

a）反相电路　b）同相电路

6.3.2　电压发生器

不同于电流发生器，电压发生器（电压源或电压驱动器）必须产生输出电压，在较宽的负载和操作频率范围内，输出电压与负载阻抗无关，因而与输出电流也无关。电压发生器有时又称为硬电压源（hard voltage sources）。通常情况下，当必须由硬电压源驱动的传感器只含纯电阻时，驱动器可以是简单的输出级，该输出级可以输出大小足够的电流。然而，当负载中包含电容或电感，即负载呈现电抗性时，电压发生器的输出级则会更加复杂。

在很多实例中，即使负载是纯电阻的，依然会存在一些电容与之相关。负载通过长导线或同轴电缆接入电路时，可能出现此种情况。同轴电缆在频率为 f 时，若其长度小于电缆波长的 1/4，其中心导体与其屏蔽层将构成电容。因此同轴电缆的最大长度为

$$l_{\max} \leqslant 0.0165 \frac{c}{f} \qquad (6.35)$$

式中，c 为光在同轴电缆电介质中的传播速度。

例如，如果 $f=100\mathrm{kHz}$，$l_{\max} \leqslant 0.0165 \times \dfrac{3 \times 10^8}{10^5}\mathrm{m} = 49.5\mathrm{m}$，即电缆短于 49.5m

（162.4ft）将会作为电容器与负载并联，如图 6.23a 所示。例如，电缆 R6-58A/U
存在 95pF/m 的电容。因此必须考虑该电容的两点原因：具有反馈系数 β 的电路的
速度及稳定性。不稳定性是由电压驱动器的输出电阻 R_0 及负载电容 C_L 产生的相
移引起的，相移表达式为

$$\varphi = \arctan(2\pi f R_0 C_\mathrm{L}) \qquad (6.36)$$

例如，$R_0=100\Omega$，$C_\mathrm{L}=1000\mathrm{pF}$，当 $f=1\mathrm{MHz}$ 时，相移 $\varphi \approx 32°$。该相移显著降
低了反馈系统中的相位容限，可能导致响应的大幅退化及电容性负载的驱动能力的
降低。当整个系统振荡时，这种不稳定可能是全系统的，也可能是局部的。当仅有
驱动器不稳定时，这种不稳定是局部的不稳定。为解决局部的不稳定问题，通常在
电源上跨接旁路电容（约为 $10\mu\mathrm{F}$ 量级），或者在驱动器的电源管脚与地之间接入
所谓的 Q-spoilers，Q-spoilers 由 $3 \sim 10\Omega$ 的电阻与一个圆片形陶瓷电容串联而成。

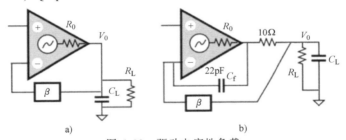

图 6.23　驱动电容性负载

a）负载电容与驱动器的输入通过反馈相耦合　b）电容性负载的去耦

为使驱动级更加适用于电容性负载，可以用一个小的串联电阻进行隔离，如图
6.24b 所示。在放大器的反相输入端接入小的反馈电容（C_f）和 10Ω 的电阻可以

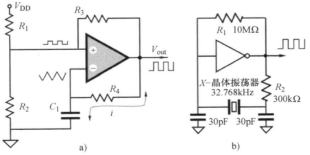

图 6.24　带有 OP-AMP 的方波振荡器与使用数字反相器的晶体振荡器

a）带有 OP-AMP 的方波振荡器　b）使用数字反相器的晶体振荡器

驱动大至 $0.5\mu F$ 的负载。然而，建议在特殊情况下通过试验找出最佳的电阻值和电容值。

6.3.3 基准电压源

基准电压源是一种电气装置，它所产生的恒定电压不受电源、温度、负载、老化及其他因素的影响。许多单片形成的基准电压源可用于获得多种输出电压。其中大多数与所谓的内部带隙电路一起工作。好的基准电压源应该是一个很好的电压源，也就是说，它应该具有两个关键特性：非常高的输出电压稳定性和低输出电阻。

6.3.4 振荡器

振荡器是可变电信号发生器。其中一些用于产生单个信号波（称为"一次触发"），而另一些则是自由振荡。在许多应用中，独立的振荡器可以用微处理器和微控制器的数字输出代替，这时可由某个 I/O 口产生方波单脉冲或自由振荡脉冲。

任何振荡器基本上都具有以下必要组成部件：具有增益并具有一定程度非线性的电路和一定数量正反馈回路。由定义可知，振荡器是一个不稳定电路（而不是一个更稳定的放大器），它的时间特性要么固定，要么可变，取决于预定的函数相关性。后者被称作调制。通常，根据计时元件的不同电子振荡器可分为 3 种不同类型：RC 振荡器、LC 振荡器和晶体振荡器。

RC 振荡器称为张弛振荡器，因为它的功能是基于电容器放电（电荷的弛豫）。RC 振荡器的振荡频率由电容 C 和电阻 R 共同决定。

LC 振荡器包含电容 C 和电感分量 L，它们共同决定振荡频率。

在晶体振荡器中，振荡频率由沿特定方向切割的压电晶体的机械共振决定，压电晶体通常为石英或陶瓷。振荡器电路有许多种，本书不可能完全涉及。下面我们简要地介绍一些实用电路。

由逻辑电路，如或非门、与非门或二进制变换器可组成多种不同的自激振荡器（多谐振荡器）。这些电路具有输入非线性，例如阈值，当超过预设值时，电路输出会发生急剧变化。同样，也有许多多谐振荡器可用比较器或具有高开环增益的运算放大器来设计。在所有这些振荡器中，都将电容、电阻或晶体相结合作为计时器。

在 RC 多谐振荡器中，充电或放电电容两端的电压会被与恒定或变化的阈值进行比较。当电容充电时，超过阈值的时刻会被检测到，并输出脉冲。脉冲会被反馈到 RC 网络（正反馈），使电容放电，直到下一个比较的时刻到来以及另一个脉冲的产生，如此循环往复。该过程要求振荡器至少应具有如下元件：电容、充电电路和阈值装置（非线性电路比较器）。许多生产商推出了一些单片集成张弛振荡器，例如一种非常常见的定时器，555 定时器，它可以工作于单稳态（一次触发）和无稳态（自由振荡）两种模式。读者可以从许多关于运算放大器和数字系统的书里找到这样的振荡电路，例如参考文献 [6]。

用一个运算放大器或者电压比较器[⊖]可以制成非常常见的自由振荡方波振荡器，如图 6.24a 所示。放大器连接两个反馈回路：一个是负反馈（反相输入端）；另一个是正反馈（同相输入端）。正反馈（通过 R_3）控制其门限电平，同时负反馈通过电阻 R_4 对电容 C_1 进行充放电。该振荡器的频率为

$$f = \frac{1}{R_4 C_1} \left[\ln \left(1 + \frac{R_1 \parallel R_2}{R_3} \right) \right]^{-1} \qquad (6.37)$$

式中，$R_1 \parallel R_2$ 为 R_1 和 R_2 并联的等效电阻。

图 6.24b 所示为一种晶体振荡器。它利用数字电压逆变器，逆变器可以被看作反相放大器，它在接近阈值（约 50% 的电源电压）时，在非常窄的线性范围内具有非常高的增益。为了使输入接近线性范围，反馈电阻 R_1 用于形成负反馈。逆变器放大输入信号，使输出电压相对于地面或电源正极饱和。同时使其相位翻转 180°。晶体又使输出翻转 180°，从而为输入端提供正反馈，进而使其持续振荡。

6.4 A-D 转换器

将模拟信号转换为数字信号涉及输入的量化，因此必然会引入少量误差。转换器对模拟信号进行周期性采样，并在特定时刻执行转换。转换结果是一系列数字值，即把时间连续和连续可变的模拟信号转换为时间离散和值离散的数字信号。

6.4.1 基本概念

A-D 转换器的范围很广，从分立电路到单片集成电路（IC），再到高性能混合电路、模块甚至箱子。同样，A-D 转换器也可以作为定制或半定制的专用集成电路（ASIC）的标准元件。A-D 转换器将连续的模拟数据（通常是电压）转换成能跟数字处理装置相匹配的等效离散数字形式。A-D 转换器的主要性能指标包括绝对精度、相对精度、线性度、无失码、分辨率、转换速度、稳定性及价格。通常，当价格成为主要考虑因素时，把单片 A-D 转换器嵌入微控制器中是一种非常高效的方法。

最流行的 A-D 转换器基于逐次逼近法，其优点在于能很好地平衡速度和精度要求。但是，还有很多基于其他方法的 A-D 转换器也广泛用于各种不同的场合，特别是在不需要较高转换速度和只需要少量通道的情况下，主要包括双斜率式 A-D

⊖ 电压比较器与运算放大器的不同之处在于，电压比较器具有更快的瞬态响应能力及更容易与数字电路相连的专用输出电路。比较器有一个内置的滞后输入电路，称为施密特触发器。施密特触发器是一种具有两个阈值（上限和下限）的数字比较器。当输入电压高于上限阈值时，触发器的输出切换为高电平。当输入电压低于下限阈值时，输出切换为低电平。施密特触发器由 Otto H. Schmitt 于 1934 年发明。

转换器、四重积分式 A-D 转换器、脉宽调制式（PWM）A-D 转换器、压-频（V-F）A-D 转换器、阻-频（R-F）A-D 转换器。A-D 转换的技术已经非常成熟。这里，我们简要回顾一些常用的转换器结构。若想获得更详细的介绍，请读者参考相关文献，如参考文献 [7]。

最著名的数字编码是二进制（逢二进一）。用二进制来表示整数是我们非常熟悉的：一个自然二进制整数编码有 n 位，最低有效位（LSB）的权重为 2^0（即 1），再下一位的权重为 2^1（即 2），如此直到最大有效位（MSB），它的权重是 2^{n-1}（即 $2^n/2$）。二进制数的值即为所有非零位权重的和。当把所有的权重加起来之后，就形成了一个 $0 \sim 2^n-1$ 之间的一个独一无二的数。每在后面加一个零，该数值就翻一倍。

对传感器的模拟输出信号进行转换时，因为它的值不依赖于分辨率的位数，所以可以用另外一种更有效的编码方式：分数二进制，其在整个量程范围内都是归一化的。如果将所有的整数值除以 2^n，那么整数二进制可以直接用来表示分数二进制。例如，最高有效位的权重为 $1/2$（$2^{n-1}/2^n=2^{-1}$），下一位的权重则为 $1/4$（即 2^{-2}），如此直到最低有效位，它的权重为 $1/2^n$（即 2^{-n}）。把所有这些权重位都加起来，它们就形成了一个 $0 \sim (1-2^{-n})$ 满量程之间的一个独一无二的数。权重附加位只是简单地使结构更加优化，并不影响它的满量程范围。为了解释它们的关系，表 6.2 列出了 16 行 5 位二进制数，以及它们的二进制权重、它们相对应的十进制整数、二进制整数以及二进制分数的有效数值。

表 6.2　整数和小数的二进制代码

十进制小数	二进制小数	最大有效位（MSB）×1/2	第 2 位 ×1/4	第 3 位 ×1/6	第 4 位 ×1/16	二进制整数	十进制整数
0	0.0000	0	0	0	0	0000	0
1/16 最低有效值（LSB）	0.0001	0	0	0	1	0001	1
2/16 = 1/8	0.0010	0	0	1	0	0010	2
3/16 = 1/8+1/16	0.0011	0	0	1	1	0011	3
4/16 = 1/4	0.0100	0	1	0	0	0100	4
5/16 = 1/4+1/16	0.0101	0	1	0	1	0101	5
6/16 = 1/4+1/8	0.0110	0	1	1	0	0110	6
7/16 = 1/4+1/8+1/16	0.0111	0	1	1	1	0111	7
8/16 = 1/2（MSB）	0.1000	1	0	0	0	1000	8
9/16 = 1/2+1/16	0.1001	1	0	0	1	1001	9
10/16 = 1/2++1/8	0.1010	1	0	1	0	1010	10
11/16 = 1/2+1/8+1/16	0.1011	1	0	1	1	1011	11
12/16 = 1/2+1/4	0.1100	1	1	0	0	1100	12
13/16 = 1/2+1/4+1/16	0.1101	1	1	0	1	1101	13
14/16 = 1/2+1/4+1/8	0.1110	1	1	1	0	1110	14
15/16 = 1/2+1/4+1/8+1/16	0.1111	1	1	1	1	1111	15

当自然二进制码所有位都是 1 时，所代表的分数为 $1-2^{-n}$，或者归一化为满量程减一个最低有效位（如 $1-1/16 = 15/16$）。严格地说，这个由整数来表示的数为 $0.1111(=1-0.0001)$。然而，通常只把整数编码简单地写出来，即 1111（也就是 15），它带有分数的特性，相应的数值为："1111"$\rightarrow$1111/(1111+1)，即 15/16。

方便起见，表 6.3 列出了 20 位二进制的权重。然而，实际传感器的变化很少超过 16 位。

n 位数的最低有效位即是它的分辨率。dB 一栏表示最低有效位与最大值比值的对数（底为 10）乘以 20。每高一位升高 6.02dB（即 20lg2），或者说是 "6dB/倍频程"。

6.4.2　V-F 转换器

顾名思义，电压-频率（V-F）转换是将电压转换成频率可变的脉冲，换而言之，即由输入电压调制频率。这被称为频率调制或 FM。V-F 转换具有很高的分辨率，对于一些具有附加功能的传感器非常有用，如电压隔离、通信和数据存储。这里我们仅讨论 V-F 转换，即将电压转换为每单位时间内一定数量的矩形脉冲。频率是一个数字信号，因为脉冲可以选通（在给定的时间间隔内选择）然后计数，形成二进制数。所有的 V-F 转换器都是积分型的，因为每秒钟脉冲的个数或者说是频率与输入电压的平均值成正比。

V-F 转换器可以最大限度地简化 A-D 转换器的工作方式并降低成本。将模拟电压转换为数字信号所花费的时间与 V-F 转换器的满量程频率以及所需分辨率有关。通常，与逐次逼近装置相比，V-F 转换器转换速度相对较慢，但它适用于大多数的传感器应用。当作为 A-D 转换器时，V-F 转换器需配置一个计数器，其时钟与所需采样率的时钟一致。例如，如果转换器的满量程频率为 32kHz，且计数器每秒钟有 8 个计数周期，则每个计数周期可以计到的最高脉冲数为 4000，接近于 12 位的分辨率（见表 6.3）。通过使用 V-F 转换器和计数器，可以建立一个积分器，对激励信号在一定时间段内进行积分。计数器对选通时间内的脉冲数进行累加，而不是计每个计数周期的平均脉冲数。

表 6.3　二进制权重和分辨率

BIT	2^{-n}	$1/2^n$ 分数	dB	$1/2^n$ 小数	（%）	ppm
满量程（FS）	2^0	1	0	1.0	100	1000000
最大有效位（MSB）	2^{-1}	1/2	−6	0.5	50	500000
2	2^{-2}	1/4	−12	0.25	25	250000
3	2^{-3}	1/8	−18.1	0.125	12.5	125000
4	2^{-4}	1/16	−24.1	0.0625	6.2	62500

（续）

BIT	2^{-n}	$1/2^n$ 分数	dB	$1/2^n$ 小数	（%）	ppm
5	2^{-5}	1/32	−30.1	0.03125	3.1	31250
6	2^{-6}	1/64	−36.1	0.015625	1.6	15625
7	2^{-7}	1/128	−42.1	0.007812	0.8	7812
8	2^{-8}	1/256	−48.2	0.003906	0.4	3906
9	2^{-9}	1/512	−54.2	0.001953	0.2	1953
10	2^{-10}	1/1024	−60.2	0.0009766	0.1	977
11	2^{-11}	1/2048	−66.2	0.00048828	0.05	488
12	2^{-12}	1/4096	−72.2	0.00024414	0.024	244
13	2^{-13}	1/8192	−78.3	0.00012207	0.012	122
14	2^{-14}	1/16384	−84.3	0.000061035	0.006	61
15	2^{-15}	1/32768	−90.3	0.0000305176	0.003	31
16	2^{-16}	1/65536	−96.3	0.0000152588	0.0015	15
17	2^{-17}	1/131072	−102.3	0.00000762939	0.0008	7.6
18	2^{-18}	1/262144	−108.4	0.000003814697	0.0004	3.8
19	2^{-19}	1/524288	−114.4	0.000001907349	0.0002	1.9
20	2^{-20}	1/1048576	−120.4	0.0000009536743	0.0001	0.95

注：ppm = 10^{-6}。

V-F 转换器的另外一个优点是它的脉冲可以容易地通过通信线路进行传输。在一个嘈杂的环境中脉冲信号比高分辨率的模拟信号更不易受影响。在理想情况下，转换器的输出频率 f_{out} 与其输入电压 V_{in} 成正比

$$\frac{f_{out}}{f_{FS}} = \frac{V_{in}}{V_{FS}} \tag{6.38}$$

式中，f_{FS} 和 V_{FS} 分别为满量程的频率和输入电压。

对于一个给定的线性转换器，比值 f_{FS}/V_{FS} 是一个常量 G，称为转换因子，则有

$$f_{out} = GV_{in} \tag{6.39}$$

V-F 转换器的类型有很多。其中最常用的是多谐振荡器和电荷平衡电路。

多谐振荡器引入了一个自由振荡的方波振荡器，其中定时电容的充放电由输入信号控制。然而，电荷平衡式转换器准确性更高。电荷平衡式转换器引入了一个模拟积分器和一个电压比较器，如图 6.25 所示。该电路的优点是速度快、线性度高以及噪声抑制能力强。许多生产商都推出了该电路的集成模块，如 Analog Devices 公司的 AD652 和 Texas Instruments 公司的 LM331。

下面来介绍这种转换器的工作原理。输入电压 V_{in} 通过一个输入电阻 R_{in} 后加到积分器上。积分电容作为负反馈回路连接到运算放大器上。运算放大器的输出电压

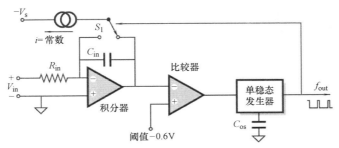

图 6.25　电荷平衡式 V-F 转换器

与一个 -0.6V 的小阈值进行比较。积分器产生一个锯齿形电压（见图 6.26），与阈值电压相等的瞬间，在比较器的输出端会产生一个突变。该突变信号作为一个单稳态发生器的使能端，使它可以输出一个持续固定时间 t_{os} 的方波脉冲。由精确电流源产生一个恒定电流 i，交替地加到积分器的求和接点和输出上。开关 S_1 是由单稳态脉冲来控制的。当该电流源与求和接点相连时，它向

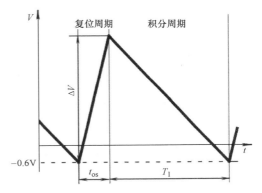

图 6.26　电荷平衡式转换器的积分器输出

积分电容提供电荷，电荷量可以由 $\Delta Q = it_{os}$ 精确计算。该求和接点同样接受来自电阻 R_{in} 的输入充电，因此净电荷在积分电容 C_{in} 上累加。

当达到阈值后，单稳态触发器被触发并且开关 S_1 状态变为高，进入复位周期。在复位周期中，恒流源将它的电流加到积分器的求和接点上。输入电流对积分电容进行充电。阈值和积分结束时输出电压之间的电压差由单稳态脉冲的持续时间决定，即

$$\Delta V = t_{os} \frac{\mathrm{d}V}{\mathrm{d}t} = t_{os} \frac{i - I_{in}}{C_{in}} \qquad (6.40)$$

当单稳态电路的输出变为低电平时，开关 S_1 将其电流 i 转移到积分器的输出端，这时它对积分电容 C_{in} 的状态就不再有影响，即运算放大器的一部分电流会流向电流源。该段时间称为积分周期。在积分的过程中，正极输入电压将电流 $I_{in} = V_{in}/R_{in}$ 加到积分电容 C_{in} 上。这会导致积分器从正极电压开始下降，斜率与 V_{in} 成正比。下降到比较器的阈值所需的时间为

$$T_1 = \frac{\Delta V}{\mathrm{d}V/\mathrm{d}t} = t_{os} \frac{i - I_{in}}{C_{in}} \frac{1}{I_{in}/C_{in}} = t_{os} \frac{i - I_{in}}{I_{in}} \qquad (6.41)$$

可以看出电容的大小并不会影响积分时间。

输出频率由式（6.42）决定，即

$$f_{out} = \frac{1}{t_{os} + T_1} = \frac{I_{in}}{t_{os} i} = \frac{V_{in}}{R_{in} t_{os}} \frac{1}{i} \quad (6.42)$$

因而，单稳态脉冲的频率与输入电压成正比。但其同样也取决于积分电容的质量、电流发生器的稳定性及单稳态电路的性能。如果设计良好，这种 V-F 转换器的非线性误差可以小于 100ppm，并且频率范围可以达 1Hz~1MHz。

这种积分型转换器（如电荷平衡式 V-F 转换器）的优势之一在于具有较强的抑制加性噪声的能力，通过积分，噪声可以被减小甚至消除。从转换器出来的脉冲会在选通周期内被计数器累积。计数器就相当于一个过滤器，其传递函数为

$$H(f) = \frac{\sin \pi f T}{\pi f T} \quad (6.43)$$

式中，f 为脉冲的频率。

在低频时，传递函数 $H(f)$ 的值接近于 1，意味着转换器和计数器能输出正确的值。然而，当频率为 $1/T$ 时，该传递函数 $H(1/T)$ 为 0，意味着该频率的信号被完全抑制掉了。例如，如果门控时间 $T = 16.67ms$ 相当于频率为 60Hz（在许多传感器中电源线频率是大量噪声的来源），那么 60Hz 的噪声将被抑制掉。此外，60Hz 的整数倍频率（如 120Hz、180Hz、240Hz 等）都将被抑制掉。

6.4.3 PWM 转换器

在很多方面，脉宽调制（PWM）与 FM 类似。主要的差别是，在 PWM 中，当脉冲持续时间 t_{PWM} 与输入电压成正比时，方形脉冲的周期 T_0 恒定（因此脉冲的频率也恒定）。换而言之，占空比 D 与电压成正比

$$D = \frac{t_{PWM}}{T_0} = k V_{in} \quad (6.44)$$

式中，k 为换算常数。理论上，占空比可以为 0~1，但实际中占空比范围要窄一些，通常为 0.05~0.95，因此周期 T_0 的利用率约 0.9。

为了将 PWM 转换为二进制码，PWM 脉冲可用作高频脉冲序列的选通和门控脉冲的后续计数。例如，周期 T_0 为 10ms（PWM 的转换频率 $F_0 = 1/T_0 = 100Hz$），脉冲序列为 1MHz，PWM 的效率为 0.9，每个 PWM 脉冲最大高频脉冲为 $10^6 \div 10^2 \times 0.9 = 9000$。这大约相当于 13 位的分辨率（见表 6.3）。

图 6.27 所示的锯齿波发生器可用于 PWM 调制器。微控制器在其 IO_1 口产生固定周期 T_0 的复位脉冲（电压 V_1）。每个复位脉冲 V_1 经锯齿波发生器后产生正的斜坡电压 V_{saw}。电压 V_{in} 和 V_{saw} 作为输入电压分别送入模拟比较器的同相和反相输入端，模拟比较器输出电压为 V_{PWM} 的 PWM 脉冲。接着复位脉冲清零，锯齿波发生器重启，开始新的一个周期。PWM 脉冲可输出至微控制器的 IO_2 端口，微控制器的固件可将其进一步转换为二进制形式。

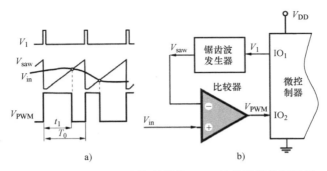

图 6.27　电压及连有微控制器的 PWM 转换器的控制框图

a）电压时序图　b）连有微控制器的 PWM 转换器的控制框图

6.4.4　R-F 转换器

对于电阻型传感器而言，可以不进行电阻-电压的中间转换，直接转换为数字形式。直接转换时，这类传感器是脉冲调制器中的一个组件，通常作为振荡器的频率调制器。

以惠斯通电桥电阻的 R-F 转换器作为第一个例子来说明该方法，该例子中传感器的电阻 $R_x=R+\Delta R$。图 6.28 所示是电桥作为自由振荡的弛豫型振荡器的一部分的简化原理图[8]。该振荡器包含一个定时电容 C 和一个定时电阻 R_T，通过该定时电阻 R_T 定义电桥完全平衡时的基频 f_0。

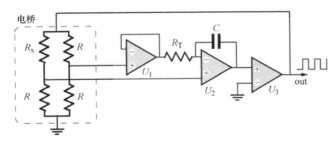

图 6.28　惠斯通电桥的 R-F 转换器原理

该电路也包含电压跟随器 U_1，积分器 U_2，以及比较器 U_3。从 U_3 到电阻性电桥的正反馈导致方波的连续产生，该方波的频率偏差 Δf 是电桥失衡阻值 ΔR 的线性函数

$$\Delta f=\frac{\Delta R}{2R}f_0 \qquad (6.45)$$

另一种 R-F 方式利用了微处理器，如图 6.29 所示。电阻型传感器 R_x（如热敏电阻或电阻型湿敏电阻）以及参考电阻 R_{ref} 与电容 C 相连。在振荡控制电路的指令下，电源电压 V_{DD} 通过任一上述电阻对电容充电，电容通过固态开关 SW3 向地放

电。开关 SW2 先保持接通状态，而传感器电阻 R_x 通过充电开关 SW1 连接到电容 C，充电开关 SW1 与放电开关 SW3 交替闭合与断开。电容 C 产生锯齿波电压，该电压送入施密特触发器中产生脉冲，输出的脉冲频率 f_x 是传感器电阻 R_x 和电容 C 的函数。处理器在固定的时长内对这些脉冲进行累计，实现对与激励相关的脉冲频率的测量。

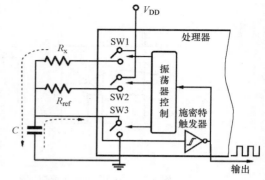

图 6.29 比例型电阻-频率转换器

下一阶段中的基准脉冲仍由上述电路产生，但是该电路中开关 SW1 保持闭合，SW2 与 SW3 交替通过 R_{ref} 对电容 C 进行充电。此时频率为 f_{ref}，在与上阶段相同的固定时长内对这些参考脉冲进行累计。这两个频率都测得后，计算调节 R_x 的激励对应的数字输出数

$$x = \frac{f_{ref}}{f_x} = \frac{R_x}{R_{ref}} \tag{6.46}$$

由于采用了比例测量技术，当不考虑电容 C、电源电压、热效应、电路特性及其他干扰因素时，输出［式（6.46）］仅取决于电阻 R_{ref} 和 R_x。这种方法被用在 Epson 的集成电路 S1C6F666 上。

6.4.5 逐次逼近转换器

这种转换器广泛地以单片的形式使用，因为其具有高速度（1MHz 的采样率）以及高分辨率（16 位或者更高）。它的转换时间是固定的，与输入信号无关。每次转换都是独立的，因为每次转换完成后其内部逻辑和寄存器都会被清零，因而这种转换器适用于多通道复用。该转换器（见图 6.30）由精密电压比较器、包括移位寄存器和控制逻辑电路的模块、以及作为数字输出到输入模拟比较器反馈端的 D-A 转换器，D-A 转换器。

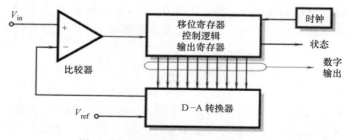

图 6.30 逐次逼近式 D-A 转换器框图

这种转换器将未知的输入电压 V_{in} 与由 D-A 转换器生成的精确的电压 V_a 或电流相比较。这种转换方法类似于天平称重的过程，利用 n 个二进制权重进行逼近（如 1/2kg、1/4kg、1/8kg、1/16kg 等，直到总和为 1kg）。转换开始之前，所有寄存器必须清零并且比较器的输出应当为高电平。D-A 转换器的输入端为一个最高有效位（量程的 1/2），由此产生一个合适的模拟电压 V_a，等于满量程输入信号的一半。如果输入电压仍高于 D-A 转换器的输出电压 V_a（见图 6.31），比较器保持为高电平并使寄存器的输出为 "1"。接下来再试下一位（满量程的 1/4）。如果加上这一位还是不够，比较器仍为高（输出为 "1"），再试第三位。但是，如果第二位指示输出 V_a 太大，比较器则变为低电平，使得寄存器为 "0"，并继续第三位。这个过程会一直执行到最后一位。转换完成后，状态线会指示转换完成，这时与输入信号相对应的有效数值就可以从寄存器被读出来了。

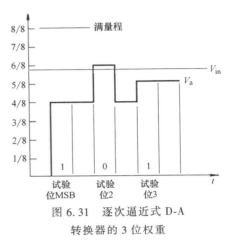

图 6.31　逐次逼近式 D-A
转换器的 3 位权重

为了保证转换有效，输入信号 V_{in} 必须保持恒定直到所有位都尝试完，否则转换出来的数字将是不正确的。为了避免输入变化所带来的所有问题，逐次逼近式转换器通常带有一个采样保持（S&H）电路。该电路有一个短时的模拟存储器，对输入信号进行采样并在整个转换过程中将其存储为直流电压。

6.4.6　分辨率扩展

典型的数据采集系统中，许多廉价的单片集成的微处理器通常包括 A-D 转换器，其最高分辨率往往会限制在 10 位或 12 位以内。如果内置转换器分辨率更高，或者外部使用一个高分辨率的转换器，一般来讲成本会过高。在大部分应用中，12 位分辨率可能不足以清晰地表示激励信号的最小变化量（输入分辨率 R_o）。有许多方法可以扩展分辨率，其中一种方法是在 A-D 转换器前加一个模拟放大器。例如，一个增益为 4 的放大器可以使得输入分辨率 R_o 增加 2 位，如从 12 位增加到 14 位。当然，这种方法的缺点是引入了放大器特性的不稳定性。提高分辨率的另一种方法是使用双斜率式 A-D 转换器，该转换器的分辨率仅受限于可用计数器的计数速率以及比较器的响应速度⊖。还有一种方法是使用带有分辨率扩展电路的 12 位 A-D 转换器（如逐次逼近式转换器）。这种电路可以将分辨率提高若干位，如从 12 位到 15 位。该电路的简图如图 6.32a 所示。除传统的 12 位 A-D 转换器外，该电路还

⊖　注意，不要将分辨率与精度混淆。

包括 D-A 转换器、减法电路和增益为 A 的放大器。在专用集成电路或分立电路中，A-D 转换器可以与 D-A 转换器部件共享（见图 6.30）。

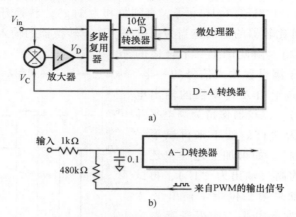

图 6.32　具有 D-A 转换器的分辨率扩展电路

a）电路简图　b）在输入信号中加入人工噪声

输入信号 V_m 的满量程值为 E，因而对于一个 12 位 A-D 转换器，初始分辨率为

$$R_0 = E/(2^{12}-1) = E/4095 \tag{6.47}$$

式中，R_0 的单位表示为 V/bit。例如，若满量程为 5V，12 位的分辨率为 1.22mV/bit。最初，多路复用器将输入信号接入 A-D 转换器，输出数字量 M，由二进制位表示。然后，微处理器将该数字输出给一个 D-A 转换器，它将输出一个模拟电压 V_c，该电压是输入信号的近似值。将该电压从输入信号中减去，差值由放大器放大后，有

$$V_D = (V_m - V_c)A \tag{6.48}$$

电压 V_D 是将实际输入与数字化后所表示的输入信号之间的误差进行放大后的值。对于一个满量程的输入信号，最大误差（$V_m - V_c$）等于 A-D 转换器的分辨率；因而，对于一个 12 位转换器 $V_D = 1.22A$mV。多路复用器将该电压连接到 A-D 转换器上，将 V_D 转换为一个数字量 C，即

$$C = \frac{V_D}{R_0} = (V_m - V_c)\frac{A}{R_0} \tag{6.49}$$

最后，微处理器将两个数字量 M 和 C 进行结合，其中 C 表示高分辨率位。如果 $A = 255$，满量程输入为 5V，那么 LSB $\approx 4.8\mu$V，即相当于 20 位的分辨率。实际上，由于 D-A 转换器的原始误差、参考电压、放大器漂移、噪声等，很难达到如此高的分辨率。然而，若仅需 14 或 15 位分辨率的话，该方法是非常有效的。

另一种扩展分辨率的强有效方法是过采样法[9]。这种方法只有当输入模拟信号在两个采样点之间变动时才有效。例如，当输入信号恒定在 62mV 时，A-D 转换器的转换档在 50mV、70mV、90mV，那么数字信号显示是 70mV，因此产生了 8mV 的数字化误差，过采样并不能解决这个问题，如果输入信号随着最大光谱频率 f_m

变化，根据尼奎斯特-香农-科捷利尼科夫定理[⊖]，采样频率 $f_s > 2f_m$。过采样需要一个高的采样频率，要比尼奎斯特定义的采样频率高很多。具体基于以下公式

$$f_{os} > 2^{2+n} f_m \qquad (6.50)$$

式中，n 是扩展位的位数。例如，如果我们有 10 位的 A-D 转换器，需要产生一个 12 位的数字（$n=2$），采样频率要超过 f_m 的 16 倍。过采样可以根据最大转换频率来改变 A-D 转换器的分辨率。因此，当信号相对于 A-D 转换器的最大采样频率变化较缓时，这种方法是比较有效的。

如上所述，这种方法要求信号在采样点之间变化。如果该模拟信号不包含自然变化或者固有噪声，可以在输入信号或者 A-D 转换器参考电压端加入人工噪声使得采样点间的信号抖动。图 6.32b 所示是一种添加人工噪声的实际方法。微控制器产生 PWM 随机宽度脉冲，这种脉冲经过电容的平滑滤波后被添加到模拟输入信号中。抖动幅值应相当于至少原始分辨率的 0.5LSB，但是最好应为 2LSB。采样过后，为使分辨率增加，应该使 A-D 转换器的 2^{2+n} 次采样相加并且使结果右移 n 位。对于上述例子，16 个连续的 10 位数字相加，然后右移 2 位，结果输出一个 12 位的数字。

6.4.7　A-D 转换器接口

当一个传感器或感测电路，如惠斯通电桥连接到 A-D 转换器时，要保证这两者之间的耦合不会引入意外的误差。正如之前所提到的，传感器既可由电压源（见 6.3.2 节）供电，也可由电流源（见 6.3.1 节）供电。接入电压源的方法有两种：恒压法和比例法。一方面，A-D 转换器同样需要一个参考电压，这个参考电压可以是内部的也可以是外部的。因此，为了避免传感器与 A-D 转换器不匹配，传感器和 A-D 转换器进行耦合时应该考虑传感器和 A-D 转换器的参考电压。图 6.33 所示为给电阻式传感器供电（参考）的 3 种可能性——以带有上拉电阻 R 的热敏电阻 r 为例。

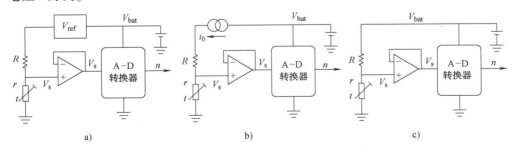

图 6.33　给电阻式传感器供电的三种方式

a）用恒定电压给传感器电路供电　b）用恒定电流给传感器电路供电　c）用比例电压给传感器电路供电

⊖　信息论基本定理。该定理指出，最小采样频率等于信号最高频率的两倍。

为传感器供电的电源可能并不十分稳定，在供电过程中存在一些波动、噪声，甚至是大幅漂移。例如产生电压 V_{bat} 的电池在放电过程中产生压降。需要激励源的传感器可由恒定的电压供电，如图 6.33a 所示。精确的参考电压 V_{ref} 保证了电压的恒定，V_{ref} 的值与电池电压 V_{bat} 无关（见 6.3.3 节）。因此，传感器的分压器的输出 V_r 只与传感器、上拉电阻及参考电压有关。当 A-D 转换器自身具有精确的参考电压时该方法才可使用，因此电压由模拟形式转换为数字形式的过程不受电池的影响。

一些传感器应用需要恒定的电流 i_0 激励（见图 6.33b），本例中，分压器输出 V_r 取决于两个因素：恒定的电流和传感器电阻 r。在之前的例子中，只有当 A-D 转换器自身具有参考电压时才与电池无关。

比例法是一种为传感器供电的有效方法，在该方法中传感器及 A-D 转换器共用一个电压源（电池），因此无须额外调整（见图 6.33c）。A-D 转换器必须使用 V_{bat} 作为其参考电压。因此，输出的 A-D 转换器计数与电池电压成正比。下面是其工作原理。

从传感器传入 A-D 转换器输入端的电压取决于电池，即

$$V_r = \frac{r}{r+R} V_{bat} \tag{6.51}$$

若 A-D 转换器的传递函数同样取决于电池，则 A-D 转换器输出的数字数 n 为

$$n = \frac{V_r}{V_{bat}} N_{FS} \tag{6.52}$$

式中，N_{FS} 是最大（满量程）输入电压所对应的最大 A-D 转换器计数或 MSB（最高有效位）。将式（6.51）带入式（6.52）中，得到输出总计数，该总计数为传感器电阻的函数，即

$$n = \frac{r}{r+R} N_{FS} \tag{6.53}$$

从式（6.53）可以看出，数字输出与电源电压无关，而只与传感器电阻及上拉电阻有关。

6.5 集成接口

在过去，应用工程师必须设计自己的接口电路，而这通常是一项挑战。传感器信号调理的现代趋势是将放大器、多路复用器、A-D 转换器以及其他相关电路集成到单芯片上（见 3.1.2 节）。这样可以让应用工程师从设计接口和信号调节电路中解脱出来，而工程师很少有设计这种系统的经验。因此，标准化接口电路是可靠且有效的解决方案。下面是两个非常有用的商用集成电路的例子。

6.5.1　电压处理器

图 6.34 所示为德国 ZMDI 公司 （www.zmdi.com） 生产的单芯片集成信号调理电路。它优化了几个低电压、低功耗的传感器，包括一个电阻桥。来自桥接传感器的差分电压经过可编程增益放大器的前置放大后，和一些其他传感器信号一起输出到多路复用器中。多路复用器将这些信号 （包括来自内部温度传感器的信号） 以特定的顺序发送给 A-D 转换器。然后 A-D 转换器将这些信号转换为 15 位数字量。数字信号的校正在校准微控制器中进行。校正基于存储在 ROM 中的传感器特殊公式和传感器特定校准系数 （校准过程中存储在 EEPROM 中）。根据程序化的输出配置，校正后的传感器信号转换为模拟电压、PWM 信号或各种通信格式通过通信模块输出，包括串行通信 I^2C。配置数据和校正参数可以通过数字接口电路编程到 EEPROM 中。ZSC31050 的设计中应用到的模块电路的概念，允许为大批量应用快速定制集成电路。

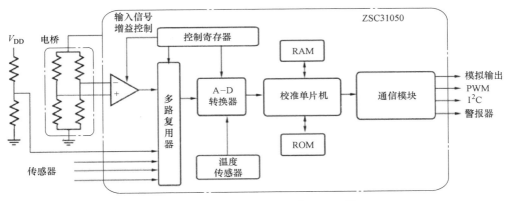

图 6.34　ZMDI 公司的集成信号调理器

6.5.2　电感处理器

基于感应原理的磁传感器常用于检测距离，检测带磁和导电物体的存在，测量阻抗等。这些传感器很多都在本书中描述过。TI 的芯片 LDC1000 是一种集成的电感-数字转换器 （LDC），该转换器用来监控由电感线圈 （L） 和电容 （C） 组成的外部谐振回路的总阻抗。谐振回路中的功率损失由谐振回路与外部发生电感耦合所致。通过测量 LC 谐振器的并联损耗电阻率即可监测这种损失，进而可以以很高的精度监测外部导电物体的存在。

如图 6.35 所示，感应线圈的电感 L 使与线圈相距 d 的导电材料中产生电涡流。交流电流流经线圈产生交流磁场。如果是导电材料，例如由金属材料制成的物体，在线圈附近，交变的磁场将会在该物体内产生循环电涡流。电涡流与距离、尺寸及物体的组成有关。接着，电涡流产生磁场，根据楞次定律，电涡流产生的磁场总与线圈产生的磁场相反。变压器可以很好地解释这种机制，在变压器中，一次铁心相当于线圈，二次铁心中产生电涡流。两个铁心间的感应作用强度取决于铁心间的距离与铁心的形状。因此二次铁心的电阻及电感在二次侧（线圈）表现为一个与距离有关的损耗电阻 $R(d)$ 和电感 $L(d)$ 组件。导电材料改变了 LC 谐振器的谐振频率，并增加了电阻损耗。

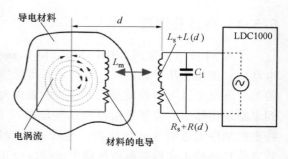

图 6.35　导电材料中电涡流的生成

　　当谐振变化时，功率损失的值可以表征外部物体的特性（距离、组成、尺寸等）。集成电路（见图 6.36）LDC1000 并不直接测量串联电阻损耗；而是在 5kHz ~ 5MHz 范围内，测量 LC 电路的等效并联谐振阻抗。被测阻抗以 16 位分辨率进行数字化并通过集成电路进行处理。

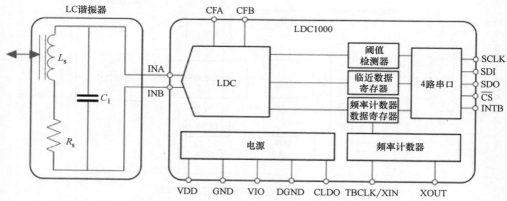

图 6.36　集成电感-数字转换器框图（改编自 TI 公司的 LDC1000 芯片数据表）

6.6　数据传输

　　从传感器输出的信号可以以数字或模拟格式传输到系统的接收端。大多数时候，数字格式需要在传感器端加入 A-D 转换器。数字格式的传输有很多优点，最重要的便是抗干扰。然而数字格式的传输超出了本书的范围，因此这里不会进一步讨论。很多时候，可能有许多原因造成不能进行数字传输，那么，传感器输出信号便会以模拟格式传输到接收端。根据连线不同，传输方式分为双线、四线和六线传输。

6.6.1　双线传输

　　在过程工业中，双线模拟信号传输装置可以用于耦合传感器以控制和监测设备[10]。例如，在某个过程中测量温度时，双线传输器会将测量结果转至控制室或将模拟信号直接送至处理控制器。双线传输既可以传输电压信号又可以传输电流信号，而工业标准中以电流信号为基准。线路电流变化范围为 4～20mA，涵盖整个输入激励区间。激励信号最小时，对应电流为 4mA，而激励信号最大时对应 20mA。

如图 6.37 所示，两根导线连接串联的双线传输器、导线电源和负载电阻 R_{load} 形成回路。传输器可以是电压-电流转换器。也就是说，它将传感器信号转换为可在 4～20mA 范围内变化的电流。负载电阻 R_{load} 两端电压代表激励信号大小。当传感器信号发生变化，传输器的输出电流和负载电阻 R_{load} 两端电压也会随之改变。例如，如果负载电阻 $R_{load} = 250\Omega$，则输出电压变化范围为 1～5V。

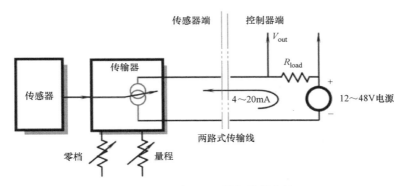

图 6.37　双线 20mA 模拟数据传输

携带激励信息的电流也可被用于传输端来获得它的工作功率。很明显，即使是最低的传感器输出信号（产生 4mA 的电流），产生的电压也足以驱动电流环路的传输端。因此，同样的双线环路可被用于信息传输以及为传感器和发射机输送功率。

双线电流回路的优点是回路中的电流与负载电阻 R_{load} 和连接导线电阻无关。由于电流是由具有非常大输出阻抗的电流发生器（见 6.3.1 节）产生的，它与外部干扰因素无关，包括由外部噪声源对回路产生的感应电压。

6.6.2　四线传输

有时候，我们希望将电阻式传感器连接到远端接口电路。当传感器的阻值相对较低时（如正常情况下，压敏电阻及电阻式温度检测器（RTD）阻值约为 100Ω），连线阻值便会改变施加在传感器上的激励电压，从而引起严重问题。可以使用四线传输方法来解决这一问题（见图 6.38）。它可以测量远端传感器的阻值，而不用考虑连接导线的阻值。传感器通过四路连线与接口电路相连。两对线组成了两个回路：电流回路（激励）和电压回路。激励回路包括两根连接产生激励电流 i_0 的电流源的导线。电压回路导线与伏特表或者放大器相接。恒流源（电流泵）具有很高的输出阻抗（见 6.3.1 节），因此，电流回路中的电流 i_0 与传感器电阻 R_x 和回路

中的任何电阻 r 不相关。从而消除了导线的影响。

与电压回路中其他电阻相比，伏特表或者放大器的输入阻抗很高，因此电流环路中没有电流流向伏特表。因此电压回路中的导线电阻 r 也可被忽略。通过电阻 R_x 的压降为

$$V_x = R_x i_0 \qquad (6.54)$$

该电压与电路中连线的阻值 r 无关。四线传输法是测量远程探测器阻值的有效方法，被广泛应用于工业和科学领域。

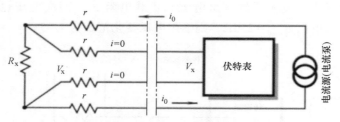

图 6.38   通过四线传输对电阻传感器进行远端测量

6.7   传感器和电路的噪声

传感器和电路中的噪声可以造成明显的误差，所以应当认真对待。就像疾病一样，噪声不可能被消除，只能根据它的特性、严重程度以及处理成本或者困难度来预防、治疗或者忍耐。对于特定电路，噪声有两种基本类别：固有噪声——电路本身引起的噪声，以及干扰（传输）噪声——电路外部产生的噪声。

任何传感器，不管设计得多好，都不可能产生完美反映输入激励信号的理想输出电信号。通常，只能通过判断来定义信号的优劣。而判断的标准要基于对精度和可靠性的特定要求。输出信号失真可能是系统性的，也可能是随机性的。前者涉及传感器传递函数线性度以及动态特性等。这些都是由传感器的设计、制造公差、材料质量及校准引起的。短期内，这些因素不会改变或者是会缓慢变化，因此可以很好地加以定义、描述和说明（见第 3 章）。在很多应用场合中，该特性可作为误差计算的因素。另一方面，随机干扰一般不规则，不可预测且变化频繁。通常，无论其特性和统计特性如何，都将这些随机干扰称为噪声。注意，噪声这个词，与声学装置噪声相联系时，通常被误认为是不规则的变化较快的信号。这里讨论的噪声范围要广很多，包含所有激励、环境的干扰或者传感器部件以及电路从直流提升到更高的工作频率时产生的干扰。

6.7.1   固有噪声

传感器输出信号经放大并转换为数字信号，我们不应当仅仅考虑其大小和频谱

特性，还应当考虑其数字分辨率。当转换系统的数字分辨率增大时，最低有效位（LSB）会随之减少。例如，一个量程为 5V 的 10 位系统的 LSB 为 5mV，而 16 位系统 LSB 为 77μV。而这本身就会带来严重问题。如果总噪声能够达到，如 300μV，那么对于一个 16 位分辨率的系统来说，就已经失去了应用价值。而在真实情况下，情况会更糟。几乎没有传感器能够产生量程为 5V 的输出信号，大部分需要经过放大。举例来说，假如一个传感器的输出信号最大为 5mV，那么经 16 位转换器转换后其 LSB 为 77nV，这个信号非常小，放大非常困难。要想获得高的转换分辨率，就必须认真考虑所有的噪声源。电路中，单片集成的放大器以及进行反馈、偏置、滤波等所需的其他部件都会产生噪声。

输入失调电压和偏置电流可能会产生漂移。在直流电路中，很难将这些漂移和传感器产生的小幅值信号区分开。而这种漂移通常是缓慢变化（带宽数量级为 10～100Hz）的，因此，一般称其为超低频噪声。它们相当于随机或者是可预测的（如通过温度）变化的电压和电流的偏移和偏置。为了从高频噪声中将其区分开，可用图 6.3 所示的等效电路，该电路包含两个附加的发生器。一个为电压偏移发生器 e_o，另一个为电流偏置发生器 i_o。噪声信号（电压和电流）由制作传感器的电阻以及半导体内部的物理机制产生。噪声源有很多，其综合效应可由电压和电流噪声发生器来生成。

电流的离散性是产生噪声的一个原因，因为电流是由许多移动电荷形成的，每一电荷载体都会传输一定量的电量（一个电子携带 1.6×10^{-19}C 的电量）。在原子级别上，电流流向是不确定的。载流子的运动类似于爆米花爆裂。这是对电流的一个很好的比喻，并且与"爆米花噪声"无关，我们稍后会讨论这个问题。与爆米花一样，电子运动可以用统计学方法描述。因此，没人可以确定当前电流非常细微的细节。载流子的运动与温度相关，噪声功率也与温度相关。在电阻内，这些热运动引起约翰逊（Johnson）噪声[11]。噪声电压的均方值（代表噪声功率）可以用式（6.55）算出

$$\overline{e}_n^2 = 4kTR\Delta f(\text{V}^2/\text{Hz}) \tag{6.55}$$

式中，$k = 1.38 \times 10^{-23}$J/K（玻尔兹曼常数）；T 为热力学温度；R 为电阻，单位为 Ω；Δf 为测量带宽，单位为 Hz。

实际应用中，室温下，电阻中生成的噪声可以用一简单公式估计出：$\overline{e}_n \approx 0.13\sqrt{R\Delta f}$，单位为 nV。例如，如果噪声带宽为 100Hz 并且相关电阻为 10MΩ（$10^7\Omega$），室温下的平均约翰逊噪声电压为 $\overline{e}_n \approx 0.13\sqrt{10^7}\sqrt{100} \approx 4\mu$V。

即使是一个简单的电阻也是噪声源，表现为随机电信号的永久发生器。通常，相对小的电阻会产生极小的噪声，但是在一些传感器中，必须考虑约翰逊噪声。例如，热释电探测器使用 50GΩ 的偏置电阻。如果室温下传感器带宽为 10Hz，那么可以预测其电阻产生的平均噪声电压大概为 0.1mV——这个值很大。为了抑制噪声，接口电路的带宽应当尽可能小，只需通过最低所需信号即可。注意，噪声电压

与带宽的平方根成正比。这意味着，如果我们缩小带宽至原来的 1/100，那么平均噪声电压会缩小为原来的 1/10。约翰逊噪声的幅值在较宽的频率范围内保持恒定。由于和所有频率的可见光组成的白光相似，通常称其为白噪声。

另一种噪声是由半导体中的直流电流引起的，称其为散粒噪声（shot noise）。该名称由肖特基提出，但与他的名字无关，而是因为这种噪声听起来就像"一连串射击击中目标"（不过，散弹噪声通常称为肖特基噪声）。散弹噪声也是一种白噪声。它的值会随着偏置电流的增大而增大。这就是为什么在 FET 和 CMOS 半导体中电流噪声非常小的原因。对于 50pA 的偏置电流，散弹噪声大概为 $4\mathrm{fA}/\sqrt{\mathrm{Hz}}$，相当于每秒 6000 个电子运动产生的一个极小的电流。散弹噪声的简化公式为

$$i_{sn} = 5.7\times10^{-4}\sqrt{I\Delta f} \tag{6.56}$$

式中，I 为半导体结电流，单位为 pA；Δf 为相关频率带宽，单位为 Hz。

在低频段，存在额外的交流噪声机制（见图 6.39）。噪声电压源和噪声电流源的谱密度都大致和 $1/f$ 成正比。由于在低频时有比较高的噪声（低频也在可见光谱的红光附近，红光和白光混合产生粉红色光），所以称其为粉红噪声。这种 $1/f$ 噪声产生于所有导体材料中，因此通常与电阻相关。频率极低时，将 $1/f$ 噪声与直流漂移效应区分开来是不可能的。$1/f$ 噪声有时也称为闪烁噪声。大多数时候，其频率范围要低于

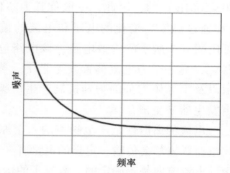

图 6.39　$1/f$ 粉红噪声的频谱分布

100Hz，而有很多传感器都工作在这个频率范围。在该频率范围内，与约翰逊和肖特基噪声相比，它占主导地位，是主要误差源。粉红噪声的大小依赖于通过电阻或半导体材料的电流。目前，半导体技术的进步使得半导体材料中的 $1/f$ 噪声有了很大程度的降低。但是，当设计电路时，经常会在传感器和接口电路前端等有显著电流流过且在低频率时有低噪声要求的地方用到金属薄膜和绕线电阻。

电压和电流噪声源产生的总噪声可由单个噪声电压的平方和计算

$$e_E = \sqrt{e_{n1}^2 + e_{n2}^2 + \cdots + (R_1 i_{n1})^2 + (R_1 i_{n2})^2 + \cdots} \tag{6.57}$$

随机总噪声由其均方根（Y. m. s）表示

$$E_{rms} = \sqrt{\frac{1}{T}\int_0^T e^2 \mathrm{d}t} \tag{6.58}$$

式中，T 为总观测时间；e 为噪声电压；t 为时间。

同样，噪声也可用其峰值来表征，该峰值为任意间隔内观察得到的最大正负峰值之间的偏差。对于某些应用情况，峰峰（p-p）噪声会抑制总体性能（如阈值装置），因此测量 p-p 值非常重要。然而，因为噪声信号通常为高斯分布，实际情况

下 p-p 值很难测得。由于均方根值很容易重复测得，并且是呈现噪声信号最常见的形式，可以利用表 6.4 在给定均方根值的情况下预估超出不同峰值的概率。随机观测的 p-p 噪声在 3~8 倍的均方根之间变化，这取决于观测时间以及可用数据量。

表 6.4　基于均方根的 p-p 值（高斯分布）

额定 p-p 值电压	观测时间内噪声超过 p-p 值的概率
2×r. m. s	32.0%
3×r. m. s	13.0%
4×r. m. s	4.6%
5×r. m. s	1.2%
6×r. m. s	0.27%
7×r. m. s	0.046%
8×r. m. s	0.006%

6.7.2　传输噪声

　　传感器以及接口电路的环境稳定性很大程度上取决于其对于外部噪声的抗扰性。图 6.40 所示为传输噪声的传播过程。噪声源通常是很难辨别的。例如电源线的电压冲击、闪电、环境温度的改变、太阳活动等。这些干扰在传感器和接口电路中传播，其引起的问题最终会呈现在输出端。但是，在它到达输出端之前，肯定会对传感器内部的敏感元件、它的输出端口，以及电路的各个元件造成一定程度的影响。这里，传感器及接口电路的角色是干扰的接收器。

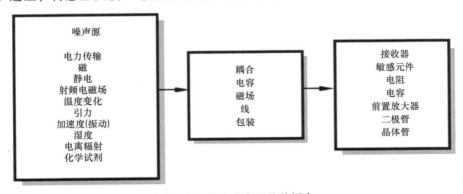

图 6.40　传输噪声源及其耦合

　　根据传输噪声对输出信号的影响程度、传输噪声如何进入传感器或电路等，传输噪声可分为几种类型。根据其与输出信号的关系，噪声既可以是加性的，也可以是乘性的。

1. 加性噪声

　　加性噪声 e_n 加到有效信号 V_s 中并与其混合为一个完全独立的电压（或电流）

$$V_{out} = V_s + e_n \qquad (6.59)$$

图 6.41b 所示为加性干扰的一个例子。可以看到，当实际（有效）信号变化时，噪声大小不变。如果将传感器与接口电路都视作线性的，那么加性噪声的大小是与信号的大小完全独立的，而且，如果信号为 0，输出噪声仍会存在。

为了提高加性传输噪声的稳定性，传感器通常成对使用，就是说，它们被组装成对偶形式，输出信号为两个传感器信号相减，如图 6.42 所示。这种方法称为差分技术（见 6.2.2 节）。其中一个传感器（主传感器）受到 S_1 激励，而另一个传感器（参考传感器）与该激励隔离。由于加性噪声专门针对线性或准线性的传感器以及接口电路，因此参考传感器不需要特别激励。通常情况下，它等于 0。可以预测，两个传感器都会遇到同样的传输噪声（传感器内部产生的噪声不能用差分法消除），称为共模噪声。这意味着两个传感器里的噪声影响是同相的且有同样的数量级。如果二者同时受共模杂散激励信号影响，那么噪声部分会相互抵消。这种传感器通常称为对偶或差分传感器。噪声抑制的质量由共模抑制比（CMRR）表示

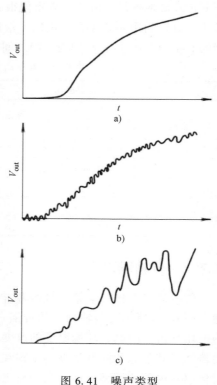

图 6.41 噪声类型
a) 无噪声信号　b) 加性噪声　c) 乘性噪声

$$CMRR = 0.5 \frac{S_1 + S_0}{S_1 - S_0} \qquad (6.60)$$

式中，S_1 和 S_0 分别为主传感器和参考传感器的输出信号。

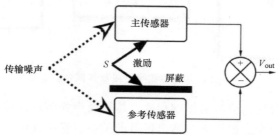

图 6.42 差分技术（屏蔽层可以防止激励 S 到达参考传感器）

CMRR 取决于激励信号的大小，而且当输入信号变大时会变小。这个比率表示输出端实际激励信号相对于具有相同幅值的共模噪声会增强多少倍。CMRR 用来表

征传感器的对称度。为了有效抑制噪声，两个传感器应尽可能靠近，具有高度一致性且处于相同的环境条件下。同样，参考传感器与激励信号的可靠隔离也很重要。否则，总差分响应会减小。

2. 乘性噪声

乘性噪声通过改变和调制信号电压 V_s 来影响传感器的传输函数或者电路的非线性部件

$$V_{out} = [1+N(t)]V_s \qquad (6.61)$$

式中，$N(t)$ 是噪声的无量纲函数。

图 6.41c 所示为这种噪声的一个例子。当信号幅值接近 0 时，输出端的乘性噪声会消失或者变得很小（此时它也可能变为加性噪声）。乘性噪声幅值随信号电压值 V_s 的变化而变化。从名字就可以看出，乘性噪声是两个值相乘（本质上是非线性操作）后的结果，其中一个乘数是有用信号，另一个是与噪声相关的杂散信号。

为减少传输乘性噪声，可采用比例测量技术而非差分测量技术（见 6.2.1节）。它的原理很简单。类似于差分测量技术，传感器为对偶形式，第一个传感器用来感知激励信号，两个传感器都处于同样的可以引起传输乘性噪声的环境下。首先，主传感器对激励 s_1 产生响应，但同时也受到传输噪声的影响。第二个称为参考传感器，其输入端为恒定的确定参考激励 s_0，具有环境稳定性。例如，假设传输噪声是环境温度，主传感器和参考传感器同时受该噪声的影响。主传感器的输出电压近似为

$$V_1 \approx F(T)f(s_1) \qquad (6.62)$$

式中，$F(T)$ 是温度相关的函数，传感器的传递函数受该函数影响，T 是温度。注意 $f(s_1)$ 是一个无噪声传感器的传递函数。参考输入固定为 s_0 的参考传感器产生的电压为

$$V_0 \approx F(T)f(s_0) \qquad (6.63)$$

将以上两个等式做比，得到

$$\frac{V_1}{V_0} = \frac{1}{f(s_0)}f(s_1) \qquad (6.64)$$

由于 $f(s_0)$ 是常量，该比率不受温度影响，因此温度引起的传输噪声可以被忽略。但必须强调的是，比例技术只能用于消除乘性噪声，而差分技术只能用于加性噪声。对于传感器和电路内部产生的固有噪声，这两种技术是无能为力的。另外，参考传感器的输出可能不为零，但也不会太小，否则式（6.64）将大大增大。参考激励值应选在输入激励范围中心的附近，只要输出 $f(s_0)$ 与零相差很多即可。

虽然固有噪声主要是高斯噪声，但传输噪声通常不太适合传统的统计描述。传输噪声可能是单调且有规律的（如温度影响）、周期性的、不规则重复性的，或基本上是随机的，并且通常可以通过传感器设计和采取预防措施来大幅降低。采取预防措施的目的是最大限度地减小电源因线路频率及其谐波、无线电广播站、机械开

关的电弧、以及无功电路（具有电容和电感的电路）的切换而导致的电压或电流尖峰等引起的静电或电磁干扰。将传感器放置在恒温器中可以减小温度效应的影响。电气预防措施包括滤波，耦合，对引线和器件进行屏蔽，使用保护电位，消除接地回路，引线、器件和导线的物理再定位，在继电器线圈和电动机上使用阻尼二极管，尽可能地选择低阻抗器件，选择低噪声的电源和基准等。通过适当的机械设计可以降低振动产生的传输噪声。表 6.5 列出了一些传输噪声的来源、典型幅值及防治措施。

表 6.5　典型传输噪声源（改编自参考文献［12］）

外部源	典型幅值	典型防治措施
60/50Hz 的电流	100pA	屏蔽；防止出现接地环路；采用隔离型电源
120/100Hz 的电源波纹	3μV	电源滤波
60/50Hz 饱和变压器的电磁拾波器，频率为 180/150Hz	0.5μV	部件重定位
无线电广播站	1mV	屏蔽
开关电弧	1mV	用 5~100MHz 的部件进行滤波；防止出现接地环路并屏蔽
电流振荡	10pA（10~100Hz）	留意机械耦合；在输入端以及传感器附近消除具有大电压的导线
电缆振动	100pA	用低噪声等级的(碳涂层介质)电缆
电路板	$0.01 \sim 10\text{pA}/\sqrt{\text{Hz}}$（低于 10Hz）	彻底清洁电路板；在需要的地方用特氟龙进行绝缘和防护

　　电噪声耦合最常见的途径是"寄生"电容。这种耦合处处存在。任何物体对其他物体都存在电容耦合。例如，当人站在地面时，便会对地产生大约 700pF 的电容，电连接器的引脚之间大概有 2pF 的电容，光隔离器有约 2pF 的发射器-探测器电容。图 6.43a 所示为电噪声源通过耦合电容 C_s 与传感器内部阻抗 Z 相连。

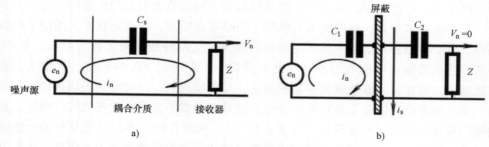

图 6.43　电容耦合及电屏蔽

a）电容耦合　b）电屏蔽

该阻抗可以是简单电阻或电阻、电容、电感及非线性元件（如二极管和晶体管）的组合。阻抗两端的电压是由噪声信号、耦合电容 C_s、阻抗 Z 直接引起的。例如，热释电探测器的内部阻抗相当于一个 30pF 的电容和 50GΩ 的电阻并联。假设阻抗通过 1pF 的电容与运动的人体耦合，而运动人体表面的静电电荷为 1000V。如果将人体运动的主频率限制为 1Hz，那么传感器将会接收到大约 30V 的静电干扰！这一数值比传感器感测人体热辐射产生的响应电压高出 5 个数量级。

由于一些传感器以及几乎所有的电子电路都具有非线性，高频干扰信号可能在输出端被整流为直流或缓慢变化的噪声电压。

6.7.3 电屏蔽

对传感器和电路尤其是高阻抗和非线性元件进行屏蔽可以很大程度上减少来自电场的干扰。每次屏蔽都要单独仔细分析。鉴别噪声源及其与电路耦合的方式是非常重要的。不适当的屏蔽和保护只会使情况更糟并可能导致新的问题。

屏蔽有两个目的[13]。首先，将噪声限制在一个小区域内，防止噪声进入附近的电路。但是，如果接地不良或者接线不正确，那么被屏蔽噪声的返回路径就不能很好地规划和实施，这样由屏蔽装置"捕获"的噪声仍会引起许多问题。

其次，如果噪声源在电路内部，可以将屏蔽放置在关键部件周围，阻止噪声进入探测器和电路的敏感部分。这种屏蔽可以由包围电路区域的金属盒或中心导线周围有屏蔽层的屏蔽电缆组成。

如 4.1 节所述，利用金属外壳可以很好地控制来自电场的噪声，因为电荷不可能存在于一个封闭导电面的内部。互感电容或者杂散电容的耦合可通过图 6.43a 所示电路进行建模。寄生电容 C_s 是噪声源与电路阻抗 Z（作为噪声的接收器）之间的杂散电容（在特定频率下阻抗为 Z_s）。电压 V_n 是电容耦合的结果。噪声电流计算如下

$$i_n = \frac{e_n}{Z + Z_s} \tag{6.65}$$

实际产生的电压为

$$V_n = \frac{e_n}{1 + \dfrac{Z_s}{Z}} \tag{6.66}$$

例如，如果 $C_s = 2.5\text{pF}$，$Z = 10\text{k}\Omega$（电阻），$e_n = 100\text{mV}$，在 1.3MHz 时，输出噪声为 67mV。

读者也许会认为 1.3MHz 的噪声相对来说可以比较容易地从传感器产生的低频信号中滤掉。但事实上，这是不可能的。因为很多传感器，特别是放大器前端，包含非线性元件（半导体结），具有整流的功能。这样，在通过一个非线性的元件之后，高频噪声的波谱范围转移到低频区域，使噪声信号与传感器输出电压非常类似。

当加入屏蔽之后，如图 6.43b 所示。假设屏蔽是零阻抗，左侧的噪声电流为 $i_n = e_n / Z$。屏蔽的另一边，因为电路右端没有驱动源，噪声电流为零。相应的，噪声接收阻抗两端的噪声电压也为 0，这样，敏感电路就会有效屏蔽噪声源。

使用静电屏蔽时，应遵循一些实用性规则。

1）静电屏蔽应与屏蔽中任意电路的参考电位相连才能使得屏蔽有效。如果信号接地（结构底盘或者地），那么屏蔽装置也必须接相同的地。如果信号不接地，屏蔽接地是没有意义的。

2）如果用屏蔽电缆，其内部屏蔽层必须接信号源一侧的信号参考电位点，如图 6.44a 所示。

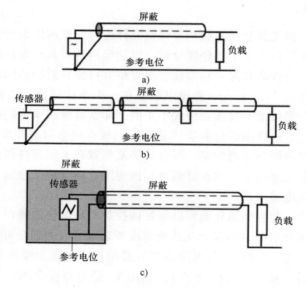

图 6.44 输入电缆与参考电位的连接

a）使用屏蔽电缆 b）屏蔽分为几个部分 c）传感器安装在屏蔽盒中

3）如果屏蔽分为几个部分，如使用连接器时，那么每个部分都必须与相邻的部分相连，最终连接到信号参考电位点上，如图 6.44b 所示。

4）数据获取系统中所需的独立屏蔽的数量等于所测独立信号的数量。每个信号都要有自己独立的屏蔽，且系统内的屏蔽互不相连，除非这些信号具有共同的参考电位点（信号"地"）。在这种情况下，每一个屏蔽都需要通过一个独立的跳线连接到同一点上。

5）屏蔽只能在一点接地，最好靠近传感器。屏蔽电缆不能两端都接"地"（见图 6.45），否则，两个地之间的电位差 V_n 会在屏蔽上产生电流 i_s，这会通过

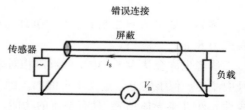

图 6.45 电缆屏蔽在两端被错误地接地

磁耦效应将噪声电压引入电缆的中心导体中。

6）如果传感器安装在屏蔽盒中，数据通过屏蔽电缆传输（见图 6.44c），电缆屏蔽层必须接到屏蔽盒上。通常合理的做法是为屏蔽装置内部的参考电位点（"地"）使用独立的导线，且不能将屏蔽装置用于除屏蔽外的其他目的，决不允许屏蔽装置中有电流出现。

7）决不允许屏蔽与参考电位点之间存在电位差（除非是有源屏蔽，如图 6.4b 所示），屏蔽上的电压通过线缆电容与中心导体耦合。

8）屏蔽接地时使用短导线以减少电感。

6.7.4　旁路电容

旁路电容的作用是在负载一端维持低电源阻抗。电源线上的寄生电阻和寄生电感意味着电源阻抗可能很高。当频率变高时，寄生电感会引起电路振荡或激振效应。即使对于低频电路，旁路电容也很重要，因为来自外部源（如无线电发射站）的高频噪声会进入电路以及电源线中。在高频时，电源或校准器的输出阻抗不为 0。使用哪一类电容要取决于具体的应用、电路的频率范围、成本、电路板空间以及其他一些考虑因素。选择旁路电容时，要考虑到当实际处于高频时，电容会和书本里描述的理想电容有很大出入。

图 6.46 所示为一种广义的电容等效电路。它包括标称电容 C，漏电阻 r_1，导线电感 L 和电阻 R。进一步讲，它还应包括由电容的"记忆性"表现出的介质吸收参数 r 和 c_a。对于很多接口电路，特别是放大器、模拟积分器和电流（电荷）-电压转换器，介质吸收是误差产生的主要原因。在这些电路中，应尽可能使用薄膜电容。

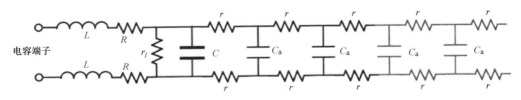

图 6.46　电容等效电路

在旁路应用中，相比于二阶项 r_1 和介质吸收来说，串联电阻 R 和电感 L 才是最重要的因素。它们限制了电容对瞬态信号的抑制力以及维持低电源输出阻抗的能力。通常，旁路电容的电容值应当非常大（10μF 或更高），这样才能吸收更长时间的瞬态信号，所以常用电解质电容。但同时这种电容有很高的串联电阻 R 和电感 L。通常，钽电容的性能要好一些，而无极性（陶瓷或薄膜）铝电解电容能进一步提高性能。目前，高容量的陶瓷电容的成本已经很低。

错误的旁路电容类型组合会引起激振效应、电路振荡以及数据通信通道的串扰。辨别旁路电容类型组合是否正确的最好方法是先在试验电路板上测试一下。

6.7.5 磁屏蔽

合理的屏蔽可以很大程度上减少由静电效应和电场引起的噪声。然而，不幸的是，因为磁场能穿透导体材料，所以对磁场进行屏蔽要困难得多。典型的置于导线周围并一端接地的屏蔽装置只能对磁感应电压起到微乎其微的屏蔽作用。当磁场 B_0 穿透屏蔽时，其振幅会按指数规律降低（见图 6.47b）。屏蔽的集肤深度 δ 是指空气中磁场衰减 37% 时所需的深度。表 6.6 列出了一些材料在不同频率下的 δ 值。在高频时，表中列出的任何材料都能有效进行磁场屏蔽。但是当频率较低时，钢材料具有更好的性能。由于感应电涡流的存在可以使导电材料产生高频率屏蔽。根据楞次定律（见 4.4.1 节），电涡流产生了与原磁场相反的磁场，进而产生屏蔽。然而，在较低的频率下，电涡流的效率较低。

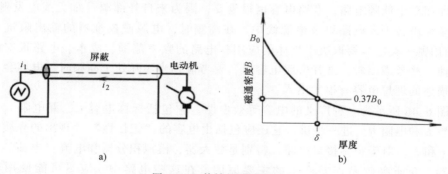

图 6.47　传输磁噪声的减少

a）通过同轴电缆来驱动负载可以减少传输磁噪声　b）磁场屏蔽随着屏蔽厚度的增加而越来越明显

表 6.6　不同频率下的集肤深度 δ （单位：mm）

频率	铜	铝	钢
60Hz	8.5	10.9	0.86
100Hz	6.6	8.5	0.66
1kHz	2.1	2.7	0.20
10kHz	0.66	0.84	0.08
100kHz	0.2	0.3	0.02
1MHz	0.08	0.08	0.008

为了提高低频时的磁场屏蔽能力，应当考虑高磁导材料（如高磁导率合金）。但是，在高频和强磁场条件下，高磁导率合金的磁屏蔽能力会大大降低。高频时厚壁钢制屏蔽装置能有效屏蔽磁场。因为磁屏蔽很困难，所以低频时最有效的磁屏蔽方法是最小化磁场强度，最小化接收端的磁回路面积，并选择最佳的导线几何形

状。以下是一些比较实用的指导原则：

1）使接收电路尽可能地远离磁场源。

2）避免连线与磁场线平行，而要使其垂直磁场线穿过磁场。

3）根据频率和磁场强度，选用合适的材料进行磁场屏蔽。

4）用双绞线作为导线来传输大电流（该电流是磁场产生的来源）。如果双绞线两条线中的电流大小相等，方向相反，那么双绞线任何方向上的磁场都为 0，为了使其起作用，电流不能与另导体共享，如接地层，其会造成接地环路。

5）如图 6.47a 所示使用屏蔽电缆，源电路的高回路电流流经其屏蔽层。如果屏蔽层电流 i_2 与中心导线电流 i_1 大小相等，方向相反，则中心导线产生的磁场与屏蔽层电流产生的磁场相互抵消，使得净磁场为 0。这貌似与前面所讲的屏蔽中不应存在电流是相矛盾的，但是，这里的屏蔽电缆并不是用来为中心导线提供静电屏蔽的，而是用来消除电流（该电流供向需要电流的装置，如电动机）所产生的磁场。

6）由于磁感应噪声依赖于接收回路的面积，因此，可以通过减少接收回路面积来减小由磁耦引起的感应电压。

那么什么是接收回路呢？如图 6.48 所示，传感器通过两条导线与负载电路相连，导线的长度为 L，两条导线相距 D。矩形回路的面积为 $a = LD$。与线圈串联产生的感应电压与磁场 **B**、回路面积以及其与磁场夹角的余弦成正比。因此，为了使噪声降到最小，需要合理布置回路使其与磁场夹角为直角，并使得回路面积最小。

可以通过减小导线长度或者缩短导线间的距离来减小回路面积。使用双绞线可以很容易实现这个目的，或者直接将导线成对紧扎成线束。将导线捆扎成对是一种好的做法，这样电路导线及其回路总是绑在一起的。这项要求不容忽视。例如，如果设计者正确布线后，服务技术人员在维修时很有可能改变线路的位置，这可能引入大噪声。因此，必须了解线路的区域和方位，并永久固定接线。

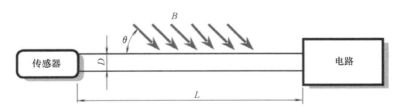

图 6.48　长导线形成接收回路

6.7.6　机械噪声

振动以及加速效应同样也是传感器传输噪声的来源，应尽量减小其影响。这些因素会改变传输特性（乘性噪声）或导致传感器产生杂散信号（加性噪声）。如果传感器含有某些机械元件，那么在给定的频率和振幅下，沿着某些轴向产生的振动会引起谐振效应。对某些传感器来说，加速度是一种噪声源。例如，大多数热释电探测器有压电特性。该类传感器的主要功能是响应热辐射。但是，在诸如快速变化的气压、强风或者结构振动等周围力学因素的影响下，传感器会产生额外的输出信号，通常很难将这类信号与传感器响应正常激励产生的信号区分开来。在这种情况下，用差动法可以有效消除噪声（见 6.7.2 节）。

6.7.7　接地层

多年以来，接地层一直被电气工程师以及印制电路设计师作为处理错误电路操作的一种"神秘莫测"的手段。接地层主要用来减小电路电感。它利用最基本的磁学原理来实现这一目的。线路中的电流会产生关联磁场（见 4.3 节）。磁场强度和电流 i 成正比，和导体间的距离 r 成反比

$$B = \frac{\mu_0 i}{2\pi r} \tag{6.67}$$

因此，我们可以想象为磁场环绕着一条带电流的导线。导线的电感定义为由导线电流产生的磁场中所储存的能量。为了计算导线的电感，需要沿导线的长度以及磁场的覆盖域对磁场求积分。这意味着需要从导线表面向无穷远处范围积分。但是，如果两条极为临近的导线携带着大小相同、方向相反的电流，那么它们产生的磁场会相互抵消。这样，虚假的导线电感会非常小。反向流动电流称为返回电流。以上就是应用接地层的根本原因。接地层提供了一条直接位于信号线下方的返回电流路径。返回电流直接入地，而不管导线有多少旁支。电流总是会通过最低阻抗的返回路径。在设计合理的接地层上，返回路径直接位于信号线的下方。在实际电路中，接地层位于电路板的一边，而信号传输线位于另一边。在多层印制电路板上，接地层通常夹在两层或更多层导体层中间。除了最小化寄生电感以外，接地层还有许多其他用途。接地层的平坦表面将由"集肤效应"（交流电沿着导体表面传输）引起的电阻损耗降到最小。另外，接地层通过将杂散电容接地来提高电路在高频下的稳定性。尽管接地层非常有益于数字电路，但是把它用于模拟传感器信号的电流反馈是非常危险的，因为，数字电流信号接地很有可能对电路的模拟部分产生强干扰。

下面是一些实用性建议：

1）接地层面积应尽可能大且处于元件面（或者位于多层印制电路板的内部）。尤其是当处于处理高频或数字信号的电路下方时，应使面积最大化。

2）将能传导快速瞬变电流的元件（如终端电阻、集成电路、晶体管、去耦电容等）安装在尽可能靠近电路板的位置。

3）当需要一个公用参考接地点时，每条支路都需要用独立导线，并将它们连接到接地层上的同一点，防止由于接地层电流而产生压降。

4）对电路板的数字部分和模拟部分分别用单独的不重叠的接地层，并且只在

电源端点将它们连接在一点。

5）应减小线路长度，因为电感的大小直接与线路长度相关，而接地层不可能完全消除电感。

6.7.8　接地环路与接地隔离

当电路输入低电平信号时，其自身就会产生足够大的噪声和干扰，造成严重的精度问题。有时，纸面上设计正确，在试验电路板上的试验性能也令人满意，但当印制电路板进行产品原型测试时，精度往往达不到要求。试验电路板和 PCB 原型的区别可能在于导线的物理布局不同。通常两个电子元件之间的导线功能都是非常特殊的：它们可能连接电容和电阻，也可能将一个 JFET 晶体管门与运算放大器的输出端相连。但是，在大多数情况下，至少有两条导线是大部分电路都通用的，这两条导线是电源总线和接地总线。它们都可能会将干扰信号从电路的一端传向另一端，特别是，将强输出信号耦合到传感器以及电路的输入级。

电源总线为电路所有部分供给电流。接地总线同样携带着供电电流，但它通常是用来为电信号建立一个参考基准。对于任何测量电路，参考基准的电整洁性是必不可少的。接地总线的两个功能（供电以及提供参考基准）的交互可能会产生一个问题，该问题称为"接地环路"。我们可以通过 6.49a 来说明这个问题，传感器连接到一个放大器的同相输入端，该放大器增益非常大。放大器接电源，两者之间电流为 i，其以电流 i' 流回接地总线。传感器产生电压 V_s 加到放大器同相输入端。地线连在电路的 a 点，也与传感器的一端相连。虽然电路没有显著的误差源，然而输出电压就已经包含了不小的误差。噪声源是由于错误的地线连接引起的。图 6.49b 表明地线并不理想。它可能具有有限阻值 R_g 和电感 L_g。该例中，电源电流从放大器流回到电源时，通过点 b 和 a 之间的接地总线产生电压降 V_g。这一压降

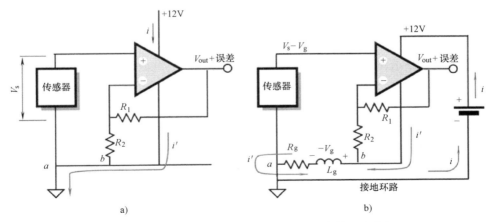

图 6.49　电路接地端错误连接与接地导线中供电的路径

a）电路接地端错误连接　b）接地导线中供电的路径

即使再小，也能比得上传感器产生的信号大小。注意，电压 V_g 与传感器串联，并且直接作用到放大器输入端。换句话说，传感器并没有接到"纯净"的接地端。地电流还可能包含高频分量，这样的话，接地总线电感会产生非常强的杂散高频信号，不但会给传感器引入噪声，还可能引起电路的不稳定。

如一个热电偶温度传感器，针对目标物温度产生 $50\mu V/℃$ 的电压。低噪声放大器有静态电流 $i = 1mA$，通过接地环路的电阻为 $R_g = 0.2\Omega$。接地环路压降 $V_g = iR_g = 0.2mV$，相应的误差为 $-4℃$！解决方法很简单：消除接地环路。电路板设计最重要的原则是：对于基准电压和电源电流绝不能使用相同导体。电路设计者应当将运载电流的地和参考地分开，特别是用于数字装置时。因此，建议至少有 3 个接地层：参考接地、模拟接地和数字接地。

参考接地层只能用于连接产生低电平输入信号的传感器部件、所有需要接地的放大器前端输入部件以及 A-D 转换器的参考输入。模拟接地层只用于从模拟接口电路返回强电流。数字接地层只能用于如微处理器、数字门电路等产生的二进制信号。有时可能还需要额外的接地层，例如，某些带有强电流尤其是包含高频成分信号的器件（如 LED、继电器、电动机、加热器，等）。如图 6.50 所示，将接地端从传感器 a 点移到电源终点 c，防止在连接传感器以及反馈电阻 R_2 的接地导线上产生杂散电压。

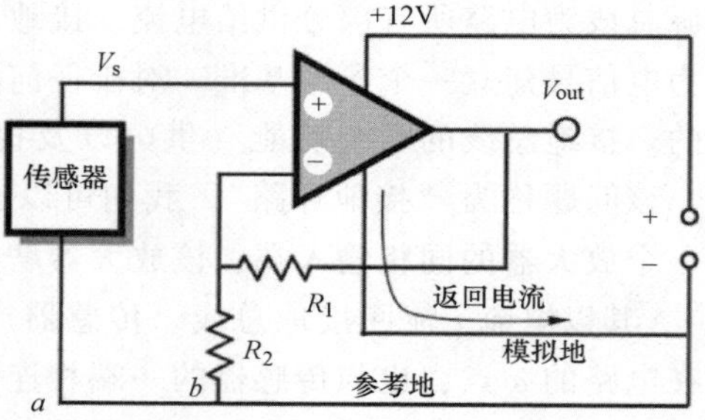

根据经验，电路板上所有的

图 6.50　传感器以及接口电路正确接地

"地"应连接到同一点，最好是在电源一端。两点或多点接地会形成接地环路，而这通常不利于电路诊断。

6.7.9　泽贝克噪声

这种噪声是由泽贝克效应（见 4.9.1 节）引起的，即两种不同金属连接在一起时会产生电动势。泽贝克电动势很小，对于许多传感器来说，其值可被忽略。但是，当要求 $10 \sim 100\mu V$ 的绝对精度时，应当将这种噪声考虑在内。两种不同金属相连可以用来测量温度。然而，当温度测量并不是所需求的功能时，产生的热电动势就成了杂散信号。电子电路中，不同金属的连接随处可见：连接器、开关、继电器触点、插座、导线等。例如，电路板覆铜层与集成电路的可瓦合金输入引脚相连，产生了 $40\mu V \cdot \Delta T$ 的偏移电压，式中 ΔT（单位℃）是板上连接的两种金属之间的温度梯度。普通铅锡焊料与覆铜层接触会产生 $1 \sim 3\mu V/℃$ 的热电压。有一些特殊的镉锡焊料可以将杂散信号降至 $0.3\mu V/℃$。图 6.51a 是两种焊料的泽贝克电动势。不同厂商制造的两条相同的导线相连可能会产生约 $200nV/℃$ 的电压。

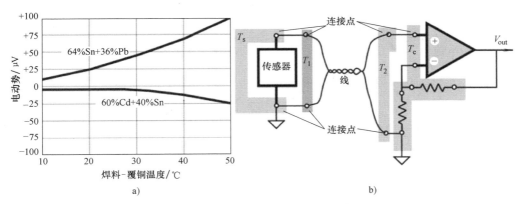

图 6.51　两种焊料的泽贝克电动势

a）焊料-覆铜层结合点产生的泽贝克电动势（改编自参考文献 ［14］）

b）使相应结合点处于相同温度，以减少泽贝克电动势

在很多情况下，可以通过合理的电路布局和热平衡消除泽贝克电动势。通常建议应限制传感器和接口电路前端之间的连接点数。尽可能地避免连接器、插座、开关和其他潜在的电动势来源。但是在某些情况下，这些方法是不可行的。那么在这些情况下，就需要尝试平衡前端电路的连接点数量以及类型，以实现差分法消除噪声。这种方法需要谨慎增加一些连接点以补偿那些必需的连接点。用来消除噪声的连接点应当维持相同的温度。如图 6.51b 所示，远程传感器与放大器相连，其传感器接点、输入端接点以及放大器部件接点都维持在不同的温度下，这些温度都是经过合理配置的。这种热平衡接点之间应当非常接近且最好处于同样的散热片下。要注意避免电路板和传感器外壳中出现空气流通和温度梯度。

6.8　低功耗传感器电池

现代集成传感器的发展以及长期远程监控和数据采集要求使用高可靠性及高能量密度的电源。电池发展的历史可以追溯到 Volta 时代，并在过去的 10 年取得了显著的进展。众所周知，旧式的电化学电池有了很大的改善。例如 C-Zn 电池、碱性电池、锌-空气电池、镍镉电池以及铅酸电池。现在，新式电池如第二代锌-空气电池、镍氢电池，特别是锂电池（如 $Li-MnO_2$ 电池）是电池商业市场的主导。

所有电池都可以分为两类：原电池（一次性使用装置）和蓄电池（可充电）（多次使用装置）。

电池特性通常用单位质量所含能量来表征，但是，对于微型传感器，其单位体积的能量要更重要（见附表 A.21）。

一般来说，电池传输的能量由消耗功率的速率决定。当电流增大时，所能传输的能量便减小。电池的能量和功率同样受电池构造、尺寸、电流占空比的影响。制造商通常用安培·小时或瓦特·小时作为电池容量的标度，该参数是电池在特定速率下放电到特定截止电压时记录的值。

如果电池电容为 C（单位 mA·h），平均电流为 I（单位 mA），电池放电时间（一次性电池寿命）定义为

$$t = \frac{C}{In} \tag{6.68}$$

式中，n 为占空比。例如，如果电池容量为 100mA·h，电路工作电流是 5mA，而电路每小时只工作 3min（占空比为 3/60），电池的持续时间为

$$t = \frac{C}{In} = \frac{100\text{h}}{5 \times \frac{3}{60}}\text{h} = 400\text{h}$$

但是，制造商的说明肯定是有所保留的，只能作为参考，因为规定的放电速率很少与实际的能量消耗一致。另外，电池容量被额定为特定的截止电压，因为当电池放电时输出电压也会随之下降。例如，一个新的电池容量被指定为 220mA·h，其截止电压为 2.6V，而负载需要最低 2.8V 的供电电压。因此，实际电池容量将小于制造商标定的电池容量。

这里强烈建议通过实验而非计算来确定电池的寿命。当设计电子电路时，应在不同的操作模式和在工作温度范围内确定电池的功耗。接着，应该将这些功耗值用来模拟电池负载，以确定在电路特定的截止电压下，电池的使用寿命。电池的加速寿命试验应谨慎使用，因为电池的有用容量很大程度上取决于负载、工作电流曲线和真正的占空比。

有时，电路在短时间（脉冲模式）输入高电流，此时应该对可提供该脉冲电流的电池进行评估，因为电池的内阻可能成为限制因素使电池无法提供足够的所需电流。解决方法是给电池并联一个大电容，例如 10~100μF，该电容可以用来储存电荷以使堆积的电荷快速传输。并联电容的另一个优点是，它可以延长电池在脉冲式应用中的寿命[15]。

6.8.1 原电池

电池的结构决定了它的性能和成本。大多数原电池（一次性电池）采用平行或同轴布置的单一厚电极以及含水电解质。而大多数小蓄电池（可充电电池）设计上与上述有些不同：采用缠绕结构或蛋糕卷结构，该结构是将长细电极缠绕在一个圆柱体上，并放在金属容器中。这样做使得功率密度更高，但降低了能量密度并增加了成本。由于电极的低传导率，许多锂原电池也使用缠绕结构[16]。

1. 碱性锰电池

这种电池近来需求量大增，特别是其锌阳极中去除了汞以后，碱性电池能输送大电流，且具有改良的功率/密度比，以及至少 5 年的贮藏寿命（见附表 A.21）。

2. 锂电池

锂电池大多数产自日本和中国。自 1991 年索尼公司生产出第一块锂锰电池后，锂锰电池迅速普及。该电池具有更高的工作电压，宽范围的尺寸和容量，以及很长的保存期限（见附表 A.22）。锂碘电池有非常高的能量密度，它可以在起搏器（植入式心率控制器）中工作长达 10 年的时间。然而，这些电池的固体电解质具有低的电导率，电池只可在很低的电流消耗（在微安量级）下工作，但这一量级的电流已完全能够满足很多有源传感器的需求。

很大一部分的锂电池非常小，因为仅 1g 就可产生 3.86A·h 的容量。尽管环境法规并未对锂电池进行限制，但是由于其易燃性，锂电池仍被认为具有危险性，因此它们在飞机运输中受到限制。阴极为钴的锂离子电池必须保证温度不高于 130°C（265°F），因为当温度达到 150℃（302°F）时，电池将热不稳定。

对于便携式设备，很希望电池具有很小的厚度。电池的厚度和表面积有相应的对应关系——电池越薄电池表面积越大。例如，锂锰电池 CP223045 厚度为 2.2mm 时表面积为 13.5cm²。该电池一个很大的优点是，容量为 450mA·h，每年自放电仅为 2%。

6.8.2　蓄电池

蓄电池（见附表 A.23）是可充电电池。

密封酸铅电池容量大，尺寸小，生命周期内允许 200 次充放电循环（每次放电时间为 1h）。这些电池的优点是初始成本低，自放电少，能够承受重负载和苛刻的环境。另外，这些电池的寿命也很长。缺点是尺寸和重量相对较大，且因为具有铅和硫酸，对环境存在潜在危害性。

密封镍镉和镍氢电池是使用最广泛的蓄电池，每年产量超过 10 亿块。五号电池容量约为 2000mA·h，有的厂商制造的甚至更高。镍镉电池能够承受过充或过放电。有趣的是，镍镉电池充电时是吸热的而其他电池充电时是放热。但是镉也会引起潜在的环境问题。镍氢和现代镍镉电池都没有 "记忆" 效应，即部分放电不会影响它们满充的能力。镍氢电池几乎可以替代镍镉电池，但是尽管它的容量更高，自放电现象却更严重。

锂离子聚合物电池包含非流体电解质，因此这种电池为固态电池，可以将其加工成任意尺寸和形状。但缺点是价格非常昂贵。

可充电碱性电池成本低，功率密度好，但是它们的生命周期很短。

6.8.3　超级电容器

超级电容器弥补了蓄电池与普通电池间的差距。其特点是具有 1~200F 的很宽的电容范围，0.07~0.7Ω 的低的内阻值（www.maxwell.com）。当超级电容器的能量密度约为传统电池的 10% 时，其供能密度却大概要强上 10~100 倍。因此超级电容器充/放电时长更短。当与常规的一次或二次电池一起工作时，对当一个应用需要持续的低功率放电以及峰值负载的脉冲功率的应用，超级电容器会释放电池的峰值功率功能以延长电池的寿命，同时也可减小电池的整体尺寸和降低成本。超级电容器主要的优点是使用寿命长——约 50 万次循环，远远超过蓄电池的使用寿命，蓄电池通常为 500～10000 次充放电循环（锂离子电池）。超级电容器的缺点是，存在较大的泄漏电流，且通常其工作电压不超过 2.8V。这就排除了超级电容器通过更换电池来保证电荷的长期储存的可能。因此，只有当电荷可不断从电池或能量采集器持续得到补充时，超级电容器才使用最佳。

6.9 能量收集

为传感模块提供电能并非总是很简单。当电源线可用或电池可以定期更换时，这是没有问题的。然而，更换电池有时并不容易，有时甚至不能更换。在这类特殊情况下，能量应从周围环境中获得或收集[21]。这需要将所获得的类型的能量转换为直流电。能量收集潜在的来源如下：

1）热能，从温度梯度中获得能量。例如，人体和环境的温度差可以通过热电元件转换为电能。

2）机械能，通过特殊的传感器受力或移动线圈或磁铁获得能量。例如，可以在鞋底中置入压电元件，每走一步压电元件就会受到力的作用，产生电压峰值，电压可以给电容器或电池充电。另一个例子是带有内置电磁转换器的浮动感应模块，用于将水波的机械能转换为电能。

3）光能，不同波长的光可以利用光电效应、热电效应转换成电能。

4）声能，声音（压力波）可以通过特殊的传声器或水听器转化为电能。

5）电磁（射频）源（远场），例如广播电台发射的电磁场可以被探测到并转换为直流电。

6）磁（射频）源（近场），例如变压器和近距离可变磁场发射器。

6.9.1 光能收集

光量子携带着大量的能量，能量的多少由其波长决定，见式（5.3）。该能量的一部分可以被捕获并用于电子电路的供电。可以通过热电单元将被称为热辐射的低能光转化为电能收集起来[1]。在这些元件中，光首先转换为热，接着热转化为电。对于可见光，最常见的转换装置类型是光伏或太阳能电池。由于这些元件提供直流电，所以这些元件在很多方面与电池相类似。光伏电池和电池一样有正负两极。

光伏元件是由单晶硅的 PN 结制成的，与光敏二极管一样有非常大的光敏感区。但是与光敏二极管不同的是，光伏元件没有反向偏置功能。被照射时，光的能量使电子流过 PN 结，产生约 0.58V（个别太阳能电池）的开路电压。为了提高输出电压（和功率），单个的太阳能电池可以串联在一起形成一个太阳能电池板。光伏电池产生的可用电流的总量取决于光密度、电池尺寸以及效率，其效率通常非常低：15%~20%。为提高电池的总效率，市售的太阳能电池采用多晶硅或非晶硅，没有晶体结构，并能产生 $20~40mA/cm^2$ 的最大电流。

对于给定的照度，电池的伏安特性如图 6.52a 所示。最佳工作点是电池可以提供最大功率的点，即电流和电压的乘积最高的点。在图中，最佳工作点由圆圈表示。光照越强，光伏电流 i 越强。为理解光伏能量收集技术，如图 6.52b 所示，图中为 7 块串联的太阳能电池构成的太阳能电池板。它们可提供约 4V 电压为蓄电池充电，当在黑暗中光伏元件无法输出电流时，蓄电池可提供电能。当前路径中的二极管 D 是为了防止在黑暗时电流反向流动。当环境中有光亮起时，电池充电。可调节电池的输出，从而为传感模块和数据发射机，如蓝牙，提供一个固定的电压。光能收集明显的缺点包括太阳能电池板需要暴露在明亮的光环境中和面板容易被空气中的灰尘污染。

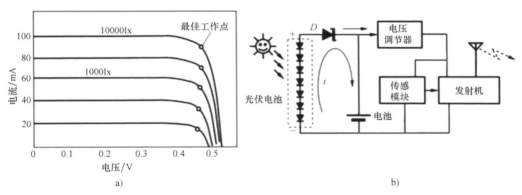

图 6.52　光伏元件的伏安特性和用光伏电池为传感模块供电
a）光伏元件的伏安特性　b）用光伏电池为传感模块供电

6.9.2　远场能量收集

我们周围的空间被无尽的携带大量能量的频率的电磁场所包围。现有技术下，收集所有的能量是不可能的，但是在选定的频率下，收集小部分的入射电磁场是可行的[18,19]。关键是选定的频率是多少？这取决于电磁场源的距离，如无线电台、无线路由器等。因为当远离电磁场源时，电磁场的强度会剧烈下降，因此电磁场源与收集器之间的距离通常最好不超过 3m（10ft）。收集范围必须至少为电磁场波长的 70%或更长。因此，该类型的电磁场接收方式被称为远场能量收集。在一些场合下，当发射器发射出明显的电磁场能（如广播或通信站）时，收集的范围可达40m 长。电磁-直流能量转换系统在 902~928MHz 的工业、科学和医疗频段（ISM 频段）的超高频率下运行更有效。与更高的频段（如 2.4GHz）相比，在该频率范围内，电磁能可以更有效地传递更远的距离，以及具有较低的传输损耗。

收集到的电磁场能用于为电池充电，如图 6.53a 所示。该电路包括可调到选定频率的 LC_1 谐振腔的天线。调谐可以是固定的或自动调节的，以最大限度地提高输出功率。天线应优选放置在转换器的外表面上。来自谐振腔的射频电压对于整流、为电池充电来说非常小，因此需要首先通过一个称为维拉德串联的电压倍增器（该倍增器由多个二极管 D 和电容器 C 组成）将电流整流和放大使直流输出达到足够为电池充电的水平。

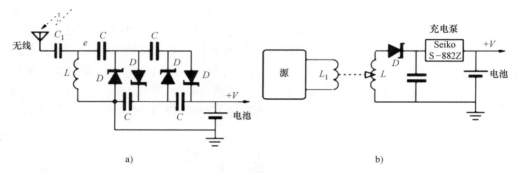

a)　　　　　　　　　　　　　　　b)

图 6.53　远场能量收集电路和带有充电泵的近场磁场耦合
a）远场能量收集电路　b）带有充电泵的近场磁场耦合

6.9.3　近场能量收集

在近场收集器中，只可使用电磁场矢量磁组件，因此该方法的能量收集装置类似于有两个磁耦合线圈[20]的变压器，如图 6.53b 所示。需要注意，经过整流器的电压非常小（约 0.5V），因此需要使用充电泵将电压升至 2V。该类型的耦合很大程度上限制了能量转换的范围——通常不超过 5cm 且必须小于波长的 70%。由于其磁特性，近场能量转换器有时称为 H-场的耦合。在许多使用高电流的电器附近存在大量这类场。在一些情况下，在射频范围的 H-场是专门由一种用于向无线电路供电的无线电天线产生的，例如 RFID 标签。因此，一个发出电磁场（例如在 13.56MHz 的近场通信频率）的线圈一定会与接收线圈和电池充电器发生电感耦合。该射频信号可以被调制以便在传输能量的同时进行数据传输。

参考文献

1. Widlar, R. J. (1980). Working with high impedance Op Amps, AN24. *Linear applicationhandbook*. National Semiconductor.

2. Park, Y. E., et al. (1983). An MOS switched-capacitor readout amplifier for capacitive pressure sensors. *IEEE Custom IC Conf.* (pp. 380-384).

3. Cho, S. T., et al. (1991). A self-testing ultrasensitive silicon microflow sensor. *Sensor ExpoProceedings* (p. 208B-1).

4. Ryhänen, T. (1996). Capacitive transducer feedback-controlled by means of electrostatic force and method for controlling the profile of the transducing element in the transducer. *U. S. Patent 5531128*.

5. Pease, R. A. (1983, January 20). Improve circuit performance with a 1-op-amp current pump. *EDN* (pp. 85-90).

6. Bell, D. A. (1981). *Solid state pulse circuits* (2nd ed.). Reston, VA: Reston Publishing Company.

7. Sheingold, D. H. (Ed.). (1986). *Analog-digital conversion handbook* (3rd ed.). Englewood Cliffs, NJ: Prentice-Hall.

8. Johnson, C., et al. (1986). Highly accurate resistance deviation to frequency converter with programmable sensitivity and resolution. *IEEE Transactions on Instrumentation and Measurement*, *IM-35*, 178-181.

9. AVR121: Enhancing ADC resolution by oversampling. (2005). *Atmel Application Note 8003A-AVR-09/05*.

10. Coats, M. R. (1991). New technology two−wire transmitters. *Sensors*, *8* (1).

11. Johnson, J. B. (1928). Thermal agitation of electricity in conductors. *Physical Review*, *32*, 97-109.

12. Rich, A. (1991). Shielding and guarding. In: *Best of analog dialogue*. © Analog Devices.

13. Ott, H. W. (1976). *Noise reduction techniques in electronic systems*. New York: John Wiley & Sons.

14. Pascoe, G. (1977, February 6). The choice of solders for high-gain devices. *New Electronics* (U. K.).

15. Jensen, M. (2010). White Paper SWRA349. *Texas Instruments*.

16. Powers, R. A. (1995). Batteries for low power electronics. *Proceedings of the IEEE*, *83* (4), 687-693.

17. Batra, A., et al. (2011). Simulation of energy harvesting from roads via pyroelectricity. *Journal of Photonics for Energy*, *1* (1), 014001.

18. Le, T. T., et al. (2009). RF energy harvesting circuit. *U. S. Patent publ. No. 2009/0152954*.

19. Mickle, M, H., et al. (2006). Energy harvesting circuit. *U. S. Patent No. 7084605*.

20. Butler, P. (2012). Harvesting power in near field communication (NFC) device. *U. S. Patent No. 8326224*.

21. Safak, M. (2014). Wireless sensor and communication nodes with energy harvesting. *Journal of Communication, Navigation, Sensing and Services*, *1*, 47-66.

第7章
人体探测器

人体探测涵盖了非常广泛的应用范围，包括安保、监控、能源管理（如灯光的控制）、人身安全、人机界面、常用家电、销售广告、机器人、汽车、互动玩具和新奇产品等。人体探测器可以大体分为以下几类。

1）占用传感器用于检测监控区域内人的存在（有时是动物）。

2）运动探测器只能对运动的物体产生响应。不同于占用传感器不管物体静止或运动都能产生信号，运动探测器选择性地对运动的物体敏感。

3）位置探测器是能够测量物体位置至少一个具体坐标的定量传感器，如从传感器到手的距离。

4）触觉传感器只对很小的力或探测器和主体之间轻微的物理耦合产生响应，如果该主体是一个人或人的等效体（机器人）。

人体探测的一个重要应用是在安全领域。"9.11"事件改变了人们对机场、飞行和安全的普遍看法。这种威胁使得人们对更可靠的系统更加感兴趣，以探测和识别受保护区域内的人。

基于这些应用，我们可以通过各种与人体特性和身体行为相关联的方法探测到人体的存在[1]。例如，探测器可能对人体的图像、光学对比度、重量、热量、声音、介电常数和气味等特性敏感。目前用来感知人体存在和运动的探测器有：

1）气压传感器：探测由于开门和开窗户导致的气压微小变化。

2）电容探测器：人体电容探测器。

3）声音探测器：人的声音的探测器。

4）光电探测器：移动物体中断光束。

5）光照探测器：检测受保护区域内照度或光学对比度的变化。

6）压垫开关：位于地板地毯下的压力敏感带，用来探测入侵者的重量。

7）应力探测器：埋在地板、楼梯和其他建筑物里的应变仪。

8）开关传感器：在窗户和门上连接的电触头。

9）磁开关：一种非接触式开关传感器。

10）振动探测器：感应墙体或其他建筑物的振动，也可以安装在门窗上以探测其移动。

11）玻璃破碎探测器：感应玻璃破碎产生的特殊振动的传感器。

12）红外运动探测器：感知热或冷的运动物体发出的热辐射波的设备。

13）微波探测器：对物体反射的微波电磁信号产生响应的有源传感器。

14）超声波探测器：与微波探测器类似，但用超声波代替微波电磁信号。

15）视频存在探测器：把来自受保护区域的当前图像和内存中存储的静态图像进行比较的视频设备。

16）图像识别系统：和数据库中的人脸特征进行对比的图像分析器。

17）激光系统探测器：与光电探测器类似，但该设备使用的是窄光束和组合反射器。

18）静电探测器：能够探测到移动物体携带的静电荷。

在探测占用或入侵时，一个主要的问题是虚警探测。术语"虚警"是指当没有入侵的时候，系统显示有入侵。在一些非关键的应用中偶尔发生虚警探测，例如交互式玩具或控制房间电灯的感应开关发生虚警探测，不会引起严重问题，如错误地将电灯打开一小段时间，这可能不是一个严重的问题[⊖]。而在其他系统中，尤其是用于安全和军事目的的系统中，虚警探测可能产生严重的危害，而虚警探测的危害通常弱于"漏报"探测（即漏测了一次入侵）[⊖]。当为重要的应用场合选择传感器时，应该重点考虑它的可靠性、选择性及抗干扰性。通常来说，使用差分接口电路构成一个多传感器阵列是不错的选择，它能显著地提高系统的可靠性，尤其是存在外部传输噪声时。另一种减少错误探测的有效方式是使用基于不同物理原理的传感器，例如电容和红外探测器的组合是一种有效的方法，因为它们能接受不同类型的传输噪声。

7.1　超声波探测器

超声波（USW）的发射和接收是常用的超声波测距仪、接近探测器和速度探测器的工作基础。超声波属于机械声波，其覆盖的频率范围远超出人耳的感测范围，即超过 20kHz，但是一些小动物，如狗、猫、啮齿动物及昆虫等对该频率范围的超声波感知是相当敏锐的。实际上，超声波探测就是蝙蝠和海豚的生物测距方式。

当超声波入射到某一物体时，其部分能量被吸收，而部分能量被反射。在许多实际应用中，超声波能量会以漫反射方式反射，这样一来，不管波来源于哪个方向，它们将在一个接近 180° 的宽立体角内几乎均匀地反射。如果物体移动，反射波

⊖　也许，会让你怀疑这是一间鬼屋。

⊖　1966 年的电影《偷龙转凤（How to Steal a Million）》正是基于这样的情节，大量的虚警情况使得安保人员关闭了博物馆的电子保护系统，从而使得犯罪分子有机可乘。

的频率与入射波的频率就会不同，这种现象称为多普勒效应⊖。

超声波探头到物体的距离 L_0 可以通过超声波在媒介中的速度 v（见附表 A.16）和入射角度 $\varTheta$ 计算得到（见图 7.1a）

$$L_0 = \frac{vt\cos\varTheta}{2} \qquad (7.1)$$

式中，t 为超声波传播到物体并返回接收器所用的时间（因此除以 2）。如果发射器和接收器相比于探头到物体的距离来说靠得很近，那么 $\cos\varTheta \approx 1$。超声波相对于微波有明显的优势：超声波以声速传播，而微波以光速传播，声速比光速慢很多，所以时间 t 变长，因此使得测量变得更加容易且廉价。

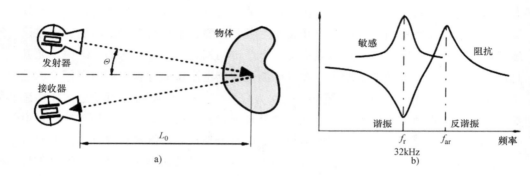

图 7.1 超声波测距

a）基本布局 b）压电传感器的阻抗特性

包括超声波在内的任意机械波的产生，都需要某个表面的运动。这种运动能使气态（空气）、液态或固态介质产生压缩和拉伸。空气中用的超声波传感器主要有两种：压电式和静电式[2]。静电式传感器具有很高的灵敏度和带宽，但是需要较高的极化及驱动电压。电动模式下的压电式传感器是能产生超声波范围的表面运动的最常见的激励装置。顾名思义，压电装置能直接将电能转化为机械能。由于压电式传感器所要求的激励信号的电压较低（$10 \sim 20V_{\mathrm{rms}}$），因此压电式传感器的激励级更简单且成本更低。

如图 7.2a 所示，施加到压电板的输入电压能够引起其弯曲，并发射超声波。由于压电现象是可逆的，所以当超声波压缩压电板时，它也能产生电压。换而言之，该压电元件既能作为超声波发生器（发射器），也能作为接收器（传声器）。发射型压电元件的典型工作频率约为 32kHz。为了提高效能，驱动振荡器的频率应调整到压电陶瓷的谐振频率 f_r（见图 7.1b），在该频率时，元件的灵敏度和效能是最好的。图 7.2b 和图 7.4a 所示为一种在大气条件下工作的超声波传感器的典型设计。对于特定应用来说，灵敏度

⊖ 对微波多普勒效应的描述见 7.2 节。该效应适用于包括超声波在内的任何具有波动性的能量传播。

方向图（图 7.4b）是非常重要的，图越窄，传感器的灵敏度就越高。

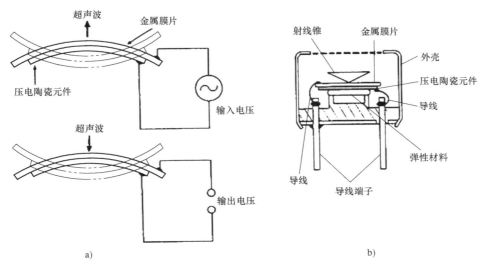

图 7.2　压电式超声波传感器（由日本 Nippon Ceramic 提供）

a）输入电压使元件弯曲并发射超声波，而接收到的超声波产生输出电压

b）在大气条件下工作的开孔型超声波传感器

图 7.3　脉冲模式下超声波的发射和接收（改编自参考文献［2］）

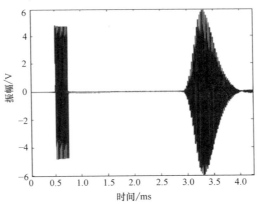

a）　　　　　　　　　　b）

图 7.4　大气条件下工作的超声波传感器与灵敏度方向图

a）超声波传感器　b）灵敏度方向图

　　超声波传感器有两种工作模式：脉冲模式和连续模式。当测量电路在脉冲模式下工作时，由于压电晶体具有可逆的性质，大多数的设计是用同一个传感器来发射和接收超声波信号[3]。超声波传感器通过发射短波，检测反射信号，测量反射信号到达的时间来计算物体的距离。图 7.3 所示为发射和接收的超声波脉冲的形状。由于时间延迟可以被非常精确地测出，脉冲超声波探测器可以高分辨率地测量距离，所以广泛应用于汽车的停车辅助探测器。

　　连续模式的超声波系统中，压电晶体分别用于发射机和接收机。图 7.5 所示为连续模式下的超声波接近探测器的简化电路。换能器向物体发送连续的超声波，微控制器和开关晶体管产生频率为 32 kHz 的矩形方波脉冲。为了扩大探测范围，变压器放大了脉冲幅度，通常超过 20V。反射的超声波能被接收、放大、过滤和整流。整流信号代表接收能量的大小，由单片机的 A-D 转换器数字化，并与软件中的阈值进行比较。振幅越大表示物体离探测器越近，超过阈值则表示超过了临界距离。与脉冲模式下超声波探测器测量时间延迟不同，连续模式下的超声波装置只监控接收声波的大小，因此不可能精确地测量距离，但对于大多数定性检测的应用是足够的，如机器人和感应门等。

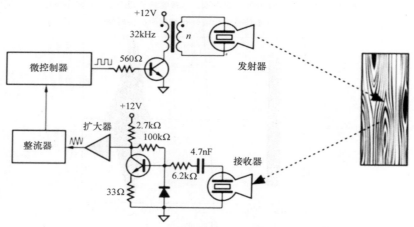

图 7.5　连续模式下的超声波接近探测器的简化电路

7.2　微波运动探测器

　　当需要覆盖大的探测面积并且在强环境干扰（如有风、噪声、雾、尘土、潮湿等影响）条件下的宽温度范围内工作时，微波探测器比其他探测器更有优势。这种探测器能够向探测区域发射电磁脉冲。微波探测器的工作原理是基于向保护区域发射射频电磁波，电磁波遇到物体会反射回来，反射回的电磁波波长与发射的信号波长相差不大或大于原波长。反射回的电磁波要经过接收、放大和分析。发射信号与接收信号之间的时延用于测量与物体的距离，而频移用于测量移动物体的速度。

微波探测器属于雷达类装置，雷达（Radar）是无线电探测和测距（RAdio Detection And Ranging）的首字母缩略词。

雷达标准的频率见表 7-1。

表 7-1　雷达的各种频率

波段	频率 f 的范围/GHz	波长 λ 的范围/cm
Ka	27.0~40.0	0.8~1.1
K	18.0~27.5	1.1~1.67
X	8.0~12.5	2.4~3.75
C	4.0~8.0	3.75~7.50
S	2.0~4.0	7.5~15
L	1.0~2.0	15~30
P	0.3~1.0	30~100

微波是指任意波长小于 4cm（Ka、K 和 X 波段）的波。它们的波长足够长（在 X 波段，$\lambda = 3\text{cm}$），可自由通过烟雾和空气浮尘等污染物，并且足够短，可被大的物体所反射。其他频率和类型的能量（如超声波和光波）使用方式与微波类似。如在交通控制中用激光枪来测速。在激光探测器中，激光枪发射一系列的红外激光短脉冲（纳秒级），然后测量激光反射回和探测到的时间，和微波雷达的工作原理一样。

探测器的微波部分（见图 7.6）由耿氏振荡器、天线和混频二极管组成。耿氏振荡器是一个安装在小精密腔里的二极管，接通电源时能在微波频率下振荡。振荡器产生频率为 f_0 的电磁波，部分电磁波被引导通过光圈和混频腔进入波导和聚焦天线，并向物体发射。光圈控制抵达混频二极管的微波能量的量。天线的聚焦特性取决于具体应用。一般而言，天线的方向图越窄，天线越灵敏（即天线增益越大）。

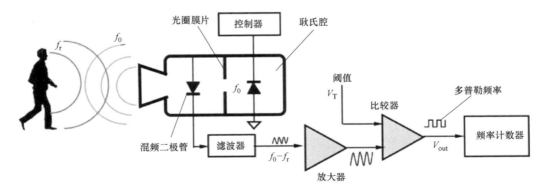

图 7.6　由耿氏振荡器和混频二极管构成的"微波运动"探测器

另一个基本规则是：窄束天线要大很多，而广角天线则要小得多。发射机的典型辐射功率是 $10 \sim 20 \mathrm{mW}$。耿氏振荡器对控制器所施加的直流电压的稳定性很敏感，因此，必须由高品质的稳压器提供电源。根据设计的不同，这种振荡器可以持续不断地或者间歇式地工作。

微波振荡较小的部分与肖特基混频二极管耦合并作为参考信号。在许多情况下，发射器和接收器一起集成在无线收发器模块中。目标向天线反射回一些电磁波，天线将接收到的射频传给混频二极管，在混频二极管内产生电流，该电流包含了与物体静止存在及运动有关的谐波。因此，对于微波占用和运动探测器来说，多普勒效应是探测器工作的基础。应该注意的是，基于多普勒效应的装置是一个真正的运动探测器，因为它只对运动的物体做出响应。下面介绍它如何工作。

天线发射信号的频率为 f_0，由波长 λ_0 确定

$$f_0 = \frac{c_0}{\lambda_0} \tag{7.2}$$

式中，c_0 为空气中光的传播速度。

当目标向发射天线移动或远离时，反射波的频率就会发生改变。因此，如果目标以速度 v 远离天线，则反射频率将减小，而在接近目标时，反射频率将增大，这就是多普勒效应，它以奥地利科学家克里斯琴·约翰·多普勒（Christian Johann Doppler）（1803—1853）[一]的名字命名。尽管多普勒效应最初是在声研究中发现的，但它对电磁辐射同样是适用的。然而，与声源和目标运动速度相关的声波相比电磁波以光速传播，且这个速度是恒定不变的，与光源的速度无关。反射的电磁波的频率可以通过爱因斯坦的相对论预测

$$f_r = f_0 \frac{\sqrt{1 - (v/c_0)^2}}{1 + v/c_0} \tag{7.3}$$

式中，v 是目标接近探测器或远离探测器的速度。注意，目标速度 v 可能是正值（探测器接近目标），也可能是负值（探测器远离目标）。

在实际应用中，当探测移动速度相对较慢的运动物体时，$(v/c_0)^2$ 的数值与 1 相比是非常小的，所以，可以忽略不计。因此，反射波的频率变为

$$f_r = f_0 \frac{1}{1 + \dfrac{v}{c_0}} \tag{7.4}$$

从式（7.4）可知，由于多普勒效应，反射波的频率 f_r 与发射频率不同。混频二极管能结合发射（参考）频率和反射频率，并且作为非线性器件能产生一个包含这

⊖ 在多普勒的年代，用于精确测量的声学设备还没出现。为了证明他的理论，多普勒让一个喇叭手站在一辆无盖列车上，一个具有绝对音感的音乐家站在铁轨附近，火车以不同的速度来回回两天，地面上的音乐家记录下列车靠近和离开时小号的发音记录，因而证明方程成立。

两种频率的多谐波感应信号。通过二极管的感应电流可以用多项式（7.5）表示

$$i = i_0 + \sum_{k=1}^{n} a_k (U_1 \cos 2\pi f_0 t + U_2 \cos 2\pi f_r t)^k \tag{7.5}$$

式中，i_0 为直流成分；a_k 为取决于二极管工作点的谐波系数；U_1 和 U_2 分别为参考信号和接收信号的幅值；t 为时间。

通过二极管的感应电流包含无穷多项的谐波，在这些谐波中有一个差频谐波：$\Delta f = a_2 U_1 U_2 \cos 2\pi(f_0 - f_r)t$，称为多普勒频率。

混频器中的多普勒频率由式（7.4）给出

$$\Delta f = f_0 - f_r = f_0 \frac{1}{c_0/v+1} = f_0 \frac{v}{v+c_0} \tag{7.6}$$

由于 $c_0 \gg v$，代入式（7.2）后得

$$\Delta f \approx \frac{v}{\lambda_0} \tag{7.7}$$

因此，混频器的输出信号频率与运动目标的速度成线性关系。例如，假设人以 0.6m/s 的速度走向探测器，X 波段探测器的多普勒频率为 $\Delta f = 0.6/0.03 \text{Hz} = 20 \text{Hz}$。

式（7.7）仅适用于法线方向上的运动（指向或远离探测器）。当目标相对于探测器以角度 Θ 运动时，多普勒频率为

$$\Delta f \approx \frac{v}{\lambda_0} \cos \Theta \tag{7.8}$$

这意味着当目标以接近 90° 运动时，理论上多普勒探测器将失效。

对于超市的开门装置和安全警报装置，常用阈值比较器来代替频率测量，以显示在预定的范围内存在移动的物体。应该注意的是，尽管从式（7.8）可以看出，当物体以角度 $\Theta = 90°$ 运动时，多普勒频率接近 0，但是以任意角度进入保护区域的运动物体会导致接收信号的幅值产生一个突变，从混频器得到的输出电压会随之相应变化，通常，这种变化足够触发阈值探测器。

混频器的信号在微伏到毫伏范围内，因此需要进行放大，以便信号处理。由于多普勒频率是在音频范围内，所以放大器相对简单，但是，必须用陷波滤波器滤除电源线的频率及来自全波整流器和荧光灯具的主谐波：60Hz 和 120Hz（或 50Hz 和 100Hz）。

为了能可靠工作，接收到的微波功率必须足够高。这取决于很多因素，包括天线孔径面积 A、目标面积 a 及到目标的距离 r

$$P_r = \rho \frac{P_0 A^2 a}{4\pi \lambda^2 r^4} \tag{7.9}$$

式中，P_0 为传输功率。为了有效工作，目标截面面积 a 必须足够大，因为如果 $\lambda^2 \leqslant a$，接收信号将急剧减少。此外，在工作波长中的目标物体的反射率 ρ 也对接收到的信号的量级非常重要。一般而言，导体材料和介电系数高的物体是良好的电磁辐射反射器，但也有许多电介质会吸收能量导致反射较少。塑料和陶瓷穿透性

好，可用作微波探测器的窗口。

微波探测器最理想的探测目标是光滑、平坦并且朝向探测器的导电板。平的导体表面构成很好的反射面，但是，这也可能导致探测器在非 0° 上失效。因此，当角度 $\Theta = 45°$ 时，能完全偏转来自接收天线的反射信号。这种偏转方法以及给目标涂覆高电磁辐射吸收率材料在隐形轰炸机的设计中应用较多，可使其在雷达屏幕上几乎完全隐形。

为了探测是否有物体接近或远离天线，可在无线收发器模块中增加另外一个混频二极管来拓展多普勒效应的概念范畴。将第二个二极管置于波导管中，这样两个二极管的多普勒信号相差 1/4 波长或者 90° 的相位（见图 7.7a）。其输出被分别放大，并转换成能被逻辑电路分析的矩形脉冲。该电路是一种可以确定运动方向的数字鉴相器（见图 7.7b）。这种类型的模块在开门装置和交通控制装置中应用最为广泛。这两种应用都需要在鉴相器做出响应前，获取大量的目标识别信息。在开门装置中，限制视野和发射功率能充分减少虚警探测。尽管对开门装置来说，方向识别器是可选的，但对交通管控来说，必须要用它来滤除车辆远离的信号。

如果这种模块用于入侵探测，那么建筑物的结构振动可能会引起大量的虚警探测。方向识别器将产生一个交流信号来响应振动，并用稳定的逻辑信号对入侵者产生响应。因此，方向识别器是提高探测可靠性的一种有效方法。

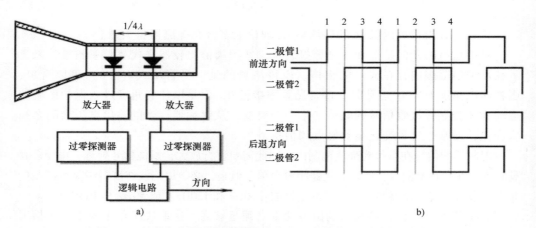

图 7.7　具有方向敏感性的微波多普勒运动探测器结构图和时序图

a）结构图　b）时序图

一般情况下，发射和接收在时间上交替进行，即接收器在发射的时候是不工作的。否则，强发射能量不仅会使接收电路饱和，还可能会损坏敏感元件。自然界中，蝙蝠通过超声波测距捕获小猎物。在超声波能量传输的短时间内，蝙蝠是听不到的。这种接收器的暂时"失聪"正是雷达和声测距仪不能有效进行短距测量的原因，因为没有足够的时间禁用和启用接收器。

在美国，无论什么时候，微波探测器的使用必须遵循由联邦通信委员会（Federal Communication Commission）制定的严格条件（如 MSM20100），许多其他国家也执行类似的规定。OSHA 1910.97 规定对于 100MHz～100GHz 范围内的频率，在任意 0.1h 内的平均发射功率不能大于 10 mW/cm²。

7.3　微功率脉冲雷达

1993 年，美国劳伦斯利弗莫尔国家实验室开发了一种微功率脉冲雷达（MIR），这种雷达是一种低成本的非接触式测距传感器[4-6]。MIR 的操作原理与前文所述的传统脉冲雷达系统基本相同，但又有一些显著的不同点。MIR（见图 7.8）由白噪声发生器组成，它的输出信号触发脉冲发生器。该脉冲发生器产生平均频率 1MHz±20% 的脉冲。每个脉冲具有非常短的持续时间（$\tau = 200\text{ps}$），根据噪声发生器的触发控制，脉冲的重复也是随机的。这些脉冲在类似于高斯噪声的模式下被彼此间隔开。可以说，这些脉冲通过最大指数为 20% 的白噪声进行脉冲位置调制（PPM）。我们把这些脉冲称为导频脉冲。由于它们是通过噪声触发的，所以我们不可能预测下一个脉冲将何时出现。由于这种不可预知的调制模式、超宽的带宽和极低的传输信号谱密度，这种 MIR 系统实际上是隐身的。此外，由于发射脉冲的时间随机，而频谱是连续的，因此对任何异步接收器，它都会显示为白噪声。

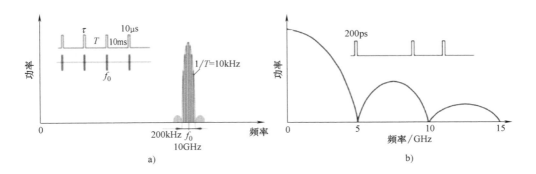

图 7.8　无线频谱

a）载波频率 $f_0 = 10\text{GHz}$ 时传统雷达发射信号的无线频谱　b）UWB 雷达的无线频谱

不同于传统的脉冲雷达，其高频正弦载波由导频脉冲进行调制（类似于图 7.3），而后载波频率脉冲通过天线辐射出来，而在 MIR 系统中导频脉冲由它们自己发射，不通过任何载波信号。由于 MIR 系统中导频脉冲很短，它具有极宽的频谱，因此，这种雷达通常被称为超宽带（UWB）雷达。为了说明这一点，可参考图 7.8a，它所给出的是传统雷达发射频率的无线频谱。该雷达的控制器以固定持

续时间 τ 的矩形脉冲（如 $10\mu s$）和重复的固定时间间隔 T（如 $10ms$）来调制载波频率 f_0（如 X 波段的 $10GHz$）。其发射频谱相对较窄（经过调谐天线后只有 $200kHz$ 带宽），离散的谐波间隔等于 $1/T$，并以载波频率 f_0 为中心。

而对于 $200ps$ 脉冲的 MIR（UWB）雷达来说，其频谱是连续的且无载波频率（见图 7.8b），因此它分布于直流到几万兆赫。

UWB 雷达发射机产生无限多极低功率的谐波，经由天线传播到周围空间中。电磁波由物体反射回天线（见图 7.9）。相同的随机脉冲发生器形成了发射脉冲，也在每个发射脉冲的预定延迟后，选通超宽带接收机，这使得 MIR 仅同步接收在特定的时间窗口到达的反射脉冲，换句话说，是在特定的距离范围 d 内，在所有其他时间范围内，接收器是关闭的。用选通接收器的另一个原因是为了降低功耗。

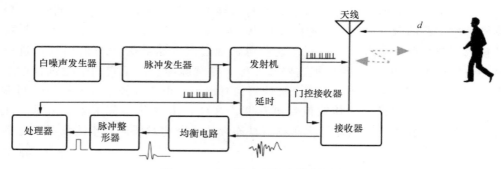

图 7.9　UWB 微功率脉冲雷达框图

每个接收到的脉冲是非常微弱的并淹没在噪声里，这是因为它的信噪比非常小（远低于一个单位）。因此，在进一步处理之前大量的这些脉冲被均值化。例如，对于平均周期 $T=1MHz$，1000 个接收到的脉冲均值成为 $1kHz$ 的组合脉冲，平均提高信噪声比约 30 倍。平均脉冲的形成（恢复成方波的形式）和相对于发射脉冲各自的时间延迟均由处理器测得，就像在传统雷达中一样。时间延迟与从天线到无线电波反射物体的距离 d 成正比：$t_d=2d/c_0$，其中 c_0 为光速。

发射能量的空间分布是由天线的类型决定的。对于偶极子天线，其涵盖范围接近 $360°$，但它可以用喇叭、反射镜或透镜形成所需的形状。

发射脉冲的平均占空比非常小（约 0.02%），由于脉冲在空间分布上是随机的，虽然波谱重叠，实际上大量相同的 MIR 系统可以在同一空间工作。来自不同的发射器的脉冲完全一致的可能性是微乎其微的，即使一致，均值电路也会将这种干扰几乎完全消除。

MIR 系统的其他优势在于它是一个成本低且功耗非常小（约 $12\mu W$）的无线接收器。MIR 系统的总功耗接近 $50\mu W$，因此两节五号碱性电池可以为其连续供电几年。MIR 系统工作距离短，通常不超过几米。

MIR 系统的应用包括测距仪、入侵预警装置、液位探测器、车距探测装置、自动化系统、隐避在墙体后的物体探测、物体穿透成像、机器人、医疗器械[7]、武器、新奇产品，甚至玩具等需要在较短距离内探测的场合。图 7.10 所示为一个通过单层混凝土探测钢筋的例子。

a)　　　　　　　　　　　　　　　　　　b)

图 7.10　将 MIR 用于混凝土钢筋的成像技术中

a) 混凝土板材浇筑前的内部构造　b) 完工后的厚度为 30 cm 的混凝土板材内部钢筋的三维重构 MIR 图像

7.4　探地雷达

土木工程、考古学、法医学、安全（探测非法地道、爆炸装置等）是高频探地雷达（GPR）的几个应用领域。该雷达的工作原理非常经典：它发送无线电波并接收反射信号。利用发射和接收信号之间的时延来测量雷达与反射面间的距离。工作于大气和太空环境下的雷达探测范围可达数千公里，而 GPR 的工作范围最大只有几百米，实际中，GPR 的工作频率范围为 500 MHz ~ 1.5 GHz（资料来自 www. sensoft. ca）。在土壤、岩石及大多数人造材料（如混凝土）中，无线电波穿透深度不大。指数衰减系数 α 主要取决于材料的电导率，在简单的均质材料中，它通常是主导因素。在多数材料中，能量会因材料的变异及含水量而损耗。水有两个作用：①水中含有的大量离子能增加材料的体电导率；②水分子吸收 1GHz 以上的高频电磁能量。图 7.11a 所示为衰减随着激励频率和材料的不同而变化的情况。在低频（小于 1MHz）情况下，衰减主要受直流电导率控制。在高频（大于 1GHz）情况下，水对能量有很强的吸收能力。因此，对于干燥材料，实际的穿透深度会加大，如图 7.11b 所示。图 7.12 所示为雷达监控图上的数据实例。

因为衰减随频率的增加而增加，因此降低频率可以提高探测深度。但是，随着频率的降低，GPR 测量会出现两个基本问题。首先，频率降低导致分辨率下降。其次，如果频率太低，电磁场不再像波一样传播，而是发生散射。这属于感应电磁测量（EM）或电涡流测量领域。

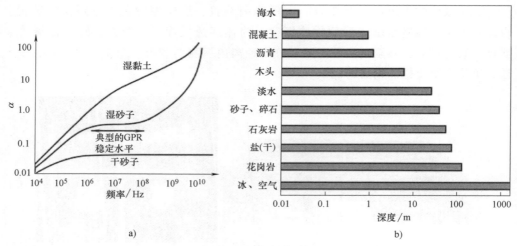

a)   b)

图 7.11   无线电波在不同材料中的衰减与不同材料的最大穿透深度

a）无线电波在不同材料中的衰减   b）不同材料的最大穿透深度

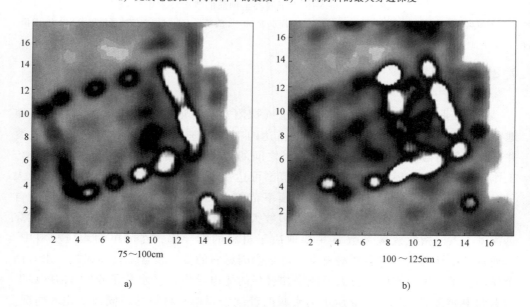

a)   b)

图 7.12   约旦佩特拉古城中罗马神庙的深度切片图像，展现了
不同深度处神庙的图像（由丹佛大学 L. Conyers 教授提供）

a）75~100cm   b）100~125cm

7.5   线性光学传感器

近红外光学系统可以有效实现短范围或者长范围内位置的精确测量。其中一个

实例是位置探测器（PSD），它用于精确位置感测及照相机或摄像机的自动对焦。位置测量模块是有源的：它由发光二极管（LED）和光敏 PSD 构成，LED 为目标物提供照明。

物体位置通过应用三角测量原理来确定。如图 7.13 所示，近红外 LED 通过瞄准透镜，产生一个窄角光束（小于 2°）。该光束是一个 0.7ms 宽的脉冲，到达物体后，光束被反射回 PSD，接收的低强度光信号被聚焦到 PSD 的敏感元件表面。PSD 不是一个数字装置，而是一个线性传感器，其探测分辨率可以无穷小。PSD 产生输出电流 I_A 和 I_B，该电流值与其表面光点到中心的距离 x 成比例。

接收光束的强度很大程度上取决于物体的反射特性。在近红外光谱范围内的漫反射率与可见光范围内的漫反射率很接近，因此反射到 PSD 的光强会有很大的变化，不过，测量精度与接收光强关系不大。

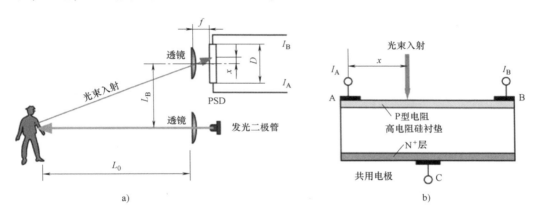

图 7.13　PSD 传感器利用三角测量原理测量距离与一维 PSD 的设计
a）PSD 传感器利用三角测量原理测量距离　b）一维 PSD 的设计

PSD 的工作原理是光电效应。它利用了硅光敏二极管的表面阻抗，与具有集成多元光敏二极管阵列的 MOS 及 CCD 传感器不同，PSD 敏感区域是连续的。当光点到达敏感表面时，可以得到一维或者二维位置信号[8]。传感器由一块具有两层（分别是 P 型和 N⁺型）的高电阻硅制成，如图 7.13b 所示。一维传感器的顶层有两个电极 A 和 B，为 P 型电阻提供电接点。电极 C 是公共电极，置于底层中心。光电效应发生在上层 PN 结，上层两个电极之间的距离是 D，它们之间的电阻是 R_D。假设有光束入射到上表面，且入射点与电极 A 的距离是 x，那么入射点与电极 A 之间的电阻抗是 R_x。光束产生的光电流 I_0 大小与光强成正比。该电流将以与电阻相对应的比例流向传感器的两个输出端（A 和 B），因此，入射点与电极之间的距离的比例也是如此

$$I_A = I_0 \frac{R_D - R_x}{R_D} \quad I_B = I_0 \frac{R_x}{R_D} \tag{7.10}$$

如果阻抗与距离是线性关系，则阻抗值可以由相应的距离代替

$$I_A = I_0 \frac{D-x}{D} \quad I_B = I_0 \frac{x}{D} \tag{7.11}$$

为了消除对光电流（和光强）的依赖关系，可以采用信号处理比例测量技术，得到电流的比值

$$P = \frac{I_A}{I_B} = \frac{D}{x} - 1 \tag{7.12}$$

x 可改写为

$$x = \frac{D}{P+1} \tag{7.13}$$

参考图 7.13a 计算距离 L_0，焦距为 f 的透镜将入射光聚焦到 PSD 表面距离中心点 x 处，解两个三角形关系得到 L_0

$$L_0 = f \frac{L_B}{x} \tag{7.14}$$

将式（7.13）代入式（7.14），可用电流比表示距离

$$L_0 = f \frac{L_B}{D}(P+1) = k(P+1) \tag{7.15}$$

式中，k 为几何常数。因此探测器与物体之间的距离对 PSD 输出电流的比值有线性影响。

基于三角测量原理的 PSD 可用于工业光学位移传感器中（见图 7.14a），其中 PSD 用于测量几厘米工作距离的小位移。此类传感器非常适用于某些设备高度的生产线测量（印制电路板检验、液位或固体料面控制、激光筒高度控制等）、旋转物体的偏心距测量、厚度和精确位移测量及探测目标（如药瓶盖）是否存在等[8]。

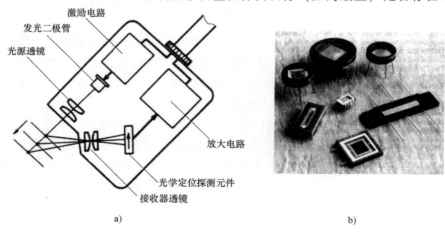

发光二极管
激励电路
光源透镜

放大电路

光学定位探测元件
接收器透镜

a)

b)

图 7.14　光学位移传感器与不同 PSD 样品

a）光学位移传感器（由美国新泽西州费尔劳恩市 Keyence 公司提供）　b）不同 PSD 样品

　　PSD 元件有一维和二维两个基本类型，图 7.15 所示为它们的等效电路。由于该等效电路包含分布式的电容和电阻，所以 PSD 的时间常数会随着光点位置的变化而变化。作为对输入阶跃函数的响应，小面积 PSD 元件的上升时间范围为 $1\sim2\mu s$。频谱响应范围约为 $320\sim1100nm$，即 PSD 频谱范围覆盖紫外光、可见光和近红外光谱。小面积的一维 PSD 敏感元件面积范围是 $1mm\times2mm$ 到 $1mm\times12mm$，而大面积的二维传感器的方形区域边长范围是 $4\sim27mm$。

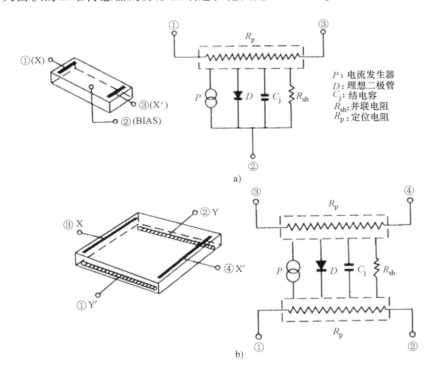

图 7.15　一维位置探测器等效电路与二维位置探测器等效电路

a）一维位置探测器等效电路　b）二维位置探测器等效电路（由日本滨松光子学株式会社提供）

7.6　电容式占用探测器

　　作为一种具有高介电常数的导电介质，人体与周围环境形成了一个耦合电容[⊖]。该电容很大程度上取决于人体体型、衣服、周围物体的类型和天气等因素。但无论耦合的范围如何宽，该电容值仅在皮法到纳法之间变化。当人移动时，耦合电容改变，因而可以将移动物体与静态物体中区分开来。

　　所有的物体都与其他物体具有某种程度的电容耦合。如果有人（或者任何物

　　⊖　在 40MHz 时，肌肉和皮肤及血液的介电常数很大，约为 97，而脂肪和骨骼的介电常数在 15 左右。

体）移动到已经建立电容耦合的物体附近，作为物体侵入的结果，会引起耦合电容值发生改变。如图 7.16 所示，测试板和地[⊖]之间的电容为 C_1。当人移动到板附近时，形成另外的两个电容：一个是测试板与人体之间的电容 C_a，另一个是人体和地之间的电容 C_b。因此导致测试板和地之间的电容 C 增大了 ΔC

$$C = C_1 + \Delta C = C_1 + \frac{C_a C_b}{C_a + C_b} \tag{7.16}$$

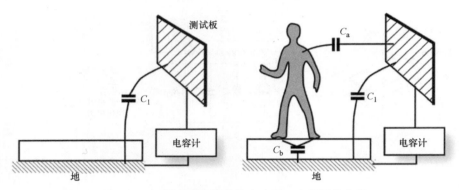

图 7.16　入侵者对探测电路产生了一个额外的电容

使用合适的仪器可将这种现象应用于占用探测。所需要做的是测量测试板（探针）和参考板（地）之间的电容。

图 7.17 所示为一个电容式汽车安全系统[9]。感应探针嵌在车辆座椅中。它可以制作成金属板、金属网或者导电织物等形状。探针构成电容器 C_p 的一个极板。电容器的另一个极板由汽车车体或放置在地毯下的单独的板构成。参考电容器 C_x 由一个简单的固定或微调电容器组成，该电容应放置在接近座位探针的地方。探针

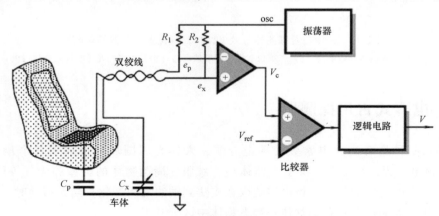

图 7.17　应用于汽车的电容式入侵探测器

⊖　这里的"地"指的是任意的大物体，如地面、湖泊、金属护栏、汽车、船舶和飞机等。

板和参考电容分别连接到电荷探测器的两个输入端（电阻 R_1 和 R_2）。导线应尽可能地缠绕以减少寄生信号的输入，双绞线电缆就非常适合在此使用。微分电荷探测器由产生矩形脉冲的振荡器控制（见图 7.18）。当座位空着的时候，调节参考电容器近似等于 C_p。电阻和相应的电容器确定了电路网络的时间

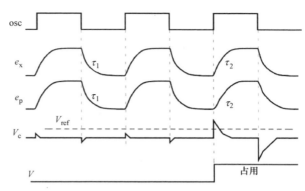

图 7.18　电容式入侵探测器的时序图

常数。两个 RC 电路有相同的时间常数 τ_1。电阻两端的电压被反馈到差分放大电路的输入端，它的输出电压 V_c 近似为 0，因为其阻止了同相（共模）信号。输出端的小尖峰是某些不可避免的失调所引起的。当有人坐到座位上时，他（她）的身体形成一个与 C_p 并联的额外电容，因此 $R_1 C_p$ 电路网络的时间常数从 τ_1 增加到 τ_2，差分放大器的输出端以增加波尖幅度的形式表现出来。比较器比较电压 V_c 和预定的阈值电压 V_{ref}，当信号峰值超过阈值电压时，比较器给逻辑电路发出一个指示信号，逻辑电路产生电压 V，表明汽车被占用。应该注意的是，电容式传感器是一个有源传感器，因为它本身需要一个振荡导频信号来测量电容值。

当在金属装置上或其附近使用电容式占用（接近）传感器时，由于电极与装置的金属部分产生电容耦合，因此它的灵敏度将被严重地降低[10]。减少这种寄生电容的有效方法是使用有源屏蔽装置。图 7.19a 所示为一个带有金属臂的机器人。当金属臂接近人体或者其他导电物体时，如果控制中心没有事先为其提供接近障碍物的信息，它将发生碰撞。当物体接近金属臂时，与金属臂形成一个耦合电容，电

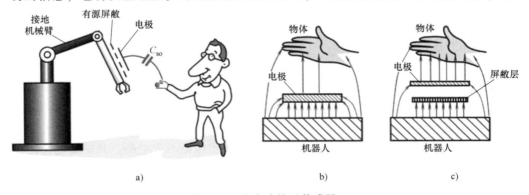

图 7.19　电容式接近传感器

a）有源屏蔽位于接地机器人的金属臂上　b）没有屏蔽时，电场大多分布在电极和机器人之间

c）有源屏蔽引导电场分布于电极和物体之间

容值为 C_{so}。为了形成电容传感器，金属臂上覆盖有电隔离的导电保护套，称为电极。耦合电容能用来探测物体的接近。但是，附近的厚重的金属手臂（见图 7.19b）与电极形成了更强大的电容耦合，对电极与物体形成的电场造成干扰。一个好的解决方法是使用中间屏蔽层来隔离电极和机械手臂，如图 7.19c 所示。传感器由覆盖金属手臂的复合层装配而成，底层是绝缘体，接着是一个大的导电屏蔽层，然后是另外一层绝缘层，最上层是一个窄片电极。为了减小电极和金属臂之间的电容耦合，屏蔽层必须和电极有相同的电压，即它的电压必须由电极电压驱动（因而称为有源屏蔽）。因此它们之间不形成电场，但是电场仍会从电极下方穿出并朝向物体，以便实现可靠的探测。

图 7.20 所示为一个矩形波振荡器的简化电路图，其频率取决于净输入电容，该电容由 C_{sg}（传感器对地电容），C_{so}（传感器对物体的电容）和 C_{og}（物体对地的电容）组成。电极通过电压跟随器连接到屏蔽层上。调频信号被反馈到机器人控制器中来控制手臂的运动。这种方式能在 30cm 的范围内探测到导电物体的靠近。

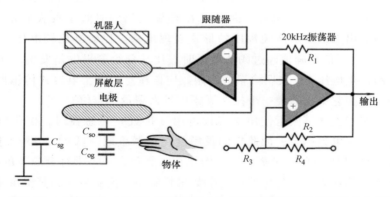

图 7.20　由障碍物（物体）形成的输入电容控制的频率调节器简化电路图

7.7　静电探测器

任何物体都可在其表面积累静电。这种自然的电荷通过静电效应产生，而静电效应是由物体的运动、衣服纤维的摩擦、空气的湍流及大气静电等产生的电荷分离的过程（见 4.1 节）。通常，空气中既有正离子也有负离子，这些离子能被人体所吸附从而改变它的电荷。在绝对静止的情况下，物体是不带电的，其正负电荷之和为零。事实上，只要物体与地面短暂脱离接触，都会呈现出某种程度的电荷不平衡，从而成为一个电荷载体。

任何电子电路都是由导体和介电材料组成的。如果电路不被屏蔽，那么电路中所有的元件都会与周围物体产生电容耦合。为了检测到外加电场，可在电路输入端增加一个信号采集电极以提高对环境的耦合，这与 7.6 节讨论的电容探测器类似。电极可以加工成与大地隔离的导电平面。静电传感器和电容式传感器的不同在于：前者测量的不是电容，而是物体上积累的电荷，所以静电传感器是无源的，而电容传感器是有源的。

无论什么时候，只要电极与周围物体有一个带有电荷，就会在两者之间建立电场。换而言之，电极和环境对象之间形成的所有分布电容器都会被静电效应产生的静态或缓慢变化的电场充电。在没有占用的情况下，电极附近的电场要么不变，要么变化缓慢。

如果一个带电载体（人或动物）的位置发生改变：离开原地或者有一个新的带电载体进入电极附近，该静电场将被干扰。这导致了耦合电容间的电荷被重新分配。电荷量取决于大气条件和物体的属性。例如，一个穿着干衣服在地毯上行走的人所带的电荷要比一个从雨中走来全身湿透的人所带电荷强很多。电子电路可在其输入端感应这些可变电荷，换而言之可将这些感应的可变电荷转变为电信号，然后对该电信号进行放大和处理。

图 7.21 所示为单极静电运动探测器。它由一个连接到模拟阻抗转换器的导电电极组成，该转换器由 MOS 晶体管 Q_1、偏置电阻 R_1、输入电容 C_0、增益级和窗口比较器组成[11]。当电路的其他部分都被屏蔽，敏感电极暴露在环境中与周围物体形成一个耦合电容 C_p。在图 7.21 中，静电为分布于人体的正电荷。人体作为电荷载体产生了一个电场强度为 E 的电场，该电场在电极上感应出极性相反的电荷。在静态情况下，如果人体不移动，那么电场强度不变，输入电容 C_0 通过偏置电阻 R_1 放电。R_1 的阻值应足够大（$10^{10}\Omega$ 或以上）以确保电路能感知相对较慢的运动。人体运动时电场强度 E 发生变化，从而引起输入电容 C_0 的电荷变化，并导致偏置电阻两端产生变化的电压。该电压被反馈给增益环节，增益环节的输出信号输入窗口比较器。如图 7.22b 的时序图所示，窗口比较器将该信号与两个阈值比较，正阈值一般比静态信号的基值大，负阈值一般比它小。在人体运动过程中，比较器的输

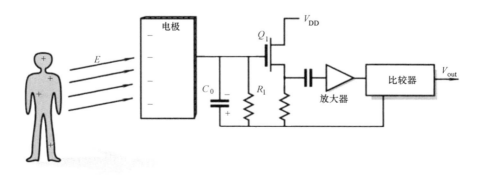

图 7.21　单极静电运动探测器

入端信号围绕其中一个的阈值上下变化。窗口比较器的输出信号是方波信号，可用传统的数据处理器来对该信号进行处理。由于静电探测器是被动的，并且可以探测到许多穿过非导电物质后的电场，所以这种探测器可以隐藏在木头或砖头等非金属物体内或这些物体之后。

有几种可能导致静电探测器产生虚警的干扰源，探测器可能受到这些传输噪声的干扰而产生虚假探测。这些噪声源包括 60Hz 或 50Hz 的输电线信号、无线电台产生的电磁场、动力设备和闪电等。大部分干扰都会产生均布在探测器周围的强电场，该电场可通过大共模抑制比的差分输入电路来补偿。

7.8 光电运动探测器

目前最常用的入侵探测器是光电运动探测器。这种探测器取决于光学范围的电磁辐射，特别是波长在 $0.4 \sim 20\mu m$ 范围的电磁辐射。该范围覆盖了可见光、近红外和一部分远红外光谱，主要用于探测人体和动物的运动，其探测距离可以达到几百米且根据特殊需求可以调整视野的宽窄。

光学运动探测器的工作原理基于对从运动物体表面反射或发射到周围空间中的光的探测，这种辐射可以由外部光源发出被物体反射产生，也可以由物体自身的自然红外辐射产生。前者属于有源探测器，后者属于无源探测器。因此，有源探测器需要额外的光源，如太阳光、电灯、红外 LED 发射器等。无源探测器感知与周围环境具有不同温度的物体所发出的中红外光或远红外光。这两种探测器都利用光学比较的方法来识别物体。

当前，光电探测器大多用于定性地探测物体运动，而不能定量探测。换而言之，光电探测器对于探测物体是否运动是非常有用的。但是，它不能对两个运动的物体进行区分，也不能精确测量与运动物体的距离或物体的速度。光电运动探测器的主要应用领域是安全系统（探测入侵者）、能源管理系统（开、关灯）和智能家居，在智能家居中，它可以控制空调、电扇、音响等各种家居产品，也可以用在机器人，玩具和新产品上。光电运动探测器的最重要优势是简便易用、可靠和低成本。

7.8.1 传感器的结构

图 7.22a 所示为光电运动探测器的基本结构，不管采用哪种敏感元件，都必须包含以下部件：聚焦装置（透镜或曲面镜）、光探测元件和阈值比较器。光电运动探测器的工作原理和照相机相似，它的聚焦元件将视野内的图像成像在焦平面上。由于没有和照相机一样的机械快门，所以用光敏元件代替成像传感器。该元件把从图像收到的光能量转变为电信号。由于不需要处理真实图像，因此可将这种光敏元件看作单像素光电探测器。

假设将运动探测器安装在一个房间里。聚焦透镜在光敏元件所在的焦平面上产

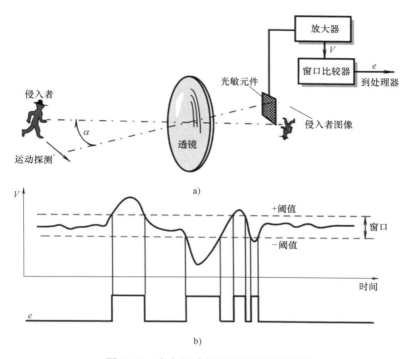

图 7.22　光电运动探测器的结构原理图

a）透镜使移动物体（入侵者）聚焦成像。当图像穿过传感器的光轴时，会使敏感元件产生响应

b）元件以信号作为响应，这个信号被放大且在窗口比较器中与窗口阈值进行比较

生一张房间的图像，如果房间没有被侵入，那么该图像是静止的，光敏元件的输出信号是持续稳定的。当有入侵者进入房间并且保持运动时，他在焦平面上的图像也是运动的，在某一时刻，入侵者身体与光轴的角度为 α，且图像和元件重叠。理解这一点很重要，只有当物体的图像与探测器的表面重叠或将其清除时才能进行探测，即不重叠就不能探测。假设入侵者身体产生了一幅图像，该图像的光通量与周围静态环境中的不同，那么光敏元件会相应地产生一个偏转电压 V。换而言之，移动图像必须和周围环境有一定的光学对比度才能进行探测。

图 7.22b 所示为输出信号与窗口比较器的两个阈值相比较的情况。比较器的作用是将模拟信号 V 转化为两个逻辑电平：0 代表没有运动被探测到；1 代表有运动被探测到。多数情况下，光敏元件产生的信号 V 在进行阈值比较前，必须经过放大和调整处理。这种电路的原理与之前描述的其他占用探测器的阈值电路的原理相同。

从图 7.22 中可知这种探测器的视野范围非常窄：如果入侵者持续运动，它的图像只和传感器重叠一次。之后，窗口比较器的输出将会是 0，这是由传感元件的面积小引起的。这将导致敏感元件的视野范围变窄，这在某些需要窄视野的应用场合中是没有问题的。然而，大多情况下还是需要更加宽广的视野范围，所以侵入者图像应多次穿过敏感元件，即多次穿过视野。这可用以下方法来实现。

7.8.2　多探测元件

可以将多个探测元件（多像素）组成的阵列安装在聚焦平面或者透镜的焦平面上。每个探测元件能覆盖一个窄的视野范围，而多个探测元件阵列，能够覆盖一个更大的探测范围。该阵列中的所有探测器必须是多路复用的或者互相连接的，以产生一个组合的探测信号。

7.8.3　复杂的传感器形状

如果探测元件的表面积足够大，能够覆盖整个视角，可将其光学分割成更小的元件，以形成一个等同于多传感器阵列的探测器。为了将传感器表面分割成许多小部分，需要将敏感元件（探测元件）制作成图 7.23a 所示外形。每一部分都可作为单独的光探测器。所有的这些探测器都以并联或串联的形式电连接起来，并且以弯曲的蛇形样式排列。并联或串联连接的探测器产生一个组合的输出信号，例如电压 V。当物体的图像沿着探测元件表面移动，交替通过敏感区域和非敏感区域时，这就在探测器终端形成一个交替的电压信号 V。为了得到更好的灵敏度，敏感和不敏感区域都必须足够大，以便覆盖整个视野范围。

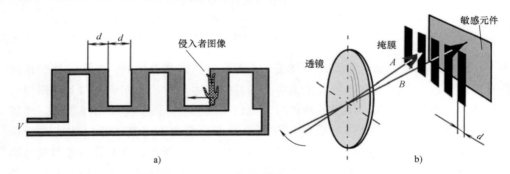

图 7.23　传感元件的复杂外形与图像失真掩膜

a）传感元件的复杂外形　b）图像失真掩膜

7.8.4　图像失真

可以将完整视野内的图像分割为几部分，这样就不用将探测器做成复杂的形状。可通过在具有足够大面积的探测器的前方放置一个失真掩膜[12]来实现，如图 7.23b 所示。掩膜是不透明的，且只能通过其空隙处在探测器表面成像，掩膜的工作原理与上节所述复杂形状的传感器类似。此种方法的缺陷是所用感测元件必须具有大的表面积。

7.8.5 面元聚焦元件

当使用小面积探测器时，另一个扩大视野的方法是用多聚焦器件。一个聚焦镜或透镜可以划分成一个个小聚焦镜或透镜的阵列（见图 5.17b），这些小的聚焦镜或者透镜称为面元，与昆虫的复眼类似。每个面元作为独立的透镜在聚焦面上产生自己的图像。所有的面元一起形成了图 7.24a 所示的多重图像。当物体运动时，图像也运动穿过焦平面。大量的透镜产生了大量的图像，至少会有一幅图像穿过敏感元件，使其形成一个交流信号。通过结合多个面元可以在水平和垂直平面上形成整个视野范围的探测图像。为了开发透镜和设计探测器，首先应定义视野和范围。然后面元的焦距、数量及面元之间的距离（两个相临近面元光轴之间的距离）都可通过几何光学的基本原则计算得到。可用式（7.17）求得单个面元的焦距：

$$f = \frac{Ld}{\Delta} \qquad (7.17)$$

面元之间的距离为

$$p = 2nd \qquad (7.18)$$

式中，L 为到物体的距离；d 为敏感元件的宽度；n 为敏感元件的个数（均匀分布）；Δ 为所能探测到的物体的最小位移。

例如，如果传感器有两个 $d = 1mm$ 的敏感元件，两个元件被放置在相距 1mm 的地方，物体的最小位移 $\Delta = 25cm$，到物体的距离 $L = 10m$，面元的焦距可由式（7.17）算出：$f = 1000cm \times 0.1cm / 25cm = 4cm$，且根据式（7.18），两面元间的距离为 $p = 8mm$。

图 7.24b 所示为具有两个传感元件的运动探测器的视野图，每个面元的敏感元件构成自己的区域，当图像与其重叠时，它会产生输出。当目标运动时，它会穿过

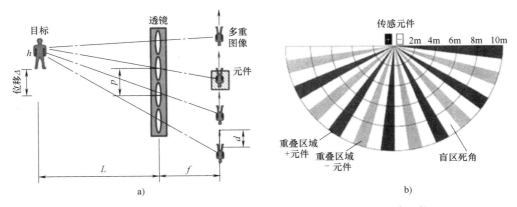

图 7.24 面元透镜在敏感元件附近多重成像与含有两个敏感元件
的传感器的复杂面元透镜生成的敏感区域

a）面元透镜在敏感元件附近多重成像 b）含有两个敏感元件的传感器的复杂面元透镜生成的敏感区域

区域边界，从而对传感器输出进行调制。即使每个区域都比较窄，大量区域结合起来会覆盖 180° 的探测视野。目前，面元透镜主要用于中红外和远红外频谱范围。这种透镜由高密度聚乙烯（HDP）（见图 7.25）制成而且非常廉价。

图 7.25　由 HDP 制成的各种红外多面菲涅耳透镜

7.8.6　可见光和近红外光运动探测器

可见光和近红外光运动探测器必须依靠外加的光源来对物体照明。被物体表面反射的光射向运动探测器的聚焦装置。光源可以是太阳光、白炽灯或者不可见的近红外发光二极管。用可见光探测移动物体的应用可以追溯到 1932 年，在雷达时代以前，发明家一直在寻找探测运动中的汽车和飞机的探测方法。其中一个发明[13]是利用照相机制作了一个飞机探测器，将玻璃制成的相机聚焦透镜对准天空进行探测。移动飞机的图像成像在硒光电探测器上，通过与天空图像的对比做出响应。通常来说，这种探测器只能在白天探测飞行在云层以下的飞机，显然，这种探测器是不实用的。另外一种利用可见光的运动探测器取得了专利授权并应用在要求不高的场合：控制房间的灯光[12]及制作交互式玩具[14]。

为了关闭未被使用的房间的灯光，可以将可见光运动探测器⊖、计时器及固态继电器联合起来使用。当房间有照明时，探测器被激活，可见光光子携带能量相对较高并且可以被量子光电元件或者探测灵敏度十分高的光敏元件探测到（见第 15章），因此，其光学系统可以充分简化。在可见光谱中工作的运动开关，其聚焦装置做成针孔透镜的形式，如图 7.26b 和图 7.27a 所示，该透镜其实就是不透明金属薄片上细小的孔。为了避免光波衍射，孔的直径必须充分大于最长可探测波长（红光）。运动开关具有一个三面元的针孔透镜，透镜上的孔径为 0.2mm，如图 7.26c 所示。这种透镜理论上具有无限远的聚焦范围。因此，光电探测器可以放置在距透镜任意距离的位置。考虑到实际需要，该距离由物体位移、视角及设计中使

⊖　图 7.27a 所示的运动开关由 Intermatic 公司制造。

用的光敏电阻的尺寸计算决定。光敏电阻应做成图 7.26a 所示的弯曲蛇形敏感元件，并且连接到一个电阻电桥和截止频率为 0.25 Hz 的高通滤波器上。当房间被照亮，运动探测器会像微型照相机一样工作，将透镜视野内的图像成像到光敏电阻表面。房间中人的移动引起图像穿过光敏电阻的蛇形区域（见图 7.23a），从而使通过光敏电阻的电流发生变化。如果自上一次探测到运动 10min 内未再探测到运动，则内置的计时继会通过固态继电器关闭灯光。由于成本低廉，所以这种类型的运动探测器常用于对儿童动作做出反应的交互式玩具[14]。图 7.27b 所示是这种玩具的

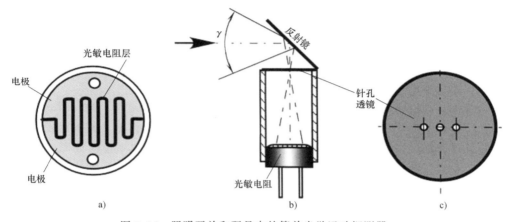

图 7.26　照明开关和玩具中的简单光学运动探测器

a）光敏电阻的敏感表面形成复合敏感元件　b）反射镜和针孔透镜在光敏电阻表面形成图像　c）针孔透镜

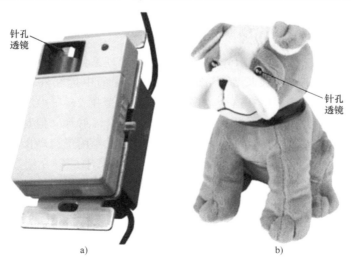

图 7.27　被用于房间照明和玩具狗的运动探测器

a）用于在无人的房间关闭电灯的具有光敏

电阻和针孔透镜的运动开关[12]

b）对儿童的动作做出反应的玩具狗[14]

一个例子，在玩具狗的眼睛中安置了一个针孔透镜。正常情况下，这只狗会安静地坐在那儿，但是当检测到附近有动作时，它会移动并发出叫声。如果你抚摸它的后背，它的叫声会停止并摇摆尾巴（在它后背的外衣下安装了触觉传感器）。

7.8.7　中红外和远红外运动探测器

最常用的运动探测器工作在热辐射的光谱范围，即中红外和远红外范围。该探测器对传感元件和运动物体之间的热辐射交换做出响应[15-17]。这里我们将讨论对运动人体的探测，但该技术也适用于与周围环境存在热对比的热的或冷的物体的探测。

热运动探测器基于的物理原理是任何温度在绝对零度以上的物体都会发出电磁辐射。该理论的基本原理在 4.12.3 节介绍过。我们建议读者在进一步学习时应首先熟悉那一节的相关内容。

对于运动探测器，运动物体表面的温度必须与周围环境温度不同，因此存在热对比，这和前面介绍的光学传感器中的光对比相似。所有物体都从其表面发出热辐射并且辐射强度遵循斯特藩玻尔兹曼定律［式（4.133）］。如果物体比周围环境温度高，那么它的热辐射的波长更短并且强度更强。大多数待探测运动物体都具有非金属表面，因此它们辐射出的热量在一个半球范围内是十分均匀的（见图 4.45a）。除此之外，总的来说，绝缘体有更高的辐射率。人体皮肤是很好的热发射体，辐射率超过 0.9（见附表 A.19）。大多数的天然和人造织物也具有 0.74 ~ 0.95 的高辐射率。

7.8.8　被动红外运动探测器

被动红外运动探测器（PIR）在安全和能源管理系统中得到非常广泛的应用。被动红外敏感元件必须对波长为 4 ~ 20μm 光谱范围的中远红外辐射做出响应，人体辐射出的大多数热量集中在这个范围（表面温度范围 26 ~ 37℃）。有 3 种敏感元件可以用在探测器上：测辐射热计、热电堆和热释电辐射计。但是，由于热释电元件简单、成本低、灵敏度高及动态范围宽，所以几乎专用于运动探测器。热释电效应在 4.7 节中有过介绍，一些探测器也得在 15.8.4 节中进行介绍。此处我们只考虑如何在实际被动红外运动传感器设计中应用热释电效应。

当热量通过热释电陶瓷板（敏感元件）时，该陶瓷板会产生电荷。热释电陶瓷板上有两个沉积电极，一个在上部，另一个在底部。这可以简单地描述为热膨胀二次效应（见图 7.28）。由于所有的热释电材料都具有压电效应，因此上部电极吸收的红外热量会引起敏感元件的前表面温度 T_s 升高并超过底部温度 T_a，引起陶瓷板前表面尺寸膨胀，这导致压电陶瓷晶体中产生机械应力。反过来，应力又进一步导致了陶瓷板中电荷的产生。这种红外感应电荷在材料两侧电极端产生电压。但是，敏感元件的压电特性也有副作用。如果传感器受到由声音和结构振动等外界压力引起的机械应力，也会产生电荷，而这种电荷在大多数情况下不能与由红外热辐射产生的电荷区别开来。

为了从压电感应电荷中分离出热感应电荷，热释电传感器通常制作成对称的形式（见图 7.29a）。两相同的元件置于传感器外壳内。元件与接口电路以这样一种方式相连，即使输入同相信号时，输出信号异相。上述连接方法的依据是，由压电效应或寄生热信号产生的干扰同时（同相）作用于两个电极，那么干扰会在电路的输入端相互抵消。另一方面，

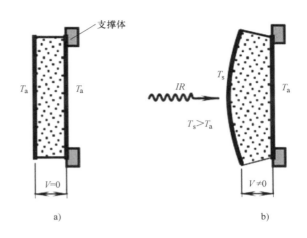

图 7.28　压电特性二次效应的热释电效应的简化模型
a）最初元件有相同的温度　b）暴露在热辐射中后前表面
升温膨胀在电极两端产生压力感应电压

由于透镜聚焦的红外能量一次只能被一个元件吸收，这样就避免了抵消。这种排列方式的传感器称为差分 PIR 传感器。

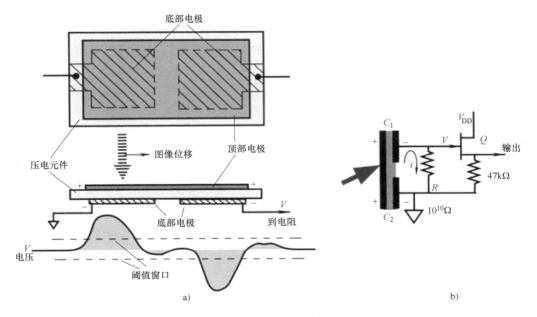

图 7.29　双重热释电传感器
a）在同一个晶体衬底上具有一个（前）上层电极和两个底层电极
b）移动的热图像从传感器的左边移动到右边，经过偏置电阻 R 产生交流电压

241

　　制作差分 PIR 传感器的一种方法是在热释电元件的两边沉积两对电极。每对电极构成一个能被热效应或者机械应力充电的电容。传感器上层的电极连接在一起，构成一个连续电极，而下边的两个电极是分开的，构成反相串联的电容。根据电极位置的不同，输出信号对热通量的响应可以是正极性，也可以是负极性。在同样的应用场合下，可能需要更加复杂的感应电极（例如构成预定的探测区域），因此需要不止一对的电极。在这种情况下，为了更好地抑制同相信号（共模抑制），传感器应该有偶数对电极，为了更好地几何对称，电极对应交替放置。

　　放置对称敏感元件时，应注意使元件两部分在受到相同外部因素影响时产生相同（但异相）的信号。无论什么时候，光学元件（如说菲涅耳透镜）必须将目标物体的热图像只聚焦在传感器某一部分的表面，否则来自图像的信号无效。元件只在受到热通量影响的电极对间产生电荷。当热成像从一个电极移动到另一个电极时，从敏感元件流向偏置电阻 R（见图 7.29b）的电流 i 从 0 变到正，然后回到 0，再变负，最后再到 0（见图 7.29a 下部）。结型场效应晶体管（JFET）Q 用作阻抗变换器和电压跟随器（放大倍数接近于 1）。电阻 R 的值必须很高。例如，元件对移动人体响应产生的交流电流大约是 1pA（10^{-12}A）。如果对于最大距离的期望输出电压是 $V = 10\text{mV}$，根据欧姆定律，电阻值应该是 $R = V/i = 10\text{G}\Omega$（$10^{10}\Omega$）。

　　附表 A.9 列出了几种具有热释电效应且能用来制作 PIR 敏感元件的晶体材料。最常用的是陶瓷元件，因为其成本低且易于制作。陶瓷的热释电系数在某种程度上能够通过改变它们的多孔性（在传感板内部产生孔）来控制。PVDF 聚合体薄膜是一种有趣的热释电材料，它虽然不如大多数陶瓷晶体一样敏感，但其柔韧性好且价格便宜。此外，它能加工成任何尺寸并且可以弯曲或折叠成任何想要的样式（见4.6.2 节）。

　　除了敏感元件，红外运动探测器还需要一个聚焦装置。一些探测器使用抛物柱面反射镜，但是最近菲涅耳塑料透镜（见 5.8.2 节）越来越受欢迎，因为其价格低廉，能够弯曲成任何想要的形状（见图 7.25），除了聚焦，它还可以作为窗口来保护探测器内部免受外部湿气和污染物的危害。

　　为了说明菲涅耳塑料透镜和 PVDF 薄膜如何协同工作，我们可以看一下图 7.30a 所示的运动探测器。它包含一个 HDP 多面弯曲透镜和一个弯曲 PVDF 薄膜传感器[15]。传感器设计结合了先前描述的两种方法：面元透镜和复杂形状的电极。透镜和薄膜弯曲成相同的曲率半径，等于焦距 f 的一半，这样可以确保薄膜总是位于相应透镜面元的焦平面上。薄膜有一对大叉指电极，分别与电路模块中的差分放大器的正相和反相输入端相连。该放大器能抑制共模干扰，并放大热感应电压。薄膜面向透镜的一侧涂上有机涂料可以提高它在中红外和远红外光谱范围的吸收率。这种设计提高了探测器的分辨能力（在更长的距离内探测小位移），并减小了其体积（见图 7.30b）。小尺寸传感器特别适合安装在总体尺寸受限的装置中，如灯的开关，它的 PIR 探测器就必须安装在开关所在的墙面内。

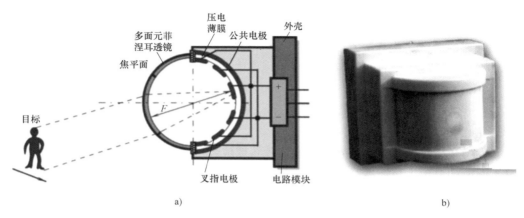

a) b)

图 7.30　具有弯曲菲涅耳透镜和热释电 PVDF 薄膜的 PIR 红外运动探测器

a）传感器的内部结构　b）传感器的外部形状

7.8.9　被动红外探测器效率分析

不管使用哪种光学装置，大多数的现代 PIR 红外探测器都基于相同的物理效应——热释电效应。为了分析这种探测器的性能，首先我们必须计算由敏感元件转换成电荷的红外能量（通量）。光学装置聚焦热辐射，在探测器表面形成微缩的热图像。图像携带的光能被敏感元件吸收并转化成热量，然后该热量通过热释电元件反过来被转换成微小电荷。最后，电荷形成输入到接口电路的微弱电流。给定条件下的最大工作距离是由探测器的噪声级决定的。为了有效识别，最差情况下的噪声能量应至少小于移动人体探测到的信号的十分之一。

热释电传感器是将热能流动转变为电荷的传感器。产生能量流动的基本条件是敏感元件存在温度梯度。探测器中厚度为 h 的元件正面与透镜相对，反面与探测器的内部外壳相对。外壳的温度通常等于外界环境温度 T_a。敏感元件的正面涂有吸热涂层，使其辐射率 ε_s 尽可能增加到最高等级，最好接近 1。当敏感元件正面吸收热通量 Φ_s 后，温度升高，热量从传感器前面向后传播。由于热释电特性，元件表面因为热流而产生电荷。

为了估计传感器热吸收表面的红外功率水平，假设移动物体是一个有效表面积为 b 的人（见图 7.31），表面温度 T_b 均匀分布，单位用 K 表示。人沿着距 PIR 探测

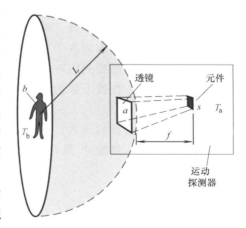

图 7.31　PIR 红外运动探测器敏感
元件上热成像的形成

器透镜为 L 的等距路径移动，并且作为一个漫反射源，在表面积 $A = 2\pi L^2$ 的半球内均匀辐射红外能量。同样，假设调焦装置对物体成像清晰。基于这种情况，选择表面积为 a 的透镜。传感器的温度为 T_a（单位为 K），与周围环境一样。

物体到环境中的总红外能量（通量）可由斯特藩-玻尔兹曼定律给出

$$\Phi = b\varepsilon_a\varepsilon_b\sigma(T_b^4 - T_a^4) \tag{7.19}$$

式中，σ 为斯特藩-玻尔兹曼常数；ε_b 和 ε_a 分别为物体和环境的辐射率 [见式（4.138）]。

如果物体温度高于环境温度（通常是这种情况），净红外能量向温度为 T_a 的开放空间流动。由于物体是漫反射源，因此与物体距离相等的点上获得的通量密度相同。换而言之，红外能量的强度沿半径为 L 的球面均匀地分布。上述假设有些夸大，但是这能让我们得到传感器响应的大概估计。

假设环境和物体表面都是理想的辐射器和接收器（$\varepsilon_b = \varepsilon_a = 1$）且敏感元件的辐射率是 ε_s，距离为 L 的净辐射通量密度可由式（7.20）给出

$$\phi = \frac{b}{2\pi L^2}\varepsilon_s\sigma(T_b^4 - T_a^4) \tag{7.20}$$

根据透镜材料和设计的不同，透镜效率（透射系数）γ 理论值可以从 0 变化到 0.92。对于 HDP 菲涅耳透镜，该值的范围为 0.5~0.75。忽略式（7.20）中温度的 4 次方引起的微小非线性因素后，敏感元件吸收的热通量可表示为

$$\Phi_s \approx a\gamma\phi \approx \frac{2\sigma\varepsilon_s}{\pi L^2}ab\gamma T_a^3(T_b - T_a) \tag{7.21}$$

由式（7.21）可知，敏感元件表面透镜聚焦的红外通量与到物体距离 L 的二次方成反比，与透镜和物体的面积成正比。应该注意的是，在多面元透镜实例中透镜的面积 a 只与单个面元有关而与整个透镜的面积无关。

如果物体温度比传感器高，那么热通量 Φ_s 是正的。如果物体温度更低，热通量变成负的，即热通量方向改变了：热量从传感器传递到物体。实际中，当人从寒冷的户外走进到温暖的房间内时，这是有可能发生的。人的衣服表面比传感器温度更低，通量是负的。在接下来的讨论中，我们将只考虑物体比传感器温度高，即通量是正的情况。

随着红外辐射通量的流入，传感器元件的温度以一定的比率增加（或减少），这个比率能从吸收的热能 Φ_s 及元件的热容量 C 得到

$$\frac{\mathrm{d}T}{\mathrm{d}t} \approx \frac{\Phi_s}{C} \tag{7.22}$$

式中，t 为时间。

这个公式在传感器接触到热通量后相对较短的时间间隔内是成立的。可以用式（7.22）来估计峰值信号。

传感器感应热通量产生的峰值电流能由基础公式得到

$$i = \frac{\mathrm{d}Q}{\mathrm{d}t} \qquad (7.23)$$

式中，Q 为热释电传感器产生的电荷。该电荷大小取决于传感器的热释电系数 P、传感器的面积 s 和温度变化 $\mathrm{d}T$

$$\mathrm{d}Q = Ps\mathrm{d}T \qquad (7.24)$$

热容量 C 可由材料的比热容 c、面积 s 和元件的厚度 h 得到

$$C = csh \qquad (7.25)$$

将式（7.22）、式（7.24）和式（7.25）代入式（7.23）中，我们能估算出传感器响应入射热通量产生的峰值电流

$$i = \frac{Ps\mathrm{d}T}{\mathrm{d}t} = \frac{Ps\Phi_\mathrm{s}}{csh} = \frac{P}{hc}\Phi_\mathrm{s} \qquad (7.26)$$

为了建立移动物体和电流间的关系，将式（7.21）给出的通量代入式（7.26）中

$$i \approx \frac{2Pa\sigma\gamma}{\pi hc} bT_\mathrm{a}^3 \frac{\Delta T}{L^2} \qquad (7.27)$$

式中，$\Delta T = (T_\mathrm{b} - T_\mathrm{a})$。

从式（7.27）可以提出几个结论。公式的第一部分（第一个比率）体现了探测器的特征，其他部分与物体有关。热释电电流 i 与物体和周围环境的温差（热对比）成正比。电流 i 还与物体面向探测器的表面积 b 成正比。周围环境温度 T_a 的作用并不是那么强，它以三次方的形式出现。周围环境的温度必须用开氏温标。因此，它的变化相对于整个温度范围来说变得相对小。敏感元件越薄，探测器越灵敏。透镜的面积也直接影响信号的大小。另一方面，只要透镜将整个图像聚焦到传感器敏感元件上，那么热释电电流就与传感器表面积无关。

为了更进一步计算式（7.27），需要计算偏置电阻两端的电压。该电压可用作运动探测器的输出信号。我们选择具有典型特性的热释电 PVDF 薄膜传感器：$P = 25\mu\mathrm{C/K \cdot m^2}$，$c = 2.4 \times 10^6 \mathrm{J/(m^3 \cdot K)}$，$h = 25\mu\mathrm{m}$，透镜面积 $a = 1\,\mathrm{cm}^2$，$\gamma = 0.6$，偏置电阻 $R = 10^9\,\Omega$（$1\mathrm{G}\Omega$）。我们假设物体表面温度是 27℃，表面积 $b = 0.1\,\mathrm{m}^2$，周围环境温度 $T_\mathrm{a} = 20$℃。输出电压可作为物体到传感器的距离 L 的函数由式（7.27）计算得到，然后转换成电压，如图 7.32 所示。

图 7.32 所示的理论曲线是在以下假设的情况下得出的，即物体与传感器相距任意距离时，光学系统都可以清晰成像并且图像面积不大于传感器敏感元件面积。在实际中，上述假设并不总是成立，尤其是物体与传感器距离较短时，图像不仅模糊不清，而且可能与差分传感器的异相元件重叠。距离较短时信号幅值明显减小，电压达不到按上述假设计算出的曲线高度。

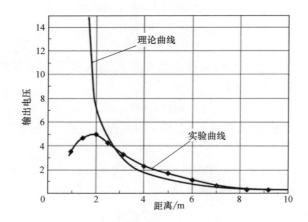

图 7.32　在 PIR 探测器中输出信号的计算和实验振幅值

7.9　光感传感器

7.9.1　光电束

由于其高可靠性和长探测范围（长达 500m），古老而有效的光电断续器仍广泛用于安全系统。这些探测器的原理类似于绊索：入侵者阻断了光束。图 7.33a 所示为其工作原理。光电断续器包括一个光电耦合器（发射器-探测器），安装在保护区域的入口。发射器向探测器发射一窄束红外光（典型波长为 940nm）。在正常条件下，探测器记录稳定的光强度。为了消除可能的环境光影响，发射器以交流信

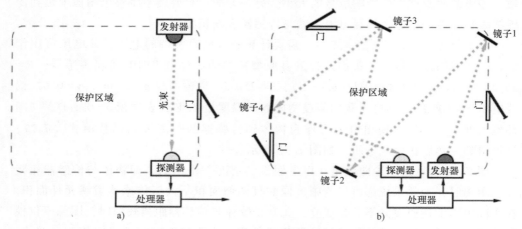

图 7.33　光电断续器作为入侵探测器

a）直接检测　b）反射耦合

号调制光束，如短矩形脉冲（开或关光束）。在探测器一侧，只有交流成分被记录，所以相对稳定光源的任何潜在偏移都将被拒收。入侵者中断光束并使探测器记录的光强骤减。如果减小值低于预设的阈值，警报会被激发。如果保护区域有多个进入点（例如几扇门和窗），如图 7.33b 所示，光电耦合器还可以用来一次覆盖几个区域。这里发射器发出的光束通过保护区域内的多个反射器指向探测器。几个反射器（镜）被放置在边界附近，并调整为使光束依次从一面镜子到另一面并最后到达探测器。为了避免虚警探测，光电耦合器和所有的镜子必须牢固地固定在其位置，以防止振动和运动使光虚假偏移。光电断续器的明显缺点是其对可能弄脏光学元件的空气污染物的敏感性、在烟雾中降低的可靠性和相对较高的功率消耗。

7.9.2　光反射传感器

光的反射是一种光学现象，它不仅广泛用于运动检测，还用于探测监视区域中目标的存在。它的工作原理非常简单。传感器包含两个关键部件：光源（通常是近红外 LED）和光电探测器。LED 发射光束照亮了光电探测器视野范围内的环境，探测器测量物体反射光的强度。在监视之前，首先完成周围物体（背景）的背景反射。当一个新的物体出现在视野中时，它要么吸收更多的光，要么反射更多的光。在大多数情况下，它会改变背景信号，该电压增量可以被电子处理器中的阈值探测器探测到。这种传感器不会测量传感器到物体的距离，因为探测到的光强度取决于很多因素，如物体的尺寸、形状、材料、表面粗糙度及到传感器的距离。这种传感器仅仅是一种存在探测器，然而这也正是许多实际应用所需要的。目前，发射器和探测器由智能集成电路控制，提高了检测的可靠性，并能拒绝虚假信号[18]。其中一个应用例子就是浴室水龙头上使用的存在探测器，当手放在出水口下边时，可用它来控制水的流出[19,20]。类似的探测器还用于干手机、厕所马桶水箱、照明开关、家用电器（如立体音乐播放器、空调等）的控制、真空吸尘器及其他产品中。

图 7.34a 和 b 所示为出水装置中传感器的两种可能布置方式。一种布置在喷口处，另一种直接布置在水龙头内部。确保测区域位于手常放置的地方是非常重要的。图 7.34c 所示为具有光导管和调节水所需装置的水龙头。光导管类似于光纤，用于发射和接收反射光，见图 5.20b。

图 7.35 所示为水流控制系统的框图。光导管可以是一束光纤，也可以是聚碳酸酯树脂成分的固体透明棒。通常，LED 的发射光需经过具有 1kHz 的相对较高频率的短脉冲调制，这有助于从背景环境光中分离反射脉冲光，环境光可能是 3 种类型的成分：稳定的部分、缓慢变化的部分和主频为 50Hz 或 60Hz 的荧光灯的波纹或闪烁部分、可通过使用高通滤波器或同步检波器调整检测信号来减少上述虚假信号的干扰。

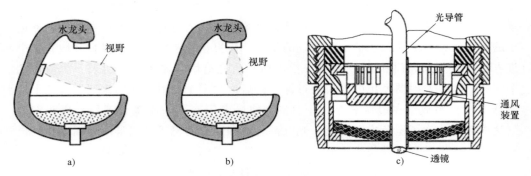

图 7.34　光学存在探测器的安装位置及水龙头截面图

a）安装在喷口处　b）安装在水龙头内部　c）具有光导管的水龙头截面图（改编自参考文献［20］）

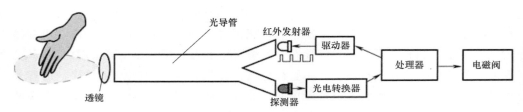

图 7.35　具有光学存在探测器的水流控制系统框图

7.10　压力梯度传感器

　　压力梯度传感器可以用来探测封闭室内的入侵，这种传感器通过监测由门窗开闭和人体移动造成的环境中气压的微小变化来实现此功能。通常来说，气压变化可由传统的气压传感器探测到，但这不是一种有效的解决方式。传统的气压传感器具有相对大的输入压力范围，而与入侵相关的气压变化的最大振幅是非常小的，至少比传统气压传感器的范围小3个数量级。实际上，这种变化接近气压传感器的本底噪声。除此之外，传统的气压传感器不够灵敏，也不能给传感器附加高增益的放大器，因为噪声也会被随之放大。合理的解决方案应该是设计一个具有窄压力测试范围和高灵敏度的传感器，也可以使传感器仅测量压力的变化而不是压力的绝对值。传感器应该产生一个与气压一阶微分相似的信号。由于这种传感器的唯一目的是探测入侵而不是测量实际的气压值，因此精确度要求会大大降低。

　　通过使用非常薄且面积相对较大的敏感薄膜可以获得较高的灵敏度。图 7.36所示为一个入侵气压传感器的设计实例[21]。这种传感器的主要部分是一个封闭的腔体。腔体的左壁覆盖了一层由塑料或者金属箔制成的拉伸薄膜，厚度约为20μm。薄膜的面积应该相对大，约为200mm²或者更大。腔体的右壁是一块带有进气孔的坚硬背板，进气孔的目的是使腔体内外的压力相等。薄膜和背板之间的距离

d 由内置的位移探测器测得。传感器所有外部表面暴露在周围空气中。当所监测的房间内所有的门窗都关闭并且房间内没有人时，环境气压保持不变或者变化缓慢。由于背板进气孔的作用，传感器腔内和腔外的压力 p_h 是相等的，薄膜是平的。当门或窗打开的时候，周围的气压轻微但迅速地增加 Δ，由于进气孔非常窄且空气黏度有限，腔内的气压不能立即变化，因此腔体内部气压的任何变化都会滞后于外部变化。相位滞后在薄膜两侧产生了临时的压差，根据差分信号的振幅和符号可以得知差压是由外部指向背板，还是由背板指向外部。薄膜和背板之间的距离 d 由位移传感器检测并作为入侵的指示。当压差很小时，薄膜基本平坦且距离 d 也维持在基本水平。图 7.37 所示为敏感腔体内外气压的时序图及薄膜上的压差。应该注意的是，代表位移 d 的信号与阈值比较后用来监测入侵。

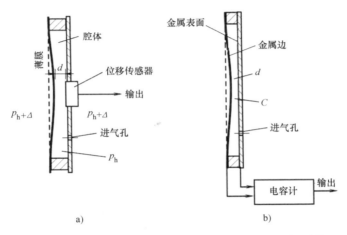

图 7.36　气压梯度探测器和具有电容位移传感器的探测器

a）气压梯度探测器　b）具有电容位移传感器的探测器

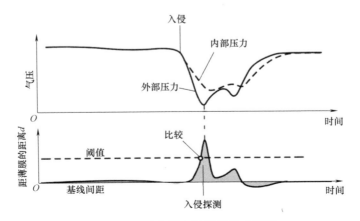

图 7.37　压力梯度探测器的时序图

有很多方法可以设计用于检测薄膜挠曲的位移传感器，其中一些方法将在第8章中介绍。图7.36b介绍了一种电容式位移传感器，其中敏感腔是一个由两块平板组成的电容。一个极板是金属箔（或金属化的塑性薄膜），另一个极板是背板上的金属层。薄膜和背板之间的基线间距 d 应该非常小：0.5 mm甚至更小。例如，如果薄膜和背板的重叠面积为 $400mm^2$，间距为0.5mm，则基线电容为17 pF。当距离 d 随着气压差变化时，电容 C 的值也随之变化［见式（4.20）］。测量电容变化并将其转变为有用信号。

上述方案的另一种设计由带有作为流量传感器的温差风速计的压力梯度探测器组成，该压力探测器将在见11.9节详细描述[22]。这种类型的传感器通过监测保护区域内微小的气流来检测微小的压差。概念设计如图7.38所示。其中心有一个带有小的空气流量传感器的试管。如果在试管的左右出口处存在压力梯度（$p_1>p_2$），空气会在管内流动，进而可由热风速计测得。由于热风速计的输出是非线性的，如图12.9b所示，并且在微小流动下具有更高的灵敏度，因此该传感器可用于检测由于门窗打开和关闭甚至人行走导致的室内压力的微小变化。

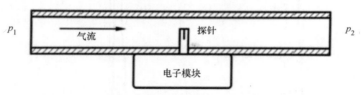

图7.38 热式流量传感器作为微小压力梯度检测器的概念图

7.11 二维定位装置

个人电脑的发展需要另一种类型的位移传感器，即定位装置。这种用来感应人手移动的，装置即电脑鼠标（或轨迹球），其目的是将指针移动到显示器上指定的 X—Y 坐标处。第一类鼠标使用了耦合到光电编码器磁盘的机械滚轴（与图8.44所示类似）或者电磁拾取器。后来，Steve Kirsch发明了一种光学鼠标，它需要一个特殊的带有坐标网格的反射垫[23]。现在新型的鼠标和轨迹球采用光学拾取器，拾取器利用红色（或红外）LED或激光二极管发光。典型的光学定位装置包含3个主要组件：一个照明器、一个CMOS光电图像传感器，以及一个数字信号处理（DSP）芯片（见图7.39）。光电图像传感器抓取鼠标或者轨迹球移动轨迹的连续图像。DSP芯片将对这些连续图像进行比较，并利用芯片的光学处理部分处理前后两帧间的变化，并运用光流估计算法将图像变化转换成在两个坐标轴上的运动。例如，Avago Technologies公司的ADNS—2610光学鼠标传感器每秒可处理1512帧：每一帧由一个18×18像素的矩形阵列组成，并且每个像素可以感测64阶灰度。这一优点使鼠标可在多种不同表面上检测相对运动，并将鼠标的移动转换为光标的移动，且不需要特殊的鼠标垫。

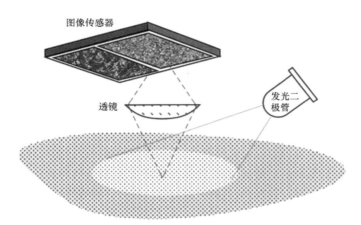

图 7.39　光学定位装置（鼠标）原理图

7.12　姿态感知（3D 定位）

为了控制人机接口设备，现代计算机可将感知的操作者的身体信息由二维平面的移动转化成三维。这使得操作人员可以通过手、头或躯干的姿态控制计算机。一些姿态传感器需要将小的传感装置直接安装在操作者四肢上，而另外一些则完全是非接触式的。世界上最早的非接触式姿态传感器是俄国工程师 Лев Сергеевич Термен 在 1919 年发明的世界上第一台电子乐器的一部分[24]，这种乐器在西方被称为特雷门琴。图 7.40a 所示为特雷门琴原理框图，其工作原理是通过手的移动来调节电容——右手移动会使右手与地的电容（C_R）发生变化，左手移动会使左手与地的电容（C_L）发生变化。特雷门琴演奏者的双手在靠近两根天线的地方移动。

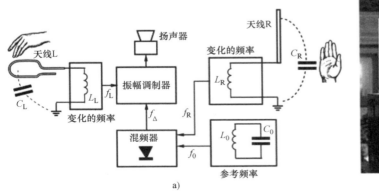

a)　　　　　　　　　　　　　　　　　b)

图 7.40　特雷门琴原理框图

a) 特雷门琴原理框图　　b) 特雷门在 1927 年演奏他的乐器

靠近竖直天线的右手改变电容 C_R，并调节 LC 振荡器的高频信号 f_R，与另一个参考高频振荡器产生的固定频率信号 f_0 同时输入混音器，混音器是一种非线性电路，可以提取出人听觉范围内的差动拍频信号 f_Δ。手的移动使音高产生 6~8 度音阶的变化。拍频法是电子流行音乐中常用的成拍方法。左手控制频率 f_L 调节振荡器的振幅，控制音量大小。特雷门琴听起来有时候像大提琴或小提琴，有时候像长笛，更多时候听起来像人发出的声音。

7.12.1　惯性与陀螺鼠标

一种系在操作者手腕上的感知装置由于不需要接触任何表面，甚至不用靠近任何可被感知的静态表面，被称为"空中鼠标"。它是一种使用微型加速度计和陀螺仪来感知每一个支撑轴运动的惯性鼠标。感知模块通过无线方式与计算机进行通信，用户很小的手腕转动即可控制光标移动和完成其他操作。

7.12.2　光学姿态传感器

一种根据光线反射原理制成的探测器可以用来检测操作者手的存在、位置和移动信息（见图 7.41）。这种探测器系统由多个巧妙排列的光发射器（PE）和至少一个光电探测器（PD）组成。这些光发射器由调制器产生的可变电流脉冲激励，所以每次只有一个光发射器照明。这样不仅可以消除背景光的影响，而且可以通过同步解调器确定是哪一个光发射器发出的光线被探测到。这种装置的工作原理是基于光电探测器测得的光强变化[25]——操作者的手离探测器越近光线就越强。结合来自多个光发射器的响应就可以确定手与所有光发射器的相对位置和距离，从而得到手的三维坐标信息。该装置的信号处理器基于静态坐标和光探测器响应的相位延迟，可计算得到手的移动速度和移动方向。

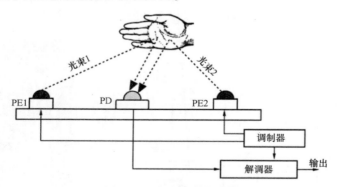

图 7.41　光学姿态传感器

7.12.3　近场姿态传感器

图 7.19 所示接近传感器通过导电体与被测对象电容耦合进行距离探测。用与

此相似的方法可以制作 3D 姿态传感器，用于探测敏感电极附近的电场变化。图 7.42 所示为由固定在振荡器输出端上的中心电极所产生的电场。振荡器产生频率约 100kHz 的正弦波电压，这个频率对应很长的电磁波波长（约 3km），远远大于传感器和被测对象的尺寸。因此，在中心电极附近存在的大多是电场矢量而非磁场。电场线由中心电极外表面向周围接近零电势的物体传播。由于人体具有很大的介电常数（可以达到 90），这就使人体与大地形成强大的电容耦合。因此当人体的某一部分（如手或手指）进入近场后就会吸引电场线，如图 7.42 左侧所示。如果手不在该处，电场线大多流过探测电极 A 和 B，并以交流电压形式出现在由运算放大器组成的电压跟随器的输入端（见图 6.6b）。当手放置在电极 A 附近时，会使电场线偏离电极 A，导致电压幅值降低。越靠近电极，相应的电压跟随器的电压下降得就越严重。

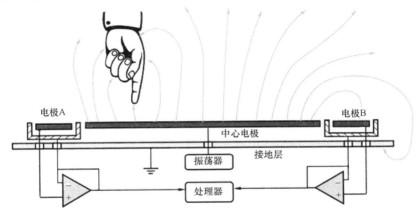

图 7.42　近场姿态传感器

为了减小寄生电容，提高灵敏度，敏感电极 A 和 B 由与相应的电压跟随器输出端相连接的驱动电屏蔽所围绕。驱动屏蔽的作用与图 7.19 和图 6.4b 作用相似。

按照坐标可探测的矩形方式排列的电极可以实现手在空间中的探测（见图 7.43）[26]。一些制造商可提供商用的近场姿态感应集成电路，如美国微芯科技公司。

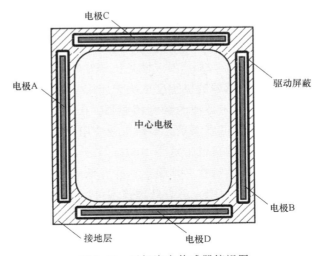

图 7.43　近场姿态传感器俯视图

7.13　触觉传感器

触觉传感器通常被认为是一种特殊的力或压力传感器，它的特征是厚度小，或是一种可对非常近（<1mm）的距离或者对与人或机械"手指"接触时产生响应的接近传感器。例如在机器人技术中，触觉传感器被安放在机械执行器的"指尖"，在其与物体接触时提供反馈——类似于人类皮肤的触觉。触觉传感器可用来制作触摸屏显示器、键盘及其他必须感知直接接触的设备。它在生物医学领域有着极为广泛的应用，它可以用于牙科中研究牙冠与牙桥的咬合，研究人在走路时脚产生的力，还可安装在人造膝盖中用于平衡假肢的活动等。另一非常有趣的应用是可以进行人的指纹识别。

触觉传感器大致可以分为几类：

1）接触式传感器。用于探测和测量特定点的接触力。接触式传感器可以是模拟的，用来测量接触力，也可以是二进制的（阈值），即判断接触或非接触。

2）触摸传感器。这种传感器探测的是两个物体之间的物理耦合，而不是二者力的作用。手指的接触可通过监测手指和触摸板之间的接触面积检测出来。其典型实例是触摸监视器的电容式触摸屏（如智能手机）。

3）空间传感器。用于检测和测量垂直于预定测量区域的力的空间分布或物理接触，以及空间信息。空间传感器阵列可看作一组接触式传感器协同工作。

4）滑觉传感器。用于探测和测量物体相对于传感器的运动。这可以通过一个特别设计的滑动传感器或通过分析接触式传感器、空间传感器阵列测量的数据得到。

触觉传感器的需求是基于对人类感知的研究及对人类抓取和操纵能力的分析。在工业应用中大量使用的接触式传感器或触觉传感器特性如下：

1）接触式传感器的理想情况应该是单点接触，虽然感知区可以是任意大小。但实际使用时，$1 \sim 2mm^2$ 的区域是比较好的。

2）触觉传感器的灵敏度取决于应用，特别是传感器与被测物之间的物理障碍是一个因素。对于力型的触觉传感器，$0.4 \sim 10N$ 范围的灵敏度，以及处理突发机械过载的考虑，可以满足大多数工业应用的要求。

3）传感器的最低带宽为 100Hz。

4）传感器的特性必须稳定，并有低滞后的可重复性。模拟传感器中的线性响应并非绝对必要，因为信息处理技术可以弥补适度的非线性。

如果考虑触觉传感器阵列，大多数应用可以通过 $10 \sim 20$ 个传感器组成的阵列实现，空间分辨率为 $1 \sim 2mm$。在机器人和假肢设计中，应该测量"手指"尖端的抓取力。因此，这些触觉传感器可以集成到皮肤中，来对接触点力的大小、位置和方向进行实时响应。

7.13.1　开关式触觉传感器

简单的能够产生"开—关"输出的触觉传感器可由两个金属薄片和一个垫片组成（见图 7.44）。垫片上有圆形（或任何其他形状）的孔，其中一个金属片接地，而另一片接上拉电阻。电路板上的导电层可以作为接地金属片。如果需要感知多个区域，可采用多路转换器。当外力作用于垫片缺口上方的上金属片时，上金属片弯曲，并与下金属片产生电接触，通过上拉电阻接地。此时输出信号变为零，表明有外力作用。上下的导电金属片可通过在聚酯薄膜®或聚丙烯衬底上用导电浆料的丝网印刷来制作。多个感知点可利用导电浆料打印行和列形成，传感器上特定区域的接触将导致相应的行和列的接入，从而指示特定位置的力。这种传感器广泛用于成本较低消费级产品，如电视机遥控器和玩具。

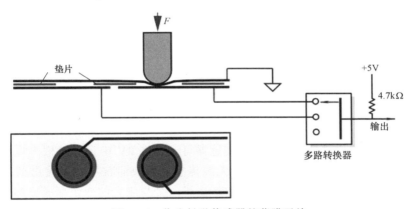

图 7.44　作为触觉传感器的薄膜开关

7.13.2　压电式触觉传感器

好的触觉传感器可以使用压电薄膜设计，例如用于有源或无源模式下的 PVDF（见 4.6.2 节）。图 7.45 所示为一种由压电薄膜制成的有源超声耦合触觉传感器。该传感器中，三层薄膜被层压在一起（传感器还有附加的保护层，在图 7.45 中未表示出来），上膜和下膜采用 PVDF，中间膜用于上下两层的声耦合。中间膜的柔韧性决定了传感器的灵敏度和工作范围，实用的中间膜材料为硅橡胶。下膜由振荡器输出的交流电压激励，该激励信号导致压电薄膜的机械收缩，然后传递给作为接收器的上膜。由于压电现象是可逆的，上膜输出的交变电压取决于压缩薄膜的机械振动。这些振动经过放大后反馈到同步解调器。解调器对所接受信号的振幅和相位均很敏感，当压缩力 F 作用于上膜时，三层薄膜间的力耦合状态整体改变，从而影响接收信号的幅值和相位。这些变化经解调器识别以可变电压的形式在输出端显示。

在特定的范围内，其输出信号与施加的力呈线性关系。如果将 $25\mu m$ 厚的 PVDF 薄膜与 $40\mu m$ 厚的硅橡胶压缩薄膜层压在一起，则整个装置的厚度（包含保护层）不会超过 $200\mu m$。无论是发射端还是接收端，PVDF 膜的电极均可采用蜂窝状的方式制作，这就使得我们能够采用蜂窝的电子复用技术来获得对施加激励的三维空间进行识别。这种传感器同样也可以用来测量小位移。在几毫米的范围内，其精度优于 $\pm 2\mu m$。其优点在于结构简单且为直流响应，即它能识别静态力。

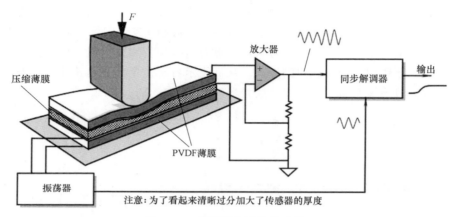

图 7.45　有源压电触觉传感器

用于探测接触和滑动的压电触觉传感器可通过将 PVDF 薄膜条嵌入橡胶外壳中制成（见图 7.46a）。该传感器是一种无源传感器，换而言之，其输出信号由压电薄膜产生而不需要激励信号。因此，它产生了一个与应力的变化率成比例而不是与应力的幅值成比例的响应信号。这种设计适用于机器人的应用，在这些应用中需要感知能引起快速振动的滑动运动。这种压电传感器直接与橡胶外壳接触，因此，薄膜条产生的电信号反映了由不均匀的摩擦力产生的弹性橡胶的运动。

该传感器安装在具有泡沫状柔性衬底（1mm 厚）的刚性结构上（机器人的"手指"），周围用硅橡胶外壳包裹。为了更好地跟踪光滑表面，使用流体衬底也是可行的。由于敏感条位于皮肤表面下方一定深度处，且压电薄膜在不同方向的响应不同，因此不同方向运动产生的信号大小不同。当表面的不连续或者不平整低于 $50\mu m$ 时，传感器的响应为双极信号（见图 7.46b）。

应用于乐器中的电子设备在鼓和钢琴中遇到了一个特殊问题，为了满足高动态范围及频率响应的要求，在鼓的触发器和钢琴的键盘中使用了压电薄膜冲击感知单元。多层压电薄膜与大鼓的脚踏板开关，或与手鼓、军鼓的触发装置集成在一起。压电薄膜冲击开关是力敏感元件，它准确再现了鼓手和钢琴演奏者的力度。在电子钢琴中，压电薄膜开关的响应与敲击钢琴键时所产生的响应具有极为相似的动态范围和时间常数。

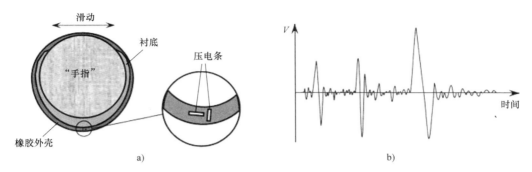

图 7.46　用压电薄膜检测滑动力的触觉传感器（改编自参考文献 ［27］ ）

a）横截面　b）典型的响应

需要注意的是压电薄膜一般对拉伸产生响应，而对挤压产生的信号则要微弱得多。因此设计时应沿膜表面施加力的作用。如图 7.47a 所示，压电薄膜上的轴向应力通过负载电阻 R_0 产生电流 i，而横向力 F_g 的作用几乎没有输出信号。为解决这一问题，压电薄膜可与施加的力以一定角度放置或折叠，如图 7.47b 所示。矢量力 F_g 可用两个矢量力的和 F_s 和 F_h 来替代。其中，矢量 F_s 平行于压电薄膜表面，因此产生应力作用。图 7.48 所示为一种用来监测小孩睡眠时呼吸频率的 PVDF 薄膜触觉传感器。传感器监测呼吸

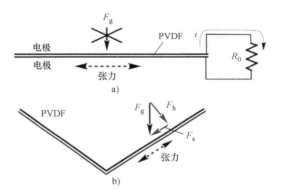

图 7.47　压电薄膜对轴向应力的响应；以一定的角度将力施加在膜上时产生的响应

a）压电薄膜对轴向应力的响应　b）以一定的角度将力施加在膜上时产生的响应

引起的小孩身体的微小动作，以探测窒息（呼吸的停止）[28]。传感器被安置于婴儿床的床垫下。由于胸部膈肌的运动，婴儿的身体通常在每个呼气和吸气的过程中都有轻微的水平移动，从而引起婴儿身体重心的位移和施加在床垫表面的重力 F_g 的水平移动，这种力的移动可以被压电薄膜传感器探测到。在薄膜片的前后表面淀积有两个电极。传感器由三层构成，其中 PVDF 薄膜层被安置于两个预先制成的衬底（如硅橡胶）之间。

衬底具有波纹或隆起表面并以中间交替的隆起挤压 PVDF 薄膜，隆起部位合拢住 PVDF 薄膜，这样就以一定的角度在 PVDF 薄膜上施加了力的作用。在移动力的作用下，PVDF 膜承受由隆起部位施加的可变压力并产生可变电荷，电荷产生电流在流经电流-电压转换器时产生输出电压 V_{out}。在一定的范围内，可变输出电压的

幅值正比于重力的变化。这种传感器操作方式与图 10.11 中所示的放置在床垫下的压电电缆相类似。其设计与图 5.22 中的光纤力传感器相类似。

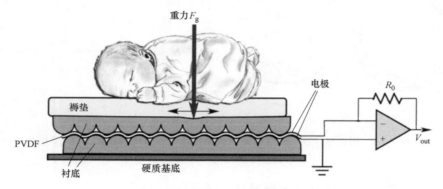

图 7.48　压电薄膜呼吸传感器

由于厚度小、灵敏度高，以及不产生能量消耗，压电薄膜被设计成大量的医用传感器用于检测人体组织的微小移动。例如图 7.49 所示为粘贴在患者胳膊和手腕皮肤表面桡动脉上方用来记录动脉振动的两个压电薄膜传感器。

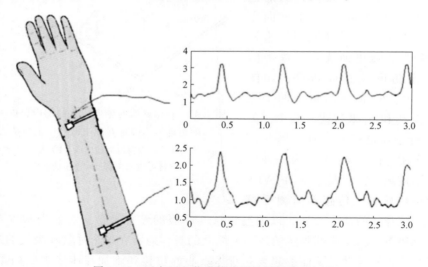

图 7.49　两个压电薄膜传感器的动脉振动记录

7.13.3　压阻式触觉传感器

另一类触觉传感器使用的是压阻元件，制作这种传感器的材料的电阻与应变呈函数关系。该传感器包含一个阻值随外加压力变化的力敏电阻（FSR）[29]。FSR 是导电弹性体或者压敏浆料。导电弹性体由硅橡胶、聚氨酯及其他充满导电离子或纤维的化合物制成。例如，制作导电弹性体时可以用碳粉作为掺杂材料。弹性体触觉传感器的工作机理既可基于弹性体在两导体板（见图 7.50a）之间受到挤压时接触面积的变化，也可基于弹性体厚度的变化。当外加力变化时，弹性体与推进器界面处的接触面积发生改变，推进器和导体板间的弹性体体积变小，从而导致电阻的减小。

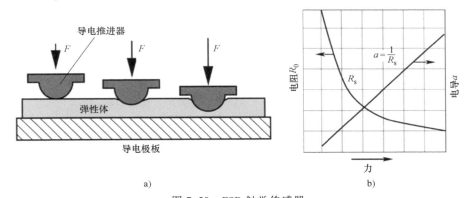

图 7.50　FSR 触觉传感器

a）带有弹性体的全厚度测量　b）传递函数

在特定压力作用下，接触面积达到最大，传递函数达到饱和（见图 7.50b）。弹性体的阻值 R_s 与力的关系是高度非线性的，但是它的倒数，电导率 a 与力几乎呈线性关系

$$a \approx kF \tag{7.28}$$

式中，k 为由弹性体的导电属性和几何形状决定的力系数。其线性特征可用于图 7.51a 所示的接口电路中，力敏电阻 R_s 是连接到运算放大器的电阻电桥的一部分。放大器的输出电压与所加力 F 呈线性关系

$$V_{\text{out}} = \frac{V_{\text{DD}}}{2}\left(\frac{R}{R_s} - 1\right) \approx \frac{V_{\text{DD}}}{2}(Ra - 1) = \frac{V_{\text{DD}}}{2}(RkF - 1) \tag{7.29}$$

应当注意的是，当该弹性体聚合物承受持续压力和温度变化时，其电导率会发生显著的漂移。

利用电阻随压力变化的半导体聚合物可以制作出一种薄的 FSR 触觉传感器。该类传感器的设计类似于薄膜开关（见图 7.51b）[13]。与应变计相比，FSR 具有更广的动态范围：力在 0~3kg 的范围内变化时，电阻值的典型变化为 30 倍，但同时其精度更低（典型值为±10%）。然而，在一些不需要对力进行精密测量的应用中，低成本的传感器是一种更具吸引力的选择。FSR 聚合物传感器的典型厚度是 0.25mm，但是再薄一些也是可以实现的。

将导电橡胶如 FSR 和作为多路复用器的有机场效应晶体管（FET）结合在一起可制成电子压敏皮肤，非常适用于机器人。这种皮肤由很多带有柔性开关阵列的微型压力传感器组成。有机场效应管之所以被用来做这种皮肤，是因为有机电路即使在大面积情况下，也能保持其固有柔性和低廉的成本[30]。制作这种人造"电子皮肤"最

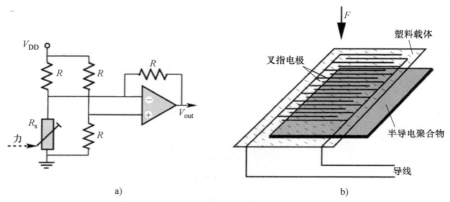

a)

b)

图 7.51 弹性体触觉传感器接口电路与带有 FSR 聚合物的触觉传感器

a）弹性体触觉传感器接口电路　b）带有 FSR 聚合物的触觉传感器

重要的一步是制作大面积的具有机械弹性的触觉传感器。有机场效应晶体管集成在含石墨的橡胶内形成图 7.52a 所示的大面积传感器。这种皮肤即使被卷成半径 2mm 的圆柱也不会失去电特性。嵌入式场效应晶体管的间距可达 10dpi，足以产生图 7.52b 所示的可识别图像。这种传感器的基本原理是通过与场效应晶体管漏极相连接的可变橡胶电阻的变化调节流过场效应晶体管的电流，和在场效应晶体管的栅极施加控制电压来多路复用场效应晶体管。图 7.52c 所示为场效应晶体管阵列连接图。

其整体布局与电荷耦合器件（CCD）的一个像素或存储单元类似：每一行的栅极连接到字线，同时漏极连接到位线。当压力施加在皮肤的某一特定单元上并在 $0 \sim 30kPa$ 之间变化时，导电橡胶薄片的电阻从 $10M\Omega$ 变化到 $1k\Omega$，同时可以测得电流 i_D 和 FET 的跨导变大。

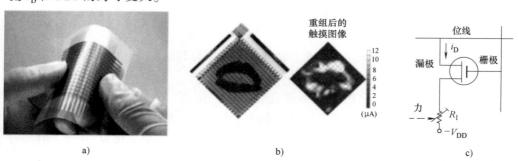

a)

b)

c)

图 7.52 场效应晶体管的应用

a）植入有机场效应晶体管的电子皮肤　b）16×16 场效应晶体管阵列通过唇形的橡胶片对"吻"的响应

c）场效应晶体管的连接（改编自参考文献 [30]）

7.13.4　触觉 MEMS 传感器

微型触觉传感器在机器人领域的需求尤其迫切，它要求传感器有好的空间分辨率、高的灵敏度和宽的动态响应范围。可以利用硅的塑性变形来制造这种具有机械滞后的阈值触觉传感器[31]。参考文献［32］中使用的设计方法，是由晶片键合形成一个密封谐振腔，利用腔内密闭气体的膨胀，使腔体外面的硅薄膜产生塑性变形，从而形成一个球状盖。图7.53所示的结构是对硅片进行微机械加工制成的，在室温下，当高于临界力时，上面的电极会朝下弯曲，并与下面的电极接触。实验表明，当开关实现闭合需要13psi（1psi＝6.895kPa）的压力时，会产生约2psi滞后压差（即压力降到11psi时开关才能断开），而开关的闭合电阻约为10kΩ，对于微功率电路而言，这已经足够低了。

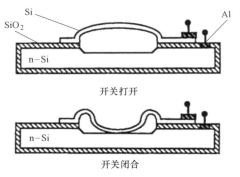

图7.53　带有空腔气体的微型硅阈值开关（摘自参考文献［16］）

7.13.5　电容式触觉传感器

电容式接触传感器基于平板电容器和同轴电容器的基本方程（见4.2节）。电容式触觉传感器依靠外力改变两板之间的距离或者电容器电极（板）的表面积。在这种传感器中，两个导电板由电介质隔开，电介质作为弹性体，将力的特性变为电容特性传给传感器（见图7.54a）。

为了在施加力时最大程度地改变电容，最好使用高介电常数的聚合物，如PVDF。

测量电容变化的方法有很多，如果电容不太小（在1nf或更大的量级），最流行的技术是基于带电阻的电流源，测量由可变电容引起的时间延迟。还有一种方法是将电容传感器作为带有LC或RC电路的振荡器的一部分，测量频率响应。但如果电容传感器与金属结构距离太近，会导致出现重大问题。使用好的电路布局和差分电容可以使这个影响降到最小。

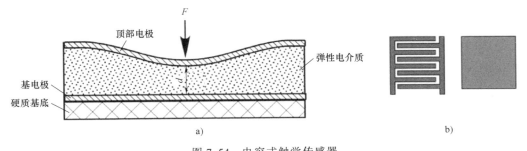

图7.54　电容式触觉传感器

a）平板传感器　b）触摸屏上的叉指电极和单电极

现在很流行将电容式传感器用在触摸屏面板上，触摸屏面板通常由表面覆有透明导体层的玻璃或者聚合物制成。如铟锡氧化物（ITO）这种导体通常具有良好的导电性和光学透明性。这种类型的传感器基本上是一个电容器，电容器的极板是网格中水平轴和垂直轴的重叠区域。每个极板可以是双叉指电极也可以是单电极（见图 7.54b）。由于人体具有高介电常数，因此触摸传感器电极会影响触点附近的电场分布，并产生可测的电容变化。这些传感器工作在导电介质（手指）邻近，并且不必直接接触触发。它是一种耐用的技术，在销售点系统、工业控制、公共信息亭等很多领域都有广泛应用。但是，它只响应手指接触，而不响应戴手套的手或笔，除非触笔可以导电。

很多计算机显示器采用电容传感器。屏幕采用玻璃材质，如图 7.55a 所示，显示屏的每个传感单元都有两个电极，电极沉积在玻璃屏幕内表面上。一个电极（G）接地，另一个接电容计（电容计 C）。在两个电极之间存在一些小型基线电容 C_0，这些电容由电容计 C 监测。

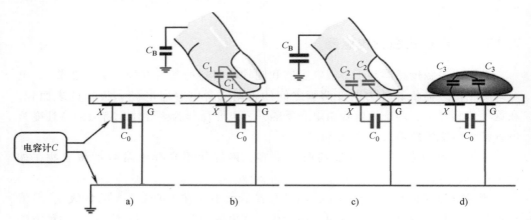

图 7.55　双电极触摸屏

a）无触摸　b）轻触　c）用力按　d）水滴

当一个手指接近电极时（见图 7.55b），它产生一个利用电极与 C_1 耦合的电容。为了响应这个新产生的电容，检测器计算产生一个新的总电容

$$C_{m1} = C_0 + 0.5C_1 \tag{7.30}$$

这个电容比 C_0 大很多。由于指尖有弹性，所以如果手指用力按，那么它与触摸屏的接触面会增加，能产生一个更大的耦合电容 $C_2 > C_1$，如图 7.55c 所示。相应的总电容的值也变大，因此可以用来表示力度更大的按压。

现在，我们假设一个水滴滴在触摸屏上，如图 7.55d 所示。介电常数为 76~80，水和电极形成一个强耦合电容 C_3，与一个手指形成的电容相当，因此触摸屏将显示一个错误的触摸。对水滴敏感是一端接地的双电极触摸屏的缺点。

为了解决对水滴敏感的问题，参考文献 [33] 提出了一个改进的单电极模式的电容触摸屏。这种模式没有接地电极。在无触摸条件下，大地和电极之间只有一个小电容 C_g，如图 7.56a 所示，由电容计 C 监测。一个人可以与周围物体形成强耦合电容 C_B。这个电容比 C_0 大好几个数量级。因此，人类的身体可能被认为对"地面"来说具有低阻抗。当一个手指在电极附近时（见图 7.56b），在指尖和电极之间会形成一个电容 C_1。这个电容和基线电容 C_0 并联，引起电容计 C 反应。像在双电极屏幕一样，用力按将产生一个更大的电容，如图 7.56c 所示。但是，当一个水滴滴在触摸屏上时，它不会被探测到，因为水滴产生的电容没有连到地面上，如图 7.56d 所示。图 7.56e 展示了一个有趣的现象，触摸水滴会形成一个和地面耦合的电容，这个触摸可以被正确检测到。因此，这个电极布置对不利的环境条件有很强的鲁棒性。将电极布置成行或列的形式，加上适当的信号处理电路，如富士通控制器 FMA1127，这样可以得到一个可靠的空间接触识别。类似的方法可以用于制作各种表面形状的接近探测器。例如，一个接近传感器可以安装在门把手上保证安全。它不仅对触摸有反应，甚至当距离门把手表面 5cm 时就有反应。

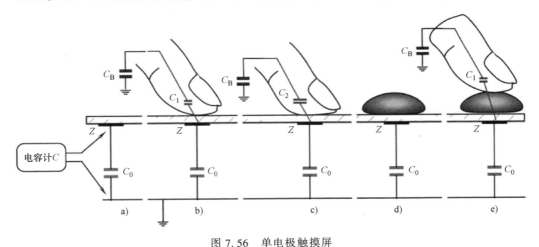

图 7.56 单电极触摸屏

a）无触摸 b）轻触 c）用力按 d）水滴 e）隔着水滴触摸

多元电容式"皮肤"可用来覆盖形状复杂的更大面积，如图 7.57a 所示的机器人手臂。这个皮肤是由 16×16 阵列的微型敏感单元模块拼接而成的[34]。每个单元由位于上部的带小推杆的可变形弹性体和内部空腔组成，如图 7.58 所示。空腔夹在两个电极之间：固定电极和可动电极之间形成基线电容 C_0。当外力作用在推杆上时，空腔压缩使电极互相接近，其结果如图 7.57b 中响应曲线所示，完全压缩时电容与基线电容比值可达 2.0 以上。

7.13.6 光学接触传感器

传统的光触系统是在屏幕相邻的两个边框上安装红外发光二极管阵列（LED），

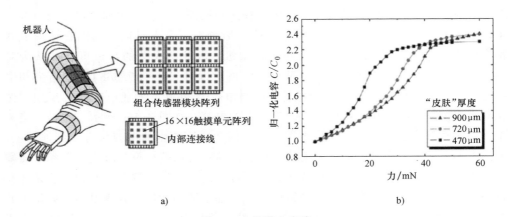

a)   b)

图 7.57　机器人皮肤

a）传感器模块阵列组合成机器人皮肤　b）不同厚度皮肤的电容变化

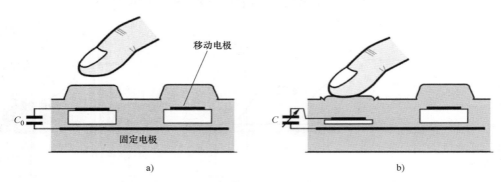

a)   b)

图 7.58　传感元件的剖面图，外力作用下空腔变小

a）传感元件的剖面图　b）外力作用下空腔变小

在其对边安装光电探测器，以此来分析系统并判断是否有接触产生（见图 7.59）。LED 与光电探测器在显示器上形成网格状光线。当一个物体（如手指或笔尖）触碰到屏幕时，由于空气与手指的折射率不同会导致屏幕的反射发生变化。因为塑胶或玻璃的折射率 n_2 比皮肤的折射率 n_1 大，所以触点光线的全反射角变大。这导致光线更多地从皮肤接触面穿出而不是传向光电探测器（更多细节介绍见 7.13.7

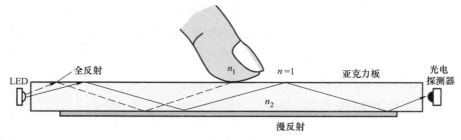

图 7.59　光触摸屏原理

节），使得光电探测器测得的光强变弱。光电探测器输出信号可以用来定位触点的坐标。

红外触摸屏没有广泛应用主要受限于两个因素：一是与竞争的电容技术相比其成本相对更高，且在明亮的环境光下性能会下降；二是由于背景光增加了光电探测器的本底噪声，有时甚至使屏幕的 LED 光无法被检测到，致使屏幕出现短暂失灵。这种情况在阳光直射的情况下更加明显，因为阳光在红外波段的能量很高。

但是，红外触摸屏的某些特征仍然是有需求的，并代表着理想显示屏幕的属性，如这种屏幕淘汰了大多数其他触摸技术在显示器前所必需的玻璃或塑料覆盖物。在大多数情况下，这种覆盖物是用透明导电材料（如 ITO）制成的，降低了显示器的光学质量。而红外触摸屏的这个优势使其在要求高清晰度的应用中变得非常重要。

7.13.7　光学指纹传感器

指纹识别是用于识别和区分个人信息的多种生物测定学中的一种。指纹识别被用于各种安全防护系统、个人银行、医疗记录和设备保密等。指纹与数据库中的图案进行匹配时需要分析多个特征，包括边缘概貌特征和细节点特征，这些特征是独一无二的。为了在手指轻触时能够识别指纹，必须可靠地识别皮肤表面图案。在进行指纹识别之前，要先通过指纹传感器得到高质量的指纹图片。用于指纹识别的传感器有超声传感器、电容传感器和光学传感器。下面我们将介绍基于玻璃、空气和皮肤不同折射率设计的光学传感器。图 7.60 所示为传感器的设计原理。其中最关键的是玻璃棱镜的基面要朝上。光源（如 LED）发出的光通过准直透镜后产生的平行光线进入棱镜，当没有手指按压时，光线反射进入相机。由于入射光线的入射角大于棱镜基面的全反射角（见 5.7.2 节），光线发生全反射。全反射角可以通过式（5.26）计算得到。由冕牌玻璃制成的棱镜的折射率 $n_2 = 1.52$，所以相对于空气（折射率 $n_1 = 1$）界面的全反射角是 41°。因为入射角大于 45°，所以光线被完全反射向相机。

当手指按压在棱镜表面时，只有指纹的凸起纹路与之相接触，凹陷处则充满空气。这样就形成了两种反射界面：玻璃—皮肤和玻璃—空气，由于皮肤在可见光和近红外光的折射率是 $n_1 = 1.38$ [35]。玻璃—皮肤界面的全反射角是

$$\Theta_{2-1} = \arcsin\frac{n_1}{n_2} = \arcsin\frac{1.38}{1.52} = 65° \tag{7.31}$$

这个全反射角对应入射角为 45°时不会发生反射，光线 x 从棱镜射出而损失，不能进入相机。在这些地方，相机记录的是黑色图像。另一方面，皮肤的凹陷处，因为充满空气，全反射角仍是 41°，光线 w 被反射到相机，形成白色区域。这种方法的一个缺点是传感器在手指沾水或弄脏的情况下可能会失效。

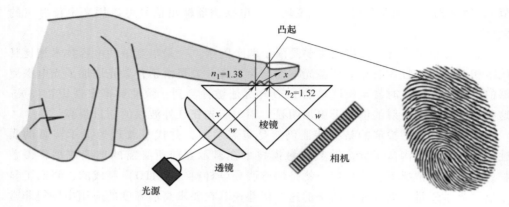

图 7.60　根据玻璃和皮肤的不同折射率制作的光学指纹传感器

参考文献

1. Blumenkrantz, S. (1989). *Personal and organizational security handbook*. Washington, DC：Government data publications.

2. Sarabia, E. G., et al. (2013). Accurate estimation of airborne ultrasonic time-of-flight for overlapping echoes. *Sensors*, *13* (11), 15465-15488.

3. Kyrynyuk, V. et al. (2014), Automotive ultrasonic distance measurement for park-assist systems. AN76530. cypress. com

4. McEwan, T. E. (1994, November 1). Ultra-wideband radar motion sensor. *U. S. Patent No. 5,361,070.*

5. Azevedo, S. G., et al. (1995). Landmine detection and imaging using micropower impulse radar (MIR). *Proceedings of the Workshop on Anti-personnel Mine Detection and Removal*, July 1, 1995, Lausanne, Switzerland (pp. 48-51).

6. Boles. S. et al. (1995). Signal processing for ultra-wide band impulse radar. *U. S. Patent No. 5381151.*

7. Staderini, E. M. (2002). UWB radars in medicine. *IEEE Aerospace and Electronic Systems Magazine*, *17* (1), 13-18.

8. van Drecht, J., et al. (1991). Concepts for the design of smart sensors and smart signalprocessors and their applications to PSD displacement transducers. In：*Transducers' 91. International Conference on Solid-State Sensors and Actuators. Digest of technical papers* (pp. 475-478). © IEEE.

9. Long, D. J. (1975, August 5). Occupancy detector apparatus for automotive safety system. *U.S. Patent No. 3,898,472.*

10. Gao, X. (2013). *Microchip capacitive proximity design guide.* AN1492, DS01492A, Microchip Technology Inc.

11. Fraden, J. (1991, May 28). Apparatus and method for detecting movement of an object. *U.S. Patent No. 5,019,804.*

12. Fraden, J. (1984, May 22). Motion discontinuance detection system and method. *U. S. Patent No. 4,450,351.*

13. Fitz Gerald, A. S. (1932, February 4). Photo-electric system. *U. S. Patent No. 2, 016,036.*

14. Fraden, J. (1984, October 30). Toy including motion-detecting means for activating same. *U.S. Patent No. 4,479,329.*

15. Fraden, J. (1988, September 6). Motion detector. *U. S. Patent No. 4,769,545.*

16. Fraden, J. (1990, January 23). Active infrared motion detector and method for detecting movement. *U.S. Patent No. 4,896,039.*

17. Fraden, J. (1992). Active far infrared detectors. In: *Temperature. Its measurement and control in science and industry* (Vol. 6, Part 2, pp. 831-836). New York: ©AIP.

18. APDS-9700. (2010). *Signal conditioning IC for optical proximity sensors.* Avago Technologies. www. avagotech. com

19. Parsons, N. E., et al. (2003, September 16). Automatic flow controller employing energy-conservation mode. *U.S. Patent No. 6,619,614.*

20. Parsons, N. E., et al. (2008, July 8). Passive sensors for automatic faucets and bathroom flushers. *U.S. Patent No. 7,396,000.*

21. Fraden, J. (2007, August 31). Alarm system with air pressure detector. *U. S. Patent PublicationNo. US 2008/0055079.*

22. Fraden, J. (2009, February 17). Detector of low levels of gas pressure and flow. *U.S. Patent No. 7,490,512.*

23. Kirsch, S. T. (1985, October 8). Detector for electro-optical mouse. *U. S. Patent No. 4546347.*

24. Theremin, L. (1928, February 28). Method of and apparatus for the generation of sounds. *U.S. Patent No. 1661058.*

25. Silicon Laboratories Inc. (2011). *Infrared gesture sensing.* AN580. www. silabs. com

26. Microchip Technology. (2013). *Gest IC design guide: Electrodes and system design.* MGC3130. Microchip Technology.

27. Measurement Specialties. (1999, April). Piezo film sensors technical manual. Norristown, PA: Measurement Specialties. www. msiusa. com

28. Fraden, J. (1985). Cardio-respiration transducer. *U.S. Patent No. 4509527.*

29. Del Prete, Z., et al. (2001). A novel pressure array sensor based on contact resistance variation: Metrological properties. *Review of Scientific Instruments*, *72* (3), 1548-1553.

30. Someya, T., et al. (2004). A large-area, flexible pressure sensor matrix with organic field-effect transistors for artificial skin applications. *Proceedings of the National Academy of Sciences of the United States of America*, *101* (27), 9966-9970.

31. Mei, T., et al. (2000). An integrated MEMS three-dimensional tactile sensor with large force range. *Sensors and Actuators*, *80*, 155-162.

32. Huff, M. A., et al. (1991). A threshold pressure switch utilizing plastic deformation of silicon. In: *Transducers'91. International Conference on Solid-State Sensors and Actuators. Digest of technical papers* (pp. 177-180). © IEEE.

33. Fujitsu Michroelectronics America. (2009). *Touch screen controller technology and applica-tion trends*. Fujitsu Technology Backgrounder.

34. Lee, H. -K., et al. (2006). A flexible polymer tactile sensor: Fabrication and modular expandability for large area deployment. *Journal of Microelectromechanical Systems*, *15* (6), 1681-1686.

35. Ding, H., et al. (2006). Refractive indices of human skin tissues at eight wavelengths and estimated dispersion relations between 300 and 1600 nm. *Physics in Medicine and Biology*, *51*, 1479-1489.

36. Parsons, N. E., et al. (1999, November 16). Object-sensor-based flow-control system employing fiber-optic signal transmission. *U.S. Patent No. 5,984,262*.

第8章

位置、位移和水平传感器

存在感应器是检测存在于固定位置或预定坐标系范围内的物体的一种传感器。根据其定义，存在感应器属于静态、时不变器件。

位移是指从一个位置到另一个位置所移动的特定距离或角度。位移测量参考的是物体先前的位置，而不是外部的参照物或坐标系。然而，无论参照物有何区别，位移和位置的测量总是密切相关的，因而，许多用来测量位置的传感器也可以用来测量物体的位置变化（位移）。

接近传感器可以指示目标何时到达特定位置。此类传感器对有生命和无生命目标都可以进行检测。传感器对有生命目标的检测在第7章已经进行了介绍。事实上，接近传感器就是阈值型的位置探测器。它的输出信号代表特定参考点到目标物体所在位置的距离。例如，进程控制和机器人技术中的许多移动机构使用一种简单的接近传感器——终端开关。它是一种机电开关，具有常开或常闭触点。当某个移动的物体通过物理接触触发该开关时，开关会向控制电路发送一个电信号。该信号表示物体到达开关所在的终端位置。显然，这种触点开关有很多缺点，例如，要承受移动物体的高机械负载且具有迟滞性。通常，位移测量和接近探测采用相同的传感器。

位移传感器往往作为复杂传感器的一部分，其中敏感元件的运动探测是多步信号转换中的一步。图7.36给出了一种特殊类型的空气压力传感器，该传感器将空气压力的变化转化为薄膜的位移，进而又将位移转换为代表压力变化的电信号。公平地讲，位移传感器是使用最广泛的传感器。

在本章中将位移传感器视为零阶器件（见3.16节），零阶器件可对激励立即产生响应。本章不会涉及任何响应随时间变化的动态传感器，它们将在本书的其他章节中介绍。这里仅介绍将位移转换为电输出的转换机制。

在设计或选择位置和位移传感器时，应首先回答以下几个问题：

1）位移的大小和类型（直线型还是旋转型）。

2）要求的分辨率和精度。

3）被测（移动）物体的材质（金属、塑料、液体还是铁磁体等）。

4）有多少空间可用于安装探测器。

5）环境状况（湿度、温度、干扰源、振动以及腐蚀性材料等）如何。

6）可提供多大功率驱动传感器。

7）在机器的整个生命周期内所期望的机械磨损有多大。

8）敏感组件的生产数量是多大（限量、适量还是大量生产）。

9）探测组件的目标成本是多少。

仔细分析上述问题可带来可观的长远利益。

8.1 电位器式传感器

位置或位移传感器可由线性电位器或旋转电位器构成。其工作原理基于导线电阻方程式（4.54），由该式可知阻值与导线长度之间具有线性比例关系。因此，如电位器一样，可以通过目标物体控制导线长度来实现位移测量。由于测量电阻必须有电流通过电位器的导线，所以电位器是一个有源传感器。换言之，它需要一个激励信号，如直流电流。移动物体机械耦合到电位器的滑动片上，而滑动片的移动会引起阻值变化（见图8.1a）。多数实际电路都会测量压降而不是测量电阻值。线性电位器滑动片两端的电压与位移量 d 成正比

$$v = v_0 d / D \tag{8.1}$$

式中，v_0 是电位器两端的激励电压；D 是满量程时的位移值。

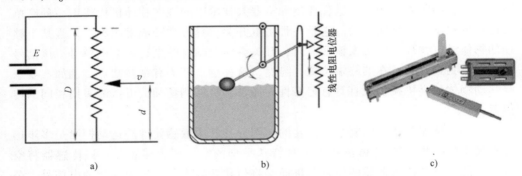

a)   b)   c)

图 8.1 电位器式传感器

a) 作为位置传感器的电位器　b) 带浮子的液位传感器　c) 线性电位器

这里假设接口电路不存在负载效应。如果负载不可忽略，那么滑动片的位置和输出电压之间将不存在线性关系。此外，输出信号与传感器两端的激励电压成正比。该电压如果不能保持恒定，可能会成为噪声源。可以在微控制器上添加一个比例 A-D 转换器（见6.4.7节），以消除电压的影响。我们应该注意的是，电位器式传感器对于电阻来说是一个比率计，因此只要电阻元件的阻值沿整个长度方向是均匀分布的，那么计算公式中就不需要电位器阻值。换言之，我们需要知道的是电阻比而不是电阻值。这就意味着电位器阻值的稳定性（例如在某个温度范围）不会影响精度。在低功率应用中，电位器应具有高阻抗，但必须同时考虑负载效应。因此就需要一个电压跟随器。电位器滑动片与感应杆之间通常是绝缘的。图 8.1b 所

示为一种电位器式传感器的应用，图中所示为一个液位传感器，其中浮子与电位器滑动片相连。不同的应用情况需要设计不同的电位器，图 8.1c 介绍了其中一些电位器的设计类型。

绕线式电位器存在一个问题，如图 8.2a 所示。当滑动片滑过绕线时，滑动片可能与一个或两个线匝相接触，产生不均匀的电压梯度（见图 8.2b）或者引起分辨率变动。因此，当绕线式电位器一共有 N 匝线圈时，其平均分辨率 n 应为

$$n = \frac{1}{N} \times 100\% \tag{8.2}$$

被测物体的移动带动滑动片运动，动力所做的功以热能的形式散发出来。绕线式电位器用直径约为 0.01mm 的细线缠绕而成。一个好的绕线式电位器平均分辨率约为满量程的 0.1%，而高品质的电阻膜电位器的分辨率可以达到无限小，这种电位器的性能仅与耐磨材料的均匀性及接口电路的本底噪声有关。可用导电塑料、碳膜、金属膜或者金属陶瓷（陶瓷-金属混合材料）制造具有连续分辨率的电位器。精密电位器的滑动片一般由稀有合金制造。带齿轮机构的多匝角位移电位器可以测量的角度范围约为 10° 至超过 3000°。

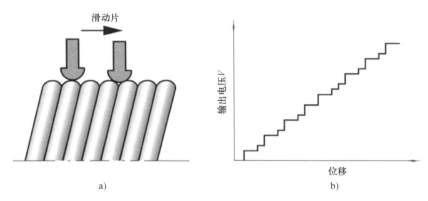

图 8.2　绕线式电位器引起的不确定度

a）滑动片可以同时接触一根导线或两根导线　b）不均匀的电压梯度

图 8.3 所示为另外一种具有连续分辨率的电位器式位置传感器。该传感器包含两个条状结构，上部条状结构由具有金属表面的柔性塑料片制成，作为接触条或者滑动条。底部的条结构是刚性的，其表面涂覆有阻性材料，总阻值范围为几千欧到几兆欧。上部的导电条和底部的电阻条被接入电路中。当在距末端特定距离 x 处（如用手指）按压上部的接触条时，接碰到底部的条，在受压点产生电接触。即接触条的作用类似于电位器中的滑动片。两个条之间的接触使输出电压从 E 变到 ER_x/R_0，电压与触点到传感器左端的距离 x 成正比。

图 8.4 所示为实际应用中不同形状的压敏电位器，它们的电阻层沉积在聚酯基底上。当推杆（滑动片）沿传感器滑动时，传感器会输出变化的电压。当滑动片

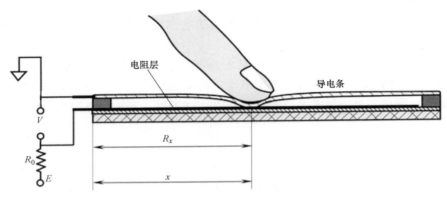

图 8.3 压敏电位器式位置传感器的原理

压力处于 1~3N 之间时，总电阻的变化范围为 1~100kΩ。需要注意的是，滑动片应使用光滑材料制作，如缩醛树脂或尼龙，或者也可以用滚轴来充当滑动片。

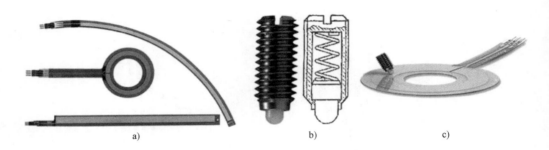

图 8.4 电位器（由 spectrasymbol.com 提供）

a）不同形状的压敏电位器 b）带有弹簧施压探头的滑动片 c）带有滑动片的圆形电位器

还有一些令人关注的电位器式传感器利用了渗碳塑料的压阻特性。这种传感器的工作原理是机械变形引起电阻变化。渗碳层沉积在聚酯、玻璃纤维或聚酰亚胺制作的基体上。形变会引起碳粒子密度变化，进而引起总电阻值的变化。这与应变仪的工作原理是相同的，同时也是柔性传感器（见图 8.5a）的基础。这种传感器可用于运动控制、医疗设备、乐器、机器人，以及其他需要检测零件弯曲或者互旋的设备中。应该注意的是，包括局部多重弯曲和线性应力在内的任何基板变形都会引起传感器电阻值的变化。此外，这类传感器具有明显的滞后性，从而有可能成为噪声源。

尽管电位器在很多应用场合都很有用，带有接触滑动片的电位器也存在一些缺点：

1）机械负载（摩擦力）明显。

图 8.5　柔性传感器和电磁电位器（由 spectrasymbol.com 提供）

a）柔性传感器　b）电磁电位器

2）必须与被测物体有物理接触。

3）速度低。

4）摩擦力与激励电压造成电位器升温。

5）环境稳定性低（磨损、易受灰尘影响等）。

6）尺寸大。

电位器式传感器可用充满铁磁性颗粒的滑动层来消除滑动片与底部电阻层间的物理接触和摩擦。当电位器上方特定位置存在外部磁场时，滑动层会被拉升并与导电层接触，该外部磁场的作用类似于图 8.3 中的滑动片。磁性电位器密封，因此可以作为浸入式传感器，如用于液位测量。为使传感器正常工作，应选择一个适当的磁性足够强的磁铁（见 4.3.2 节）。虽然这种非接触式电位器没有摩擦力，但是磁阻力仍然能阻碍磁体的运动。在一些高灵敏度应用中，应将这种磁阻力考虑在内。

8.2　压阻式传感器

压阻效应（见 4.5.3 节）是材料在受压力或形变时引起电阻变化的反应。应力/应变敏感电阻可应用于一个发生形变，电阻随之发生变化，可通过应力使它们相关联的机械结构。压阻元件的灵敏度被量化为应变系数，其被定义为每单位应变量 ε 产生的电阻相对变化

$$G = \frac{\Delta r/r}{\varepsilon} \tag{8.3}$$

通过式（4.54），压敏电阻通过归一化变化可以表示为

$$\frac{\Delta r}{r} = \frac{\Delta \rho}{\rho} + \frac{\Delta(l/a)}{l/a} = \frac{\Delta \rho}{\rho} + \left(\frac{\Delta l}{l} - \frac{\Delta a}{a} \right) \tag{8.4}$$

式中，ρ 为电阻率；l 为长度；a 为检测电阻的横截面积。

因此传感器的响应取决于材料的电阻特性和几何形状。图 8.6a 所示为由硅梁支撑的平板，该图诠释了传感器如何将位移转换为电输出。一个梁上具有两个应变敏感电阻 r_{x1} 和 r_{x2}，分别嵌在其上下两侧。在外力作用下平板向下移动距离为 d。

273

平板移动到新的位置，使支撑梁弯曲产生变形，导致嵌入式压敏电阻产生变形。注意，当平板下移时，上部的电阻 r_{x1} 被拉伸，使其电阻值增加，而下部的电阻 r_{x2} 被压缩，使其电阻值减小。这两个电阻都接入惠斯通电桥，将电阻变化转换为电压变化，以表示平板位移。这种类型的位移传感器被广泛应用于通过 MEMS 技术制造的力和压力传感器、加速度传感器，以及其他在测量中需要位移转换器的传感器中。

为了提高灵敏度，MEMS 薄梁内的压敏电阻必须尽可能地靠近悬臂梁表面。此外，还应选择电阻的掺杂类型以及布置方向。压敏电阻的灵敏度与掺杂厚度成正比。式（8.3）中的系数可以通过对使悬臂梁变形并测量电阻改变直接计算。硅压敏电阻对梁弯曲度响应的示例如图 8.6b 所示。

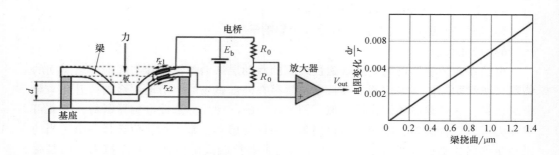

图 8.6　带有两个压敏电阻的位移传感器嵌入支撑横梁

a）为清楚显示，放大了相关尺寸和位移　b）归一化的电阻变化与硅压敏电阻梁挠曲的函数关系

纳米技术的发展使得使用纳米级的碳纳米管（CNT）[1,2] 研发灵敏的位移传感器成为可能。CNT 应变仪含有大量并行在两个电极之间的纳米管（见图 8.7）。当力作用，两电极分开时，CNT 网被拉伸使其电阻相应地增加。为了可以双向测量，

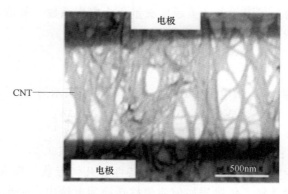

图 8.7　电极之间的碳纳米管交织构成的超小型应变测量传感器（改编自参考文献 [2]）

CNT 网在零应变状态下被施加了预应力（偏置），因此电极可以移动得更近或更远，以调节电阻的减小和增加。

8.3　电容式传感器

电容式位移传感器应用非常广泛，它们可以直接被单独使用，也可作为其他一些传感器的组成模块，在这些传感器中，位移是由力、压力、温度或加速度等产生的。电容式传感器几乎能感测所有材料，因此备受青睐。式（4.20）指出平板电容器的电容值与极板间距成反比，与极板的重叠面积成正比。电容式传感器的工作原理是基于改变几何参数（如电容器极板间距或重叠面积），或改变两极板之间的介电材料来改变电容值。电容值的变化可以通过一些常见的电路转换为变化的输出电信号。

与许多其他传感器一样，电容式传感器可以分为单极电容式传感器（仅用 1 个电容）、差动电容式传感器（使用 2 个电容）及电容桥式传感器（使用 4 个电容）。当使用 2 个或者 4 个电容时，其中一个或者两个电容是固定不变或是反相位变化的。

通过图 8.8a 所示的实例进行介绍，图中有 3 个等间距的平板，形成 2 个电容器 C_1 和 C_2。上、下极板由异相的正弦信号来激励，即两个信号的相位相差为 180°。由于两个电容的大小几乎相等，所以中心极板几乎没有对地电压（C_1 和 C_2 上的电荷相互抵消）。现在我们假设中心极板向下移动的位移为 x（见图 8.8b），这会导致两个电容值发生变化。

$$C_1 = \frac{\varepsilon A}{x_0 + x}, C_2 = \frac{\varepsilon A}{x_0 - x} \tag{8.5}$$

中间极板信号 V 的大小与位移量成比例，而输出信号的相位可以表示中间板是向上移动还是向下移动。输出信号的幅值是

$$V_{out} = V_0 \left(-\frac{x}{x_0 + x} + \frac{\Delta C_0}{C_0} \right) \tag{8.6}$$

只要 $x \ll x_0$，则可认为输出电压与位移量成线性关系。第二个被加数代表初始偏差电容，它是引起输出偏差的主要原因。造成偏差的原因也可能是极板边缘部分的边缘效应或者静电力。静电力是传感器极板上电荷的相互吸引或排斥产生的，使得极板会像弹簧一样运动。板上的电压变化 ΔV 引起的静电力的瞬时值是

$$F = -\frac{1}{2} \frac{C \Delta V^2}{x_0 + x} \tag{8.7}$$

在其他一些设计中，两个分离的硅极板采用 MEMS 技术制造（见图 8.9）。其中一个极板用于位移测量，另一个作为参考。这两个极板具有几乎相同的表面积，而测量极板用 4 个柔性的悬臂梁支撑，参考极板则被刚性悬臂梁固定。这一特殊设

计特别适用于加速度传感器。

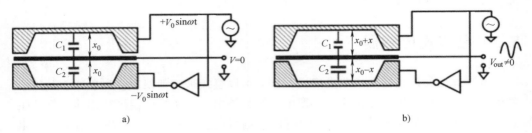

a)   b)

图 8.8　差动平板电容式传感器的工作原理

a）平衡位置　b）非平衡位置

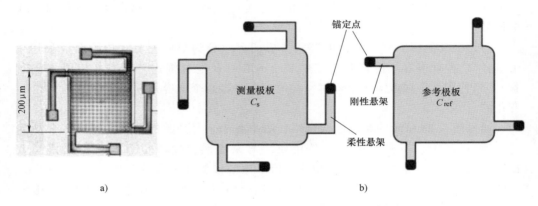

a)   b)

图 8.9　双极板电容式位移传感器（改编自参考文献［3］）

a）微型传感器极板　b）测量极板与参考极板间的不同悬架机构

在许多实际应用中，尤其在测量与某导体之间的距离时，导体的表面可以作为电容的一个极板。图 8.10 所示为单极电容式传感器，电容器的一个极板与同轴电缆的中心导体相连，另外一个极板由被测物体构成。应该注意的是，这里的探测

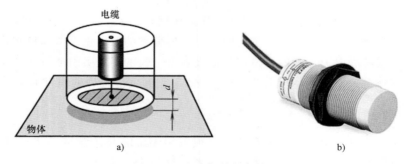

a)   b)

图 8.10　电容探针与保护环

a）透视图　b）外观图

极板由一个接地防护罩包围，以最小化边缘效应，提高线性度。典型的电容探头工作频率在 3MHz 内，它能探测快速移动的物体，因为其带有内置电路接口的探头的频率响应可达 40kHz。电容式接近传感器在测量导电物体时非常有效，该传感器测量探头和被测物体之间的电容。即便是非导电物体，此类传感器也非常有效，但精度要低一些。无论是导电物体还是非导电物体，当靠近电极时，其自身的介电特性将改变电极和传感器外壳之间的电容值，从而产生可以测量的响应信号。

为了提高灵敏度并降低边缘效应，单极电容式传感器可以加装有源屏蔽罩，目的是消除感测电极与目标物体非期望部分之间的电场，这样几乎可以消除寄生电容（见图 7.19）。屏蔽罩安装在电极非工作的一侧，它的电压和中心电极处的电压相等。由于屏蔽罩与电极具有大小和极性都相等的电势，所以它们之间不存在电场，而且屏蔽罩外的所有部件都不会影响测量。电容式接近传感器有源屏蔽罩技术如图 8.11 所示。

现在在位移传感器的设计中，越来越多地用到了电容电桥[4]。图 8.12a 所示为线性桥式电容位置传感器。此传感器包括两组平行且相邻的平板电极，两组之间距离 d 保持恒定。当平板组间的距离减小时，电容增加。固定电极组包含 4 个矩形平板，而移动电极组包含 2 个矩形元件，这 6 个矩形平板尺寸相同（边长是 b）。如果需要较大的线性范围，可以根据实际情况尽可能地加大矩形平板的尺寸。固定电极组的 4 个极板是用导线交叉连接的，这就形成了桥式电容网络。

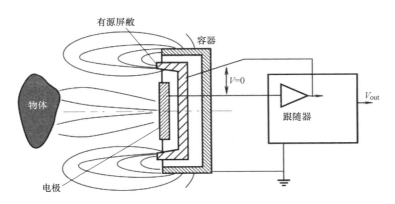

图 8.11 电容式接近传感器中围绕电极的有源屏蔽

电桥激励源提供 5~50kHz 的正弦电压，动极板间的电压差经差分放大器放大，放大后的信号再接到同步检波器的输入端。两个固定间距平板间的电容与两板间直接对应区域的重叠面积成比例。图 8.12b 给出了平行板电容桥式传感器的等效电路图。电容量 C_1 为

$$C_1 = \frac{\varepsilon_0 b}{d}\left(\frac{L}{2}+x\right)$$ （8.8）

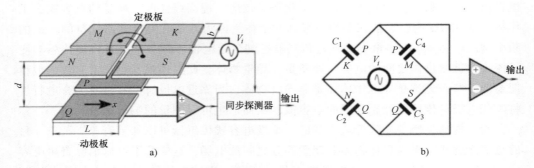

图 8.12　平行板电容桥式传感器

a）极板布置　b）等效电路图（改编自参考文献［5］）

其他的电容值可由同一公式推导得到。需要注意的是，相对的电容大小几乎相等：$C_1 = C_3$，$C_2 = C_4$。处于完全对称位置的极板间相互移位，会导致电桥失衡，并使差分放大器的输出具有相敏性。电容桥式电路与其他桥式电路具有同样的优势：线性度好和抗干扰度好。该方法除了用于上面介绍的平板电极，还可用于其他对称结构的传感器，如探测旋转运动的传感器。

8.4　电感式传感器和磁传感器

利用磁场来感测位置和距离的许多优点之一是：磁场可以穿透任何非磁性材料，而不会降低位置的测量精度。不锈钢、铝、黄铜、铜、塑料、砖石材料及木制品都能被磁场穿透，这就意味着处于墙壁另一面的物体相对于探针的精确位置几乎可以瞬间确定。磁传感器的另一个优点是可以工作在恶劣环境及腐蚀条件下，这是因为探头和被测物可以涂覆一层不会干扰磁场的惰性材料。在学习下面内容之前，建议读者先熟悉 4.4 节的内容。

8.4.1　线性差动变压器和旋转差动变压器

位置和位移可以通过电磁感应的方法测得。两个绕组之间的磁通量可以通过物体的移动而改变，进而将其变化转换成电压。利用未被磁化的铁磁介质来改变磁通路径中阻抗（磁阻）的各种电感式传感器，称为可变磁阻式传感器[6]。基本的多感应传感器包含至少两个绕组：一次绕组和二次绕组。一次绕组接入交流激励电压 V_{ref}，在二次绕组中感应出稳定的交流电压（见图 8.13）。感应电压幅值的大小取决于一次、二次绕组间的磁通耦合。有两种方法可以改变耦合状态，一种方法是移动磁通路径中的铁磁性介质，这样可以改变磁通路径中的磁阻，然后反过来改变绕组间的耦合。该方法是线性差动变压器（LVDT）、旋转差动变压器（RVDT）及互感接近传感器的工作基础。另一种方法是使其中一个绕组相对于另一个移动。

LVDT 是一种具有机械驱动式心体的变压器。一次绕组由幅值固定的正弦波激励信号驱动。正弦波消除了变压器内部与误差相关的谐波，二次绕组感应出交流信号。将铁磁性心体同轴地插入圆筒形开口中，并保持心体不与绕组物理接触。两个二次绕组反相连接。当心体置于变压器磁中心时，二次绕组的输出信号相互抵消，没有输出电压。当移动心体使之偏离中心位置时，两个二次绕组间的磁通率不再平衡，由此产生输出电压。随着心体的不断移动，磁通路径内的磁阻发生改变。因此磁通耦合程度取决于心体的轴向位置。在稳定状态下，感应电压的幅值在线性工作区域内与心体位移呈比例关系，因此，电压可以用来测量位移。LVDT 既能给出位移的方向，又能给出位移的大小，方向由一次和二次电压之间

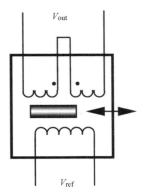

图 8.13 LVDT 传感器电路图

的相位确定。激励电压由稳定振荡器激励产生。如图 8.14 所示，LVDT 与同步检波器相连，同步检波器将正弦信号整流为直流输出信号。同步检波器由模拟多路复用器和过零探测器组成，过零探测器将正弦波转换为与多路复用器控制信号相匹配的方波脉冲。通过对过零探测器的相位校正，使得心体在中心位置时相位输出为零。为了使信号与下一级处理电路相匹配，可以根据需要调整输出放大器的增益。由于多路复用器具有同步时钟，因此传输到放大器输入端 RC 滤波器上的信号具有幅敏特性和相敏特性。输出电压表示心体偏离中心的方向和距离。

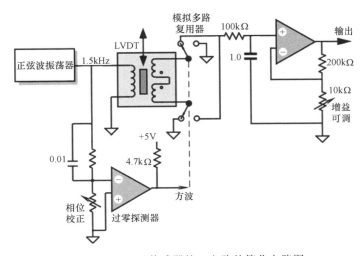

图 8.14 LVDT 传感器接口电路的简化电路图

为了精确测量瞬时移动，LVDT 的振荡器频率必须是心体移动最高有效频率的 10 倍以上。对于缓慢变化过程，稳定振荡器的频率可以用 50 或 60Hz 的电源线频

率替代。

LVDT 和 RVDT 的优点是：①此类传感器是非接触式传感器，不存在或者只存在非常小的摩擦阻力；②磁滞现象和机械迟滞现象可以忽略不计；③输出阻抗非常低；④受噪声和干扰的影响小；⑤结构牢固，鲁棒性好⑥分辨率可以达到无限小。

测量头是 LVDT 传感器的一个很好应用，它主要用于工具检测和测量设备中。LVDT 的心体通过弹簧施压，以保证测量头能够回到预先设定的参考位置。

除了采用旋转式铁磁体，RVDT 与 LVDT 的工作原理相同，RVDT 的主要应用是测量角位移。通常测量的线性范围约为 ±40°，该范围内非线性误差约为 1%。

8.4.2 横向电感式传感器

横向电感式接近传感器也是一种电磁式位置感测装置。它多用于测量铁磁材料的小位移。顾名思义，这种传感器测量与被测物体间的距离，而该距离会改变传感器线圈中的磁场。线圈的电感由外部电路来测量（见图 8.15）。这种传感器的工作原理是基于自感效应。当传感器移动到铁磁体附近时，传感器磁场发生变化，因此线圈的电感改变。此类传感器的优点是，其为非接触装置，与物体仅通过磁场相互作用。而其明显的缺点是，仅适用于测量近距离的铁磁体。

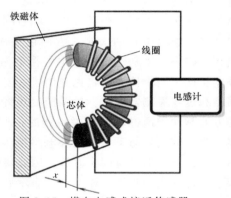

图 8.15 横向电感式接近传感器

图 8.16a 所示为一种横向改进型电感式传感器。为了克服仅能测量铁磁性材料这个缺陷，将一个铁磁性磁盘粘附在移动物体上，此时线圈是静止的。也可以将线

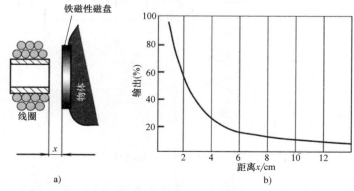

a)

b)

图 8.16 带有辅助铁磁性磁盘的横向传感器和输出信号与磁盘距离的关系曲线

a）带有辅助铁磁性磁盘的横向传感器 b）输出信号与磁盘距离的关系曲线

圈粘附在物体上，而心体是静止的。这种接近传感器仅适用于测量小位移，因为与 LVDT 相比，它的线性度要差。然而，作为接近传感器，它能很好地指示由固体材料制成的物体的近距离接近。图 8.16b 所示为输出信号与磁盘距离之间的关系曲线。

8.4.3 电涡流传感器

为了感测非磁性导体的接近，可在双线圈传感器（见图 8.17a）[一]中应用电涡流效应。其中一个线圈作为参考或接收线圈，另一个用于感知导体中的磁感应电流。电涡流产生的磁场与感应线圈产生的磁场方向相反，因此感应线圈和参考线圈间的磁场不再平衡。物体距离线圈越近，磁阻变化越大。导体中产生电涡流部分的深度为

$$\delta = \frac{1}{\sqrt{\pi f \mu \sigma}} \qquad (8.9)$$

式中，f 为频率；σ 为被测物体的电导率。

很明显，为了使其有效地工作，物体的厚度应该比该深度大，因此电涡流探测器不适合探测金属薄膜或者金属箔。通常情况下，线圈的阻抗与到物体的距离 x 呈非线性关系，且具有温度相关性。电涡流传感器的工作频率取决于实际尺寸，小尺寸（直径 1~4cm）探针的工作频率范围为 50kHz~10MHz。

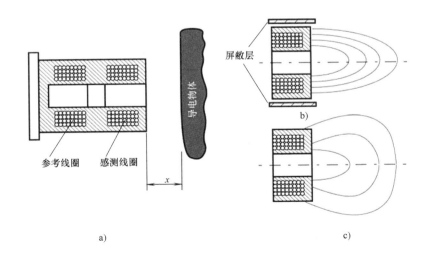

图 8.17 具有电涡流的电磁接近传感器；带有前端屏蔽的传感器；没有屏蔽的传感器

a）具有电涡流的电磁接近传感器 b）带有前端屏蔽的传感器 c）没有屏蔽的传感器

[一] 参见 4.4.2 小节电涡流的内容。

图 8.17b 和 c 所示为两种不同结构的电涡流传感器：一个具有屏蔽而另一个没有。有屏蔽的传感器利用金属防护罩包围铁心和线圈，使电磁场集中在传感器的前端，因此可以将传感器安装甚至嵌入金属结构体内部，而不影响其探测范围。没有屏蔽的传感器可以感测到传感器的侧面和前面，因此，在同等直径时，没有屏蔽的传感器探测范围比有屏蔽的传感器大。而为保证其有效工作，要求无屏蔽型传感器周围是非金属物体。

除了位置检测，电涡流传感器还可以用来测量材料的厚度、绝缘薄膜的厚度、电导率和镀层，以及材料隐藏的裂纹。这类传感器最常见的应用是探测裂纹和表面缺陷。裂纹能够中断电涡流的流动，并且会导致传感器输出信号发生突变。

针对这些应用，电涡流探头可配有多个线圈：直径很小（2~3mm）或者很大（25mm）。许多公司甚至可以定制探头以满足客户的特殊要求（www.olympus-ims.com）。电涡流传感器的一个重要优势是不需要磁性材料，使其可在高温（远超磁性材料的居里温度）下正常工作。另外，它还可以测量到导电液体表面的距离或导体液体表面的高度，包括熔融金属。电涡流探头的另一个优势是被测物体之间不存在机械耦合，因此负载效应很低。

图 8.17 所示的电涡流式接近传感器是用于探测与导体之间相对较小的距离。然而，如果使线圈尺寸大幅增大，且磁场进一步延伸，则可以通过相同的工作原理来探测导体的存在，而不能探测距离。其他的电涡流式探测器还包括手持金属探测器，用于探测人身上是否存在金属物体的安全门（如在机场），以及用于检测车辆是否存在和通过的路面感应环形线圈。

8.4.4 路面感应环形线圈

为了监测车辆在特定位置是否存在——以便于控制交通信号灯、打开闸门和产生警告信号，现今正在通过各种传感器进行监测。其中包括带有图像处理软件和掩埋式磁传感器的数码相机。掩埋式磁传感器由一个大的互联环形线圈[7]构成，其被埋在路面下并连接到图 8.18a 所示的控制电路。通常，会用若干个环形线圈串联连接以覆盖更大的区域。控制电路包含一个产生正弦电流 i_c（频率为 10 kHz）的振荡器，电流流过环形线圈并在地面下方和上方产生交替的磁场。地下的磁场对该装置无作用，而地上的磁场用于探测。

图 8.18a 所示的环形线圈可具有不同的形状：圆形、椭圆形或矩形。注意两相邻矩形环形线圈的导线 1 和 2 各自的位置。这样排布的导线使励磁电流 i_c 沿相同方向流过，以防止磁场消除[8]。然而，如果圆形环形线圈彼此的可感知距离间隔至少为一个半径，则消除将不可避免。

网络中的所有环形线圈连接着电感 L_C，再通过互感器被耦合到一个 LC 谐振回路，以控制振荡器频率 f_{out}。

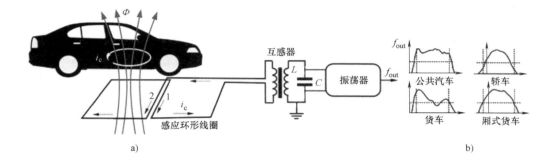

图 8.18　磁性环形线圈探测感应出的电涡流；不同车辆的频率特征

a）磁性环形线圈探测感应出的电涡流　b）不同车辆的频率特征

$$f_{out} = \frac{1}{2\pi\sqrt{LC}} \qquad (8.10)$$

式中，L 为组合振荡回路电感。根据式（4.42），线圈电感由其磁通 Φ、线圈匝数 n 和励磁电流 i_C 定义

$$L_C = n\frac{\Phi}{i_C} \qquad (8.11)$$

当在线圈附近不存在金属物体时，组合线圈电感 L_C 保持恒定，振荡器产生基线频率。一旦车辆进入线圈上方，磁场作用于车辆内的金属部件，产生电涡流 i_e。根据楞次定律（见 4.4.1 节），这些环形电流产生与原磁通量 Φ 方向相反的磁通量。结果，通过线圈的净磁通量下降。根据式（8.11）可知，磁通量下降会使线圈电感 L_C 减小。然后根据式（8.10），振荡器的频率上升，解调的频率信号用作车辆存在的指示信号。通过这样的调频可以表示几个变量：车辆尺寸和形状（见图 8.18b）、运动速度、在回路上的位置和天气条件等。

8.4.5　金属探测器

电涡流被用于各种金属检测器中。在设计金属探测器时会考虑例如线圈的数量、尺寸、形状、单频或多频的选择。图 8.19 所示为双环单频手持式金属探测器的框图，它包括两个近距离的互感线圈。磁通量源线圈连接到高频振荡器的输出端，用于产生磁通量。

另一线圈用于接收磁通量并转换为放大和解调的交流电压。该线圈的设计要使得磁场散布在有效范围内并形成感应空间（见图 8.20）。当感应线圈测量到磁通量内的任何足够强的变化，则是感应空间中存在导体的标志。当导电物体（如矿物、硬币、金属首饰等）进入感应空间时，在物体内部靠近表面位置产生电涡流。电

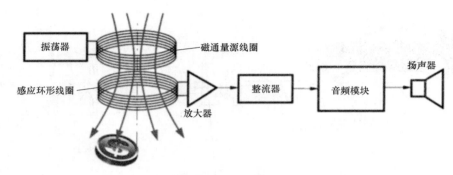

图 8.19　双环单频手持式金属探测器的框图

涡流自身产生的磁场将抵抗和扭曲磁通量源线圈产生的磁场。通过感应线圈探测并由电路处理后的调制电压，会改变扬声器中声音的音调。

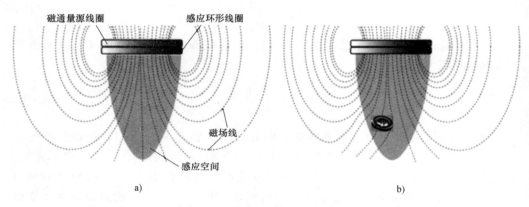

图 8.20　磁通量源线圈产生的磁场和金属物体中的电涡流扭曲磁场

a）磁通量源线圈产生的磁场　b）金属物体中的电涡流扭曲磁场

8.4.6　霍尔传感器

霍尔传感器[⊖]可能是应用最广泛的磁传感器，许多智能手机和平板电脑都使用这种传感器来探测地球磁场以控制电子罗盘。

霍尔传感器有 3 种结构：模拟（线性）、数字（双电平）和集成（多轴），如图 8.21 所示。模拟传感器通常包含放大器，使得更容易接入外接电路，它们可以在很宽的电压范围内工作，并且在噪声环境内稳定。这些传感器相对于磁场密度变化并不是完全线性反应的（见图 8.22a），末端非线性度可以高达-1.5%，因此，在精密测量时需要校准。此外，线性传感器灵敏度还与温度相关[9]。

　　⊖　使用原理见 4.8 节。

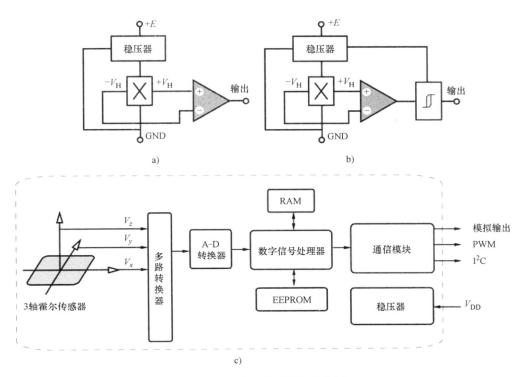

图 8.21　霍尔传感器的电路图

a）模拟　b）数字　c）集成

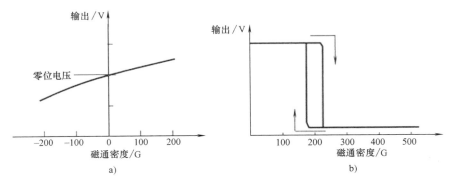

图 8.22　霍尔传感器的线性传递函数关系和阈值

a）线性传递函数关系　b）阈值

除了放大器，双电平传感器还带有一个施密特触发器，该触发器内置一个带阈值电平的磁滞比较器。输出信号是磁通密度的函数，如图 8.22b 所示。信号是双电平的，相对于磁场具有明显的迟滞。当施加的磁通密度超过给定阈值时，触发器由 OFF 位置瞬间变到 ON 位置。当磁通量下降，低于给定阈值时，触发器变化相反。

通过引入死区，磁滞环能够消除寄生振荡，当越过阈值进入死区时，传感器不进行任何动作。霍尔传感器通常制作成单片硅晶片，密封在小型环氧树脂或陶瓷封装中。

更复杂的传感器是图 8.21c 框图中所示的几个霍尔传感器的组合。它是由 3 个及以上的传感器组成的系统，其可以检测 3 个空间方向上的磁场。正交方向上的霍尔传感器的输出传入 A-D 转换器，通常具有 15 位分辨率。数字信号处理器是可编程的，串行接口提供关于磁场强度和空间方位的信息。

霍尔传感器只对垂直于感应板表面的磁通量感应（见图 4.30）。因此，将不会感应到平行于感应板表面（x 和 y 方向）的磁通量。为了让霍尔传感器响应平行磁通量，应当转动磁场线或者旋转感应板。转动感应板是不太现实的，因为这将增加传感器封装的厚度和感应板的尺寸。转动磁场是由集成磁集极（IMC）完成的[10]。概念机工作如下：图 8.23a 所示为由磁性材料（如 FeNi 合金）制成的传统聚磁器。聚磁器内有一个放置霍尔传感器的间隙。由于聚磁器内存在磁场最小阻力的路径，外部磁场被吸引到聚磁器内。然后，聚磁器内的磁通量 B 跃过间隙，这时，边缘的磁通量沿着弯曲路径从外部跃过。间隙内的磁通量从垂直于感应板平面的方向上穿过传感器。这是在许多实际应用中引导磁通量通过霍尔传感器的一种常见方式。然而，如果霍尔传感器如图 8.23b 所示旋转 90°，并且放在弯曲磁通量线存在的间隙外部边缘位置，一部分的磁通量将以接近法线的角度穿过转动的感应板，使霍尔传感器响应。换句话说，集成磁传感器（IMS）转动磁场使其以 90°角指向霍尔感应板。

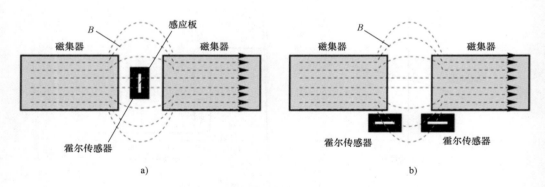

图 8.23　传统磁集器和集成磁集极的概念图

a）传统磁集器　b）集成磁集器

注意，在这样的排布中，感应板平面平行于聚磁器平面，使得硅感应板和 IMC 薄层可以集成在小芯片中。具有间隙的铁磁 IMC 膜附着在霍尔板上。因此，几个霍尔传感器可以放置在单个感应板上，但可以对三维磁通量响应。实际上，IMC 层可以具有各种形状：条状、圆盘状、六边形状等，而其厚度应选择为 $1\mu m$ 的量级[11]。在集成传感器中，通过溅射技术将 IMC 层附着在感应板表面上（见19.3.3 节）。

测量非磁性材料的位置和位移时，应给霍尔传感器提供磁场源和接口电路。磁场的两个重要的特性——磁场密度和极性（或方向）。为了更好的响应性，磁场线必须垂直于传感器的平面，并且具有正确的极性。建议使用聚磁器将磁场导向传感器的感应部分。

用霍尔传感器设计位置或接近探测器之前，应大致按照以下方面进行全面分析。首先分析磁体的磁场强度，磁体磁极面处的磁场强度应最大，随着与磁体的距离增加，场强逐渐减小。场强可用高斯计或者经过校准的模拟霍尔传感器测得。对于双电平霍尔传感器，当输出由 ON（高电压）变到 OFF（低电压）的时候，达到传感器测量的最远距离，该点称为释放点，据此可以确定传感器能够测量的临界距离。

磁场强度与到磁铁的距离不成线性关系，很大程度上取决于磁铁的形状、磁路和磁体的移动路径。霍尔导电条（板）位于传感器外壳内一定深度处，它决定了传感器的最小工作距离。磁体必须保证在工作环境中的总体有效气隙下工作可靠，其尺寸必须与可用空间相匹配，且必须可安装，价格实惠而且能有效利用⊖。

作为霍尔传感器的一个应用实例，图 8.24 所示为一种带有浮子的液位探测器。永磁铁嵌入在内部带有中心孔的浮子中。在注有液体的水箱内，浮子可以沿着内部的固定杆自由上下滑动。浮子的位置可以反映液位。杆的顶部装有一个双电平霍尔传感器，该杆顶应加工在非磁性材料上。当液面上升到能够检测到信号的位置（释放点）时，霍尔开关被触发并向监测设备发出信号。当液面降到释放点加上临界滞后值所表示的液面之下时，霍尔传感器的输出电压变化，表明液面下降。检测点取决于 3 个关键因素：磁体的强度和形状，霍尔传感器的灵敏度和磁滞，以及霍尔传感器附近是否有铁磁性元件存在。

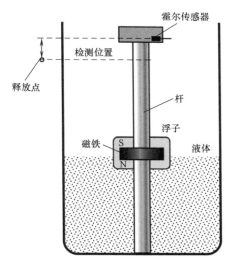

图 8.24　具有霍尔传感器的液位监测装置

霍尔传感器可以作为移动物体的断续开关，在这种模式下，活动磁体和霍尔传感器安装在同一个坚固组件上，两者间有一个小的气隙（见图 8.25）。活动磁铁使

　　⊖　关于永磁体的详细信息见 4.3.2 节。

传感器处于 ON（高电压）状态。如果将一个铁磁材质的平板或者叶片置于传感器与磁体之间，那么叶片会形成磁性分流，使得磁通弯曲，而不再流过传感器，使传感器跳到 OFF（低电压）位置。可将霍尔传感器和活动磁体置于共同的外壳中，以消除对准问题。铁片能够切断磁通，其可沿直线运动，也可做旋转运动。汽车分电盘就是这样一个例子。

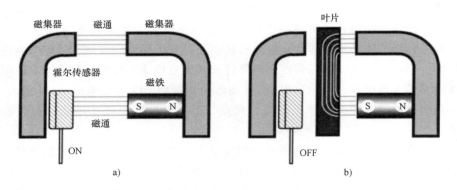

图 8.25　双电平霍尔传感器断续开关模式

a）磁通使传感器处于 ON 状态　b）叶片造成磁通分流

　　和其他传感器一样，可将 4 个霍尔传感器连接成一个电桥，可以测量直线运动或者圆弧运动。如图 8.26a 和 b 所示，可用 MEMS 技术将传感器集成在一块芯片上，并封装在 SOIC-8 塑料外壳中。在芯片上方放一块环形磁体，磁体的旋转角度和方向可被感测，并转化成数字编码。A-D 转换器的特性决定了最高响应速度，其允许的磁体转速可达 30000r/min。此类集成传感器允许无摩擦感测线性位置和角度位置，精确角度编码，甚至可制作可编程旋转开关。独立传感器的桥式连接方式使得电路对磁铁错位和外部磁场干扰等影响因素具有很高的抵抗力。

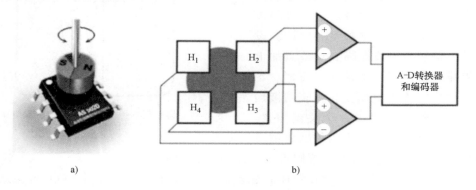

图 8.26　霍尔角度传感器桥及其内部传感器接口电路

［由奥地利 Micro Systems（www. ams. com）提供］

a）霍尔角度传感器电桥　b）内部传感器接口电路

对于旋转运动可进行高精度的数字编码。如图 8.27 所示，为了利用此特性，线性距离传感器中可安装将直线运动转换成旋转运动的转换器，比如 SpaceAge Control 公司（www.spaceagecontrol.com）就生产这种传感器。线或者电缆被缠绕在卷筒上，卷筒与磁旋转编码器同轴连接。

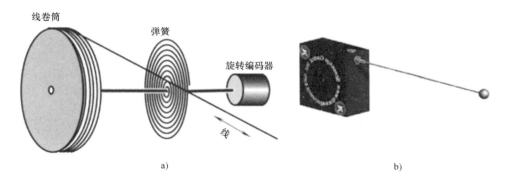

图 8.27　线性位移转换器（由 SpaceAge Control 公司提供）
a）将线或者电缆的线性位移转换成旋转运动　b）电缆位置传感器

8.4.7　磁阻式传感器

此类传感器的应用与霍尔传感器相似，但它们的工作原理有很大的不同（见 4.3 节及图 4.13）。与霍尔传感器类似，磁阻式传感器工作时也需要有外部磁场。因此，无论磁阻式传感器作为接近探测器、位置探测器还是旋转探测器，都必须施加外部磁场源。通常，磁场由贴附在传感器上的永磁体产生。图 8.28 所示为传感器与永磁体相结合以测量线性位移。此图表明，如果不能合理考虑以下影响的话，就会带来一些问题。将传感器置于磁场中，它将同时暴露于 x 和 y 方向的磁场下。如图 8.28b 所示，矢量 H_x 和 H_y 随位移 x 的变化而变化。如果磁铁轴线与传感器带平行（即沿 x 方向），如图 8.28a 所示，H_x 提供辅助磁场，那么 H_y 的变化可以反映 x 方向的位移。因此，输出信号（见图 8.28c）与 H_y 具有相同的形状。

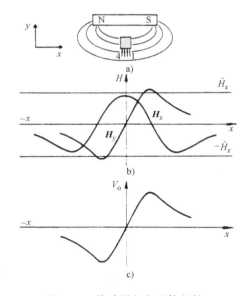

图 8.28　传感器与永磁体相结
合以测量线性位移

a）将传感器置于永磁体产生的磁场中
b）磁场为位移 x 的函数　c）输出电压

　　图 8.29 显示了如何用磁阻传感器测量角位移。传感器自身处于磁场中，该磁场由固定在旋转结构上的两块永磁体产生。传感器输出能反映其相对于上述结构的旋转角度。如图 8.30a 所示，用单 KM110B 传感器来测量齿轮旋转角度和方向。注意，该传感器有一个永久磁体用于产生 x 方向磁场。通过对传感器两个半桥输出信号分别进行处理来判别方向。

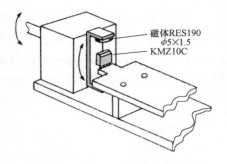

图 8.29　用 KMZ10C 传感器进行角位移测量

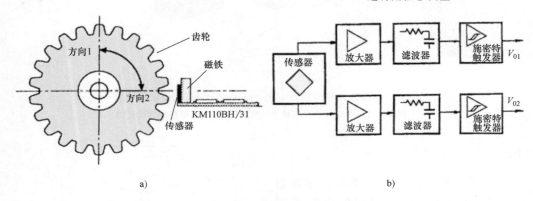

a)

b)

图 8.30　用单 KM110B 传感器来测量齿轮旋转角度和方向
a）磁阻模块的最佳工作位置是在传感器的背面　b）模块电路框图

　　当轮齿在传感器前转动时，传感器类似于磁性惠斯通电桥来测量磁场的非对称情况。传感器与磁铁的安装至关重要，因此传感器的对称轴与齿轮片的对称轴之间的角度必须接近于零。除此之外，这两个轴线（传感器与齿轮）必须处于同一条直线上。图 8.30b 所示的电路中将两个桥式电路的输出连接到了相应的放大器，进而通过低通滤波器和施密特触发器，最后输出方波信号。图 8.31a 和 8.31b 中两个输出的相位差则指示了旋转方向。

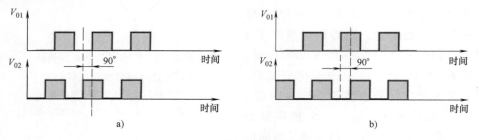

a)

b)

图 8.31　放大器输出信号
a）方向 1 放大器输出信号　b）方向 2 放大器输出信号

8.4.8　磁致伸缩探测器

利用磁致伸缩和超声波技术制作的位移传感器可以进行高分辨率长距离测量。此类传感器主要包含两个部分：长波导管（长达 7m）和环形永磁体（见图 8.32）。磁体可沿波导管非接触式自由移动。磁体的位置是激励信号，由传感器检测并转换为电信号输出。波导管包含一个导体，在导体上施加电脉冲，从而产生覆盖整个波导管长度的磁场。另外一个磁场由永磁体产生，且只存在于磁体附近，这样一来，永磁体所在的地方就建立了两个磁场。可通过矢量求和得到两个磁场叠加后的净磁场。当净磁场在波导管上呈螺旋分布时，使波导管产生轻微扭转应变，或是在磁铁位置处发生扭曲，这种扭曲称为维德曼效应[○]。

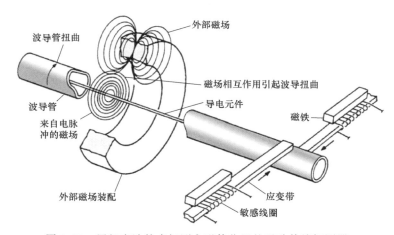

图 8.32　用超声波技术探测永磁体位置的磁致伸缩探测器

因此，加在波导管轴向导体上的电脉冲会产生机械扭曲脉冲，此脉冲沿着波导管以声音在该材料中的速度传播。当脉冲抵达传感器的激励端时，可精确测得其到达时刻。使用能将超声波颤动转换成电信号输出的探测器来探测该脉冲。可通过压电传感器，或者图 8.32 所示的磁阻式传感器实现。该传感器包含两个置于两个永磁体附近的小线圈。线圈与波导管物理耦合，只要波导管发生抖动，线圈都会被猛拉一下。这样就会有一个很短的电脉冲穿过线圈，该脉冲与同轴导体管中相应激励脉冲之间的时间差可用来精确测量环形磁铁的位置。采用合适的电路可将时延信号转换成能够反映磁铁在波导管上位置的数字编码。此类传感器的优点是线性度高（约为满量程的 0.05%）、可重复性好（误差约为 3μm）以及长期稳定性好。这种传感器能够承受高温、高压、强辐射等恶劣环境。其另一个优点是温度灵敏度低，

[○]　在铁磁材料内部，有一片均匀磁化区域，称为域。当施加磁场时，域之间的边界发生漂移且域会旋转，这些效应会引起材料尺寸的变化。

经过精心设计，可达到 $20 \times 10^{-6} / ℃$。

这种传感器可应用于液压缸、注塑成型机（测量铸模夹具的线性位移、成型材料的注入、成型零件的脱模）、采矿（可检测小至 $25\ \mu m$ 的岩石运动）、辊轧机、压力机、熔炉、升降机及其他需要大范围测量且要求有较好分辨率的设备中。如图 8.33 所示，这种传感器有着多种形式及长度。

图 8.33　基于维德曼效应的商用传感器（德国 TWK-Elektronik 公司）

8.5　光学传感器

除了机械接触式和电位器式传感器以外，光学传感器可能是测量位置和位移最常用的传感器。它的主要优势在于简单、没有负载效应及相对长的工作距离。此类传感器受寄生磁场和静电干扰影响比较小，因此很适合用于许多灵敏度要求高的场合。通常一个光学传感器至少有 3 个关键部件：光源、光电探测器和光引导器件。引导器件包括透镜、反射镜和光纤等。图 5.20a 和 b 所示分别是单模光纤和双模光纤接近传感器。有些装置与此类似，但一般不使用光纤而是使用聚焦透镜将光线引导至目标，然后再由反射镜将光线反射到探测器。

8.5.1　光桥

许多光学传感器中都会应用电桥，比如经典的惠斯顿电桥。例如四象限光电探测器，其中 4 个光电探测器连接成桥式电路。物体与背景间必须有光学反差。对于太空飞船定位系统（见图 8.34a），太阳或者其他明亮天体的图像被光学系统（如望远镜）聚焦到一个四象限光电探测器上，探测器的背面与相应的两个差分放大器输入端相连（见图 8.34b）。每个放大器的输出信号与图像从传感器光学中心沿相应的轴线移动的位移成比例。当图像恰好在探测器中心位置时，两个放大器的输出都为零，这种情况仅发生在镜头光轴穿过物体的时候。

8.5.2　偏振光接近探测器

利用偏振光可以制作更好的光电接近传感器。每个光子的磁场和电场方向相互

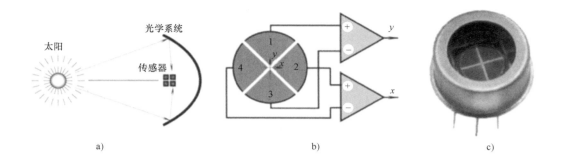

图 8.34　四象限光电探测器（由 Advanced Photonix 公司提供）

a）将物体图像聚焦在传感器上　b）敏感元件与差分放大器之间的连接　c）传感器的封装

垂直，并同时垂直于传播方向。电场的方向是光的偏振方向（见 5.1.2 节）。大多数光源产生的光子随机偏振，为了使光发生偏振，可以使其通过偏振滤光器，偏振滤光器由特殊材料制成，只允许偏振方向的光通过，而吸收或反射其他偏振方向的光子。然而任何偏振方向都可以由两个正交的偏振方向合成：一个与滤光器的方向相同，另一个与滤光器方向垂直，因此，通过旋转偏振片前的偏振光源，就能逐渐改变滤光器的输出光强（见图 8.35）。

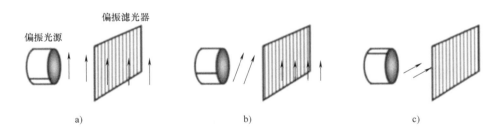

图 8.35　让偏振光通过偏振滤光器

a）偏振方向与滤光器方向相同　b）偏振方向相对于滤光器旋转　c）偏振方向与滤光器的方向垂直

当偏振光到达物体时，反射光的偏振方向可能保持不变（镜面反射），也可能改变一定角度，后者适用于许多非金属物体。因此为了使传感器不对反射物体（如金属罐、铝箔包装等）产生响应，可以使用两个相互垂直的偏振滤光器：一个放在光源前面，另一个放在探测器前面（见图 8.36a 和 b）。

第一个滤光器放在发射透镜（光源）前面，目的是使输出光偏振，第二个滤光器置于接收透镜前，只允许偏振方向与输出偏振光方向垂直的光通过。只要光由镜面反射器（金属）反射，其偏振方向都不会改变，并且接收滤光器不允许反射光进入光电探测器。然而，如果光发生非镜面反射，就会有足够数量的偏振光通过

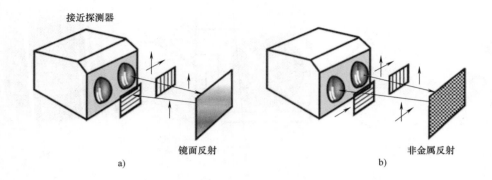

图 8.36　带有两个相互垂直偏振滤光器的接近探测器

a）偏振光由金属物体表面反射，光的偏振方向不变

b）非金属物体对光进行去偏化，因此能使其穿过偏振滤光器

滤光器，并激活探测器。偏光器的作用是减少对非金属物体的假阳性探测。探测器不仅可以识别非金属物体的距离，而且还能区分金属与非金属。

8.5.3　棱镜和反射传感器

　　光纤传感器作为接近和水位探测器非常有效。图 5.21 所示的位移传感器就是一个实例。其中反射光的亮度由到反射表面距离 d 调制。该原理已经应用在许多商业产品中，包括了 Avago Technologies 公司（www.avagotech.com）的 APDS-9130，它是一种全集成的传感器，满足在 3.1.1 节中的 10 个要求。它的主要应用之一是智能手机接近探测器——感应电话何时靠近耳朵。该探测器由用于 LED 发射和光电检测器的透镜、A-D 转换器、信号处理器和 I^2C 通信链路组成。

　　为了检测液体的水位，需要用到图 8.37 所示的具有棱镜的光学探测器。它利用空气（或材料的气相）和被测液体的折射率之差。传感器包含在近红外光谱范围内工作的发光二极管（LED）和光电探测器（PD）。当传感器在液位之上时，由于棱镜中的光全反射（见 5.7.2 节），LED 将其大部分光都发送到了 PD 接收端。一些以小于全反射角接近棱镜反射面的光线在周围消散。当棱镜到达液面且有部分被浸泡时，因为液体的折射率高于空气的折射率，全反射角发生改变。在这种条件下，更多数量的光线不被反射，而是透射到液体中。这使 PD 检测到的光亮度降低。光被转换成可以激活开关的电信号。注意，重力将液滴聚集到棱镜的尖端，它们不会覆盖大部分的棱镜表面，因此对检测没有影响，如图 8.37c 所示。Gems Sensors&Controls 公司（www.gemssensors.com）生产的棱镜液位探测器就是根据这个原理工作的。

　　图 8.38 所示为另一种形式的光纤传感器。光纤是 U 形的，浸入液体中，会对

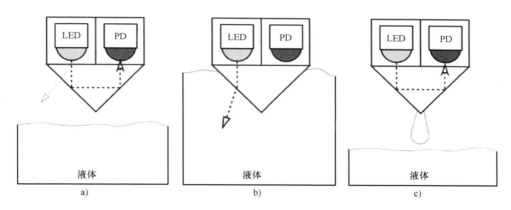

图 8.37　利用折射率的变化的棱镜液位探测器

a）远离液体　b）接触液体　c）液滴不会引起探测错误

通过其中的光线强度进行调制。传感器在靠近弯曲处有两个敏感区域，此处曲率半径最小。整个装置被封装在一个直径 5mm 的探头中，重复性误差约为 0.5mm。敏感元件的形状，会在探头抬升离开液面时，使液滴脱离敏感区域。

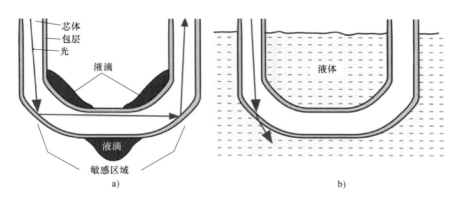

图 8.38　U 形光纤液位传感器

a）当传感器位于液面以上时，输出光最强　b）当敏感区域与液面接触时，光会穿透光纤外壁，输出光减弱

8.5.4　法布里-珀罗传感器

为了在恶劣环境中可以高精度地测量小位移，可以使用法布里-珀罗（FP）光学共振腔[12]，该共振腔由两个彼此相对、间隔 L 的半反射镜构成，如图 8.39a 所示。光由已知光源（如激光）发出并射入空腔，空腔内的光子会在两个反射镜之间来回反弹，并相互干涉。事实上，该共振腔是光的储存箱。而对于某些频率的光子可以穿过空腔。法布里-珀罗干涉计本质上是一种频率滤波器，它的透射频率与

腔的长度密切相关，如图 8.39b 所示。随着共振腔长度的改变，其可以透射的光的频率也随之改变。如果让其中一个镜子移动，在移动过程中检测透射光的频率，可以检测到非常小的共振腔长度变化。透射光根据频率分割成不同的窄带，窄带宽度与腔的长度成反比

$$\Delta \nu = \frac{c}{2L}$$

(8.12)

式中，c 为光速。

实际中，当共振腔反射镜间距 L 数量级为 $1\mu m$ 时，$\Delta \nu$ 通常在 $500MHz \sim 1GHz$ 之间。因此只要探测透射光频率相对于基准光源频率的变化，可精确测量共振腔尺寸的变化，精度与光的波长相当。任何能引起共振腔尺寸改变的因素（反射移动）都可作为测量目标，比如应变、力、压力或温度[13,14]。此类传感器可探测由于共振腔折射率改变（影响光速）或共振腔物理长度的改变引起的光传输路径长度的改变。微机械加工技术降低了敏感单元的尺寸和价格，使得法布里-珀罗传感器可应用性更强。微型法布里-珀罗传感器的另一个优点是光源相干性低，像发光二极管甚至是灯泡，都能用来产生干涉信号。

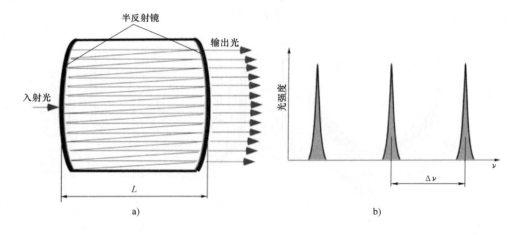

图 8.39　法布里-珀罗谐振腔的内部多光线干涉与光的透射频率

a）法布里-珀罗谐振腔的内部多光线干涉　b）光的透射频率

图 8.40a 介绍了一种使用法布里-珀罗共振腔的压力传感器。压力作用于顶部薄膜，在压力的作用下，薄膜向内弯曲，造成共振腔尺寸 L 减小，共振腔由微机械技术制成单片形式，反射镜可以是介电层，也可以是金属层。在加工过程中，通过沉积或蒸镀技术制成。为了保证传感器的性能，必须严格控制每一层的厚度，图 8.40b 给出了由 FISO Technologies 公司（www.fiso.com）制作的商用超小型压力传感器。该 FOP-260 传感器于 2014 年发布，具有很小的温度灵敏度系数（<0.03%）

及 0.25mm 的外径，这些优点使得该传感器在一些关键性应用，如植入式医疗设备或其他侵入式仪器中广泛使用。

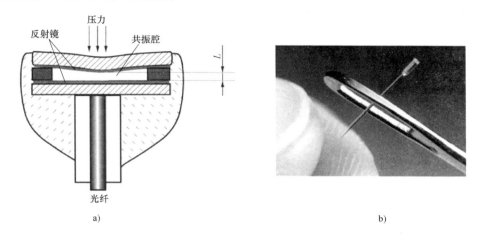

图 8.40　法布里-珀罗压力传感器的构造；FISO FOP-M 压力传感器的外观

a）法布里-珀罗压力传感器的构造　b）FISO FOP-M 压力传感器的外观

8.5.5　光纤光栅传感器

典型的光纤电缆通常可以传输从紫外光（UV）到近红外光（IR）的宽光谱范围的光。电缆由两个基本参数表征：光纤芯线的长度和折射率，理论上可以通过外部激励来调制。长度和折射率的调制是光纤光栅（FBG）传感器的基础[15]。传统光纤是能全反射光的玻璃或塑料细线（见 5.9 节）。光缆由 3 个主要部件组成：纤芯、包层和护套（见图 5.19）。包层的折射率比纤芯更低，因此将杂散的光反射回纤芯中，确保光以最小的损耗透射过纤芯。外护套保护电缆免受外部环境影响和物理损坏。

与固定折射率纤芯的传统光纤不同，FBG 的折射率在整个光纤长度上不均匀。因此，FBG 不仅传输光而且还反射一些光回来，换句话说，在 FBG 光纤的内部分散着反射镜。它如同滤光器一样工作，只反射特定波长的光而传输其余波长的光。折射率周期性变化的光纤（见图 8.41）称为光纤光栅，它们的截面为盘状。基纤芯折射率为 n_1，而光栅盘折射率为 n_2。

光栅使用强紫外光源（如紫外激光器）曝光来制造。掺锗石英光纤具有光敏性，这意味着当暴露于紫外光时，纤芯的折射率会发生改变。折射率的变化量取决于曝光强度和时间及光纤的光敏性。特定位置纤芯暴露在紫外光下，其折射率将会被永久性地改变，因此光纤内部的 FBG 盘间的距离定义为 L。

当光纤工作时，光纤被宽谱引导光源（如 LED）照亮。引导光进入光纤端面并传输到 FBG。特定波长 λ 的光波被反射回来，而其余波长沿着光纤向另一端传

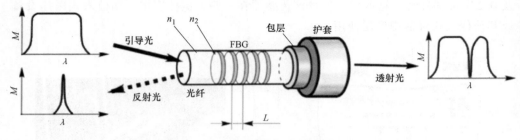

图 8.41　FBG 传感器的概念图

输，且不会被传感器感应。图 8.41 中的小图展示出了光纤两端的光谱强度 M。被反射和探测到的波长取决于光栅周期 L 和光纤平均折射率 n

$$\lambda = 2nL \tag{8.13}$$

从式（8.13）可以得出，如果测量反射光波长 λ，则可用折射率和光栅周期作为传感器输入。换句话说，它们可以通过调制激励，引起 λ 的变化。为了调制 n 和 L，可以对 FBG 施加应力 ε 和温度 T，然后 FBG 波长变化归一化处理为

$$\frac{\Delta\lambda}{\lambda} = （1-p_\varepsilon）\varepsilon + （\alpha_L + \alpha_n）T \tag{8.14}$$

式（8.14）中的第一个被加项取决于应变系数 p_ε。当光纤受到应力作用时，FBG 光盘之间的距离发生改变，从而调整 λ。第二个被加项描述了 λ 对温度 T 的灵敏度。温度的变化使光纤以系数 α_L 热膨胀或收缩，随后盘间距 L 发生变化。温度也会引起折射率随系数 α_n 变化。因此，FBG 可以用作应变仪（位移传感器）和温度传感器。由于应变引起的波长变化通常比温度更显著，输出范围通常能达 5nm。而温度传感的输出范围仅为 1nm。

FBG 传感器的优点包括坚固耐用、抗电磁干扰（EMI）、高稳定性和可链式连接。最后一个优点允许使用单个光纤监视多个位置。为此，可在光纤不同的分段制作不同周期距离为 L 的光栅。每个周期都反射自己相应波长的光。这被称为波分复用（WDM）。WDM 可以使探测器记录对应于光纤不同位置的不同反射波长（见图 8.42）。单个光纤内的传感器的数量取决于每个传感器工作的波长范围和总的可用

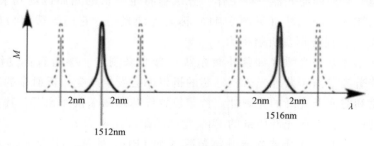

图 8.42　WDM 光纤的光谱响应

波长范围。因为典型的 FBG 系统测量范围为 60~80nm，每个光纤阵列通常可以包含 80 个以上的传感器，只要反射的波长在光谱中不重叠。

8.5.6　光栅光强调制器

线性光学位移传感器可以用两个相互重叠的光栅作为透射光强调制器（见图 8.43a）。首先入射的导向光束到达第一个固定光栅，它只允许 50% 的光到达第二个可动光栅，当可动光栅的不透光部分与固定光栅的透光部分正好对齐时，光线被完全挡住，因此光的强度可以在 0%~50% 间调制（见图 8.43b），透射光束被聚焦到光电探测器的敏感元件表面，然后敏感元件将光强转成电信号。由于光强与位移成正比，因此该传感器是一个线性传感器。

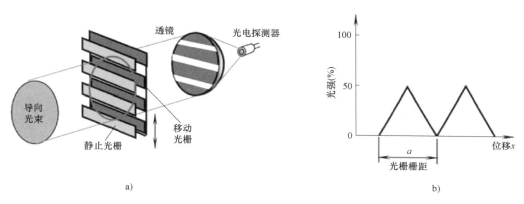

图 8.43　具有光栅调制器的光学位移传感器

a）原理图　b）传递函数

这种线性调制器可用在高灵敏度的水听器中感测隔膜的位移[16]。如果光栅的栅距是 10μm，就意味着满量程位移是 5μm。光源是一个 2mW 的氦氖激光器，它发出的光通过光纤与光栅耦合。对水听器的测试表明，此装置在 1MPa 参考压力下，最大频响可达 1kHz，动态灵敏范围为 125dB。

光栅调制多应用于旋转和线性编码器中，编码器的移动掩模通常制作成盘状，包括透光和不透光两部分（见图 8.44）。光电探测器输出为二进制：开（on）和关（off）。换而言之，编码盘的作用为光电耦合器中的光电断续器。当不透光部分使光束中断时，探测器关闭（数字指示信号是 0）；当光通过透光部分，探测器打开（数字指示信号是 1）。光电编码器通常采用工作频谱范围在 820~940nm 之间的红外发射器和探测器。编码盘由层压塑料制作，其不透光部分外形通过感光法得到，或者由金属板利用光刻技术制成⊖。塑料盘很轻，惯性低，成本低，能很好地抵御

⊖　光刻或者光化学蚀刻零件可由多种材料制成，包括埃尔吉洛伊非磁性合金、镍钛诺、钛和卡普顿®（聚酰亚胺薄膜）。而编码盘厚度是 0.005in（0.127mm），它通常由不锈钢或者铍铜合金蚀刻而成。

冲击和振动，但是其工作温度范围受限。

编码盘有两种类型：一种是增量式的，每当其旋转一个栅距角，都会产生一个瞬态信号；另一种是绝对式的，其角度位置通过径向的透光和不透光区域联合编码。编码可以基于任何形式的数码，使用最多是格雷码、二进制码和 BCD 码（十进制数的二进制编码）。

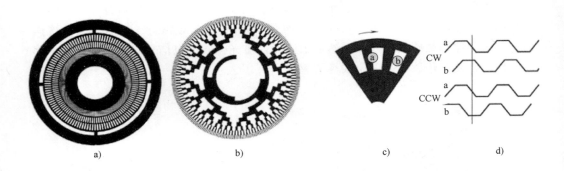

图 8.44　光学编码盘

a）增量式光学编码盘　b）绝对式光学编码盘　c）当转子顺时针（CW）旋转时

a，信道信号超前 b 信道 90°　d）当轮子逆时针（CCW）旋转时，b 信道信号超前 a 信道 90°

增量式编码器比绝对式编码器更常用，因为其价格低廉且复杂度低，特别是在需要测量位移（增量计数）而不是定位的应用中。应用增量编码盘时，可以只用一路光学信道（一对发射器-探测器组合）实现运动的基本感测，然而对于速度、位移增量、方向的测量必须使用两路通道。最常用的方法是正交感测法，比较两路光学信道输出信号的相对位置，比较的结果提供了方向信息，且每路信道的跃迁信号可以导出计数和速度信息，如图 8.44c 和 d 所示。

8.6　厚度传感器和液位传感器

在制造、工艺和质量控制、安全、航空领域等许多工业应用领域中，测量材料的厚度是最基本的工作之一。人工测量方式，如使用卡尺或千分尺测量，在高速的自动加工过程中或一些难以测量的地方无法使用。测量厚度的方法有很多，从光到超声波再到 X 射线。这里只简单介绍一些有趣的方法。

8.6.1　烧蚀传感器

烧蚀是指通过一些腐蚀工艺过程去除表面材料。它主要通过热熔化来去除或通过移除保护层来实现，如航天器返回大气层时发生的烧蚀。受到巨大气动加热的航天器，通常要依赖热防护系统（TPS）的烧蚀来保持内部结构及装置的温度低于临界工作温度。在低于内部结构临界温度时，TPS 要经历化学分解或相态转换（或者是二者兼有）。随之产生的热能通过烧蚀材料的熔化、升华或分解得到释放。烧蚀材料的衰减率与其表面的热通量之间具有直接比例关系。估计表面热通量需要测量烧蚀材料的厚度。因此，烧蚀传感器是一类位置传感器，用来探测烧蚀层外表面的位置，从而间接测得剩余的厚度。烧蚀传感器可以置于烧蚀层中（侵入式传感器），也可以是非侵入式的。

侵入式传感器包括断线烧蚀计、辐射传感器（RAT）和光导管。断线烧蚀计包括若干细线，置于烧蚀层不同的已知厚度处，随着材料逐渐被烧蚀，每一条连续的导线被打断后都会产生一个开路，如图 8.45a 所示。在某些情况下[17]，断线会兼作为热电偶（TC），布置细线应保证没有一个断线热电偶直接位于另一个热电偶上方。这种布置方式为每一个断线热电偶包括处于底层的热电偶提供了在烧蚀层内部无阻碍的导通路径。尽管断线法能够提供温度的历史数据直到最后一个热电偶暴露并毁坏，但此方法只在少数几个不同的点提供衰减数据。

如图 8.45b 所示，光导管传感器是将一系列石英光纤按一定深度插入烧蚀层内部，当 TPS 被烧蚀至光纤端口时，光通过光纤向下传输到光敏二极管。这种方法只能提供特定点的衰退数据，却不像断线法一样提供温度数据。

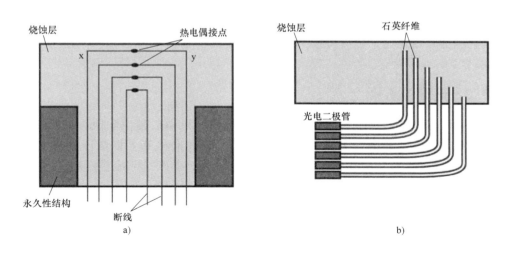

图 8.45 由金属 x 和金属 y 组成的断线热电偶与光导管

a）由金属 x 和金属 y 组成的断线热电偶 b）光导管

用来测量烧蚀层厚度的完全非侵入式传感器可以利用电容来制作。这种传感器主要由两个电极组成，电极的形状多种多样[18]。传感器与一个电阻和一个电感串联，形成一个由电阻、电感、电容组成的 RLC 终端，RLC 终端与波导管（即同轴电缆）相连。总体布置如图 8.46 所示，此装置很像一个发射天线。RLC 终端的谐

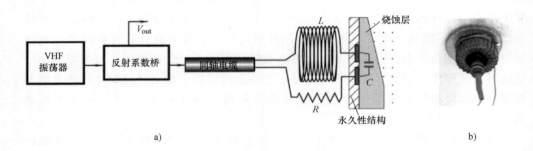

图 8.46　谐振烧蚀计框图与传感器的原型

图 8.46　谐振烧蚀计框图与传感器的原型

a）谐振烧蚀计框图　b）传感器的原型

振频率约为

$$f_0 = \frac{1}{2\pi\sqrt{LC}}$$ （8.15）

当具有谐振频率的电磁能通过波导管向下传输时，所有的能量都耗散在电阻上。然而，如果终端的谐振频率变化（如由电容变化引起），那么会有一小部分能量被反射回发射源。随着电容的继续变化，反射回的能量也在增加，天线处于这种状况时通常称为失调。在这种情况下，可以利用商用反射系数桥（RCB），将其置于无线电频率（RF）发射源与波导管终端之间。RCB 产生直流电压，直流电压与所反射的能量成正比，然后可以调整天线使桥路的输出电压最小，但是发射能量最大。

8.6.2　薄膜传感器

测量薄膜厚度的传感器有很多，包括机械式传感器、超声波探头、光学传感器、电磁式传感器和电容式传感器等。测量方法很大程度上取决于薄膜的性质（导电性、绝缘性、铁磁性）、厚度变化范围、运动、温度稳定性等因素。

涂层厚度计（也称油漆计）是用来测量干燥薄膜的厚度。超声波可以测量任何基板上的干燥绝缘薄膜的厚度；在磁性表面或非磁性金属表面，如不锈钢或铝上的干燥绝缘薄膜的厚度可以使用电磁传感器测量。后一种方法利用的是衬底上的感应电涡流效应，其原理如图 8.17 所示。

参考文献 [19] 中介绍了一种简单的测量绝缘液体薄膜厚度的电容式传感器。液体薄膜的厚度由伸入液体薄膜的两个细线探针间的电容测得（见图 8.47）。液体就相当于平板电容器之间的电解质，而此处的平板由两个细线探针充当。由于液体的介电常数与空气不同，所以液位的改变将导致电极电容的变化。可将探针接入调频电路中以测量电容变化。这种类型的液体传感器更适合测量具有高介电常数的液体，如水或甲醇。

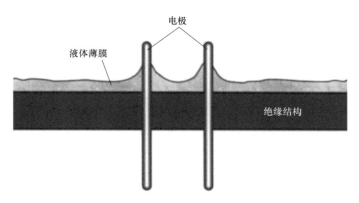

图 8.47　用电容方法测量液体薄膜

球形电极测量干燥的介电膜更加有效[20]。电容可以在金属球（直径在 3～4mm 之间的不锈钢球）和导电基座（见图 8.48）之间测量。为了最小化边缘效应，球被有源屏蔽器围绕，有源屏蔽器有助于将电场通过介电膜引向基极。实际测量范围如图 8.48b 所示的校准曲线，其范围在 10～30μm 之间。

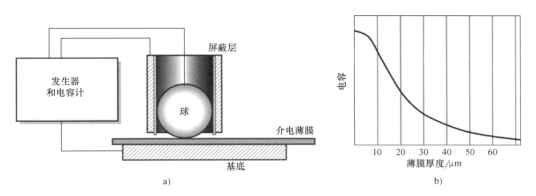

图 8.48　干燥介电薄膜电容式传感器与传递函数图形（改编自参考文献［20］）

a）干燥介电薄膜电容式传感器　b）传递函数图形

另一种电容方法采用电极面积 A 的平行板电容器，如图 8.49 所示。电极是离导电基底距离为 d 的金属板。介电常数为 κ 的非导电薄膜在平行板之间的间隙中移动。电容测量电路（C-meter）产生高频信号以测量板和基底之间的电容。根据式（4.23），间隙中存在的厚度 b 的介电材料可以改变电容，因此对于间隙中有介电膜和空隙时测得的电容为

$$C = A\varepsilon_0 \left[d - b\left(1 - \frac{1}{\kappa}\right) \right]^{-1} \qquad (8.16)$$

从中可以导出介电薄膜厚度与测量电容 C 的函数关系

$$b = \left(d - \frac{A\varepsilon_0}{C}\right)\left(1 - \frac{1}{\kappa}\right)^{-1} \tag{8.17}$$

对于小的厚度变化，该方程可被认为是线性的。当使用电容法时，温度影响不应被忽略，因为薄膜介电常数 κ 可能与温度有关。因此当要求测量绝对精度时，应考虑用合适的温度补偿电路。然而，当仅要求测量相对参考厚度 b_0 的厚度变化（相对精度）时，可以采用比例公式。它不包含介电常数

$$\delta = \frac{b}{b_0} = \frac{d - \dfrac{A\varepsilon_0}{C}}{d - \dfrac{A\varepsilon_0}{C_0}} \tag{8.18}$$

式中，C_0 为从具有"理想"厚度 b_0 的参考介电薄膜测得的电容。

当然，参考介电薄膜和监控介电薄膜都应在相同的条件（温度和湿度等）下测量。使用这种方法仅限于测量介电薄膜的厚度。

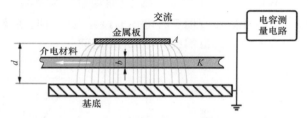

图 8.49　测量介电薄膜的平面电极电容传感器

8.6.3　低温液位传感器

测量液位的方法有许多，可以使用电阻式传感器（见图 8.1a）、光学传感器（见图 8.37 和图 8.38）、磁传感器（见图 8.24）和电容式传感器（见图 4.8）等。特定传感器的选择取决于多个因素，但决定性因素是液体的类型。其中测量困难最大的是液态气体，特别是液态氦，因为它密度小，具有低介电常数，而且必须将其存储到封闭的低温杜瓦瓶中。传输线传感器可有效适用于这种测试困难的情况。该传感器的工作原理如图 8.50 所示。

该探头类似于图 4.8 所示的电容式液位传感器，然而，其工作原理却并不像图4.8 中所示的一样取决于液体的介电常数。探头看起来像一根长的管子，内部的电极被外部圆筒电极包围。探头浸入液体中，液体可自由填充电极间的空间，电极由高频（约为 10MHz）信号激励。探头的长度可根据实际情况而定，但是为了实现线性响应，最好不要超过 $\lambda/4$[21]。高频信号沿着两个电极产生的传输线传输。电极间的液体液位达到 x。由于液体的介电常数与其气态时不同，所以传输线的特性与液气边界的位置（即液位）有关。部分高频信号在液气边界处被反射并返回传感器顶部。从某种程度上来说，这种传感器类似雷达，发出先导信号并且接受反射

信号。通过测量发射和接收信号的相移，就能计算出边界线的位置，相移测量由相位比较器完成，它的输出是直流电压。高介电常数能提高反射效果，并相应地提高传感器的灵敏度（见图 8.50b）。

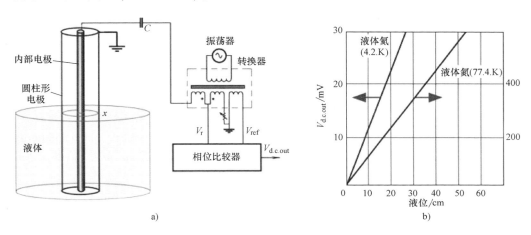

a)　　　　　　　　　　　　　　b)

图 8.50　传输线探头和转换函数（改编自参考文献［21］）

a）传输线探头　b）转换函数

参考文献

1. Wilkinson, P., et al. (2008). Nanomechanical properties of piezoresistive cantilevers: Theory and experiment. *Journal of Applied Physics*, *104*, 103527.

2. Cullinan, M., et al. (2010). Carbon nanotubes as piezoresistive microelectromechanical sensors: Theory and experiment. *Physical Review*, *B82*, 115428.

3. Young, D., et al. (1996, June). A micromachined variable capacitor for monolithic low-noise VCOs. *Solid-State Sensor and Actuator Workshop*. Hilton Head, SC.

4. Barker, M. J., et al. (1997). A two-dimensional capacitive position transducer with rotation output. *Review of Scientific Instruments*, *68* (8), 3238-3240.

5. Peters, R. D. (1994, November 3). Symmetric differential capacitance transducer employing cross coupled conductive plates to form equipotential pairs. *U. S. Patent No. 5461319*.

6. De Silva, C. W. (1989). *Control sensors and actuators*. Englewood Cliffs, NJ: Prentice Hall.

7. Bruce, R. (1984, February 7). Loop detector for traffic signal control. *U. S. Patent No. 4430636*.

8. Lees, R. H. (2002, January 8). Inductive loop sensor for traffic detection. *U. S. Patent*

No. 6337640.

9. Hall effect sensing and application. Honeywell, Inc. www. honeywell. com/sensing.

10. Popovic, R. S., et al. (2002). Hall ASICs with integrated magnetic concentrators. *Proceedings of the Sensors Expo & Conference*, Boston, USA.

11. Palumbo, V., et al. (2013). Hall current sensor IC with integrated Co-based alloy thin film magnetic concentrator. *EPJ Web of Conferences 40*, 16002.

12. Bom, M., et al. (1984). *Principles of optics* (6th ed.). London: Pergamon.

13. Lee, C. E., et al. (1991). Fiber-optic Fabry-Perot temperature sensor using a low-coherence light source. *Journal of Lightwave Technology*, 9, 129-134.

14. Wolthuis, R. A., et al. (1991). Development of medical pressure and temperature sensors employing optical spectrum modulation. *IEEE Transactions on Biomedical Engineering*, 38, 974-980.

15. Hill, K. O., et al. (1978). Photosensitivity in optical fiber waveguides: Application to reflection fiber fabrication. *Applied Physics Letters*, 32 (10), 647.

16. Spillman, W. B., Jr. (1981). Multimode fiber-optic hydrophone based on a schlieren technique. *Applied Optics*, 20, 465.

17. In-Depth Ablative Plug Transducers (1992). Series #S-2835, Hycal Engineering, 9650 Telstar Avenue, P. O. Box 5488, El Monte, California.

18. Noffz, G. K., et al. (1996). *Design and laboratory validation of a capacitive sensor for measuring the recession of a thin-layered ablator*. NASA Technical Memorandum 4777.

19. Brown, R. C., et al. (1978). The use of wire probes for the measurement of liquid film thickness in annular gas-liquid flows. *The Canadian Journal of Chemical Engineering*, 56, 754-757.

20. Graham, J., et al. (2000). Capacitance based scanner for thickness mapping of thin dielectric films. *Review of Scientific Instruments*, 71 (5), 2219-2223.

21. Brusch, L., et al. (1999). Level meter for dielectric liquids. *Review of Scientific Instruments*, 70 (2), 1514.

第9章
速度和加速度传感器

一个物体可以处于两种状态——静止或运动。当判断一个物体是否运动时，应考虑到参考系，因为物体可以相对于一个坐标系运动，但如果有另一坐标系与物体一起移动，物体也可以相对于这一坐标系静止。静止物体是由其在所选坐标系中的位置来表示的，就像在某个棋盘方格内的国际象棋都有一个坐标表示，如图 9.1 所示。

1. 直线运动

当位置发生变化时，我们就说物体在以一个具体的速度（移动速率）和加速度运动。牛顿第一定律指出，在不存在任何作用力时，静止的物体将停留在其原位置，运动的物体将以恒定速度沿直线方向继续运动。爱因斯坦的狭义相对论研究了运动速率接近光速时的情况，将牛顿第一定律提升到了一个新水平。后来实验证明，光速是一个恒量。

在本书中，我们主要关注运动速度远远慢于光速的物体，因此通常会使用牛顿定律[○]。如果物体沿直线 x 运动，我们定义其在任意时刻的平均速度为距离与时间之比

$$\overline{v} = \frac{\Delta x}{\Delta t} \tag{9.1}$$

式中，Δx 为两点之间的距离；Δt 为运动的时间。

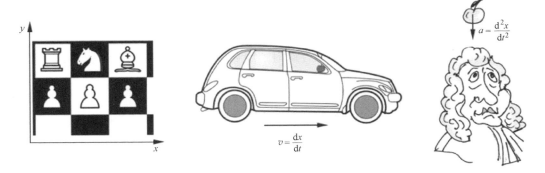

图 9.1　静止物体具有固定坐标，匀速直线运动速度是坐标的变化率，
而力（图中为重力）作用于苹果产生了加速度

○　在某些情况下，如多普勒效应等，我们必须考虑狭义相对论的爱因斯坦方程式，见式（7.3）。

在任一具体时刻的瞬时速度可以定义为

$$v = \frac{\mathrm{d}x}{\mathrm{d}t} \qquad (9.2)$$

如果运动不匀速（例如汽车司机踩下制动或加速踏板），则速度随着时间而变化。运动速度变化产生加速度或负加速度。由牛顿第二定律可知，加速、减速实际上是需要施加力——比如制动或增加发动机转矩。瞬时加速度是速度的速度，或者是 x 坐标的二阶导数

$$a = \frac{\mathrm{d}v}{\mathrm{d}t} = \frac{\mathrm{d}^2 x}{\mathrm{d}t^2} \qquad (9.3)$$

通过对加速度的思考，爱因斯坦提出了广义相对论。该理论实际上是基于等价原则的，加速度产生的力和巨大质量物体的吸引力（重力）是不可辨别的，因此加速度和重力只是用不同方式描述了同样的现象。对我们来说，这意味着可以使用相同的传感器——加速度传感器去测量加速度和重力。

2. 转动

当物体沿一条曲线轨迹运动时，就需要考虑该运动的一些特点。任何曲线至少在一小段距离内，可以被看作图9.2 中虚线表示的半径为 r 的轨迹线。转动是由平均角速度即在一段时间内转动角度 Θ 的速率来描述。

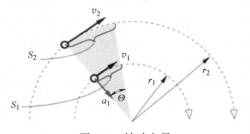

图 9.2 转动向量

$$\bar{\omega} = \frac{\Delta \Theta}{\Delta t} \qquad (9.4)$$

瞬时角速度的定义为

$$\omega = \frac{\mathrm{d}\Theta}{\mathrm{d}t} \qquad (9.5)$$

角速度是一个方向为转动轴线方向的矢量。

在任何时刻，物体运动时的线性瞬时速度 v 与其转动半径相切，其与角速度的关系为

$$v = \omega r \qquad (9.6)$$

注意，对于所有一起转动的物体，不论距离旋转中心多远，它们的角速度都是相同的，而线速度取决于它们与中心的距离（半径）r。这是因为在不同的转动半径 r_1 和 r_2，当它们转动同一角度 Θ 时，物体运动了不同的距离 S_1 和 S_2。

如果角速度发生变化，我们就需要讨论到角加速度

$$\alpha = \frac{\mathrm{d}\omega}{\mathrm{d}t} = \frac{\mathrm{d}^2 \Theta}{\mathrm{d}t^2} \qquad (9.7)$$

现在，我们来看切向速度 v_1。当物体以恒定角速度转动时，切向速度的方向

连续地发生变化，但速度量的大小保持不变。然而，每当速度方向或大小发生变化时，都能产生朝向旋转中心的加速度，其值为

$$a = \frac{v^2}{r} \tag{9.8}$$

只要角速度是恒定的，则角加速度只是方向发生改变，而大小不变。

为了测量直线运动和转动的速度或加速度，要找到可以产生与这些变量函数有关系的电信号的物理效应。下面我们介绍几种常用的方案。

9.1　速度传感器

9.1.1　线速度传感器

速度是物体在单位时间内通过的距离，见式（9.1）。因此，最显而易见的确定速度的方法是先测量两个物理量：距离和时间，然后求它们的比值。为了实现测量，需在已知的距离 Δx 两端分别设立一个检测点。每个检测点需要一个能快速响应的存在型探测器，以显示运动物体通过它的时刻。那该使用哪种探测器呢？选择探测器需考虑几个因素，包括运动的期望速度、要求精度、运动物体的材料及它的尺寸大小等。本书前面的章节介绍了许多这样的探测器。以测量一个弹射体（如子弹）的速度为例，我们知道子弹速度非常快，有大约 1km/s 的枪口速度，它由金属制成（意味它是能导电的），其尺寸大小互不相同，但长度大约 20mm，直径约为 10mm。

这样高速运动的物体的瞬时位置可通过光电断续器、高速摄像机、压电薄膜探测器（见 4.6.2 节）、各种磁性传感器等进行探测。这里将利用电涡流直接测量子弹速度作为例子进行探讨。这项实验是在美国空军的冲击物理实验室进行的（Kaman Instrumentation 公司 KD-2300 型号）。测试装置包括固定在一个已知距离两端作为检查点的双环，如图 9.3a 所示。

每个双环包括两个线圈，其中一个有源线圈产生交变磁场。为了实现这个目标，需给线圈通入频率为 1MHz 的交流电流——足够高的频率来精确探测快速移动的子弹。第二个线圈是与该有源线圈磁耦合的无源线圈，产生感应交流电流 i_2。两个连接的线圈组成一个电流互感装置。当子弹进入第一个环中心时，在有源线圈的磁场中使子弹感应出电涡流（见 8.4.3 节）。根据楞次定律，这些电涡流环自身产生阻碍原磁场变化的磁场。结果，无源线圈中输出的交流电流值开始下降。当子弹通过环中心时，电流最低。这精确地显示了子弹在第一个检测点的位置。在一定时间后，当子弹通过第二个检测点的双环时，检测点感应到子弹并产生第二个电流尖峰脉冲，两尖峰脉冲的时间差 Δt 就是子弹在已知距离 Δx 的两分开双环之间运动所需的时间 Δt，因此测量的速度可以根据式（9.1）求得。

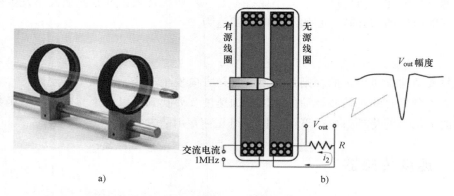

图 9.3　直接测量子弹速度的装置；感应和检测子弹电涡流的双环线圈

a）直接测量子弹速度的装置　b）感应和检测子弹电涡流的双环线圈

速度传感器的另一例子是采用法拉第电磁定律的线速度传感器（LVT）（见图 9.4）。传感器的线圈是固定的，而磁心连接着被测物体并以速度 v 在线圈内运动。当运动磁心与导线相互作用时，线圈两端产生的电压

$$V = Blv \qquad (9.9)$$

式中，B 为磁场的强度；l 为导线长度。

因此，电压与磁心运动的速度成正比关系。在 LVT 中，磁心的两端在

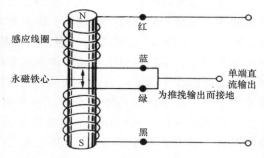

图 9.4　电磁速度传感器的工作原理（由美国康涅狄格州埃林顿的 Trans-Tek 公司）

线圈内。对于单个线圈，其输出为零，因为磁心的一端产生的电压将抵消另一端产生的电压。为了克服这个限制，需要把线圈分为两个部分。

磁体的南北极分别在两个线圈中产生感应电流。两个线圈沿着相反的方向串联，以获得与磁体速度成正比的输出。最大可检测速度主要取决于接口电路的输入级。最小可检测速度取决于本底噪声，特别是来自附近的高交流载流设备的传输噪声。这种设计与 LVDT 位置传感器非常相似（见 8.4.1 节），但 LVDT 是有移动铁磁心的有源传感器，而 LVT 是有移动永磁体的无源设备。换句话说，LVT 是不需要激励信号的无源电压传感器。一种测量角速度的 LVT（称为 RVT，即转速传感器）可以连续测量任意圈数的转速。固定速度传感器沿着一段距离检测速度，受到传感器规格的限制，因此在大多数情况下，这种传感器被用来测量振动速度。

9.1.2　转速传感器（转速计）

为了测量角速度，经常采用具有位置传感器的旋转齿轮。其原理类似图 8.30

所示。自然地，该传感器将产生离散的输出信号——齿轮的齿距越大，分辨率则越高。

　　许多类型的位置传感器都可以检测轮的转动，例如磁性传感器（霍尔传感器、图 8.25 所示的磁敏电阻，以及簧片开关）和光学传感器（光电断续器）。最常用的是磁旋转传感器（见图 8.30）。所有这些器件的关键特征是传感器处于静止并物理连接到参考系上（如车身），而轮子却是旋转的。在许多应用中，特别是在移动设备中，不能使用这样的安装方式，因此这种情况下使用惯性传感器（陀螺仪）测量角速度是比较好的选择。

　　图 9.5 所示为使用了偏心轮（凸轮）的另一种类型的转速计。当凸轮旋转时，使固定在右侧支撑结构上的弹性梁产生弯曲。应变传感器放置在梁

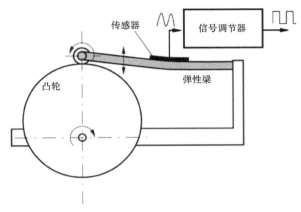

图 9.5　具有弹性梁的凸轮转速计

表面。转换元件可以选择任何合适的类型，如应变计（见图 10.2）或压电元件（见图 10.8）。当梁上下变形时，转换元件将机械应变转换为变化的电信号，然后该信号又通过信号处理器转换为矩形脉冲信号——凸轮每转过一周，产生一个信号。

9.2　惯性旋转传感器

　　惯性旋转传感器是一种由一个或多个陀螺仪进行测量的独立器件。较之前传感器跟踪物体的方向和速度，该传感器用于跟踪物体的位置与方向，没有固定的坐标系。完整的惯性传感器通常包含 3 个正交的速率陀螺仪以测量角速度。

　　在 GPS（全球定位系统）得到推广之前，除了磁罗盘之外，最常见的用于探测与所选运动方向偏离的移动导航传感器可能就是旋转陀螺仪。换句话说，陀螺仪与被测物体一起移动，并测量与运动方向之间的角位移。在许多情况下，地磁场要么不存在（在太空中），要么由于一些扰动的存在而改变，所以陀螺仪是用于监测如飞机或导弹等飞行器角速度的不可或缺的传感器，如图 9.6b 所示。如今，陀螺仪的应用相当广泛，不仅仅只用于导航，还用于稳定装置、武器、机器人、隧道挖掘，以及应用在大量的移动通信设备中，例如智能手机。

　　最早所知的陀螺仪包括一个巨大质量的旋转球体，是在 1817 年由德国人 Johann Bohnenberger 制造的。1832 年，美国人 Walter R. Johnson 发明了一个基于转

盘的陀螺仪。1852 年，Léon Foucault 在地球自转的实验中使用了这种转盘。Foucault 根据希腊语 gyros（圆圈或旋转）和 skopeein（发现），给其起名为陀螺仪（gyroscope）。

9.2.1 转子陀螺仪

陀螺仪是个"方向守护者（keeper of direction）"，如同时钟中的钟摆是"时间守护者"一样。"方向守护者"的意思是指当被测平台开始转动时，一旦角速度偏离零点，它就会产生输出信号。陀螺仪的工作是基于角动量守恒的基本原理：在任何质点系中，如果没有外力作用在系统上，则系统相对于空间任意点的总角动量保持恒定。

机械陀螺仪由一个可以绕自转轴转动的块状圆盘（见图 9.6a）以及一个用来固定这个圆盘的框架结构构成。这个框架可以绕一个或两个轴自由旋转。因此，根据旋转轴数目的不同，可将陀螺仪分为单自由度和双自由度两种类型。使用陀螺仪必须满足以下两个条件：①假设没有外界作用力，陀螺仪的自转轴在空间上是固定的；②陀螺仪能够产生一个与角速度成比例的转矩（或输出信号），该角速度所对应的轴垂直于自转轴。

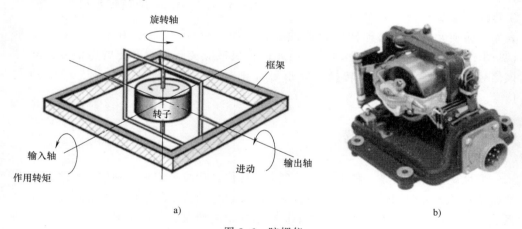

图 9.6 陀螺仪

a）机械陀螺仪的概念设计图 b）较早的自动驾驶陀螺仪

当转轮（转子）自由旋转时，它会趋向于保持轴向位置不变。如果陀螺仪的支架绕输入轴旋转，它将产生一个绕垂直轴（输出轴）的转矩，进而使自转轴围绕输出轴旋转。这种现象叫作陀螺进动。利用牛顿旋转定律可以解释这个现象：对于任何给定轴，它的角动量随时间的变化率等于施加在该轴上的转矩。这就是说，如果对输入轴施加转矩 T，转轮的速度 ω 保持不变，则转子的角动量会保持不变，除非使自转轴相对于输入轴进行转动。即自转轴相对于输出轴的转速与施加的转矩成比例

$$T = I\omega\Omega \tag{9.10}$$

式中，Ω 为相对于输出轴的角速度；I 为陀螺仪转轮相对于自转轴的转动惯量。

可使用下面的规则来确定陀螺进动方向：进动的方向总是转轮旋转方向与所施加的转矩旋转方向的结合。

机械陀螺仪的精度很大程度上取决于一些效应的影响，这些效应能够产生额外的非期望转矩并引起漂移。这类效应产生的原因包括摩擦力、不平衡转子、磁效应等。减小转子摩擦常用的方法是将转子和驱动电动机自由浮动于黏性的、高密度的液体，如碳氟化合物中，以完全消除悬架。这种方法需要对液体温度进行精确控制，同时还可能受到老化效应的影响。另一个减小摩擦的方法是使用气体轴承，即用高压的氦气、氢气或空气来支撑转子轴。还有一个更好的解决方法是在真空中使用电场来支撑转子（静电陀螺仪）。磁陀螺仪的转子由磁场支撑，这种情况下，系统会被低温冷却使得转子成为超导体。这样外界磁场就能在转子内部产生足够大的反向场使转子悬浮于真空中。这种磁陀螺仪也称为低温陀螺仪。

虽然很多年来旋转转子陀螺仪都是唯一可行的选择，但其工作原理实际上不适用于设计许多移动设备所需的小型单片传感器。传统的旋转转子陀螺仪包含了需要高精度加工和组装的部件，例如平衡架、支撑轴承、电动机和转子，这样的结构限制了传统机械陀螺仪成为低成本便携式的设备。工作期间电动机和轴承的磨损使得陀螺仪只能在规定的工作时长内才能满足性能标准。因此，科学家们已经开发出用于探测方向和角速度的其他方法。通常，GPS 是一个理想的选择。然而，它不能应用于太空、水下、隧道、建筑物内，以及需要特别考虑尺寸和成本的场合。此外，GPS 的空间分辨率几乎不能够满足许多手持设备的要求。

9.2.2　振动陀螺仪

如图 9.2 所示，如果物体以初始半径 r_1 旋转，它的切向速度为 v_1。当转动物体移动到距中心更远半径为 r_2 的位置时，它将具有更快的切向速度 v_2。因此，当物体远离中心时，切向速度增加，物体做加速运动。这种现象于 1835 年由法国数学家 Gaspard G. de Coriolis（1792—1843）发现，这种效应被称为科氏加速度。该加速度 $\boldsymbol{a}_c$ 用向量表示为

$$\boldsymbol{a}_c = -2\boldsymbol{\Omega}V \tag{9.11}$$

式中，V 是在转动系统内运动物体的速度矢量；$\boldsymbol{\Omega}$ 是角矢量，其大小等于转动速度 ω 且指向旋转轴线方向。

如果物体质量为 m，科氏加速度产生力的矢量大小为

$$\boldsymbol{F}_c = -2\boldsymbol{\Omega}Vm \tag{9.12}$$

这种力称为假想力，因为它不是来自不同物体之间的相互作用，而是来自单个物体的旋转。与转速成正比的科氏加速度在与两轴构成的平面垂直的第三轴上。图 9.7 所示的科氏加速度矢量垂直于角速度矢量和物体速度矢量所在的平面。

由于力的大小是关于角速度的函数，这表明角速度传感器可以结合将科氏力转换为电信号的力传感器来进行设计。具有质量的物体不仅仅只在一个方向上运动，它可以在我们测量角速度的参考系中往复运动。换句话说，物体可以在一个方向上摆动。当外框旋转时，就能在另一个方向上产生科氏力。我们可以通过输出的电信号测量该力。

图 9.8 所示为振动陀螺仪工作原理的概念图。一个质量块 M 受外部力作用沿着 y 轴以几千赫兹的频率受迫振动[1]。因此质量块以正弦形式做高速的上下运动。当框架旋转时，产生的科氏力将质量块向左或右方向推动。产生的偏移量通过位于 x 轴上的接近传感器或位移传感器来测量。其位移也遵循与角速度成正比的正弦函数关系。

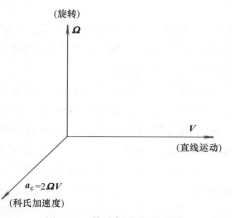

图 9.7 科氏加速度的矢量

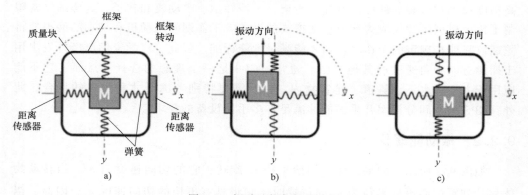

图 9.8 振动陀螺仪的概念图

a) 质量块 M 由 4 个弹簧支撑在框内并沿 y 方向受迫振动　b) 当框架旋转且质量块向上振动时，科氏力使质量块左移　c) 当质量块向下振动时，科氏力使质量块右移

人们大量制造了振动陀螺仪。MEMS 技术利用了应用在电子工业中的技术，使得其非常适合于大批量制造。构建一个振动陀螺仪有几种实用的方法，然而，所有的方法都可以由 3 种原理进行概括[2]：

1) 简谐振荡器（有质量的弦、梁）。

2) 平衡谐振器（调谐音叉）。

3) 壳式谐振器（"酒杯"、圆筒、环）。

3 种类别的振荡器已在实际设计中使用。

以图 9.9 所示的现代振动陀螺仪为例。它使用一个形状为小圆柱体（直径为

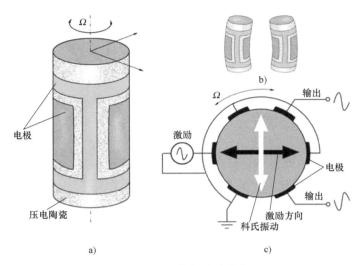

图 9.9 现代振动陀螺仪

a）圆柱形状的压电陶瓷振动陀螺仪 b）施加到电极的交流电压使圆柱陀螺仪沿黑色箭头方向弯曲
c）圆柱陀螺仪的轴向视图，科氏力使圆柱陀螺仪沿白色箭头方向弯曲（改编自 www. nec-tokin. com）

0.8mm，长度为 9mm）、侧面上沉积有 6 个电极的压电陶瓷（见 4.6.1 节）。

该设计利用了逆压电效应：应用电荷使压电材料变形，从而将电信号转换为形变。反过来，应变产生电荷，从而将机械应力转换为电信号。驱动电极由外部振荡器产生的交流电压供电。它使圆柱陀螺仪沿图 9.9c 所示的黑色箭头的方向弯曲。当圆柱陀螺仪以其角速度 Ω 围绕其纵轴旋转时，产生的科氏力沿白色箭头的方向弯曲圆柱陀螺仪，并且角速度越高，弯曲越强。旋转引起的弯曲在电极两端（+out 和 -out）感应出能产生异相正弦电压的压电电荷。这些电压作为陀螺仪输出信号由信号调节器放大并处理。这种设计的优点是尺寸小和易于生产，这意味着其成本更低。该传感器对角速度有相当好的灵敏度——约 0.6mV/deg/s。这种小型陀螺仪被广泛用于摄像机稳定装置、游戏控制器和用于 GPS 的辅助传感器（在卫星 RF 信号丢失期间继续导航）、机器人和虚拟现实系统。

9.2.3 光学（激光）陀螺仪

环形激光陀螺仪（RLG）是另一种惯性导航传感器。它的特点是非常高的可靠性（没有运动部件）和精度，其漂移度在 0.01°/h。光学陀螺仪的一个主要优点是其在恶劣环境下的工作能力，对于机械陀螺仪而言就比较困难。

RLG 的原理是基于萨格奈克效应制作的，萨格奈克效应的原理如图 9.10 所示[3]。两束由激光发生器产生的光在一个折射率为 n，半径为 R 的光学环路中，以相反方向传播，一束沿顺时针方向（CW），一束沿逆时针方向（CCW）。光在环

内传播的时间为 $\Delta t = 2\pi R/nc$，其中 c 是光速。现在我们假设环路以角速度 Ω 沿顺时针旋转。在这种情况下，两束光会沿不同方向进行传递。顺时针方向光束的传播距离为 $l_{\mathrm{cw}} = 2\pi R + \Omega R \Delta t$，逆时针方向光束的传播距离为 $l_{\mathrm{ccw}} = 2\pi R - \Omega R \Delta t$。二者之差为

$$\Delta l = \frac{4\pi \Omega R^2}{nc} \qquad (9.13)$$

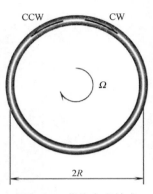

图 9.10　萨格奈克效应

因此，为了精确地测量 Ω，必须确定 Δl。有 3 种为大家所熟知的检测路径 l 的基本方法：①光学谐振器；②开环干涉仪；③闭环干涉仪。

对于 RLG，利用光学谐振器的激光特性（能够产生连续光的性质）测量 Δl。要在密封的光学腔内产生激光，整个环的长度就必须是光波长的整数倍。不满足条件的光束在光路传播时会发生自干涉现象。为了补偿由于旋转引起的周长变化，光的波长 λ 和频率 v 也必须改变

$$-\frac{\mathrm{d}v}{v} = \frac{\mathrm{d}\lambda}{\lambda} = \frac{\mathrm{d}l}{l} \qquad (9.14)$$

上式是关于频率、波长和环式激光器谐振器周长变化的基本方程。如果环式激光器以一定速度 Ω 旋转，见式（9.14），则光波会在一个方向上伸长而在另一个方向上缩短，以达到环周长是波长整数倍的要求（有点类似于多普勒效应）。这就导致了光束之间的净频率差。如果这两束光结合在一起（混合的），那么最终的信号频率为

$$f = \frac{4A\Omega}{\lambda n l} \qquad (9.15)$$

式中，A 为环所包围的面积。

实际中，光纤陀螺的设计采用的是光纤环谐振器或光纤圈，光纤圈是由多匝光纤绕成的[4]。光纤环形谐振器如图 9.11a 所示。它包括由极低交叉耦合率的光纤分束器构成的光纤环路。当入射光束的频率与光纤环的共振频率相等时，它就会耦合进光纤腔，造成输出光强的减弱。光纤圈陀螺仪（见图 9.11b）包括光源和连接光纤的探测器。光偏振器位于探测器和第二个耦合器之间，以保证两个反向传输的光束在光纤圈内传播的路径相同[5]。旋转引起光束的相位变化，进而引起光强的变化，两个光束混合并作用到探测器上，探测器探测由于旋转引起的两光束之间相位变化所导致的余弦强度变化。这种光纤陀螺仪是一种成本相对较低，外形较小以及动态范围达到 10000 的旋转传感器。它可用于偏航和俯仰测试，姿态稳定以及陀螺平台指北等方面上。

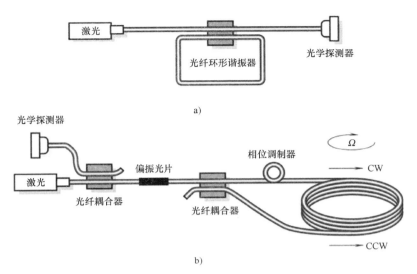

a)

b)

图 9.11 光纤环形谐振器与光纤模拟线圈陀螺仪 (改编自参考文献 [3])

a) 光纤环形谐振器 b) 光纤模拟线圈陀螺仪

9.3 惯性线性传感器 (加速度传感器)

线性加速度传感器属于不需要参照静止坐标系的惯性传感器类。它们被连接到移动平台。名称中的 "惯性" 是指在运动中需具有足够大的惯性。在导航设备中,加速度传感器与陀螺仪配合使用,通常包含 3 个正交的速率陀螺仪和 3 个正交的加速度传感器,分别测量角速度和线加速度。通过处理来自这些装置的信号,就可以跟踪运动物体的位置和方向。

加速度传感器被用于测量物体受到包括重力在内的外力所产生的加速度。虽然重力通常是一个指向质量块重心的恒力,但其他力可以在一个宽的幅度和频率范围内变化大小和方向。因此,典型的加速度传感器应可以响应于各种形式的加速度——从匀速到缓慢移动再到强冲击和振动。

从牛顿第二定律可知,定义加速度矢量为

$$a = \frac{F}{m} \tag{9.16}$$

式中,F 为力矢量;m 为受引起加速度的力作用的物体质量 (标量值)。

因此,质量、加速度和力都互相联系。加速度的方向与力的方向相同。式 (9.16) 表明,为了测量加速度,我们需要提供已知质量 m 并测量由该质量施加在力传感器上力的大小 F。力传感器是加速度传感器的关键部件,其包括两个零部件:一个在力的作用下变形的弹簧和一个用于确定变形量的变形传感器。对于压缩弹簧，通过位移传感器测量变形量作为弹簧长度的变化。而有关力传感器的详细信息，请参见第 10 章。

9.3.1　转换理论与特性

单轴加速度传感器可定义为一个由质量物体（有时称为质量块或激振质量块）、弹簧状支撑系统、具有阻尼特性的框架结构，以及位移传感器组成的单自由度装置。为了制造一个功能加速度传感器，其外壳需连接到活动平台（见图 9.12a）。

质量块 m 由压缩弹簧支撑，该弹簧允许质量块上下运动。接下来，质量块连接到另外两个部件：阻尼器和位移传感器。阻尼器减慢质量块运动速度，而位移传感器确定质量块相对于空档（无加速度）时的位置。

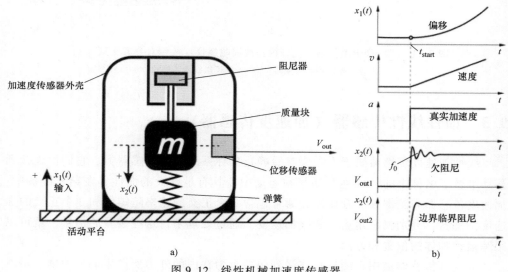

图 9.12　线性机械加速度传感器

a）概念图　b）时序图

连接加速度传感器外壳的平台可以是静止状态或者可以沿着 x 坐标轴运动。把距离变化看成具有抛物线形状的函数 [见图 9~12b 中的 x-曲线]。整个组件以速度 v 开始向上加速，速度以加速度 a 线性变化，这个线性变化就是我们试图测量的阶梯函数。当运动开始时，由于惯性，质量块具有留在原位置的趋势，因此会在弹簧上施加力 F，压缩弹簧的距离 $\Delta x = x_2 - x_1$。弹簧由刚度 k 表征，其反作用力 F，使得下面的等式成立

$$F = ma = k\Delta x = k(x_2 - x_1) \tag{9.17}$$

从中我们可以确定质量块的位移

$$x_2 - x_1 = \frac{m}{k}a \tag{9.18}$$

式中的比值

$$S = \frac{m}{k} = \frac{1}{\omega_0{}^2} = \frac{1}{(2\pi f_0)^2} \tag{9.19}$$

称为加速度传感器的"静态灵敏度"。注意，灵敏度 S 与质量块组件（包括所有连接的部件）的固有（谐振）频率 f_0（单位为 Hz）的平方成反比。ω_0 是角频率（单位为 rad/s）。

从式（9.19）可知，为了使固有频率增加，则必须减小质量，并增加弹簧刚度。从该式得到另一个结论是，固有频率越高，加速度传感器的灵敏度越低。

到目前为止，我们讨论了加速度传感器的静态特性。现在我们需要考虑运动质量块的时间相关特性。当有加速度作用时，质量块以力 F 压缩弹簧。在某一时刻，弹簧将向上推动质量块，直到拉伸弹簧超过其初始尺寸。然后，质量块再次反向运动，压缩弹簧，重复上述过程。换句话说就是质量块振动。为了使不想要的振动减到最小，可以连接到可以吸收质量块运动动能而使其速度减慢的阻尼器（"减振器"）。阻尼器对质量块施加一个与其运动速度成正比的阻尼力

$$F_b = b \frac{\mathrm{d}(x_2 - x_1)}{\mathrm{d}t} = b\left(\frac{\mathrm{d}x_2}{\mathrm{d}t} - \frac{\mathrm{d}x_1}{\mathrm{d}t}\right) \tag{9.20}$$

式中，b 是阻尼系数，用一个参数阻尼比 ζ 定义

$$b = 2\zeta\sqrt{km} \tag{9.21}$$

为了分析作用在质量块上的所有力（惯性力、弹簧力和阻尼力），我们将写一个二阶线性微分方程

$$m\frac{\mathrm{d}^2 x_2}{\mathrm{d}t^2} + b\left(\frac{\mathrm{d}x_2}{\mathrm{d}t} - \frac{\mathrm{d}x_1}{\mathrm{d}t}\right) + k(x_2 - x_1) = 0 \tag{9.22}$$

令 $x_2 - x_1 = z$，z 是由位移传感器的输出电压 V_{out} 转换的质量块的相对位移。然后，根据牛顿第二定律式（9.16），式（9.22）可以改写为

$$m\frac{\mathrm{d}^2 z}{\mathrm{d}t^2} + b\frac{\mathrm{d}z}{\mathrm{d}t} + kz = -ma = -F \tag{9.23}$$

其相对位移 $z(t)$ 的解是

$$z(t) = Be^{-\zeta\sqrt{\frac{k}{m}}t}\sin(2\pi f_d t + \varphi) - Sa \tag{9.24}$$

式中，系数 B 和相移 φ 取决于质量块在加速开始时刻的位置。

阻尼频率 f_d 不同于固有频率 f_0，其定义为

$$f_d = f_0\sqrt{1 - \zeta^2} \quad (\zeta < 1) \tag{9.25}$$

我们可以从式（9.24）中得出几个结论。输出具有衰变振荡性质，由第一项被加数表征。衰减速率与时间常数呈指数关系

$$\tau = \frac{1}{\zeta}\sqrt{\frac{m}{k}} \tag{9.26}$$

因此，阻尼比 ζ 越高，寄生振荡衰减越快。如果 $\zeta \ll 1$，则式（9.24）有明显的"欠阻尼"振荡响应，如图9.12b所示的输出电压 V_{out1}。对于 $\zeta \gg 1$，产生没有振荡、缓慢变化并落后于真实加速度 a 的过阻尼响应。临界响应或近临界阻尼响应（$\zeta \approx 1$）具有更接近真实加速度的形状，是最佳参数。另一个结论是，在振荡消失之后，由第二被加数表征的输出与加速度 a 乘以由式（9.19）定义的灵敏度之积成正比。上面所讲述的质量、弹簧和阻尼器的选择由具体应用决定。

正确设计、安装和校准的加速度传感器应该具有清晰可辨的谐振（固有）频率以及平滑的频率响应，在该平滑区域内传感器可以进行精确测量（见图9.13）。图中平坦区域内，加速度传感器的输出将正确地反映输入的变化，而不会因为加速度传感器频率特性的任何变化使信号增大。许多加速度传感器利用粘滞阻尼限制其谐振的影响，以此提高其可用频带。硅油是经常使用的阻尼介质。阻尼器在运行频率接近固有频率的传感器中

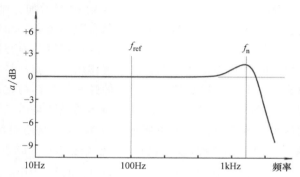

图9.13　加速度传感器的频率响应
（f_n 是自然频率，f_{ref} 是参考频率）

有非常重要的作用。然而，当传感器的固有频率远高于其工作带宽限制时，机械式阻尼器可由信号调节器中的低通滤波器代替。

校准时，需要确定加速度传感器的几个特性：

1）灵敏度，即输出电信号和输入机械信号的比值。在特定条件下，通常用单位重力加速度产生的电压值来表示。例如，灵敏度可以表示为 $1V/g$（g 为单位重力加速度：在海平面高度，纬度是45°时，$g = 9.80665 \mathrm{m/s^2}$）。通常灵敏度用单一参考频率的正弦波测量[⊖]。在美国，该频率为100Hz，在大多数欧洲国家，这个值是160Hz。

2）频率响应，即传感器工作频率范围内的输出信号。它是在特定参考频率下给定的，这个参考频率就是衡量灵敏度的参考频率。

3）无阻尼传感器的共振频率，其频率响应会产生一个比参考频率响应高3~4dB的波峰。对于接近临界阻尼的装置，其谐振频率可能无法清晰可见，所以要测量其相位差。其谐振频率与相应参考频率的相位差是180°。在1%的精度时，加速度传感器的最高工作频率应该至少比其谐振频率低2.5倍。设计加速度传感器时，应该选择尽可能小的惯性质量块（在不影响灵敏度的情况下）及规则且刚度大的

⊖　选择这些频率的原因是因为其不包含在电源线频率及其谐波范围内。

支撑弹簧，这有助于使加速度传感器的固有频率大大高于其工作范围。

4）零激励输出（对于电容和压电传感器），是指当传感器处于敏感轴方向和重力方向垂直的位置或自由落体（失重）时的特性；也就是说，对于输出信号中含有直流成分的加速度传感器，若没有机械输入，传感器在信号输出前必须消除重力的影响。

5）加速度传感器的线性度是指超出传感器的动态范围。

将加速度传感器用于特殊应用时，必须回答下列问题：

1）振动或线性加速度的期望幅值是多少？

2）工作温度是多少？环境温度的变化有多快？

3）期望的频率范围是多少？

4）所需线性度和精度是多少？

5）最大容许尺寸是多少？

6）可以提供何种类型的电源？

7）是否应用于腐蚀性强或高湿度环境？

8）预期过载有多大？

9）是否应用于强声场、电磁场或静电场环境？

10）是否机械接地？

9.3.2　倾角仪

倾角探测器被用于地面和空中交通工具，道路建设，机械工具，惯性航海系统，手持录像设备（控制图像的方向），机器人，电子游戏，以及其他需要重力参考的应用中。

地球重力是一个指向地球中心的恒力，其加速度值为 $1g \approx 9.8 \mathrm{m/s^2}$。在地球的不同区域，该值的大小会有一定变化。有一类特殊的加速度传感器专门用来测量重力的方向，而非大小，这类加速度传感器通常被称为倾角仪或倾斜检测器。根据爱因斯坦的广义相对论，我们可以选用加速度传感器来检测重力的大小和方向。由于地球重力相对较小，因此倾角加速度传感器的输入信号不需要具有很宽的范围，但是为了更加实用，倾角加速度传感器需要具有三轴敏感性以及一些额外的特性，如能够检测和记录仪器跌落造成的撞击。因此，对于倾角加速度传感器来说，最小 $2g$ 的输入范围应该已经足够。但是，倾角加速度传感器的角分辨率和输入信号范围之间的矛盾需要综合权衡。

以一款博世公司的商业倾角加速度传感器 BMA220 为例，该款倾角加速度传感器尺寸非常小（2mm×2mm×1mm），三轴敏感，且具有自由跌落检测（零重力）功能，并且具有很高的分辨率[6]。图 9.14 所示为倾角加速度传感器的一个应用，当智能手机围绕一个轴旋转时，加速度传感器输出正弦信号。由于三轴加速度传感器各轴的响应信号相似，因此加速度传感器可以进行空间位置的检测。

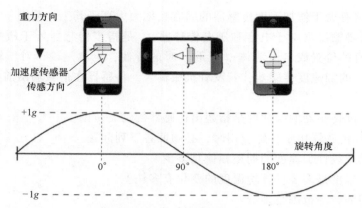

图 9.14　智能手机方向检测

当倾角仪安置在正在加速的运载工具上，倾角仪将产生错误的信号，因为传感器的响应是地球引力加速度和自身加速运动的加速度这两个矢量的矢量和，传感器无法将二者分辨开，如图 9.15 所示。在静止或者匀速运动的运载工具中，倾角仪会测量其自身内部轴线与重力加速度矢量之间的角度 α。如果装有倾角仪的运载工具加速运动，那么将会产生一个与其运动方向相反的加速力

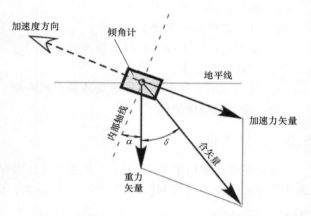

图 9.15　加速运动的运载工具中倾角传感器（倾角计）产生错误信号

（惯性力）。重力加速度和运动加速度合成，倾角仪会输出一个错误角度 δ。

如果对重力方向的分辨率要求不高，那么可以采用一种更简单且便宜的倾角仪。这种传感器的响应不是重力矢量大小的函数，而仅是重力方向的函数。这种传感器有自己的内部轴线，可进行重力方向的测量。其输出电信号代表传感器内部轴线与重力方向的夹角。现在依然流行的一种老式探测器是水银开关，如图 9.16a、b 所示。该开关由带有两个电触点的绝缘管（通常为玻璃管）及一滴水银构成。当传感器相对于重力方向存在角度时，水银离开触点，开关随之打开。开关倾斜时，水银移向触点，并与触点接触，从而关闭开关。这种设计常用于家用恒温器中，水银开关安装在双金属圈上（见图 4.38），线圈作为空气温度传感器。线圈根据室内温度变化来弯曲和变直，进而改变开关的位置。开关的开闭控制加热/冷却系统的工作。由于水银开关是一个阈值设备，这种设计一个明显的限制是其开合操作（工程术语称为 "bang-bang 控制器"）。

要用更高的分辨率测量角位移，就需要更复杂的传感器。图 9.16c 是一个不错的设计，称为电解倾角传感器，它是在一个略微弯曲的小玻璃管充入部分导电电解液。管子中有三个电极：两个在末端，一个在中间。管子中有一个气泡，管倾斜的时候可沿管方向移动。中间电极和每个末端电极之间的电阻取决于气泡的位置。当管子从平衡位置移开的时候，电阻成比例增加或者减小。电极外接桥式电路，该电路由交流电流激励，可以避免对电解液和电极的损坏。因为电解倾角传感器角度谱较宽（从 ±0.5° 到 ±80°），所以它可用于其他设计中（见图 9.16d）。相应地，玻璃管的形状也从轻微弯曲到圆环状变化。

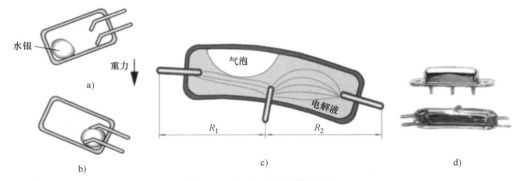

图 9.16　电导型重力传感器

a）水银开关打开位置　b）关闭位置　c）电解倾角传感器　d）电解倾角传感器产品

9.3.3　地震传感器

由于地球质量（如构造板块）巨大，其在次声波范围内具有以非常低的频率运动的特点。因此，地面的运动由速度来表示更好，而不是由加速度来表示。既然地震计或测震仪包含了与加速度传感器（质量块、弹簧、力传感器、阻尼器）相同的基本组件，我们在此对其进行简要回顾。

为测量非常慢的地球运动，地震传感器也应该是慢的但应该是非常敏感的，因此它需采用一个巨大的质量块和软弹簧，见灵敏度的公式（9.19）。在测量期间，当连接到地面的平台移动时，质量块的位置被认为是固定的（由于巨大的惯性）。这种传感器用于检测地震和由人类活动引起的地面振动。

地球运动有两种土体位移。第一种是弹性纵波 P 波——当土体密度变化时，土壤的密部和疏部产生水平移动（类似于声波）。"P"代表"主要"，因为由于其较高的速度，P 波可以从很远的震中首先到达。在 P 波中，土体沿波传播的方向振动。其他震动是 S 波（"S"代表"次要"）——横向移动，不是由土体密度变化引起的。它们的震动方向与传播方向垂直。P 波可以穿过固体和液体，而 S 波只能穿过固体。

因此，根据波的类型，敏感元件应当朝着不同的方向。图 9.17 所示为摆锤式地震仪的概念图。一个巨大的质量块由软弹簧支撑，并且可以垂直和水平移动，即沿 x-y-z 方向移动，这些运动都依赖稳固连接在地面的平台的运动。两种单独类型的传感装置响应不同的运动——x-y 传感器响应 P 波，而接近传感器响应垂直方向的 S 波。为此目的可采用多种位移传感器。我们上面指出，地震仪测量地面速度而不是加速度，因此通常采用图 9.4 所示的电磁速度传感器。另一种对测量地震有用的是电容式位移传感器。例如，x-y 位移可以由类似于图 8.12 所示的电容式传感器成功地感应，而接近也可以通过图 8.8 所示的电容式传感器来探测。

　　与加速度传感器一样，地震仪具有非常明显的机械共振，如果不减振，将会有很长的寄生振荡。阻尼机构可以是黏性液体（如矿物油），但最有效的是电磁阻尼器[7]。其工作原理是将铁磁心放到一个连接着损耗电阻的线圈（见图 9.18）。流过负载电阻的感应电流自身产生磁场，根据楞次定律，抵消原始磁场，从而阻碍磁心运动。通过这样来减缓质量块振动，阻尼振荡的振荡能量以热量形式在电阻中散失。这种阻尼器可用于所有被测轴方向。

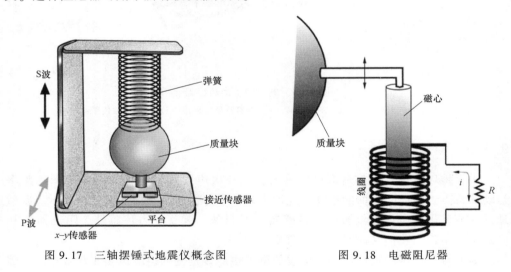

图 9.17　三轴摆锤式地震仪概念图　　　　　图 9.18　电磁阻尼器

9.3.4　电容式加速度传感器

　　线性机械加速度传感器（见图 9.12）有多种设计方式。设计主要根据位移传感器或监测质量块相对于传感器壳体位移信息的传感器的选择而不同。

　　电容式传感器经证明是一种可靠的元件，具有微型化、高精度、低成本的特点。电容式加速度传感器至少由两个主要组件构成：一个是定极板（与外壳相连接）；另一个是与惯性质量块连接的极板，它可以在壳体内部自由运动。这两个极板形成了一个电容，其电容值是两个极板重叠的面积 A 及极板间距 d 的函数 [见式（4.23）]。也就是说电容值随加速度而发生改变。电容式加速度传感器测得的最大位移一般不会超过 $20\mu m$。因此，测量如此小的位移就需要对漂移和各种干扰进行可靠的补偿。这通常可以用差分的方法来实现，具体方法是在同一个 MEMS 结构中增加一个附加的电容。第二个电容的值必须与第一个相近，并且可以测量相位差 180°的加速度。则加速度可用两个电容的差值来表示，如图 8.8 所示。

图 9.19a 所示为 MEMS 电容式加速度传感器的截面图，内部的质量块夹在上盖和基座中间[8]，质量块由 4 根硅弹簧支撑（见图 9.19b）。上盖、基座和质量块之间的距离分别为 d_1 和 d_2。上述三部分均由硅片经微机械加工而成。需要注意的是，此处无阻尼。图 9.20 所示为电容-电压转换器的简化电路图，它与图 6.11 中的电路有很多相似之处。

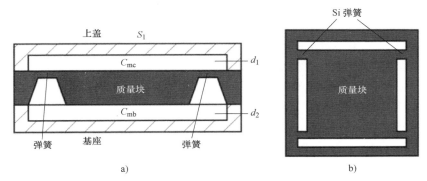

图 9.19　具有差分电容的电容式加速度传感器

a）截面图　b）4 根硅弹簧支撑的质量块的俯视图

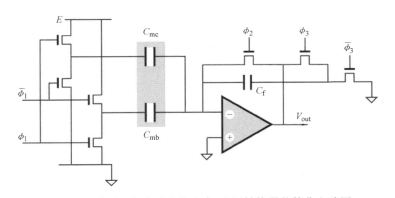

图 9.20　适用于集成硅片的电容-电压转换器的简化电路图

质量块和上盖电极之间的平板电容 C_{mc} 对应的重叠面积为 S_1。当质量块向上盖移动时，间距 d_1 会减小一个 Δ。第二个电容，即质量块和基座之间的电容 C_{mb} 对应的重叠面积为 S_2。当质量块向上盖移动而远离基座时，距离 d_2 会增加 Δ。Δ 的值等于作用于质量块的机械外力 F_m 除以硅弹簧的弹性系数 k

$$\Delta = \frac{F_m}{k} \qquad (9.27)$$

严格地说，只有当静电力不影响质量块的位置时，也就是当电容值随 F_m 线性变化时，加速度传感器的等效电路才是有效的[9]。当加速度传感器应用于开关电容加法放大器时，输出电压取决于电容值，相应地也就取决于所受到的力

$$V_{out} = \frac{2E(C_{mc} - C_{mb})}{C_f} \qquad (9.28)$$

当传感器电容发生微小变化时，式（9.28）同样成立。加速度传感器的输出同样是温度的函数并会产生电容性失配。因此建议能够在整个温度范围内对传感器进行校准，并且在信号处理过程中做出合适的修正。另一种保证高可靠性的有效方法是设计自校准系统，当给上盖或者基座电极施加高电压时，它能够利用加速度传感器装配中产生的静电力进行校准。

图 9.21 所示为一种先进的加速度传感器设计方案，该类加速度传感器惯性质量块的位移通过电容"叉指"进行测量[10]，质量块的位移使电容叉指相对运动，从而改变电容极板的重叠面积。该类电容的总电容值与电容叉指的数目成正比。惯性质量块可分为 4 个部分，每部分均由独立的蛇形弹簧支撑，并连接到自己一组的电容叉指组上。当质量块移动时，弯曲的电容叉指的位移变

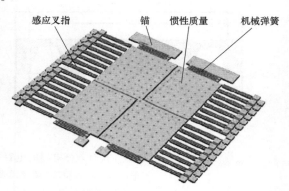

图 9.21　带有感应叉指结构的电容式加速度
传感器（改编自参考文献［10］）

化如图 9.22a 所示。电容重叠面积发生变化，各电容值也随之改变。该加速度传感器结构形成了 4 组感应电容，4 组电容接成图 9.22b 所示的桥式电路。每组电容的灵敏度约为 1.6fF/g。

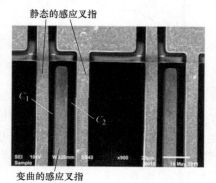

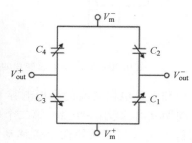

a)   b)

图 9.22　电容叉指向下弯曲，调节电容 C_1 和 C_2；电容电桥
a）电容叉指向下弯曲，调节电容 C_1 和 C_2　b）电容电桥

9.3.5　压阻式加速度传感器

作为敏感元件，压阻式加速度传感器内含了应变仪，它可以测量质量块支撑弹簧的应变。应变大小由质量块位移的大小和速率决定，相应地就由加速度决定。这些器件能够在很宽的频率范围（从接近直流到 13kHz）内感测加速度的变化。如果设计合理，它们能够承受高达 10000g 的过载。当然，动态范围（量程）会较窄（1000g，误差小于 1%）。过载在许多应用中都是关键性指标。压阻式加速度传感器的带有分立的应变片通过环氧树脂粘结在传感器上，其输出温度系数并不理想。由于应变片是分别制作的，所以必须经过独立的热测试和参数匹配。现代传感器采用硅微加工技术已经解决了这些问题。监测质量块挠曲的压阻式 Si 应变仪概念如图 8.6 所示。

9.3.6　压电式加速度传感器

压电效应（不要把它与压阻效应混淆）可直接用于测量振动和加速度。由电偶极子构成的晶体材料可利用压电效应将机械能直接转换为电能（见 4.6 节）。这种传感器可以在 2Hz~5kHz 的频率范围内工作；它们具有很好的离轴噪声抑制力，高线性度以及宽的工作温度范围（高达 120℃）。尽管偶尔会采用石英晶体作为敏感元件，但使用最普遍的还是压电陶瓷材料，如钛酸钡、锆钛酸铅（PZT）和偏铌酸铅。压电晶体夹在传感器的壳体与质量块之间，施加在其上的力与加速度成正比。在这些传感器中，质量块直接与压电晶体耦合在一起，而没有中间弹簧。晶体本身充当弹簧的作用，由于其刚度非常大，传感器的固有频率非常高，典型情况下大于 2kHz[11]。

在加速度传感器外壳上安装压电晶体和质量块有几种可能的方法，其中一些如图 9.23 所示。在压紧连接中，晶体夹在振动基座和质量块之间（见图 9.23a）。柔性连接使晶体围绕中心支撑销倾晃（见图 9.23b），而剪切连接使晶体中的压电偶极子在切应力的作用下倾斜（见图 9.23c）。所有这些机械应变都能使压电晶体产生电荷。

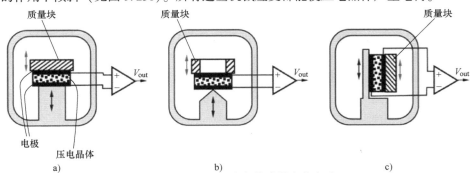

图 9.23　压电加速度传感器安装方法

a）压紧连接　b）柔性连接　c）剪切连接

在任何压电传感器中，压电晶体都有两个用于收集电荷的薄电极（见图 4.22）。由于压电传感器几乎都是具有极高输出阻抗的电荷发生器，为了确保有一个宽的频率响应，接口电路应使用图 6.6c 所示的电荷-电压转换器形式的前置电路。

两个实际应用的加速度传感器设计如图 9.24 所示。第一种使用剪切装配的质量块[11]，而第二种采用压缩晶体的方式。

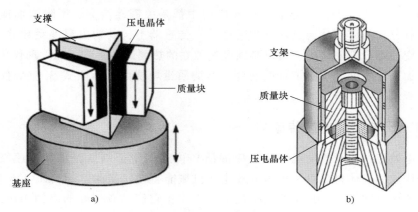

图 9.24　压电加速度传感器

a）Brüel 和 Kjær Delta 的剪切压电加速度传感器　b）带有 PZT 陶瓷晶体的压紧型压电加速度计

在微型的压电加速度传感器内，通常采用硅支撑结构。由于硅不具有压电性能，可以在微加工的硅悬臂上淀积钛酸铅薄膜以制造一个集成微型传感器。

9.3.7　热加速度传感器

1. 加热板式加速度传感器

与其他加速度传感器一样，加热板式加速度传感器包括质量块，该质量块通过薄悬臂悬置于单散热片附近或两个散热片之间（见图 9.25a）[12]。质量块和悬臂梁结构都用微加工技术制成。部件之间的空间由导热气体填充。质量块由表面沉积或内置的加热器加热到特定温度 T_1。由于加速度传感器都是基于质量块位移的测量，所以热传导的基本公式可以用于计算被加热的质量块的运动［见式（4.121）］。

在没有加速度的情况下，质量块和散热片之间建立了热平衡关系：经导热气体从质量块传递到散热片的热量 q_1 和 q_2 是距离 M_1 和 M_2 的函数。

支撑质量块的悬臂梁上任何点的温度⊖都取决于它与支撑点的距离 x 以及散热片之间的间隙。由此得出

$$\frac{d^2 T}{dx^2} - \lambda^2 T = 0 \qquad (9.29)$$

⊖　这里我们假设是处于稳态条件下，忽略热辐射和热对流。

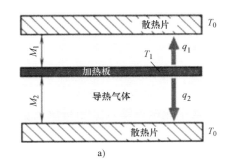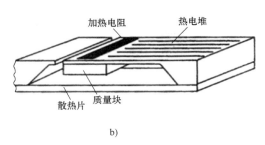

图 9.25　热加速度传感器（改编自参考文献［12］）

a）发热部分的截面图　b）一种热加速度传感器（无顶盖）

式中，$\lambda = \sqrt{\dfrac{K_{\mathrm{g}}(M_1 + M_2)}{K_{\mathrm{Si}} D M_1 M_2}}$；$K_{\mathrm{g}}$ 和 K_{Si} 分别为气体和硅的热导率；D 为悬臂梁的厚度。

在临界情况下，散热片的温度是 0，式（9.29）中悬臂梁温度的解为

$$T(x) = \frac{P \sinh(\lambda x)}{W D K_{\mathrm{Si}} \lambda \cosh(\lambda L)} \tag{9.30}$$

式中，W 和 L 分别为悬臂梁的宽度和长度；P 是热功率。

在悬臂梁上沉积温度传感器，就可以测量它的温度。可以通过将硅二极管与梁做成一体[⊖]，或在梁的表面串联热电偶（热电堆）实现。最后所测得的表征梁温度的电信号可表示加速度。加热板式加速度传感器的灵敏度（每 g 大约造成 1% 的输出变化）比电容式或压电式传感器的灵敏度稍小，但它受环境温度或电磁和静电噪声的影响要小很多。

2. 热对流加速度传感器

不同于加热板式加速度传感器通过气体进行热传导，热对流加速度传感器（HGA）通过气体分子在密闭腔中的热对流传递热量。

如第 4 章所述，热量可通过传导、对流和辐射来传递。对流（液体或气体）又分为自然对流（重力原因）和强制对流（利用外部人工装置，例如风箱）。热对流加速度传感器是在单片微机械加工的 CMOS 芯片上制作而成，是一种完整的双轴运动测量系统。它的惯性质量块是密闭腔内的非热均匀气体。在热对流加速度传感器中，加速度可引起腔内气体对流，嵌入式温度传感器测量积存气体内部的变化及热梯度，使加速度传感器运行。

该传感器包括一个微机械加工成的平板，它与充满气体的密封腔相邻（见图 9.26），平板上刻蚀有腔（沟槽）。槽上面悬有一个位于硅片中间的独立热源。4 个铝热电堆或多晶硅热电堆（多个热电偶串联而成）温度传感器等距对称地分布在热源四周（两个沿 x 轴，两个沿 y 轴）。应该注意的是热电堆仅测量温度梯度，所

⊖　关于温度传感器中硅二极管的信息详见 17.6 节。

以左右两边的热电堆实际上属于同一个热电堆，左边是冷端，右边是热端（热电偶的工作原理见 17.8 节）。使用热电堆代替热电偶的唯一目的是增加输出电信号的强度。另一对热电堆用来测量沿 y 轴的热量差。

加速度为零时，气体腔内的温度是相对热源对称分布的，所以 4 个热电堆接点的温度是相同的，从而导致每对热电堆输出电压都是零。加热器的温度加热到远高于周围的温度，通常为 200℃。图 9.26a 所示为用两个热电堆接点来测量单轴温度梯度。气体被加热，使得温度在热源附近最高，而向左右两侧的温度传感器（热电极）方向锐减。

没有外力施加于气体时，温度围绕热源呈对称锥形分布，左边热电堆的温度 T_1 和右边热电堆的温度 T_2 相等。由于较冷的气体密度更大且更重，因此壳体在任何方向上的加速将使气体在腔内移动。任意方向的加速度都会通过对流热传递扰乱这种温度分布使其不对称。图 9.26b 所示为一个沿箭头方向的加速度 a。在加速力的作用下，热气体分子会向右边的热电堆转移，并将其自身热能的一部分传递给它。这样温度和另一端的热电堆接点输出电压将有所不同，从而 $T_1 < T_2$。温度差 ΔT 和热电堆输出电压和加速度之间具有近似直接比例关系。该传感器中有两个相同的加速度信号测量通道：一个用来测量沿 x 轴的加速度，另一个测量沿 y 轴的加速度。通常热电堆传感器的固有本底噪声低于 $1 \mathrm{m}g/\mathrm{Hz}$，因此可以在频率很低的情况下测量到低于千分之一 g 的信号⊖。

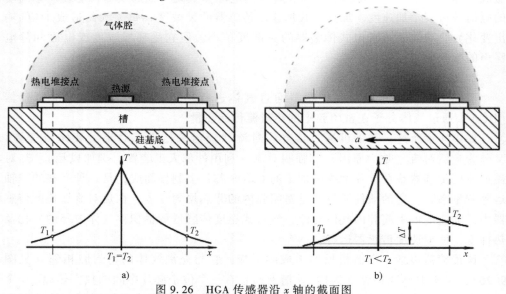

图 9.26 HGA 传感器沿 x 轴的截面图

a）热气体在热源周围对称分布 b）加速度使热气体向右边移动，造成温度梯度

⊖ 在旋转情况下，$1\mathrm{m}g$（毫 g）相当于约为 $0.06°$ 的倾斜。

这种技术有一些有意思的属性：

1）没有运动部件——这个加速度传感器中的"质量块"由气体分子组成。

2）加速度传感器有无法察觉的固有频率，这使它几乎免受过载振动和冲击。

3）HGA 是坚固可靠的，有 $50000g$ 的冲击容限（比许多电容或压阻器件大近一个数量级）。

4）HGA 在零重力下具有良好的时间补偿和温度补偿，并且具有几乎察觉不到的热滞后（这是许多其他类型加速度传感器经常遇到的效应，限制了它们测量小的加速度或倾斜角）。

5）HGA 可以测量动态加速度（如振动）和静态加速度（如重力）。

6）HGA 的另一个优点是低成本和小尺寸。例如，Memsic 公司生产的 MXC6226XC 器件的尺寸为 1.7mm×1.2mm×1.0mm，并把一个 I^2C 串行数字量输出连接到中断引脚上组成一个信号调节器[13,14]。

7）HGA 一个明显的局限是相对窄的频率响应。一个典型就是发生 3dB 衰减需在 30Hz 频率以上。然而，绝大多数消费产品（智能手机、玩具、摄像机等）不需要超过这个限制的更快响应。注意，最大工作频率不受像机械加速度传感器中的共振限制，而是由气体分子的惯性限制。

9.3.8 力平衡加速度传感器

我们上面讨论的所有加速度传感器都属于开环型装置。为了增加动态范围，提高线性度和温度稳定性，并减少其他干扰因素，希望使质量块在中间位置（没有加速度）的偏差最小化[15]。这可以通过向质量块加入机械反馈来实现。类似的想法在 6.1.8 节闭环电容-电压转换器都讨论过。

反馈（闭环）加速度传感器背后的想法在于向质量块施加补偿力以防止其在中间位置产生偏移。图 9.27 说明了这个概念。

质量块的位置被感测并转换为放大的电压，用于控制产生反馈输出信号的补偿电路。电压-力传感器是加速度传感器的一个重要元件，其通过向质量块施加反馈力以阻碍加速度输入力作用。因此，质量块通过这两个力之差产生误差信号控制 PID⊖反馈回路来纠正位置。在补偿器中可能需要某种稳定器以确保回路的稳定性。

在力平衡加速度传感器中，灵敏度 S 不与感测元件的固有频率 f_0 的平方成反比，见式（9.19），而取决于环路增益和补偿的形式。另一个优点是，由于质量块停留在接近空档的位置，弹簧非线性和阻尼显著减小。此外，加速度传感器的带宽可以超过组件的固有频率。在许多力平衡加速度传感器中，反馈力通常由电磁转换器产生。然而，在 MEMS 器件中，尺寸空间很小使得电磁转换器不实用，因此可以使用静电力来替代提供反馈。这具有较低功耗的优点并克服了微机械电感的制造

⊖ PID 表示"比例-积分-微分"，代表反馈控制的类型。

问题。静电反馈的缺点是力与电极板之间的电位差平方成正比［见式（6.13）］，因此它们一直是正的，所以很难产生负反馈。由于这个原因，静电产生的反馈关系是非线性的。

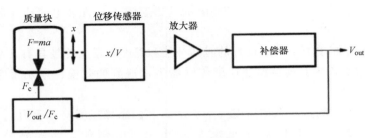

图 9.27　力平衡加速度传感器框图

参考文献

1. Park, S., et al. (2009). Oscillation control algorithms for resonant sensors with applications to vibratory gyroscopes. *Sensors*, *9*, 5952-5967.

2. Fox, C. H. J., et al. (1984). *Vibratory gyroscopic sensors.* Symposium Gyro Technology (DGON).

3. Udd, E. (1991). Fiber optic sensors based on the Sagnac interferometer and passive ring resonator. In E. Udd (Ed.), *Fiber optic sensors* (pp. 233-269). New York: John Wiley & Sons.

4. Ezekiel, S., & Arditty, H. J. (Eds.). (1982). *Fiber-optic rotation sensors* (Springer series in optical sciences, Vol. 32) New York: Springer.

5. Fredericks, R. J., et al. (1984). Phase error bounds of fiber gyro with imperfect polarizer/depolarizer. *Electronics Letters*, *29*, 330.

6. BMA220 Data sheet (2011). *Bosch Sensortec GmbH.*

7. Havskov, J., et al. (2004). *Instrumentation in earthquake seismology.* New York: Springer.

8. Sensor signal conditioning: An IC designer's perspective. (1991, November). *Sensors*, 23-30.

9. Allen, H., et al. (1989). Accelerometer system with self-testable features. *Sensors and Actuators*, *20*, 153-161.

10. Qu, P., et al. (2013). Design and characterization of a fully differential MEMS accelerometer fabricated using MetalMUMPs technology. *Sensors*, *13*, 5720-5736.

11. Senldge, M., et al. (1987). *Piezoelectric accelerometers and vibration preamplifiers.* Copenhagen, Denmark: Brüel & Kjær.

12. Haritsuka, R., et al. (1991). A novel accelerometer based on a silicon thermopile. In: *Transducers'91. International conference on solid-state sensors and actuators. Digest of technical papers* (pp. 420-423). ⓒIEEE.

13. Fennelly, J., et al. (2012, March). Thermal MEMS accelerometers fit many applications. *Sensor Magazine*. www. sensormagazin. de

14. Ultra Low Cost Accelerometer MXC6226XC Data Sheet. (2010). Memsic, Inc. www. memsic. com

15. Dong, Y., et al. (2006). Force feedback linearization for higher-order electromechanical sigma-delta modulators. *Journal of Micromechanics and Microengineering*, *16*, S54-S60.

第 10 章
力和应变传感器

10.1　基本条件

运动学负责研究物体的位置及运动，动力学负责回答"什么导致运动的产生"，经典力学解决速度远小于光速的物体运动的问题。光子、原子、电子等运动粒子或另一数量级的行星和恒星的运动属于量子力学以及相对论的范畴。经典力学的一个典型问题是：一个具有初始质量、电荷、偶极矩、位置等属性的物体在一个外部的已知质量、电荷、速度等属性的物体作用下是如何运动的？也就是说，经典力学解决的是宏观物体的相互作用问题。一般认为是牛顿（1642—1727）解决了这个问题。牛顿生于伽利略去逝的那一年，他发扬光大了伽利略的思想和其他一些伟大的力学思想。牛顿第一定律是这样描述的：任何物体总保持静止状态或匀速直线运动状态，直到有外力迫使它改变这种状态为止。这一定律有时也称为惯性定律。牛顿第一定律的另外一种表述是：如果没有合外力作用于物体上，则其加速度为零。

当力作用于一个自由物体（未与其他物体固连）时，它给予该物体一个沿力方向的加速度，因此我们定义力为矢量。牛顿发现加速度 a 与作用力 F 成正比，而与物体的质量 m 成反比，m 是一个标量，即

$$a = \frac{F}{m} \tag{10.1}$$

该等式被称为牛顿第二定律，这个名字是由伟大的瑞士数学家和物理学家欧拉在 1752 年，也就是牛顿的《自然哲学的数学原理》出版 65 年后给出的[1]。牛顿第一定律是牛顿第二定律的一个特例：当净作用力 $F = 0$ 时，加速度 $a = 0$。

牛顿第二定律使我们能建立力学单位。在国际单位制 SI 中，质量（kg）、长度（m）和时间（s）是基本单位（见表 1.6），力和加速度为派生单位。力的单位为牛顿（N），即使质量为 1kg 的物体产生 $1m/s^2$ 的加速度的力。

但在英国和美国的计量单位制中，力（lb）、长度（ft）以及时间（s）被选为基本单位。质量的单位被定义为在 1 磅力的作用下产生的加速度为 $1ft/s^2$ 的质量。英制单位中，质量的单位为斯勒格（slug）。不同的力学单位见表 10.1。

表 10.1　力学单位（黑体字表示为基本单位）

单位制	力	质量	加速度
国际单位制	牛顿（N）	**千克**（kg）	m/s^2
英制	**磅**（lb）	斯勒格（slug）	ft/s^2

牛顿第三定律确立了两物体之间相互作用时的原则：每一个作用都有一个相等的反作用，或者说，两个物体的相互作用总是大小相等，方向相反。

国际单位制中的力是物理学中的一个基本量。在机械工程和土木工程中为物体称重以及框架设计等，都需要测量力。只要测量压力，就必须测量力。可以这么说，当涉及固体时，需要测量力；而涉及流体（如液体或气体）时，则需要测量压力。力是作用于一点，而压力则是在一个相对大的面积上的力的分布。

力传感器可分为两大类：定量力传感器和定性力传感器。定量力传感器实际地测量力并将其大小以电信号的形式表示出来，如应变计和与适当的接口电路一起使用的测压元件。定性力传感器是一种阈值元件，它不关心力的确切值，仅指示出是否被施加了一个足够大的力，即信号的输出表示这时力的大小超出了预先设定的阈值。电脑键盘就是一种定性传感器，在键盘上，只有对其充分地加压时该按键才会导通。定性力传感器经常用于运动和位置的探测。安全系统的压敏地板垫和人行道中的压电电缆也属于定性传感器。

感知力的方法可分为如下几类[2]：

1）通过平衡未知力与标准质量块的重力来感知力的大小。

2）通过测量已知质量块的加速度而获得施加在其上的力的大小。

3）通过与一个电磁感应力保持平衡来感知力的大小。

4）将待测力转化为流体压力并测量这个压力。

5）通过测量待测力作用于弹性体上时产生的应变来感知力的大小。

方法 1 是用于称量物品的经典天平。它由一个支点或枢轴和一个杠杆组成，一个未知的重量放置在杠杆的一端，用于平衡的标准质量块置于另一端。然而，这种秤并不是一个传感器，因为它并不输出电信号。在现代传感器中，最常用的是方法 5，方法 3 和方法 4 偶尔也会用到。

在许多传感器中，力是作为对一些激励的响应而产生的。力并不是直接被转换为电信号，因此通常需要一些额外的步骤。典型的力传感器可以由一个力-位移转换装置和一个将位移转换为电输出的位移传感器组合而成。力-位移转换装置可以是一个简单的螺旋弹簧，弹簧的压缩位移量 x 可以通过弹性系数 k 和压缩力 F 确定，即

$$x = kF \tag{10.2}$$

18 世纪 60 年代，弹簧秤因其结构更加紧凑而被引入成为当时流行的杆秤的替代。在传感器中，弹簧上增加了位移-电转换器。图 10.1a 所示力传感器由弹簧和 LVDT 式位移传感器（见 8.4.1 节）组成。在弹簧的线性范围内，LVDT 产生一个

正比于作用力的电压。类似的传感器也可由其他类型的弹簧和压力传感器构成，如图 10.1b 所示。压力传感器与充满液体的受力波纹管相连，波纹管作为力-压力转换装置将输入端的集中力分配到压力转换器的敏感膜片上，反过来由其他位移传感器将膜片的位移转换为电信号输出。

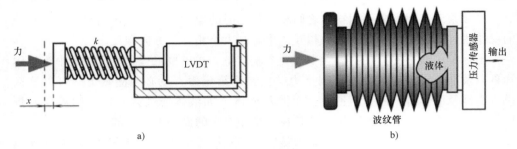

图 10.1　力传感器

a）带有 LVDT 的基于弹簧的力传感器　b）带有波纹管和压力传感器的力传感器

总之，典型的力传感器包含有弹性元件（如弹簧、聚合物骨架和硅悬臂梁等）和用来测量转换为电输出信号的弹性元件的压缩或应变量的仪表。力传感器对于书中相关章节所涵盖的压力传感器、触觉传感器和加速度传感器来说是不可或缺的组成部分。

根据应用、配置和测量力范围的不同，各种力传感器以不同的名字被人们所熟知，如微力传感器、压缩传感器、测压元件等。但是不管名字是什么，它们都是基本力传感器的不同形式。

10.2　应变计

当力施加到可压缩的弹性元件上时，元件变形或张紧。应力（变形）的程度可以用来衡量力对位移的影响。因此，应变计可用作测量可变形元件的一部分相对于其他部分位移的转换器。应变计应直接嵌入到弹性元件（弹簧、梁、悬臂、导电弹性体等）中，或者紧密地粘附在其一个或多个外表面上，当力作用在其上时，应变计将与元件一起变形。

应变是由外力作用引起的物体形变。有光学[3]、压电[4]和电容[5]等多种物理效应可以用来测量应变。但到目前为止，最流行的是压阻式。

一种典型的压阻式应变计是一种弹性传感器，其电阻值是外加应变（单位变形）的函数。由于所有的材料都抵抗变形，所以必须施加外力来产生形变，由此将电阻与施加的外力联系了起来。这种关系通常称为压阻效应（见 4.5.3 节），可通过导体的应变系数 S_e 表示［见式（4.63）］

$$\frac{dR}{R} = S_e e \tag{10.3}$$

对于铂，$S_e \approx 6$，而对于其他许多材料，$S_e \approx 2^{[6]}$。当电阻的微小变化不超过2%（一般情况下）时，金属丝的电阻可以用线性方程近似表示

$$R = R_0(1+x) = R_0(1+S_e e)　　　　　　　　(10.4)$$

式中，R_0 为没有施加应力时的电阻值。对于半导体材料，该关系取决于掺杂浓度（见图 19.2a）。在压缩时电阻减小，而在拉伸时电阻增加。表 10.2 中给出了一些电阻应变计的特性。

表 10.2　一些电阻应变计的特性[8]

材料	应变系数 S_e	电阻/Ω	电阻的温度系数 /$°C^{-1} \times 10^{-6}$	备　注
57%Cu-43%Ni	2.0	100	10.8	在 260°C 以下使用时，S_e 在大应变范围内是常数
铂合金	4.0~6.0	50	2160	高温使用
硅	−100~+150	200	90000	高灵敏度，适合于大应变测量

金属丝式应变片由粘贴于弹性载体（基底）上的细金属丝构成。基底又粘贴于需要测试应力的物体上。显然，来自物体的应力必须与应变金属丝可靠耦合，同时金属丝必须与被测物体电绝缘。基底的热膨胀系数应与金属丝相匹配。许多金属都可以用来制作金属丝式应变片，其中最常用的材料是康铜合金、镍铬铁合金、艾德万斯合金以及卡马合金。典型的阻值从 100Ω 到几千欧姆不等[7]。为获得高的灵敏度，敏感元件应制成纵向长而横向短的片状结构，如图 10.2 所示，这样传感器的横向灵敏度不会超过纵向灵敏度的百分之几。应变片可以用很多种安装方式以测量不同轴上的应变。例如，图 10.2b 所示为一双轴应变片。典型情况下，应变片与惠斯通电桥电路相连（见 6.2.3 节）。

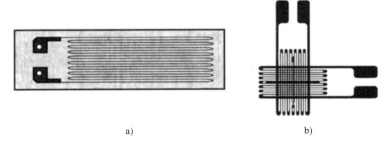

a)　　　　　　　　　　　　　　　b)

图 10.2　粘贴于弹性基底上的金属丝应变片和双轴应变片
a）金属丝应变片　b）双轴应变片

半导体应变计见 8.2 节。需要注意的是半导体应变计对温度变化极为敏感，因此，这种应变计的接口电路必须包括温度补偿网络。

一些低电导率的软材料可用于制作测量外力的薄膜压阻式应变计，如石墨。用

一种制作超低成本应变计的简单测试方法可以展示这一观念[9]。简单而快捷的应力敏感电阻可用铅笔在纸上涂抹得到（见图 10.3）。铅笔涂抹的痕迹是由黏土和非晶体石墨组成的细小的片状混合物。任意形状的石墨电阻可在纸上涂抹得到并剪成任意想要的形状。应该使用石墨浓度较高的软铅笔画压阻应变计的线，用银墨或是

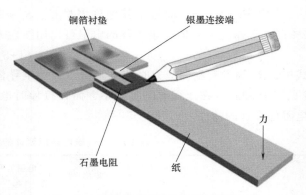

图 10.3　铅笔涂抹得到的压阻式传感器

导电环氧树脂将应变计线的末端连接到两个铜箔衬垫，以便焊接线并连接到电桥电路。当纸片在外力的作用下发生弯曲时，一面的石墨小片会相对另一面发生滑动，从而改变二者之间接触的面积，进而使应变计的电阻发生相应的变化。实用的应变计电阻约为 500Ω，弯曲时电阻的最大变化可达 15%。纸基底可粘贴在外部梁或悬臂上以测量其应力。但是手工涂抹的应变计很难精确或均匀分布，所以在使用这样原始的应变计前应该将其与接口电路一起进行校准。

10.3　压敏薄膜

受益于其非常小的厚度、灵活性、形状可变和低廉的成本，薄膜和厚膜传感器被广泛应用于狭小空间下力的测量。由于其特殊的属性，这种传感器常被用作触觉传感器，其设计和使用与 7.13.3 节中所描述的 FSR 传感器类似。典型的厚膜传感器由 5 层构成：顶层和底层的保护层，印刷的压敏薄膜和两层电极层，如图 10.4 所示。

厚膜力传感器的关键组件是通过预先设定的方式用丝网印刷技术将压敏电阻浆料制成的压敏层。这种浆料印刷成的厚膜通常在 $10\sim40\mu m$ 厚。这种印刷的浆料在 150℃ 条件下晾干，然后在 $700\sim900$℃ 的温度下进行烧结。浆料的成分是小的亚微米级的金属氧化物粒子，如 PbO、B_2O_2、RuO_2 或者其他，这些微粒的浓度在 5%～60% 之间。烧结使导电和绝缘粒子凝结在一起，并产生相互作用力。烧结后的浆料应变系数很大，可以达到金属材料的 10 倍以上，并且比半导体应变计具备更好的温度稳定性[10]。

图 10.4b 所示为力转化为电阻的机理。有 3 种可能的机理来解释薄膜的传导性随着应力的增加而增强。这 3 种机理是传导性、电子跃迁和隧道效应。在浆料中存在两种不同类型的氧化物——导电型和绝缘型。施加的压力使更多的导电粒子相互接触并形成导电通道。当粒子相距很近（约 1nm）时就会出现与温度相关的隧道

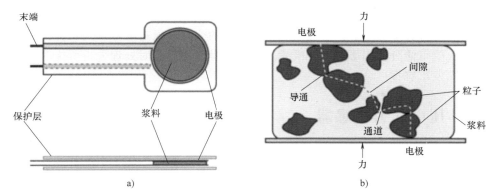

图 10.4　厚膜力传感器的构成和压敏浆料工作原理

a）薄膜压力传感器的构成　b）压敏浆料工作原理

效应而发热，当粒子相距约 10nm 时就会出现电子跃迁现象。

这种传感器本质上是一种电导率随施加的外力而发生线性变化的电阻。当没有外力施加时，其电阻值在兆欧级（电导率非常低）。当施加的外力增加时，传感器的电阻降低，最后可达约 10kΩ 或更低（电导率增加），降低程度取决于浆料成分和几何形状。传感器的输出用电导与力的比值表示，是完全线性的（线性误差的典型值小于 3%），如图 7.50b 所示。将薄膜电导率转换成线性模拟电压的外部电路相对简单，一种可行的设计如图 7.51a 所示。这些传感器可根据不同的应用制成不同的形式，由于印刷式薄膜传感器具有非常高的灵敏度，他们可以记录一次仅 5g 的轻触；但是，为了进入一个相对的线性区间，压敏薄膜应该用 40g 或更高的偏置力沿着至少 80% 的敏感区压缩。

举例说明厚膜传感器的众多应用之一，图 10.5 给出了一个安装在横跨驾驶员腹部的安全带上的薄膜力传感器。呼吸和心力衰竭可能在没有明显征兆的情况下在驾驶过程中发生。当驾驶员遭遇这种情况时，安全带至少应该在实验室的条件下持

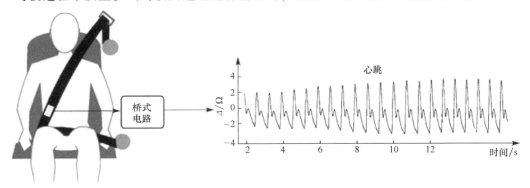

图 10.5　安装在安全带上的厚膜力传感器产生的与驾驶员心跳所对应的曲线

续地提供驾驶员的心率和呼吸信号，以产生警报甚至在可能的情况下使汽车停止行驶[11]。每次心跳和呼吸引起安全带产生微弱但可测量的张力变化，这种张力变化会使薄膜力传感器的阻值产生几欧姆但可测量的变化。通过状态识别软件，剔除干扰信息，就可能分辨出心脏和呼吸系统疾病信号，然后实时处理分析所提取的关键信号进而发出警报。

10.4 压电式力传感器

尽管前面（见 7.13.2 节）所提到的采用压电效应的触觉传感器不是用来对力进行精确测量的，但压电效应可以被用来有效地进行精确测量。但无论如何，应该记住，压电效应是一种交流效应。换而言之，它可以把一个变化的力转化为一个变化的电信号，而一个恒定的力则不会引起电学响应。然而，当给传感器施加一个主动激励信号时，力可以改变一些材料的特性从而影响到交流压电响应，即它为有源传感器。图 7.45 介绍了一种有源测量方法。但是对于定量测量，这仍不是一个精确的测量方法。一个更好的设计方法是让外加力调制压电晶体的力学谐振频率。这种方法背后的基本原理是一定切型的石英晶体，作为谐振器用于电子振荡器中，机械加载会改变其谐振频率。描述压电振荡器固有力学频谱的公式由参考文献 [14] 给出

$$f_n = \frac{n}{2l}\sqrt{\frac{c}{\rho}} \qquad (10.5)$$

式中，n 为谐波次数；l 为谐振决定因数（如大薄板的厚度或者细长杆的长度）；c 为有效弹性刚度常数（如板厚度方向的剪切刚度常数或者细长杆的弹性模量）；ρ 为晶体材料的密度。

外力引起的频移归因于晶体的非线性效应。在式（10.5）中，刚度常数 c 在外加应力的作用下变化较小，各尺寸上的应力效应（应变）和密度的影响也可忽略不计。对于给定切型的晶体，其受压方向一致沿某一方向时，其对外加力的灵敏度达到最小。由于它们的机械稳定性是重要的，因此这些方向通常在晶体振荡器设计时就已经确定。然而在传感器应用时，这些目标恰恰相反——沿目标轴的力的灵敏度最大。例如，径向力被用于高性能的压力传感器（见图 10.6）[12]。

图 10.7 介绍了另外一种工作范围较窄（工作在 0～1.5kg）的传感器设计。该传感器线性度好，分辨率大于 11 位。利用石英晶体制作该传感器，在石英晶体上切割下一个矩形片，该

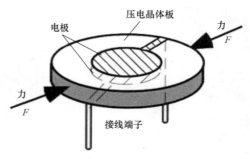

图 10.6 作为径向力传感器的压电磁盘谐振器

晶片只有一边与 x 轴平行，晶片的一个面与 z 轴夹角 Θ 约为 35°。这种切割方式通常被称为 AT 切割（见图 10.7a）。

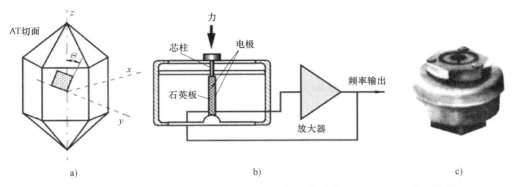

图 10.7　石英力传感器（由美国加利福尼亚州圣芭芭拉市 Quartzcell 公司提供）

a）石英晶体的 AT 切面　b）传感器的结构　c）外观

为了利用压电效应，晶片表面附加电极（见图 4.22），电极与正反馈振荡器相连接（见图 10.7b）。石英晶体振荡的基频为 f_0（没有负载），施加负载时的频移为：

$$\Delta f = F \frac{K f_0^2 n}{l} \tag{10.6}$$

式中，F 为外加作用力；K 为常数；n 为谐波次数；l 为晶体的尺寸[13]。

为了补偿温度引起的频率变化，可以采用双晶体模式，其中一个用于温度补偿，另一个用于测量力。每个谐振器与各自的振荡电路相连，最终输出频率为二者频率相减，从而消除了温度的影响。图 10.7c 给出了一种商用力传感器。

所有使用晶体振荡器的力传感器都要面临两个需要平衡的问题。一方面，振荡器必须有尽可能高的品质因数，这意味着该传感器必须脱离环境干扰甚至工作在真空环境中；另一方面，力和压力作用时，要求在振荡晶体上有一个相对刚性的结构和真实的负载效应，以减小品质因数。这种困难可以通过更加复杂的传感器结构来部分地解决。例如，在利用平版印刷工艺制造的双梁和三梁结构中[14,15]，引入了一种"线"的概念。这种想法是将振荡元件的尺寸与声波的 1/4 波长相匹配。这样所有波反射仅发生在支撑点处，此时外力得到耦合，并且品质因数的负载效应也明显减小了。

为了测量非常小的应力，压电式力传感器可以做到纳米级尺寸。二硫化钼（MoS_2）在形成分子单层排列时有很强的压电属性，而在形成块之后会失去压电属性。当奇数层的二维 MoS_2 受到拉伸和复原时会产生压电电压和电流输出。而偶数层的 MoS_2 则没有这种特性。单层分子片拉伸 0.53% 时可以产生 15mV 的峰值电压和 20pA 的峰值电流输出。通过减小分子层的厚度或是拉伸方向翻转 90° 可以增大输出信号[16]。

下面是一些使用 PVDF 和聚合物薄膜的力传感器的实例[17]。

传统的接触开关的可靠性会随着接触点受水和灰尘的污染变脏而下降。压电薄膜因为采用完全封闭的单片电路结构而可靠性极强，不易受组件和常规开关失效模式的影响。弹球机是各种开关中极富挑战的一个应用环境。弹球机制造商用压电薄膜开关替换瞬时反转开关。这种开关将叠片式的压电薄膜粘贴在弹性钢梁上，然后这个钢梁作为悬臂梁安装在电路板的末端，如图 10.8a 所示。这个"数字"压电薄膜开关连接到简单的 MOSFET 电路，在开关处于常开状态时不会消耗能量。受到直接接触的力作用时，悬臂梁发生弯曲，产生电荷，瞬间触发 MOSFET，使开关产生一个瞬时高电平状态。这种传感器不会出现传统接触开关的腐蚀、凹陷或弹起的现象，它可以正常工作上千万次。简单可靠的设计使它在各领域得到广泛应用：生产装配线和旋转轴的计数开关，自动化处理过程中的开关等。

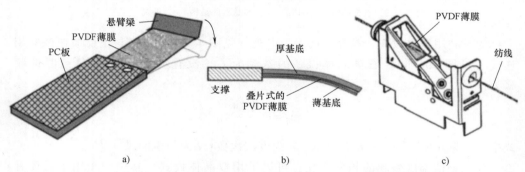

a)   b)   c)

图 10.8　用于弹球机的 PVDF 薄膜开关、梁式开关和纺线断裂传感器（改编自参考文献 [17]）

a) 用于弹球机的 PVDF 薄膜开关　b) 梁式开关　c) 纺线断裂传感器

改变粘贴有 PVDF 薄膜的悬臂梁可以调整开关的灵敏度以适应从强到弱的冲击力。图 10.8b 所示为一种梁式开关。压电薄膜组件层压在较厚基底的一侧，而另一侧的层压基底要薄得多，这使压电薄膜组件结构的中心轴发生了偏移，从而导致了当向下偏转时的全拉伸应变和向上弯曲时的全压缩应变。梁式开关被用在天然气流量和齿轮齿数的轴旋转电子计数器上。由于梁式开关不需要外部电源供电，所以天然气不会有被电火花引燃的危险。梁式开关的其他应用还包括安装在棒球靶上用来检测球的撞击，篮球比赛中在篮圈上安装压电传感器来计数好的投篮，安装在互动式的柔软玩偶内的开关可以检测是否被吻了脸颊或被挠痒（传感器缝在玩偶的布料内），自动售货机的硬币槽内的硬币传感器，以及要求高可靠性的数字电位计。

纺织厂需要持续监测数以千计的纺线断线。一次未被检测到的断线将导致大量布料被废弃，因为用来修复这些布料的人力成本超出了制造成本。当出线断线时，开关节点闭合的活动式开关非常不可靠，棉绒会使开关接触点变脏导致没有信号输出。安装在薄钢梁上的压电薄膜振动传感器监测线穿过梁磨损产生的声信号，类似于小提琴的弦（见图 10.8c）。当振动信号消失时会使设备立即停止运行。

10.5 压电电缆

可以采用压电效应来检测在基座（地面、地面、路面等）上施加重力的物体的运动。为了感应分布在相对较大区域的力，传感器具有长的同轴电缆的形状，该电缆放置在坚硬的基座上并且当外力作用其上时被压缩。电缆长度可能从几厘米到几米不等。它可以直线放置或以任何所需的形式放置。如同其他任何压电传感器一样，压电电缆包含具有压电性质的晶体材料和放置在材料相对侧的两个电极。一个电极是外部电缆导电包层，另一个电极是内部导体，同时晶体材料充满于电缆全长。电缆在经受可变压缩时在电极上产生电信号。

一种类型的压电电缆由外径为 3mm 的绝缘铜保护套、压电陶瓷粉末和内部铜芯组成，如图 10.9a 所示。压电陶瓷粉末被外部的保护套和铜芯压紧。通常在电缆的一端进行焊接，另一端连接一个 50Ω 的延长电缆。

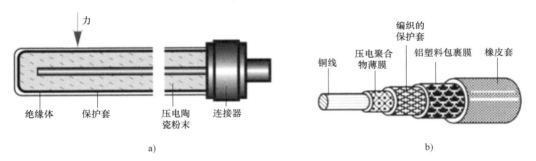

图 10.9 带有晶体粉末的压电电缆和作为电压产生器件的
聚合物薄膜（改编自参考文献 [18]）

a）带有晶体粉末的压电电缆 b）作为电压产生器件的聚合物薄膜

另一种制造压电电缆的方法是采用 PVDF 压电聚合体薄膜作为电缆绝缘的组成部分（见图 10.9b）。PVDF 可以制作成压电式的（见 4.6.2 节），这样电缆就有了敏感特性。当机械力作用于电缆时，压电薄膜受压，它表面上产生极性相反的电荷。其内部铜丝和编织的保护套充当收集电荷的电极。

为了使电缆具有压电特性，它的敏感元件（压电陶瓷粉末或聚合物薄膜）必须在制造过程中进行极化[19]。首先要把电缆加热到居里温度附近，再加以高电压使粉末中的陶瓷偶极子和薄膜中的聚合物偶极子定向，然后保持这个高电压，直至电缆冷却。

根据式（4.66），当压电材料受压时会产生电荷，电荷量正比于压力 F_x

$$Q_x = d_x F_x \qquad (10.7)$$

式中，d_x 表示沿压缩轴 x 的压电系数。

当连接到电荷-电压转换器时，如图 6.6c 所示，压电电荷首先会产生电流

$$i = \frac{\mathrm{d}Q_x}{\mathrm{d}t} = d_x \frac{\mathrm{d}F_x}{\mathrm{d}t} = d_x v_F \tag{10.8}$$

即转换为输出电压

$$V_{\mathrm{out}} = -iR = Rd_x v_F \tag{10.9}$$

式中，v_F 表示力的变化率（变化速度）。因此，压电电缆可以认为是应力速度传感器。

压电电缆已经在多种试验中被用于监测振动信号，如航空涡轮发动机的压缩机叶片，埋在楼层间的安全监测传感器，粮仓中监测昆虫的传感器，以及车辆交通分析传感器$^{\ominus}$。在交通应用中，压电电缆被埋在高速公路路面下，并垂直于车流方向。在道路交通应用中，压电电缆主要对垂直力敏感。如果铺设得当，压电电缆最少可以使用 5 年以上[18]。长而薄的压电绝缘层具有相对低的输出阻抗（600pF/m），这个值对于压电器件来说是不常见的。电缆的动态范围很大（>200dB），可以测量降雨或冰雹造成的远距离的小幅振动，还可以对重型卡车的冲击力产生线性响应。电缆的抗压值为 100MPa。典型的工作温度范围是 −40 ~ 125℃。当电缆安装到路面时（见图 10.10），需要标定它的响应信号，因为信号的形状和幅值不仅取决于电缆的特性，还取决于路面和路基的类型。

在医学研究中，压电电缆被用来监测患者呼吸和心脏收缩产生的身体运动——心冲击图（BCG）。图 10.11 所示为将压电电缆放在一位体重为 70kg 的男性患者床垫下检测到的振动信号。

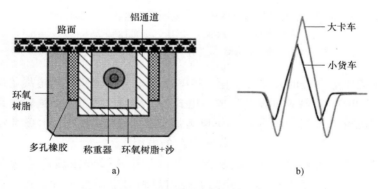

图 10.10　压电电缆在高速公路监测中的应用
a）路面传感器安装　b）电响应的波形

$\ominus$　www.irdinc.com。

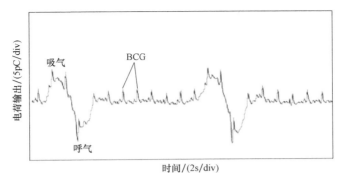

图 10.11　铺在床垫下的 1m 长压电电缆记录的病人呼吸和心冲击图（改编自参考文献 [19]）

10.6　光学力传感器

很多光学传感器可以用来测量力。为了说明这个问题，这些方法的所有技术细节已经在本书其他章节探测和测量其他激励时做了详细介绍，在这里同样的传感器只需进行少许修改就可以用来探测力。

图 10.12a 所示为一种耦合型光学传感器。一根光纤嵌入一个作为弹性元件（弹簧）的夹持器中。光纤安装在狭窄的通道内，并被分为两部分，A 和 B，二者之间有一个小间隙。光通过间隙从 A 传到 B。当夹持器受到力的作用时会发生变形，导致两根光纤无法对准。光纤对准度正比于所受到的力，从而通过光纤的光强受到了外力的调制。安装在光纤 B 另一端的光电探测器将光转化成电信号输出。

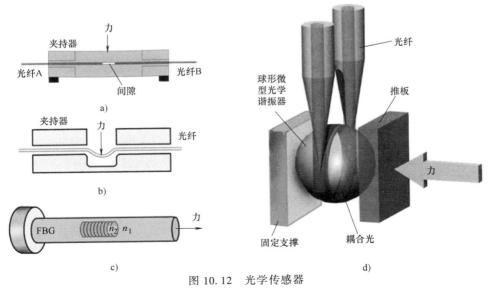

图 10.12　光学传感器

a）光纤耦合型传感器　b）光纤弯曲型传感器　c）光纤布拉格光栅力传感器　d）回音壁式光学力传感器

另一种光纤力传感器如图 10.12b 所示。光纤本身作为弹性材料在外力作用下发生弯曲。弯曲使光纤变形，导致传输的光产生强度损失。这种方法与图 5.22a 所示的微弯应变仪相同。

为了测量小压力，光纤可以按照图 10.12c 所示的方式进行拉伸或压缩。这里用到了所谓的光纤光栅（FBG），光纤不同的部分有不同的折射率：n_1 和 n_2。光纤起了滤光器的作用。其工作如 8.5.5 节所述。作为众多应用之一，光纤光栅传感器可以用来非接触测量安装在光纤一端的小磁铁和距离小磁铁几毫米内的放置的任意铁磁性材料之间的力。保持传感器在恒定的距离，当物体表面发生腐蚀时，两者之间距离会增大，会使磁场吸引力变小。进而使光纤的拉力变小，反射的光纤光栅的布拉格波长会发生偏移[20]。

另一种类型的光纤传感器使用微型光学谐振器将两根光纤耦合在一起，如图 10.12d 所示。其优点在于对电磁干扰（EMI）不敏感，且信号强度不随传输线缆长度（数百米）而衰减[21]。与很多常规电子传感器相比，这种传感器可用于更高的温度，与易燃材料一起使用及在 HERO（对军械的电磁辐射危害环境）中也是安全的。这种传感器的工作基于与光纤连接的微光元件（如球）组成的回音壁模式（WGM）的谐振器⊖，当光路在谐振器内以光波长的整数倍完成一整圈时，光就会在球型谐振器内发生共振，并在光谱中出现峰值。通过扫描照亮微谐振器的光的波长，通过测量从谐振器解耦出的光强和返回应答机的光强就可以得到 WGM 光谱。WGM 谐振对由于温度变化或外力引起的微球体改变（如尺寸、形状或折射率）非常灵敏。通过监测谐振谱峰的位移（$\Delta\lambda$）可以以极高的精度测量外力。

参考文献

1. Newton，I.（1687）. *Philosophice Naturalis Principia Mathematica*. London：Joseph Streater for the Royal Society.

2. Doebelin，E. O.（1966）. *Measurement systems*：*Applications and design*. New York：McGraw-Hill.

3. Ioppolo，T.，et al.（2009）. High-resolution force sensor based on morphology dependent optical resonances of polymeric spheres. *Journal of Applied Physics*，*105*，013535.

4. Tilmans，H. A. C.，et al.（1992）. Micro resonant force gauges. *Sensors and Actuators A*，*30*，35-53.

5. Suster，M.，et al.（2006）. A high-performance MEMS capacitive strain sensing system. *Journal of Microelectromechanical Systems*，*15*（5），1069-1077.

⊖ 见 17.9.3 节中 WGM 传感器的描述。

6. Pallfás-Areny, R., et al. (2001). *Sensors and signal conditioning* (2nd ed.). New York: John Wiley & Sons.

7. Stefănescu, D. M. (2011). *Handbook of force transducers. Principles and components.* New York: Springer.

8. Holman, J. P. (1978). *Experimental methods for engineers.* New York: McGraw-Hill Book Co.

9. Ren, T. -L., et al. (2012). Flexible graphite-on-paper piezoresistive sensors. *Sensors*, *12*, 6685-6694.

10. Lefort, M. -H., et al.　(2000). Thick film piezoresistive ink: Application to pressure sensors. *International Jounal of Microcircuits and Electronic Packaging*, *23* (2), 191-202.

11. Hadmani, S. T. A., et al. (2014). *The application of a piezo-resistive cardiorespiratory sensor system in an automobile safety belt.* Proced. Intern. Electronic Conf. on Sensors and Applications. www. mdpi. com/journal/sensors

12. Karrer, E., et al. (1977). A low range quartz pressure transducer. *ISA Transactions*, *16*, 90-98.

13. Corbett, J. P.　(1991). Quatz steady-state force and pressure sensor. In: *Sensors Expo West Proceedings*, paper 304A-1. Peterborough, NH: Helmers Publishing, Inc.

14. Benes, E., et al. (1995). Sensors based on piezoelectric resonators. *Sensors and Actuators A*, *48*, 1-21.

15. Kirman, R. G., et al. (1986). Force sensors. *U. S. Patent No. 4594898.*

16. Wu, W., et al.　(2014). Piezoelectricity of single-atomic-layer MoS_2 for energy conversion and piezotronics. *Nature.* doi: 10. 1038/nature 13792.

17. Piezo Film Sensors Technical Manual. (1999, April). Norristown, PA: Measurement Specialties, Inc. www. msiusa. com

18. Radice, F. P. (1991). Piezoelectric sensors and smart highways. *Sensors Expo Proceed.*

19. Ebisawa, M., et al. (2007, April 3). Coaxial piezoelectric cable polarizer, polarizing method, defect detector, and defect detecting method. *US Patent No. 7199508.*

20. Pacheco, C. J., et al. (2013). A noncontact force sensor based on a Fiber Bragg Grating and its application for corrosion measurement. *Sensors*, *13* (9), 11476-11489.

21. Ioppolo, T., et al. (2008). Micro-optical force sensor concept based on whispering gallery mode resonators. *Applied Optics*, *47* (16), 3009-3014.

第11章
压力传感器

11.1 压强的概念

埃万杰利斯塔·托里拆利（Evangelista Torricelli）为压强概念的提出做了许多开拓性工作，他曾是伽利略的学生，虽然时间很短，在 1643 年他通过水银槽实验发现了大气对地面的压力作用[1]。另一个著名的实验是布莱士·帕斯卡（Blaise Pascal）在皮埃尔（Perier）帮助下于 1647 年在多姆山山顶及山脚进行的。通过该实验，帕斯卡发现了施加于水银柱的力取决于海拔高度，并将实验中使用的水银真空仪器命名为气压计。1660 年，罗伯特·波义耳（Robert Boyle）提出了著名的波义耳定律：在温度一定的情况下，对于给定质量的气体，测得的压强与体积的乘积为常量。1738 年，丹尼尔·伯努利（Daniel Bernoulli）针对波义耳定律所不能解释的一些地方，提出了具有重要影响的关于气体压力的理论。同时，伯努利提出了当对固定体积的气体加热时压强会增大的假设，即后来的查理-盖-吕萨克（Charles-Gay-Lussac）定律。关于气体动力学和流体动力学的详细描述，请读者参考基础物理学的书籍。在本章中，将主要介绍设计和使用压力传感器所用到的一些基本知识。

一般而言，物质可以分为固体和流体两类。流体一词描述的是可以流动的物质，包括液体和气体。但是液体和气体之间的区别并不是很明确。通过改变压力，可以将液体变为气体，反之亦然。

除了垂直于流体表面的方向，不可能在其他的方向上对其施加压力。流体不能沿着与边界呈 90° 的方向流动。因此，施加在流体上的力的方向是沿其表面的切线方向，而流体边界上的压力方向是垂直于流体表面的。对于静止的流体，压强可定义为垂直施加在边界表面上单位面积 A 上的力 F，即

$$p = \frac{\mathrm{d}F}{\mathrm{d}A} \tag{11.1}$$

从式（11.1）可以看出，压力是分布在区域上的力。因此，压力传感器不仅与力传感器非常接近，而且经常使用力传感器来进行压力测量，并且使用压力传感器来测量力。

压强从根本上说是一个力学概念，可完全由质量、长度以及时间等基本量纲来

描述。压强主要由边界内的位置所决定，而对于给定的位置，它的大小与方向无关。我们注意到，期望的压强随海拔的变化关系为

$$\mathrm{d}p = -w\mathrm{d}h \tag{11.2}$$

式中，w 为介质的重度；h 代表垂直高度。

压强不受边界形状的影响，因此在设计压力传感器时不必担心其形状和尺寸。如果压强施加在封闭液体或气体限制边界的表面上，它将会传到整个表面，而值不变。

气态分子运动理论指出，压强可以看作"撞击"表面的分子的总动能，即

$$p = \frac{2KE}{3V} = \frac{1}{3}\rho C^2 = NRT \tag{11.3}$$

式中，KE 为动能；V 为体积；C^2 为分子运动速度平方的平均值；ρ 为密度；N 为单位体积中的分子数量；R 为特定的气体常数；T 为绝对温度。

式（11.3）表明可压缩流体（气体）的压强和密度是线性相关的，压强的增加导致密度成比例地增加。例如，在 0℃ 和 1 个标准大气压下，空气的密度是 $1.3\mathrm{kg/m^3}$，然而相同温度下当压强变为 50 个标准大气压时，空气的密度变为 $65\mathrm{kg/m^3}$，是前者的 50 倍。与此相反，对于液体来说，密度随压强和温度的变化很小。例如，水在 0℃ 和 1 个标准大气压下的密度是 $1000\mathrm{kg/m^3}$，相同温度下当压强变为 50 个标准大气压时，它的密度是 $1002\mathrm{kg/m^3}$。在 100℃ 以及 1 个标准大气压下，它的密度是 $958\mathrm{kg/m^3}$。

当气体压强高于或低于周围环境空气的压强时，称为超压或者局部真空。相对于周围环境测得的压强称为相对压强；相对于真空或者零压力测得的压强称为绝对压强。介质在不流动的情况下测得的压强为静态压强，在流动时测得的压强为动态压强。

11.2　压强的单位

在国际单位制中，压强的单位是帕斯卡（Pa）：$1\mathrm{Pa} = 1\mathrm{N/m^2}$，即 1Pa 等于在 $1\mathrm{m^2}$ 的面积上均匀地施加 1N 的力。在工程中，有时会用到大气压，通常写为 1atm（标准大气压）。一个标准大气压等于在 4℃、正常重力下，1m 高的水柱在 $1\mathrm{cm^2}$ 的面积上产生的压力，通过下面的关系式可将帕斯卡转换为其他单位。

$$1\mathrm{Pa} = 1.45\times10^{-4}\mathrm{lbf/in^2} = 9.869\times10^{-6}\mathrm{atm} = 7.5\times10^{-4}\mathrm{cmHg}$$

1Pa 是一个相当低的压强。实际可粗略地认为 0.1mm 的水柱等于 1Pa。

一个大很多的压强单位为巴，$1\mathrm{bar} = 10^5\mathrm{Pa}$。

在工业中，经常以托（Torr）为单位，该单位是以托里拆利（Torricelli）命名的，它相当于在 0℃ 正常大气压和重力下，1mm 水银柱所产生的压强。

$$1\mathrm{Torr} = 1\mathrm{mmHg}$$

理想的地球表面的大气压是 760Torr（mmHg），称为标准大气压。

$$1\ atm = 760 Torr = 101325 Pa$$

在医学上，通常动脉血压（ABP）是以 mmHg 为计量单位的，一个身体健康的人的典型 ABP 值约为 120/70mmHg，第一个数字是收缩压（在心脏收缩时），第二个数字是舒张压（在心脏舒张时）。这些压强可以表示为 0.158/0.092atm，这意味着通过该数字可以知道动脉血液流动的压力是高于环境大气压的。

在美单位制中，压强的单位为 psi，定义为每平方英寸上施加 1 磅力所产生的压强，即 $1psi = 1lbf/in^2$。它与国际制单位之间的转换关系为

$$1psi = 6.89 \times 10^3 Pa = 0.0703 atm$$

压力传感器是一种复合传感器，即在将压力最终转换为电信号之前需要多步的能量转换过程。许多压力传感器的工作原理是将施加在具有一定面积的敏感元件上的压力进行转换。几乎在所有的情况下，压力都会引起已知面积的元件产生位移或形变，这样对压力的测量就简化为对位移或者引起位移的力的测量。因此，建议读者先熟悉第 8 章中介绍的位移传感器以及第 10 章中介绍的力传感器。

11.3 水银压力传感器

一种简单而有效的压力传感器是基于连通器的原理制成的（见图 11.1），它主要用于测量气体压力。将 U 形导线浸在水银中，它的电阻随着每个管内水银高度的增加而成比例地减小。电阻连接在一个惠斯通电桥电路上，只要压差为零，电桥就保持平衡。当在管的一端施加压力时，会破坏电桥的平衡，产生输出信号。左边管中的压力越大，相应桥臂上的电阻就越大，而与之相对桥臂上的电阻就越小。输出电压与电阻差 ΔR 成正比

$$V_{out} = V \frac{\Delta R}{R} = V\beta\Delta p \quad (11.4)$$

该传感器可直接以 Torr 为单位来校准。尽管传感器简单，但仍有一些缺点，比如需要精密校准、易受冲击和振动的影响、体积较大且存在污染性的水银蒸汽[⊖]。

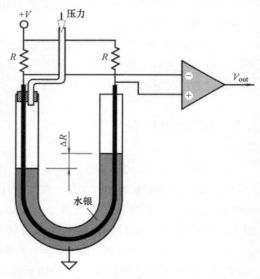

图 11.1 可测量气体压力的 U 形水银压力传感器

⊖ 应当注意的是当 U 形管两端压力一样高时，该传感器可以用作倾斜传感器。

11.4　波纹管、波纹膜和薄板

正如前面提到的那样，在大多数情况下压力传感器都包括可变形元件，其形变或运动由位移传感器测量并转换成代表压力值的电信号。在压力传感器中，这种变形元件或敏感元件是在压力引起的应变作用下能发生结构变化的机械装置。历史上有波登管（C 形、麻花形及螺旋形）、波纹膜片和悬链线膜片、膜盒、波纹管、桶形管，以及其他施加压力时产生形变的器件。

波纹管（见图 11.2a）的作用是将压力转换为可由相应传感器测量的线性位移，因此它完成了将压力信号转换为电信号的第一步。波纹管的特点是表面积较大，因此在压力较小时也能引起较大的位移。无缝金属波纹管的刚度与材料的弹性模量成正比，而与外径和波纹的层数成反比。刚度也大致与管壁厚度的三次方成正比。

将压力转换成线性偏转的典型应用是无液气压计中的膜片（见图 11.2b），该偏转元件总是构成压力腔的至少一个壁面，且与应变传感器（如图 10.2 所示的应变计）相连，应变传感器可通过压阻效应将偏转转换为电信号。目前，大部分的压力传感器都是由 MEMS 工艺制造的硅膜构成的。

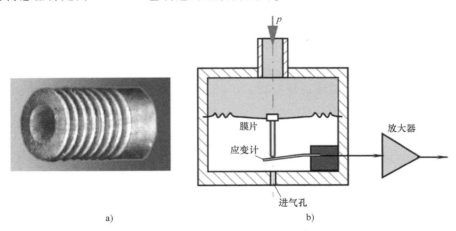

图 11.2　压力传感器中的钢制波纹管与可将压力转换为线性位移的金属波纹膜片

a）波纹管　b）金属波纹膜片

此处所指的膜是在径向张力 S 作用下的较薄的膜片（见图 11.3b），S 的单位是 N/m。由于膜片的厚度远小于其半径（至少小于半径的 1/200），所以弯曲力的刚度可以忽略不计。当在膜片的一侧施加力时，会产生像肥皂泡一样的球形凸起。当膜片压差 p 较小时，中心位移 z_{max} 和应力 σ_{max} ⊖是压力的拟线性函数

⊖　应力的单位是 N/m^2。

$$z_{max} = \frac{r^2 p}{4S} \qquad (11.5)$$

$$\sigma_{max} \approx \frac{S}{g} \qquad (11.6)$$

式中，r 为膜片的半径；g 为其厚度。通常膜片上的应力分布是均匀的。

膜片的最低固有频率可由式（11.7）给出[2]

$$f_0 = \frac{1.2}{\pi r}\sqrt{\frac{S}{\rho g}} \qquad (11.7)$$

式中，ρ 为膜片材料的密度。

如果膜的厚度不可忽略（r/g 不大于 100 时可忽略），那么它就

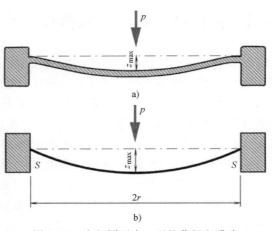

图 11.3　在相同压力 p 下的薄板和膜片

a）薄板　b）膜片

不能再称为薄膜，而应该称为薄板（见图 11.3a）。如果薄板是由钳位环固定的，那么钳位环与薄板之间的摩擦将引起明显的迟滞。为避免这种现象，可以用一整块材料来加工，将薄板及其支撑部分做成一体。

对于薄板，最大位移与压力同样有线性关系

$$z_{max} = \frac{3(1-\upsilon^2)r^4\rho}{16Eg^3} \qquad (11.8)$$

式中，E 为弹性模量，单位为 N/m^2；υ 为泊松比。

圆周的最大应力与压力同样是线性关系

$$\sigma_{max} \approx \frac{3r^2\rho}{4g^2} \qquad (11.9)$$

式（11.8）和式（11.9）表明，可以利用膜和薄板的位移来设计压力传感器。接下来的问题是，该利用哪种物理效应将位移转换为电信号？后面将讨论几种方法。

11.5　压阻式传感器

压力传感器一般有两个主要组成部分，一是挠曲探测器，二是具有面积 A、用来承载力 F 的弹性元件。这两部分都可以用硅制作。硅膜片压力传感器由一个作为弹性材料的面积为 A 的硅薄膜和对膜进行杂质扩散所形成的压阻应变计组成。由于单晶硅具有良好的弹性特性，即使在很大的静态压力下也没有蠕变和滞后现象。硅的应变系数比薄金属导体应变系数高数倍[3]。通常将应变计的电阻连接成惠斯通电桥。电路的满量程输出只有几百毫伏，因此需要信号调理电路将输出信号

处理成可接受的输出形式。此外，硅电阻器对温度较敏感，因此信号调理电路和压敏电阻都需要加入温度补偿。

当外力施加在初始电阻为 R 的半导体电阻上时，由压阻效应引起的电阻变化 ΔR 为[4]

$$\frac{\Delta R}{R} = \pi_1 \sigma_1 + \pi_t \sigma_t \qquad (11.10)$$

式中，π_1 和 π_t 分别为纵向和横向的压阻系数，压阻系数由电阻在硅晶体上的方向决定；σ_1 和 σ_t 分别为纵向和横向的压力。

如图 11.4 所示，对于沿 <110> 晶向排布的 P 型扩散电阻或具有（100）晶面方向的 N 型硅方膜，压阻系数大致关系为[4]

$$\pi_1 = -\pi_t = \frac{1}{2}\pi_{44} \qquad (11.11)$$

电阻率的变化与施加的应力成正比，也即与作用压力成正比。电阻在膜上的分布方式使纵向和横向的压阻系数的极性相反，因此电阻变化也相反

$$\frac{\Delta R_1}{R_1} = -\frac{\Delta R_2}{R_2} = \frac{1}{2}\pi_{44}(\sigma_{1y} - \sigma_{1x}) \qquad (11.12)$$

将 R_1 与 R_2 连接成半桥电路，并施加激励电压 E 时，输出电压 V_{out} 为

$$V_{out} = \frac{1}{4}E\pi_{44}(\sigma_{1y} - \sigma_{1x}) \qquad (11.13)$$

因此，压力敏感系数 a_p 和电路的温度敏感系数 b_T 可分别由式（11-14）和式（11-15）计算

$$a_p = \frac{1}{E}\frac{\partial V_{out}}{\partial p} = \frac{\pi_{44}}{4}\frac{\partial(\sigma_{1y} - \sigma_{1x})}{\partial p} \qquad (11.14)$$

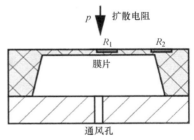

图 11.4 硅膜片上压敏电阻器的位置

$$b_T = \frac{1}{a_p}\frac{\partial a_p}{\partial T} = \frac{1}{\pi_{44}}\frac{\partial \pi_{44}}{\partial T} \qquad (11.15)$$

由于 $\partial\pi_{44}/\partial T$ 为负，所以温度敏感系数为负，即灵敏度随着温度的升高而降低。

硅压力传感器中的嵌入式压敏电阻有几种制造方法。参考文献［5］介绍的方法是，使用具有（100）晶面方向的 N 型硅作为衬底材料，使用硼离子注入的方法制作表面掺杂浓度为 $3\times10^{18}\ cm^{-3}$ 的压敏电阻。这些电阻中有一个电阻（R_1）平行于膜的 <110> 晶向，其他的则垂直于 <110> 晶向。其他外围器件如用于温度补偿的

电阻和 PN 结，也在同一注入过程中制作。由于它们分布在膜周围较厚的部分，因此对施加在膜上的压力并不敏感。

图 11.5 中介绍了摩托罗拉 MPX 压力传感芯片中使用的压力感知方法。组成应变计的压阻器件是在薄硅膜上进行离子注入形成的。激励电流通过纵向的电阻电路端口 1 和 3，施加在膜上的压力垂直于电流方向。压力在电阻上建立横向电场，由端口 2 和 4 输出感应电压。单元件的横向电压应变计可视为一个霍尔效应装置的机械模拟（详见 4.8 节）。使用单元件器件不需要匹配惠斯通电桥所需的 4 个压力和温度敏感电阻，同时它还极大地简化了校准和温度补偿所必需的附加电路。单元件应变测量部分在电路上与电桥电路类似，但由于处在传统的桥路中，因此其电路平衡（偏置）与匹配电阻无关，而是取决于横向电压接头的对齐程度。

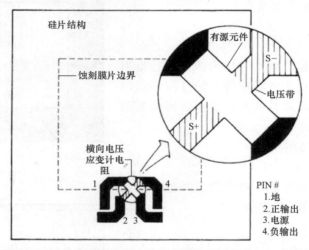

图 11.5　摩托罗拉 MPX 压力传感器中没有补偿的简单压阻器件（已获摩托罗拉公司授权）

许多传感器中使用的压阻式传感器的膜片（薄膜）通常是很薄的，约为 $1\mu m$ 左右，因此膜片的力学性能就成了压力传感器承受的最大施加压力的一个限制因素。在压力较高的应用中，硅薄膜太脆弱以至于不能直接承受这种过高的压力，因此应该使用具有更大刚度的中间压力板来缩减作用在硅膜片上的力。例如在汽车工业领域中，对内燃机的压力测量温度高达 2000℃，压力超过 200bar（20MPa），因此需要一种带有减压板的特殊压力传感器外壳。这种外壳可以减小压力并且在恶劣环境中保护芯片。图 11.6 介绍了一种外壳，将带有微机械硅膜的压力传感芯片放置在钢片上。压力使钢片弯曲，并在硅凸台的中心部分产生一段小位移。硅凸台通过机械耦合与膜片相连，并使膜片向上弯曲打破压阻桥的平衡。比例因子由钢板四周形成的弹簧控制。

压力传感器通常有三个基本应用：测量绝对压力、测量差压和测量表压。绝对压力，如大气压是以真空室为参考测量的，真空室可以是外部的，也可以在传感器

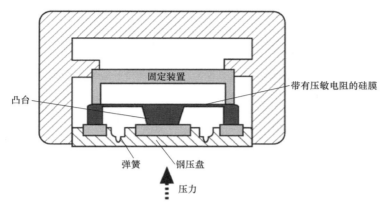

图 11.6　钢外壳内的压阻芯片（用来测量高压）

内（见图 11.7a）。差压，如差压式流量计中的压力损失可在膜的两侧同时施加压力来测量。表压是相对于某种参考压力进行测量的，例如血压计的测量以大气压为参考，所以表压实际上是一种特殊的差压。

三种应用中的膜和应变计的设计完全相同，区别在于封装不同。例如，在差压传感器和表压传感器的设计中，硅片被置于空腔内部（见图 11.7b），且硅片两侧都有开口。在腔内填满了硅凝胶，以防止环境对硅片和引线键合的影响，同时允许压力信号加载到硅片上。差压传感器根据用途可封装在不同的结构中（见图 11.8）。在热水锤、腐蚀液体，以及测压元件等具体应用中，都需要对压力传感器的封装结构进行物理隔离和液力耦合，这些都可以通过附加的膜、板和波纹管实现。任何时候都可以使用硅油来填补空腔，如 Dow Corning 公司的 DS200，以避免系统频率响应的衰减。

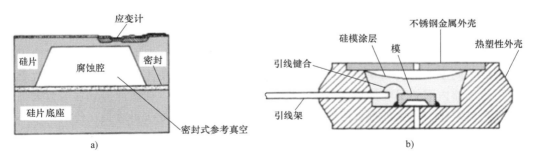

图 11.7　绝对压力传感器封装与差压传感器封装（已获摩托罗拉公司授权）

a）绝对压力传感器封装　b）差压传感器封装

温度对所有的硅基传感器影响都比较大。式（11.15）给出的温度灵敏系数 b_T 通常是负值，为了精确测量必须对其进行温度补偿。图 11.9a 所示为在没有温度补偿时，在三种不同温度下传感器的输出电压。

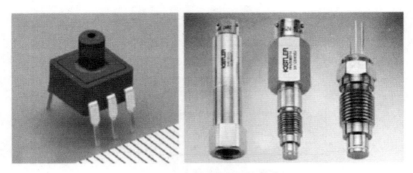

图 11.8　压力传感器的封装

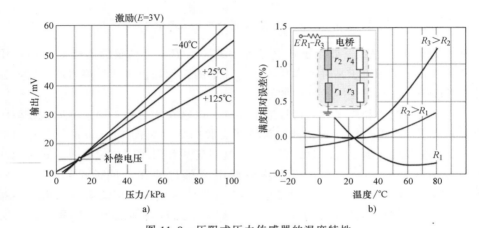

图 11.9　压阻式压力传感器的温度特性

a）三种不同温度下的传递函数　b）连接到电桥电路的三个补偿电阻的满度相对误差值

　　在许多实际应用中，一种简单而有效的温度补偿方法是在电阻电桥中增加串联或并联的温度稳定[6]电阻。通过选取合适的电阻值，可以调节传感器的输出信号到理想的范围，如图 11.9b 所示。当需要在较大范围内进行温度校准时，可以使用带有温度测温器的更加复杂的补偿电路。另外一种方法是使用软件补偿，利用置于压力传感器内部的温度传感器对温度进行测量。压力传感器和温度传感器的数据进入处理电路时，将会进行数值温度补偿。但是最好的解决方法仍然是在传感器内部设计一个带温度补偿的硅桥。

11.6　电容式传感器

　　硅膜可以用于另一种压力到电信号的转换装置，即电容式传感器。在电容式压力传感器中，硅膜的位移以参考极板（背板）为基准对电容进行调制。电容压力传感器的概念类似于任何电容式位移传感器，例如图 8-8 所示的例子。电容式压力传感器特别适用于测量低压。整个传感器可以由一块固体硅制成，从而获得最大的工作稳定性。通过设计隔膜可以产生超过满量程电容 25% 的变化。压阻式隔膜设计时必须使边缘应力最大化，而电容性隔膜则利用中心部分的位移来测量。对于差压传感器，可在靠近隔膜两侧的位置加入机械限位来防止过载。但是同样的保护措施无法用在压阻式隔膜中，因为其工作偏移很小。因此，压阻式传感器最多能承受其满量程 10 倍的压力，而拥有过载限位的电容式传感器可以承受满量程 1000 倍的压力。电容式传感器特别适合用在偶尔出现高压脉冲的低压力测量场合。

在设计电容式压力传感器时，为了获得良好的线性特性，保持膜的平坦性是非常重要的。一般说来，只有偏移远小于传感器的厚度时，传感器才能保持线性。一种提高线性工作范围的方法是利用微机械加工技术，在膜上加工出小褶皱。平坦的膜一般比相同尺寸和厚度的带褶皱的膜更敏感。但是，在板内张应力作用下，褶皱可以释放一些应力，因此具有更好的灵敏度和线性（见图 11.10a）。图 11.10b 展示了用于消费者动脉血压监测器的低成本压力传感器。臂套上的空气软管连接到传感器的入口，气动地连接到波纹管，波纹管的中心焊接在一个大的移动顶板上，顶板和底板之间的电容可以被测量。传感器外壳由模制树脂制成。该传感器在 20~300mmHg 的压力范围内表现出良好的线性和低滞后性。但是较低的温度稳定性限制了其应该在室温下使用。

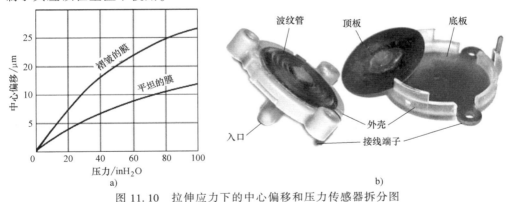

图 11.10　拉伸应力下的中心偏移和压力传感器拆分图

a）相同尺寸的平坦的膜和褶皱的膜在板内拉伸应力下的中心偏移　b）血压监测仪的压力传感器拆分图

注：$1inH_2O = 249Pa$。

11.7　可变磁阻式压力传感器

当测量小压力时，薄板或膜的偏移量可能非常小，由此产生的输出信号也很小，以至于应变计无法响应。一种解决方法是利用电容传感器，通过测量相对于参考极的位置而非直接测量材料内部的应变来检测膜的位移。这种传感器已经在本章前面的部分介绍过了。另一种对于低压力测量十分有效的方法是可变磁阻式压力

（VRP）传感器。VRP 传感器用导磁膜来调节差动变压器的磁阻。图 11.11a 说明了调节磁通量的基本原理。E 形磁心和线圈产生了贯穿于磁心、气隙和膜间的磁通量。E 形磁心磁性介质的磁导率至少是气隙的 1000 倍[7]，当然其磁阻也要小于气隙。由于气隙的磁阻要远高于磁心，因此由其决定磁心-线圈组合的自感系数。当膜发生偏移时，气隙距离的增减取决于偏移的方向，从而引起自感应系数的变化。

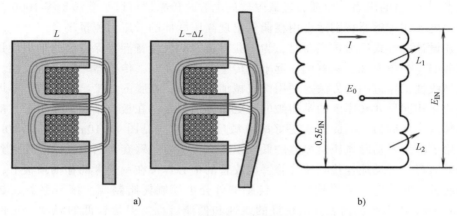

图 11.11　可变磁阻式压力传感器

a）基本工作原理　b）感应桥等效电路

　　制作压力传感器时，导磁膜被夹在两个半壳之间（见图 11.12），每一半拥有一个 E 形磁心/线圈的组合。线圈被封装在坚硬的复合物中，以确保在高压力下保持最大稳定性。在膜的两侧会形成薄的压力空腔，而膜的厚度决定了工作量程。但

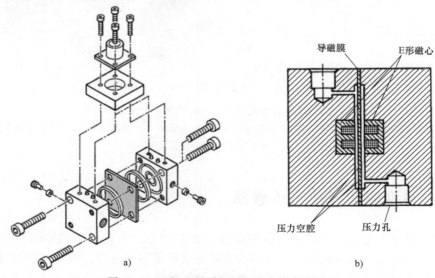

图 11.12　用于测量低压的 VRP 传感器结构

a）传感器装配图　b）空腔两侧的双 E 形磁心

是，在大多数情况下，总偏移不会超过 $25\sim30\mu m$，这使得该器件对低压非常敏感。此外，由于薄压力空腔的存在，膜可以从物理上阻止过压条件下的过大偏移，这保证了 VRP 传感器本身就是一种安全仪器。当有交流电流激励时，膜的每个磁心以及空气间隙将产生磁通量。由于传感器拥有两个电感，所以可被看成半个可变磁阻桥，其中每个电感构成了一个桥臂（见图 11.11b）。当膜两侧存在压差时，膜发生偏移，一边减少而另一边增加，电磁电路中的气隙磁阻则随压差成比例变化。当电桥被载波电流激励时，电桥两端的输出信号将受到施加的压力的振幅调制，振幅与电桥失衡成正比，而输出信号的相位随不平衡方向而变化，交流信号可以被解调生成直流响应。膜的满量程压力虽然很小，但会产生很大的输出信号，能够容易地将其从噪声中区分出来。

11.8　光电压力传感器

当测量小压力，或者需要利用厚膜拓宽动态特性范围时，膜偏移可能太小而无法保证足够高的分辨率和精度。光压力传感器可以用光纤来设计，这使得它们特别适用于射频干扰十分严重的遥感方面。另外，大多数压阻式传感器及部分电容式传感器都对温度比较敏感，需要额外的温度补偿。光学读出器具有超越其他技术的一些优点，如封装简单、受温度影响小、分辨率高和精度高等。特别是利用光干涉现象的光电压力传感器具有很大应用前景[8]。这种传感器利用法布里-珀罗（FP）原理来测量小偏移（见 8.5.4 节），其简单电路如图 11.13 所示。

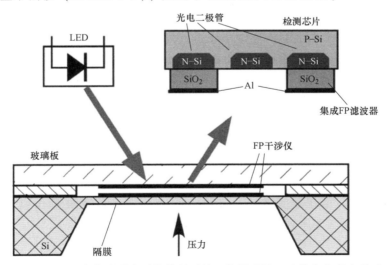

图 11.13　光电压力传感器在干扰情况下的工作原理图（改编自参考文献 [9]）

这种传感器主要由以下部分组成：一个带硅腐蚀膜的无源光学压力芯片，一个发光二极管（LED），一个检测芯片[9]。该压力芯片与前面介绍的其他电容式压力传感器类似，只是用光学空腔形成的 FP 干涉计[10]代替电容来测量膜的偏移。硅片上一个背腔腐蚀的单晶膜被一个薄金属层和一个背部带有金属层的玻璃层覆盖。玻璃层与硅片被两个相距为 w 的隔离元件隔开。两个金属层形成了一个可变间隙的 FP 干涉计。该干涉计具有一个压敏的活动反射镜（在膜上）和一个平行固定的半透明反射镜（在玻璃层上）。检测芯片拥有三个 PN 结式的光敏二极管。其中两个被具有细微厚度差别的集成光学 FP 滤光器所覆盖。滤光器表层为硅镜面层，硅镜面层上覆盖了一层 SiO_2 和金属（Al）镜面层。传感器的工作原理是利用 FP 空腔宽度 w 对反射和透射光的波长调制进行测量。空腔中的反射量和透射量是光波长倒数 $1/\lambda$ 的周期函数，周期为 $1/2w$。因为 w 是所施加压力的线性函数，因此可以调整反射光的波长。

检测芯片作为解调器，用输出的电信号代表所施加的压力。它作为一个光学比较器，将压力传感器的感应空腔与由两个高度不同的 FP 滤波器形成的虚拟空腔进行比较。如果两个空腔相同，检波器产生的光电流最大，当压力改变时，对光电流进行余弦调制，调制周期是光源平均波长的一半。没有 FP 滤波器的光敏二极管作为参考二极管，用来监测到达检波器的光强，其输出信号用于对信息进行比率处理。由于传感器的输出本质上是非线性的，因此通常需要微处理器来做线性化处理。

11.9　间接压力传感器

对于测量那种非常小的只有几帕的压强变化，基于膜片的压力传感器不是那么有效，因为很难制造出能够响应微小压力的薄膜⊖。即使可以制造出这样的薄膜，它也会很脆弱，很容易因偶然的过压而损坏。因此，需要选择其他方法对小压力进行测量。这些方法通常不直接测量力，即测量分布在特定区域的力，而是测量与压力相关的其他变量，然后推断或计算出压力。

假设有一个大的充满空气的密闭罐，空气拥有相对低的静态压强 p_1。该压强 p_1 略高于大气压强 p。为了测量压力梯度，我们将不使用压力传感器，而是使用气流传感器。为此，我们在罐的内部附加一个小排气管，打开与空气相连的那一端，由于压差，罐中空气将通过排气管流到大气中。当然，如果 p_1 低于大气，外部气体会回流到罐内。由于罐大管小，在排气管内的空气流速被看作恒值 v_2。压差（罐中气压减去大气气压）可以由伯努利方程给出（见 12.2 节）

$$\Delta p = p_1 - p_2 = b\rho v_2^2 \tag{11.16}$$

式中，ρ 为空气密度；v 为质量流速；b 为排气管缩放系数，如果不考虑其他因素的影响，该系数仅取决于排气管的大小。

⊖　虽然困难但并不是完全不能实现。可以用薄膜片制作真空传感器[18]，但是这种传感器很贵并且易碎。

式（11.16）是式（12.9）中流阻 R 为零时的变形。应当注意的是，空气密度与平均压力成正比，因此压差与绝对压力无关。式（11.16）表明，压差可以用流量表示。因此，当罐内没有传统压力传感器时，可以通过测量流入流出气体的流速（流量）来间接监测气体压差。这种方法是使用流量计的差压传感器的基础[11]。因为式（11.16）中的质量流速是二次方，所以流速与压差大小有关，而与压差方向无关，正负号的差异将不会体现在二次方中。该方法主要用于监测动态气体的压力梯度，如供热通风与空气调节系统（HVAC）。HVAC 中的气体需要被鼓风机吹动，在这些情况下通过调整排气管的开口方向，既可以监测静态压强，也可以监测包括流动气体动态压强在内的总压强，就像皮托管⊖中一样。

图 11.14 所示为实际应用中的具有排气管和流量计的差压传感器。HVAC 系统中的空气管在其内部具有空气流动。排气管垂直于空气流动方向插入空气管中，此时开口端压强只是静压 p_1。管的另一边暴露在大气压下，压强为 p_2。根据式（11.15），压差将导致管中产生气流。在排气管有一个内置的质量流量计，测量流速 v。压力梯度可以根据式（11.15）计算出。注意，b 值需要校准。所使用的设备中最简单、最高效的流量计是气热风速计（见 12.3.3 节）。

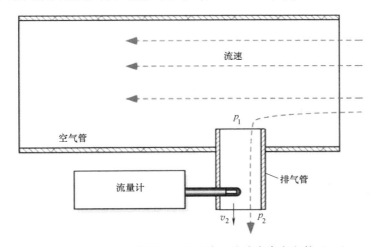

图 11.14　作为差压传感器的流量计（改编自参考文献［11］）

11.10　真空传感器

低压力测量在处理微电子晶片、光学元件、化学及其他工业应用中都非常重要，在诸如太空探索等科学研究中也具有至关重要的地位。一般说来，真空指低于大气压的压力，但通常这个术语是指没有气体压力的时候。真正的真空是很难获得

⊖　参见其他文献对皮托管的描述。

的，即使是在太空里也不太可能做到完全没有任何物质。

用常规传感器测量真空时，相对于大气压，真空可以被测量成负压，但这不是非常有效。传统压力传感器由于信噪比低，所以未能解决低浓度的气体问题。压力传感器通常会引入一些膜和位移（偏移）转换装置，而专用真空传感器却有不同的工作原理。它取决于气体分子的一些物理属性，这些属性与单位体积内的气体分子数量有关，比如导热性、黏性、电离性等。本节，我们只简要介绍几种常用的传感器设计。

11.10.1 皮拉尼真空计

皮拉尼真空计[12]是一种利用气体的导热性来测量压力的传感器，它是最老的真空计之一。这种仪器的最简单的形式包含一个加热金属板，金属板的热量损失与气体压力有关，通过检测这个损失就能测得压力。皮拉尼真空压力计的工作原理基于 Von Smoluchowski[13] 的先驱性的工作。他指出，当物体被加热时，其周围物体的热导由式（11.17）确定

$$G = G_0 + G_g = G_s + G_r + ak \frac{pp_T}{p + p_T} \tag{11.17}$$

式中，G_s 为固体支撑元件的热导；G_r 为辐射热的热导；$G_0 = G_s + G_r$，为基本热导；a 为加热金属板的面积；k 为一个和气体特性有关的系数；p_T 为可测的最大压力值。

图 11.15a 说明了不同因素对加热金属板上热量损失的影响。如果把固体的传导损失和辐射损失计算在内，气体热导 G_g 呈线性降低直至绝对真空。关键就是将影响 G_0 的干扰因素降至最低。这可以通过使用两个加热金属板，并保证它们与传感器外壳保持最小的热接触，然后利用差分技术最大限度地减小 G_0 的影响。

利用真空技术设计出了几种形式的皮拉尼真空压力计。一些真空计使用两块不同温度的金属板，利用因加热而消耗的功率来测量气体的压力。另一些使用一块金属板，通过损失到周围壁的热量测得气体的热导。测量温度一般使用热电偶或者铂热电阻。

图 11.16 所示为一种应用热平衡（差分）技术的皮拉尼真空计。传感器的空腔被划分成同样大小的两部分，一部分充满气体，当作参考压力（如 1atm = 760Torr）；而另一部分和待测量的真空相连。每个空腔部分都有一个加热金属板，通过微小的连接件支撑以减少固体间的热传导。两个空腔形状、大小、结构都相同，这样可以保证两边的热传导和热辐射损失几乎相同。系统对称程度越高，G_0 的影响就越小。金属板上的加热器通过电流来加热。在这种特殊设计中，每个加热器都是一个具有负温度系数（NTC）的自加热热敏电阻（见 17.4.4 节）。热敏电阻的阻值相等且很小，可以进行自加热。参考热敏电阻 S_r 和一个自平衡桥相连，该桥路包含三个固定电阻 R_r、R_1、R_2 和一个运算放大器。自平衡桥自动将热敏电

阻 S_r 的温度设定为固定值 T_r。T_r 由电桥电阻决定，比周围环境温度高并且和周围环境温度无关。这个设定温度由热敏电阻 S_r 和固定电阻 R_1、R_2 决定。电桥由两个桥臂的正负反馈来维持平衡。电容器 C 抑制电路的振荡。将与施加在参考极板上的电压 E 相同的电压施加在感应极板上的热敏电阻 S_v 上，即 $R_v = R_r$。通过感应热敏电阻和电桥的差异得到输出电压 ΔV。传递函数的形状如图 11.15b 所示。真空传感器通常要使用气体，因此有可能会污染感应金属板，所以一般要使用涂装和适当的过滤器。

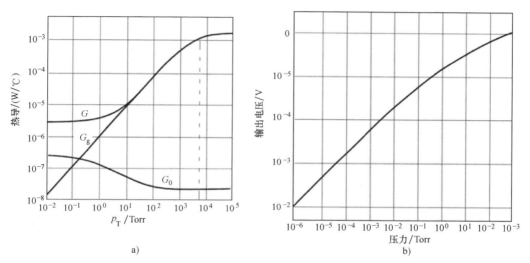

图 11.15　加热金属板的热导和皮拉尼真空压力计的传递函数

a）加热金属板的热导　b）皮拉尼真空压力计的传递函数

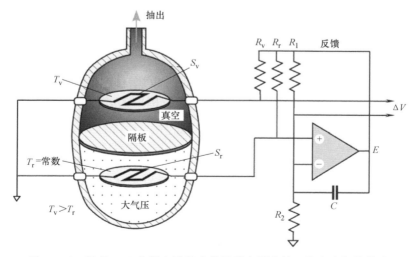

图 11.16　具有 NTC 热敏电阻的皮拉尼真空压力计工作在自加热模式

11.10.2　电离真空计

电离传感器类似于老式收音机里用作放大器的真空管。金属板和灯丝之间的离子电流（见图 11.17a）与分子密度（压力）成近似的线性函数关系[14]。真空计与电压的关系相反：高压电源的正极作用于栅格，低压电源的负极与金属板相连。由金属板收集的离子输出电流 i_p 与压力和栅格电流 i_g 成正比。目前，这种传感器出现了一种称为贝阿德-阿尔珀特真空传感器的改进型[15]，该传感器在超低压下有更好的灵敏度和稳定性。它和真空计的工作原理相同而外观不同，金属板被围绕着栅格的金属线所代替而阴极灯丝在外部（见图 11.17b）。

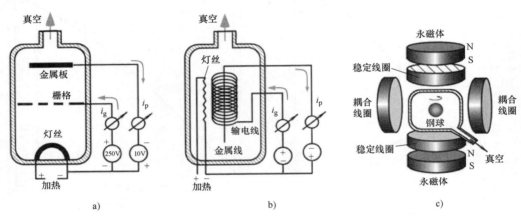

图 11.17　电离真空压力计、贝阿德-阿尔珀特压力计和气体阻力计

a）电离真空压力计　b）贝阿德-阿尔珀特压力计　c）气体阻力计

11.10.3　气体阻力计

气体分子机械地与移动体相互作用，这是磁悬浮转子规（SRG）[16]背后的基本原理。SRG 的优点是不会干扰热阴极（灯丝）或高压放电的真空环境，并且与各种气体（包括腐蚀性气体）兼容。这些特性导致广泛使用 SRG 作为参考标准来校准在 $10^{-4} \sim 10^{-3} Pa$（$10^{-6} \sim 10^{-3} Torr$）数量级范围内的其他真空计，并为监测化学活性工艺气体提供可能。

SRG 监测器有 3 个主要组件[17]：

1）传感器或转子。它是位于真空系统的薄壁延伸部分的顶针中的磁性钢球。

2）位于顶针外的悬挂头。它包含用于悬浮球的永磁体和电磁体，用于感测和稳定悬浮球位置的悬浮线圈，用于使球旋转到其工作频率范围的感应驱动线圈，以及用于感测球的旋转的拾波线圈。

3）控制所有操作功能的电子控制单元（控制器）。用于放大来自旋转球的拾取信号，并处理来自信号的数据以获得压力。

在当前使用的传感器中，一个直径为 4.5mm 的小钢球在真空腔中被磁力推至悬浮（见图 11.17c），并以 400Hz 的速度旋转。钢球的磁矩在线圈中产生一个感应信号，气体分子竭力阻挡球并降低其旋转速度。从动力学理论可以看出，与气体分子的碰撞导致球的旋转频率呈指数下降，或者旋转周期 r 随着时间 t 呈指数增长，即

$$r = \tau_0 e^{Kpt} \tag{11.18}$$

式中，p 为压力；K 为校准常数，这个常数被定义为

$$K = \frac{\pi \rho \alpha c}{10 \sigma_{eff}} \tag{11.19}$$

式中，ρ 是球的密度；α 是球的半径；c 是平均气体分子速度（取决于气体的温度和相对分子质量）；σ_{eff} 是考虑球表面粗糙度和分子散射特性的有效切向动量调节系数。对于"平滑"球，σ_{eff} 通常为 0.95～1.07（更准确的测定需要根据真空标准进行校准）。

因此，压力可以通过考虑旋转速度的减慢［反向使用式（11.18）］来计算，这需要在指定的时间间隔内进行整合。

参考文献

1. Benedict, R. P. (1984). *Fundamentals of temperature, pressure, and flow measurements* (3rded.). New York, NY: John Wiley & Sons.

2. Clark, S. K., et al. (1979). pressure sensitivity in anisotropically etched thin-diaphragm pressure sensor. *IEEE Transactions on Electron Devices*, *ED-26*, 1887-1896.

3. Kurtz, A. D., et al. (1967). Semiconductor transducers using transverse and shear piezoresistance. *Proceedings of the 22nd ISA Conference*, No. P4-1 PHYMMID-67, September 1967.

4. Tanigawa, H., et al. (1985). MOS integrated silicon pressure sensor. *IEEE Transactions on Electron Devices*, *ED-32* (7), 1191-1195.

5. Petersen, K., et al. (1998). Silicon fusion bonding for pressure sensors. *Rec. of the IEEE Solidstate sensor and actuator workshop* (pp. 144-147).

6. Peng, K. H., et al. (2004). The temperature compensation of the silicon piezo-resistive pressure sensor using the half-bridge technique. In Tanner DM, Ramesham R (Eds.) *Reliability, testing, and characterization of MEMS/MOEMS III*, *Proc. SPIE*. Vol. 5343.

7. Wolthuis, R., et al. (1991). Development of medical pressure and temperature sensors employing optical spectral modulation. *IEEE Transactions on Bio-medical Engineering*, *38* (10), 974-981.

8. Hälg, B. (1991). A silicon pressure sensor with an interferometric optical readout. In: *Transducers' 91. International conference on solid-state sensors and actuators. Digest of technical papers* (pp. 682-684). IEEE.

9. Vaughan, J. M. (1989). *The Fabry-Perot interferometers*. Bristol: Adam Hilger.

10. Saaski, E. W., et al. (1989). A fiber optic sensing system based on spectral modulation. Paper#86-2803, © ISA.

11. Fraden, J. (2009). Detector of low levels of gas pressure and flow. U. S. Patent No. 7,490,512. February 17, 2009.

12. von Pirani, M. (1906). Selbszeigendes vakuum-mefsinstrument. *Verhandlungen der Deutschen Physikalischen Gesellschaft, 1906*, 686-694.

13. Von Smoluchovski, M. (1911). Zur theorie der warmteleitung in verdunnten gasen und der dabei auftretenden druckkrafte. *Annalen der Physik, 35*, 983-1004.

14. Leck, J. H. (1964). *Pressure measurement in vacuum systems* (2nd ed.). London: Chapman & Hall.

15. Bayard, R. T., et al. (1950). Extension of the low pressure range of the ionization gauge. *Review of Scientific Lnstruments, 21*, 571. American Institute of Physics.

16. Fremery, J. K. (1946). *Vacuum, 32*, 685.

17. Looney, J. P., et al. (1994). PC-based spinning rotor gage controller. *Review of Scientific Instruments, 65* (9), 3012.

18. Zhang Y., et al. (2001). An ultra-sensitive high-vacuum absolute capacitive pressure sensor. In: *14th IEEE international conference on micro electro mechanical systems*. (Cat. No. 01CH37090). Technical Digest, pp: 166-169.

第12章
流量传感器

12.1 流体动力学基础

物理学的一个基本定律是质量守恒定律，物质既不能被创造，也不能被消灭。在没有物质流入和流出的情况下，不管边界如何变化，质量始终保持不变。然而，当有物质流入或流出边界时，流入与流出的总和一定为零。不论何种物质流入并且没有留存，它一定会流出。在同样的时间间隔内测量流入系统的质量（M_{in}）与流出系统的质量（M_{out}），两者相等[1]。因此

$$\frac{\mathrm{d}M_{in}}{\mathrm{d}t} = \frac{\mathrm{d}M_{out}}{\mathrm{d}t} \tag{12.1}$$

在机械工程中，流动并且可以被测量的运动介质包括液体（水、油、溶剂等）、空气、气体（氧气、氮气、一氧化碳、二氧化碳、甲烷、水蒸气等）。通常我们所说的"流率""流速"或"速率"是指运动流体内微小体积的运动速度。

在稳定流体中，某一给定点的速度为常数。可以对通过流动介质中的每一点作一条流线（见图 12.1a）。稳定流体中的流线分布不随时间变化。介质中任意点 z 的速度方向与流线相切，包含一组流线的流动边界称为流管。由于这种流管的边界由流线构成，没有液体（气体）可以穿过流管的边界，因此流管的特性与某种形状的管道类似。流动的介质可以从截面 A_1 进入管子的一端，然后经过截面 A_2 从管的另一端流出。流管中运动物质的速度与在管中的位置有关。

流体在某一时间间隔 Δt 内通过一给定截面（见图 12.1b）的体积为

$$\Lambda = \frac{V}{\Delta t} = \int \frac{\Delta x \mathrm{d}A}{\Delta t} = \int v \mathrm{d}A \tag{12.2}$$

式中，v 为在截面 A 内流体的速度；Δx 为体积 V 的位移。

由图 12.2 可知，管内液体或气体的速度随横截面的变化而变化。通常可以很方便地将平均速度定义为

$$v_a = \frac{\int v \mathrm{d}A}{A} \tag{12.3}$$

测量流速的传感器通常小于管道尺寸，测量时可能会出现速度过大或过小的错误结果，然而平均速度 v_a 总介于二者之间。平均速度与横截面积之积称为通量或者流量。其国际制单位为 m^3/s，美制单位为 ft^3/s。流量公式可以由式（12.3）变换得到

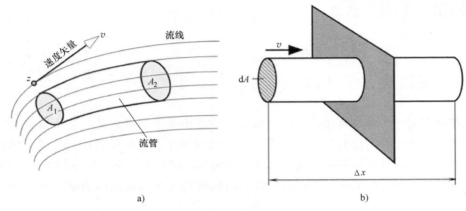

图 12.1　流管和通过一个平面的介质流

a）流管　b）通过一个平面的介质流

$$Av_a = \int v\mathrm{d}A \qquad (12.4)$$

通常流量传感器所测的是 v_a，因此为了确定流量，必须已知流管的横截面积 A，否则测量是无意义的。

测量流体一般不是为了获得体积的位移。通常情况下，需要确定的是质量流量，而不是体积流量。当然，在处理实际的不可压缩流体（水、油等）时，质量与体积都可以使用。不可压缩流体质量与体积的关系由密度 ρ 联系起来

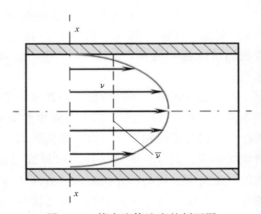

图 12.2　管中流体速度的剖面图

$$M = \rho V \qquad (12.5)$$

附表 A.13 给出了一些材料的密度。质量流量定义为

$$\frac{\mathrm{d}M}{\mathrm{d}t} = \rho A \bar{v} \qquad (12.6)$$

质量流量的国际制单位为 kg/s，美制单位为 lb/s。对于可压缩介质（气体），在给定压力下，要分别确定质量流量与体积流量。

很多传感器都能通过确定质量或体积的移动速率来测量流速。无论使用何种传

感器，由于测量方法的固有缺陷，测量过程都比较复杂。同时还要考虑一些其他因素，例如介质的固有特性、周围环境、桶或者管道的形状和材料、介质温度以及压力等。

　　在传感器的选择过程中，明智的做法是参照制造厂商的规格说明，并仔细考虑其使用建议。在本书中，我们不考虑诸如转动叶片或者涡轮类型的传统测量系统。仅关注那些没有移动部件的传感器，这些传感器通常不会对流体运动产生影响，即便有也是很小的。

12.2　压力梯度技术

　　伯努利方程$^\ominus$是流体力学中一个基本公式，它仅严格适用于非黏性、不可压缩的稳定流体

$$p + \rho\left(\frac{1}{2}v_a^2 + gy\right) = 常数 \tag{12.7}$$

式中，p 为流管中的压强；$g = 9.80665\mathrm{m/s^2} = 32.174\ \mathrm{ft/s^2}$，为重力加速度；$y$ 为介质位移的高度。需要注意的是，在太空中，g 应根据太空体（行星、卫星、彗星等）进行选择。失重时，$g = 0$。伯努利方程允许我们通过测量沿流体方向不同点的压力来间接得到流体速度。

　　用于流量测定的压力梯度技术需要引入流阻的概念。通过对已知流阻的压力梯度的测量可以计算出流速。这种概念类似于欧姆定律：阻值固定的电阻上的电压（压力）与通过该电阻的电流（流量）成正比。实际中，产生流阻的节流元件主要是孔、多孔塞和文氏管（异径管）。图 12.3 所示为两种流阻器。第一种类型中管道中间变窄；第二种类型中管道有一个可以稍微限制介质流动的多孔塞。流阻器两端连着差压传感器（作用类似于电压表）。当流体进入高阻区域时，它的速度随着阻抗的增加而正比例增加

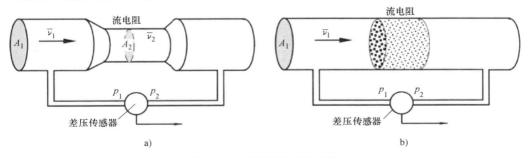

图 12.3　两种类型的流阻器

a）窄孔径　b）多孔塞

$$v_{1a} = v_{2a}R \tag{12.8}$$

注意，这里的电阻 R 为无量纲值。伯努利方程定义差压为[⊖]

$$\Delta p = p_1 - p_2 = \frac{\rho}{2}(v_{2a}^2 - v_{1a}^2) = k\frac{\rho}{2}v_{2a}^2(1-R^2) \tag{12.9}$$

式中，k 为修正系数，它的存在主要因为实际压力 p_2 比理论计算值稍小。

从式（12.9）可知平均速度可表示为

$$v_{2a} = \frac{1}{\sqrt{k(1-R^2)}}\sqrt{\frac{2}{\rho}\Delta p} \tag{12.10}$$

为了计算不可压缩介质单位时间的质量流速，将式（12.10）简化为

$$q = \xi A_2\sqrt{\Delta p} \tag{12.11}$$

式中，ξ 为一个通过校准来确定的比例系数，因为系数 ξ 随温度的变化而变化，所以校准必须在一定的工作温度范围内通过特定的液体或气体来完成。

综上所述，压力梯度技术基本上需要应用一个差压传感器或者两个绝对压力传感器。如果输出信号需要线性表示，必须用到开平方根。开平方根由微处理器利用传统的计算方式就能实现。压力梯度方法的优点是没有运动元件并且可以利用标准压力传感器。缺点是流阻元件会导致限流。

利用电容式压力传感器可以制造微型流量传感器[2]，如图 12.4 所示。该传感器的原理也是压力梯度技术，利用硅微加工技术和重掺杂硼的自停止腐蚀方法来制造。气体进入传感器内部，入口压力是 p_1，与包括腐蚀薄膜外部在内的硅片的周围压力相同。气体通过一个狭窄的通道进入微型传感器的腔体内，腔体内有一个高压流阻。由于流阻的作用，导致腔体内的压力 p_2 低于 p_1，因此穿过薄膜产生了差压。所以流速可以利用式（12.11）计算得到。

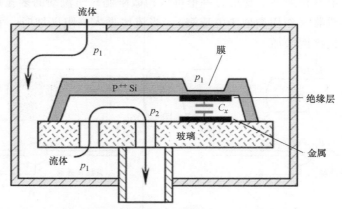

图 12.4　利用电容式压力传感器制造的气体微型流量传感器结构图（改编自参考文献［2］）

⊖　通常情况下，我们假设两次压力测量都是在相同高度（$y = 0$）上。

差压引起的薄膜偏移由电容式压力传感器测得。电容 C_x 由金属板及其上方具有压力补偿的 P^{++} 硼掺杂硅薄膜构成。该压差以 1mTorr/fF 的分辨率改变金属板和硅结构之间的电容 C_x，其量程为 4Torr。传感器的整体分辨率是 14～15bits，压力测量的精度为 9～10bits。在两倍量程的差压下，薄膜会和金属板接触。因此需要一个绝缘层来防止短路，并且需要玻璃衬底防止薄膜破裂。利用标准 CMOS 技术可以将电容测量电路集成到硅板上，如图 9.20 所示。

12.3　热传导式传感器

测量流量的一个有效方法是在流体介质上做上标记，并测量标记的运动。这种标记可以是随介质一起流动的物体，但其相对介质本身则是固定不动的。物体随流体从一个位置运动到另一个位置的时间可以用来计算流速。这种物体可以是漂流物、放射性元素，或者是能改变介质光学特性（如颜色）的染料。另外，这些标记也可以是浓度和稀释速度能被适当传感器测出的不同气体或液体。

在医学领域，流量测定的染料稀释法被用于血流动力学的研究中。然而，在大多数情况下，由于种种原因，将外来物质置入流体介质中往往是不切实际的或是不允许的。替代方法是改变运动介质的一些物理特性，然后检测改变部分的移动速度或者其稀释速度。通常情况下，能轻易改变且不会产生负面效应的最好的物理特性就是温度。

检测在流体介质中的热耗散率的传感器称为热传导流量计或热式流量计。热式流量计比其他类型的传感器更灵敏，并具有较宽的量程。它既可以用来测量气体或液体的微弱流动，也可测量快速强大的流动。这种传感器的主要优点是没有运动部件，并且能够测量非常低的流速。铰接叶片的"桨轮"和压差传感器在低流速下输出信号能量低，精度也不高。在汽车、航空、医疗和生物应用中，如果使用了小直径的管道，那么就无法利用带有机械运动部件的传感器。在这些应用中，热传导式传感器是必不可少的。这些传感器的另一个优点是它们可以用于检测合成物中物质组成的变化，因为它们对热传输是敏感的，而组合物的变化或化学反应通常会影响热传输过程。

温差式流速计设计方式决定了它的工作局限。在一定的速度下，当移动介质分子接近热源时没有足够的时间去吸收足够多的热量在两个检测器之间形成热差。上面介绍的热传导式传感器的使用局限是通过试验确定的。例如，在正常大气压和室温（约 20℃）条件下，可以被热传导式传感器检测到的最大气流速度是 60m/s（200ft/s）。

移动介质（特别是气体）的压力和温度对容积率计算精度起着重要的作用。需要注意的是，对于质量流量计，压力在测量中起着非常小的作用，随着压力的增加，质量将成比例地增加。

热传导式传感器的数据处理系统至少需要 3 个变化的输入信号：流动介质的温度、温度的差分及发热量信号。这些信号通过多路复用技术转换为数字信号，然后经过计算机处理以确定流体的特性。输出的数据形式通常为速度（m/s 或 ft/s）、体积流量（m^3/s 或 ft^3/s）或者质量流量（kg/s 或 lb/s）。

12.3.1　热丝式风速传感器

最古老和最有名的热传导式流量传感器是热丝式传感器，以及后来发展的热膜式传感器[3]。它们广泛用于测量风洞的湍流度，模型的流动模式，以及径向压缩机的桨叶尾流。与下文所述的由两个或者三个部件组成的传感器相比，热丝式风速传感器只有一个部件。该传感器的关键元件是一个加热丝，其典型尺寸为直径 0.00015~0.0002in（0.0038~0.005mm），长度 0.040~0.080in（1.0~2.0mm）。该热丝的阻值通常在 2~3Ω。其工作原理是热丝通电升温至 200~300℃，该温度通常超过了流体的温度，然后测量热丝的温度。超过流体温度的高温使传感器对流体温度不敏感，因此不需要进行温度补偿。在无流动状态下，导线的温度是恒定的，但是当流体流过时，导线将被冷却。流动越强冷却能力越强。热丝和热膜探针的优点是响应速度快，其响应频率高达 500Hz。

有两种方法可以控制温度和测量冷却效果：恒定电压和恒定温度。前者测量热丝降低的温度。后者将温度保持恒定，通过增加供给电量来适应任何流速，这种功率即是对流速的衡量。在热丝式风速传感器中，热丝具有一个正温度系数（PTC），它有两个目的：一是提升热丝温度到介质温度之上（所以这将是一个冷却效果），二是便于测量这个温度，因为热丝电阻会随着冷却而减小。图 12.5 所示为恒温测量法的简单电桥电路。这是一个不平衡的电桥，是基于 6.2.4 节中描述的原则设计的。

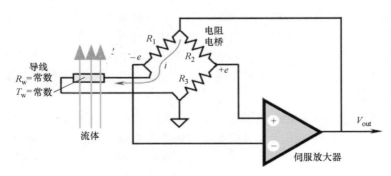

图 12.5　恒温热丝式风速传感器的不平衡电桥

伺服放大器的反馈确保电桥处于平衡状态。电阻 R_1-R_3 是恒定的，而 R_w 表示热丝的阻值，由温度决定。电线温度 T_w 下降导致其阻值 R_w 暂时下降，并随后导致伺服放大器的负输入端的电桥电压下降$-e$。这导致作为桥梁反馈的 V_{out} 增加。当

输出电压 V_{out} 上升时，通过导线的电流 i 增加，温度随之增加。当流体流过冷却时，能够恢复线的温度，使 T_w 在整个流量范围内保持不变。这个反馈电压 V_{out} 是电路的输出信号和质量流量的计量。流速越快，电压越高。

在一个稳定的流量下，供给到导线上的电功率 Q_e 与流动介质带着的流出热功率 Q_T 由于对流热传递而平衡，即

$$Q_e = Q_T \tag{12.12}$$

考虑加热电流 i，电线温度 T_w，流体的温度 T_f，电线表面面积 A_w 和传热系数 h，可以写平衡方程

$$i^2 R_w = hA_w(T_w - T_f) \tag{12.13}$$

1914 年 L. V. King[4] 提出了一种测量不可压缩低雷诺数流体在无限圆筒体中热损失的方法，热量损失可以写为

$$h = a + bv_f^c \tag{12.14}$$

式中，a 和 b 为常量；$c \approx 0.5$。

式（12.14）称为 King 法则。

结合以上三个方程能够消除热传递系数 h

$$a + bv_f^c = \frac{i^2 R_w}{A_w(T_w - T_f)} \tag{12.15}$$

考虑到 $V_{out} = i(R_w + R_1)$，$c = 0.5$，可以得到输出电压关于流速 v 的函数

$$V_{out} = (R_w + R_1)\sqrt{\frac{A_w(a + b\sqrt{v})(T_w - T_f)}{R_w}} \tag{12.16}$$

请注意，由于高的温度梯度（$T_w - T_f$），介质温度 T_f 对输出信号影响不大。为了能有效操作，温度梯度（$T_w - T_f$）与传感器表面面积应尽可能实用。

由于 King 法则是从一个无限长圆柱体中推导而来的，所以应用到实际传感器的应用效果可能有所下降。热丝是比较短的（不超过 2mm），且必须以某种方式由探针支撑，才能在流体内保持稳定。另外，热丝的电阻应该比较低，以便通过电流进行加热。同时，热丝应该有尽可能大的导热系数。为了满足这些要求需要很仔细地设计。热丝上的热量散失，不仅通过热对流（有用效果），也可以通过热辐射和热传导（干扰因素）。虽然热辐射通常是小到可以忽略不计，但是经支撑结构的热传导损失等于甚至大于热对流造成的损失。因此，热丝相对于支撑结构必须具有尽可能大的热阻。这也给传感器设计带来了一系列的挑战。

图 12.6a 所示为热丝式传感器的典型设计。最常用的热丝材料是钨、铂、铂铱合金。钨丝强度大，有较高的电阻温度系数（0.004/℃），但是由于抗氧化性差，所以高温下在许多气体中都无法使用。铂既有良好的抗氧化性，又具有相对较大的电阻温度系数（0.003/℃），但太脆弱，特别是在高温下。铂铱合金丝的抗氧化性介于钨和铂之间，强度比铂大，是一种折中的选择，但它具有低的电阻温度系数

（0.00085/℃）。钨是目前比较流行的热丝材料。通常薄铂涂层用于提高板端和支撑探针的连接强度。支撑探针要薄，但是强度要高，并且相对探针体具有高的热阻值（低的导热系数）。不锈钢是最常用的材料。热丝探针价格高且易损坏，机械方式或者过高的电脉冲都能轻易损坏它。

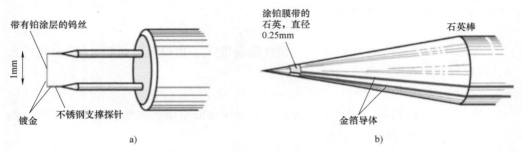

图 12.6　热丝探针和圆锥形热膜探针

a）热丝探针　b）圆锥形热膜探针

热膜传感器本质上是沉积在绝缘体上的导电膜，如陶瓷衬底。图 12.6b 所示的传感器是表面有铂膜的石英圆锥体，通过在圆锥体侧面镀金来提供电连接。与热丝相比，热膜传感器具有以下优点：

1）由于薄膜传感器敏感部分的表面积更大，所以与相同直径的热丝相比，频率响应更好（电子控制时）。

2）由于底层材料的热导率低，在长度直径比已定的前提下，和支撑部件的热传导比较少，因此感知部分的长度可以更短。

3）传感器的配置更具灵活性，楔形、锥形、抛物线形和平整表面都可用。

4）不容易受到污垢的影响且更容易清洁。石英表面的薄涂层可抵抗外来物质的聚集。

典型薄膜传感器上的金属膜的厚度小于 1000Å（0.1mm），故其物理强度和有效热导率几乎完全由衬底材料确定。大多数膜是由铂制作而成，因为其具有良好的耐氧化性和长期稳定性。由于强度和稳定性更好，所以薄膜传感器可以用于许多测量，这是先前脆弱的不太稳定的热丝式传感器很难实现的。热膜探针已被制作在圆锥形、圆柱形、楔形、轮形、抛物线形、半球形和平整表面上。安装在悬臂上的圆筒状薄膜传感器也可制造出。这种圆筒状的薄膜传感器由石英管制作，并穿过管内部引出电线。图 12.6b 介绍的圆锥状的传感器主要在水中使用，它的形状可以有效防止线头或其他纤维杂质缠绕住传感器。圆锥形传感器可以用在相对受污染的水中，而圆筒形传感器更适用于已被过滤的水中。

12.3.2　三部件热式流量传感器

图 12.7 所示的热式流量传感器主要用于液体，当然也可以用于气体，其特点

是十分坚固并且具有良好的防污染能力。传感器由三个浸在流体中的小管子组成。其中两个管子含有温度探测器 R_o 和 R_s。这些温度探测器与介质保持热连接，但与测量流量的构件及管道保持热隔绝。在两个温度探测器之间，放置了加热元件。两个探测器都通过微小的导体和电线相连，以便使传导过程中的热量损失降至最低（见图 12.7b）。

该传感器工作原理如下：第一个温度探测器 R_o 测量流体的温度。流过 R_o 之后，加热器给流体加热，升高的温度由第二个温度探测器 R_s 测量得到。在静止的介质中，加热器中的热量将通过介质向两个温度探测器扩散。在流动速度为 0 的介质中，加热器中的热量主要通过热传导和重力对流方式流失。由于加热器放置在离温度探测器 R_s 更近的位置，该传感器将测到更高的温度值。当介质流动时，由于强制对流作用，热量消散加剧。流动速度越快，热量消散越厉害，R_s 探测器测到的温度也就越低。通过测量损失的热量来计算介质的流速。

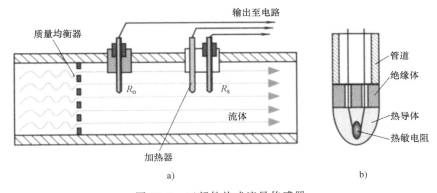

图 12.7　三部件热式流量传感器

a）基本的两传感器设计　b）温度探测器的截面图

这种传感器的基本原理是建立在 King 法则上的，增加的热量由式（12.17）可得

$$\Delta Q = kl\left(1 + \sqrt{\frac{2\pi\rho cdv}{k}}\right)(T_s - T_f) \qquad (12.17)$$

式中，k 为气体的导热系数；c 为给定压力下流体介质的比热容；ρ 为介质的密度；l 和 d 分别为传感器的长度和直径；v 为介质的流速；T_s 为第二个传感器的表面温度；T_f 为第一个传感器的介质温度。

Collis 和 Williams 通过实验证明[5]了 King 法则需要进行一些修正[5]。对于一个 $l/d \gg 1$ 的圆柱形传感器，对 King 的方程进行修正后的介质速度为

$$v = \frac{K}{\rho}\left(\frac{\mathrm{d}Q}{\mathrm{d}t}\frac{1}{T_s - T_f}\right)^{1.87} \qquad (12.18)$$

式中，K 为校准常数。

从式（12.18）可知，为了进行流量测定，必须检测第 2 个传感器与运动介质间的温度梯度以及热量的损失。因此，虽然液体或气体的速度是非线性的，但速度的确是热量损失的函数（见图 12.8）。

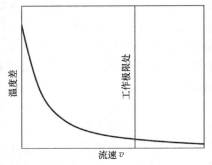

图 12.8　热式流量传感器的传递函数

为了对温度进行精确测量，流量计可以使用任何类型的温度探测器，如电阻式、半导体式、光学式等（见 17 章）。当前大多数厂商都选择电阻式温度探测器。在工业和科学测量中，电阻温度探测器是首选，因为它们具有更好的线性度和可预测的响应，以及在很宽的温度范围内持久的稳定性。在医学领域，热敏电阻由于具有更高的灵敏度而更受青睐。每次使用电阻式温度传感器时，尤其在用于远程测量的场合，需要考虑使用四线测量技术。这种技术是为了解决由连接导线有限的电阻引起的误差问题，尤其对于像电阻温度传感器这样的低电阻温度传感器。6.6.2 节对四线测量方法有详细介绍。

在设计热传导式传感器时，确保介质流经探测器时不会在混合层流中产生湍流非常重要。这种传感器经常带有混合栅格或者湍流断路器（有时也称为质量均衡器）（见图 12.7a）。

12.3.3　两部件热式流量传感器

上面介绍的热丝式和热膜式风速传感器都是快速响应传感器。但是它们极易损坏并且价格昂贵，且对尘埃和烟雾等许多空气中的污染物敏感。在许多应用中，需要长时间连续监测气流，而不需要快速响应。这种传感器应该拥有抵抗气体杂质及机械结构坚固的特点。由于传感器为鲁棒性牺牲了响应速度，因此采取了不同的设计方法。热传递传感器主要实现三个功能：测量流动介质温度、加热介质和监测流体产生的冷却效果。图 12.9a 所示为两部件热式流量传感器[6,7]，其中一个部分是介质温度基准传感器 S_1，另一部分是加热器 H 和温度传感器 S_2，它们之间热耦合紧密。换而言之，第二个温度传感器测量的是加热器的温度。

这两个温度传感器是贴在陶瓷基片上的厚膜 NTC 热敏电阻（见 17.4.6 节）。图 12.9a 展示了这些基片形成两个感应条。第二基片还具有阻值 150Ω 的加热电阻器 H，H 贴在热敏电阻层 S_2 上，在两者之间还有电隔离层。两个感应条都覆有保护玻璃或导热环氧树脂。热敏电阻连接成一个惠斯通电桥（见图 12.10a），其中两个固定电阻 R_3 和 R_4 组成另外两个桥臂[8]。为了产生热，必须满足 $R_4<R_3$。加热感应条和参考感应条都在气流中，并且要保证两个手指是热隔离的。这种传感器响应速度不快，它有相对较大的时间常数——0.5s 左右。但是这对许多应用场合已经足够小了。

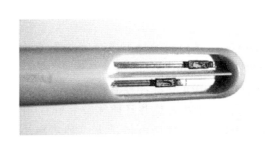
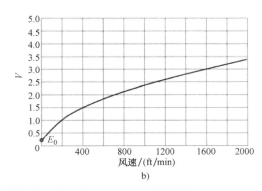

a)

b)

图 12.9　两部件热式流量传感器探针及其传递函数（由 CleanAlert 公司提供）

a）探针　b）传递函数

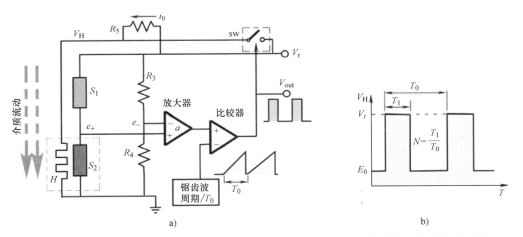

a)

b)

图 12.10　带有 PWM 调制器的热式流量传感器控制电路；PWM 信号均方根的传递函数

a）带有 PWM 调制器的热式流量传感器控制电路　b）PWM 信号均方根的传递函数

　　将热敏电阻 S_2 以一个恒定的增量 $\Delta t = 5 \sim 10\,℃$ 加热到介质（空气）温度以上。传感器工作时，空气穿过两个热敏电阻器 S_1 和 S_2，并将热敏电阻 S_2 中的热能带走，带走热能的多少与气流速度有关。通过给反馈电路（类似于图 12.5 所示方式）中的加热器 H 提供电力来补偿对流冷却。但区别在于，加热电压 V_H 为对于加热器的脉宽调制（PWM）反馈，根据加热器的均方根值（有效值）产生焦耳热。锯齿波发生器产生一个周期 T_0 为 4ms 的 PWM 信号。比较器的脉冲控制着开关 sw，sw 连接基准电压 V_r 和加热器。PWM 脉冲越宽，产生的热量越多。PWM 信号也充当传感器的输出，其占空比 N 代表空气流速。

　　该传感器非常牢固，两个感应条被探针的内部牢固地支撑着。这样做的代价是感应条和探头之间的热电阻 r 不高。导致热功率 P_L 在支撑结构上热传导损耗严重。

为了补偿这种损耗，当开关 sw 打开时，电阻器 R_5 提供额外的电流 i_0 到 H。图 12.10b 所示为 H 两端的电压基值 E_0。

最初，当施加参考电压 V_r 时，这些热敏电阻处于相同的气温下，因此阻值几乎相同。因为 $R_4 < R_3$，所以电桥不平衡。与锯齿状信号相比，电桥差分电压（$e_+ - e_-$）放大 a 倍，形成一个 PWM 信号，来自比较器的 PWM 脉冲控制开关 sw，从而将输出电压脉冲 V_H 施加到加热器 H。这将在 H 上产生焦耳热并且使热敏电阻 S_2 升温。当 S_2 的温度上升到比空气温度高 Δt 时，电阻 S_2 下降使电桥进入一种平衡的状态

$$\frac{S_1}{S_2} = \frac{R_3}{R_4} \tag{12.19}$$

这种平衡由反馈电路保持，只要热敏电阻附近的空气流动没有变化，式（12.19）中的比例关系就成立。气体流速（冷却效果）的变化打破了电桥平衡，之后通过调制 PWM 信号的占空比 N 来还原式（12.19）中的比例。因此，N 值反映气体流速。

为了获得传感器的传递函数，需要注意的是，通过热传导，加热器 H 和热敏电阻 S_2 传导给探针体的热能满足一个比率。

$$P_L = \frac{\Delta t}{r} \tag{12.20}$$

式中，r 为支撑结构的热阻，单位为℃/W。典型的 r 值约为 50℃/W，应让这个值尽可能地大。

当 sw 打开时，通过 R_5 向 H 补偿损耗功率为

$$P_0 = \frac{E_0^2}{H}(1-N)^2 \tag{12.21}$$

流动空气导致 S_2 损失的热量为

$$P_a = kv\Delta t \tag{12.22}$$

式中，k 为比例因子；v 为空气流速。为了弥补热传导的冷却效果，焦耳热功率通过 PWM 反馈电路传递给 H

$$P_f = \frac{N^2 V_r^2}{H} \tag{12.23}$$

在稳定状态，满足能量守恒要求

$$P_L + P_a = P_0 + P_f \tag{12.24}$$

将式（12.20）~式（12.23）代入式（12.24）得到

$$\frac{\Delta t}{r} + kv\Delta t = i_0^2 H(1-N)^2 + \frac{N^2 V_r^2}{H} = \frac{E_0^2}{H}(1-N)^2 + \frac{N^2 V_r^2}{H} \tag{12.25}$$

从此我们可以得到 PWM 的占空比周期 N

$$N = \sqrt{\frac{\left(\dfrac{\Delta t}{r} + kv\Delta t\right)H - i_0^2 H^2}{V_r^2 - i_0^2 H^2}} \approx \frac{\sqrt{\left[\left(\dfrac{1}{r} + kv\right)\Delta t - i_0^2 H\right]H}}{V_r} \qquad (12.26)$$

由于括号中的值总是为正，为了避免出现传感器不响应的死区，必须满足以下条件

$$\frac{\Delta t}{r} \geqslant i_0^2 H = \frac{V_r^2 H}{(H + R_5)^2} \qquad (12.27)$$

传感器的响应如图 12.9b 所示。在实际设计中，热敏电阻 S_1 和 S_2 的制造公差可以通过调整电阻器 R_3 或 R_4 来补偿。如果热传导损耗完全由电流 i_0 补偿，则应满足补偿条件

$$\frac{\Delta t}{r} = i_0^2 H \qquad (12.28)$$

根据式（12.26），质量流速可用 PWM 信号的占空比 N 来计算

$$v = \frac{V_r^2}{k\Delta t H} N^2 \qquad (12.29)$$

12.3.4　微流热传导式传感器

在精密半导体制造业中的过程控制、化学和制药行业、生物医学等应用中，小型化的气体流量传感器应用越来越多。其中大多数微流传感器都以热传导的方式工作，并且由 MEMS 技术对硅晶体加工得到。大多数微流传感器使用热电堆作为温度传感器[9,10]。

图 12.11 所示为悬臂梁式微气体流量传感器，悬臂梁厚度低于 $2\mu m$，结构由三层组成，包括场区氧化层、化学气相沉积（CVD）氧化层，以及硝酸盐[11]。悬臂梁由埋入的电阻加热，电加热速率是 26K/mW。流量传感器典型的传递函数有 4mV/（m/s）的负斜率。

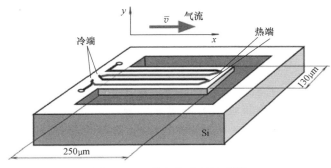

图 12.11　微气体流量传感器

有三种方式可以带走传感器的热量：通过悬梁臂的电导率 L_b，气体流速 $h(v)$ 及热辐射。三者满足斯特藩-玻尔兹曼定律

$$P = L_b(T_s - T_b) + h(v)(T_s - T_b) + a\sigma\varepsilon(T_s^4 - T_b^4) \tag{12.30}$$

式中，σ 为斯特藩-玻尔兹曼常数；a 为横梁向气体产生热传递的面积；ε 为表面辐射率；v 为气体流动速度。

基于能量和粒子守恒原理，推导出在传感器表面附近流动气体温度分布 $T(x, y)$ 的广义热传输方程。

$$\frac{\partial^2 T}{\partial x^2} + \frac{\partial^2 T}{\partial y^2} = \frac{vnc_p}{k_g}\frac{\partial T}{\partial x}, y > 0 \tag{12.31}$$

式中，n 为气体密度；c_p 为分子气体容量；k_g 为气体热传导率。在远离表面处，热梯度消失的边界状况下方程的解为[11]

$$\Delta V = B\left(\frac{1}{\sqrt{\mu^2 + 1}} - 1\right) \tag{12.32}$$

式中，V 为输入电压；B 为常数；$\mu = Lvnc_p/2\pi k_g$，L 为气体传感器的接触长度。方程的解与实验结果完全符合。

图 12.12a 所示为另一种设计形式的热传导微型传感器[12]，传感器上用作温度传感器和加热器的钛薄膜厚度仅为 $0.1\mu m$。薄膜夹在两个 SiO_2 层之间。钛薄膜的优点是电阻温度系数（TCR）很高，并且与 SiO_2 的黏附能力好。两个微型加热器由 4 个间距为 $20\mu m$ 的硅梁悬挂。钛膜电阻的阻值为 $2k\Omega$。图 12.12b 所示为传感器的简单接口电路图，展示了流体和输出电压变化 ΔV 间的线性关系。

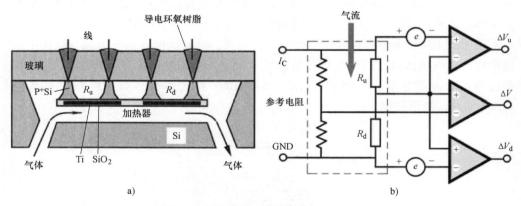

图 12.12　带有自动加热钛电阻传感器的气体微流传感器与传感器的接口电路

a）带有自动加热钛电阻传感器的气体微流传感器　b）传感器的接口电路

注：R_u 和 R_d 分别是上、下加热器的电阻（改编自参考文献 [12]）

12.4　超声波式传感器

流量可以通过超声波来测量。该原理的主要思想是检测由流动介质引起的频移或相移。一种可行的方法是基于多普勒效应（见7.1节和7.2节关于多普勒效应的介绍），其他方法是通过检测介质中超声波有效速度的增加或减少。在移动介质中的有效声速等于相对于介质的声速加上介质相对于声源的速度。因此，逆流超声波具有较小的有效声速而顺流超声波具有较大的有效声速。因为这两种速度之间正好相差两倍的介质速度，测量顺流速度和逆流速度可以用来确定流体的速度。

图 12.13a 所示为位于流体所在管子两侧的两个超声波发射机。发射机通常由压电晶片制成。每个晶片既可以用于产生超声波（电动机模式），又可以用于接收超声波（发电机模式）。换而言之，根据需要，相同的晶片既可以被当作"送话器"，也可以被当作"扬声器"。

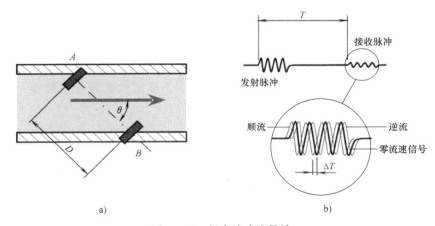

图 12.13　超声波式流量计

a) 流体中收发晶体的位置　b) 电路中的波形

相距为 D 的两个晶片被布置在与流体成 Θ 角的位置。同样，可以把晶体沿流体运动方向放置，这种状况下 $\Theta = 0$。声音经过 A 和 B 的时间可以通过平均流速 v_c 得到

$$T = \frac{D}{c \pm v_c \cos\Theta} \tag{12.33}$$

式中，c 为流体中的声速；加减号分别表示顺流和逆流方向；速度 v_c 为沿超声波传播路径的流体平均流速。格斯纳（Gessner）[13]证明了层流中 $v_c = 4v_a/3$，在湍流中 $v_c = 1.07v_a$，这里 v_a 表示通过流体截面积的平均速度。通过观察顺流速度和逆流速度的差异，我们发现[5]

$$\Delta T = \frac{2Dv_c \cos\Theta}{c^2 + v_c \cos^2\Theta} \approx \frac{2Dv_c \cos\Theta}{c^2} \tag{12.34}$$

式（12.34）在大多数满足 $c \gg v_c \cos\Theta$ 的情况下成立。为了提高信噪比，顺流方向和逆流方向的通过时间往往都会被测量；也就是说，每个压电晶体在一段时间

内作为发射机而在另一段时间内作为接收机。这可以由一个采样速率相对低（如400Hz）的选择器来实现（见图 12.14）。这种正弦超声波（大概是 3MHz）是以相同的慢时钟频率（400Hz）传送的。正弦脉冲的接收时间比发射时间延长 T，T 是通过流量调制的（见图 12.13b）。这个时间是由发射时间检测器检测的，而两个方向上的时间差由同步检测器获得。

另一种用超声波传感器测量流量的方法是测量顺流和逆流方向上发射脉冲和接收脉冲的相位差。此相位差可从式（12.34）中推导出

$$\Delta\varphi = \frac{4\pi f D v_c \cos\Theta}{c^2} \qquad (12.35)$$

式中，f 为超声波的频率。

很显然，随着频率的增大灵敏度越来越好；但是，随着频率的增大，系统中超声波衰减越严重，这将减小信噪比。

多普勒流量测量装置使用连续的超声波。图 12.15 所示为一种发射-接收器均置于流体内的流量计。像多普勒无线接收机一样，非线性电路（混频器）负责将发射频率和接收频率混频。

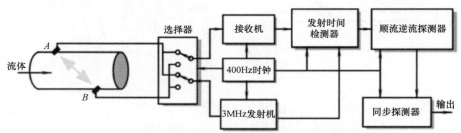

图 12.14　兼有交互式发射机和接收机的超声波式流量计结构框图

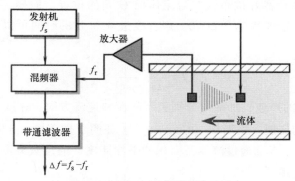

图 12.15　超声波多普勒流量计

输出的低频差分谐波是通过带通滤波器选定的。此差分定义为

$$\Delta f = f_s - f_r \approx \pm \frac{2 f_s v}{c} \qquad (12.36)$$

式中，f_s 和 f_r 分别为发射晶片和接受晶片的频率；±代表着不同的流动方向。从式（12.36）可以得到一个重要的结论是频率的差分和流速成正比。显然，压电晶体的尺寸应远小于流管的间隙。因此，所测流速不是平均速度而是一个局部流速。实际系统中，需要在适当的温度范围内，用实际流体对超声波传感器进行校准，此时应考虑流体黏性的影响。

超声压电传感器/转换器可以制作成小的陶瓷盘片装入流量计体内。可以用合适的材料（如硅橡胶）保护晶体的表面。超声波传感器一个很明显的优势是可以在不与流体有直接接触的情况下进行流量测定。

12.5　电磁式传感器

电磁流量传感器可以用来测量导电流体的运动。其工作原理基于法拉第和亨利所发现的电磁感应原理（见 4.3 节和 4.4 节）。当导体（如导线）或者拥有同样导电能力的流动液体切割磁感线时，导体（液体）内就会产生电动势。根据式（4.35），电动势的大小和导体的移动速度成比例。图 12.16 所示为一个位于磁场 **B** 中的流管。管中有两个电极用于检测在流体中感应到的电动势。

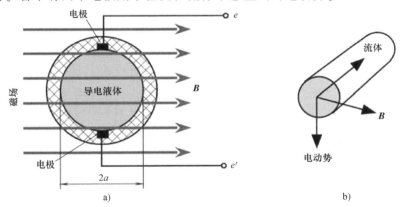

图 12.16　电磁流量计工作原理

a）电极的方向与磁场方向垂直　b）流量和电、磁向量的关系

电动势的大小可由式（12.37）计算

$$V = e - e' = 2a\boldsymbol{B}v \tag{12.37}$$

式中，a 为流管的半径；v 为流速。

通过求解麦克斯韦方程，可以证明对于横截面内流速不均匀但关于流管轴线仍对称的这种特殊情况，产生的电动势与式（12.37）给出的相同，其中 v 由平均速度 v_a［式（12.3）］替换

$$v_a = \frac{1}{\pi a^2} \int_0^a 2\pi v r \mathrm{d}r \tag{12.38}$$

式中，r 为距离流管中心的距离。

式（12.38）可用来表示体积流速

$$v_a = \frac{2AB}{\pi a} \qquad (12.39)$$

从式（12.39）可知，检测电极的电压与流体剖面形状及流体传导率无关。在流体管几何外形和磁通量已定的前提下，电压只取决于瞬时体积流速。

在电极上产生感应电动势一般有两种方法。第一种是直流方法：磁通密度不变而感应电压是一个直流或缓慢变化的信号。这种方法的缺点是，由于电流较小的直流电会流过表面，所以会引起电极的极化。另一个问题是低频噪声，这使得它难以检测流速小的运动。

另一种好的激励方法是利用交变磁场，它会导致电极产生交流电压（见图 12.17）。当然，磁场频率应符合奈奎斯特速率条件，也就是说，它必须至少是流速变化最高频率的两倍以上。实际中，激励频率的选定范围介于 100 ~ 1000Hz 之间。

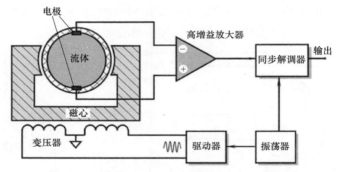

图 12.17　带有同步（相敏）解调器的电磁流量计

12.6　微风速传感器

在某些应用场合，人们并不想获得空气（或其他气体）流速的具体数值，只关心气体运动的变化情况。微风速传感器可以完成这个任务，每当气体流速发生变化时，传感器便产生一个瞬时的输出。日本 Nippon Ceramic 公司制造了一种压电微风速传感器，它包含一对压电（或热释电）元件[⊖]：一个暴露在周围空气中，另一个封装在树脂涂层中。之所以需要两个这样的压电元件是为了对环境温度进行差分补偿。这两个元件反相串联在一起，即无论什么时候它们都产生相同的电荷，使得

⊖　在这种传感器中，晶圆在制造过程中被极化，这与电压传感器和热释电传感器相同。但是，微风传感器的工作原理既和机械应力无关，也和热流无关。不过，为了叙述上的简单，我们采用术语压电。

偏置电阻 R_b（见图 12.18a）两端的电压为零。偏置电阻和 JFET 电压跟随器都被封装在 TO-5 金属壳内，该封装具有通气孔，以使元件 S_1 与流动气体直接接触（见图 12.18b）。

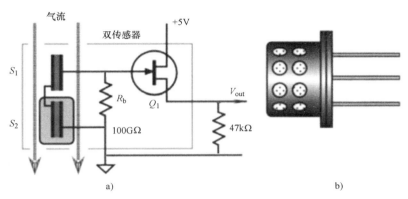

图 12.18　压电微风速传感器

a）电路图　b）封装在 TO-5 金属壳内

这种传感器的工作原理如图 12.19 所示。当没有气流或气流非常稳定时，压电元件上的电荷是平衡的。极化过程（见 4.6.1 节）中具有一定导向的元件内部电偶极子与材料内部的自由载流子和元件表面漂浮的带电空气分子达到电荷平衡。因此，压电元件 S_1 和 S_2 两端的电压都是 0，从而确定了基准输出电压 V_{out}。

当穿过 S_1 表面的气流变化时（S_2 表面被树脂保护着），运动气体分子将漂浮在元件表面的电荷剥落。由于内部电偶极子和外部漂浮的电荷不再保持电荷平衡，所以元件电极上产生电压。这个电压作为阻抗变换器的 JFET 跟随器检测，并在输出终端显示。

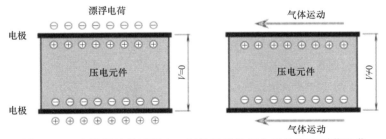

图 12.19　在微风速传感器中，气体运动从压电元件表面剥落电荷

12.7　科里奥利质量流量传感器

与那些测量流速或者体积的传感器不同，科里奥利流量计直接测量质量流量[14]。由于科里奥利流量计不受流体压力、温度、黏度和密度的影响，因此科里

奥利流量计可以在未经校准和没有参数补偿的条件下测量特殊流体。这种传感器最初主要用于液体，但是现在也可以用于气体测量了。

科里奥利流量计是以法国工程师、物理学家科里奥利（1792—1843）的名字命名的。典型的科里奥利传感器由一个或两个具有入口和出口的振动管组成。管子的典型材料是不锈钢，它可以有效防止管子及其衬套受到由流体引起的机械或者化学损伤，从而保证测量的准确性。管子的外形有包括U形在内的各种形状。薄一点儿的管子用于气体，厚一点的管子更适合于液体。科里奥利管通过辅助的机电驱动系统产生振动。

流体从入口进入传感器。基于流体对振动管的作用来确定质量流量。随着流体的流出，由于管子的振动，流体产生的加速度会让仪器受到大小不同的力。

由流体产生的科里奥利力可以表示为

$$F = 2m\omega v \tag{12.40}$$

式中，m为质量；ω为旋转角频率；v为流体平均速度的矢量。

在这种力的作用下，当流体流经振荡环时，管子产生扭转运动。扭转量的大小直接与通过管子的质量流量成正比。图12.20a所示为科里奥利流管无流体时的状况，图12.20b所示为科里奥利管有流体存在时的状况。

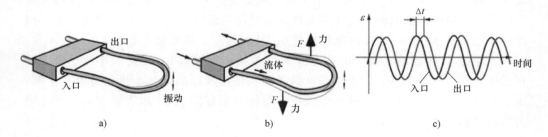

图 12.20　科里奥利管

a）科里奥利管无流体状况　b）有流体时管扭转的状况　c）由科里奥利力产生的振动相位偏移

在无流体状况下，管子在入口和出口的振动相同，并且两者之间的正弦波没有相位差。在有流体状况下，管子做扭转运动，进口和出口两端振动状况不同并带有一定的相位偏移（见图12.20c）。科里奥利传感器的主要缺点是其初始成本太高。但是，科里奥利传感器的通用性非常适合于需要测量多种类型流体的应用场合，并且气体领域也开始越来越多地应用科里奥利流量计。图12.21所示为科里奥利U形传感器，作为油轮输油管的

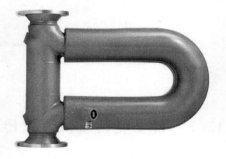

图 12.21　输油管用的科里奥利质量流量传感器（艾默生电气公司）

一部分。这种传感器能够测量 3200t/h 的质量流量。

12.8　阻力流量传感器

当流体运动处于突发式、多方向的湍流状态时，阻力流量传感器会非常有效。这种流量计可以应用于环境监测、气象、水文和海洋研究中，以测量气体速度、水流速度和靠近表面的湍流速度[15]。在这种流量计中，将一个称为阻力元件或靶标的固体置于流体中。通过测量流体施加在阻力元件上的力来计算流速。阻力传感器的一个重要优势是它可以在二维环境甚至三维环境中对流量和流速进行测量。为了实现这一功能，阻力元件必须在适当维度上对称。这些流量计已经在工业、公共事业、航空航天和科研实验室中使用了将近半个世纪了，主要用来测量液体（包括低温液体）、气体和蒸气（包括饱和及过热蒸气）的流动。

此传感器的工作原理是基于对应变的测量，该应变由一个球形对称的阻力元件对弹性橡胶悬臂梁施加力产生的（见图 12.22）。但是，理想的阻力元件应该是一个扁平的圆盘[16]，因为该结构的阻力系数与流速无关。与理想的盘状阻力元件不同，球形阻力元件的阻力系数会随着流速的变化而变化，因此，必须根据具体的应用环境和条件对传感器进行校准和优化。应变的测量可以通过应变计来实现，应变计上施加了物理保护以隔绝流体的影响。

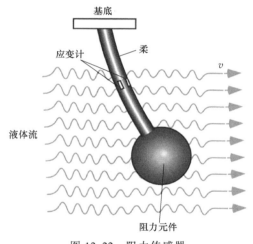

图 12.22　阻力传感器

由不可压缩流体给流体中的固体施加阻力 F，可由阻力方程表示为

$$F_D = C_D \rho A v^2 \tag{12.41}$$

式中，ρ 为流体密度；v 为测量点的流速；A 为物体在流体法线方向上的投影面积；C_D 为综合阻力系数；C_D 为无量纲因子，其大小主要取决于物体的形状和其相对于流体的方向。

如果支撑梁的质量可以忽略，其产生的应变为

$$\varepsilon = \frac{3 C_D \rho A v^2 (L-x)}{E a^2 b} \tag{12.42}$$

式中，L 为梁的长度；x 为梁上应变计所在位置的点坐标；E 为弹性模量；a 和 b 为物体的几何因素。

可以看到，梁上的应变与流速的平方呈函数关系。

12.9　悬臂式 MEMS 传感器

　　与药物流量传感器类似，悬臂式传感器依赖于测量由流动介质引起的梁中的应变。基于 MEMS 工艺的悬臂式流量传感器可实现高达 45m/s 的速度测量，响应时间约为 0.5s，功耗为 0.02mW，是由 Wang 等人在生物医学应用中实现的[17]。图 12.23a 显示了用于测量多向流动的 MEMS 传感器。该结构包含 4 个预弯梁，每个梁上均沉积铂压敏电阻。横梁曲率由流体按图 12.23b 所示的方式施加影响，左横梁向下偏转，而右横梁向上弯曲。这导致左侧电阻增加，右侧电阻减小，且与流体所施加的力成正比。压敏电阻被连接在惠斯通电桥电路中，其输出电压表示流量。

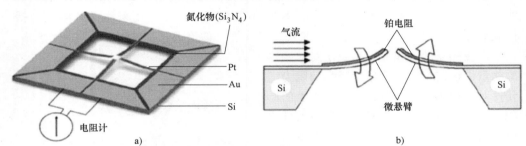

图 12.23　悬臂式 MEMS 传感器及原理（改编自参考文献 [18]）

a）悬臂式 MEMS 传感器　b）气流导致梁的弯曲并改变压敏电阻的阻值

12.10　烟尘探测器

　　烟尘和空气杂质探测传感器可以用来检测空气中小的悬浮颗粒，并且应用范围很广。虽然这些探测器不监测空气的流动，但从本质上来说，它们也需要气体流动到传感器内部的感知部位。到目前为止，最常见的是安装在天花板上的烟雾探测器，如图 12.24a 所示。探测器有一个入口，允许空气进入，气体流动可以是被动

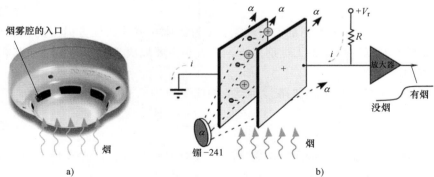

图 12.24　烟雾探测器和电离烟雾传感器的原理

a）烟雾探测器　b）电离烟雾传感器的原理

进入，也可以由风扇或鼓风机强制吹入传感器中。

空气中的悬浮颗粒由于来源不同，体积变化也比较大。表 12.1 所示为一些污染物，通常它们的存在会影响身体健康，或者表示火灾等事故的发生。为了探测悬浮在空气中的小颗粒，时下广泛采用的两种传感器是电离探测器和光学探测器。

表 12.1 一些空气污染物的颗粒大小

颗粒	颗粒大小/μm	颗粒	颗粒大小/μm
玻璃丝	1000	煤尘	1~100
铁兰花粉	150~750	合成材料产生的烟尘	1~50
海滩沙	100~10000	扑面粉	0.1~30
薄雾	70~350	石棉	0.7~90
花粉	10~1000	钙锌粉尘	0.7~20
纺织纤维	10~1000	喷绘颜料	0.1~5
绝缘玻璃纤维	1~1000	汽车尾气	1~150
谷物粉尘	5~1000	黏土	0.1~50
人类头发	40~300	加湿器	0.9~3
尘螨	100~300	复印机碳粉	0.5~15
木屑	30~600	液滴	0.5~5
水泥粉尘	3~100	杀虫剂粉尘	0.5~10
霉菌孢子	10~30	炭疽	1~5
纺织物粉尘	6~20	酵母细胞	1~50
蜘蛛网	2~3	炭黑粉尘	0.2~10
孢子	3~40	大气粉尘	0.001~40
燃烧产生的一氧化碳（车辆、木材燃烧、露天焚烧和工业生产）	≤2.5	阴燃或燃烧食用油产生的烟尘	0.03~0.9
海盐	0.035~0.5	燃烧	0.01~0.1
细菌	0.3~60	天然材料产生的烟尘	0.01~0.1
燃烧木材的烟尘	0.2~3	烟草烟雾	0.01~4
煤烟气	0.08~0.2	病毒	0.005~0.3
油烟	0.03~1	农药和除草剂	0.001

12.10.1 电离探测器

电离探测器特别适合检测火灾产生的烟雾，因为这种烟雾中的粒子（亚微米）都特别小。传感器的关键部件是电离腔，里面含有不到 1mg 的放射性元素镅-241，该元素是 α 衰变产生的 α 粒子的天然来源。电离腔像电容一样带有两个相对的电极（见图 12.24b），电极形状可以是平行板，也可以是同轴圆柱体，其中一个极板接地（或负侧的电源），另一个通过电阻器 R，连接到一个正电压 $+V_r$（几伏）[19]。电压在极板之间产生电场。从极板两侧的进气口吸入的空气填充在两板之间。

当 α 粒子不存在时，没有电流可以从正极板流向接地极板，因为空气通常是不导电的。放射性元素发出的 α 粒子含有约 5MeV 的动能，足以电离空气分子，将其电离成带正电的离子和带负电荷的电子。带电的离子和电子由于电场的作用被拉到相反的方向，电子向正极板运动，离子向接地极板运动。这将产生恒定的小电流 i，电流从电压源 V_r 经电阻 R，流过两个极板间的空气层，然后接地。结果是输入放大器的电压下降，表明当前电离腔中没有烟雾。

当烟雾进入板间的电离腔中，烟颗粒吸收 α 辐射，从而降低了空气中的电离程度，导致电流 i 下降。这就需要增加放大器输入端的电压，也就表明电离腔内烟雾的存在。由于镅-241 半衰期为 432.2 年，作为电离源，续航时间足够长，足以应付所有的实际需求。

使用 α 辐射而不是 β 或 γ 有两层原因：一是 α 粒子电离空气的能力较强；二是 α 粒子的穿透力低⊖。所以辐射将被烟探测器吸收，从而减少对人类的潜在危害。

12.10.2 光学探测器

另一种类型的烟尘探测器是基于对散射光的测量。这种光学探测器包括一个光发射器（白炽灯泡、红外 LED 或激光二极管）和光传感器（光敏二极管或者光敏晶体管）（见图 12.25）。光发射器和光传感器被安放在一个不透光的外壳内，以防

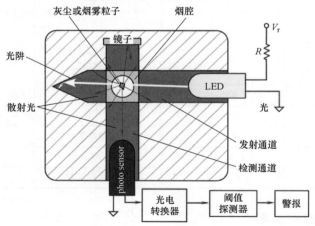

图 12.25 光学烟雾探测器

⊖ α 辐射由带正电荷的氦原子产生，由于质量高，所以移动速度仅为 15000km/s，因此一张薄纸巾就能让它停下来。由于和空气分子的碰撞，在空气中的移动距离也不会超过几厘米。

止光直接从发射器或者由于外壳的内壁反射到达探测器。同时，外壳还能保护光传感器免受环境光线的干扰。为了满足这些要求，光发射器和光传感器分别放置在各自的发光和检测通道，通道彼此交叉成 90°。这不是一个最佳的角度，因为光散射在 90° 时不是最强的（见图 12.26），但这是防止从光发射器发出的杂散光到达光传感器的最佳角度。在实际应用中，许多光学烟雾探测器[20]都以增大尺寸、增加机械复杂性为代价来换取更小的角度，以阻止不必要的光线达到光传感器。

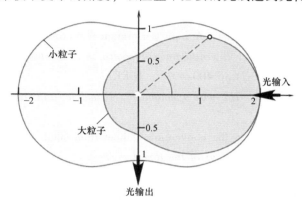

图 12.26　散射方向图

通道内壁表面的光反射率低。此外，发射通道的远端被制造成锥形，以防止杂散光反射到光传感器。这种形状称为光阱。光发射器和光传感器可以通过内置柔性焦距透镜组来塑造窄角光束，从而确保只有少量的光能照射到内壁。两个通道交叉处称为"散射室"或"烟腔"，该腔与外界空气相接触，或与测试空气源连通。烟腔具有进气口和出气口保证气体通过，但是可以屏蔽外界环境光的进入。

散射室内充满纯净的空气，从发射器发出的光束不能到达光传感器（在空的空间中，光不能走拐角），因此光传感器产生一个非常低的输出电流，称为暗电流（见 15.2 节）。当灰尘或烟雾进入散射室，它出现在光束的传播路径上，将一部分光散射到不同的方向上（见图 12.26），包括朝向光传感器的方向。较小的空气悬浮颗粒引起瑞利散射，而较大的颗粒在许多不同的方向上引起镜面反射（见图 5.2），包括沿检测通道朝向光传感器的方向。检测通道可以在相对端放置一面镜子反射一些散射光到光传感器，从而提高传感器的灵敏度。无论散射的物理性质是什么，正是空气中的杂质才使光传感器接收到了"隧道内的光"。无数小颗粒建立起一个相对恒定的光电流，而较大的颗粒将闪烁并产生脉冲光电流。检测通道中的光效果类似于太阳光线部分被云彩遮住的现象：由于水滴和空气中灰尘颗粒的光散射，太阳光射线通过云变得可见。

光敏二极管（光传感器）及其接口电路将光转换成电压（见图 6.8），输出电压被送到阈值探测器，然后连通报警器。为了响应由较大颗粒导致的光脉冲，电子接口电路应该有足够宽的频率带宽。光学烟探测器与电离烟雾探测器相比，对厨房的蒸汽、油烟或浴室蒸汽不敏感，不容易产生误报。它们对检测阴燃火灾的烟雾特别有效。

参考文献

1. Benedict, R. P (1984). *Fundamentals of temperature, pressure, and flow measurements* (3rd ed.). New York, NY: John Wiley & Sons.

2. Cho, S. T., et al. （1991）. A high performance microflowmeter with built-in self test. In: *Transducers' 91. International conference on solid-state sensors and actuators. Digest of technical papers* (pp 400-403), IEEE.

3. Bruun, H. H. (1995). *Hot-wire anemometry. Principles and signal analysis.* Oxford: Oxford Science.

4. King, L. V. (1914). On the convention of heat from small cylinders in a stream of fluid. *Philosophical Transactions of the Royal Society A, A214,* 373.

5. Collis, D. C., et al. (1959). Two-dimensional convection from heated wires at low Reynolds' numbers. *Journal of Fluid Mechanics, 6,* 357.

6. Fraden, J., et al. (2007). Clogging detector for air filter. U. S. Patent No. 7178410, February 20, 2007.

7. Fraden, J. (2009). Detector of low levesl of gas pressure and flow. U. S. patent No. 7490512, February 17, 2009.

8. Fraden, J. (2012). Measuring small air pressure gradients by a flow sensor. *IEEE Insturmetntation and Measurement Magazine, 15* (5), 35-40.

9. Van Herwaarden, A. W., et al. （1986）. Thermal sensors based on the Seebeck effect. *Sensors and Actuators, 10,* 321-346.

10. Nan-Fu, C., et al. （2005）. Low power consumption design of micro-machined thermal sensor for portable spirometer, *Tamkang Journal of Science and Engineering, 8* (3), 225-230.

11. Wachutka, G., et al. (1991). Analytical 2D-model of CMOS micromachined gas flow sensors. In: *Transducers' 91. International conference on solid-state sensors and actuators. Digest of technical papers.* © IEEE.

12. Esashi, M. (1991). Micro flow sensor and integrated magnetic oxygen sensor using it. In: *Transducers' 91. International conference on solid-state sensors and actuators. Digest of technical papers.* IEEE.

13. Gessner, U. (1969). The performance of the ultrasonic flowmeter in complex velocity profiles. *IEEE Transactions on Bio-medical Engineering, MBE-16,* 139-142.

14. Yoder, J. （2000）. Coriolis effect mass flowmeters. In J. Webster （Ed.）, *Mechanical variables measurement*. Boca Raton, FL; CRC Press LLC.

15. Philip-Chandy, R., et al. （2000）. Drag force flowmeters. In J. Webster （Ed.）, *Mechanical variables measurement*. Boca, Raton, FL; CRC Press LLC.

16. Clarke, T. （1986）. *Design and operation of target flowmeters. Encyclopedia of fluid mechanics* （Vol. 1）. Houston, TX; Gulf Publishing Company.

17. Wang, Y. H., et al. （2007）. A MEMS-based air flow sensor with a free-standing micro-cantilever structure. *Sensors*, *7*, 2389-2401.

18. Ma, R. H., et al. （2009）. A MEMS-based flow rate and flow direction sensing platform with integrated temperature compensation scheme. *Sensors*, *9*, 5460-5476.

19. Dobrzanski, J., et al. （1977）. Ionization smoke detector and alarm system. U. S. Patent No. 4037206, July 19, 1977.

20. Steele, D. F., et al. （1975）. Optical smoke detector. U. S. Patent No. 3863076, January 28, 1975.

第13章
声学传感器

4.10节讲述了声学的基础，建议读者熟悉那部分的知识。这里我们讨论不同频率范围的声学传感器。测量可听声范围的声学传感器称为传声器，而超声波和次声波传感器有时也用传声器这个名字。传声器本质上是一种在宽频谱范围内将声波转换为压力的转换器，但是频谱范围不包括几赫兹以下的超低频。传声器可按灵敏度、指向性、频率带宽、动态范围、尺寸大小等进行分类。根据所测声波传播介质的不同，传声器的设计也有很大的不同。例如，测量空气或固体中的声波时，声学传感器称为传声器，而测量液体中的声波时称为水听器（即使液体不是水，这是从希腊神话中水蛇的名字 Hydra 中得来的）。压力传感器和声学传感器的主要不同是后者不需测量不变或缓慢变化的压力。它的工作频率范围通常从几赫兹开始（在某些应用中或低至几十毫赫兹），直到很高的工作频率上限——在超声应用中高达几兆赫（超声波应用），在表面声波（SAW）装置中甚至是千兆赫。图13.1所示为人类和蝙蝠的频率特性，它们区别明显，几乎不重叠。因此，用于检测声波的传声器应具有不同的频率特性。

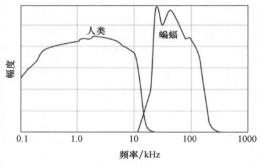

图 13.1　人类和蝙蝠的频率特性

由于声波是机械压力波，因此传声器或水听器都具有与压力传感器相同的基本结构：由运动膜片及将膜片形变转换成电信号的位移转换器组成。所有的传声器和水听器的差别就在这两个基本部件的设计上。当然，它们还可能包括消声器、反射聚声器等附件。不过，本章只讨论一些引人关注的声学传感器的敏感元件。

波长取决于声在介质中的传播速度 v 及其频率 f

$$\lambda = \frac{v}{f} \tag{13.1}$$

声波在空气中的传播速度为 $v = 343.59 \text{m/s}$（室温及大气压下）。在大多数其他介质中，声的传播速度更快，见附表 A.16。通常，在任意介质中声的传播速度取决于温度，可由牛顿-拉普拉斯公式给出

$$v = \sqrt{\frac{K}{\rho}} \tag{13.2}$$

式中，K 为与温度相关的刚度系数，对于气体来说，刚度系数称为体积弹性模量；ρ 为介质的密度。

传感器的膜片尺寸通常要比声波波长小得多，然而当其工作在超声波频谱范围的高频部分时，膜片尺寸就与波长差不多了。比如，超声波频率在空气中为 100kHz，由式（13.1）可知，波长仅为 3.4mm，而对于频率为 300Hz 的可听声波，波长约为 1.1m。

13.1　传声器的特性

13.1.1　输出阻抗

传声器的一个重要的特性即输出阻抗，其输出阻抗通过一些导电介质，如电缆，连接到一个放大器。通常，传声器可以分为低输出阻抗（50 ~ 1000Ω）型，中输出阻抗（5000 ~ 15000Ω）型，以及高输出阻抗（20000Ω 以上）型。阻抗在选择合适的电缆时很重要，合适的电缆引入的失真较低。在高阻抗传声器和放大器输入之间可以使用的电缆长度有限，对中、高阻抗传声器而言，电缆长度超过 20ft，将会导致信号高频部分的损失以及输出电平的损失。通过使用低阻抗传声器及低阻抗电缆，电缆几乎可以在任何的实际长度下都保持较小的各类损失。因此，对于一系列的录音过程而言，低输出阻抗的传声器效果更好。

13.1.2　平衡输出

一些长连接线缆的高品质传声器具有平衡输出，可以产生等幅异相信号。平衡线更不容易受到无线电频率干扰（RFI）和其他电噪声及嗡嗡声的影响。在平衡线中，电缆的屏蔽层与地相连，音频信号出现在两个未连接到地面的导体内层上。由于在任何给定时刻，一对信号线上的信号电流流动方向相反，传输的噪声可以得到有效消除。

13.1.3　灵敏度

灵敏度特性表明了传声器将低量级的声音信号转化为可接受程度级别的电压的能力。通常，规定传声器的输出用相对于参考声压级的分贝（dB）数表示。大多数的参考声压级远高于传声器的输出级，因此传声器的输出（用 dB 表示）将是一个负值。因此，相较于灵敏度为 -60dB 的传声器，灵敏度级别为 -55dB 的传声器将为放大器的输入端提供更多的信号。

一些生产商用每级输入声压级对应的开路输出电压表征传声器的灵敏度。规定用 1V 对应的分贝数，或者实际应用更多的毫伏（mV）对应的分贝数表示，传声器将为规定的声压级（SPL）输入提供输出电压。常用的参考声压是 1Pa，相当于 94 dB SPL，因此灵敏度可以表示为

$$S_{\mathrm{m}} = \frac{\Delta V}{1\mathrm{Pa}} \qquad (13.3)$$

式中，ΔV 为输出电压差值。

在大多数现代音频设备中，放大器的输入阻抗远大于传声器的输出阻抗，因此放大器会被忽略，传声器的输出可以视为开路，这使得测量开路电压成为比较传声器灵敏度的有效手段。

输出电压等级对接口放大器的设计十分重要。如果传声器的输出电压在一些高声压等级下超出了放大器的线性范围，信号将会达到饱和，进而引起失真。在大多数实际应用中，声学失真是由于放大器的特性而非传声器引起的。

13.1.4　频率响应

传声器对特定的频率范围产生响应的能力，由其频率特性描述。这一特性可能表示为一些频率是放大的，其余频率是衰减（减少）的。例如，频率响应的高频加强意味着输出的声音比原声更加尖锐。理想的"平坦"的频率响应意味着传声器对所有频率具有同样的灵敏度。在这种情况下，没有某个频率被放大或是衰减，因而将会更加准确地表达原声。可以说，平坦的频率响应产生最纯净的声音体验。但是，完美的平坦响应是不可能实现的，甚至是最佳的"平坦响应"的传声器也存在一些变化。

在很多情况下，我们所期望的并非总是平坦的频率响应，一个经过调整的频率响应更加有用。例如，旨在强调人的声音频率的响应模式会适合于从低频的背景噪声中筛选出人的话语的模式。为了加强对人语音的识别，最好加强声谱的高频部分。这一方式在助听器的传声器中尤为有效。图 13.2 所示为一种用于复现人声的典型的相对频率响应传声器。当然，对于超声或次声传声器以及水听器来说，频率响应差异较大。

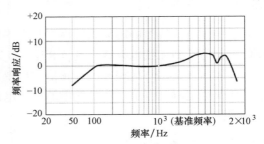

图 13.2　人耳可听范围的传声器的相对频响（参考频率选为 1kHz）

13.1.5　固有噪声

自噪声或等价的输入噪声级是指与传声器在无声时产生的输出电压相同的声级。这代表了传声器动态范围的最低点。知道自噪声的大小对于记录低能级的声音

十分重要。固有噪声通常规定用 dB（A）表示，与耳朵所能听到的频宽分贝级的噪声强度相等。例如，"24dBA SPL"（SPL 意味着与 $20\mu Pa$ 相关的声压等级）。噪声值越低越好。静音传声器测量的噪声通常为 20 dBA SPL，超静音传声器的噪声级可低至 0 dBA SPL。

13.1.6　方向性

定向传声器的灵敏度取决于接收声波的方向。定向传声器通常用于抑制除目标声源之外的多余声音。微型定向传声器常用在助听器中，从而在噪声环境中提高语音清晰度。方向性指定了空间的方向，在该方向上传声器灵敏度大或者小，或者为零。通常用二维或三维的图形在极坐标系中描述灵敏度的变化。3D 的灵敏度图（见图 13.3）视觉上更形象，而 2D 极坐标图更具有描述性。

当传声器需要探测某一主方向上的声音而无须探测其余方向的声音时，在很多的应用中，调整传声器的方向性十分有用。图

图 13.3　传声器的 3D 方向灵敏度

13.4a 所示为一种被称为压力传声器的概念，该传声器的膜片延伸到具有相对恒定的内部气压的封闭腔室中。这意味着只有声波到达其外表面时，膜片才会发生偏移。膜片的偏移程度代表相对于室内部相对恒定的参考压力 P_{ref} 的声波压力 P_1。膜片的偏移由传感器测得，本章将介绍一些这类传感器。

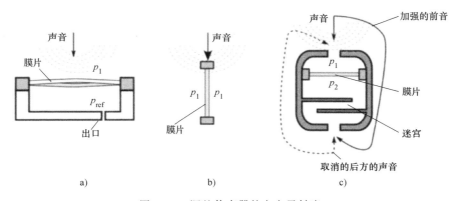

图 13.4　调整传声器的方向灵敏度

a）压力传声器从各个方向中感应到达膜片外侧的信号　b）压力梯度膜片消除其两侧相等的声压

c）由声音延迟通道形成的非均匀灵敏度

为保持参考压力 P_{ref} 恒定，应对缓慢变化的大气压力予以补偿，否则膜片会凸出或凹陷，不会对声音做出响应。因此，该腔室没有从外界严格密封。为平衡内外

压力，可能有一个小的通气孔。但是，这个孔不应该成为任何明显级别的声压波的通道。这个压力传声器是全方位的，因为各个方位的声波所引起的膜片的偏移相同。由于压力是标量，因此不带有任何声音的方向信息，膜片仅反映压力大小的级别。全方位极坐标图如图 13.5a 所示为半径 $r=1$ 的圆。

要使传声器对入射方向的声波产生响应，必须测量两个不同点的最小声压的差。在定向传声器中常用的方法是通过一个膜片上的两个声音端口的帮助来测量声压。

如果膜片以声波到达其两侧的方式支撑，这样的传声器称为压力梯度传声器，其膜片偏移是压差的函数。如果声波用上述方式到达膜片，膜片各侧的压力同为 p_1 且同相（见图 13.4b），膜片将不会偏移，传声器则完全不敏感。换而言之，它在这个特定的轴上对声音是不响应的。相反，声音垂直到达膜片将在膜片两侧产生一个大的压差，膜片移动量将达到最大。

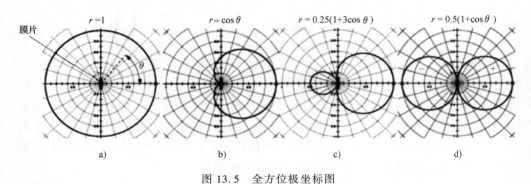

图 13.5　全方位极坐标图

a）全方位型　b）心形　c）超心形指向型　d）8 字形

注：描述图形的曲率方程在极坐标图上方，半径 r 是在传声器前相对角度为
θ（与水平轴正向）时测得的传声器灵敏度。

定向传声器含有至少两个声音进入端口。0°~90° 的声音到达其中一个端口将会稍快于到达另一个端口，这将会在膜片上产生压差，导致类似 8 字形的极性模式。声音在膜片的法线方向时具有最大的灵敏度，其切线方向具有最小的灵敏度。图 13.5d 说明了 8 字形方向图，该图表明了膜片前后具有相同的灵敏度，但在两侧是完全静音的。

需要注意，在前方的正向压力与后方的负向压力产生的输出相同。换而言之，压力梯度传声器有极性，因为传声器前方的正压力使膜片移动的方向与后方的正压力产生的移动方向相反；极性模式的两个叶片是相反的极性。这也是 8 字形的左叶片用减号标记的原因，这表明它与右叶片反相。当我们将传声器的极性模式结合形成更复杂的形状时，相位会更加明显，就像图 13.5c 所示的超心形。

基于上述考虑，建议通过控制膜片前面和后面的压力的方式来改变方向图。

由于定向传声器减去了膜片各侧的压力，因此这些传声器的灵敏度与声音端口间的距离高度相关。为了得到精确的结果，此间距相对于声音的波长必须十分明显。当减小两端口的距离以减小传声器的尺寸时，两端口的压差 p_2-p_1，变得太小而导致探测的精确度降低。因此，设计小尺寸、高灵敏度的定向传声器十分具有挑战性。

图 13.5b 所示为一种非常流行的方向性形状，称为心形，该名称是由于其形状与心脏形状类似。然而，最初心形并非传声器设计的主要形状，心形实际上是压力型和压力梯度型的结合体。传声器经过 19 世纪 30 年代的早期发展，通过在同一个物理外壳中安装两个独立的传声器腔（全方位及 8 字形）得到心形响应。二者的输出以电的形式相结合，由此产生的极性模式是心形的。正相叶相加，反相叶相减，最终得到心形。

大多数现代心形传声器通过机械时间延迟技术最大限度地抑制来自后方的声音，如图 13.4c 所示。这种传声器的底层室包含一个向后开口的迷宫。当声音从后传来时，穿过底层室到达膜片的底边时，该结构可保证声音在有限的时间内穿过的路径是足够的迂回的，而该时间设置等于声音从传声器底部传到传声器顶部的时间（左边的虚线）。因此，后方传来的声音将几乎同时到达隔膜的两侧，由于 $p_1 \approx p_2$，相互抵消，而前方的声音将获得很高的灵敏度（因为 $p_1 \gg p_2$），最终得到心形的响应。通过改变后室的大小和形状，以及声音端口的数量和位置，可以改变各方向的灵敏度。

塑造一个更复杂的空间覆盖，可以通过安排几个全方位或定向传声器，和为它们的输出信号添加不同的相移实现。这可以通过至少三个分离的分别为心形方向的传声器来实现。方向分离型传声器相对于彼此的位置应保证两个传声器总是面向声源，而第三个传声器的指向远离声源。三个传声器的输出在混频器中通过加减信号相结合。这一混合过程可以通过消除非目标声源传来的信号实现优化。通过 180° 的相移使横向的声信号发生偏移，使这些信号在加法器级中被抵消，因此定向模式仅对确定方向的前方有效。

生产商所展示的极性模式可能存在一定的误导性。真正的方向型灵敏度模式与理想相偏离，且随频率变化产生巨大的变化。离轴响应可以严重改变实际使用的传声器的声音。在室内，拾取离轴上的信号并结合轴上的信号得到的探测声音存在偏差。这种结合可以通过频率依赖性的增强和取消改变声音的质量。高质量传声器和其他传声器的其中一个主要的区别就是离轴频率响应的平滑性。

13.1.7　邻近效应

邻近效应是对心形传声器的频率响应影响最低的效应之一。它是由于前端口和后端口的人为原因所致的失衡所引起的，其后方端口受到一个更小的声压，尤其是在低频范围内其波长更长。当声源接近心形传声器前端时，低音频率有时可以提高到 18dB。离声源越近，低音"越高"。歌手经常无意识地使用邻近效应，使话筒靠近他们的嘴唇以得到更加温和亲切的音色。

13.2　电阻式传声器

当膜片振动时，其振动被转换成可变电信号输出，转变方法与压力传感器类似。

压阻效应已经流行了很多年。过去，电阻式压力转换器广泛应用于传声器中。转换器由体电阻率对压力很敏感的半导体（通常是石墨）粉末构成。现在一般认为半导体粉末具有压阻特性。但是，这种早期的设备动态范围有限，频率响应差，噪声大。碳粒传声器是一个小容器，其所包含的两块金属板之间压有碳颗粒。在金属板之间施加电压，会产生流过碳颗粒的小电流。其中的一块金属板，即金属膜片，随入射声波振动，向碳颗粒施加变化的压力。变化的压力使碳颗粒发生形变，造成相邻碳颗粒之间的接触面积的变化，从而导致碳颗粒整体的电阻发生变化，引起流过传声器的电流发生变化，产生输出电信号。碳粒传声器曾广泛应用于陆地有线电话中。

目前，微机械传声器也能同样利用压阻原理，在这种传声器中，压敏电阻是硅膜片不可缺少的组成部分（见 11.5 节）。

13.3　电容式传声器

如果对一个平板电容器加以电荷 q，则两极板之间的电压则由式（4.19）确定。另一方面，根据式（4.20）可知电容的大小取决于两极板之间的距离 d。因此，由这两个公式可以得到电压值

$$V = q\frac{d}{A\varepsilon_0} \tag{13.4}$$

式中，$\varepsilon_0 = 8.8542 \times 10^{-12} \text{C}^2/\text{N} \cdot \text{m}^2$，为介电常数（见 4.1 节）。

式（13.4）是电容式传声器的理论基础。所以电容式传声器将两板之间的距离线性地转换成电压信号，该信号可以进一步被放大和处理。这种装置需要电荷量为 q 的电荷源，它的大小直接决定了传声器的灵敏度。该电荷可以由电压范围在 10～200V 的外部电源提供，如图 13.6 所示。

目前，许多电容式传声器都是由硅膜片制成的，硅膜片有两个作用：一是将声压转换成位移；二是作为电容器的动极板。一些很有前景的设计见参考文献 [1-3]。为了获得高灵敏度，偏置电压应尽可能大，以使膜片产生大的静态形变，但它同时会降低传声器的抗冲击性能，并降低动态范围。另外，如果膜片与后盖板之间的气隙非常小，那么该气隙的声阻抗会降低传声器的高频机械灵敏度。例如，

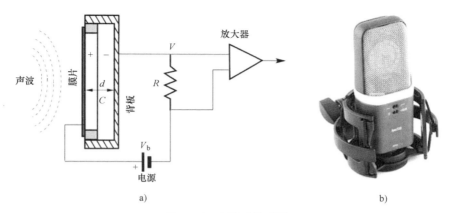

图 13.6　电容式传声器

a）概念　b）演播室的电容式传声器

当气隙为 $2\mu m$ 时，传声器能测到的信号上限截止频率仅为 $2kHz$[1]。

一种改善电容式传声器特性的方法是使用从放大器输出信号到膜片的机械反馈[4]。图 13.7a 所示为机械反馈电路图，图 13.7b 所示为传声器的叉指电极。两个电极所起的作用不同：一个是在放大器 A_1 的输入端将膜片的位移转换为电压信号，另一个是通过静电力将反馈电压 V_a 转换为机械形变。机械反馈可以明显地改善传声器的线性度和频率范围，但是它显著地减小了传声器膜片的形变，导致灵敏度降低。

射频（RF）电容式传声器使用的是由低噪声振荡器产生的 RF 信号。射频频率由传声器电容调节。该振荡器既可以通过声波使传声器膜片振动引起的电容变化调节频率，又可以将传声器作为谐振电路的一部分调节固定频率振荡器信号的振幅。解调得到低噪声、低内阻的音频信号。这种技术所使用的膜片具有较小的张力，以便获得更宽的频率响应。

电容式传声器的应用范围从电话传声器到廉价的卡拉 OK 传声器，再到高保真录音传声器。电容式传声器一般产生高品质的音频信号，现在已是实验室和录音棚中的主要选择。想要进一步了解有关电容式传声器的内容，推荐阅读参考文献 [5]。

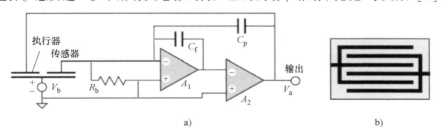

图 13.7　带有机械反馈的电容式传声器（改编自参考文献 [4]）

a）电路图　b）膜片上的叉指电极

13.4 驻极体传声器

驻极体传声器与电容式传声器类似。但是电容式传声器需要恒定的偏置电压来驱动，而驻极体传声器可以自己产生电场，无须外接电压源。

驻极体材料在传声器及耳机的首次应用是在 1928 年[6]。驻极体传声器尺寸小、价格便宜、耐用，在高频下性能良好。大多数现代电话传声器都使用驻极体。这一类型的传声器是智能手机的首选，因此 2015 年全世界共生产了超过 20 亿个驻极体传声器。

驻极体材料与压电材料和热释电材料相近。实际上，它们都是带有加强了的压电性质或者热释电性质的驻极体。驻极体是一种永久电极化介电材料，可将其认为永磁铁的静电等价物。在传声器中，驻极体采用聚四氟乙烯薄膜、聚酯薄膜及其他聚合物构成的超薄薄膜形式。厚度范围为 $4\sim20\mu m$。虽然由于有限的弛豫时间，所有的驻极体电荷都会衰减，但是这些电荷变化比较缓慢，对于高质量的驻极体，其弛豫时间为很多年，这对于大多数的传声器应用的使用寿命都已足够长了。

驻极体传声器是一种由金属化的驻极体薄膜和通过空气间隙与薄膜分离的金属背板，如图 13.8 所示。

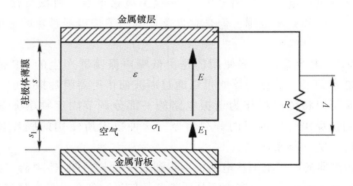

图 13.8　驻极体传声器的一般结构（为阐明原理，层厚被夸张了）[7]

上层的金属镀层和金属背板通过电阻 R 相连。电阻上的电压 V 可以经放大后作为输出信号。可以看出[8]，对于非常大的电阻 R 和圆频率为 ω 的正弦声波，传声器的输出电压为

$$V=\frac{4\pi\sigma_1 s}{s+s_1}\Delta\sin\omega t \tag{13.5}$$

式中，σ_1 为驻极体表面电荷；s 为在驻极体厚度；s_1 为空气间隙；Δ 为膜片的位移。因此，感测膜片通过驻极体产生电压，电压与膜片的偏移同相。

驻极体传声器与电容式传声器在无须直流偏置电压这一点上是不同的。就可与

之比较的设计尺寸和灵敏度而言，电容式传声器将需要超过 100V 的偏置电压。膜的机械张力一般保持在一个相对较低的值（约 10N/m），因此恢复力是由气隙的可压缩性决定的。为了使聚合物具有永久的驻极体性质，该膜或者通过在强电场中进行介质的高温极化或者通过电子束进行加工。驻极体传声器的灵敏度温度系数在 −10~50℃ 的温度范围内为 0.03dB/℃[9]。

箔驻极体（膜片）传声器相较于任何其他电容式传声器类型具有更多优点。它们可以达到从 10^{-3}Hz 到几百兆赫很宽的频率范围。它们还具有平坦的频率响应（在 ±1dB 内），谐波失真低、振动灵敏度低和良好脉冲响应，以及对磁场的不敏感性。驻极体传声器的灵敏度在几毫伏每微巴的范围内。

在次声波范围内使用，驻极体传声器需要在背板上开有小的等压孔。在超声波范围内使用时，常在驻极体自身极化的顶部施加额外的偏置电压（如电容式传声器）。

驻极体传声器是高输出阻抗的传感器，因此需要高输入阻抗的接口电路。JFET 晶体管作为输入已经使用了很多年。然而，单片放大器逐渐流行起来。更加先进的驻极体传声器采用内置前置放大器和信号调理器，以及 Sigma-Delta A-D 转换器（见图 13.9a）。因此，输出信号为数字格式。传声器驻极体间隙和背部空间之间的背板上需要开有小孔形状的声孔。商业化的驻极体传声器如图 13.9b 所示。

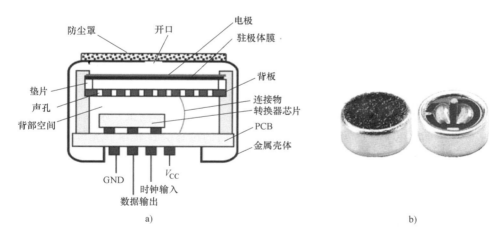

图 13.9 具有嵌入式处理器可数字输出的全方位驻极体传声器结构与模块封装

a) 具有嵌入式处理器可数字输出的全方位驻极体传声器结构 b) 模块封装

13.5 光学传声器

使用压阻式和电容式变送器来探测微小膜片位移是有局限性的，尤其对 MEMS 传声器而言，因此需要其他类型的传感技术替代。通过干涉法测量位移的光探测为传声器的设计提供了一种备用的探测方法，它能在一些高要求的应用中改善传声器的性能[10]。尽管研究了多种光技术，但由于集成的困难，它们中的大多数没能成功小规模使用传声器。更可行的集成光学检测方法为如图 13.10 所示的干涉检测方法。这种方式基于迈克耳孙干涉⊖仪，入射光束分成两束，分别经过不同的路径。一束光作为参考，另一束光通过反射振膜反射。当两束光汇合时，由于膜片的机械振动引起路径长度的差异而发生干涉。这种干涉可以是任何相长干涉与相消干涉的组合，这取决于隔膜的位移。用光电检测器检测干涉，使得隔膜位置的高灵敏度、高精度测量成为可能。

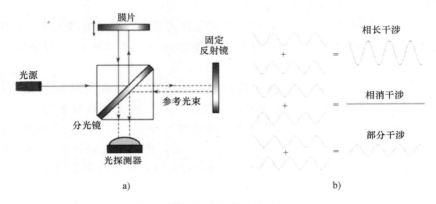

图 13.10　迈克耳孙干涉传声器原理及不同相的光束干涉（改编自参考文献 [10]）

a）原理　b）不同相的光束干涉

　　光学传感器特别适用于在恶劣环境中进行的直接声学测量，如涡轮发动机或火箭发动机，它们需要能够承受高温和强烈振动的传感器。这种恶劣条件下的声测试通常还需要计算流体力学（CFD）的程序验证、结构声学测试、喷流噪声消除等。这些条件需要使用强健的膜片（板），因此它们的位移会比较小。光纤干涉式传声器非常适合于这样的应用。它的一种设计[11]包括一个单模温度不敏感的迈克耳孙干涉仪和一个反射式平膜片。为了使入射光和出射光发生干涉，将两根光纤熔在一起，并在最小的锥形区分开（见图 13.11）。光纤被纳入水冷的不锈钢管中。钢管内部填充环氧树脂，钢管的末端磨光至可以观察到光纤。然后，在其中熔融的光纤纤芯的末端有选择地沉积铝，使其表面形成镜面反射。该光纤就作为传声器的参考端。另一根光纤纤芯的末端敞开，作为测量端。通过使装配参考端和测量端距离非常靠近，传声器可以获得对温度不敏感的效果。

　　激光源（一个工作于约 1.3μm 波长的激光二极管）发出的光进入其中一根光纤的纤芯并向两根光纤的融合端传播。到达光纤的末端时，参考光纤纤芯内的光被覆铝镜面反射到传感器的输入端和输出端。射向输入端的那部分光会消失，对测量

⊖　阿尔伯特·亚伯拉罕·迈克耳孙，美国物理学家，1907 年因测量光速获得诺贝尔物理学奖。

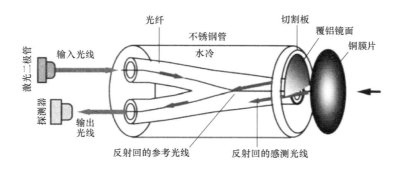

图 13.11　光纤干涉传声器（检测器将铜膜片的振动转换成光强）

没有影响，而射向输出端的那部分光最终到达探测器表面。射向右侧测量光纤纤芯的那部分光射出光纤到达铜膜片。铜膜片将一部分光反射回测量光纤并传向输出端，参考光束的一部分也传向输出端。膜片的位置不同，反射光的相位也会发生变化，因此与参考光束的相位不同。

　　当参考光束和测量光束一起传播到探测器的输出端时，两束光发生干涉，产生光强的调制。因而传声器就将膜片的振动转换为光强。理论上讲，这种传感器的信噪比可以达到 70~80dB，即可测膜片平均最小位移为 1Å（1Å = 10^{-10}m）。

　　图 13.12 所示为一种在干涉模式下，探测器的光强随相位变化的典型示意图。为了确保传递函数得到更好的线性度，传感器的工作点应该选择在光强的中间值附近，在这一点其斜率最大，线性度最好。调整激光二极管的波长就可以改变斜率和工作点。为维持比例输入，必须保证膜片形变小于工作波长的 1/4。

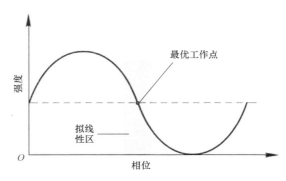

图 13.12　光强关于反射光相位的函数

　　膜片采用 0.05mm 厚、直径为 1.25mm 的金属箔制成。选择铜作为膜片材料的原因是它良好的热传导性和相对较低的弹性模量。光纤传声器可以测量的最大声频率约为 100kHz，这个值也刚好大于结构声学测试所需的频率范围。

13.6　压电式传声器

　　压电效应可以用来设计简单的传声器。压电晶体是一种将机械压力转换成电荷的直接转换器。这种传感器最常用的材料是压电陶瓷，它可以在很高的频率下工作。这就是将压电传感器用于超声波转换的原因。即使在可听声范围内，压电式传声器也有广泛的应用。

13.6.1 低频范围

在压电传感器中，膜片和位移传感器被合并为一个整体。由于膜片或者由压电材料制成，或者涂覆有压电材料，因此膜片弯曲会产生电信号输出。典型应用是声控装置和测量动脉柯氏音的血压测量仪。对于这种在声学上要求不高的应用，压电传声器的设计非常简单（见图 13.13）。它由一个两侧带有电极的压电陶瓷盘片组成，用于拾取声音感应电荷。电极通过导电环氧树脂或焊接与导线连接。由于这种传声器的输出阻抗很高，因此需要高输入阻抗的放大器。然而，这样的放大器可能对高频率响应具有降级效应：拾取电极电容与高输出/输入电阻一起形成切断较高频率的一阶低通滤波器。这个问题可以通过使用图 6.6c 所示的电荷-电压转换器很容易地解决。

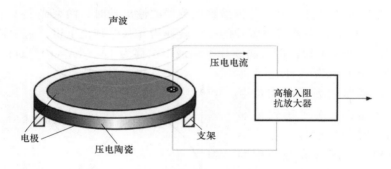

图 13.13　压电传声器

压电薄膜（PVDF 和共聚物）（见 4.6.2 节）作为高效的声音获取装置，在乐器中已经使用了很多年[12]。压电薄膜最初的应用是作为小提琴的拾音器。后来，吉他系列中也引入了这种薄膜，将它作为安装在琴桥上的托架桥拾音器。由于拾音器的保真度高，广泛应用在振动测量和加速度计中。该薄膜应用在许多吉他拾音器的设计中，一种是装在琴鞍下的可压缩厚膜；另一种是低成本的加速度传感器；还有一种是贴在仪器上的配件式拾音器。因为材料的品质因数 Q 值低⊖，所以这些转换器不能像硬陶瓷拾音器一样产生自谐振。可以通过图 13.14a 所示的折叠设计得到屏蔽层。其测量端是折叠在内部的狭窄电极。由于屏蔽层是其中一个薄膜电极形成的，所以折叠技术能获得比其他屏蔽方法更高灵敏度的拾音器。在水中应用时，薄膜膜片可以卷成管状，多个这样的管状薄膜可以并联连接（见图 13.14b）。

⊖　品质因数 Q 描述了共振带宽 Δf 与中心频率 f_r 的关系：$Q = f_r/\Delta f$。Q 为共振频率附近处的能量损失指标。

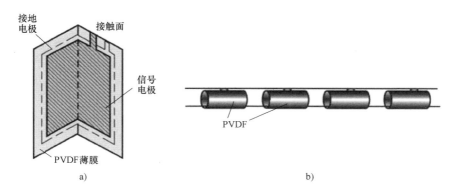

图 13.14 折叠压电拾音器和水听器中压电薄膜的位置

a）折叠压电拾音器 b）水听器中压电薄膜的位置

13.6.2 超声波范围

目前，声学传感器不只是用来检测空气或水中的声音。现在比较流行的做法是把声学传感器用作微量天平和表面声波（SAW）设备，然后用来检测固体中的机械振动。它的应用包括位移、混合物浓度、应力、力和温度等的测量。所有的这类传感器都是基于传感器固体部分的弹性运动。它们主要用作更复杂传感器的一部分，如化学传感器、加速度传感器和压力传感器等。在化学和生物传感器中，在声的传播路径，即机械波的传播路径上可能会涂覆一层化学选择性的复合物，这些复合物只与感兴趣的激励相互作用，（见 18.6.1 节）。

励磁装置（一般指压电特性）促使固体的原子在它们的平衡位置附近振动。相邻的原子会产生一个回复力，试图让运动的原子回到它们初始的位置。在声学传感器中，相位速度和/或衰减系数等振动特性会受到激励的影响。因此，在声学传感器中，传感器固体部分的机械应力等外部激励会加快声音的传播速度。在重量分析传感器中，分子的吸附作用或细菌的附着都会造成声波速度的减小。在另一种声波黏性传感器中，黏性液体与弹性波传感器的活动区域接触时，会造成弹性波的减弱。

声波在固体中的传播已经在很多电子设备中得到了应用，如电子滤波器、延迟线、微驱动器等。与电磁波相比，声波的主要优点是速度低。声波在固体中传播的典型速度是 $1.5 \times 10^3 \sim 12 \times 10^3$ m/s，实际的表面声波的使用范围是 $3.8 \times 10^3 \sim 4.2 \times 10^3$ m/s[13]，也就是说，声波的速度比电磁波的速度小了 5 个数量级，这就使得制造工作频率达到 5GHz 的小型传感器成为可能。

制作固态声学传感器时，必须把电路与声波传播的机械结构连接在一起。最实用的方法是利用压电效应，它通过两种方式工作：机械应力使压电晶体产生电极化电荷（此时它的角色是传声器），同时外加的电场又给压电晶体施加了压力（此时它的角色是扬声器）。所以，传感器通常在每个端点都有两个压电传感器：一个在传送端，用于产生声波；另一个在接收端，将声波转换成电信号。

在 MEMS 结构中，设计是不同的，因为硅不具备压电效应，所以必须在硅晶圆上沉积一层外加的压电薄膜[13]。使用的典型压电材料是氧化锌（ZnO）、氮化铝（AlN）和所谓的铅-锆英石-钛氧化物的固溶体系统 Pb（Zr, Ti）O_3，即 PZT 陶瓷。在半导体材料上沉积薄膜时，必须考虑以下几个性质：

1）对衬底的黏附特性。

2）对外部因素（如在工作过程中液体作用于传感器表面）的抵抗力。

3）环境稳定性（湿度、温度、机械冲击和振动）。

4）与衬底的机电耦合性能。

5）在可用技术中选用简单的加工工艺。

6）成本。

弹性波器件中压电效应的大小取决于电极的布置。根据传感器的设计，对于体励磁（弹性波必须穿过传感器的横断面厚度方向），电极安放于两侧，且面积也很大。

几种固态声学传感器的设置方法是众所周知的。它们的区别在于声波在材料中的传播方式不同。图 13.15 所示为两种常用的方式：弯曲薄板模式（见图 13.15a）和波纹板模式（见图 13.15b）。在前一种情况下，左边的一对叉指电极将很薄的膜片弯曲，膜片的垂直形变使右边的一对电极产生响应。一般说来，膜片的厚度要比振动波的波长小。在后一种情况下，声波在一个相对较厚的板上形成。两种情况下，左边和右边电极之间的空间都是用于与外部激励相互作用，常见的外部激励有压力、黏性液体和气体分子或微小粒子等。

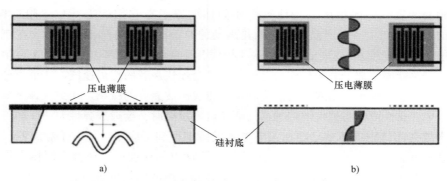

图 13.15　弯曲薄板模式传感器和波纹板模式传感器

a）弯曲薄板模式传感器　b）波纹板模式传感器

因为很多内部或外部因素可能影响声波的传播，进而改变振动的频率，所以激励的变化可能是模糊的，还可能包含误差。最明确的解决方法是采用差分技术，使用两个相同的 SAW 装置：一个用来测量激励，另一个作为参考（见图 13.16）。参考装置与激励被隔开，但是被加以共同的因素，如温度、老化、振动等。两个振动

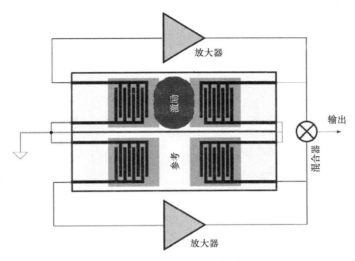

图 13.16　差分 SAW 传感器

源的频率变化值的差只对激励的振动敏感，这样就消除了干扰因素的影响。

13.7　动圈式传声器

　　动圈式传声器通过电磁感应工作。它鲁棒性高，价格便宜，耐潮湿，再加上其潜在的高增益（在采用反馈之前），使它成为舞台上的理想选择。

　　动圈式传声器与扬声器动力学原理相同，只不过其应用机理是互逆的（见图 13.17a）。小的可动感应线圈与膜片粘接在一起，放置在永磁体产生的磁场中。当声音通过挡风板（未在图中示出）进入传声器时，声波使膜片产生振动，带动线圈在磁场中移动，由于电磁感应，在线圈的两端会产生可变电压。由式（4.35）可知，可变磁场在线圈中感应出电压。因此，线圈在永磁体产生的磁场中运动可以产生感应电压，且其电流与通过线圈的磁通量变化速率直接相关。

　　单一的振动膜不会对全频谱范围的声音进行线性响应。基于这个原因，一些传声器利用多个膜来响应不同频谱范围的声音，然后再将产生的信号结合起来。由于正确地结合多个信号比较困难，因此这样的设计很少，且价格昂贵。

　　带式传声器使用薄的，通常是带波纹的金属带（见图 13.17b）悬挂于磁场中。该薄带通过电路与传声器的输出端相连接，并且利用其在磁场内的振动产生电信号。带式传声器在某种意义上与动圈式传声器相似，它们都是通过磁感应产生声音信号。基本的带式传声器探测声音时是双方向的（也称为 8 字形），因为薄带的前后两面对声音都是开放的。它所响应的是声压梯度而不是声压。虽然前后对称的拾音器在正常的立体声录音中可能效果不好，但可利用高压侧抑制来优化某些应用，尤其是在需要抑制背景噪声的情况下。

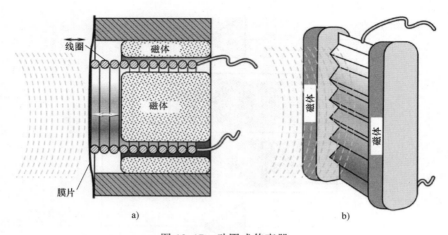

图 13.17　动圈式传声器

a）移动线圈　b）带波纹的金属带

参考文献

1. Hohm，D.，et al. （1989）. A subminiature condenser microphone with silieon nitrite membrane and silicon back plate. *The Journal of the Acoustical Society of America*，*85*，476-480.

2. Bergqvist，J.，et al. （1990）. A new condenser microphone in silicon. *Sensors and Actuators*，*A21-A23*，123-125.

3. Sprenkels，A. J.，et al. （1989）. Development of an electret microphone in silicon. *Sensors and Actuators*，*17* （3&4），509-512.

4. van der Donk，A. G. H.，et al. （1991）. Preliminary results of a silicon condenser microphone with internal feedback. In：*Transducers' 91. International Conference on Solid-State Sensors and Actuators. Digest of technical papers* （pp. 262-265）. IEEE.

5. Wong，S. K.，et al. （Eds.）. （1995）. *AIP handbook of condenser microphones*. New York：AIP Press.

6. Nishikawa，S.，et al. （1928）. *Proc. Imp. Acad.* Tokyo （Vol. 4，p. 290）.

7. Sessler，G. M. （Ed.）. （1980）. *Electrets*. Berlin：Springer.

8. Sessler，G. M. （1963）. Electrostatic microphones with electret foil. *The Journal of the Acoustical Society of America*，*35* （9），1354-1357.

9. Griese，H. J. （1977）. Paper Q29. *Proc. 9th Int. Conf. Acoust.*，Madrid.

10. Bicen，B. （2010）. *Micromachined diffraction based optical microphones and intensity probes with electrostatic force feedback*. Ph. D. Dissertation，Georgia

Institute of Technology. School of Mech. Eng.

11. Hellbaum, R. F., et al. (1991). An experimental fiber optic microphone for measurement of acoustic pressure levels in hostile environments. In *Sensors Expo Proceedings*. Petetborough: Helmers.

12. Piezo Film Sensors Technical Manual. (1999). Norristown, PA: Measurement Specialties. www. msiusa. com.

13. Motamedi, M. E., et al. (1994). Acoustic sensors. In S. M. Sze (Ed.), *Semiconductor sensors* (pp. 97- 151). New York: John Wiley & Sons.

第14章
湿度传感器

14.1 湿度的定义

周围空气中的水分含量是影响人类和动物舒适度的重要因素。舒适度等级由两个因素共同决定：相对湿度和周围温度。在西伯利亚，冬季的空气总是很干燥，-30℃（-22℉）时，你可能感觉很舒适，而在美国伊利湖附近的克利夫兰，空气中包含大量水分，所以在0℃（32℉）时你可能就感觉非常难受⊖。湿度是影响一些设备（如高阻抗电路、静电敏感器件、高电压设备等）可靠工作的重要因素。一个经验法则是在正常室温下（20~25℃）保持相对湿度在50%附近。这个值不是唯一的，在 Class-10 的无尘室中它可以低至38%，而在医院的手术室它可能高至60%。对于许多制成品和材料来说，湿度通常是要考虑的因素。可以说湿度是国民生产总值的重要组成部分[1]。

测量湿度的仪器称为湿度计。第一支湿度计是由 John Leslie（1766—1832）发明的[2]。

根据工业或特殊应用的要求，有许多表示水分和湿度的方法。气体的水分有时用每百万立方英尺气体所含的水汽的磅数来表示。液体和固体中的水分通常表示为总重量（湿重）中含水的百分比，也可能表示为在干重基础上的值。低水溶性液体中的水分通常表示为每百万单位质量中的含量（PPM_w）。

水分这个概念通常是指材料的含水量，但是在实际中，它只用于液体和固体；而湿度通常指气体中水蒸气的含量。下面是一些有用的定义：

1）水分：液体或固体吸收或吸附的水量，它可以在不改变化学性质的情况下被去除。

2）混合率 r（湿度比）：每单位质量的干燥气体所含的水蒸气质量。

3）绝对湿度（水汽的质量浓度或密度）：每单位体积 v 的湿气所含的水蒸气质量 m：$d_w = m/v$，即绝对湿度是水蒸气的密度，它是可测的。例如，让一定量的空气穿过一个水分吸收装置（如硅胶），水分吸收装置的质量预先测量过，在吸收水分后再测量一次。绝对湿度表示为 g/m^3。由于这种测量受到大气压的影响，所

⊖ 这里我们忽略了其他影响舒适度的因素，如政治、经济、文化等。

以通常不在实际工程中使用。

4）相对湿度（RH）：任意温度下大气中实际水汽压力与相同温度下最大饱和水汽压力的比值。相对湿度用百分数定义为

$$RH = 100\frac{p_w}{p_s} \tag{14.1}$$

式中，p_w 和 p_s 分别为在一定温度下的实际水汽压力和饱和水汽压力。RH 的值将水汽的含量表示为水汽饱和（一定温度下凝结成水滴状态）所需要的浓度百分比。另一种表示 RH 的方法是用一定空间内的水汽摩尔分数与这个空间内水汽饱和时的摩尔分数的比值表示。

p_w 的值加上干燥空气的压力 p_a 与外壳内的压力值相等，如果外壳与大气连通，则与大气压 p_{atm} 相等

$$p_w + p_a = p_{atm} \tag{14.2}$$

当温度在沸点以上时，水压可能将外壳中其他所有气体排出。则壳中的气体将全部由过热的水蒸气组成。这种情况下，$p_w = p_{atm}$。温度在 100℃ 以上时，使用 RH 表示水分含量就会引起错误，因为在这样的温度下 p_s 总是会大于 p_{atm}，而 RH 的最大值也不能达到 100%。所以，在常压下，温度为 100℃ 时，RH 的最大值为 100%，而温度为 200℃ 时，RH 的最大值仅为 6%。温度在 374℃ 以上时，饱和压力就不能精确地确定了。

5）露点温度：在这个温度下，水蒸气压力达到最大值，与冰表面保持平衡的饱和蒸汽状态。它也可以定义为气体和水蒸气混合物在恒压（压力值不变）下冷却至产生霜或冰（假设没有提前压缩）的温度。在露点温度，相对湿度为 100%。换而言之，在露点温度，空气中水分含量最大。当温度降到露点温度时，空气变为饱和，就会出现雾、露或霜。

下面的方程利用相对湿度和温度 t 计算露点温度[3]。所有的温度都是摄氏温度。

水面上方的饱和蒸气压可以由式（14.3）得到

$$p_s = 10^{0.66077 + 7.5t/(237+t)} \tag{14.3}$$

露点温度由式（14.4）近似得到

$$DP = \frac{237.3(0.66077 - \log_{10}p_w)}{\log_{10}p_w - 8.16077}t \tag{14.4}$$

式中

$$p_w = \frac{p_s RH}{100}$$

相对湿度与绝对温度之间是相反关系。这意味着对于相同的绝对湿度量，温度越高，RH 越低。

露点温度通常用冷凝镜面来测量。但是，在 0℃ 露点以下时，测量就变得不准确，因为水分最终会结冰，会慢慢变成类似雪花的晶体。不过，在 0℃ 以下，水分可以在更长时间内保持液态，这取决于一些可变因素，如分子振动、对流速度、样本气体的温度和污染程度等。

为了校准湿度传感器，需要一个参考湿度。许多方法能够产生已知等级的湿度，比如可以将湿度为 0% 的干燥空气和湿度为 100% 的湿润蒸汽以一定的比例混合。但是，最常见的方法是在水中使用饱和盐。将一盘饱和溶液放入盒子密封起来，确保与空气隔绝，那么溶液会在盘子上方的自由空间中产生精度较高的相对湿度。相对湿度的值与盐的种类有关（见表 14.1）。相对湿度受温度影响较小，但是与温度均匀程度密切相关。若要 RH 的精度控制在 ±2%，密封盒内不同位置的温度差最好不要超过 0.5℃。

表 14.1 饱和盐溶液的相对湿度

温度/℃	LiCl, H_2O	MgCl, $6H_2O$	Mg(NO_3)$_2$, $6H_2O$	NaCl, $6H_2O$	K_2SO_4
5	13	33.6±0.3	58	75.7±0.3	98.5±0.9
10	13	33.5±0.2	57	75.7±0.2	98.2±0.8
15	12	33.3±0.2	56	75.6±0.2	97.9±0.6
20	12	33.1±0.2	55	75.5±0.1	97.6±0.5
25	11.3±0.3	32.8±0.3	53	75.3±0.1	97.3±0.5
30	11.3±0.2	32.4±0.1	52	75.1±0.1	97.0±0.4
35	11.3±0.2	32.1±0.1	50	74.9±0.1	96.7±0.4
40	11.2±0.2	31.6±0.1	49	74.7±0.1	96.4±0.4
45	11.2±0.2	31.1±0.1	—	74.5±0.2	96.1±0.4
50	11.1±0.2	30.5±0.1	46	74.6±0.9	95.8±0.5
55	11.0±0.2	29.9±0.2	—	74.5±0.9	—

为了制作绝对或相对湿度传感器，应该利用与水分子浓度有关的物理效应。测量湿度最古老的传感器是毛发张力传感器。毛发可以是动物的也可以是人的，它的张力是环境湿度的函数。如果毛发在两个锚点间延伸，适当的力传感器就可以将张力转换成电信号。干燥空气中毛发的张力比较大，湿润空气中较小。民间艺术"气象小屋（weather houses）"就是基于这一原理实现的。在毛发张力变化的控制下，人形玩偶改变位置，因此能够"预测"天气。

传统上，测量 RH 的装置称为气吸式湿度计（来自拉丁语的吸气 aspīrātus 和古希腊语的寒冷结冰 ψυχρός），它由两个相同的温度计组成，其中一个温度计的水银球处于干燥状态，而另一个水银球用湿纱布缠绕，纱布的另一端浸到水中，保持纱布的湿润。流动的空气吹过两个水银球，当水或冰覆盖第二个温度计的湿球时，潜热从球的表面以水分蒸发的形式带走，湿球温度因而低于空气温度（干球）。环境湿度越低，水分蒸发越迅速，湿球温度就下降得越多。气吸式湿度计通过测量干球温度和湿球温度之间的差 $\Delta t = t_a - t_w$，来测量环境湿度，RH 由式（14.5）来计算

$$RH(\%) = 100\,\frac{p_w - A\Delta t}{p_s} \tag{14.5}$$

式中，A 为一个常数，湿球等于 63，覆盖冰的湿球为 56；p_w 为水蒸气的压力；p_s 为饱和水蒸气的压力；Δt 为干球和湿球的摄氏温差。

水蒸气压力函数的三个因素：大气压力 p、干湿球的热梯度 Δt 及空气温度下的饱和水蒸气压力 p_s。

$$p_w = p_s - \frac{A}{755}p\Delta t \tag{14.6}$$

气吸式湿度计通常用于校准湿度传感器。

14.2　湿度传感器的原理

为了检测湿度水平，湿度传感器必须对水分子有选择性且它的一些内部属性可以被水分子的浓度调节。换句话说，传感器应包含一个转换器可以将水蒸气的压力转变为电信号。最常用的转换器是基于电容和电阻随湿度变化的原理。我们可能会说，这些传感器是性能不好的电容器或阻值不稳定的电阻，因为它们的值会因为水分而变化。图 14.1 所示为电容式湿度传感器和电阻式湿度传感器的一般结构。

电容式湿度传感器中，一个薄层（聚合物或氧化物电介质）的介质的性质取决于夹在两个金属电极之间吸收水分的浓度。上电极做成多孔形式，允许水分子达

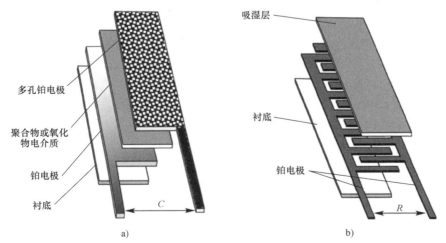

图 14.1　电容式湿度传感器和电阻式湿度传感器的结构层

a）电容式　b）电阻式

到湿敏介电层并被吸收。所有层沉积在可能是陶瓷的衬底上。电容 C 由传统电极之间的接口电路测量。

电阻式传感器包含有吸水材料，其电阻是吸水量的函数。这种传感吸湿层位于两个叉指金属电极之上，整个装配以衬底为基础。通过两个电极可测量出与湿度相关的电阻 R。

对于信号处理，电容、电阻或两者都必须通过适当的电路转换成电信号，电路要视转换类型而定：Z-V（电压），Z-F（频率）或 Z-D（数字）转换器。为了测量操作时去除直流分量，以及避免电解（极化）湿敏材料，湿敏元件用交流电测量。交流的频率通常设为 200Hz ~ 10kHz。

14.3　电容式湿度传感器

根据式（14.7）可知，大气中的水分会改变空气的介电常数，因此一个充满空气的电容可以作为相对湿度传感器

$$\kappa = 1 + \frac{211}{T}\left(p_w + \frac{48p_s}{T}H\right) \times 10^{-6} \tag{14.7}$$

式中，T 为绝对温度，单位为 K；p_w 为潮湿空气的压力，单位为 mmHg；p_s 为在温度 T 时的饱和水汽压力，单位为 mmHg；H 为相对湿度，以百分数表示。

式（14.7）说明潮湿空气的介电常数与相对湿度成正比，所以电容大小也和相对湿度成正比。充满空气的电容器虽然具有良好的线性度，但作为湿度传感器时灵敏度较低，因此不实用。

电容极板间除了填充空气外，还可以填充介电常数随湿度变化的绝缘体。电容传感器可能由一个背面沉积了金属电极的吸湿高分子薄膜组成。在参考文献 [4] 的一种设计中，电介质由乙酸丁酸纤维素制成的高分子薄膜（8 ~ 12μm 厚）组成，并用邻苯二甲酸二甲酯作为塑化剂。直径 8mm 的黄金多孔盘形电极（厚度为 200Å）通过真空沉积作用沉积在聚合物膜上。薄膜由一个支撑体支撑，电极连接到支撑体的末端，这种传感器的电容与相对湿度 RH 近似成正比。

$$C_h \approx C_0(1 + \alpha_h RH) \tag{14.8}$$

式中，C_0 为 $RH = 0$ 时的电容。

图 14.2a 所示为一个分立的电容式相对湿度传感器，其传递函数（见图 14.2b）表明，电容随着湿度的增加近似于线性增加，这是由于水的介电常数很高。注意，水的介电常数也是温度的函数（见图 4.7），因此相对湿度传感器需要辅助温度传感器进行补偿。这可以通过在市场上购买商用的集成传感器实现，例如由 Silicon Labs 生产的 Si7015（见图 14.3）。注意包装中用于接收空气样品的圆形开口。集成电路的优点是，除了传感元件（湿度和温度）之外，它还集成了信号调节器、A-D 转换器、校准存储器、补偿电路和一个串行数字接口，如 I^{2}C。

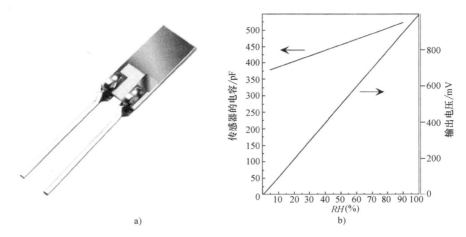

图 14.2　电容式相对湿度传感器及其传递函数

a）电容式相对湿度传感器　b）电容和接口电路输出电压间的传递函数

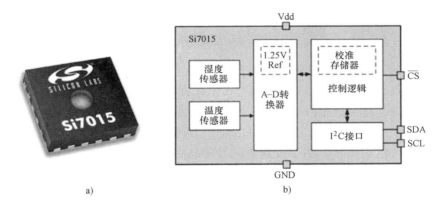

图 14.3　集成相对湿度传感器组件及其功能框图（摘自 Silicon Labs）

a）集成相对湿度传感器组件　b）功能框图

　　通过电容式传感器测量湿度是一个相当缓慢的过程，因为介电层吸收水分子需要时间。使用现代 MEMS 技术可以通过缩小感应电容器的尺寸并增加电介质材料的暴露面积来显著提高速度。有一个涉及形成多个圆柱形电容柱的解决方法，露出的侧壁如图 14.4b 和 14.4c 所示[5]。

　　虽然传统的电容式传感器具有多孔的上电极，但柱状电容器形成暴露的聚酰亚胺侧面，吸收水分的速度要快得多。圆柱直径只有几微米，可以使水分扩散到其圆周上。此外，传感器还配有加热元件。加热器用于防止冷凝，此后需要很长的恢复时间，并且在此期间传感器保持不工作。如图 14.4c 所示，多个圆柱并联，这种设计使传感器的响应速度提高了约 10 倍。

　　电容技术可用于测量材料样品中的水分[6]。图 14.5 显示了电容式湿度测量系

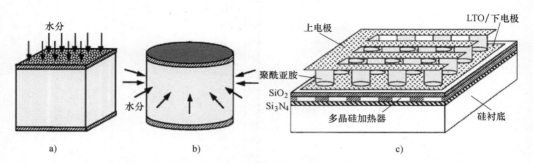

图 14.4　传统的和圆柱形湿度电容器的对比以及并联的电容器阵列（改编自参考文献［5］）
a）传统湿度电容器　b）圆柱形湿度电容器　c）并联的电容器阵列

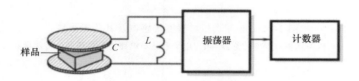

图 14.5　电容式湿度测量系统

统的概念图，其中样品的介电常数会改变 LC 振荡器的频率。这种湿度测量方法在医药产品的过程控制中非常有用。相对于水的介电常数（室温下为 75~80），大多数医用片剂的介电常数相当低（在 2.0~5.0 之间）。采样的材料被放置在两个测试板之间，形成连接到 LC 振荡电路的电容器。测量的频率与湿度有关，减少环境条件（如温度和室内湿度）引起变化的最佳方式是使用差分技术。也就是说，频移 $\Delta f = f_0 - f_1$，其中 f_0 和 f_1 分别是由空容器产生的和由采样材料填充的频率。该方法有一定的局限性，例如当测量相对湿度低于 0.5% 时，其精度较差，样品必须是洁净的，不含有具有相对较高介电常数的杂质，如金属和塑料颗粒，填充密度和样品几何形状必须保持不变。

14.4　电阻式湿度传感器

如 4.5.4 节所述，对许多非金属导体的电阻影响较大的因素是它们的含水量。这种现象是电阻式湿度传感器或湿敏元件的基础，导电湿度传感器的基本设计如图 14.6a 所示。传感器制造在陶瓷（氧化铝）衬底上，湿度感应材料具有相对较低的电阻率，其随湿度的变化而显著变化，该材料被沉积在两个叉指电极的顶部以提供大的接触面积。当水分子被上层吸收时，电极之间的电阻率发生变化，这可以通过电子电路来测量。第一个这样的传感器是由 F. W. Dunmore 在 1935 年开发的一种含有 2%~5% LiCl 水溶液的吸湿膜[7]。导电湿度传感器的另一个例子是所谓的 Pope

元件，其包含用硫酸处理过的聚苯乙烯膜以获得所需的表面电阻率特性。

固体聚合物电解质也可用于制造电导率传感器的膜，这些化合物的长期稳定性和可重复性通常不太高，可以通过使用互穿聚合物网络和载体以及支持介质而显著提高。当以 1kHz 的频率进行测量时，这种薄膜的实验样品在 RH 从 0 变为 90%，阻抗从 100MΩ 变为 100Ω（见图 14.6c）。对于实际测量，电导率湿度传感器可以安装在探头的尖端或安装在电路板上。就像电容式传感器一样，输出信号也受到空气温度的强烈影响。因此，信号调节电路也应接收来自辅助温度传感器的信号。湿敏元件的电阻是高度非线性的，而其电导率，即电阻率的倒数，相对于 RH 表现出合理的线性。

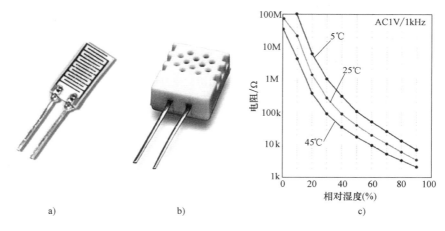

图 14.6　导电湿度传感器的基本设计（由 TDK 提供）
a）带有叉指电极的湿度传感器衬底　b）湿度传感器的商业包装
c）三种不同温度下的电阻-相对湿度特性

14.5　热导式传感器

利用气体的导热性来测量湿度可通过差分热敏电阻传感器实现（见图 14.7a）[8]。两个微型热敏电阻（R_{t1} 和 R_{t2}）由很细的导线支撑，这样可以将壳体内的热导损耗降到最小。左边的热敏电阻通过通气孔与外界气体相接触，右边的热敏电阻则密封在干燥空气中。两个热敏电阻都连接到一个电桥（R_1 和 R_2），电桥的电压为+E。由于电流的通过，热敏电阻产生自发热，导致释放焦耳热，因此它们的电阻率应该比较低，最好是从 10~50Ω，否则如果电流太低，产生的温度不足以超过环境温度并达到 170℃。初始状态下，电桥在干燥空气中达到平衡，形成一个零参考点。随着绝对湿度从零开始升高，传感器的输出也逐渐增大。到达大约 150g/m³ 时，它达到饱和然后开始减小，在 345g/m³ 发生极性的改变（见

图 14.7b）。在该装置中，要保证在周围空气很少流动穿过排气孔时进行测量，否则，空气对流会引起额外的温度损耗，引起测量误差。

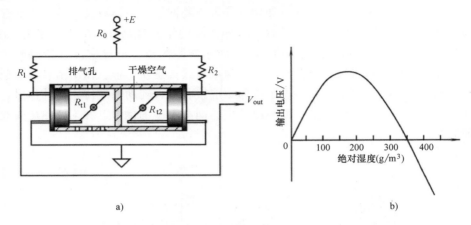

图 14.7　带有自加热热敏电阻的绝对湿度传感器
a）设计和电路连接　b）输出电压随绝对湿度的变化而变化

14.6　光学湿度计

14.6.1　冷镜

大多数湿度传感器都有一些常见的问题，特别是 RH 值从 0.5% ~ 1% 时的迟滞现象。在精确过程控制中，这可能成为一个限制因素。所以，需要考虑间接湿度测量方法。最有效的方法是通过露点温度［见式（14.4）］来计算绝对或相对湿度。如之前所述，露点温度是水（或其他液体）在液态和气态达到平衡时的温度。而气态和固态达到平衡的温度称为霜点。在露点，只有一个饱和蒸汽压存在，所以只要知道这个压力的大小，绝对湿度就可以由露点温度测得。测量水分最合适的方法是光学湿度测定法，这种方法能实现迟滞最小化。光学湿度测定法的成本相当高，不过如果对低湿度的测量能够提高产品产量和质量，那么该成本也是能够接受的。

光学湿度测定法的基本原理是使用一个表面温度被热电泵精确校准的镜面。镜面的温度被控制在开始结露时的温度。样本气体由泵作用从镜面上流过，如果镜面的温度超过露点，它就会以水滴的形式释放水分。由于水滴会散射光线，所以镜面的反射率随着水气的凝结而变化，这一变化可用适当的光电探测器检测到。图14.8 所示为一个冷镜式湿度计的简化框图。它由一个利用佩尔捷效应的热泵组成。这个热泵将热量从一个薄镜表面移走，镜面上有一个嵌入式的温度传感器。这个传感器是可显示镜面温度的数字温度计的一部分。湿度计的电路是差分型的，其中顶部光电耦合器，即一个发光二极管（LED）和一个光电探测器用于补偿漂移；底部光电耦合器用来测量镜面的反射率。在顶部光电耦合器的光路中插入一个楔形光平衡器就可以保持传感器的平衡。底部光电耦合器安装在与镜面成45°角的位置。温度在露点以上时，镜面是干燥的，它的反射率也是最高的，热泵控制器通过热泵降低镜面的温度。当水液化时，镜面的反射率突然下降，这就造成了光电探测器的光电流减小。光电探测器的信号传递到控制器来调节电流，通过热泵来保持它的表面温度处于露点温度，以此确保镜面表面没有额外的液化或汽化发生。事实上，水分子持续地被捕捉到镜面又被释放，一旦建立平衡，平均液化密度的净值就不再改变。

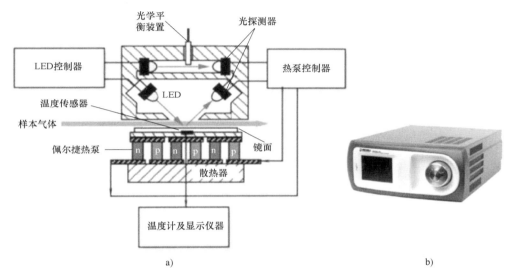

图 14.8　带光桥的冷镜式露点传感器与商用冷镜式湿度计

（由英国剑桥郡 Michell Instruments 公司提供）

a）带光桥的冷镜式露点传感器　b）商用冷镜式湿度计

因为所测量的镜面表面温度可以精确表示实际的露点，所以这种方法被认为是测量水分的最基本、最精确的方法。迟滞现象几乎被消除，灵敏度也达到 0.03℃ DP（露点）。在露点温度，一旦知道了当前温度和压力，所有的湿度参数如 RH、蒸汽压力等就都可以得到了。

这种方法也存在几个问题。一是成本较高，二是存在潜在的镜面污染，三是热泵的能量损耗相对较高。污染问题实际上可以解决，方法是使用粒子过滤器和一种特殊的技术，这种技术将镜面温度缓慢地冷却到露点以下，在快速复温的同时就会液化产生多余的液体，这样就可以冲洗掉污染物，使镜面保持清洁[9]。

14.6.2　光相对湿度传感器

当遭遇水分子时，具有可以改变自身光学性能（偏振、折射和光吸收）功能

421

的材料是光调制相对湿度传感器感应的基础。湿敏传感材料的一个实例是聚乙二醇（PEG）在吸收水分子后折射率发生变化并膨胀[10]，允许相对湿度测量的范围为 10%~95%。PEG 是高度亲水的材料，对湿度没有单调线性响应，但给出了各种湿度下折射率和厚度的不同特征。它经历了一个从半晶状的结构到大约 80% RH 胶体的物理相变。在相变点，PEG 薄膜折射率出现大幅下降以及膨胀急剧增加。如果 PEG 涂层在真空室氢化，氢会消除湿度引发的相变效应。

PEG 涂层被用于制造光强调制器，如图 14.9 所示。该传感器包含一个棱镜，其上表面涂覆有一层 PEG 薄膜。全反射效应使 LED 光源产生的光从涂覆有 PEG 薄膜的上表面反射向光探测器，如图 14.9 中光束 w 所示。PEG 薄膜暴露在样本气体中。

为了说明这个概念，图 14.9 中同时画出了在样本气体中水分子的影响下的三个光学效

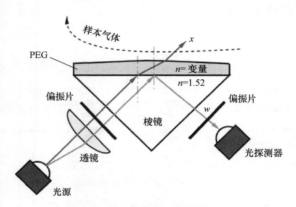

图 14.9　光学湿度传感器的光强调制原理

应。第一个效应是 PEG 膜的膨胀，它会改变从棱镜上平面反射光的量；第二个是 PEG 折射率 n 的变化，其迫使一些光束不反射向光探测器而是折射出上表面，如图 14.9 中的光束 x 所示；最后的效果是 PEG 涂层的光偏振旋转，偏振旋转的概念如图 8.36 所示。在水分子的影响下，从 PEG 膜反射的光线改变其偏振角，因此在通过光探测器附近的偏振滤光片后，其强度即被相对湿度进行了调制。

另一种光学相对湿度传感器可对传感材料的颜色变化作出响应。吸湿材料可以用对相对湿度水平有响应的染料浸渍。将含染料的聚合物材料暴露于空气中以测量相对湿度，由湿度引起的染料光学性质的变化可能是由于染料与聚合物载体膜的缔合或分解形成或由于 pH 值的变化而造成的[11]。在传感器中，带有染料的聚合物被放置在光电耦合器的路径中，使得光强度可以被转换成可变的电信号。

14.7　振荡湿度计

振荡湿度计的工作原理与光学冷镜传感器类似。区别在于露点的测量不是靠表面的光反射率，而是测量冷却板的质量变化。冷却板由很薄的石英晶体制作，是振荡电路的一部分。由于石英板的振荡是基于压电效应的，因此该传感器也获得了另一个名字：压电湿度计。石英晶体与佩尔捷冷却器进行了热耦合（见 4.9.2 节），冷却器可以以很高的精度控制晶体的温度（见图 14.10）。当温度降到露点温度时，

在石英晶体表面就会沉积一层水蒸气。因为晶体的质量改变了，所以振荡器的振荡频率就从 f_0 变为 f_1，新的频率 f_1 与水汽层的厚度有关。频率变化控制流过佩尔捷冷却器的电流，进而改变石英晶体的温度，使其稳定在露点温度。

设计压电湿度计的主要困难是为冷却器和晶体提供足够的热耦合，同时保持小尺寸晶体的机械载荷最小[12]。当然，这种方法可以应用于表面声波传感器（SAW）的使用，类似于图 14.10 所示。

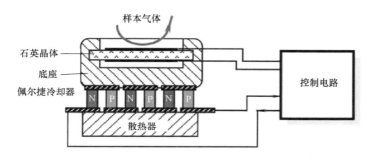

图 14.10　振荡湿度计

14.8　土壤湿度监测器

在农业和地质方面，对土壤的调查研究是很重要的工作。许多土壤湿度监测器是根据电导率测量原理制成的。纯水不是好的导体，因为电流是由溶液中的离子导通的，电导率随着离子浓度的增加而增加。所以，电导率会随水溶解离子的种类而增加，水的典型电导率见表 14.2。

表 14.2　水的典型电导率[①]

去离子水	5.5×10^{-6} S/m
饮用水	$0.005 \sim 0.05$ S/m
海水	5 S/m

① 电导率的单位是西门子 S/m，与电阻率成倒数关系，见 4.5.1 节。

土壤是由以固态、气态和液态存在的大量矿物质和有机物组成的。根据土壤的组成，土壤中水的电导率范围在 $0.01 \sim 8$ S/m 之间，它是影响土壤导电性的主要因素。

目前有几种监测水含量的方法。一种是使用简单的两电极探针，如图 14.11a 所示，通过监测插入到土壤样品中的电极 A 和 B 之间的电压和电流流动来测量土壤电阻率 R_s。许多手持式湿度计使用直流电测量电路，电流 i_s 从电路通过土壤。该电路是一个由上拉电阻 R 和土壤电阻 R_s 组成的分压器。注意，只要使用直流电，电极之间的电容 C_s 就没有差别。如图 14.11b 所示，输出电压清晰地表示了土壤的含水量[13]。然而，这并不是测量土壤电阻率最有效的方式，因为直流电导致电极极化，从而改变了电极-土壤边界电阻，导致长时间使用后的误差。在这样的传感器中，为了防止电解沉积物的积聚，每次使用后都要清洁电极。

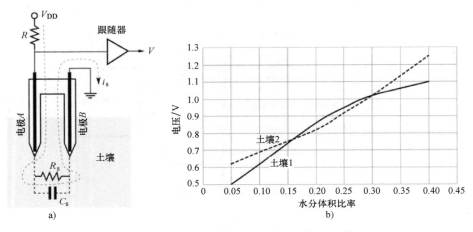

图 14.11　土壤电导率计及其传递函数

a）使用直流电流的土壤电导率计　b）传递函数

　　为了避免电极极化，应使用交流电进行测量，如图 14.12a 所示。一个典型的探头有多个电极，其中一个电流注入电极 A 放置在探头的中心，如图 14.12b 所示，而几个（通常是 3~5 个）返回电极 B 在圆周上并联连接。因此，由电阻 R_s 和电容 C_s 构成的土壤阻抗可以通过在电极 A 和 B 之间通过大约 1kHz 频率的电流 i 来测量。为了从电流中除去可能的直流分量，电容器 C_1 与电阻器 R_1 串联放置，电阻器两端

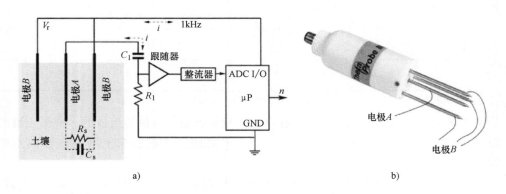

图 14.12　多电极土壤电阻抗监测器及商用 4 电极探针（由英国剑桥郡 Delta-T Devices 公司提供）

a）多电极土壤电阻抗监测器　b）商用 4 电极探针

的电压被整流并送到处理器中，其大小与选定频率下的土壤阻抗有关。

有时，土壤的阻抗测量需要在较深的深度进行，使用接触电极是不切实际的。在这种情况下，需要用电涡流来测量电磁电导率。图14.13a显示了由放置在地面上的线圈在土壤中感应产生的电涡流。线圈由高频振荡器驱动，其工作原理类似于金属探测器，如图8.19所示。不同的是，线圈不是对金属而是会对导电土壤中的环形感应电流产生响应。土壤含水量越高，电涡流越强。根据楞次定律，这些电流将与线圈交流电相对抗，因而可以测量。

另一种使用电涡流的装置如图14.13b所示，它使用两个线圈，分别用于发射和接收。发射线圈位于仪器的一端。它在土壤中感应产生圆形电涡流回路，这些回路的大小与回路出现的土壤的电导率成正比。每一个电流回路产生一个次级感应电磁场，它与电流的大小成正比。该仪器的接收线圈截取了次级感应电磁场的一小部分，并将这些感应信号的和作为输出电压被放大和检测，这与深度加权的非根际土壤电导率有关。接收线圈测量与主磁场不同的次级磁场的振幅和相位，它们与土壤性质（如黏土含量、水含量和盐度）、线圈间距及其与土壤表面的距离有关[14]。

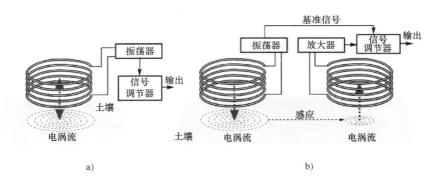

图14.13　单双线圈非接触土壤电磁电导率测量原理

a）单线圈　b）双线圈

参考文献

1. Quinn, F. C. (1985). The most common problem of moisture/humidity measurement and control. In: Moisture and humidity. *Proc. of the 1985 Int. Symp. on Moisture and Humidity* (pp. 1-5). ISA: Washington. DC.

2. Carter, E. F. (1966). Dictionary of inventions and discoveries. In F. Muller (Ed.), *Crane*. New York: Russak and Co.

3. Berry, F. A., Jr. (1945). *Handbook of meteorology* (p. 343). New York: McGraw-Hill Book Company.

4. Sashida, T., et al. (1985, April 15-18). An interchangeable humidity sensor for an industrial hygrometer. In: Moisture and humidity. *Proc. of the Intern. Symp. on Moisture and Humidity*, Washington, DC.

5. Kang, U., et al. (2000). A high-speed capacitive humidity sensor with on-chip thermal reset. *IEEE Transactions on Electron Devices*, *47* (4), 702-710.

6. Carr-Brion, K. (1986). *Moisture sensors in process control*. New York: Elsevier Applied science Publishers.

7. Norton, H. N. (1989). *Handbook of transducers*. Englewood Cliffs, NJ: Prentice Hall.

8. Hilhorst, M. A. (2000). A pore water conductivity sensor. *Soil Science Society of America Journal*,*64*, 1922-1925.

9. Harding Jr., J. C. (1985. April 15-18). A chilled mirror dewpoint sensor/psychrometric transmitter for energy monitoring and control systems. In: *Moisture and humidity. Proc. of the Intern. Symp. on Moisture and Humidity*, Washington, DC.

10. Actkcoz, S., et al. (2008). Use of polyethylene glycol coatings for optical fibre humidity sensing. *Optical Review*, *15* (2), 84-90.

11. Somani, P. R., et al. (2001). Charge transfer complex-forming dyes incorporated in solid polymer electrolyte for optical humidity sensing. *Sensors and Actuators B*, *80*, 141-148.

12. Porlier, C. (1991). Chilled piezoelectric hygrometer. Sensor interface design. In: *Sensors Expo proceedings*, 107B-7. Dublin, NH: Helmers Publishing.

13. Moghaddam. M., et al. (2010). A wireless soil moisture smart sensor web using physics-based optimal control: Concept and initial demonstrations. *IEEE Journal of Selected Topics and Applied Earth Observations and Remote Sensing*, *3* (4), 522-535.

14. Hendrickx, J. M. H., et al. (2002). Indirect measurement of solute concentration: Nonintrusive electromagnetic induction. In J. H. Dane & G. C. Topp (Eds.) *Methods of soil analysis. Part 4* (SSSA Book Ser. 5, pp. 1297-1306). Madison, WI: SSSA.

第 15 章
光探测器

15.1 简介

光是一种由以光速传播的，同相振荡的电场和磁场组成的电磁辐射。电场和磁场的振荡方向相互垂直，并垂直于能量与波的传播方向，如图 5.1a 所示。在电磁学的量子理论中，电磁辐射中包含了光子——所有电磁相互作用的基本粒子。光子虽然以能量团来定义，但是具有波长和频率的特点。图 4.41 所示为电磁波的整个波长（频率）的光谱图。电磁波的分布范围从很短波长的 γ 射线到很长波长的调频无线电或甚至更长的波长。物理学家通常把在紫外光（UV）、可见光和红外光（IR）光谱范围内的电磁辐射称作光。紫外光的波长范围大约在 $10 \sim 380$nm，可见光的波长范围大约在 380（紫光）~ 750nm（红光），而红外光的波长范围在 750nm ~ 1mm 之间。光谱范围在 $3 \sim 20\mu$m 的电磁波称为热辐射，它包含了不会因为温度太低而不能辐射可见光的物体的天然辐射。

光谱范围从紫外光到远红外光的电磁辐射探测器称为光探测器。光电探测器或光传感器吸收光的量子，直接或间接产生电响应。从传感器设计者的角度来看，敏感材料吸收的光子可能会引起量子反应或热反应。因此，所有的光电探测器可以分为量子探测器和热探测器两大类。

量子探测器的探测范围从紫外光到中红外光，而热探测器最有效的探测范围是中红外和远红外光。在室温条件下热探测器的探测效果比量子探测器要好。本章涵盖了这两种探测器的介绍。而对于称为光电倍增管的高敏感光子传感器将在 16.1 节中涉及。

固态量子探测器（光电和光导装置）基于独立光子与半导体材料晶格的相互作用。光电传感器是指产生光响应并输出电压的传感器，光导传感器是指电阻受入射光影响的电阻器。它们的原理是爱因斯坦发现的光电效应，而爱因斯坦本人也因此获得了诺贝尔奖。1905 年爱因斯坦对光的性质做了一个大胆的假设：至少在特定的环境下，它的能量集中在一个限定的束内，后来命名为光子。一个光子的能量为

$$E = h\nu \tag{15.1}$$

式中，ν 为光的频率；$h = 6.626075 \times 10^{-34}$ J · s（或 4.13567×10^{-15} eV · s），为普朗

克常量，它是基于光的波动理论推导出来的。当一个光子撞击到导体表面时，它将释放自由电子。光子能量 E 的一部分能量 ϕ 用来使自由电子从导体表面脱离，另一部分能量变成了电子的动能。光电效应可由式（15.2）表示

$$h\nu = \phi + K_m \tag{15.2}$$

式中，ϕ 为逸出功；K_m 为最大逸出动能。

同样的过程也会发生在受辐射的 PN 结上：光子把它的能量传递给电子，如果能量足够高的话电子就会自由移动，形成电流。如果能量不足以释放电子，光子的能量将只转化为热量。

晶体材料的周期性晶格把自己的电子限制在一定能量带范围之内。无掺杂材料内的电子能量必须被限制在其中一个能量带中，这些能量带由能隙或禁能带划分，即电子只能具有"特定"的能量。在一定条件下，电子可以通过禁能带进入相邻的能带。

如果具有特定波长的光 [具有足够能量的光子，见式（15.1）] 撞击半导体晶体，那么晶体内的载流子浓度（单位体积中的电子和空穴数）就会增加，这表现在导体电导率的增加

$$\sigma = e(\mu_e n + \mu_h p) \tag{15.3}$$

式中，e 为电子电荷量；μ_e 为电子迁移率；μ_h 为空穴迁移率；n 和 p 分别为电子浓度和空穴⊖浓度。

图 15.1a 所示为半导体材料的能量带，E_g 为禁能带（能隙）大小，单位为 eV。下面的带称为价带，被晶体内特定晶格格位对应的价电子占据。在硅或锗中，它们是构成晶体内部原子力的共价键的一部分。上面的带称为导带，它代表在晶体内可以自由移动的电子。在这个能量带内的电子数决定了材料的电导率。这两个能量带被能隙隔开，能隙的宽度决定了材料是半导体还是绝缘体。晶体内的电子数目正好完全填满价带内所有的空穴。在没有热激发的情况下，绝缘体和半导体有着相同的

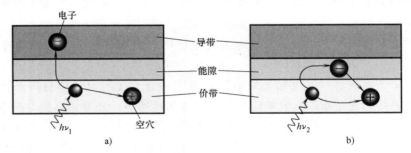

图 15.1　半导体分别在高能和低能状况下的光电效应
a) 高能　b) 低能

⊖　空穴是指在原子或原子晶格中可能存在的电子缺失。

结构——价带是被完全填满的，导带是完全空的。在这种设想的条件下，理论上两者都不会有导电性。

金属内部的价带并不是完全充满的，因此电子可以在材料内部自由移动，金属具有很高的电导率。相反，在绝缘体和半导体中，电子首先要通过能隙才能到达导带，因此电导率的数量级就比较低。例如绝缘体，其能隙通常是 5eV 或者更高，然而半导体明显要小（见表 15.1）。注意，如果激发光电效应所用光的波长越长（光子频率越小），产生光电效应所需要的能量就越少。

表 15.1　不同半导体的能隙和最长可探测波长

材料	能隙/eV	最长可探测波长/μm	材料	能隙/eV	最长可探测波长/μm
SiC	2.0 ~ 7.0	0.18 ~ 0.62	GaAs	1.43	0.86
C（金刚石）	5.5	0.22	Si	1.12	1.10
BN	5.0	0.25	Ge	0.67	1.85
NiO	4.0	0.31	PbS	0.37	3.35
ZnS	3.6	0.34	InAs	0.35	3.54
GaN	3.4	0.36	Te	0.33	3.75
ZnO	3.3	0.37	PbTe	0.3	4.13
CdS	2.41	0.52	PbSe	0.27	4.85
CdSe	1.8	0.69	InSb	0.18	6.90
CdTe	1.5	0.83	—	—	—

频率为 ν_1 的光子撞击晶体时，它的能量高到足够使电子脱离价带，通过能隙进入更高能量的导带。在导带中电子自由移动成为载流子。在价带内由于缺失自由电子产生的空穴同样也是载流子。这使得材料的电阻率降低。相反，如图 15.1b 所示，频率（ν_2）较低的光子没有足够高的能量使电子通过能隙，能量以热能的形式被释放，没有产生载流子。

能隙是一个临界带，在其以下材料不具备光敏特性。但是这个临界带周围材料的特性并不是突变的。整个光子激发过程符合动量守恒定律。处于价带和导带中心的空穴-电子晶格格位的动量和密度都较高，而分别在其上界和下界降为 0。因此，被激发的价带电子在导带中找到具有相同动量的晶格格位的可能性在中间最高，边界最低。所以，材料对光子能量的响应从 E_g 逐步增加到最大值，然后又逐步降为 0，此时光子能量等于价带下界到导带上界的能量差。

半导体材料的典型光谱响应如图 15.2 所示。通过加入各种杂质，基体材料的光谱响应是可以改变的。这些杂质可以用来重塑和改变材料的光谱响应。所有这些直接将电磁辐射的光子转变成载流子的装置都称为量子探测器，它们通常加工成光敏二极管、光敏晶体管或者光敏电阻器的形式。

当比较不同光电探测器性质的时候，通常需要考虑以下几个方面：

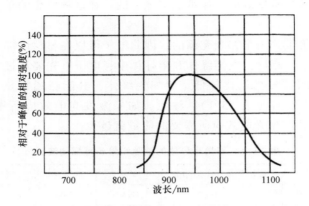

图 15.2　近红外光敏二极管的光谱响应曲线

1）噪声等效功率 NEP。它相当于入射光量除以探测器的固有噪声级。换句话说，它指的是信噪比为 1 时所对应的入射光功率（light level）。由于噪声级和带宽的平方根成比例，所以 NEP 的单位是 $W/\sqrt{Hz}$。

$$NEP = \frac{\text{噪声电流}(A/\sqrt{Hz})}{\lambda_p \text{ 时的辐射灵敏度}(A/W)} \tag{15.4}$$

2）探测率 D^*。它是探测器敏感面积为 $1cm^2$，噪声带宽为 $1Hz$ 的探测率。

$$D^* = \frac{\sqrt{\text{面积}(cm^2)}}{NEP} \tag{15.5}$$

探测率 D^* 是另一种测量传感器信噪比的方法。探测率 D^* 在整个工作频率的光谱范围内并不是一致的，因此必须指定光谱含量。探测率 D^* 的单位是 $cm \cdot \sqrt{Hz}/W$，即探测率 D^* 越大，探测器性能越好。

3）红外截止波长 λ_c。它是指光谱响应的长波长限制，且经常表示为使探测率从最大值降低 10% 时的波长。

4）最大电流。它针对稳定电流下工作的光导探测器（如 HgCdTe），要求工作电流不能超过最大电流。

5）最大反向电压。它针对锗和硅光敏二极管或光敏导管。超过这个电压就会导致传感器故障或者性能的严重衰退。

6）辐射响应率。它是指在特定波长下输出光电流（或输出电压）与入射光功率的比值，单位为 A/W 或 V/W。

7）光敏二极管的暗电流 I_D。它是二极管在完全黑暗的情况下施加反向电压时的泄漏电流。该电流一般取决于温度，数量级变化范围从皮安到微安。每上升 10℃，暗电流约增加一倍。

8）视场 FOV。它是传感器能够感受光辐射源的空间范围。

9）结电容 C_j。它类似平行板电容。当存在高速响应时，必须考虑结电容，C_j 的大小会随着反相偏置电压一同下降并且二极管面积越大，结电容就越大。

15.2　光敏二极管

光敏二极管是半导体光学传感器，从广义上说，它还包括太阳能电池。不过，这里我们只考虑这些器件的信息方面而非能量转换。光敏二极管的工作原理可以简单描述如下。

如果 PN 结是正向偏置的（电源的正极连在 P 极），并用适当频率的光照射，相对于暗电流来说，电流增加将会很小。换而言之，由电源引起的偏置电流比用光照产生的电流要大得多，这里二极管仅仅是一个普通的二极管，不具备感光能力。

如果反向偏置（见图 15.3），当光照射到半导体时，电流将会明显增加。光子碰撞在 PN 结两侧产生电子-空穴对。当电子进入导带，他们将涌向电源的正极。同时产生的空穴涌向负极，意味着光电流 i_p 在整个网路中流动。在黑暗的情况下，暗电流 i_0 不受外施电压的约束，主要基于载流子的热生成。这是一种杂散电流，应该尽可能小。反向偏置光敏二极管的电气等效电路（见图 15.4a）包含两个电流源和一个 RC 网络。

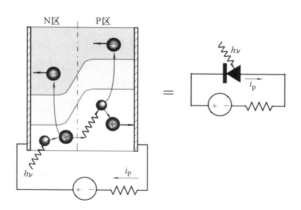

图 15.3　作为能带的光敏二极管的结构（电源的正极连二极管的负极）

光学探测的过程包括将光能（以光子的形式）直接转化为电能（以电子的形式）的过程。如果一个能量为 $h\nu$ 的光子在探测中产生一个自由电子的可能性为 η，那么对于一束光功率为 P 的入射光束，自由电子产生的平均速率 $\langle r \rangle$ 可表示为[1]

$$\langle r \rangle = \frac{\eta P}{h\nu} \tag{15.6}$$

在稳定的平均速率 $\langle r \rangle$ 下，一定时间内由入射光束激发产生的自由电子数目

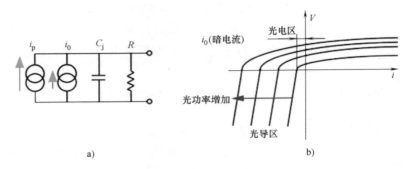

图 15.4　光敏二极管的等效电路及其伏安特性

a）等效电路　b）伏安特性

按时间随机分布且服从泊松分布，所以在测量间隔 τ 内产生 m 个电子的可能性为

$$p(m,\tau)=(\langle r\rangle\tau)^{m}\frac{1}{m!}e^{-\langle r\rangle\tau} \tag{15.7}$$

　　涉及光学探测的这些数据对于确定最小可探测信号等级以及传感器最终灵敏度非常重要。但是，此时我们仅注意到电流和入射到探测器上的光功率是成正比的，即

$$i=\langle r\rangle e=\frac{\eta eP}{h\nu} \tag{15.8}$$

式中，e 为一个电子的电量。

　　输入功率变化 ΔP（如由于传感器的强度调制引起）会导致输出电流改变 Δi。由于功率与电流的平方成正比，因此探测器电功率输出随输入光功率的平方而变化，因此它成为一个"平方律"的光功率探测器。

　　典型光敏二极管的伏安特性如图 15.4b 所示。如果我们把一个高输入阻抗的伏特表连在二极管上（相当于 $i=0$ 的情况，沿 y 轴），会观察到随着光功率的增加，电压呈非线性变化。事实上，这种变化是成对数关系的。在短路情况下（$V=0$，沿 x 轴），比如，当二极管被连在一个电流-电压转换器上（见图 15.6a），电流随光功率呈线性变化。光敏二极管的电流随电压的变化表示为[2]

$$i=i_0(e^{eV/k_bT}-1)-i_s \tag{15.9}$$

式中，i_0 为电子-空穴对热扩散形成的反向暗电流；i_s 为探测光信号产生的电流；k_b 为玻尔兹曼常数；T 为绝对温度。

　　联立式（15.8）和式（15.9）可得

$$i=i_0(e^{eV/k_bT}-1)-\frac{\eta eP}{h\nu} \tag{15.10}$$

　　这就是光敏二极管的总体特性。直接把光能转换成电能的效率是很低的，通常为 5% ~ 10%。但是，据报道一些实验用的光电池的转换效率可以高达 90%。当然，在传感器技术领域内，光电池还没有被广泛应用。

光敏二极管可以工作在两种模式：光导（PC）模式和光电（PV）模式。光电模式不加偏转电压。结果是没有暗电流，仅仅有热噪声。这保证了在低光级下会有更好的灵敏度。但是，由于 C_j 的增加，速度响应会变差，对波长较长的光的速度响应也会降低。

图 15.5a 所示为光敏二极管以光电模式连接。在这个电路中，二极管作为一个发电装置，在等效电路中用电流源 i_p 来表示（见图 15.5b）。负载电阻 R_b 决定了加在放大器输入端的电压，负载特性曲线的斜率与这个电阻成比例关系（见图 15.5c）。

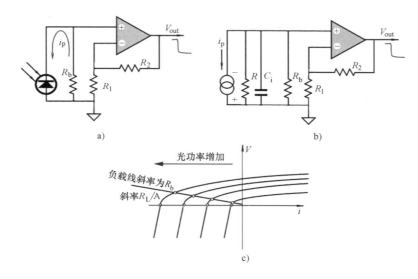

图 15.5　基于光电效应的光敏二极管和同向放大器相连及其等效电路和负载特性曲线
a）和同向放大器相连　b）等效电路图　c）负载特性曲线

当光敏二极管用于光电模式时，大容量的 C_j 将会限制电路的速度响应。如图 15.5a 所示，当直接和电阻负载相连的时候，光敏二极管将会表现出主要由其内部电容 C_j 造成的带宽限制。图 15.5b 所示为其等效电路，说明了带宽限制的原理。光敏二极管主要作为一个电流源。一个大电阻 R 和二极管电容与电源并联分流。大部分情况下，电容的变化主要取决于二极管的面积，它的大小范围为 2~20000pF。与该分流部分并联的是放大器的输入电容（图 15.5b 中未画出），形成一个组合输入电容 C。净输入网络决定了虚拟低通滤波器输入电路的响应衰减。

为了避免输入电容的影响，需要改变电阻两端的输入电压来阻止它向电容充电。可以通过采用图 15.6a 所示的电流-电压放大器来实现。该放大器和它的反馈电阻 R_L 把二极管的电流转化成一个被缓冲的具有良好线性特性的输出电压。图 15.6a 上附加的反馈电容 C_L 提供相位补偿。一个理想的放大器两个输入端电压相等（如图 15.6a 中所示接地），因此反相输入端为"虚地"，因为它没有直接与地相连。光敏二极管两端接零电势点，这将提高响应的线性度并且阻止对二极管电容充电。

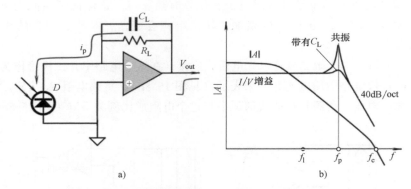

图 15.6 电流-电压转换器的应用及其频率特性

a）应用 b）频率特性

事实上，放大器的开环增益 A 很大但是有限，它通过在二极管的两端加载小但非零的电压来限制其性能。截止频率为

$$f_p = \frac{A}{2\pi R_L C} \approx A f_1 \tag{15.11}$$

式中，A 为放大器的开环增益。

因此，截止频率随 A 和 f_1 的增加而以 A 倍增加。应该指出，当频率增加时，增益 A 降低，和光敏二极管连接的虚拟负载具有电感特性。这是由增益 A 的相位改变产生的。在大多数放大器的有效频率范围，A 有一个 90° 的相位滞后。通过放大器 180° 的相位翻转把它变成 90° 的相位提前，这是感抗所特有的。感应负载与输入电路的电容在一定频率 f_p 下产生共振（见图 15.6b），将会导致振荡响应（见图 15.7）或者回路的不稳定。为了恢复稳定，将一个补偿电容 C_L 与反馈电阻相并联。电容的大小为

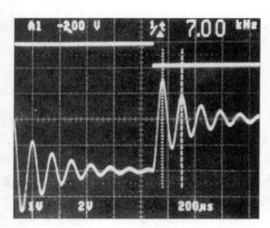

图 15.7 具有无补偿电路的光敏二极管的响应

（由 Hamamatsu Photonics K. K 提供）

$$C_L = \frac{1}{2\pi R_L f_p} = \sqrt{C C_c} \tag{15.12}$$

式中，$C_c = 1/(2\pi R_L f_c)$，f_c 为运算放大器的单位增益下的交叉频率。

电容器通过分流电阻 R_L，使得反相输入在较高频率时的信号提高。

当使用二极管检测低光级的光时，本底噪声是必须要考虑的。光敏二极管中的噪声主要由两部分组成：散弹噪声和约翰逊噪声（见 6.7.1 节）。除了传感器，接口放大器和辅助元件的噪声也应该考虑在内。

在光导模式下，光敏二极管采用反向偏置电压。此时具有更宽的耗尽区、更低的结电容 C_j、更低的串联电阻、更短的上升时间以及在较广的光强范围内光电流的线性响应。但是，随着反向偏置电压的增加或者暗电流的增加，散弹噪声增加。光导模式电路图如图 15.8a 所示，二极管负载特性如图 15.8b 所示。反向偏置电压让负载曲线位于第三象限，这里的响应线性度比光电模式下（第二象限）要好。负载线穿过电压轴上电压为偏置电压 E 的点，该线的斜率与放大器的开环增益 A 成反比。在这种模式下，光敏二极管起光敏电阻的作用。光导模式提供了数百兆赫的带宽，同时信噪比增加。

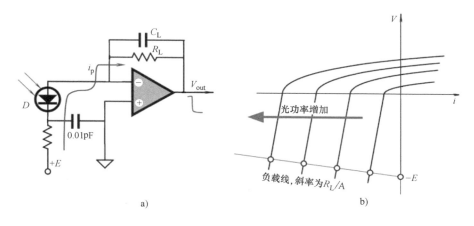

图 15.8　光敏二极管的光导模式

a）电路图　b）负载特性

目前，光敏二极管及其接口电路可以作为一个整体，称为光-电压转换器。如图 15.6 所示，该集成电路包括一个光敏二极管和电流-电压转换器。TAOS 公司（www.taosinc.com）的 TSL257T 设备就是这样一个例子，其主要运行在 400~800nm 的可见光谱范围内的。

15.3　光敏晶体管

光敏二极管能直接将光子转换成载流子，准确地说是将每个光子转换成一个电子和一个空穴（电子空穴对）。光敏晶体管也能实现相同功能，并且能提供电流增益，所以它比光敏二极管有更高的灵敏度。集电极-基极为一个反向偏置二极管，其工作原理如前文所述。如果晶体管接入有源电路，光感应电流就会流经整个回路，包括基极-发射极区域。电流由光敏晶体管放大，使集电极电流显著增大，放大方式和普通的晶体管相同。

光敏晶体管的能量带如图 15.9 所示。光感应基极电流经发射极和外部电路返回集电极。这样，电子由发射极提供给基极，然后经电场作用进入集电极。光敏晶体管的灵敏度是集电极-基极二极管量子效率和晶体管直流增益的函数。因此，整体灵敏度是集电极电流的函数。

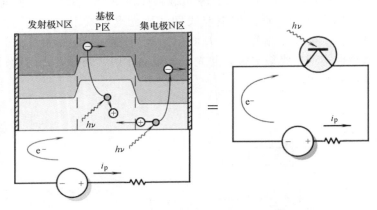

图 15.9　光敏晶体管的能量带

当周围温度变化时，集电极电流以大约 0.00667A/℃ 的正斜率线性变化。该温度系数的大小主要是电流增益随温度增加的结果，因为集电极-基极光电流温度系数只有 0.001A/℃ 左右。集电极的电流-电压特征和传统的晶体管非常相似。这表示除了要将基极作为集电极产生的光电流的输入端之外，光敏晶体管电路可以按照常规晶体管的电路设计规则进行设计。实际载流子聚集在集电极-基极区域，区域越大，聚集的载流子越多，因此光敏晶体管提供了大面积区域来接收光。

光敏晶体管可以有两个管脚或者三个管脚。如果是三脚的，基极管脚是可用的，无论是否有光感特性，晶体管都可以作为标准双极晶体管使用，这给设计师设计电路时提供了更大的灵活性。但是，作为专用的光敏元件，最常用的还是二管脚光敏晶体管。

当晶体管的基极悬空时，其等效电路如图 15.10 所示。C_c 和 C_e 分别代表基极-集电极电容和基极-发射极电容，它们是限制反应速度的因素。光敏晶体管的

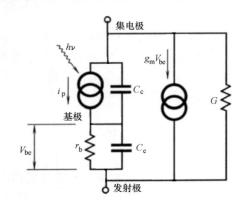

图 15.10　光敏晶体管的等效电路

最大响应频率为

$$f_1 \approx \frac{g_m}{2\pi C_e} \qquad (15.13)$$

式中，f_1 为当前的增益带宽积；g_m 为晶体管的正向跨导。

　　如果光电探测器需要较高的灵敏度，同时又不需要较高的反应速度，那么可以使用集成达林顿（Darlington）探测器。该探测器由光敏晶体管组成，晶体管的发射极耦合到一个常规双极性晶体管的基极。由于达林顿探测器的电流增益等于两个晶体管的电流增益之积，因此该电路是制作灵敏光探测器的有效方法。

15.4　光敏电阻

　　光敏电阻，就像光敏二极管一样，是一种光电元件，其阻值 R_p 是入射光的函数。光敏电阻最常用的材料是硫化镉（CdS）和硒化镉（CdSe），它们都是阻值随表面光照变化的半导体。与光敏二极管和光敏晶体管不同的是，光敏电阻并不产生光电流，其光电效应体现在材料阻值随光照的变化，因此光敏电阻工作时需要一个电源（激励信号）。图 15.11a 所示为光敏电阻的原理图。正负电极分别安置在光导体的两端。在黑暗的环境下，材料的电阻很高。因此，外加电压 V 引起的很小的暗电流是温度效应的结果。当光照射在表面时，电流 i_p 便在电极和电池之间产生。

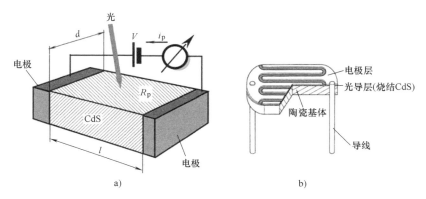

图 15.11　光敏电阻的原理和具有蜿蜒形状的塑料封装的光敏电阻
a）光敏电阻的原理　b）具有蜿蜒形状的塑料封装的光敏电阻

　　电流增加的原因如下：在晶体的导带下是一个施主能级，价带之上是一个受主能级。在黑暗中，电子以及空穴被限制在晶体中，导致半导体的高阻抗。当光敏电阻受到光照时，价带中的电子吸收光子能量后跃迁到导带，成为自由电子，同时在价带中产生空穴，材料的导电性增强。在价带附近，有一个单独的受主能级，它捕获自由电子的能力不像捕获空穴那么容易，因此降低了电子和空穴再次结合的可能性，导带中自由电子的数量因此也较高。由于 CdS 有 2.41eV 宽的能隙，吸收波长限 $\lambda = c/\nu \approx 515nm$，属于可看见光范围。因此，CdS 可检测出的光的波长比 515nm 的波长短（紫色、蓝色和绿色）。不同的光导体具有不同的吸收波长限。例如，CdS 在短波长范围灵敏度最高，而 Si 和 Ge 在近红外范围内效率最高。

半导体的电导由式（15.14）给出

$$\Delta\sigma = ef(\mu_n\tau_n + \mu_p\tau_p) \qquad (15.14)$$

式中，μ_n 和 μ_p 分别为自由电子和空穴的运动系数，单位为 cm/（V·s）；τ_n 和 τ_p 分别为自由电子和空穴的寿命，单位为 s；e 为电子电量；f 为每秒钟单位体积内产生的载流子的数量。

对于 CdS 单元，$\mu_n\tau_n \gg \mu_p\tau_p$，所以自由空穴引起的电导可以被忽略。这种传感器是 N 型半导体，因此可得

$$\Delta\sigma = ef\mu_n\tau_n \qquad (15.15)$$

我们可以定义光敏电阻的敏感性 b 为一个光子产生的电子数量（直到载体寿命结束），即

$$b = \frac{\tau_n}{t_t} \qquad (15.16)$$

式中，$t_t = l^2/V\mu_n$ 为传感器电极之间传输电子的时间，l 为电极之间的距离，V 为外加电压。

然后，我们可以得到

$$b = \frac{\mu_n\tau_n V}{l^2} \qquad (15.17)$$

例如，$\mu_n = 300cm^2/（V·s）$、$\tau_n = 10^{-3}s$、$l = 0.2mm$、$V = 1.2V$，则灵敏度 b 为 900，这意味着一个光子可以释放 900 个传导电子，使光敏电阻像一个光电倍增器那样工作。实际上，光敏电阻是一种非常灵敏的器件。

可以看出，为了获得更好的灵敏性并降低内部的阻抗，应该减小电极之间的距离 l，增加传感器的宽度 d，因此传感器的尺寸应该是宽而短的。实际应用中可以把一个传感器做成蜿蜒的形状（见图 15.11b）。

根据制造工艺的不同，光敏电阻单元可以分为烧结型光敏电阻、单晶型光敏电阻和浓缩型光敏电阻。其中，烧结型光敏电阻有更高的灵敏度，也更容易制造出大的感应面积，并最终制造成更低成本的装置。生产 CdS 电阻包括以下步骤：

1）将高度纯净的 CdS 粉末与适量的杂质和助熔剂混合。

2）将混合物溶解在水中。

3）将糊状的溶液涂在一个陶瓷基体的表面并且让其干燥。

4）陶瓷部件放在高温箱中烧结形成多晶结构。在这个阶段，形成光导层。

5）附上电极层和管脚（终端）。

6）将传感器封装在塑料或金属外套中，有或没有窗口都行。

可以对第 1 步中的粉末进行变动以调整光敏电阻的光谱响应。例如，加入硒化物甚至替换 CdS 为 CdSe 可以使光谱响应向更长的波长（橙色和红色）转移。

图 15.12 所示的两个电路展示了光敏电阻是如何应用的。图 15.12a 所示为一个自动照明开关电路，当光照强度下降时，开关工作，将灯打开，二极管的两端电压增加，允许三端双向可控硅开关导通。图 15.12b 所示为一个带有非稳态多谐振荡器的信号灯控制电路，在黑暗中当光敏电阻的阻值变高，停止对右边晶体管基极的分流时起作用。在这两个电路中，光敏电阻阻值随光照强度改变而改变。注意，在这两个电路中，负载灯应与光敏电阻隔离，否则负载灯将向光敏电阻提供正反馈，电路开始虚假振荡。

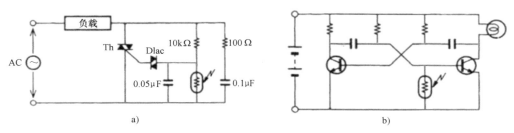

图 15.12　光敏电阻的应用（由 Hamamatsu Photonics K. K 提供）

a）照明开关　b）信号灯

15.5　冷却式探测器

对辐射光子能量在 2eV 或更高值范围内的物体进行测量，通常使用室温状态下的量子探测器。能量越小（波长较长），就需要半导体的能隙越窄。不过，即使量子探测器的能隙足够小，室温条件下它的固有噪声远高于光导信号。换而言之，探测器将仅仅感测它自身的热辐射，而有用信号会淹没在噪声中。噪声等级取决于温度，因此，当检测波长较长的光子时，信噪比可能会变得很小，以至于不可能完成精确的测量。这就是探测器在中、远红外光谱范围工作时，不仅应该有足够窄的能隙，而且其温度要降低到一定的水平使其固有噪声减小到一个可以接受的等级的原因。图 15.13 所示为在合理工作温度下一些探测器的典型光谱响应。

除了工作温度更低和工作波长更长外，低温冷却式探测器的工作原理和 15.4 节所述的光敏电阻相同。因此，传感器在设计上将大不相同。基于所需灵敏度和工作波长，该类型传感器常用到硫化铅（PbS）、砷化铟（InAs）、锗（G）、硒化铅（PbSe）、碲镉汞（HgCeTd）等晶体。

冷却改变了对长波长的响应并且提高了灵敏度。但是，PbS 和 PbSe 在冷却条件下的响应速度会变慢。冷却方式包括使用干冰、液氮或者液氢的杜瓦瓶（见图 15.14），或者是基于佩尔捷效应的热电冷却器（见 4.9.2 节）。

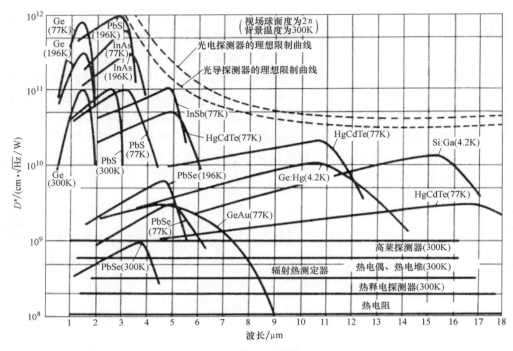

图 15.13　一些探测器的典型光谱响应

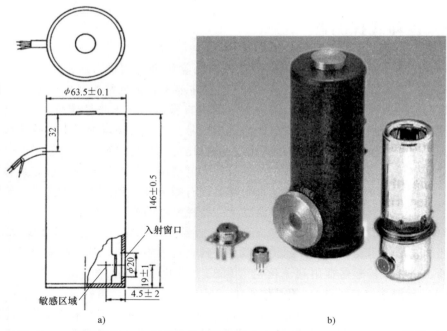

a)　　　　　　　　　　　　　b)

图 15.14　低温冷却 MCT 量子红外探测器（由 Hamamatsu Photonics K. K. 提供）

a）一个杜瓦类型探测器的三维图（单位为 mm）　b）杜瓦瓶和杜瓦型探测器的外形

例如，表 15.2 列出了 MCT 光导探测器的典型规格，MCT 表示敏感元件为碲镉汞类型。

表 15.2　MCT 光导探测器的典型规格

敏感区域 /mm	温度 /℃	l_p /μm	l_e /μm	FOV /(°)	暗电阻 /kΩ	上升时间 /μs	最大电流 /mA	l_p 时的 D^* /(cm·$\sqrt{Hz}$/W)
1×1	−30	3.6	3.7	60	1	10	3	10^9
1×1	−196	15	16	60	20	1	40	$3×10^9$

低温冷却量子探测器的应用包括测量较广光谱范围的光功率，热力学温度测量与热成像，含水量检测以及气体分析。

图 15.15 展示了各种气体分子的光谱吸收范围。水分子吸收波长为 1.1μm、1.4μm、1.9μm 和 2.7μm 的光。该气体分子仪利用红外光谱范围内的光吸收，利用该原理可以制作分光光度计以测量气体密度。还可以用类似传感器来测量汽车尾气（CO、HC、CO_2）、排放控制（CO、SO、NO_2）以及检测燃料泄漏（CH_4、C_3H_2）等。另一方面，当测量超过可感知距离的红外辐射时，应该考虑空气湿度，因为水分子会在特定波长处吸收红外光。注意，光谱气体分析并不一定必须使用冷却式量子探测器进行。现代热红外室温探测器具有等同的效率，并且使用起来更方便。这些探测器（热电堆和辐射热探测计）将在 15.8.3 节和 15.8.5 节中分别介绍。

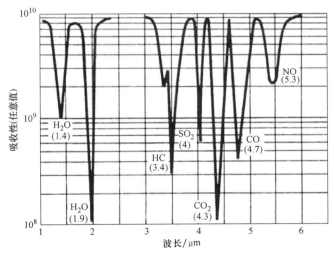

图 15.15　气体分子的光谱吸收范围

15.6　可见光范围的成像传感器

电荷耦合器件[⊖]（CCD）和互补金属氧化物半导体（CMOS）成像传感器，是

[⊖] Willard S. Boyle 和 George E. Smith 在 1969 年发明了 CCD，两人也因此获得了 2009 年诺贝尔奖。

目前用于在可见光谱范围内捕获数字图像的两种不同技术。两者都因其特有的优点和缺点，在不同的应用领域发挥着优势。

这两种类型的传感器都是将光转换成电荷，并处理成电子信号的传感器。在CCD传感器中，每个像素的电荷通过数量非常有限的输出节点（通常仅一个）转换为电压，经过缓冲后作为模拟信号发送到芯片外。然后，该模拟信号由一个外部的A-D转换器将其数字化。所有的像素都可以用于光捕获，且输出一致性（影响图像质量的关键因素）高。在CMOS传感器中，每个像素都有自己的电荷-电压转换器，并且传感器通常还包括放大器、噪声校正及数字化电路，使该芯片输出数字位。这些额外的功能增加了设计的复杂性并减少了可用于光捕获的区域面积。由于每个像素都有独立的转换过程，因此一致性较低。但该芯片需要的外围电路较少。

CMOS成像器有更高的集成度（芯片上具备更多功能），更低的功耗（芯片级），且其可能的系统尺寸更小，但它们往往需要在图像质量和设备成本之间进行权衡。CMOS摄像头可能需要更少的组件和更低的功耗，但它们普遍需要配套芯片，以优化图像质量，这样既增加了成本又降低了其低功率所带来的优势。CCD与CMOS设备相比不太复杂，所以它们的设计成本更低。CCD制造工艺也往往更加成熟和优化。在特定的高性能应用中，CCD比CMOS成像器成本更低（在设计和制造产生两方面）。如何选择主要取决于应用和供应商而不是技术。

CCD和CMOS成像器都是在20世纪60年代末和70年代初发明的。CCD成为主流，主要是因为它们可以在制造技术允许的条件下提供更优的图像。CMOS图像传感器需要更高的一致性和较小的外形，当时硅晶圆工厂还不能生产。如今，CMOS重新被人关注的原因是其低功耗，相机芯片的集成度，以及较低的制造成本。CCD的功耗比同等的CMOS传感器高100倍。

如果设计得当，CCD和CMOS成像器均可提供出色的成像性能。在摄影、科学及工业应用等需要高图像质量（如量子效率和噪声测量）的领域，CCD可以以牺牲系统大小为代价为其提供性能基准。天文学家认为CCD具有高量子效率（QE），这意味着实际上有很大比例的入射光子可被检测到。照相底片每100个光子可能会捕捉1个，而现代CCD每100个光子可以捕捉80个。这样就可以大幅减少曝光时间。CCD本质上也是线性的，这意味着它们产生的信号与收集到的光子量成正比，因此能更加容易地计算出曝光时间中击中检测器的光子数。

15.6.1 CCD 传感器

CCD芯片被分成了许多像素点。每个像素都有一个势阱（potential well），用来收集光电效应产生的电子。每个像素曝光（帧）结束时，已收集的电子量（即电荷）与击中它的光子量成正比。然后，CCD经过"同步（clocking）"过程，利用施加在芯片上的周期性时钟电压将数据读出。受CCD结构的影响，时钟会导致某一像素中的电荷被转移到相邻的像素上。要了解整个芯片如何工作，可以参考下文杰罗姆·克里斯蒂安的分析，如图 15.16 所示。

图 15.16　CCD 工作原理分析

在图 15.16 中，雨滴表示射入的光子，CCD 芯片是由桶组成的二维阵列。每个桶代表一个像素，它所收集的水是由光电子产生的电荷积聚。一旦雨停了（快门关闭时），输送带将一列桶向下移动一行（门时钟）。阵列边缘水桶中的水注入水平输送带的桶中。此传送带将桶中的水一次一个地倒入带刻度的秤上的容器中测量。每个桶中水的体积被测量并被四舍五入至最接近的整毫升数［对应到 CCD 的数字输出中即每个像素的计数，或模数单元（ADU）的数量］。然后，重构阵列上的雨量分布形成图像。

大部分 CCD 都有面元划分设置，可使其以稍微不同的方式读出数据。当使用面元划分时，像素块组合在一起成为"超级像素"。每个超级像素可以看作一个大像素，并且具有几种不同的输出结果。因为进行了较少的实际电子量测量，读数更快。每个超级像素也更加灵敏，因为在一个给定的曝光时间中它可以收集更多的光子，但分辨率变低。

15.6.2　CMOS 传感器

与 CCD 类似，CMOS 成像器是由硅制成的，但顾名思义，它们的制作处理方式称为 CMOS。这种工艺是当今制作处理器和存储器最常见的方法，这意味着 CMOS 成像器可以利用高容量设备所带来的制造工艺和成本方面的优势。由于采用与处理器、存储器等主要部件一样的制作工艺，CMOS 成像器可以和这些相同工艺的组件集成到一块硅片上。同 CCD 类似，CMOS 成像器包括光敏二极管（PD）阵列，每个二极管对应一个像素。然而，与 CCD 不同的是，CMOS 成像器中的每个像素具有单独的内部集成放大器（见图 15.17）。由于每个像素都有自己的放大器，因此这种像素被称为"有源像素"。此外，CMOS 成像器上的每个像素可直接在 x-y 坐标系上读出，而不是通过 CCD 中的"桶链"过程。这意味着，CCD 像素传送电荷时每个 CMOS 像素可直接检测到光子并将其转换为电压，并将该信息输出。由于 CMOS 像素旁边有一个附加电路，因此 CMOS 芯片的光敏度会降低。许多到达芯片的光子撞击电路而不是光敏二极管。

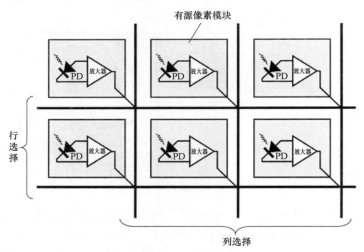

图 15.17　CMOS 成像传感器的组成

15.7　UV 探测器

15.7.1　材料与设计

正如前文提到的一样，紫外光的电磁辐射光谱范围为 10～380nm。其中 10～200nm 的短波长紫外光光子存在于太空，并被地球大气层，尤其是氧分子强力地吸收。波长范围在 100～280nm 的 C 波段紫外光被大气层中的臭氧强力地吸收掉，它能够破坏微生物以及其他活体细胞。B 波段紫外光（波长为 280～315nm）是会被臭氧吸收的中波紫外光，而 A 波段紫外光是一种波长在 315～380nm 的弱紫外光，也被称为近紫外光，这个波长范围的紫外光能被昆虫和鸟类看见。我们眼睛的晶状体阻挡了大多数波长在 300～400nm 的紫外光，所以人类不能观察到紫外光，同时更短波长的紫外光则被角膜阻挡。

与可见光相比，紫外光具有更高能量级的特点［见式（15-1）］，从而使其能够被量子探测器所感应。为了调整量子探测器的光谱响应，我们把禁能带作为一个滤光器。能量更强的光子（UV）越过这个禁能带，而能量较弱的光子（可见光和红外光）被阻止进入导带（见图 15.1）。这表明在紫外光敏感元件的半导体材料选择中，元件材料的能带应尽可能宽来避免探测到可见光。

表 15.1 列出了可用于在 A、B、C 波段紫外光波长范围内进行探测的半导体材

料，如 NiO、ZnO、ZnS。SiC 能适用于探测一个很宽的紫外光光谱范围（见图 15.18）。UV 探测器的设计与可见光光敏二极管的设计相似，但是它的窗口或透镜须使用对紫外光透明的材料来制造。图 5.5 显示了石英对于波长范围低于 0.5μm 的紫外光近乎透明。然而，厂家经常采用涂覆滤光层来限制其透明度从而达到理想效果。大多数的 UV 探测器是在特定的紫外光波长范围内能提高响应的光敏二极管。

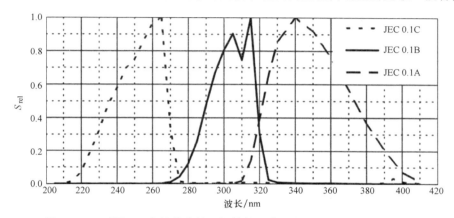

图 15.18　不同 SiC 紫外线光敏二极管的正常（相对于最大）光谱响应

（摘自 Laser Components 公司）

15.7.2　雪崩 UV 探测器

气体火焰探测在安全以及火灾防护系统中十分重要。在许多方面，它比烟雾探测器用来探测火灾更加灵敏，尤其是在烟雾浓度可能还未达到警报阈值的户外。

运用火焰的光谱位于紫外光的光谱范围之内的特性来检测燃烧气体的方法是可行的（见图 15.19）。在穿过大气层后，阳光里波长低于 250nm 的紫外光大部分会

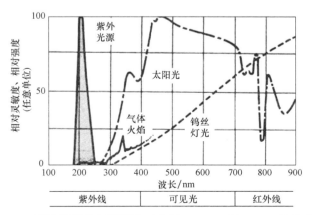

图 15.19　不同光源的电磁频谱（由 Hamamatsu Photonics K. K 提供）

被滤掉，而气体火焰包含波长低至 180nm 的紫外光组分。这使得设计一个具有选择性地对火焰中的紫外光光谱范围敏感但对太阳光和电灯光不敏感的窄带宽元件成为可能。

图 15.20a 所示的器件即为这样一个例子。该器件是一个运用了金属光电效应和气体倍增效应的 UV 探测器（见 16.2 节）。这种探测器是一个装满稀有气体的管子。对紫外光透明的石英外壳确保了其在水平和垂直方向都具有宽的视角（见图 15.20a 和图 15.20c）。这个器件需要高压电来运行，且在正常环境下不能导电。当探测器暴露在火焰产生的光下时，高能量的 UV 光子撞击金属阴极，使其释放自由电子到装满稀有气体的管子内部，气体分子接收到电子的能量脉冲，使得在 UV 光谱范围内，气体发光。陆续地，更多电子被发射，产生更强的紫外光。该器件就这样形成快速雪崩式电子倍增，使得阴极阳极导电。当暴露在火焰产生的光下时，该器件的工作就如同一个电流开关，在其输出端产生很强的正电压尖峰脉冲（见图 15.20b）。尽管在低强度时，紫外光不会对人们的健康有直接的危害，但紫外光可能干扰到邻近的传感器。

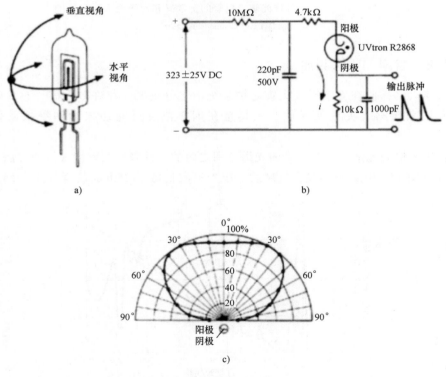

图 15.20　UV 火焰探测器（由 Hamamatsu Photonics K.K 提供）
a）充满气体的管子　b）推荐的工作电路　c）水平视图

15.8　热辐射探测器

15.8.1　概述

热辐射探测器主要用来检测中远红外光谱范围的红外光以及进行非接触式温度测量，它在工业上已经很有名，并根据希腊文 πυρ（火）将其命名为高温计。现在，非接触式温度测量涵盖很广的温度范围，包括零度以下。

前面介绍的光敏二极管、光敏晶体管和光敏电阻都属于量子探测器一类，因为它们的感应机制都是依靠紫外光、可见光、近红外光谱范围的光子到电信号的直接转换。然而，在探测中远红外波长范围（>3μm）时，量子探测器必须被低温冷却，否则它的固有噪声会高得无法接受，所以在测量该范围时取而代之使用了热辐射探测器。它们最主要的优势是在室温条件下进行检测。热辐射探测器的工作原理是吸收或释放辐射的能量以及将捕捉到的能量转化为热量。热量使敏感元件温度变化，然后用温度的变化来衡量红外光（热辐射）吸收与释放的量。在低于中红外光波长的范围，热辐射探测器比量子探测器更不灵敏。

图 15.21 展示了热辐射探测器的概念，它的关键部件是一个在热辐射光谱范围内具有高吸收率（辐射率）的感应板。任何物体都会自然地辐射红外光，其辐射通量与物体温度 T 和表面辐射率 ε（辐射率的说明见 4.12.3 节）有关。物体辐射通量中很小的一部分射向感应板，而感应板有着自身温度 T_s、表面辐射率 ε_s 以及自身辐射的红外光通量。因此，根据式（4.138），存在于物体与感应板之间的净红外通量为

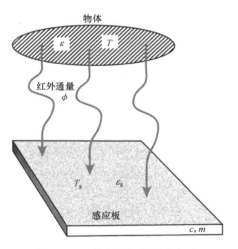

图 15.21　热辐射探测器的概念

$$\Phi = A\varepsilon\varepsilon_s\sigma\left(T^4 - T_s^4\right) \qquad (15.18)$$

式中，σ 为斯特藩-玻尔兹曼常数；A 是由物体与感应板之间光耦合决定的几何因子。光耦合是由传感器元件引导光子通量到感应板形成的。此传感器光学元件是有着特定的透射和视场（FOV）的滤光片或者透镜。几何因子 A 也由感应板红外光吸收区域面积和一些其他因素决定。

当感应板吸收（或释放）辐射通量 Φ 时，感应板得到或者释放的热量 $Q = \Phi$，根据式（4.116）得到感应板的温度变化值，即

$$\Delta T = \frac{Q}{cm} = \frac{\Phi}{cm} \qquad (15.19)$$

式中，c 和 m 分别为感应板的比热容与质量。

联立式（15.18）和式（15.19），得到感应板的温度变化和物体、感应板的温度的函数关系为

$$\Delta T = \frac{Q}{cm} = \frac{A\varepsilon_s \sigma}{cm} \varepsilon (T^4 - T_s^4) \qquad (15.20)$$

式（15.20）中的比值代表当时传感器的热敏感系数，温度变化 ΔT 越大，传感器的电输出就越高。因此，为了有更好的信噪比，设计时需要将感应系数最大化。

感应板温度的变化 ΔT 是热辐射的量度，因此需要将其转化为电输出。下一步温度-电转换可以通过几个已知的换能器（将在第 17 章进行讲解）来实现。这种换能器决定了红外光传感器的类型与功能。本章将进一步讨论最流行的热红外传感器。

典型的热辐射传感器包含的部件汇总如下：

1）感应板。可以在选定的波长范围内吸收热辐射并将其转化为热量。对感应板的主要要求是对热辐射的吸收具有快速、可预测性和较强的热响应，并具有良好的长期稳定性。

2）温度-电传感器。用于将吸收或释放的热量有效转换为电信号。

3）外壳。保护敏感元件使其不受环境的影响。通常需要密封，并且要充满干燥的空气或惰性气体，如氩气或氮气。外壳应具有高导热性和高热容量，以使自身温度保持均匀或缓慢变化。在感应板和外壳之间，使得包括通过辐射在内的所有热耦合最小化是十分重要的。因此，暴露于感应板的外壳内表面应该涂覆金涂层，因为金在热光谱范围内具有非常低的辐射率。

4）支撑机构。用于将感应板固定在外壳内，并仅将其暴露在来自滤光器的热辐射下。该支撑机构需要较低的热传导性，以使外壳和感应板之间的热交换最小化。

5）保护窗口或滤光器。可以防止环境因素的影响，但对于待探测的波是完全透明的。窗口可能有表面抗反射涂层，用来减少反射损失并过滤掉光谱中不需要的部分。或者聚焦透镜或曲面镜可以与窗口一起使用或代替窗户使用。窗口最好与外壳保持良好的热耦合以保持其温度与外壳一致。

在热辐射的非接触探测中，由于 A 值较小，感应板与热源热耦合较差。红外传感器通常位于辐射温度计或热成像相机内，通常接近环境温度，而物体可能是热的或冷的。当把物体放置在感应板的感应范围内时，经过短暂的过渡时间后，感应板的温度与物体达到稳态平衡。然而，平衡并不意味着温度相等，只是稳定。感应板的平衡温度总是处于物体温度与元件的初始温度之间，如图 17.5a 所示。通常情况下，即使是在式（15.20）非常大的热梯度下，感应板的温度变化也不大于 1℃。这就是为什么要设计热红外传感器，以使感应板与壳体之间热解耦，从而使传感器

附近可能存在的杂散热源的可忽略不计的热损耗量最小化。

15.8.2　高莱探测器

高莱探测器[3]是宽频带的红外热探测器，非常灵敏，但是容易损坏。正如任何热辐射探测器一样，它包含一个薄膜吸热板。

它的工作原理是基于对封闭容器内气体热膨胀的测量，并转换成电信号进行输出。因此这些探测器有时也被称为热气动探测器。图 15.22 描绘了一个具有上下两层膜的封闭容器。上层膜用于吸收热辐射，因此覆有红外热辐射吸收层（如金黑层⊖）[4]，而下层膜是一个镜面（如覆铝）。

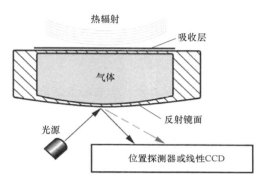

图 15.22　热辐射高莱探测器

为了监视气体压力的变化，光源照向反射镜。入射光束通过镜面反射到位置探测器（PSD）上（见 7.5 节）。上膜置于红外辐射中，通过吸收层吸收热量并提升膜的温度，随后加热传感器内部的气体。气体膨胀导致压力增大。内部压力增加使下膜弯曲，从而改变镜子的曲率使反射光束的方向发生变化。因此，反射光投在 PSD 上的位置由下膜的膨胀程度决定。整个传感器是由 MEMS 技术制成的微机械系统。下膜的弯曲程度可通过不同的方式来测量，例如用 FP 干涉计（见 8.5.4 节）。

15.8.3　热电堆温度传感器

热电堆属于无源红外（PIR）类探测器，在没有外部提供电源的情况下当接收到红外光时，可以产生电输出。传感器的关键部件是一个能吸收热辐射的薄膜，该薄膜充当了上文所述的红外光吸收板。它的感应过程包含了几个能量转化阶段：热辐射射向薄膜表面；薄膜温度升高；连接薄膜的接触式温度传感器所测得的温度变化；温度传感器产生电输出。

在热电堆温度传感器里，接触式温度传感器连接着有许多热电偶⊖（见 17.8 节）组成的薄膜，这些热电偶嵌入薄膜中。单一的热电偶灵敏度很低，对于处在它冷、热端之间每 1℃ 的温度梯度变化只有几十微伏的响应，这里的"热"和"冷"是传统的热电偶术语，属于习惯性的说法，并不是因为连接处真的冷或者热。

⊖　金黑是金分子在 N_2 环境下在表面蒸发沉积的薄膜。它在宽的光谱范围内具有高的光子吸收率。

⊖　通过使用另一种类型的温度传感器——电阻温度探测器（RTD），一个被称为"微测辐射热计"的类似的红外传感器代替热电传感器，见第 15.8.5 节。

在所有热辐射传感器中，考虑与物体之间比较差的热耦合，在热辐射传感器面对物体时，由于物体与传感器之间很小的温度梯度，薄膜的温度变化可能小到只有0.01℃。因此，为了提高信噪比，需要提高热-电转换效率，这可以通过增加置于薄膜表面或嵌入薄膜中的热电偶的数量达到，使其形成一个热电堆（像把热电偶堆放起来）。热电堆是串联的热电偶链，一般有50~100个连接点位于薄膜的辐射吸收区域。这个链能产生50~100倍更强的电信号。最初，焦耳发明这个是为了提高热电传感器的输出信号。他把几个热电偶串联起来并连接起它们的热端、分开冷端。如今热电堆主要应用于中远红外光谱范围光的热探测和化学传感器中的热量测量。

图15.23a所示为一个热电堆温度传感器的概念图。该传感器包含一个热质量相对大的硅框架，所以当传感器接收到热辐射时，它的温度相对平稳，无明显改变。这个框架被胶合在一个外壳体上（图中没有显示）来达到更好的热稳定性。框架支撑着一个很薄（<1μm）的薄膜，就像一面鼓。框架放置于冷端的位置，而薄膜表面承载着热电偶的热端。

该框架可与参考温度传感器热耦合或连接到一个温度精确已知的恒温器。热电堆是一个相对的温度传感器（只能测量接点之间的温度差）。参考传感器是有绝对

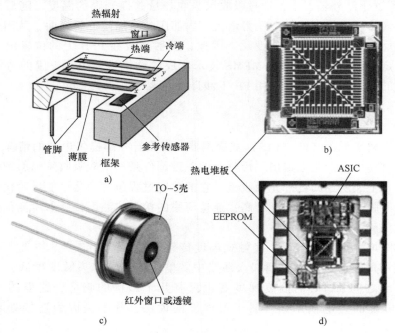

图15.23 探测热辐射的热电堆（由 Heimann Sensor 有限公司提供）
a）概念图，x、y 是不同的热电条 b）微机械热电堆传感器，注意在薄膜中心的热端的吸收涂层
c）TO-5封装的传感器 d）热电堆表面贴片包装，包含专用集成电路（ASIC）和电可擦除可编程只读存储器（EEPROM）

参照的传感器 （在 K、℃ 或 ℉ 下测量框架温度）。它可以是热敏电阻、半导体等。这样的辅助传感器的用途将在下面讲解。

当红外光探测仪没有暴露于任何对象且完全屏蔽了外界的热辐射时，两接点之间的温度梯度为 0。当接触到外界热源时，冷热端之间的温度梯度上升，并通过一个对所有接点聚合热电系数均为 $\alpha\Delta T$ 的热电堆连接转化为输出电压

$$V_{\text{out}} = \alpha\Delta T \tag{15.21}$$

系数 α 不是一个常数，它一定程度上取决于框架温度 T_s。为了更加准确，它的温度系数 g 应由线性近似⊖处理来说明

$$\alpha = \alpha_0 \left[1 + g(T_s - T_{s0})\right] \tag{15.22}$$

式中，α_0 是在标定温度 T_{s0} 下的热电系数。在标定温度 $T_{s0} \pm (5 \sim 7)$℃的一个相对窄的工作环境温度中，α 可以被认定为常数，且在大多实际情况下等于 α_0。

通过联立式 （15.20） 和式 （15.21），我们可以得到热电堆的输出电压与感应对象和传感器 （框架） 温度之间的函数关系

$$V_{\text{out}} = \frac{A\varepsilon_s\sigma\alpha}{cm}\varepsilon(T^4 - T_s^4) \tag{15.23}$$

从式 （15.23） 可以看出，该传感器的灵敏度能够通过增加光耦合系数 A、薄膜的辐射率 ε_s 和减小薄膜的质量 m 得到提高，也可以通过选择恰当的热电偶接头 （α） 和薄膜的材质 （c） 来提高。

值得注意的是，传感器的响应不是与热梯度呈线性关系，它是绝对温度的四阶微分抛物线函数关系。然而，因为在热力学温度下，这种非线性关系并不明显，且对于很小的温差 $T-T_s$ 是没有严格的精度要求的，所以式 （15.23） 被近似为一个线性函数。

热电堆是一个输出电压与它的冷、热端温度梯度遵循式 （15.23） 关系的直流装置。它能显示热辐射的稳态水平。从电学方面讲，它可以被建模为一个被温度控制、串联了固定电阻的电压源。这个传感器被封装到一个金属壳中 （见图 15.23c），金属壳上带有一个选择性地对中远红外光光谱带透明的硬窗。有时，也把这个窗称作滤镜，因为它只允许某个带宽的光通过。用聚焦透镜替代窗，可以使传感器形成一个视场 （FOV）。窗口或者透镜的材料可以是硅、锗或硒化锌。而热电堆也可以密封在如图 15.23d 所示的表面贴装陶瓷的包装中来替代金属壳。

当热电堆温度传感器被用在红外非接触式温度计中时，式 （15.23） 的逆方程被用来计算物体的热力学温度

⊖ 严格来说，薄膜和框架温度稍有不同，但出于实用的目的，冷热连接处的热电系数应当被认为在所有的操作温度下是相同的。

$$T = \sqrt[4]{T_s^4 + V_{out} \frac{1}{\varepsilon} \frac{cm}{A \varepsilon_s \sigma \alpha}} = \sqrt[4]{T_s^4 + V_{out} \frac{S}{\varepsilon}} \qquad (15.24)$$

式中，S 是该传感器的灵敏系数，通过红外温度计校准来决定。

注意，热电堆的输出电压可以是正电压也可以是负电压，由物体相对于传感器的冷热来决定。辅助的参照传感器与热电堆框架热耦合，测得温度 T_s。要注意物体的辐射率对精确度有很大的影响，因此要了解它。因为辐射率为分母，如果它太小，测量的不稳定因素将会显著地增长。所以辐射率低的物体（裸露未氧化的金属）的表面温度不能被该红外光传感器准确测量。

热电堆最大的优越性是灵敏度高、响应速度快和低噪声，这要求连接材料具有高热电系数 α、低热导率和低体积电阻率。除此之外，热端与冷端应该有相反的热电系数，这与所选材料有关。但是，大多数金属虽然具有低电阻率（金、铜、银），但热电系数较差。高电阻率的金属（特别是铋和锑）拥有高的热电系数，在过去，它们被用来设计热电堆。通过在这些材料中掺杂硒和碲，热电系数能够提高到 230μV/K[5]。其他热电偶材料包括与沉积在硅薄膜上的铝条相连接的 P 型硅[6]。

附表 A.11 列出了一些材料的热电系数，可以看到单晶硅和多晶硅的热电系数都非常大且其体电阻率较低。在标准集成电路中使用硅可以显著降低成本，通过改变杂质浓度可以调整电阻率和热电系数。然而，电阻率的增加要比灵敏度的增加快，因此掺杂过程要谨慎进行以符合高灵敏度与低信噪比的要求。

热电堆金属接点的构造方法在某种程度上是不同的，但是都包含真空沉淀技术和蒸发掩膜技术，这些技术可以应用于热电材料和红外吸收涂层。为了提高红外辐射的吸收率（辐射率），膜上的热端通常涂有热辐射吸收剂。例如，它们可以涂有镍铬合金⊖、金黑、有机涂料或碳纳米管。图 15.23b 用沉积的热电条说明了硅膜。制作时，通过背腔各向异性蚀刻除去硅衬底的中央部分，在其上部仅留下 1μm 左右厚度的 SiO_2-Si_3N_4 薄层（膜），它具有低的热导率。在该膜上沉积两种不同热电材料（如多晶硅和铝）的薄导体。这使得生产出的传感器的灵敏度温度系数 g 可以忽略不计，这对于在广泛的环境温度范围内操作是一个重要的因素。要注意参考传感器的位置，它测量的是带有热电条冷端的框架的温度。

红外感应技术的现代趋势是将热电堆传感器与包括低偏置电压放大器、数-模转换器和其他处理电路的信号调节器集成在一起。比利时的 Melexis 公司（www.melexis.com）开发了一种微型 TO-46 封装的非接触式红外温度计 MLX90615，该温度计包含一个热电堆和数据处理 ASIC 芯片（见图 15.24）。来自热电堆的小输出信号被反馈到仅有 0.5μV 失调电压的精密放大器。数字信号处理器（DSP）以 15 位的分辨率输出来自红外传感器和参考传感器的测量温度或将测量温度单独输出。封装包括额外的部件，例如用于存储校准参数的 EEPROM 存储器。该装置不

⊖ 由 80% 的镍和 20% 的铬组成的镍铬合金具有超过 0.8 的辐射率（吸收率）。

仅可以测量红外辐射的强度，而且还可以计算检测到红外信号的外部物体的温度，并通过串行链路（SM 总线或 PWM）输出测量的数据。

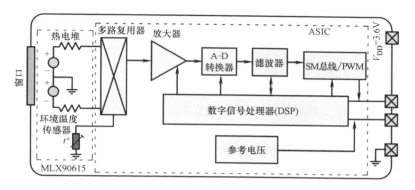

图 15.24　具有热电堆传感器的集成红外温度计的块状图

热电堆工作频率的限制主要取决于膜的热容量，这通过热时间常数表现出来。热电堆传感器表现出相当低的噪声，与传感器等效电阻的热噪声基本相等，即 $20 \sim 100 \mathrm{k}\Omega$。表 15.3 给出了热电堆传感器的典型规格参数。

表 15.3　Heimann Sensors 有限公司的 HMS-M11 型热电堆的典型规格参数

参　　　数	参 数 值	单　位	条　件
敏感元件尺寸	0.61×0.61	mm	—
输出电压	330	μV	$\Delta T = 75\mathrm{K}$
噪声	38	nV/$\sqrt{\mathrm{Hz}}$	25℃，均方根值
等效电阻	75	kΩ	25℃
热时间常数	<6	ms	—
视角（取决于红外透镜）	20	（°）	10%的功率级

如上所述的热电堆是单像素热辐射传感器。然而，具有多个热电堆像素的红外传感器可被设计并用于同时检测来自多个辐射源的热辐射，或用于热成像。图 15.25

a)　　　　　　　　　　　b)　　　　　　　　　　　c)

图 15.25　热电堆热成像传感器（由 Heimann Sensors 有限公司提供）

a）敏感表面　b）成像模块　c）热成像的例子

所示为这种传感器的一个例子，其中热电堆像素以 32×31 的矩阵排列。每个像素的结的数量是 80，并且热电接点材料是 N-poly /P-poly Si。像素的尺寸为 150μm 并且以 220μm 的间距定位。Heimann Sensors 公司的传感模块 HTPA 32×31 具有嵌入式前置放大器、多路复用器和数模转换器。成像模块的优势在于它不需要低温冷却，并可在宽的环境温度范围内工作。

15.8.4　热释电传感器

作为一种热电堆，热释电传感器属于无源红外类探测器，它可以在没有外部电源的情况下对红外辐射产生电输出。与热电堆不同的是，这种传感器可以被称为交流传感器，因为它仅对热辐射信号的可变部分做出响应，而且对稳定辐射水平的响应非常小。关于热释电效应的描述见 4.7 节。

热释电传感器的关键元件是一个由热电陶瓷制成的薄板，它可以在温度变化时产生表面电荷。热释电传感器的转换步骤：红外信号照射在热电板上；热电板温度升高；随着温度变化，板的表面产生电荷；电荷被转换为电压。

热释电传感元件由三个基本部件组成：称为元件的热释电陶瓷板和沉积在该板相对两侧的两个电极。另外，还需要其他几个元件来制作实用的器件，如元件支撑结构、密封外壳、光学窗口或滤光片、电管脚等。热释电传感器的典型结构如图 15.26a 所示。它采用金属 TO-5 或 TO-39 封装，可以提供电屏蔽，保护其内部不受环境影响。该封装的窗口处可以用一个硅窗（红外滤光片）覆盖，它可以使中远红外光谱范围的辐射透过，内部空间充满干燥的空气或氮气。

热释电探测器设计的主要问题是它对机械应力和振动的敏感性。由于热释电传感器也具有压电特性，所以元件对微小的机械振动非常敏感。换句话说，除了感知热流之外，它还可以作为传声器或加速度计。为了更好地抑制机械噪音，陶瓷元件应与壳体机械解耦，特别是与与外部电路板焊接相连的电管脚解耦。图 15.26a 显示了由两个陶瓷支架支撑的元件，其设计目的是为了防止应力。此外，为了减少微声干扰，通常采用一种电差分技术，在这种技术中，两种相同的传感元件被反向、串联或并联连接。差动连接不仅抵消了机械振动产生的电荷，还能补偿快速的假热变化（热冲击）。

在差分设计中，两个传感元件通过沉积两对电极形成单片热释电板，用于收集图 15.25b 所示的电荷。其中的一个上部的 X 电极要么涂覆热吸收介质层，要么涂覆镍铬合金；而另一个上部的 X 电极要么涂屏蔽红外辐射的涂层，要么镀金，以获得更好的反射率，结果几乎不吸收红外信号。镍铬合金具有高的辐射率（吸收率），因此具有双重用途，即从热释电板（用作电极）收集电荷并吸收热辐射。对于 PIR 运动探测器（见 7.8.8 节）的应用，两个电极都暴露在窗口（IR 滤光片）中，以吸收红外辐射。底部的 Y 电极对于这两个元件来说都是通用的。

板两侧的金属化在 X 电极和 Y 电极之间形成两个串联连接的电容 C_1 和 C_2。

图 15.26c 显示了双 PE 元件的等效电路。其产生电荷的能力由两个电流源表示，每个元件一个。电流源产生由热流和机械应力控制的电流 i_1 和 i_2。由于来自两个元件的电流以相反的方向流过负载电阻 R_b，所以在相同的情况下（这种情况发生在电流由寄生同相干扰产生）它们将相互抵消。如果其中一个热释电元件没有接收到红外信号，但受到与另一个元件相同的干扰，负载电阻两端的电压将代表红外信号（不消除），而来自干扰源的信号将被抵消。

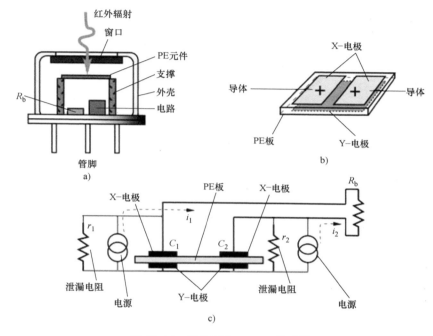

图 15.26 双热释电（PE）传感器

a）PE 元件被支撑在红外辐射窗口　b）导电电极被沉积在热释电板的两侧　c）双 PE 元件的等效电路

将两个元件的电极并排沉积在同一板上的传感器，其 PE 元件具有良好的平衡，从而能更好地抑制共模干扰。要注意，陶瓷板的传感部分只存在于相对的电极之间。没有夹在电极之间的热释电板的部分不参与信号的产生，因为来自无电极区域的电荷不被电极拾取。

热释电元件具有非常高的内部泄漏电阻 r_1 和 r_2。泄漏电阻 r_1 与电容 C_1 并联，而 r_2 与 C_2 并联。r_1 和 r_2 的值非常大，约为 $10^{12} \sim 10^{14}\,\Omega$。为了将流动的热释电电荷（电流）转换成电压，它应该流过一个定值电阻。在一个实际的传感器中，热释电元件连接到一个接口电路，该接口电路包含一个负载电阻 R_b 和一个在图 15.26a 中以"电路"表示的阻抗转换器。该转换器可以是电压跟随器（如 JFET）或带有运算放大器的电流-电压转换器。

电压跟随器（见图 15.27a）用作阻抗转换器，它将传感器的高输出阻抗（电

容 C 与泄漏电阻和负载电阻并联）转换为跟随器的较低输出电阻。在这个例子中，输出电阻由晶体管的跨导与漏极中的 $47k\Omega$ 电阻并联组成。单 JFET 跟随器是最有效且简单的电路，然而它具有两个缺点。首先是其速度响应与所谓的电气时间常数的依赖关系，即传感器的组合电容 C 与负载电阻 R_b 的乘积

$$\tau_c = CR_b \qquad (15.25)$$

式中，C 等效于 C_1 和 C_2 串联。

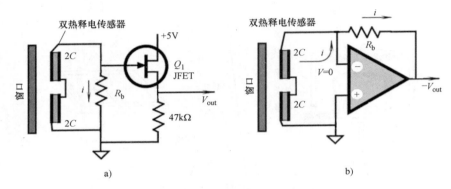

图 15.27　热释电传感器的阻抗转换器

a）带有 JFET 的电压跟随器　b）带有运算放大器的电流-电压转换器

例如，典型的双传感器中可能有 $C = 40pF$ 和 $R_b = 20G\Omega$，进而得出 $\tau_c = 0.8s$，表示在 3dB 水平上一阶低通滤波器的上限截止频率约为 0.2Hz，这确实是一个非常低的频率。这使得电压跟随器适用范围受限，仅适用于速度响应要求不高的场合。一个例子是 PIR 运动探测器（见 7.8.8 节）。该电路的第二个缺点是输出电阻两端的偏置电压很大。该电压取决于 JFET 的类型和温度依赖性。因此，输出电压 V_{out} 是两个电压即可高达几伏的失调电压和可能为毫伏量级的可变热释电电压的总和。

一个更有效但更昂贵的热释电传感器前级电路是一个电流-电压转换器，如图 15.27b 所示。它的优点是响应更快和对传感元件的电容不灵敏。该元件与运算放大器的反相输入相连接，该运算放大器具有所谓的虚地的特性（类似的电路见图 15.6 和图 15.8）。也就是说，反相输入的电压是恒定的，几乎等于同相输入的电压，在这个电路中同相输入是接地的。因此，传感器上的电压被反馈电路作用后几乎为零（地），所以组合电容 C 不可能被充电。输出电压的波形遵循传感器产生的电流（电荷流量）的波形（见图 4.29）。为了达到最佳性能，电路应该采用带有低偏置电流（1pA 或以下）的运算放大器。该电路有三个主要优点：响应快、对热释电元件的电容不敏感，以及低输出偏置电压。然而，作为宽频电路，电流-电压转换器可能会受到更大的噪声干扰，因此电阻 R_b 应该被一个小电容分流，以限制带宽。

JFET 电路和电流-电压转换器的电路都将热释电电流 i_p 转换成输出电压 V_{out}。

根据欧姆定律，有

$$V_{\text{out}} = i_p R_b \tag{15.26}$$

例如，如果热释电电流为 10pA（10^{-11}A），负载电阻为 $2\times10^{10}\Omega$（20GΩ），输出电压振幅为 200mV。注意，在没有热释电电流的情况下，当通过输入负载电阻时，电路偏置电流（I_B）会产生失调电压 V_{off}。由于负载电阻具有很高的电阻，所以 JFET 晶体管或运算放大器在整个工作温度范围内必须有低输入偏置电流。通常可以采用 CMOS OPAMs（运算放大器），因为它们的偏置电流小于 1pA。

值得注意的是，图 15.27 所示电路会产生波形完全不同的输出信号。电压跟随器的输出电压是元件和 R_b 电压的重复电压（见图 15.28a）。其特征在于两个斜率：具有电气时间常数 $\tau_c = CR_b$ 的前缘斜率和具有热时间常数 τ_T 的衰减斜率。电流-电压转换器中的热释电元件两端的电压基本为零，与跟随器相反，转换器的输入阻抗较低。换句话说，当电压跟随器用作电压表时，电流-电压转换器起到一个电流表的作用。其输出电压的前沿很快（由 R_b 两端的电容决定），而衰减斜率则由相同的 τ_T 表征。因此，

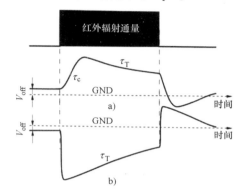

图 15.28　对于热辐射阶梯函数的相应输出信号
a）电压跟随器的输出信号
b）电流-电压转换器的输出信号

转换器的输出电压几乎重复了传感器热释电电流的波形（见图 15.28b）。要注意，两个电路都有一些失调电压 V_{off}。然而，在电流-电压转换器中，失调电压可以基本上被补偿，并且阻值为 R_b 的附加电阻与 OPAM 的同相输入端串联连接。

与热释电传感器一起使用的千兆欧姆级电阻器的制造并不简单。高品质的负载电阻应具有良好的环境稳定性、低的电阻温度系数（TCR）和低的电阻电压系数（VCR）。电阻电压系数被定义为

$$\xi = \frac{R_1 - R_{0.1}}{R_{0.1}} \times 100\% \tag{15.27}$$

式中，R_1 和 $R_{0.1}$ 分别为电阻两端电压为 1V 和 0.1V 时所测量的电阻。

通常情况下，电阻电压系数为负值，即电阻值随着电阻两端电压的增加而下降（见图 15.29a）。由于热释电传感器的输出与热释电电流和偏置电阻的乘积成正比，所以电阻电压系数导致整个传递函数呈非线性。

高阻抗电阻通过在陶瓷（氧化铝）基底上沉积半导体浆料薄层，并在炉中烧制，随后用保护涂层覆盖表面来制造。高品质、相对厚（至少 50μm 厚）的疏水涂层对于防潮是非常重要的，因为即使少量的水分子也可能导致半导体层的氧化。这将导致阻值大幅增加，长期稳定性变差。高阻抗电阻的典型设计如图 15.29b 所示。

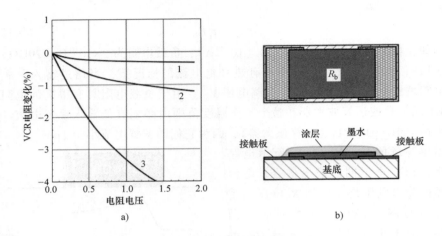

图 15.29　高阻抗电阻

a）三种不同类型电阻的 VCR　b）氧化铝基底上的半导体浆料

在诸如热运动探测等一些精度要求不高的应用中，偏置电阻可以换成一个或两个零偏转的反向并联的硅二极管。

在实际应用中有两种不同的情况，每种情况下来自热释电材料及其与环境的辐射耦合的完全不同的要求必须得到满足[7]。

1）响应速度快的传感器检测高强度、持续时间短（纳秒级）的激光脉冲辐射，在 1MHz 的数量级上有较高的测量重复性。传感器经常由单晶体热释电体制造，如 $LiTaO_3$ 和 TGS（硫酸三甘肽）。这保证了响应具有很高的线性度。通常，这些材料和散热器粘连在一起。

2）灵敏度高的传感器探测低强度但是变化率低的热辐射，如红外测温和运动检测[8-10]。低水平热辐射的测量通常需要与热源具有良好的光耦合，常采用聚焦透镜和波导管等光学器件来实现。与响应速度快的传感器不同，这些传感器要求热释电元件与环境（传感器外壳）的热交换必须降到最低。如果设计良好，这种传感器的灵敏度将接近低温冷却量子传感器[6]。商用热释电传感器基本都采用单晶体材料，如 TGS、$LiTaO_3$ 和 PZT 陶瓷，还会采用 PVDF 薄膜，因其反应速度快且横向分辨率好。

15.8.5　微测辐射热计

测辐射热计是微型电阻温度探测器（RTD）或热敏电阻（见 17.3 和 17.4 节）抑或是其他热敏电阻器，主要用来测量从中红外波到微波电磁辐射的均方根值。应用领域包括红外温度检测与成像、高功率局部电磁场测量、微波器件的测试、射频天线波束性能分析、高功率微波武器的测试、医疗微波加热监测等。工作原理基于吸收的电磁信号和耗散功率之间的基本关系[11]。测辐射热计的工作步骤如下：

1）欧姆电阻接受辐射，将辐射转换为热。

2）热量使电阻温度高于周围环境。

3）温度增加降低了测辐射热计电阻的阻值。

4）阻值的变化转换为电输出。

此处，我们简单介绍一下最常用的测辐射热计的制作方法，自从兰利（Langley）[○] 1881 年发明测辐射热计以来，它一直备受关注。

图 15.30a 所示为电压偏置测辐射热计应用的一个基本电路，包括测辐射热计（热敏电阻，阻值为 R）、稳定的参考电阻 R_0、偏置电压源 E。电阻 R_0 两端的电压 V 是电路的输出信号。当两个电阻相等时，输出信号最高。测辐射热计对输入的电磁辐射的灵敏度为[12]

$$\beta_V = \frac{\alpha \varepsilon Z_T E}{4 \sqrt{1+(\omega \tau_T)^2}} \tag{15.28}$$

式中，α 为测辐射热计的 TCR，$\alpha = (dR/dT)/R$；ε 为表面辐射率；Z_T 为测辐射热计的热电阻，大小由其设计和支撑结构决定；ω 为吸收的电磁辐射的频率；τ_T 为热时间常数，由 Z_T 和测辐射热计的热容量决定。

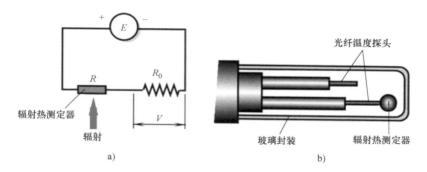

图 15.30 测辐射热计

a）电压偏置测辐射热计的等效电路 b）光学测辐射热计的设计

由于测辐射热计温度增加为

$$\Delta T = T - T_0 \approx P_E Z_T = \frac{E^2}{4R} Z_T \tag{15.29}$$

RDT 测辐射热计的电阻可线性近似简化为

$$R = R_0(1 + \alpha_0 \Delta T) \tag{15.30}$$

式（15.28）可改写为

○ Samuel Pierpont Langley（1834—1906），美国天文学家和物理学家。

$$\beta_V = \frac{1}{2}\varepsilon\alpha\sqrt{\frac{R_0 Z_T \Delta T}{(1+\alpha_0 \Delta T)[1+(\omega\tau_T)^2]}} \tag{15.31}$$

因此，为了提高测辐射热计的灵敏度，可以增加其电阻和热阻抗。

测辐射热计通常加工成微型热敏电阻，用细导线悬置。另一个比较常用的制作测辐射热计的方法是金属膜沉积法[12,13]，一般采用镍铬铁合金。依据式（15.29）设计辐射热测量计（或任何其他高精度的温度传感器）时必须解决的关键问题之一是确保传感元件与支撑结构、连接导线和接口电子设备之间的良好绝热。否则，元件的热量损失可能导致大的误差和灵敏度的降低（见图 17.1）。一种解决方法是完全消除任何金属导体，通过使用光纤技术来测量辐射热测量计的温度，正如加利福尼亚州山景城的 Luxtron 公司制造的电场探头中所实现的那样[14]。在图 15.30b 所示的设计中，将一个微型吸热球悬挂在光学探头的末端，其温度通过 fluoroptic© 温度传感器测量（见 17.9.1 节）。

用于检测整个设计中红外辐射的现代测辐射热计与热电堆相似。由于尺寸微小，这种传感器被称为微测辐射热计。微测辐射热计的开口处带有伸展的膜。膜吸收红外辐射，其温度变化根据式（15.20）确定。如图 15.31a 所示，将热敏薄膜材料以蜿蜒状沉积在微机械加工的硅或玻璃膜的表面上。事实上，膜被蚀刻以制造悬置热敏电阻。沉积有电阻基底部分由细长的支撑物支撑以减少热传导损失。随着热成像所需的焦平面阵列传感器（FPA）需求的增加，这种方法受到欢迎。图 15.32b 显示了用于热成像的微测辐射热计阵列的显微照片。

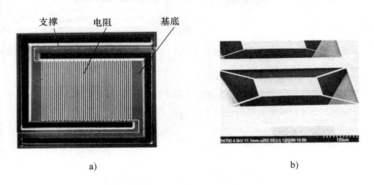

支撑　电阻　基底

a)　　　　　　　　　　　b)

图 15.31　沉积在基底上的电阻膜图案和悬置在
硅腔上的锗膜测辐射热计（由 J. Shie 教授提供）

a）沉积在基底上的电阻膜图案　b）悬置在硅腔上的锗膜测辐射热计

当实际应用不需要高灵敏度，以及制造成本是关键因素时，铂膜测辐射热计是一个不错的选择。铂有一个较小但可预测的电阻率温度系数。铂膜（厚度约500nm）可以沉积在薄玻璃片上并进行光刻（见图 15.32a）。薄膜由微小的延伸引线支撑在硅蚀刻的腔体上。所以膜片实际上是悬置在 Si 基底上的 V 形凹槽上。这

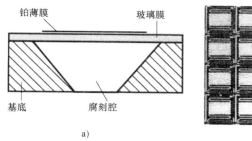
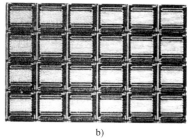

图 15.32　铂膜测辐射热计（由 J. Shie 教授提供）

a）腐刻腔上的玻璃膜　b）测辐射热计阵列

有助于极大地减少与基底的热交换（增加热阻）。

除铂以外，许多其他材料也可用作热敏电阻，如多晶硅、锗（见图 15.31b）、TaNO 等。选择特定材料时的一个重要问题是要注意它与标准 CMOS 工艺的兼容性，从而可以在单硅片上制作含有接口电路的完整的单片器件。因此，多晶硅是一个不错的选择。

参考文献

1. Spillman W. B., Jr. (1991). Optical detectors. In U. Eric (Ed.), *Fiber optic sensors* (pp. 69-97). New York, NY: John Wiley & Sons.

2. Verdeyen, J. T. (1981), *Laser electronics*. Englewood Clifs. NJ: Prentice-Hall.

3. Golay, M. J. E. (1947). Theoretical consideration in heat and infra-red detection, with particular reference to the pneumatic detector. *Review of Scientific Instruments*, *18*, 347.

4. Qian D. -P., et al. (2013). Hardening and optimizing of the black gold thin film as the absorption layer for infrared detector. *Optics and Photonics Journal*, *3*, 281-283.

5. Völklein, A., et al. (1991). High-sensitivity radiation thermopiles made of films. *Sensors and Actuators A*, *29*, 87-91.

6. Schieferdecker, J., et al. (1995). Infrared thermopile sensors with higth sensitivity and very low temperature coefficient. *Sensors and Actuators A*, *46-47*, 422-427.

7. Meixner, H., et al. (1986). Infrared sensors based on the pyroelectric polymer polyvinylidene fluoride (PVDF). *Siemens Forsch-u Entwicl Ber Bd*, *15*(3), 105-114.

8. Fraden, J. (1992). Active far infrared detectors. In J. F. Schooley (Ed.), *Temperature. Its measurement and control in science and industry* (Vol. 6. pp. 831-836). College Park, MD: American Institute of Physics.

9. Fraden, J. (1989). Radiation thermometer and method for measuring temperature. U. S. Patent No. 4, 854, 730, August, 8, 1989.

10. Fraden, J. (1990). Active infrared motion detector and method for detecting movement, U. S. Patent No. 4, 896, 039, January, 23, 1990.

11. Astheimer. R. W. (1984). Thermistor infrared detectors. *SPIE*, *443*, 95-109.

12. Shie, J. S., et al. (1991) Fabrication of micro-bolometer on silicon substrate by anizotropic etching technique (pp. 627-630). In *Transducers'91*. *International conference on solid-state sensors and actuators*. *Digest of technical papers*, ©IEEE, 1991.

13. Vogl, T. P., et al. (1962). Generalized theory of metal-film bolometers. *Journal of the Optical Society of America*, 52, 957-964.

14. Lentz, R. R., et al. (1989). Method and apparatus for measuring strong microwave electric field strengths. US Patent No. 4816634, 1989.

第16章
电离辐射探测器

图 4.41 所示为一段电磁波频谱。最左边是 γ 射线区，然后是 X 射线区，根据波长范围划分为硬射线区、软射线区和超软射线区。然而，物质的自发辐射并非都是电磁辐射，还有核辐射。核辐射是原子核释放的粒子流。自发的原子衰减分为两种形式：带电粒子（α 和 β 粒子、质子）和不带电粒子（即中子）。一些粒子比较复杂，如 α 粒子，它是含有两个中子的氦原子核；另外一些粒子比较简单，如 β 粒子，它们要么是电子，要么是正电荷。电离辐射的命名原因是因为当它们穿过吸收它们能量的各种媒介时，会产生额外的离子、光子或者自由基。

某些天然存在的元素是不稳定的，会通过丢掉一部分的原子核而缓慢分解，这就是所谓的放射现象。该现象是 1896 年亨利·贝可勒尔（Henry Becquerel）在对磷光材料的研究中发现的。这些材料经过一段时间光照后，可在黑暗中发光。他认为，在阴极射线管中由 X 射线引起的发光可能与磷光现象有关。他用黑纸包裹了一张照相底片，并在它上面放上不同的磷光性矿物材料，起初所有结果都否定了他的设想，直到他使用了铀（$Z=92$）盐，这种化合物使得底片变为深黑。这类辐射称为贝可勒尔射线。

除了天然存在的放射现象，许多人造原子核也具有放射性，它们在核反应堆中产生，核反应堆可能会产生极不稳定的元素。还有一种辐射源是宇宙空间，地球被来自宇宙空间中的粒子不断轰击。

无论放射物质的来源或者年代如何，它们的衰减都符合相同的数学规律。该规律描述了尚未发生衰变的原子核数量 N 和 $\mathrm{d}N$（极小时间间隔 $\mathrm{d}t$ 内衰变的原子核数）之间的关系，经实验证明

$$\mathrm{d}N = -\lambda N \mathrm{d}t \tag{16.1}$$

式中，λ 为特定物质的衰变常数。从式（16.1）可知，它可被定义为在单位时间内原子核发生衰变的概率。

$$\lambda = -\frac{1}{N}\frac{\mathrm{d}N}{\mathrm{d}t} \tag{16.2}$$

放射性活度的国际单位是贝可（Bq），它等于在自然状态下放射性同位素原子

 Z 是原子序数。

核每秒的衰变数。因此，贝克可用时间单位表示：$Bq = s^{-1}$。若将放射性活度转换为旧单位居里（curie），应将贝可（Bq）乘以 3.7×10^{10}。

辐射吸收剂量用戈瑞（Gy）来衡量，它表示通过电离辐射给予单位质量物质的授予能量，$1Gy = 1J/kg$。

一般用 C/kg 来衡量 X 射线和 γ 射线的辐射剂量，它表示 1kg 干燥空气游离后产生 1C 电量所需的照射量。在国际单位中，用 C/kg 取代旧单位伦琴（roentgen）。

辐射探测器的功能由探测材料与辐射的相互作用决定。目前有很多关于放射性探测的优秀论文，如参考文献 [1] 和 [2]。

一般将辐射探测器分为 4 类：闪烁探测器、气体探测器、液体探测器以及半导体探测器。进一步说，所有探测器都可根据其功能分为两类：碰撞探测器和能源探测器。前者只检测放射性粒子的存在，而后者可以测量辐射能量。即所有探测器的测量不是定性的就是定量的。

16.1　闪烁探测器

闪烁探测器的工作原理基于某些材料可以把核辐射转变为光。因此，光子探测器和闪烁材料结合能制成辐射探测器。尽管这种转换效率很高，但是由辐射引起的光强度很小，因此通常需要光电倍增器把信号放大到可探测的水平。

理想的闪烁材料应具备以下属性：

1）用较高的效率将带电粒子动能转换成可探测的光。

2）转换应该是线性的，即在很宽的动态范围里，产生的光能应该与输入能量成正比。

3）为了实现快速探测，光的衰减时间应该很短。

4）为了让光与光电倍增器高效地耦合，材料的折射率应接近玻璃的折射率。

使用最广泛的闪烁体包括无机碱卤化物晶体（其中碘化钠是最常用的）和有机碱基的液体和塑料。无机物拥有更高的灵敏度，但响应速度较慢。而有机物响应快，但产生的光少。

闪烁计数器的主要局限性是其较低的能量分辨率。探测的作业顺序使得探测过程中包含很多低效率的步骤。因此，产生一个信息载体（光电子）至少需要 1000eV 级别的能量，在典型的辐射相互作用中产生的信息载体数目通常不超过几千个。举例来说，当检测 0.662MeV γ 射线时，碘化钠闪烁探测器的能量分辨率被限制在 6% 左右，而且很大程度上取决于光电子统计涨落。减少能量分辨率统计限制的唯一方法是增加每个脉冲光的光电子数，可以通过使用半导体探测器来实现。

图 16.1 所示为具有光电倍增器的闪烁探测器。闪烁体连接在光电倍增器前端。前端包含一个接地的光电阴极。光电倍增器内有很多特殊的板以交叉方式排列，形

状类似于软百叶帘，称为倍增器电极。每个倍增器电极都与电源正极相连，离光电阴极越远电压越高。光电倍增器最后的组成部分是一个阳极，它的电压最高，有时高达几千伏。光电倍增器所有组成部分都密封在一个玻璃真空管内，还可能包含一些额外的部分，如聚焦电极、护罩等。

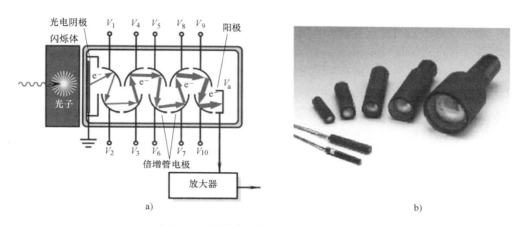

图 16.1　具有光电倍增器的闪烁探测器

a）原理图　b）实物图

虽然称作光电倍增器，但实际上就是电子倍增器，因为在光电倍增器运行时，其内部只有电子，没有光子。为了说明这点，假设 γ 射线粒子具有 0.5MeV 动能，它撞击闪烁晶体激发大量光子。在铊激化的碘化钠中，闪烁效率大约是 13%，因此，共有 $0.5 \times 0.13 = 0.065$MeV（65keV）的能量转化为可见光，每个光子的平均能量是 4eV，所以，每束 γ 射线脉冲大约产生 1.5 万个闪烁光子。这个数目太小而不能被普通的光电探测器检测到。因此，实际检测之前要利用倍增效应。在这 1.5 万个光子中，大约有 1 万个到达光电阴极，其量子效率为 20% 左右。光电阴极将入射光光子转换成低能量的电子。因此，每个脉冲使光电阴极产生约 2000 个电子。这个数量通过光电倍增器可以成倍增加。光电倍增器是线性装置，即它的增益与需要倍增的电子数无关。

由于所有倍增器电极都处于阳极电位（$V_1 \sim V_{10}$），从光电阴极释放的电子被第一个倍增器电极吸引，然后在倍增器电极表面上释放几个低能量的电子。因此，倍增效应发生在倍增器电极。这些电子将很容易通过静电场从第一个倍增器电极引导到第二个倍增器电极。电子撞击第二个倍增器电极，从而产生更多的电子飞往第三个倍增器电极，如此继续下去。这个过程将产生越来越多的可用电子（雪崩效应）。一个光电倍增器的整体倍增能力可以达到 10^6 数量级。大约有 2×10^9 个电子到达高电压阳极（V_a），形成电流。这是一个很强大的电子流，很容易在电路中运行。光电倍增器增益可定义为

$$G = \alpha\delta^N \qquad\qquad (16.3)$$

式中，N 为倍增器电极的数量；α 为由光电倍增器收集的电子所占的比例；δ 为倍增器电极材料的效率（例如在入射光子的作用下有多少电子被激发出）。高产率倍增器电极的增益范围为 5~55。增益对外施的高电压很敏感，因为 δ 和倍增器内部电极电压近似呈线性关系。

管道式光电倍增器（Channel Photomultiplier，CPM）是一种现代化的新型光电倍增器。它是对传统光电倍增器的发展与革新，在保留传统光电倍增器优点的同时又避免了其缺点。图 16.2a 所示为 CPM 的剖面图，附带光电阴极、弯曲管道状的扩大结构及阳极。如同图 16.1 中光电倍增器所示，在 CPM 中光子在光电阴极中被转换成光电子，通过电场在真空中加速飞向阳极。PM 中结构复杂的倍增器电极结构被取消，取而代之的是一个弯曲、薄的半导体性质的管道，电子在管道中通过。每当电子撞击管道壁面的时候，第二级电子从表面被激发出来。每一次撞击后，二级电子都会倍增，形成雪崩效应。最后，电子累积到 10^9 数量级或者更多。产生的电流可以在阳极读出。CPM 探测器由封装材料密封而成，因此比易碎的 PM 坚固很多，磁场干扰也小到可以忽略不计。图 16.2b 所示左边是封装好的 CPM 结构，右边是没有封装的结构。CPM 技术的一个重要优点是具有非常低的背景噪声。背景噪声是指在没有入射光的情况下测出的输出信号。在传统的光电倍增器中，来源于倍增器电极结构的背景噪声是总背景噪声中不可忽视的一部分。CPM 中唯一有影响的背景噪声是在光电阴极内部热扩散时产生的。由于 CPM 是单片半导体管道结构，和带有绝缘玻璃管的传统光电倍增器一样不会发生充电效应，因此，CPM 有非常稳定的背景条件，不会发生突变。此外，由于没有倍增器电极噪声，因此很容易区分光电子和电子噪声产生的效果，最终 CPM 可以获得高稳定性的信号。

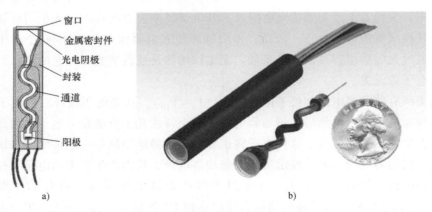

图 16.2　管道式光电倍增器（由 PerkinElmer 公司提供）

a）剖面图　b）左边是封装的光电倍增器外部视图，右边是没有封装的视图

16.2　电离探测器

电离探测器依赖于某些气体和固体材料在电离辐射中产生离子对的能力，然后，正负离子可以在静电场作用下被分离并加以测量。

电离现象产生的原因是带电粒子高速通过原子时产生足够强的电磁力，使电子分离形成离子。应当注意的是，相同的粒子在其能量耗尽之前可以产生多个离子对。无电荷的粒子（如中子）也可以在与原子核的碰撞中产生离子对。

16.2.1　电离腔

电离腔是最古老也是应用最广泛的一种辐射探测器。引发电离的粒子在其轨迹上导致气体分子的电离和激发。为了保证电离发生，粒子必须传递至少能使气体分子电离的能量。大多数气体的辐射探测中，使束缚最小的电子层电离的能量在 10~20eV 之间 [2]。然而，在其他一些情况下入射到气体中的粒子可能失去能量但不产生离子（例如会使气体电子达到更高的能量级而不使它分离）。因此，粒子形成离子对时的平均能量损失（即 W 值）始终是大于电离能的。W 值取决于气体类型（见表 16.1）、辐射类型及能量。

表 16.1　不同气体的 W 值（改编自参考文献 [2]）

气　　体	W 值/（eV/离子对）	
	高速电子	α 射线
Ar	27.0	25.9
He	32.5	31.7
N_2	35.8	36.0
空气	35.0	35.2
CH_4	30.2	29.0

电场存在时，正电荷离子和负电荷电子移动形成电流。在给定体积的气体中，离子对的生成率是定值。对于任何小体积的气体，离子对的生成率将与离子对的消失、重组、扩散、迁移完全平衡。如果重组可以忽略，且所有电荷都能够被有效地收集，产生的稳定电流则能准确表征离子对生成率。图 16.3a 所示为电离腔的基本结构。

一定量的气体密封在产生电场的电极之间。电流表与电压源 E 和电极串联。在不发生电离时，电极之间不导电且没有电流。入射辐射在气体中产生正负离子，它们被电场拉向相应的电极，形成电流。电离腔的电流和电压的关系曲线如图 16.3b 所示。电压相对较低时，离子重组率很高，且输出电流与外加电压成比例，这是因为高电压可以减少重组离子的数量。电压足够高时，会将所有可用的离

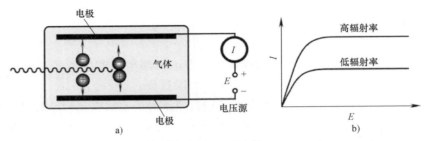

图 16.3　电离腔的基本结构及电流和电压的关系曲线

a）电离腔的基本结构　b）电流和电压的关系曲线

子拉向电极，从而抑制了重组，此时电流独立于电压。然而，电流仍然取决于照射的强度，这就是饱和区，也是电离腔正常工作的区间。

16.2.2　比例腔

比例腔是充气式探测器的一种，大多数情况工作于脉冲模式且依赖于气体倍增效应，这也是此类探测器被称为比例计数器的原因。由于气体倍增现象，输出脉冲比传统电离腔中的大很多。这些计数器一般是应用于低能量 X 射线的检测和光谱分析，以及中子的检测。与电离腔相反，这些比例计数器会产生较高的电场，电场会大大加速碰撞时释放的电子。如果电子获得足够多的能量，就可以电离一个不带电的气体分子，从而创造出一个额外的离子对。因此，这一过程是雪崩型的，会导致电极电流大幅增加，此过程也称为汤森（Townsend）雪崩。在比例计数器中，雪崩过程在电子与阳极碰撞时结束。由于在比例计数器中，电子能量必须达到使气体电离的水平，因此会有一个阈值电压。超过此阈值，雪崩过程便会发生。在大气压下的典型气体中，电场阈值可达到 10^6 V/m 的水平。

图 16.4 展示了各种充气式计数器的区别。电压非常低时，电场不足以阻止离子对的重组。达到饱和后，所有离子流向电极。电压的进一步增加会导致气体倍增现象发生。在电场中的一些区域，气体倍增呈线性变化，聚集的电荷与原来在电离碰撞期间产生的离子对的数量成比例。如果进一步增大外加电压会引起非线性效应，这和正离子有关，因为它们的速度低。

16.2.3　盖革 - 米勒计数器

盖革 - 米勒（GM）计数器是 1928 年发明[⊖]的，由于其简便、成本低且易于操

⊖　Johannes（Hans）Wilhelm Geiger（1882—1945）是一位德国物理学家。他因作为 GM 计数器的共同发明人以及发现原子核的盖革-马斯登实验而闻名于世。他是一名忠实的纳粹分子，并毫不犹豫地背叛了许多他的前同事。Walther Müller（1905—1979）是盖革的学生，也是美国一家生产 GM 计数器的公司的创立者之一。

作，因此至今仍在使用。GM 计数器与其他电离腔不同的是它拥有较高的外加电压（见图 16.4）。在 GM 计数器的工作区域中，输出脉冲的幅值大小不依赖于电离辐射的能量，而与外施电压呈严格的函数关系。GM 计数器通常封装在一个中间有阳极导线的管子里（见图 16.5a），管子里面充满了惰性气体，例如氦和氩。通常要在气体中加入第二种成分来实现淬灭，这样可以防止探测结束后计数器的二次触发。二次触发可能引入多重脉冲，干扰实际需要的脉冲。有许多方法可以完成淬灭，一些方法采用在短时间内降低施加在计数管的高电压，用高阻抗电阻与正极串联，并添加浓度为 5%~10% 的淬灭气体。很多有机分子都有合适的特性作为淬灭气体，其中最常用的是乙醇和甲酸乙酯。

在由单原始电子产生的典型电子雪崩过程中产生了第二级离子。除此之外，还会产生很多激发态的气体分子。通过以紫外光光子的形式释放能量，这些激发态分

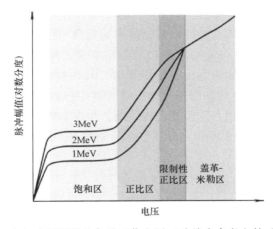

图 16.4　充气式探测器的各种工作电压（改编自参考文献 [2]）

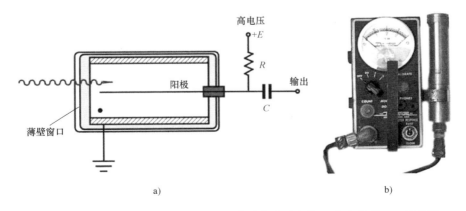

a)　　　　　　　　　　　　　　　　　　b)

图 16.5　GM 计数器的概念电路图（小黑点表示气体）和古老的 GM 计数器

a）概念电路图　b）古老的 GM 计数器

子大约在几纳秒的时间内降回基态。这些光子在 GM 计数器的链式反应中起重要作用，当一个紫外光光子通过气体的其他区域或阴极表面的光电吸收相互作用时，释放出一个新电子，此电子随即迁移到阳极，然后再触发另一次的"雪崩"。在盖革放电过程中，链式反应的快速传播导致管子的轴向和径向随机产生多次的雪崩，在阳极导线周围的圆柱状倍增区域形成二级离子。因此，不管最初产生放电的位置在哪儿，放电会逐渐包裹整个阳极导线。

然而，当盖革放电达到一定程度时，所有个体"雪崩"的整体效应就会发挥作用，并最终终止链式反应，这一点由"雪崩"的数目决定，而与初始激发粒子的能量无关。因此，GM 计数器的电流脉冲通常都有相同的幅值，这使得 GM 计数器仅能作为辐射指示器，因为所有关于电离能量的信息已经丢失。

在 GM 计数器中，一个足够能量的粒子可以产生 $10^9 \sim 10^{10}$ 个离子对。对于进入管中的任何带电粒子，其计数效率为 100%，因为在 GM 计数器气体中的一个离子对便可触发整个盖革放电。然而 GM 计数器很少用来对中子计数，因为它的计数效率太低。探测 γ 射线的 GM 计数器的效率远远高于由高原子序数材料的阴极壁构成的探测管。例如，铋（$Z = 83$）阴极与氙和氪等高原子序数的气体结合，广泛用于 γ 射线探测，当光子能量在 10keV 以下时，其计数效率可以高达 100%。

"丝室"是对 GM 计数器的进一步改进，其中包含许多排列成网格的平行金属丝。高电压被施加到导线上，金属壳体接地。与在 GM 计数器中一样，离子和电子分别向壳体和最近的电线移动。通过移动带有脉冲电流的导线，就能看到粒子的路径。

16.2.4 半导体探测器

通过使用半导体材料，现代辐射探测器可以得到最好的能量分辨率。在半导体材料中入射辐射可以产生相当规模数量的载流子。材料中最基本的信息载流子是电子-空穴对，这些电子-空穴对沿着带电粒子进入探测器的路径产生。带电粒子可以是初级粒子，也可以是二级粒子。电子-空穴对在某些方面类似于充气式探测器中产生的离子对。当外部电场施加到半导体材料上时，产生的载流子形成可被测量的电流。基于这种原理的探测器称为固态或半导体二极管探测器。其工作原理与半导体光探测器相同，都是基于在得到或失去能量时的电子跃迁。为了了解固体的能带结构，可以参见 15.1.1 节。

当一个带电粒子通过半导体且具有图 15.1 所示的能带结构时，最显著的影响是沿其运动轨迹会产生大量的电子-空穴对，该过程可能是直接的也可能是间接的，在此过程中粒子产生高能量的电子（或者 Δ 射线），这些电子通过损失掉能量进而激发更多的电子-空穴对。不考虑其实际的机理，我们所关心的是初始带电粒子产生一个电子-空穴对所要消耗的平均能量，这个参数常称为"电离能"。半导体探测器的主要优点就是电离能小，硅或锗的电离能约为 3eV，而典型的充气式探测器产生一个离子对需要消耗 30eV。因此，对于给定能量的被测辐射，固态探测器的带电载流子数目大约是充气式探测器的 10 倍。

要制作一个固态探测器，半导体材料至少需要两个接触端。为了探测，接触端必须接电压源，这样载流子才可以移动。但是，不能使用均匀的锗或硅，这是因为其相对较小的电阻率（硅为 $50k\Omega \cdot cm$）会引起非常高的泄漏电流。当外部电压加到这种探测器的接线端时，引起的电流将比辐射产生的微小电流大 3~5 个数量级。因此，制作探测器要用到阻挡结，阻挡结可以通过反向偏置来大幅减少泄漏电流。当探测器的阳极（P 结）接到电压源的正端，阴极（N 结）接到负端，探测器就成了更易于传导（具有低的电阻率）的半导体二极管。二极管反偏时传导电流很小（具有非常高的电阻率），这也就是反向偏置的意义。如果反偏电压加到很大（超过规定限制），反向泄漏电流会突然增加（击穿效应），将严重降低探测器的性能甚至损坏设备。

目前市面上有许多硅二极管的衍生品，例如扩散结二极管、表面势垒二极管、离子注入探测器、缓冲层探测器等。扩散结和表面势垒探测器广泛应用于探测 α 粒子和其他短程辐射。好的固态辐射探测器应该具有以下特性：

1）好的电荷传输能力。

2）入射辐射的能量和电子-空穴对数量之间具有线性关系。

3）没有自由电荷（低泄漏电流）。

4）单位辐射能产生最大数目的电子-空穴对。

5）探测效率高。

6）响应速度快。

7）大范围的采集区域。

8）低成本。

使用半导体探测器时，应该仔细考虑一些因素，包括探测器的死区层以及可能造成的辐射伤害。如果重带电粒子或其他弱贯穿射线进入探测器，在到达半导体的有效区之前会有非常明显的能量损失，这些能量损失在金属电极和电极下方相对较厚的硅晶体上，如果需要精确补偿，使用者必须测量其厚度。改变单能带电粒子辐射的入射角是最简单也是最常采用的方法[2]。当入射角为 0°时（垂直于探测器表面），死区层的能量损失可以通过式（16.4）得到

$$\Delta E_0 = \frac{\mathrm{d}E_0}{\mathrm{d}x}t \tag{16.4}$$

式中，t 为死区层的厚度。

入射角为 Θ 时的能量损失为

$$\Delta E(\Theta) = \frac{\Delta E_0}{\cos\Theta} \tag{16.5}$$

因此，可以得到入射角分别为 0 和 Θ 时脉冲高度的差异为

$$E' = [E_0 - \Delta E_0] - [E_0 - \Delta E(\Theta)] = \Delta E_0 \left(\frac{1}{\cos\Theta} - 1 \right) \tag{16.6}$$

如果改变入射角进行一系列测量，那么 E' 作为 $(1/\cos\Theta) - 1$ 函数的图像应该是一条直线，斜率是 ΔE_0。用列表数据计算入射辐射的 dE_0/dx，死区层的厚度可以通过式（16.4）计算出来。

任何探测器的过度应用都可能会对晶体的晶格结构造成损伤，因为被测辐射通过晶体时会产生破坏效果，对于轻电离辐射（β粒子或γ射线）来说，这种破坏效果较小，但对于典型环境下的重粒子来说，破坏效果非常大。例如，延长硅面垒型探测器在聚变碎片下的暴露时间将导致泄漏电流的明显增加，以及探测器能量分辨率的显著下降。在极端的辐射损伤条件下，所记录的单能粒子的脉冲高度谱会出现多重波峰。

前面提到过，扩散结二极管和表面势垒二极管不适合探测贯穿辐射。主要限制是这些传感器的有效容积太浅，很少能超过 2~3mm。这对于像γ射线这种辐射探测是不够的。离子漂移法可以使得探测器更有效地探测贯穿辐射。该方法包括制造一块厚的区域，掺入数量平衡的杂质，给材料增加 P 型或者 N 型特性。在理想条件下，达到完美平衡时，这块材料可以看作没有任何极性的纯净（本征）半导体。然而，在实际条件下，理想平衡是不可能达到的。拥有最高纯度的硅或锗材料趋向于 P 型。为了达到所需的补偿，必须加入供体原子，实际中用得最多的补偿供体是锂。制作过程需要将锂扩散在 P 型晶体上，这样锂供体远远多于原始受体，在曝光面附近形成 N 型区域。接着，提高温度，PN 结受反向偏压。最终锂供体缓慢漂移到 P 型区域，对原始杂质形成近乎完美的补偿。这个过程可能持续几个星期。为了维持住已经达到的平衡，探测器必须保持非常低的温度：比如锗探测器为77K。硅的离子移动性很差，因此，硅探测器可以在室温下放置和操作。然而，硅的原子序数（$Z = 14$）要低于锗的（$Z = 32$），意味着硅对于γ射线的探测率很低，因此，通常不用于探测γ射线谱。

图 16.6a 所示为锂漂移 PIN 结探测器的简化原理图。它由三个区域构成，本征晶体在中间。为了制造有效容积更大的探测器，其外形可以加工成圆柱状（见图 16.6b），这样锗的有效容积可以高达 $150cm^3$。锗锂漂移探测器可以表示为 Ge（Li）。

尽管硅和锗探测器应用广泛，但从某些角度来说，其实它们并不是很理想。例如，锗必须经常工作在超低温环境，以减少热扩散产生的泄漏电流，而硅探测γ射线的效率不高。在室温下，还有一些其他非常实用的探测辐射的半导体，包括碲化镉（CdTe）、二碘化汞（HgI_2）、砷化镓（GaAs）、三硫化二铋（Bi_2S_3）及硒化镓（GaSe）。表 16.2 给出了一些半导体材料的辐射探测性能。

写这本书时最常用的可能是碲化镉，它既有原子序数（48 和 52）相对较高的元素，又有足够大的带隙能量（1.47eV），从而可以在常温下工作。从碲化镉生长

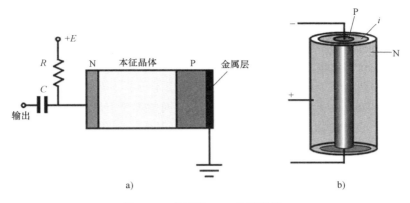

图 16.6　锂漂移 PIN 结探测器

a）探测器的结构　b）探测器的圆柱外形

出的高纯度晶体可以制作本征探测器。此外，偶尔会用氯掺杂法来补偿过量的受体，使材料接近本征类型。商用的碲化镉探测器直径范围是 1~50mm，最高工作温度可达 50℃，而噪声没有过度增加。碲化镉探测器共有两种：本征型和掺杂型。前者有高达 $10^{10}\Omega\cdot cm$ 的体电阻率，但是它的能量分辨率没有这么高。掺杂型有着更好的能量分辨率；但是它的低阻抗（$10^8\Omega\cdot cm$）导致泄漏电流更高。另外，这些探测器很容易发生极化，这可能严重降低它们的性能。

表 16.2　一些半导体材料的辐射探测性能（改编自参考文献 [2]）

材料(工作温度单位为 K)	Z	带隙/eV	每个电子-空穴对的能量/eV
Si(300)	14	1.12	3.61
Ge(77)	32	0.74	2.98
CdTe(300)	48~52	1.47	4.43
HgI$_2$(300)	80~53	2.13	6.5
GaAs(300)	31~33	1.43	4.2

在固态探测器中，也有可能产生像充气式探测器中的倍增效应。雪崩型探测器与比例探测器类似，能有效探测低能辐射。这类探测器的增益通常在几百以内。它通过在半导体内部形成高电场来实现倍增效应。

16.3　云室与气泡室

云室，也被称为威尔逊（Wilson）云室[⊖]，用于探测电离辐射的粒子。云室最基本的形式是一个处于冷凝点的包含过冷以及过饱和水或者酒精（如甲基化酒精）

⊖　苏格兰物理学家 Charles Thomas Rees Wilson（1869—1959）发明了云室。

蒸气的密封环境。α 粒子或 β 粒子与混合物相互作用，使其电离。由此产生的离子作为凝结核，周围会形成雾。换而言之，当蒸汽受到干扰或者被粒子电离时凝结成液滴。因为沿着带电粒子的路径会产生许多离子，所以，在粒子通过的路线上会留下轨迹。这些轨迹具有独特的形状（例如 α 粒子的轨道是宽直的，而电子的更薄，并有更多的挠曲现象）。这些轨道可以拍下来用于分析。当施加垂直磁场时，正负带电粒子线向相反的方向弯曲。云室有许多不同的类型。膨胀云室利用真空泵提供轨迹产生的合适条件，而扩散类型的云室使用固体二氧化碳（干冰）冷却腔室的底部以产生温度梯度，在该条件下，可以连续观察粒子轨迹。

　　气泡室⊖与云室类似，不同之处在于它使用的是液体，而不是蒸汽。有趣的是，一杯香槟或啤酒都可以看作一种气泡室，来自环境和外层空间的电离辐射可以使其形成微小气泡。在物理实验中，气泡室充满更为平常且温度更低的液体，如液态氢。它可以探测通过的带电粒子。

　　气泡室通常是将温度仅低于其沸点的液态氢填充进一个较大的气缸（见图 16.7a）。当颗粒进入腔室，活塞迅速降低压力，液体进入过热的亚稳相状态。带电粒子创建一个电离轨道，在其周围的液体汽化，形成微小气泡。围绕轨道的气泡密度正比于一个粒子的能量损失。

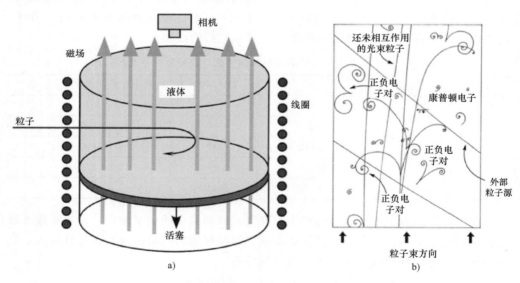

图 16.7　气泡室和电离轨迹（改编自参考文献 [3]）
a）气泡室　b）电离轨迹

　　气泡随气泡室扩大而扩大，直到它们可以被看到或拍摄到。在它周围安装有几个相机可以捕获目标的三维图像。气泡室的分辨率已经可以达到几微米。腔室周围

　　⊖　Donald A. Glaser 于 1952 年发明了气泡室，并于 1960 年因此获得诺贝尔物理学奖。

有电磁铁产生的恒定磁场，磁场使带电粒子沿螺旋轨迹运动，其半径由它们的电荷质量比确定（见图 16.7b）。尽管气泡室在过去应用非常成功，但由于多种原因，它只能限制在高能量电流的试验环境中。其中一个问题是，在碰撞的精确时刻，液体必须处于过热状态，这使得对寿命短的粒子的检测复杂化。此外，气泡室对于分析高能碰撞来说，尺寸太小而且规模不够大。

参考文献

1. Evans，R. D.（1955）. *The atomic nucleus*. New York，NY：McGraw-Hill.

2. Knoll，G. F.（1999）. *Radiation detection and measurement*（3rd ed.）. New York，NY：John Wiley and Sons.

3. The Elegant Universe. *Teacher's guide. Nova* ©pbs. org，2012.

第17章

温度传感器

在史前时代，人们就意识到了热量的存在，并试图通过测量温度的方法来评估其强度。可以用来感知温度的最简单、应用也最广的现象是热胀冷缩，并以此为基础研制出了液体的玻璃温度计。有很多感测方法可以将热转换成电信号，如电阻探测器、热电探测器、半导体探测器、光学探测器、声学探测器和压电探测器。为了测量温度，传感器应热耦合到物体。耦合可以是物理的（接触）或远程的（非接触的），但总是必须建立热耦合以使传感器产生可测量的电响应。

所有的温度传感器可以分为两类：绝对传感器和相对传感器。绝对温度传感器测量绝对零点或绝对温标上任何其他固定点的温度，例如0℃（273.15K）、25℃或任何其他任意选择的参考温度。绝对传感器的例子是热敏电阻和电阻式温度探测器。相对温度传感器用于测量两个物体之间的温差或者热梯度。相对温度传感器的一个例子是热电偶。

17.1 与物体的耦合

17.1.1 静态热交换器

温度的获取从本质上说就是将物体的小部分热能传输给传感器，传感器再将这部分能量转换为电信号。当把接触式传感器（探头）置于物体之上或物体内部时，则在物体和探头的接触部分发生热传递。探头中敏感元件的温度会随之升高或降低，即与被测物体进行热交换。同样的现象也存在于热量辐射中：热能以红外光的形式在传感器与物体之间交换。无论多小的温度传感器，都会对测量现场产生干扰，从而引起测量误差。这一问题存在于所有的传感方式中，如传导、对流和辐射。因此，工程师的任务就是通过合适的传感器设计和正确的测量技术以减小测量误差，其中传感器与被测物体之间的耦合方式最为关键。

下面来讨论一下是什么影响了温度测量的精确度。如果传感器不仅与被测物体热耦合，同时也与其他物体热耦合，则会产生误差。可以肯定的是，温度传感器始终是附于除被测物体之外的某些物体的，外接导线就是这些物体的一个例子（见图17.1a）。传感器与物体连接在一起（例如使用夹具或粘结剂），连接到物体的瞬间或者物体的温度改变后，传感器与物体的温度是不同的。传感器在某一时刻的温

度为 T_S，被测物体的真实温度为 T_B，之后两者的温度开始接近，接触耦合的目标就是在可接受的误差范围内使 T_S 尽量接近于 T_B。

在实际使用的系统中，导线的一端连接传感器（温度为 T_S），而另一端却有着不同的温度，比如与 T_S 大不相同的周围环境温度 T_0。导线既传导电信号，又与传感器之间进行部分热传递。图 17.1b 展示了一个等效热量电路，其中包括被测物体、传感器、外界环境和热敏电阻 r_1 和 r_2。热敏电阻的作用很容易理解，它代表着导热能力，并且与导热系数成反比，即 $r = 1/\alpha$。若被测物体的温度比外界温度高，则通过传感器的热流方向如图中箭头所示。

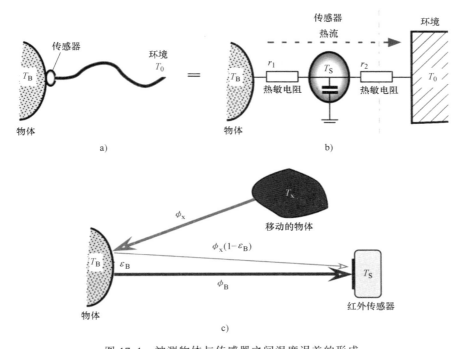

图 17.1　被测物体与传感器之间温度误差的形成
a）与被测物体和连接导线均有热耦合的温度传感器　b）接触式传感器的等效热量电路
c）物体与红外非接触式传感器之间的辐射耦合

图 17.1b 中的回路类似于电路图，它的特性也确实能运用如基尔霍夫定律[⊖]和欧姆定律等电路定律计算出来。注意，传感器热容使用电容来表示。假设足够长时间后温度趋于一个稳定值，同时也假设被测物体与环境温度是稳定不变的且不会因与传感器耦合而受影响，在此稳定状态下可应用能量守恒定律。考虑到从被测物体流向传感器的热能等于从传感器流向外界环境的热能，可得出以下平衡等式

　⊖　基尔霍夫定律最开始提出不是为了用在电路上，而是为了用在管道设施上。

$$\frac{T_B - T_S}{r_1} = \frac{T_B - T_0}{r_1 + r_2} \tag{17.1}$$

从式（17.1）可得到传感器的温度为

$$T_S = T_B - (T_B - T_0)\frac{r_1}{r_2} = T_B - \Delta T \frac{r_1}{r_2} \tag{17.2}$$

式中，ΔT 为被测物体和外界环境之间的温度梯度。

仔细研究式（17.2），可以从中得到以下两个结论：①传感器温度 T_S 与被测物体温度 T_B 不同，仅当环境温度和被测物体温度相等时除外（特殊例子：$\Delta T = T_B - T_0 = 0$）；②当 r_1/r_2 接近零时，在任何温度梯度 ΔT 下，T_S 都接近于 T_B。也就是说，要减小测量误差，必须加强被测物体和传感器之间的热耦合（$r_1 \rightarrow 0$），同时尽可能降低传感器与外界的耦合（$r_2 \rightarrow \infty$）。不过这往往很难办到。

使式（17.2）中 ΔT 尽可能接近 0 的最佳方法是将传感器植入被测物体内，如图 17.2a 所示。在物体内形成一个空腔用于放置传感器，最好是用导热硅脂、环氧树脂或者其他办法使传感器与空腔壁之间形成热结合，传感器周围的导线绕成圈，也放置于空腔中，这使得传感器、导线、空腔的温度相同。由于传感器和部分导线并未暴露在外界环境中，所以不受外界温度的影响，因此测量准确度大大提高了。

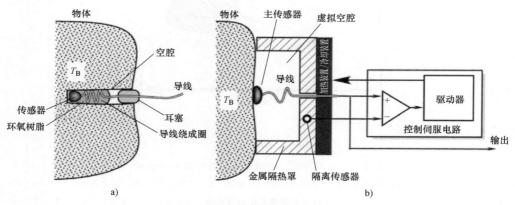

图 17.2　嵌入式温度传感器与带有有源隔热罩的表面温度传感器

a）嵌入式温度传感器　b）带有有源隔热罩的表面温度传感器

在物体中形成一个空腔并不总是可行的，表面测量似乎成了唯一实用的选择，但如前所述，这并不是一种用于接触测量的令人满意的方法。不过，有一种能够在物体表面形成"虚拟空腔"的强大技术[1]，迫使 $\Delta T \rightarrow 0$。如图 17.2b 所示，为了形成虚拟空腔，主接触温度传感器有一个表面隔热罩。它在概念上等同于一个有源电容屏蔽罩（见图 6.4 和图 7.19）。隔热罩使用一种具有良好热导率的金属来制造（如铝），包含有内置加热装置（和/或冷却装置）和另外一个称为隔离温度传感器的传感器。两个传感器都向控制伺服电路发送信号，控制加热/冷却装置启动。伺服电路的工作目的是尽可能减小主传感器和隔离传感器之间的温度梯度 ΔT。最好的情况是隔热罩能接触到主传感器周围所有的被测物体表面，从而保护主传感器不受环境的影响。物体表面和隔热罩在测量点附近形成一个虚拟的恒温空腔。当两个传感器之间的温度梯度为 0 时，主传感器几乎与外界环境热屏蔽。将主传感器从隔热罩热解耦出来是很重要的，否则电路将变得不稳定。

这种方法也应用在医用体温计上[1]。主传感器贴在一柔软的耳塞上与耳道内皮肤接触，如图 17.3 所示，有源隔热罩安装在耳朵外面以覆盖螺旋开口，由于耳道的内部与外面热屏蔽，因此主传感器为病人提供了准确、持续、无创的、与颈动脉内血液温度几乎相同的温度监测。

非接触式热辐射传感器（红外）可能存在耦合问题（见 4.12.3 节）。红外传感器与物体的热交换如图 17.1c 所示。如果红外传感器与被测物体之间不能充分地光耦合，传感器则可能会接收到来自温度为 T_x 的杂散物体热流的影响，即使这些物体不在红外传感器的视场范围内。被测物体温度为 T_B，表面辐射率为 ε_B，因此其按照辐射率的比例向红外传感器辐射有效热流 Φ_B。但是，由于辐射率 $\varepsilon_B < 1$，被测物体有一定的反射，所以来自周围物体的杂散热流 Φ_x 会按照 $\Phi_x(1-\varepsilon_B)$ 的比例反射进入红外传感器。这部分虚假的红外热流被增加到有效热流中从而带来测量误差。因此，非接触式传感器与被测物体之间的红外光耦合不充分，成为传感器误差的潜在来源。

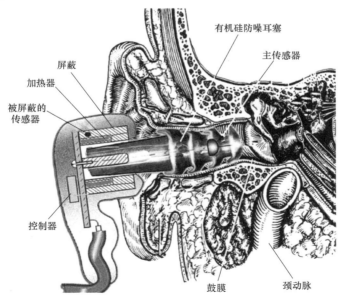

图 17.3　安装在病人耳道内的无创式连续温度监测器（有源防护罩的温度与接触耳道皮肤的主传感器测得的温度基本相同）

17.1.2　动态热交换

以上对传感器和物体间热交换的静态情况进行了分析，现在将考虑温度随时间变化时的动态情况。这种情况发生在被测物体或者外界环境的温度改变，或者传感器刚刚贴在物体上且其温度尚不稳定时。这同样涉及接触式和非接触式红外传感器，下面我们只讨论接触式传感器。

首先，考虑一种理想情况，需要先做两个假设：①传感器与环境之间的热阻无限大（$r_2 \to \infty$），这意味着传感器与物体之间完美地热耦合，不与被测物体之外的物体发生热耦合；②与传感器接触后，被测物体的温度不发生变化。换句话说，认为被测物体比传感器大得多，就像一个"无限"的热源。也就是说，它有无限大的热容量和无限大的热传导能力。当传感器与这种理想物体耦合时，传感器的温度变化曲线如图 17.4 所示。

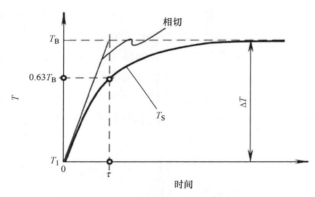

图 17.4　传感器的温度变化曲线（传感器与理想物体耦合）

在初始时刻 $t = 0$，初始温度为 T_1 的温度传感器和温度为 T_B 的被测物体接触。根据牛顿冷却定律，则传到传感器的热增量与瞬间的传感器温度 T_S 和固定的物体温度 T_B 之间的温度梯度成正比

$$\mathrm{d}Q = \alpha_1 (T_B - T_S)\,\mathrm{d}t \tag{17.3}$$

式中，$\alpha_1 = 1/r_1$，是传感器和物体接触面的热导率，注意 T_S 是变化的而 T_B 不是。

若传感器的平均比热容为 c，质量为 m，则被传感器吸收的热为

$$\mathrm{d}Q = mc\,\mathrm{d}T \tag{17.4}$$

因为不管什么样的热量被转移，吸收的热量是相同的，所以式（17.3）和式（17.4）相等，得到一阶微分方程：

$$\alpha_1 (T_B - T_S)\,\mathrm{d}t = mc\,\mathrm{d}T \tag{17.5}$$

定义传感器热时间常量 τ_T 为

$$\tau_T = \frac{mc}{\alpha_1} = mcr_1 \tag{17.6}$$

则微分方程可以写为

$$\frac{\mathrm{d}T}{T_B - T_S} = \frac{\mathrm{d}t}{\tau_T} \tag{17.7}$$

解方程得

$$T_S = T_B - \Delta T e^{-t/\tau_T} \tag{17.8}$$

时间常数 τ_T 等于温度 T 达到 63.2% 初始温度梯度 （$\Delta T = T_B - T_1$） 对应的时刻。时间常数越小，传感器对温度变化的反应越快。时间常数可以通过减小传感器尺寸（更小的 m）和改善传感器与被测物体之间的耦合（更小的 r_1）来降低。

连接上传感器后，如果我们等待足够长的时间 （$t \to \infty$），如式 （17.8） 所示，传感器温度趋近于被测物体温度：$T_S = T_B$，这是理想的平衡状态，传感器的读数可以用来计算被测物体的温度。从理论上说，T_S 和 T_B 之间要达到完全平衡需要花费无限长的时间，没有人能等那么长的时间。幸运的是，因为通常只需要有限的精度，在大多数应用中，（5~10）τ 后即可认为达到准平衡状态。例如，等待时间 $t = 5\tau$ 后，传感器温度和被测物体的温度只相差初始温度梯度的 0.7%；等待时间 $t = 10\tau$ 后，温度差将小于 0.005%。

下面，将研究一种更为现实的情况。取消第一种假设，并设定与传感器热耦合的环境并不是无限大的，即 $r_2 \neq \infty$，也就是说，传感器也会与其他物体发生热交换。则热时间常量由式 （17.9） 确定

$$\tau_T = \frac{mc}{\alpha_1 + \alpha_2} = mc \frac{r_1}{1 + r_1/r_2} \tag{17.9}$$

传感器的响应曲线如图 17.5a 所示。注意，现在传感器的响应更快（时间常数更小），但无论多长时间，传感器的温度都不会严格达到被测物体的温度。要么高，要么低，但永远不会相等，除非所有物体具有同样的温度 （如物体、传感器和导线处在恒温器中）。所以，即使在平衡状态，因为会与环境耦合，也会有剩余的温度梯度 δT，即误差。

下面，取消第二种假设，并设定被测物体并不是理想的热源。这意味着被测物体不比传感器大很多，或者它的热导率不是足够大。此种"瑕疵"的结果就是传感器会产生干扰，至少暂时性地干扰测量点的温度。如图 17.5b 所示，当传感器与物体接触时，被测物体上与传感器接触的点的温度会产生偏差（冷却或变热），然后逐渐回到稳定状态。这将导致传感器的温度曲线偏离理想的指数函数，温度时间常数 τ_T 的概念也不再适用。测量地点的干扰通常很难评估或减轻。实际上，如果将上面提到的预测算法应用在测量当中，误差将会变得很大，换言之，需要快速的温度追踪。这种情况的一个例子是医疗腋下（腋下）温度计，尽管其反应速度相对较快，但需要 3min 才能达到平衡。其问题在于，温度计的探测头会使皮肤的温度降低，毛细管血流需要几分钟才能恢复腋窝的原始温度。

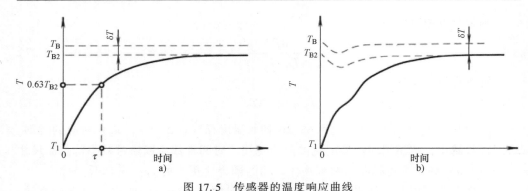

图 17.5　传感器的温度响应曲线

a）与外界环境耦合　b）当被测物体只有有限的热导率时

17.1.3　传感器结构

一个典型的接触式温度传感器由下列元件构成（见图 17.6a）：

1）敏感元件：一种电特性对自身温度变化响应的器件。考虑到式（17.9），优良的敏感元件要比热容低、质量小、对温度具有强大和可预测的灵敏度、长期稳定性好。

2）端子：敏感元件与外部电路之间接口的导电焊盘或导线。端子要有尽可能低的热导率和低的电阻（铂通常是最好的选择，但是非常贵）。此外，端子还可用作支承敏感元件，所以要有良好的机械强度与稳定性。

3）保护层：可以是外壳也可以是涂层，用于对敏感元件和外界环境进行物理隔离但同时与被测物体热耦合。优良的保护层必须有低的热阻性（高的热导率）、低的热容、高的绝缘性，以及具有一定的机械强度。它必须具有环境稳定性，并且对水分和其他影响敏感元件的化合物有防渗作用。

非接触式温度传感器（见图 17.6b）是一种光热辐射传感器，其设计在第

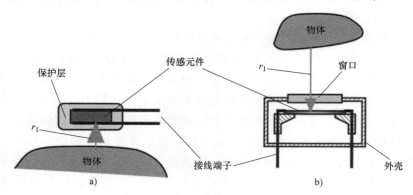

图 17.6　温度传感器的一般结构

a）接触式传感器　b）非接触式热红外辐射传感器

15.8 节中已详细介绍过。和接触式传感器一样，它也包含了能响应自身温度变化的敏感元件，不同点是从被测物体到敏感元件的导热方式不同：接触式传感器是靠物理接触导热，而非接触式传感器是靠热辐射（光）来导热。

接触式或非接触式传感器都通过相应的热敏电阻 r_1 热耦合到物体。但是，接触式传感器的电阻远小于红外光传感器。结果，根据式（17.2），两种传感器的平衡温度都非常不同，如图 17.7 所示。对接触式传感器而言，平衡温度接近于物体的平衡温度，红外辐射传感器的温度更接近仪器的温度 T_0，导致传感器与物体之间潜在的非常大的热梯度 $\delta T_{辐射式}$。对于接触式传感器而言，热梯度 $\delta T_{接触式}$ 要小得多。总而言之，对接触式传感器而言 $r_1 \ll r_2$；而对非接触式红外传感器而言，$r_1 \gg r_2$。

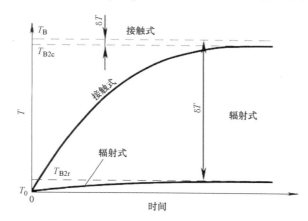

图 17.7　接触式与非接触式（热辐射式）温度传感器的热响应差异

17.1.4　传感器响应的信号处理

当温度敏感元件与物体发生热耦合时，其自身的温度发生变化，传感器产生输出电信号。在某一时刻，温度变化可能会停止，这意味着流过传感器的净热流或者停止或者达到稳定。只要传感器温度保持变化，传感器就在吸收或释放热量。因此，传感器存在两种响应：静态和动态。基于这一因素，确定物体的温度可以采用两种基本的信号处理方法：平衡法和预测法。在平衡法中，当被测物体和探针内的敏感元件的温度梯度处于稳定时，完成温度测量。此时传感器的输出代表了物体的温度。

物体与传感器达到热平衡可能是一个很慢的过程。如接触式医用电子温度计测量水槽的温度只需要 3s（良好的热耦合），但要测量腋窝温度则至少需要 3min。在平衡法中，测温的终止时间定为两次测量间隔的温度变化误差小于设定值的时间。如 1s 时间内温度变化小于 0.05℃，对于医疗准确性来说，这已经足够稳定。

为了缩短测量时间，有时会使用预测法。预测法基于推断或根据温度的变化速率确定稳定后的期望值。因此，可以在热平衡建立之前很好地预测最终结果。预测方法常被用于临床医用温度计。然而必须注意的是，由于噪声影响、数字分辨率的限制和对传感器响应函数的假设，预测方法往往比平衡法精度要差。

为了说明预测法的基本概念，假设与被测物体接触的温度传感器的温度按照式（17.8）的指数关系变化。这仅是我们进行的假设。我们没有起始温度 T_1 和温度时间常数 τ_T 的先验知识。该算法的目的是根据实际达到温度平衡前连续测得的几组温度值计算出"可能"的平衡温度 T_B。根据该算法，我们仅用时间间隔为 t_0 的 3 组连续测量值温度，如图 17.8 所示。传感器在这 3 个点上的瞬时温度分别是 T_x、T_y、T_z。

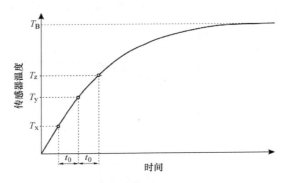

图 17.8　通过 3 个等间距的数据点预测平衡温度

根据式（17.8），考虑到每个 ΔT 均指的是之前获得的温度点，则 T_y、T_z 的值可以表示为

$$T_y = T_B - (T_B - T_x) e^{-\frac{t_0}{t_T}} \tag{17.10}$$

$$T_z = T_B - (T_B - T_y) e^{-\frac{t_0}{t_T}} \tag{17.11}$$

需要记住的是 τ_T 和 t_0 是常数，通过求解式（17.10）和式（17.11），得到作为 3 个测量温度值函数的预测到的平衡温度

$$T_B = \frac{T_y^2 - T_x T_z}{2T_y - T_x - T_z} \tag{17.12}$$

这种算法只有在温度瞬变过程中当所测温度点（T_x、T_y、T_z）相距不是很近的情况下才有意义。当温度测点接近平衡温度时，式（17.12）的分母接近 0，这会使误差显著增加。误差很大程度上取决于噪声、时间延迟 t_0 和 A-D 转换器的数字分辨率。时间延迟 t_0 应该满足 $t_0 > 0.25\tau_T$。在应用预测算法之前，应该用带宽为 $0.2/\tau_T$ Hz 的低通滤波器对信号进行滤波，然后用分辨率至少为 12 位的 A-D 转换器进行模数转换。

当噪声水平很低、被测物体有相对高的热导率以及物体与传感器的接触不发生变化直至获得最后的温度点 T_z 的情况下，这个简单的算法适用于很多实际应用。

当传感器的响应不是指数关系时，等间距的测量值（需要获取大于 3 个点以上）可以用来拟合曲线（见 2.1.2 节），以找到更接近实际情况的瞬时温度。然后，用建立的估计曲线预测平衡温度。

17.2　温度参考点

当设计和制造一个温度传感器时，必须要保证它的精确度，即响应与已建立的温度标准的接近程度。为了校准温度传感器，需要一个精准的参考。通常情况下，参考传感器是某些特别稳定的参考探头，而这些探头也需要被校准以使其更稳定且可预测。校准范围与所选标准有关。根据国际温标（ITS-90）[⊖]，准确的温度仪器应该在某些材料可复现的平衡状态下校准。此温标规定开尔文温度用符号 T_{90} 表示，摄氏温度用 t_{90} 表示。在科学领域或者工业界，这样的参照物往往是某些化合物（见表 17.1）。这些化合物在选定平衡状态下的温度特性是由自然的基本规律来控制的。

在校准过程中，参考温度计在压力可控的状态下放置在特定状态下的材料内部，然后测量传感器响应。之后，转移到另一种材料当中再次进行校准。校准过几个温度点后，该传感器就可以作为校准其他温度传感器的基准。

表 17.1　温度参考点

温度参考点描述	温度/℃	温度参考点描述	温度/℃
氢的三相点[①]	−259.34	锡的冰点	231.968
正常氢的沸点	−252.753	铋的冰点	271.442
氧的三相点	−218.789	镉的冰点	321.108
氮的沸点	−195.806	铅的冰点	327.502
氩的三相点	−189.352	锌的冰点	419.58
氧的沸点	−182.962	锑的冰点	630.755
二氧化碳的升华点	−78.476	铝的冰点	660.46
水银的冰点	−38.386	银的冰点	961.93
水的三相点	0.01	金的冰点	1064.43
水（冰水混合物）的冰点	0.00	铜的冰点	1084.88
水的沸点	100.00	镍的冰点	1455
苯甲酸的三相点	122.37	钯的冰点	1554
铟的冰点	156.634	铂的冰点	1769

① 三相点是固相、液相、气相三相的平衡态。

⊖ 国际度量衡委员会在其 1989 年的会议中通过了 1990 年国际温标。这个标准取代了 1968 年国际实用温标（1975 年修订版）和 1976 年的临时温标。

17.3　电阻式温度探测器

早在 1821 年，Humphry Davy 就发现了各种金属的电阻与温度相关[2]。1871 年，William Siemens 首次概述了铂电阻温度计的用途。1887 年，Hugh Callendar 发表了一篇论文[3]，其中描述了怎样实际应用铂温度传感器。电阻式温度传感器的优点在于其接口电路简单、灵敏度高及长期工作稳定性高。所有温度传感器可分为 3 种：电阻式温度探测器（RTD）、半导体及热敏电阻。这些都属于绝对式温度传感器，即它们可以参考绝对温标来测量温度。

RTD 这个术语通常与以导线或薄膜形式制造的金属传感器相关。如今，还包含了某些对温度很敏感的半导体材料（如锗）。所有金属及大部分合金的电阻率都会受温度的影响，因此可以利用材料的这一特性来感知温度。虽然基本上所有金属都能用于感测温度，但是一般使用铂，因为铂有响应可被预测、长期工作稳定性高、经久耐用等特点。钨材料的 RTD 通常适用于超过 600℃ 的温度检测。所有的 RTD 都有正温度系数。来自不同制造商的几种类型的 RTD 有：

1）薄膜型 RTD 一般由薄铂金或其合金制成，且沉积在一个合适的衬底上，例如微机械硅膜。这种 RTD 往往制造成蛇型图案以确保其有足够的长宽比。

2）绕线型 RTD 的铂金线圈由粘附在陶瓷管内的耐高温玻璃支撑。这种结构为工业和科学上的应用提供了一种稳定性极高的探测器。

式（4.58）给出了铂的最佳二阶近似值。在工业上，人们习惯为冷、热温度使用单独的近似值。Callendar-van Dusen 近似值代表了铂的转换方程：

在 $-200 \sim 0℃$ 范围内

$$R_t = R_0 \left[1 + At + Bt^2 + Ct^3(t-100) \right] \tag{17.13}$$

在 $0 \sim 630℃$ 范围内，它等于式（4.58）。

$$R_t = R_0 \left(1 + At + Bt^2 \right) \tag{17.14}$$

常数 A、B、C 由传感器结构中所用铂的性能来决定。另外，Callendar-van Dusen 近似值可以写成

$$R_t = R_0 \left\{ 1 + \alpha \left[1 - \delta \left(\frac{t}{100} \right) \left(\frac{t}{100} - 1 \right) - \beta \left(\frac{t}{100} \right)^3 \left(\frac{t}{100} - 1 \right) \right] \right\} \tag{17.15}$$

式中，t 为温度，单位为℃，而式中各系数与 A、B、C 的关系如下

$$A = \alpha \left(1 + \frac{\delta}{100} \right), B = -\alpha\delta \times 10^{-4}, C = -\alpha\beta \times 10^{-8} \tag{17.16}$$

δ 的值在高温下校准得到，如在锌的冰点温度（419.58℃），而 β 的值在负温度下校准得到。

为了与 ITS-90 标准保持一致，必须要修正 Callender-van Dusen 近似值。修正工作很复杂，并且用户需参考 ITS-90 标准的细节。在不同的国家，一些国家规范适用于 RTD。比如，欧洲有 BS 1904：1984、DIN 43760—1980；日本有 JISC 1604—1981；在美国，不同的公司为 α 值开发了各自的标准。例如，SAMA 标准 RC21-4-1966 规定 α 为 0.003923℃^{-1}，而欧洲的 DIN 标准规定 α 为 0.003850℃^{-1}，英国飞机制造业标准规定 α 为 0.003900℃^{-1}。

通常，RTD 在标准点下校准，这些标准点可在高精度实验室重复测得（见表 17.1）。在这些标准点下进行校准能够精确地确定近似常量 α 和 δ。

绕线型 RTD 的典型误差为 $\pm10\text{m}\Omega$，相当于 $\pm0.025\text{℃}$。精度要求很高时，应该充分考虑器件的封装隔离问题。尤其是在温度很高时，隔离物的电阻会急剧下降。例如，一个 $10\text{M}\Omega$ 的分流电阻在 550℃ 时产生 $3\text{m}\Omega$ 的阻值误差，相当于温度误差为 -0.0075℃。

17.4　陶瓷热敏电阻

术语 thermistor（热敏电阻）是单词 thermal 和 resistor 的缩写。这个名字通常应用于金属氧化物传感器，这种传感器通常被制造成珠状、棒状、圆柱形、矩形片或厚膜形。热敏电阻也可由硅和锗来制造（见 17.5 节）。热敏电阻温度传感器属于绝对温度传感器，即它可以参考绝对温标来测量温度。所有的热敏电阻可被分为两类：负温度系数（NTC）和正温度系数（PTC）。

传统的金属氧化物（陶瓷）热敏电阻具有负温度系数，也就是说，电阻值随着温度的上升而减小。NTC 热敏电阻的阻值跟其他电阻一样，由物理尺寸和材料的电阻率决定，其阻值与温度的关系是高度非线性的（见图 4.18）。

陶瓷热敏电阻（热敏-电阻）是由本质上是半导体的晶体材料制成的。热敏电阻与光敏电阻的阻值调制方式类似。如 15.4 节所述，光敏电阻通过能隙（禁能带）形成光敏特性，而热敏电阻通过活化能形成热敏特性。能隙和活化能作为电子的栅栏，阻断电子移动和能量的利用，或者阻止其从价带到导带。为了穿过能隙，电子必须吸收光子或者得到额外动（热）能。更多细节描述见 17.5 节。

当需要高精度或宽温度变化范围时，热敏电阻的特性均不能直接从生产厂商的数据手册中获取。批量生产的热敏电阻的标称阻值（25℃ 时）的典型公差通常可以达到 $\pm5\%$，但是以较高的价格可以买到公差 $\pm1\%$ 甚至更小的热敏电阻。除非用紧公差生产，否则为了达到高精度，每一低公差热敏电阻都需要在整个工作温度范围内单独进行标定。

生产厂家可以通过研磨的方式来修整陶瓷热敏电阻体到需要的尺寸来直接控制电阻在设定温度（典型的为 25℃）的标称电阻。然而这会增加成本。另一种针对终端用户的方法是对热敏电阻进行单独标定。标定是指热敏电阻在精确已知的温度

（通常采用搅拌水浴$^{\ominus}$）下测量其电阻值。如果需要多点标定，则在多个温度点重复进行（见2.2节）。一般来说，标定得到的热敏电阻的精度与标定过程中使用的参考热敏电阻的精度相当。为了测量热敏电阻的阻值，需将其连接到有电流流过其自身的测量电路。依据其所需精度与生产成本的限制，可以用几种温度响应近似模型来做温度标定。热敏电阻的标定可以基于使用几个已知温度响应的近似值（模型）之一。

当热敏电阻用作温度传感器时，我们假设其所有特性是建立在所谓的零功率电阻上，即认为在电流流过电阻时不会产生明显的温升（焦耳自热），这将影响测量精度。自热引起的热敏电阻静态温升可以用式（17.17）表示。

$$\Delta T_{\mathrm{H}} = r\frac{N^2 V^2}{R_{\mathrm{t}}} \qquad (17.17)$$

式中，r 是来自于热敏电阻对于周围环境的热电阻值；V 为测量阻值过程中所施加的直流电压；R_{t} 是热敏电阻在测量温度下的电阻值；N 是测量的占空比（如 $N = 0.1$ 表示该恒定电压被施加到热敏电阻的时间只有10%），连续直流测量时，$N = 1$。

根据式（17.17），零功率可以通过选择高阻值的热敏电阻、增加与被测物体的耦合（减小 r），并在短时间间隔内施加低电压测量其电阻值来逼近，本章的后续部分将给出自热对热敏电阻响应的影响，但是在这里我们假设认为自热产生的误差是可以忽略的。

为了在实际装置中使用热敏电阻，需要精确地建立其传递函数（温度相对于电阻）。由于这个函数是高度非线性的（见图4.18），并且每个热敏电阻的函数都不相同，因此建立连接温度与阻值的解析式是非常需要的。一些关于热敏电阻传递函数的数学模型已经被提出。然而值得注意的是，任何模型仅为近似估计，通常模型越简单，期望的精度就会越差。另一方面，模型越复杂，标定和实际使用热敏电阻也就越困难。现有的所有模型都是基于实际实验建立的热敏电阻的阻值 R_{t} 的对数与绝对温度 T 之间的多项式：

$$\ln R_{\mathrm{t}} = A_0 + \frac{A_1}{T} + \frac{A_2}{T^2} + \frac{A_3}{T^3} \qquad (17.18)$$

根据这一基本方程，已经提出了3种静态传递函数（模型）。

17.4.1 简单模型

简单模型是热敏电阻传递函数的最简单的估算。在相对窄的温度范围内，假设允许一定的精度损失，可以消除式（17.18）中的后两项，得到[4]

$\ominus$　实际上，未保护的热敏电阻通常不用水。矿物油或 Fluorinert 牌的电子流体是更实用的液体。

$$\ln R_t \approx A + \frac{\beta}{T} \tag{17.19}$$

式中，A 是一个无量纲常量；β 是另一个常量，称为材料特性温度，单位为 K。

如果热敏电阻在校准温度 T_0 下的阻值 R_0 已知，则电阻-温度关系（传递函数）可表示为

$$R_t = R_0 e^{\beta\left(\frac{1}{T} - \frac{1}{T_0}\right)} \tag{17.20}$$

式（17.20）是最普遍和广泛使用的热敏电阻模型。由即将在 17.5 节中描述的内容可知，它也可以由表述化学反应速率（以温度为自变量的函数）的斯凡特·阿伦尼乌斯方程得到。这种模型的一个明显优势在于仅需要在一点处对热敏电阻进行校准（在 T_0 温度的 R_0）。然而，这种模型需要假设 β 事先已知，否则就需要两点校准以获得 β 值

$$\beta = \frac{\ln(R_1/R_0)}{(1/T_1 - 1/T_0)} \tag{17.21}$$

式中，T_0 和 R_0、T_1 和 R_1 是式（17.20）所描述曲线上对应的两个校准点：两个温度-阻值对应点。在这个模型中，β 的值被认为与温度无关，但是由于存在制造公差，每一个热敏电阻的 β 值是不同的，其典型公差在 ±1% 之内。

当热敏电阻作为传感器使用时，应测量它的电阻值 R_t。热敏电阻的温度（单位为 K）可由测量到的电阻值 R_t 来计算

$$T = \left(\frac{1}{T_0} + \frac{\ln(R_t/S_0)}{\beta}\right)^{-1} \tag{17.22}$$

在校准温度 T_0 附近，式（17.20）得出的近似值误差是较小的，但是远离这一点时误差明显增加。

β 指定了热敏电阻的曲率，但是它并不直接描述热敏电阻的灵敏度，灵敏度是一个负温度系数 α。这个系数可由式（17.20）求微分得到

$$\alpha_r = \frac{1}{R_t} \frac{dR_t}{dT} = -\frac{\beta}{T^2} \tag{17.23}$$

由式（17.23）可见，灵敏度由温度和 β 决定。作为一种高度非线性传感器，热敏电阻在低温下有高的灵敏度，但随着温度增高灵敏度急剧下降。陶制的 NTC 热敏电阻，其灵敏度 α 随温度发生变化，变化范围在 -2%/℃（在温度范围的高温段）～ -8%/℃（在温度范围的低温段）之间，这意味着尽管 NTC 热敏电阻是非线性传感器，却是一种非常灵敏的设备，比任何 RTD 传感器均要敏感一个数量级。这对于在一个相对窄的温度范围内需要高输出信号的应用显得尤为重要。例如医用电子温度计和家居恒温控制器。

17.4.2 Fraden 模型

1998 年，本书的作者进一步发展完善了简单模型[5]。实验表明特性温度 β 并非一个常量而是温度的函数（见图 17.9）。由于生产厂家和热敏电阻类型的不同，这个函数有时具有正斜率，有时具有负斜率。理想情况下，β 值不随温度变化，但这种特殊情况只能在那些能精确控制陶瓷材料组分的制造商那实现。只有在这种特殊情况下，简单模型才能为温度提供一个非常精确的计算依据。但对于相对便宜的传感器，可以考虑 Fraden 模型。

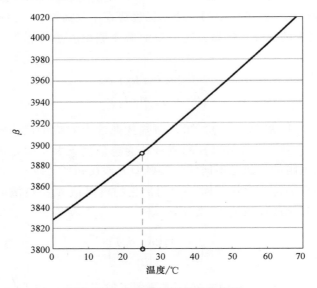

图 17.9 β 值随温度的变化曲线

通过式（17.18）和式（17.19）可知，热敏电阻的材料特性温度 β 可由式（17.24）近似得到

$$\beta = A_1 + BT + \frac{A_2}{T} \frac{A_3}{T^2} \tag{17.24}$$

式中，A 和 B 是常量。

对公式的分析表明，式中的第 3、4 项比前两项的值小得多，在实际计算中可以忽略。忽略掉最后两项后，材料常量 β 的模型就可描述为式（17.25）所示的与温度成线性的方程

$$\beta = A_1 + BT \tag{17.25}$$

由于 β 是温度的线性方程，因此可提高简单模型的可靠性。由于 β 不再是一个常量，所以在实际应用中，其线性方程可由通过一个固定点上的温度 T_b 和斜率 γ 确定。这样，式（17.25）可改为

$$\beta = \beta_b \left[1 + \gamma (T - T_b) \right] \tag{17.26}$$

式中，β_b 由温度 T_b 确定。在式（17.26）中，无量纲系数 γ 是 β 变化的斜率

$$\gamma = \left(\frac{\beta_x}{\beta_y} - 1 \right) \frac{1}{T_c - T_a} \tag{17.27}$$

式中，β_x 和 β_y 是对应于温度 T_a 和 T_c ⊖ 处的材料表征温度。

为了确定 γ，需要 3 个表征温度点（T_a、T_b 和 T_c），然而并不需要为每个热敏电阻确定其 γ 值。γ 的值取决于热敏电阻的材料以及制造商的工艺。因此 γ 对一批特定类型的热敏电阻来说基本可以视为常量。因此，通常对一批或者一类热敏电阻来确定 γ 值，而不是针对每个电阻。

把式（17.26）代入式（17.19），可得热敏电阻的模型

$$\ln R_t \approx A + \frac{\beta_b \left[1 - \gamma (T_b - T) \right]}{T} \tag{17.28}$$

求解方程（17.28）中的电阻 R_t 产生的传递函数代表热敏电阻的阻值随温度的变化关系

$$R_t = R_0 e^{\beta_b \left[1 + \gamma (T - T_0) \right] (1/T - 1/T_0)} \tag{17.29}$$

式中，R_0 是校准温度 T_0 下的阻值；β_b 是由两个校准温度 T_0 和 T_1 确定的特性温度。这和式（17.20）简单模型中引入的额外常量 γ 有些相似。尽管该模型需要三个点去确定一批传感器的 γ 值，但是对于每个热敏电阻还需要校准两个点。这就使得 Fraden 模型适合应用于低成本、大批量，同时需要较高精度的场合。注意，选择校准温度 T_0 和 T_1 时最好在工作区间的边界选取，选择温度 T_B 时要在工作区间的中间选取。该模型实际应用方程见表 17.2。温度计算的误差如图 17.10 所示。

表 17.2　三种 NTC 热敏电阻模型的实际应用

	简单模型	Fraden 模型	Steinhart-Hart 模型
0 ~ 70℃ 的最大误差	±0.7℃	±0.03℃	±0.003℃
表征温度的数目	2	3	0
标定温度的数目	2	2	3
电阻-温度关系	$R_t = R_0 e^{\beta \left(\frac{1}{T} - \frac{1}{T_0} \right)}$	$R_t = R_0 e^{\beta_0 \left[1 + \gamma (T - T_0) \right] \left(\frac{1}{T} - \frac{1}{T_0} \right)}$	$R_t = e^{\left(A_0 + \frac{A_1}{T} + \frac{A_2}{T^2} + \frac{A_3}{T^3} \right)}$
表征点	表征一个生产批次或生产类型的热敏电阻		
表征点	对于两点标定来说不需要特征描述	从 T_a ~ T_c 的温度范围内，得到 T_a 处的 S_a、T_b 处的 S_b、T_c 处的 S_c，其中 T_b 位于温度范围的中点	不需要特征描述

⊖　注意 β 和 T 的温度都是 K。当温度用 t 表示时，单位是℃。

（续）

	简单模型	Fraden 模型	Steinhart-Hart 模型
表征因子	—	$\gamma = \left(\dfrac{\beta_x}{\beta_y} - 1 \right) \dfrac{1}{T_c - T_a}$, 其中，$\beta_x = \dfrac{\ln \dfrac{R_c}{R_b}}{\left(\dfrac{1}{T_c} - \dfrac{1}{T_b} \right)}$, $\beta_y = \dfrac{\ln \dfrac{R_a}{R_b}}{\left(\dfrac{1}{T_a} - \dfrac{1}{T_b} \right)}$	—
		标定一个单独的热敏电阻	
标定点	T_0 处的 R_0、T_1 处的 R_1	T_0 处的 R_0、T_1 处的 R_1	T_1 处的 R_1、T_2 处的 R_2、T_3 处的 R_3
		由电阻 R 分析计算温度 T（开尔文）	
将电阻 R_t、表征因子、标定因子代入公式	$T = \left(\dfrac{1}{T_0} + \dfrac{\ln \dfrac{R_t}{R_0}}{\beta} \right)^{-1}$ 其中，$\beta_m = \dfrac{\ln \dfrac{R_1}{R_0}}{\left(\dfrac{1}{T_1} - \dfrac{1}{T_0} \right)}$	$T = \left(\dfrac{1}{T_0} + \dfrac{\ln \dfrac{R_t}{R_0}}{\beta_b [1 - \gamma(T_1 - T_r)]} \right)^{-1}$ 其中，$T_r = \left(\dfrac{1}{T_0} + \dfrac{\ln \dfrac{R_t}{R_0}}{\beta_b} \right)^{-1}$, $\beta_b = \dfrac{\ln \dfrac{R_1}{R_0}}{\left(\dfrac{1}{T_1} - \dfrac{1}{T_0} \right)}$	$T = [A + B \ln R_t + C(\ln R_t)^3]^{-1}$ 其中，$C = \left(G - \dfrac{ZH}{F} \right) [(\ln R_1^3 - \ln R_2^3) - \dfrac{Z}{F}(\ln R_1^3 - \ln R_3^3)]^{-1}$ $B = Z^{-1} [G - C(\ln R_1^3 - \ln R_2^3)]$ $A = T_1^{-1} - C \ln R_1^3 - B \ln R_1$ $Z = \ln R_1 - \ln R_2$ $F = \ln R_1 - \ln R_3$ $H = T_1^{-1} - T_3^{-1}$ $G = T_1^{-1} - T_2^{-1}$

注：为了找到 Fraden 模型中的标定因子，应该首先确定热敏电阻的类型和生产批量。对单独热敏电阻进行校准以确定校准因子。为了计算温度 T，需要测量热敏电阻值 R_t 以及利用校准因子和表征因子来测量计算温度。所有的温度单位都是开尔文。

17.4.3 Steinhart-Hart 模型

1968 年，Steinhart 和 Hart 为 $-3 \sim 30^\circ\text{C}$ 的海洋温度范围提出了一种模型[6]，事实上，它可应用于更大的范围。这种模型基于式（17.18），从而可得温度表达式为

$$T = [\alpha_0 + \alpha_1 \ln R_t + \alpha_2 (\ln R_t)^2 + \alpha_3 (\ln R_t)^3]^{-1} \tag{17.30}$$

Steinhart 和 Hart 证明了省略式（17.30）的平方项不会对精度产生显著的影响，因此，式（17.30）最终变为

$$T = [b_0 + b_1 \ln R_t + b_3 (\ln R_t)^3]^{-1} \tag{17.31}$$

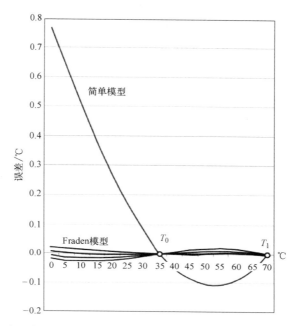

图 17.10　在两个温度点（T_0 和 T_1）校准来确定 β 值的热敏电阻的简单模型
和 Fraden 模型误差（该范围内 Steinhart-Hart 模型的误差很小，难以发现）

　　正确使用式（17.31），可以在 0~70℃ 范围内确保精度等级为毫摄氏度[7]。为了得到方程中 b 的值，需要解 3 个方程，这 3 个方程可以通过对热敏电阻在 3 个温度点进行校准求解（见表 17.2）。由于有精确的近似值，所以 Steinhart-Hart 模型成为校准精确热敏电阻的工业标准。一些生产商倾向于使用式（17.30）这个完整的公式，另一些厂商倾向于使用式（17.31）这个简化的公式。深入研究这种模型的精度发现就算范围更宽，其近似值的误差也不会超过几个毫摄氏度的测量不确定度[8]。然而，在实际中，由于必须对每个传感器在 3 个或 4 个温度点进行校准，大批量生产时实现近似值是非常受限的。

　　实际中恰当近似模型的选用取决于所需精度和成本限制。成本受传感器所需校准温度点的个数影响。校准很消耗时间，所以成本很高。由于现代微处理器的强大计算能力，数学计算并不是很复杂。如果对精度要求不高，或者主要考虑成本，或者工作温度范围不宽 [校准温度±（5~10）℃ 范围内]，简单模型就足够了。Fraden 模型适合于所需精度高而成本较低的场合。Steinhart-Hart 模型应用于精度要求最高而成本又不是主要限制因素的场合。

　　使用简单模型，须知道校准温度 T_0 下的 β 值和热敏电阻的阻值 R_0。使用 Fraden 模型须知道 γ 值，γ 值并不是某个热敏电阻特有的，而是一批或者一类所特有的。而使用 Steinhart-Hart 时须知道热敏电阻在 3 个校准温度下对应的 3 个阻值。

表 17.2 提供了热敏电阻的阻值校准和计算其温度的方程。对于 3 种模型，如果直接处理公式的话都需要进行大量的计算。然而，在大多数实际情况下，这些方程的计算可由查表所替代。为了最小化查表的工作，可以采用分段线性近似值（见 2.1.6 节）。

17.4.4　NTC 热敏电阻的自热效应

如前所述，使用 NTC 热敏电阻时，不应忽略它的自热效应。热敏电阻温度传感器是一个有源型传感器，换而言之，它在工作时需要激励信号。热敏电阻的信号是流过其自身的直流或者交流信号。电流产生热量并随之提高热敏电阻自身的温度。在很多应用中，这都是误差的来源，因为这些热量不是来自于被测物体而是来自于传感器内部。然而在某些应用中，自热效应被成功地用来检测流体流量、热辐射和其他激励。

当接通电源后，让我们来分析热敏电阻中的热效应。如图 17.11a 所示，电压源 E 通过限流电阻 R 与热敏电阻 R_T 相连。

当电功率 P 加到电路中时（见图 17.11b 中的 on 时刻），热敏电阻获得能量的速率等于热敏电阻自身吸收的能量 H_S 的速率加上损失的能量 H_L 的速率。被吸收的能量储存在热敏电阻的热容 C 中。能量守恒方程如下

$$\frac{\mathrm{d}H}{\mathrm{d}t}=\frac{\mathrm{d}H_L}{\mathrm{d}t}+\frac{\mathrm{d}H_S}{\mathrm{d}t} \tag{17.32}$$

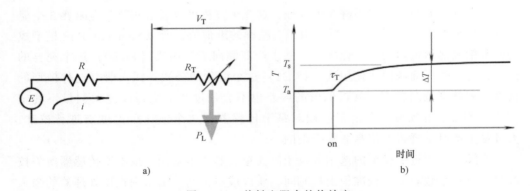

a)　　　　　　　　　　　　　　b)

图 17.11　热敏电阻中的热效应

a）电流流经热敏电阻会产生自热现象　b）热敏电阻的温度在时间常量 τ_T 后升高

注：P_L 是损失在外界环境中的热能量。

根据能量守恒定律，提供给热敏电阻的热能的速率等于电压源 E 提供的电功率

$$\frac{\mathrm{d}H}{\mathrm{d}t}=P=\frac{V_T^2}{R_T}=V_T i \tag{17.33}$$

式中，V_T 是经过热敏电阻的电压降。

热敏电阻向外界损失能量的速率与热敏电阻和外界温度 T_a 之间的温度梯度 ΔT 成正比

$$P_L = \frac{dH_L}{dt} = \delta \Delta T = \delta(T_s - T_a) \tag{17.34}$$

式中，δ 称为耗散系数，它相当于热敏电阻和外界环境之间的热导率。它被定义为耗能速率和温度梯度（与给定的外界温度之间的梯度）之比。这个系数与以下因素相关：传感器的设计，导线的长度和规格，热敏电阻的材料，支撑元件，从热敏电阻表面的热辐射，热敏电阻所置媒介的相对运动。

热敏电阻的吸热率与传感器安装的热容成正比

$$\frac{dH_s}{dt} = C \frac{dT_s}{dt} \tag{17.35}$$

这个速率导致热敏电阻的温度 T_s 上升并超过外界环境。把式（17.34）和式（17.35）代入式（17.33），得

$$\frac{dH}{dt} = P = Ei = \delta(T_s - T_a) + C \frac{dT_s}{dt} \tag{17.36}$$

式（17.36）为当热能由电流产生时的描述热敏电阻热性能的微分方程。下面来求解这个方程。当提供给传感器的电功率 P 为常数时，则由式（17.36）可得

$$\Delta T = T_s - T_a = \frac{P}{\delta} \left[1 - e^{-\delta t/C} \right] \tag{17.37}$$

式中，e 是自然对数的底数。

式（17.37）表明，通电后，传感器的温度会成指数倍的增长从而超过外界温度。由热时间常量 $\tau_T = C(1/\delta)$ 来表征这个瞬变情况。其中，$1/\delta = r_T$ 是传感器和外界环境之间的热电阻值。指数瞬变过程如图 17.11b 所示。

等足够长时间后会达到一个稳定状态 T_s，此时，式（17.36）中的变化率等于零（$dT_s/dt = 0$）；则热损失率就等于提供的电功率

$$\delta(T_s - T_a) = \delta \Delta T = V_T i \tag{17.38}$$

如果选择一个低的电源电压和高的电阻值，电流 i 会很低，温升 ΔT 也小到可以忽略，且自热也基本上消失。由式（17.36）得

$$\frac{dT_s}{dt} = -\frac{\delta}{C}(T_s - T_a) \tag{17.39}$$

这个微分方程的解产生一个指数函数[式(17.8)]，即传感器以时间常数 τ_T 为指数对不管是来自内部还是外界的热量进行响应。因为时间常数取决于热敏电阻与

外界的耦合，所以通常每种特定情况都有一个特定的时间常量。例如，在 25℃ 静止的空气中，$\tau_T = 1s$，而在 25℃ 流动的水中，$\tau_T = 0.1s$。应该清楚上述分析只能代表简单的热流模型。实际上，因为存在热量从内部传出或从外部传递通过整个热敏电阻，包括它的保护层，热敏电阻的响应曲线并不呈指数形状。

所有热敏电阻在使用时都需要利用以下 3 个基本特性中的一个：

1）NTC 热敏电阻的电阻-温度特性如图 4.18 所示。基于此特性的多数应用中，都不希望存在自热效应。因此，应该选择具有较高额定阻值 R_{T0} 的热敏电阻并提高其与外界的耦合程度（增加 δ）。这种特性主要用于检测和测量温度。典型的应用有接触式电子温度计、恒温器和温度断路器。

2）温度-时间关系（或电阻-时间关系）如图 17.4 和图 17.5 所示。

3）电压-电流特性对利用自热效应或者说自热效应不可忽略的应用很重要。式（17.38）给出了电源能量的供应-损失平衡。如果 δ 的变化很小（通常如此）且电阻-温度特性已知，则可用式（17.39）来求解静态电压-电流特性。这个特性通常用双对数坐标系表示，其中固定电阻的特性直线斜率都是+1，而恒定功率的特性直线斜率都为-1（见图 17.12）。

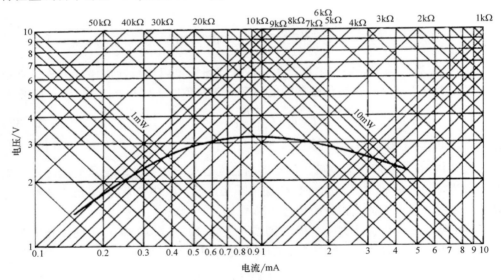

图 17.12　25℃ 静止空气下 NTC 热敏电阻的电压-电流特性（特性中的弯曲是由于自热效应）

在低电流下（见图 17.12 的左侧），热敏电阻的功耗可以忽略且特性曲线与特定温度下的一条固定电阻特性线相切。因此，热敏电阻的特性和简单电阻一样，即电压降 V_T 正比于电流 i。

随着电流的增大，自身发热量也增多。这将导致热敏电阻阻值下降。因为热敏电阻的阻值不再是一个常量，特性曲线也从直线变为曲线。特征曲线的斜率（dV_T/di）即热敏电阻在某温度下的阻值，随着电流的升高而降低。电流的升高导致阻值进一步降低，而这反过来又会提高电流。最终，在最大电压值 V_p 处，电流达到最大值 i_p。注意，此时热敏电阻的阻值等于 0。如果电流进一步增加，这样会导致曲线斜率急剧下降，这就意味着阻值变为负值（见图 17.12 的右侧）。电流的进一步增加会使阻值进一步下降，此时导线的阻值都显得很显著。热敏电阻不能工作在这种情况下。热敏电阻的制造商通常为其规定了最大额定功率。

根据式（17.38），自热热敏电阻可用于测量 ΔT 及 δ、V_T 的变化。利用 δ 变化的应用包括真空压力计（皮拉尼压力计）、风速计、流量计、液面检测计等。利用 ΔT 作为激励的应用包括微波功率计。利用 V_T 变化的应用包括一些电子电路，如自动增益控制电路、电压调整电路、音量限幅电路等。

17.4.5　陶瓷正温度系数热敏电阻

所有的金属都拥有正温度系数（PTC），然而它们的电阻温度系数（TCR）都很低（见附表 A.7），因此它们不能用来进行高灵敏度的温度感知。如上所述，RTD 具有小的正温度系数。相反，陶瓷 PTC 材料在某些相对较窄的温度范围内具有非常大的温度依赖性。

PTC 热敏电阻由多晶体陶瓷材料制成，其中基本混合物包括钛酸钡或者钡的固溶体或者钛酸锶（高电阻材料），这些混合物通过添加掺杂剂从而产生半导体特性[9]。当复合材料的温度超过居里温度，则其铁电特性急剧变化，这样会导致其阻值升高，通常升高几个数量级。陶瓷 PTC 热敏电阻典型传递函数的曲线，以及其与 NTC 和铂 RTD 响应的比较如图 17.13 所示。这个曲线并不能简化成简单的数学模型。因而，制造商通常按以下几点来指定 PTC 热敏电阻：

1）在 25℃，为零功率电阻 R_{25}，此时自热效应小到可以忽略。

2）最小电阻值 R_m 是在热敏电阻温度曲线上 TCR 从正变为负的那一点（点 m）的值。

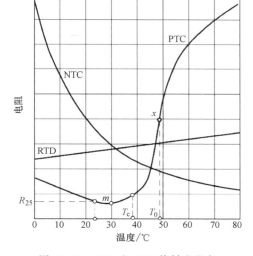

图 17.13　PTC 和 NTC 热敏电阻与 RTD 的传递函数的比较

3）转变温度 T_τ 是热敏电阻阻值开始急剧变化的温度。很巧合的是，它和材料的居里点很接近。典型的转变温度范围是 $-30\sim160℃$。

4）TCR 被定义为标准的形式

$$\alpha = \frac{1}{R}\frac{\Delta R}{\Delta T} \tag{17.40}$$

497

这个参数随温度变化很明显且规定为在点 x（例如在其最高值点），其值大概为 $2/℃$（意思是电阻的变化率为每摄氏度变化 200%）。

5）E_{max} 为在任何温度下热敏电阻所能承受的最大电压。

6）热敏电阻的热性能由以下 3 个量决定：热容、耗散常量 δ（给定条件下其与外界的耦合程度）、温度时间常量（给定条件下的响应速度）。

理解 PTC 热敏电阻的两个关键要素非常重要：环境温度和自热效应。两者中任意一个都可以改变热敏电阻的工作温度。

图 17.14 所示的伏安特性曲线反映了 PTC 热敏电阻的温度灵敏度。根据欧姆定律，一个 TCR 值近似为零的常规电阻具有线性特性。NTC 热敏电阻的伏安特性曲线有正的曲率。负的 TCR 意味着这样的热敏电阻与硬电压源⊖相连，由焦耳热耗散产生的自热现象会导致热敏电阻阻值降低。反之，又会导致电流和自热效应的进一步增加。如果 NTC 热敏电阻的散热受到限制，那么自热效应最终可能会导致器件过热或者灾难性的破坏。

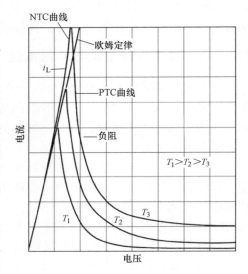

图 17.14　PTC 热敏电阻的伏安特性

由于具有正的 TCR，当连接硬电压源时金属不会过热，并且表现出自限位器件的性能。例如，白炽灯里的灯丝并不会燃烧掉，因为随着温度的升高其电阻值也随之增加，这样就起到了限流的作用。这种自限位（自调节）的效果在 PTC 热敏电阻中更加明显。伏安特性曲线的形状表明在相对窄的温度范围内，PTC 热敏电阻具有负的阻值，即

$$R_x = \frac{dV_x}{di} \tag{17.41}$$

这导致在器件内形成一个负反馈，负反馈使热敏电阻变为一个自调节的恒温器。在电阻值为负的区域，热敏电阻两端电压的增加都会产生热量，反过来，增加了电阻值，并减小了热量的产生。因此，PTC 热敏电阻的自热效应能产生足够的热量来平衡热损失，它将器件的温度维持为常量 T_0（见图 17.13）。曲线上点 x 的切线对应的温度为最高值。

应该注意的是，当 T_0 相对较高时（超过 100℃），PTC 热敏电阻效果更好，在

⊖　硬电压源是指任何具有接近零的输出电阻的电压源，并且能在电压不变化的情况下提供无限的电流。

低温时效果（R-T 曲线在接近点 x 处的斜率）明显下降。就其本质而言，PTC 热敏电阻适用于温度范围高于外界工作环境温度的应用。

在许多应用中，PTC 热敏电阻的自调节效应非常有用。下面简要介绍 4 点。

1）电路保护。PTC 热敏电阻在电路中作为一个非破坏性（重置）熔丝，用于监测过流。如图 17.15a 所示，PTC 热敏电阻与电源电压 E 串联，为负载供给的电流为 i。在室温下 PTC 热敏电阻的阻值比较低（一般为 $10\sim140\Omega$）。由电流 i 在负载上产生电压降 V_L，在热敏电阻上产生电压降 V_x。假设 $V_L \gg V_x$。热敏电阻的功耗为 $P = V_x i$，热量耗散到外界环境中，且热敏电阻的温度稍高于外界温度。当外界温度变得非常高或者负载电流急剧升高（例如由于负载的内部原因）时，热敏电阻的耗热就会使其温度升至 T_τ 区域，此时热敏电阻的阻值开始增加。这样限制了电流的进一步升高。在短路负载的情况下，$V_x = E$ 并且电流 i 降低至最小值。这将持续到负载恢复其额定电阻值，也就是说，熔丝重新置位。必须确保 $E < 0.9E_{max}$，否则热敏电阻就会遭到毁灭性破坏。

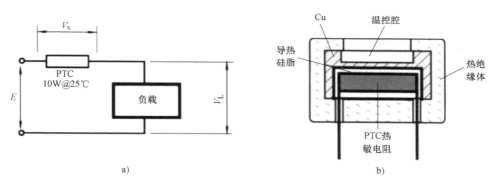

图 17.15　PTC 热敏电阻的应用

a）限流电路　b）微型恒温器

2）只用一个 PTC 热敏电阻就可制作出适用于微电子、生物、化学或其他应用的微型自加热恒温器（见图 17.15b）。必须慎重选择热敏电阻的转变温度。恒温器包括一个盘形物，它与热敏电阻热耦合且与外界热绝缘。导热硅脂用于消除干接触。热敏电阻的终端连接电压源，电压值可由式（17.42）估计

$$E \geqslant 2\sqrt{\delta(T_\tau - T_a)R_{25}} \qquad (17.42)$$

式中，δ 是热耗散常量，与外界环境的热耦合有关；T_a 是环境温度。

恒温器的设定值由 PTC 陶瓷材料的物理特性（居里温度）确定，由于其内部的热反馈，器件可以在较大的电压范围和环境温度范围内可靠工作。显然，外界温度必须低于 T_τ。

3）PTC 热敏电阻可用于创建延时电路，因为从上电开始加热到低电阻点需要

相对长的过渡时间。

4）利用 PTC 热敏电阻可以制成简单的基于热耗散原理的流量计和液位探测器（如 12.3 节介绍的热式流量传感器）。

17.4.6　陶瓷负温度系数热敏电阻的制造

通常，根据制造方法可将负温度系数（NTC）热敏电阻分成 3 类，第一类是珠状热敏电阻。这种热敏电阻可以是裸露的，也可以是覆有玻璃或环氧树脂的（见图 17.16），再或者是封装进金属外壳中的。所有这些珠状热敏电阻都有铂合金导线，且导线被烧置在陶瓷外壳内。选择铂作为导线是因其具有良好的导电性及不太好的导热性。制造时，一小部分带有适当粘合剂的合金氧化物被放置到平行导线上，导线处于轻度拉伸状态。当混合物凝固，或者是部分烧结后，将珠状物从支撑装置上移除，然后放入管式炉内进行最后烧结。金属氧化物会在烧制过程中收缩到导线上，并且形成很好的电气连接。然后将珠状物从线上切下来，并加上一个适当的涂层。

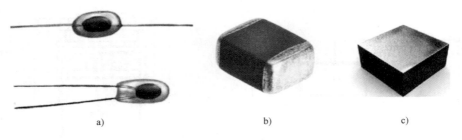

图 17.16　三类热敏电阻

a）玻璃外壳的径向和轴向珠状热敏电阻　b）表面封装热敏电阻　c）上下无涂层的芯片式热敏电阻

另一种热敏电阻是芯片状，它和导线是面接触形式，或者直接焊接到电路板上。通常，制造这种热敏电阻采用流延成型工艺，接着再丝网印刷、喷涂、刷漆，或者是表面电极的真空金属化。芯片可被切割成想要的几何形状。如果需要，芯片可以研磨以满足公差要求。芯片有两个电极，电极方向可以是轴向的也可以是纵向的。现在，为了能表面贴装在电路板上，许多热敏电阻芯片都以标准形式制作（美国有 0201、0402、0603、0805，或者是公制 0603、1005、1608、2012）。

第三类热敏电阻的制造方式是在合适的衬底上沉积半导体材料，如玻璃、矾土、硅等。这种热敏电阻适合于集成传感器和特殊种类的热红外探测器。典型的制造方法是丝网印刷法。

在金属化接触表面的热敏电阻中，片状和无涂层芯片是最不稳定的。环氧树脂包装的热敏电阻具有中等稳定性。导线烧结在陶瓷体内的珠状热敏电阻允许高达 550℃ 的工作温度。金属化接触表面的热敏电阻通常工作在 150℃。当要求较快的响应时间时，珠状热敏电阻最为合适；然而珠状比芯片型热敏电阻贵很多。此外，珠状热敏电阻还很难调整到理想的额定值。调整通常是在给定的温度下（通常为25℃）通过机械磨削来改变热敏电阻的形状从而使阻值达到规定值。

热敏电阻可以用类似于制造传统厚膜电阻的工艺来制造。该工艺涉及在陶瓷基底上丝网印刷导电银浆。印刷用银浆含有具有热敏电阻特性的粉末、玻璃粉末和有机粘合剂。热敏电阻粉末由 Mn、Co、Ni 的氧化物，一些贵金属如 Ru 和其他材料的氧化物组成[10]。印刷完成后，热敏电阻在炉内烧制（烧结），然后在热敏电阻模型的边缘印刷接触电极，再次烧制。然后，将基底切割成单独的热敏电阻。目前，高品质热敏电阻浆料（粘贴剂）可从杜邦公司购得。比较典型的有粘贴剂NTC40 和 NTC50。不同粘贴剂的灵敏度 α 从 $0.2\% \sim 3.7\%$ 不等[11]。

使用 NTC 热敏电阻时，千万不要忽视可能的误差源。比如老化问题，便宜的传感器的误差约为 $+1\%$/年。图 17.17 显示了玻璃密封的珠状和环氧树脂包裹的芯片状热敏电阻的阻值随使用年份的百分比变化。优良的环境保护措施和预防老化的方法能够使热敏电阻保持良好的稳定性。在防老化试验中，热敏电阻应在 300℃下至少保持 700h。更好的保护

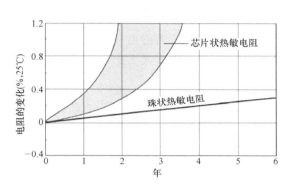

图 17.17　热敏电阻的长期稳定性

措施是把热敏电阻进一步封装进不锈钢外壳并用环氧树脂进行密封。经过预防老化以及用玻璃封装后再装进不锈钢管等措施，热敏电阻的漂移可低至每年几毫度。

17.5　锗和硅热敏电阻

利用单晶体或多晶体的锗和硅可以成功地制造出高品质的 NTC 热敏电阻[12, 13]。这些热敏电阻有许多优点，其中一些拥有非常高的灵敏度、严格的制造公差、小尺寸、低成本，以及在低温和高温下工作的能力（从低至 1mK 到高达500℃）。目前，这些传感器由 AdSem 公司（www.adsem.com）生产研发。

为了在较高的温度工作，得益于发展良好的标准半导体处理技术，硅和锗热敏电阻能够以紧公差生产，因此在 $0 \sim 500$℃（硅）和 $-20 \sim 300$℃（锗）的范围内不需要对其进行单独校准。表 17.3 列出了一些分立的热敏电阻在非低温环境下的特性。由于这些热敏电阻是由标准的硅和锗晶圆制成的，所以它们可以和其他 MEMS传感器，如压力传感器、湿度传感器、加速度传感器和其他传感器组装在同一个芯片上。

表 17.3　较高温度的半导体 NTC 热敏电阻的典型特性（由 AdSem 公司提供）

参　数	硅	锗
最小尺寸/mm	0.1×0.1×0.1	0.1×0.1×0.1
工作温度/℃	−10~500	−200~300
25℃时的 β/K	6600	4700
阻值范围 （尺寸为 1mm×1mm×0.25mm）	1Ω~5MΩ	1Ω~500kΩ
公差	0~500℃：±0.1℃ 25~200℃：±0.05℃	−40~25℃：±0.2℃ 25~300℃：±0.05℃

半导体的阻值与温度的关系是所谓的"活化能"的作用。这个术语最早是由瑞典科学家斯凡特·阿伦尼乌斯于 1889 年提出的开始一个化学反应所需的最小能量。阿伦尼乌斯方程定义了化学反应的速率

$$k = A e^{-\frac{E_a}{k_B T}} \tag{17.43}$$

式中，k_B 是玻尔兹曼常数；T 是绝对温度；E_a 是试剂的活化能；A 是常数。

对于非低温，活化能同样可以用来描述使电子穿过半导体的能隙进入导带所需的最小热能量，从而改变半导体的电阻值。每种半导体由自身的活化能 E_a 决定其特性。在半导体内由于热扰动激发的自由载流子的概率同样可以表示为

$$P = P_0 e^{-\frac{E_a}{k_B T}} \tag{17.44}$$

这种热激发的概率被转化为半导体的热致导电性。电子激发概率越高，电阻值越小。其敏感过程与 15.1.1 节所述的光电效应类似（见图 15.1）。与光敏电阻不同的是，热敏电阻的电子通过热扰动获得额外的动能以跳过能隙，而不是通过吸收光子。图 17.18 给出了半导体热效应的概念。

任何热敏电阻都是晶体材料，由 17.4 节所述的特殊陶瓷材料或者硅或锗晶圆制成。晶体材料的活化能用简单的方式可被认为与光电效应的禁带能隙相当。在半导体晶体材料中，大多数电子在价带中有较低的能量，只有少数电子处于导带。价带中的电子被束缚在晶体中，而导带中的电子则可以在材料中自由移动产生电流。因

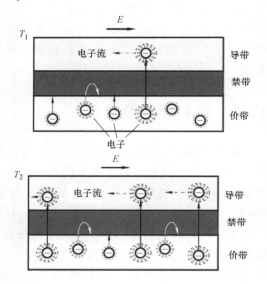

图 17.18　在较低温度 T_1 时，少数电子能够跳过禁能隙的材料的阻值高。在较高温度 T_2 时，跳过禁能隙的概率更高，阻值更低

此，材料的电阻率取决于导带中电子的多少。当施加外部电场 E 时，电子流动，产生电流。

如果材料的温度低（T_1），电子获取足够的能量越过禁带能隙的概率［见式（17.44）］就比较低$^\ominus$。粒子的热扰动由普朗克定律在统计上描述为式（4.129），其中最可能的温度由维恩律所定义［见式（4.130）］。振动慢（较"冷"）的电子无法脱离晶体并进入能隙，或者即使能够脱离也会返回价带。少数"热"电子越过能隙参与到电流中。带负电荷的电子脱离价带后留下空穴——虚拟的正电荷，能够有助于电流。少量的电荷载流子（正或负）定义了低的电导率（较大的材料电阻）。

在较高的温度 T_2 时，更多的电子"更热"从而使得它们穿过能隙的概率变高。因此，更多数量的电子参与到电流中，导致产生较大的电流和相应较低的材料阻值。

需要记住的是材料的电阻率是电导率的倒数，越过能隙的热相关概率决定了材料的电阻值，经过式（17.44）的简单的数学运算后，硅和锗热敏电阻的归一化的电阻可以表示为

$$r = \frac{R(T)}{R_0} = e^{\frac{E_a}{k_B}\left(\frac{1}{T}-\frac{1}{T_0}\right)} = e^{\beta\left(\frac{1}{T}-\frac{1}{T_0}\right)} \tag{17.45}$$

式中，β 是半导体的特征温度；R_0 是在选定的温度 T_0 的标称电阻。标称电阻取决于半导体的类型、掺杂工艺和传感器的几何形状。需要注意的是，式（17.45）与式（17.20）相同，说明陶瓷与硅或锗热敏电阻遵循相同的规律，即活化能决定了特征温度和灵敏度 α_r，见式（17.23）。

图 17.19a 给出了硅和锗热敏电阻在非低温环境下的传递函数。这种热敏电阻的最大优势是同样可以用于低温范围。在制造过程中，位错掺杂[14]、"热"中子技术掺杂[15]与通常的杂质掺杂结合在一起能够控制硅和锗的特性，使其适应特定的温度范围。低温 NTC 热敏电阻在 77～300K，20～300K 和 1～300K 范围内具有高的互换性。这就具有了制作低于 1K（可低达 900μK）的超低范围的硅和锗热敏电阻的可能性。

为了覆盖更宽的工作温度范围（从几 mK 到 750K），可将两个硅热敏电阻集成到一个封装内：一个热敏电阻用于低温范围，另一个用于较高温度。此外，硅和锗热敏电阻在液态 He 温度下，在强磁场（5T）中工作时会变硬，对伽马射线和快中子的耐辐射性会增强。图 17.19b 所示为尺寸为 0.25mm×0.25mm×0.7mm 的锗低温热敏电阻的温度响应曲线。需要注意的是，在这个范围内的温度响应不符合式（17.45），因为在这么低的温度下半导体的导电性主要取决于杂质。

$\ominus$　该机理与低温温度不同。

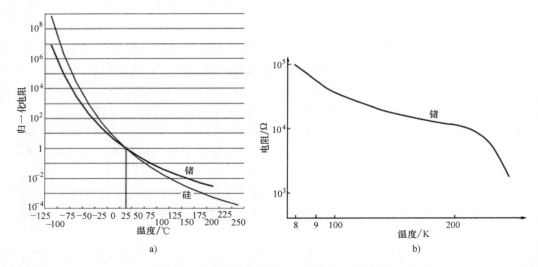

图 17.19　非低温环境下的硅和锗的 NTC 热敏电阻器的静态传递函数
和 Ge 低温热敏电阻在低温下的温度响应曲线
a）Si 和 Ge 在非低温环境下的传递函数　b）Ge 低温下的温度响应曲线

17.6　半导体 PN 结传感器

位于二极管和双极性晶体管内的半导体 PN 结对热量有很强的依赖性[16]。如果将正向偏置结连接到一个稳定电流源，则可通过测量二极管两侧的电压来获得结温（见图 17.21a）。这种传感器具有非常高的线性度（见图 17.20），以及当使用 MEMS 工艺时，为与其他元件的集成提供了可能。其高的线性度为校准提供了一种简单的方法，即利用两点就可得到斜率（灵敏度）和截距。

PN 结二极管的电流-电压公式如下

$$I = I_0 e^{\frac{qV}{2kT}} \tag{17.46}$$

式中，I_0 是饱和电流，它是温度的强函数。结果表明，结两端的电压可用下式表示，该电压取决于温度

$$V = \frac{E_g}{q} - \frac{2kT}{q}(\ln K - \ln I) \tag{17.47}$$

式中，E_g 是 0K（绝对温度）温度下硅的能隙；q 是一个电子的电荷量；K 是独立温度系数。从式（17.47）可知，当结点工作在恒流条件下时，电压与温度呈线性关系，且斜率（灵敏度）为

$$b = \frac{dV}{dT} = -\frac{2k}{q}(\ln K - \ln I) \tag{17.48}$$

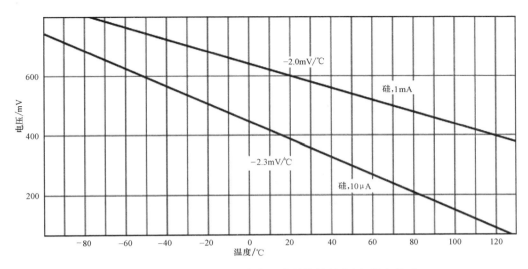

图 17.20　恒流条件下正向偏置半导体结的电压-温度关系

　　通常，工作在 $10\mu A$ 下的硅结点，其斜率（灵敏度）约为 $-2.3mV/℃$，当电流为 $1mA$ 时则灵敏度变为 $-2.0mV/℃$。任何二极管或者面结型晶体管都可以作为温度传感器。晶体管作为温度传感器的实用电路如图 17.21b 所示。用电压源 E 和稳定电阻 R 代替电流源。流经晶体管的电流为

$$I = \frac{E-V}{R} \qquad (17.49)$$

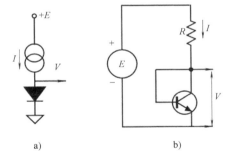

图 17.21　正向偏置 PN 结温度传感器
a）二极管　b）二极管接法的晶体管

　　建议使用的电流的数量级维持在 $I = 100\mu A$。因此，可得 $E=5V$，$V\approx 0.6V$，$R = (E-V)/I = 44k\Omega$。当二极管温度升高，电压 V 略微下降，进而导致电流微小上升。根据式（17.48），这使得灵敏度降低，这样反过来影响其非线性度。然而，对于非线性度来讲，其既可能在某些特殊应用中小到可以忽略，又可能会在信号处理中引起足够重视。由于简单性和低成本，使晶体管（二极管）温度传感器在很多应用中受到欢迎。PN100 晶体管制成的温度传感器工作在 $100\mu A$ 电流下的温度误差曲线如图 17.22 所示。从中可以看出，误差非常小，而且在很多实际应用中并不需要线性补偿。

　　可以在许多需要温度补偿的单片集成式 MEMS 传感器的硅衬底上制作二极管传感器。例如，可将其扩散入硅压力传感器的微薄膜中用于弥补压阻元件的温度补偿。

可利用晶体管的基本特性来制作廉价且具有一定精度的半导体温度传感器，晶体管能产生与绝对温度（单位为 K）成比例的电压。电压可以直接应用也可以转化为电流[17]。双极型晶体管的基极-发射极电压（V_{be}）与集电极电流的关系是生产线性半导体温度传感器的关键。图 17.23a 展示了一个简化的电路，其中晶体管 Q_3、Q_4 形成所谓的电流镜，它迫使两个相等的电流 $I_{c1}=I$ 和 $I_{c2}=I$ 进入晶体管 Q_1、

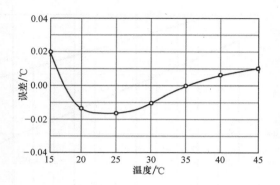

图 17.22　被用于温度传感器（在 35℃ 校准）的硅晶体管（PN100）的误差曲线

Q_2 中。集电极电流取决于电阻 R。在单片集成电路中，实际上，Q_2 是由几个相同的晶体管并联在一起形成的，例如 8 个。因此，Q_1 的电流密度是 Q_2 中每个晶体管的 8 倍。Q_1 和 Q_2 的基极-发射集电压的差值为

$$\Delta V_{be} = V_{be1} - V_{be2} = \frac{kT}{q}\ln\left(\frac{rI}{I_{ceo}}\right) - \frac{kT}{q}\ln\left(\frac{I}{I_{ceo}}\right) = \frac{kT}{q}\ln r \qquad (17.50)$$

式中，r 是电流比（本例中等于 8）；k 是玻尔兹曼常量；q 是一个电子的电荷量；T 是温度，单位为 K。

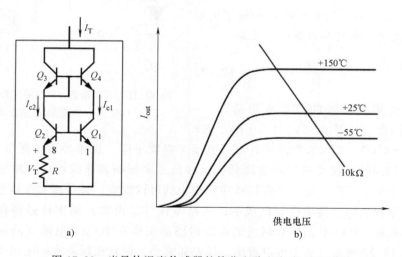

a)　　　　　　　　　　　　　　　　　　　b)

图 17.23　半导体温度传感器的简化电路和电流-电压曲线

a）半导体温度传感器的简化电路　b）电流-电压曲线

两个晶体管的电流 I_{ceo} 相等。因此，流经电阻 R 的电流产生电压 $V_T = 179T\mu V$，它与集电极电流不相关。因此，通过传感器的总电流为

$$I_{\mathrm{T}} = 2\frac{V_{\mathrm{T}}}{R} = \left(2\frac{k}{qR}\ln r\right)T \tag{17.51}$$

式中，电流比 $r=8$；电阻 $R=358\Omega$，产生一个电流和温度的线性转换方程，其灵敏度 $I_{\mathrm{T}}/T = 1\mu\mathrm{A/K}$。

图 17.23b 所示为不同温度下晶体管的电流-电压关系曲线。注意，式（17.51）中圆括号中式子的值在个别传感器设计中是个常量，并且此值可根据所需的斜率 I_{T}/T，在制造过程中精确控制。电流 I_{T} 可以很容易地转化为电压。例如，如果此传感器与一个 $10\mathrm{k}\Omega$ 的电阻串联，则电阻上的电压就会是绝对温度的线性函数，斜率为 $10\mathrm{mV/K}$。

图 17.23a 所示的简化电路工作原理基于上述公式，且其中的晶体管均理想（$\beta = \infty$）。实用的单片集成式传感器包含很多用于克服实际晶体管局限性的附加元件。很多公司都生产基于这种原理的传感器。例如，美国德州仪器公司的 LM35（电压输出电路）以及美国模拟器件公司的 AD590（电流输出电路）。

图 17.24 所示为 LM35Z 温度传感器的传递函数，其线性输出根据摄氏温标修正后，灵敏度为 $10\mathrm{mV/℃}$。此函数线性度非常高，非线性误差在 $\pm0.1℃$ 以内，可近似表示为

$$V_{\mathrm{out}} = V_0 + at \tag{17.52}$$

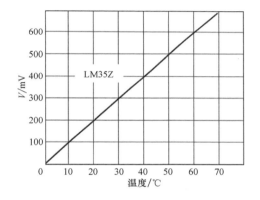

图 17.24　LM35Z 半导体温度传感器的典型传递函数

式中，t 是温度，单位为 ℃；理想情况下，V_0 为零，然而其值的变化范围可为 $\pm10\mathrm{mV}$，相当于 1℃ 的误差；而斜率 a 的变动范围为 $9.9\sim10.1\mathrm{mV/℃}$。因此，高精度应用中，该种传感器仍然可能需要校准以确定 V_0 和 a。

17.7　硅正温度系数温度传感器

体硅的传导特性已成功地应用于具有正温度系数（PTC）的温度传感器的制造中。目前，硅电阻传感器通常被集成到微机械结构中，用于温度补偿和直接进行温度测量。此外，还有扩散硅传感器，例如，最初由飞利浦制造的 KTY 温度探测器。现在，也有其他的生产商制造这些传感器，例如西门子。这些传感器有良好的线性度，长期工作稳定性高（典型值是每年 $\pm0.05\mathrm{K}$ 的变化）。PTC 温度传感器在加热系统中使用时具有固有的安全性：轻度过热（低于 200℃）会使 RTD 的阻抗增加并产生自我保护。硅 RTD 传感器属于绝对式温度传感器，即可以参照绝对温标

（K、℃、℉）来测量温度。

对于纯净硅，不管是多晶硅还是单晶硅，它们的电阻都具有负温度系数（NTC），如图 19.1b 所示。然而，当其中掺有 N 型杂质时，在一个特定范围内，它的温度系数会变为正（见图 17.25）。这是因为在较低温度下载荷子的移动性减弱。在较高温度下，由于自发产生载荷子的数量 n_i，以及硅的本征半导体特性占主导地位，从而使自由载荷子的数目 n 增加。因此，在 200℃ 以下，电阻率 ρ 具有正的温度系数，而在 200℃ 以上，温度系数变为负。基本的 KTY 传感器由 N 型硅元件构成，它的尺寸约为 $500\mu m \times 500\mu m \times 240\mu m$，且其一边被金属化而另一边留有接触区域。

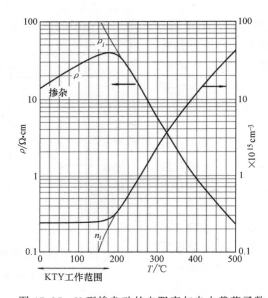

图 17.25　N 型掺杂硅的电阻率与自由载荷子数目

KTY 传感器对电流方向有些敏感，尤其是在大电流和高温度条件下。为了解决这一问题，提出了一套逆向设计方案，其中两个传感器以相反极性相连形成双传感器。这种传感器特别适合应用于车辆中。

PTC 型硅传感器的典型灵敏度约为 0.7%/℃，即每摄氏温度电阻变化 0.7%。对于其他具有轻度非线性特征的传感器，KTY 传感器的传递函数可近似地由一个二阶多项式表示

$$R_T = R_0 \left[1 + A(T - T_0) + B(T - T_0)^2 \right] \tag{17.53}$$

式中，R_0 为参考点处的阻值，单位为 Ω；T_0 为参考点处的温度，单位为 K。

例如，KTY-81 型传感器工作在 $-55 \sim 150℃$ 范围内，则系数为：$A = 0.007874 K^{-1}$，$B = 1.874 \times 10^{-5} K^{-2}$。该传感器的典型传递函数如图 17.26 所示。

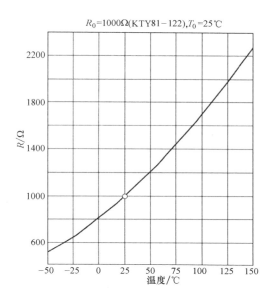

图 17.26　KTY 硅温度传感器的传递函数

17.8　热电式传感器

　　热电式传感器又称为热电偶，因为其需要至少两种不同的导体组合成一个接点，而要组成实用的传感器，至少需要两个这种接点。热电偶是一种无源传感器，这意味着其不需要任何外部激励电源，就能响应温度的变化而产生电压。换句话说，热电偶可将热能直接转化为电能，因为该类传感器能够产生电压，所以有时也称为"热电池"。

　　热电式传感器属于相对式传感器，因为电压的产生依赖于两个接点的温度差，而与两个接点的绝对温度几乎无关。利用热电偶测量温度，其中一个接点作为参考，其绝对温度必须由单独的绝对式传感器测出，例如热敏电阻、RTD 等，或者将其与参考温度已知的某种特定介质（见表 17.1）热耦合。通过 4.9 节可以更好地理解热电效应的物理原理，附表 A.10 列举了一些常用的热电偶，这些热电偶的名称最初由美国仪表协会（ISA）按照字母指定，后来被美国标准 ANSI MC 96.1 采用。很多优秀的文献中都可以找到各种热电偶的详细描述及其应用，例如参考文献 [2]、[18] 和 [19]。

　　用于制造热电偶的金属是：

　　铜（Cu），康铜（55%Cu + 45%Ni），铁（Fe），镍铬合金（90%Ni+10%Cr），镍铝合金（Alumel®）（95%Ni+2%Mn，2%Al），镍铬硅合金（Nicrosil®）（84.6% Ni+14.2%Cr+1.4Si），镍硅合金（Nisil®）（95.5%Ni + 4.4%Si+1%Mg），铂（Pt）

和铑（Rh）。

在接下来的段落中，总结了关于使用该种标准热电偶的一些重要建议。

1）T 型：含铜（+）和康铜（-），在潮湿环境中具有抗腐蚀性，适合测量 0℃以下温度。铜制热电偶元件的氧化特性使其在空气氧化环境中的应用局限在 370℃（700℉）以内。在其他某些大气条件下，其工作温度可能更高。

2）J 型：含铁（+）和康铜（-），在 0~760℃（32~1400℉）温度范围内适用于真空环境及氧化、还原或惰性气体中。高于 540℃（1000℉）时铁制热电偶的氧化速率很快，在更高的温度下若要求其寿命很长就需要较粗的导线。不建议将这种热电偶应用在 0℃以下的温度，因为此时铁制热电偶会生锈并发生脆化，使其使用效果不如 T 型。

3）E 型：含 Chromel®（+）和康铜（-），推荐在 -200~900℃（-330~1600℉）温度范围内的氧化或者惰性气体中使用。其在还原气体环境中、交替氧化或还原环境中、轻微氧化环境中以及真空环境中与 K 型热电偶有相同的限制条件。这些热电偶在高湿环境中不会产生腐蚀，因此适合测量 0℃以下温度。在所有通用类型中，在一般使用的类型中，E 型热电偶每度产生的电动势最高，因而得到广泛的应用（见图 4.36）。

4）K 型：含 Chromel®（+）和 Alumel®（-），建议在 -200~1260℃（-330~2300℉）温度范围内的氧化或完全惰性气体环境中使用。由于其具有抗氧化性，通常可用于高于 540℃的环境。然而，K 型不适合应用在还原气体环境、含硫气体环境或者真空环境中。

5）R 和 S 型：铂/铑（+）和铂（-），可在 0~1480℃（32~2700℉）温度范围内的氧化或者惰性气体环境中持续使用。

6）B 型：30% 铂/铑（+）和 6% 铂/铑（-），可在 870~1700℃（1000~3100℉）温度范围内的氧化或者惰性环境中持续使用，也可短时应用在真空环境中。不可使用在还原环境中，也不可使用在含金属和非金属的蒸气中。绝对不可以将 B 型热电偶直接插入金属的主防护管或主防护井中。

17.8.1　热电定律

为实现实际应用目的，工程师须考虑 3 个基本定律，这些定律是合理连接热电偶所确立的基本定律。然而需要注意的是，连接接口电路的两根导线必须相同；否则，电路中会出现两个寄生热电偶，引起误差。两根相同的导线可视为热电偶回路的一个桥臂。桥臂断开用于将热电偶连接到电压测量装置。如图 17.27 中的材料 A 为断开的桥臂。

定律 1：在单一均质导体组成的电路中只靠加热是不能产生热电流的。

这个定律指出需要由非均质材料组成闭合回路才会产生泽贝克电势。如果导体是均质的，则不管沿导体方向上温度如何分布，其结果是电压为零。两种不同导体

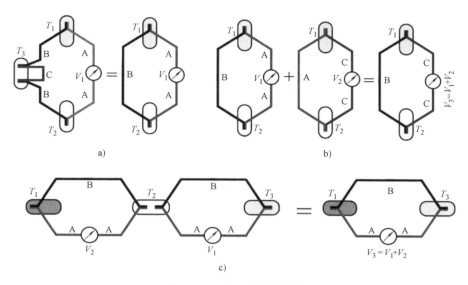

图 17.27　热电定律的说明

a）定律 1　b）定律 2　c）定律 3

形成的接点是产生电动势的条件。

定律 2：如果所有接点的温度一样，则不管热电偶由多少种不同的导体构成，其电路中的热电势都为零。

这个定律表明，在热电回路的任意一臂可以插入一种额外的导体材料 C，并且只要保证新加入的两个接点有相同的温度就不会影响原回路的电动势 V_1（如图 17.27a 中所示的 T_3）。只要保证新加入的两个接点的温度相等，则对能加入的导体数量没有限制。这就意味着接口电路的连接必须要保证两个接点具有相同的温度。该定律的另一个重要结论是热电偶接点可通过任何技术制成，甚至可添加额外的介质材料（如焊剂）。接点可以在不影响泽贝克电动势精度的情况下由焊接、钎焊、扭曲、融合等方法制成。这个定律也规定了添加材料的规则（见图 17.27b）：如果导体 B 和 C 相对于参考导体 A 的热电电压已知为 V_1 和 V_2，则两个导体结合以后的电压就是它们相对于参考导体的电压的代数和。

定律 3：如果在温度 T_1 和 T_2 下的两个接点产生泽贝克电压 V_2，而在 T_2、T_3 下产生 V_1，则在温度 T_1 和 T_3 下产生的电压为 $V_3 = V_1 + V_2$（见图 17.27c）。有时称该定律为中间温度定律。

该定律允许人们校准热电偶，首先在一个温度间隔下校准，然后将其应用于另一个温度间隔。它还说明，具有相同组合的延长导线可以在不影响电路精度的情况下接入回路中。

根据上述定律可以设计许多实用电路，其中热电偶可以有大量不同的组合方式。它们可以用来测量物体的平均温度，测量两个物体的温差，且除热电偶传感器之外，其还可用作其他传感器的参考接点等。

应当注意，热电势非常小，特别是具有长连接导线的传感器，易受各种传输干扰的影响。为了增大输出信号，要把几个热电偶串联起来，而所有的参考接点和测量接点要维持在各自的温度下。这种布置方法称为热电堆（就像把几个热电偶堆起来一样）。习惯上通常把参考接点称为冷端，而把测量接点称为热端。

图 17.28a 所示为热电偶或热电堆的等效电路。每个接点都由电压源和一系列电阻组成。电压源代表热端（e_h）和冷端（e_c），R_p 为等效电阻。泽贝克电动势形成净电压 V_p（$V_p = e_h - e_c$）是温度差的函数，其大小是目标物体与参考接点之间温度差（$T_o - T_r$）的函数。假设电路的端子使用同一种材料制成，在本例的 J 型热电偶中是铁。

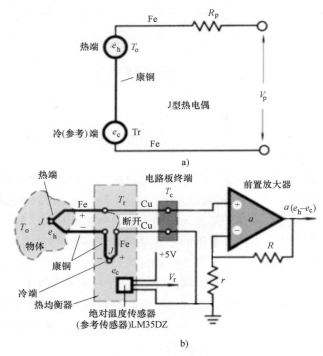

图 17.28 热电偶应用

a）热电偶的等效电路 b）温度计的前端有半导体参考传感器和分离的热电导线

17.8.2 热电偶电路

过去，使用热电偶时，通常将其参考冷端浸没在冰水混合物中使其温度维持在 0℃（这也是冷端之名的由来）。这种方式在实际应用中存在很多局限性。根据热电第二和第三定律，可以有更为简单的解决方法。冷端可以维持在任何温度下，包括外界环境，只要我们能精确知道其温度就行。因此，冷端通常和一个额外的参考温度传感器进行热耦合，这样就不再需要参考补偿。通常，这种参考温度传感器可以是一个热电阻传感器（热敏电阻或者 RTD）或者一个半导体传感器。

1. 分离导线电路

图 17.28b 给出了热电偶与电路的连接，其中一根热电导线（铁）断开（虚线），两根铜导线嵌入分离处。铜导线（如电路板上的痕迹）与放大器相连接。冷端（参考接点）置于与绝对温度参考传感器的热端相连接的"热均衡器"中。该均衡器可以是铜或铝块。为了避免表面干接触，使用导热脂和环氧树脂可有效提高温度跟踪能力。本例中的参考温度探测器是美国德州仪器公司生产的半导体传感器 LM35DZ。这个电路有两个输出：一路信号代表泽贝克电压 V_p，另一路是参考信号 V_r。原理图说明，电路板上输入端、放大器同相输入端以及与地线相连的连接导线都由同一种材料（铜）制成。板上所有的终端必须处于同一温度 T_c 下，然而此温度没有必要一定是冷端的温度。这对于远距离测量尤其重要，因为电路板的温度可能和参考冷端温度 T_r 不同。

为了通过热偶传感器测得热端的绝对温度（T_h），必须要有两个输入信号。一个是增益为 G 的放大器的热电偶电压，另一个是参考传感器的输出电压 V_r。放大器输出电压为

$$V = G(e_h - e_c) = G\alpha_T(T_o - T_r) \tag{17.54}$$

式中，α_T 为差分热电常数；T_r 为参考传感器测得的参考温度。

因此被测物体的温度为

$$T_o = \frac{V}{G\alpha_T} + T_r \tag{17.55}$$

来自前置放大器和参考传感器的信号可以数字化并由信号微处理器以适当的比例因子计算总和。应该注意的是，热电系数 α_T 未必是常数，某种程度上它取决于温度，因此应该对其进行精度校正。

2. 分离接点电路

根据热电第二定律，引入导线到接点形成两个新的接点，只要新形成的接点有相同的温度，则加入新接点后不会影响精度。基本的热电偶电路如图 17.29 所示（左侧），两种不同的金属 A 和 B 的热端和冷端分别放在温度为 T_0 的物体和参考温

图 17.29　冷端断开并接入铜导线连接电压表
（左边和右边的电路是热电等效的）

度为 T_r 的等温块（热均衡器）上。然而，这种连接是不切实际的，因为它没有连接到一个仪表。在图 17.29 的右侧，冷（参考）端断开并插入铜导线形成两个冷端，只要两个冷端具有相同的温度就不会对热电信号产生影响。两根铜导线与外部电压表相连以监测差分热电偶电压。由于这种分离接点电路简单易用而备受欢迎。

图 17.30 所示为两个冷端如何热耦合到测量温度 T_r 的参考传感器，并将其信号输送到 A-D 转换器，以根据式（17.55）由处理器做进一步的数字加处理。

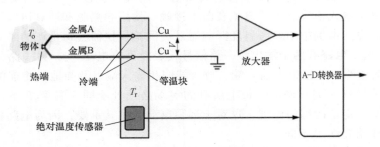

图 17.30 来自热电偶和参考传感器分离接点的电压由 A-D 转换器进行处理

将热电偶电压和参考电压相加不一定要由计算机来完成。图 17.31 所示为将热电偶电压和参考温度传感器电压模拟相加以获得组合模拟输出信号的概念。热电偶与参考电压通过串联的方式进行连接。两个电压相加时，热电偶和参考传感器的温度灵敏度（V/℃）必须很接近。求和过程是通过对不同类型的热电偶（所示为 K型）比例输出的集成热电偶参考电路 LT1025 来完成。因此，组合输出电压代表了热端的绝对温度。并将其反馈到能够提供标准比例输出为 10mV/℃ 增益选择的普通比例放大器。应当注意的是，集成参考电路必须置于容纳冷端的相同的等温块（均衡器）上。

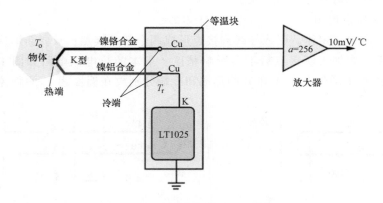

图 17.31 来自热电偶和参考集成电路的组合模拟信号

17.8.3　热电偶组件

一个完整的热电偶组件一般包含以下元件中的一个或多个：敏感组件（接点）、保护套管（陶瓷或者金属外壳）、热电偶套管（在一些要求较为严格的场合使用时，采用实心棒料钻孔以提高公差精度，并深度抛光，提高抗腐蚀性），以及端子（用于和螺纹型、开放型、插头和插座型以及军方标准型等连接器接触）。图17.32a～d 所示为一些典型热电偶组件示意图。热电偶的导线可以是左边裸露的，也可以带有电绝缘层。在高温环境下使用时，绝缘层可以是鱼骨形或者陶瓷球形，以提供足够的灵活性。如果热电偶没有电绝缘层，则会产生测量误差。绝缘层易受以下条件影响：磨损、潮湿、挠曲、极限温度、化学腐蚀和核辐射。掌握绝缘材料的特殊限制条件对于精确可靠测量是必需的。一些绝缘材料具有天然的防潮性，如聚四氟乙烯、聚氯乙烯（PVC），以及某些形式的聚酰亚胺。具有纤维绝缘层的热电偶，其防湿保护来自于防渗物质，如蜡、树脂或硅化合物。注意，若将这种材料暴露在极限温度下，哪怕仅仅一次，也会使防渗物质消失，导致丧失防渗性和保护能力。水分渗透不仅仅局限在组件的感测端。例如，如果热电偶经过冷或者热的区域，冷凝会导致产生测量误差，除非具有足够的防潮保护。

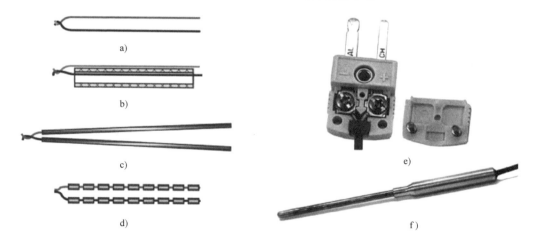

图 17.32　一些典型热电偶组件示意图和产品

a）裸露热电偶扭曲并焊接　b）在塑料管内的热电偶导线　c）绝缘热电偶扭曲并焊接
d）鱼骨形绝缘热电偶的对接焊　e）用于将热电堆导线和电路相连接的极化插头
（来自 Dataq 公司）　f）密封在不锈钢管中的热电偶（来自 RdF 公司）

高温应用环境下，柔性绝缘层的基本类型有纤维玻璃、纤维硅石和石棉（由于石棉会危害健康，所以应在适当防范措施情况下使用预防安全隐患）。另外，还需要保护热电偶上容易受环境侵害的合金。保护套管有两个作用：一是保护热电偶免受机械破坏，二是在导体和环境之间插入保护层。保护套管由碳钢（在氧化环境中可最高承受 540℃ ）、不锈钢（高至 870℃）、铁素体不锈钢（AISI 400 系列）、高镍合金、镍铬合金（Nichrome⊖）、铬镍铁合金（Inconel⊖）（在氧化环境中可最高承受 1150℃ 的高温）等制成。虽然热电偶导线应该彼此隔离并与环境绝缘，但热端仍需与被测物体紧密热耦合。

实际上金属热电偶导线都是经过生产商退火或者稳定化热处理过的。通常这样处理已经足够，在应用和测试前很少再需要进行进一步的退火处理。尽管一些新铂金和铂铑合金热电偶在生产商卖出前已进行过退火，但是很多实验室在进行精确校准之前，通常都要再对 R、S、B 型热电偶进行退火处理，不管它们是新的还是已经使用过的，这种做法已经成为惯例。通常通过在空气中对热电偶进行电加热来完成。整个热电偶由两个支柱支撑，两个支柱可以自动收合，这样可以在高温下使导线中的张力降到最低。光学高温计可以很方便地测出导线的温度。大多数金属的机械应力都会在温度达到 1400~1500℃ 时的前几分钟内消除。

薄膜热电偶由金属箔粘合而成，分为带有可拆卸载体的自由金属丝型和可嵌入薄的层压材料中的矩阵型。箔金属的厚度约为 5μm（0.0002″），使得质量和热容都非常小。薄而平坦的结合面可以在测量面上获得紧密的热耦合。金属箔热电偶响应速度快（其典型温度时间常量为 10ms），且可用于任何有标准接口电路的设备。当测温传感器的质量非常小时，就要考虑连接导线中的热传导（见图 17.1）。由于薄膜热电偶的长厚比非常大（约为 1000），因此其导线中的散热损失可以忽略。

把薄膜热电偶贴到被测物体上的方法有很多。其中包括粘合、烧制或者等离子喷涂陶瓷涂层。为了方便操作，传感器通常装在可移除的聚酰亚胺薄膜（如卡普顿）临时载体上，这种载体强度大、柔韧，且尺寸恒定，有很好的惰性和耐热性。当选择粘合剂时，必须考虑抗腐蚀性。例如，含有磷酸的粘合剂则不推荐用于单臂含有铜的热电偶应使用特殊的等温连接器来连接电路，如图 17.32e 所示。

17.9 光学温度传感器

温度测量包括接触式和非接触式两种方法。非接触式工具一般都涉及红外光线传感器，这在 4.12.3 节和 15.8 节都曾讲述过，但还存在以下将要描述的非接触式方法。当需要快速测量表面温度时就需要非接触式温度传感器。其也适用于如下极其恶劣环境下的温度测量：强电场、强磁场或强电磁场环境，或者环境中电压非常高，使得测量易受干扰的影响或对操作人员造成危险。还适用于常规测量无法接触到被测物体的情况。在医学上，非接触式的体温红外测量是最好的，因为它们不会干扰测量部位（耳道或皮肤表面），卫生和快速（通常 1~2s）。

⊖ Driver-Harris 公司的商标。

⊖ 国际镍公司的商标。

17.9.1 荧光传感器

这种传感器工作机理是，当特殊的磷光物质收到光信号激励时，会发出荧光信号作为响应。这种物质可被直接涂在被测物体表面上，可通过紫外（UV）脉冲照射使其发光，以观测余辉。响应余辉脉冲的形状与温度有关。在很宽的温度范围内，响应产生的余辉的衰减的可重复性很高[20,21]。可用通过四价锰活性化的荧光镁磁铁矿物质作为敏感材料。这是一种磷光体，在照明业中，一直以来都作为汞蒸气路灯的颜色校正器，通过接近 1200℃ 的固态反应中将其制成粉末。这种材料是热稳定的，具有一定的惰性，从生物学角度讲是良性的，对化学物质以及长期暴露在紫外光辐射下的损害不敏感。它在紫外光和蓝光辐射下它会发出荧光，在深红区域其发射的荧光呈指数衰减。

为了减少激励和发射信号之间的串扰，可利用带通滤波器，可靠地分离相关光谱（见图 17.33a）。脉冲激励源（氙闪光灯），在一个多传感器系统中可被多个光学通道共享。测量温度就要测量荧光的衰减率，如图 17.33b 所示；换句话说，温度由时间常量 τ 表示，该常量在温度范围 $-200 \sim 400℃$ 内减小了 4/5。时间测量通常最简单且可通过工作电路精确测得。因此，温度测量可以有很好的分辨率和精确度：上述温度范围内，不经过校准的话，误差约为 $\pm 2℃$。

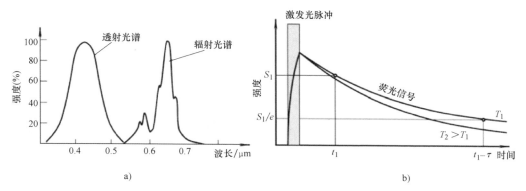

a)   b)

图 17.33 用荧光光学方法测量温度（改编自参考文献［20］）

a）对于激励的光谱响应以及发射信号   b）两种温度下（T_1 和 T_2）辐射的信号呈

指数衰减（e 是自然对数的底数，τ 是衰减时间常数）

因为时间常量与激励强度无关，所以可行性方法有很多。例如，磷光体化合物可以直接涂覆在被测物体的表面，且无须接触就可进行光学测量（见图 17.34a）。这就使得在不干扰测量现场的情况下可进行连续温度检测。在其他某些设计中，磷光体涂覆在柔软的探针上，当探针与被测物体接触时可以形成一个良好接触区域（见图 17.34b 和图 17.34c）。

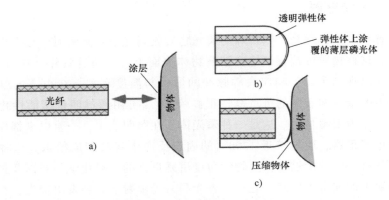

图 17.34　荧光光学方法中磷光体的放置（改编自参考文献［20］）

a）放在物体表面　b）、c）放在探针尖上

17.9.2　干涉仪传感器

另一种光学温度测量的方法是对两束光的干涉进行光强度调制。其中一束光为参照，另一束穿过一种温度敏感型介质，且由于温度的原因产生了延迟。这就导致产生相位偏移，随后干涉信号很快消失。在温度测量中，可用薄片硅[22,23]作为介质，这是因为硅的折射率随温度变化而变化（热光效应），因此可改变光的传输距离。

图 17.35 所示为薄膜型光学温度传感器的原理图。该传感器的制造方法是将 3 层材料附到具有阶跃折射率的多模纤维的两端，其内径为 100μm、外径为 140μm[24]。第一层材料是覆有二氧化硅的硅，探头的最外层是 FeCrAl，用于防止内层硅的氧化。该光纤可以承受 350℃ 的温度，而更贵的具有镀金缓冲涂层的光纤可耐 650℃ 高温。传感器还用到了工作在 860nm 范围内的 LED 光源以及一个微型光谱仪。

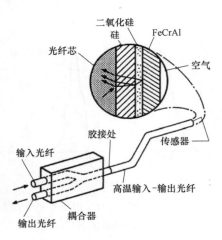

图 17.35　薄膜型光学温度
传感器的原理图

17.9.3　超高分辨率温度感知

超高精度的温度测量对于精密量热学、射电天文学和其他需要精密测量的领域是非常重要的。但是，要获得极高的分辨率会受到一些干扰因素的限制，如热电噪声、材料的热膨胀等。在实验室条件下，可以通过各向同性晶体回音壁模式（WGM）谐振器获得 $30nK/\sqrt{Hz}$[25]的超高分辨率。该分辨率精细到能够观察单个

原子的热振动。WGM 的概念源于对某些圆形建筑结构中声学现象的观察。在这样的建筑中，穿过环形可以听到耳语声，而在任何中间位置却听不到。瑞利勋爵在 1914 年阐释了环形腔内的波涉及波的干涉而产生的共振。WGM 波会沿环形弯曲的壁进行传播，而这种效应在直通道内则不存在。相同的现象在光波中也可观察到并被用于各种感知，包括超高分辨率温度感知。这种温度传感器包括一个环形的光谐振器，像一个磁盘或小球（直径约 5mm），由各向异性材料（如 MgF_2、CaF_2）制成。这种环形装置用作具有达 10^8 的极高 Q 值（谐振品质因数）的 WGM 谐振器。WGM 模式的频率会因为谐振器由温度引起的折射率变化或谐振器热膨胀而发生变化。第一种关系导致温度灵敏度只与光学模式有关系，而对于后者，模式频率取决于整个谐振器体积的温度分布。这种感知装置（见图 17.36）使用两种频率的光（近红外光和绿光）。近红外光由激光发射器产生，接着光束被一分为二，其中一束通过光纤引导进入 WGM 谐振器，另一束先进入倍频器然后输出绿光。当进入 WGM 谐振器后，两束不同频率的光波发生相互干涉，导致光强发生变化，并被输出光探测器接收到。出口光强主要受谐振器温度影响。这一关系主要受折射率变化的影响，而热膨胀效应的影响则通过另一种不同的技术大部分被消除。

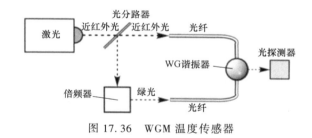

图 17.36　WGM 温度传感器

17.9.4　热致变色传感器

生物学应用中存在电磁干扰问题，这时温度传感器可用热致变色溶液[26]，如氯化钴（$CoCl_2 \cdot 6H_2O$）制作。

该种传感器的工作机理是，该溶液对 400~800nm 范围内的可见光的吸收具有温度依赖性，如图 17.37a 所示。这就意味着传感器需要光源、探测器，以及氯化钴溶液，并且需要与被测物体热耦合。图 17.37b 和图 17.37c 所示为两种可能的耦合方式，其中发送和接受光纤通过氯化钴溶液耦合。

17.9.5　光纤温度传感器

8.5.5 节所述的光纤光栅（FBG）传感器对温度敏感。这种温度传感器与其他传感器相比最大的优势是对电磁干扰不敏感、没有电导体、工作稳定，并且可以通过一根光纤串接多个传感器。FBG 传感器的工作原理基于光纤热膨胀和随后，具

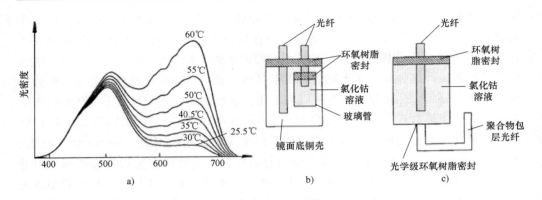

图 17.37　热致变色溶液传感器（摘自参考文献［26］）

a）氯化钴溶液的光谱吸收　b）反射式光纤耦合　c）透射耦合

有不同折射率光栅之间的距离变化。传感器温度灵敏度如式（8.14）所述，可以写成

$$\frac{\Delta\lambda}{\lambda} = (\alpha_L + \alpha_n) T \qquad (17.56)$$

常数的实用值可以取 $\alpha_L = 0.55 \times 10^{-6} \, \mathrm{K}^{-1}$ 和 $\alpha_n = 6.67 \times 10^{-6} \, \mathrm{K}^{-1}$[27]。在参考文献［28］的试验中，FBG 的反射光通过光谱分析仪进行探测和测量。波长的偏移呈现图 17.38 所示的完全线性传递函数关系。突出的应用限制是温度范围不能超出光纤组件的物理和化学稳定性。这种传感器有非常广泛的应用范围，包括航空航天应用，如一些应力绘制、形变、振动检测、微陨石检测、分布式温度测量等。这种传感器也非常适用于民用工程、生物医学工程，以及植入智能设备以实现连续的应力和温度监测。

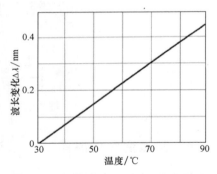

图 17.38　光纤光栅温度传感器的传递函数

17.10　声波温度传感器

在极限情况下，温度测量会非常困难。这种情况包括低温范围、反应堆中的高辐射环境等。另一种特殊情况是处于密封外壳内的已知介质的温度测量，因为此时接触式传感器不能置于其内且红外光不能穿透其外壳。在这些非寻常情况下，可利用声波温度传感器。其工作原理是介质温度和声速之间的关系。例如，干燥环境正常大气压下，关系为

$$v \approx 331.5 \sqrt{\frac{T}{273.15}} \, \text{m/s} \qquad (17.57)$$

式中, v 是声速; T 是绝对温度。

声波温度传感器 (见图 17.39) 由 3 个组件组成: 1 个超声波发射器、1 个超声波接收器和 1 个由气体填充的密封导管。发送器和接收器是陶瓷压电板, 且与导管声隔离以保证超声波主要通过密封气体传播。最常用的密封气体是干燥空气。其实, 传输和发送晶体可集成到密封外壳中, 其内部介质温度为需要测量的量。也就是说, 中间的试管并不是必需的, 只要保证填充介质的体积、质量是个常量就可以了。当用到试管时, 要考虑到在极限温度情况下, 防止它机械变形以及丧失密封性。最适合的试管材料是不胀钢。

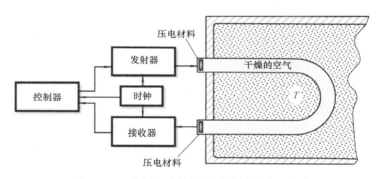

图 17.39 使用超声波检测系统的声波温度计

低频率 (100Hz) 时钟产生脉冲触发发射器同时关闭接收器, 就像雷达一样。压电陶瓷弯曲, 引起超声波沿导管传播。接收压电陶瓷在波到达前开启, 接收到超声波后转化为电信号, 信号经放大后发送到控制电路。控制电路通过沿导管的传播时间计算出声速。然后, 就可以从存储在查询表中的校准数字中查出相应的温度。在另一种设计方法中, 测温器件中只包含一个超声波晶体, 其交替作为超声波发射器和接收器。这种情形下, 试管的另一端是密封的空端。超声波传播到空端壁后返回, 再传播到晶体, 在超声波到达晶体前, 其变为接收模式。电子电路[29]将接收脉冲转化为与试管温度相对应的电信号。

微型温度传感器的制造基于表面声波 (SAW) 技术和板波 (PW) 技术 (见13.6.2 节)。这种传感器对电子振荡器中计时元件的机械参数进行温度调制[30,31]。这使得振荡频率发生变化。事实上, 这样一个整体式声学传感器可作为温度到频率的直接转换器。其灵敏度通常在几 kHz/K 的范围内。

17.11 压电温度传感器

一般来说, 压电效应就是一种温度依赖现象。因此, 可根据石英晶体振荡频率的可变性来设计温度传感器。因为石英晶体是各向异性材料，因此晶片的谐振频率高度取决于其晶向，即切割角度。因此，通过选择切割方向，可使其对温度灵敏度的影响忽略不计（AT 或者 BT 切割），或者相反，使其具有显著的温度依赖关系。谐振频率的温度依赖性可以粗略地由以下三阶多项式表示

$$\frac{\Delta f}{f_0} = a_0 + a_1 \Delta T + a_2 \Delta T^2 + a_3 \Delta T^3 \qquad (17.58)$$

式中，ΔT 和 Δf 分别是温度偏移和频移；f_0 是校准频率；a 是系数。

1962 年，利用非旋转 Y 向切割晶体时首次利用了这种温度依赖性[32]。惠普公司成功开发出了一种线性温度系数切割（LC）[33]。通过双轴旋转 Y 向切割可以消除二阶和三阶系数，生产出的传感器高度线性，其灵敏度（a_1）为 35ppm/℃，工作温度范围为 -80 ~ 230℃，校准精度为 0.02℃。随着微处理器的出现，线性度并不如以前那么重要了，而其敏感性变得更高，通过利用轻微单旋转 Y 切割（$Q = -4$℃，灵敏度为 90ppm/℃[34]）以及利用弯曲型和扭曲型音叉谐振器[35,36]使非线性石英温度传感器得以发展。

值得注意的是，被测物体和振动晶片的耦合通常很困难，因此，与热敏电阻和热电传感器相比，所有压电传感器的响应速度相对较慢。

参考文献

1. Fraden, J. et al. (2007). *Ear temperature monitor and method of temperature measurement.* U. S. Patent No. 7306565, 11 December 2007.

2. Benedict, R. P. (1984). *Fundamentals of temperature, pressure, and flow measurements* (3rd ed.). New York, NY: John Wiley & Sons.

3. Callendar, H. L. (1887). On the practical measurement of temperature. *Philosophical Transactions. Royal Society of London*, *178*, 160.

4. Sapoff, M. (1999). Thermistor thermometers. In J. G. Webster (Ed.), *The measurement, instrumentation and sensors handbook* (pp. 3225-3241). Boca Raton, FL: CRC Press.

5. Fraden, J. (2000). A two-point calibration of negative temperature coefficient thermistors. *Review of Scientific Instruments*, *71* (4), 1901-1905.

6. Steinhart, J. S., & Hart, S. R. (1968). Calibration curves for thermistors. *Deep Sea Research*, *15*, 497.

7. Mangum, B. W. (1983). Triple point of succinonitrile and its use in the calibration of thermistor thermometers. *Review of Scientific Instruments*, *54* (12), 1687.

8. Sapoff, M., et al. (1982). The exactness of Δt of resistance—temperature data. In J. E. Schooley (Ed.), *Temperature Its measurement and control in science and*

industry (Vol. 5, p. 875). College Park, MD: American Institute of Physics.

9. Keystone Carbon Company. (1984). *Keystone NTC and PTC thermistors.* Catalogue © Keystone Carbon Company, St. Marys, PA.

10. Tosaki H et al. (1986) *Thick film thermistor composition.* U. S. Patent No. 4587040, 6 May 1986.

11. Zhiong J. et al. *Thick film thermistors printed on low temperature co-fired ceramic tapes.* University of Pensilvania. Retrieved from http: //repository. upenn, edu/ meam_papers/117/.

12. Villemant, C. M., et al. (1971). Thermistor. U. S. Patent No. 3,568,125, March 2, 1971.

13. Silver, E. H, et al. (2007). Method for making an epitaxial germanium temperature sensor. U. S. Patent No. 7232487, June 19, 2007.

14. Kozhukh, M. (1993). Low-temperature conduction in germanium with disorder caused by extended defects. *Nuclear Instruments & Methods, A329,* 453-466.

15. Kozhukh, M. (1993). Neutron doping of silicon in power reactors. *Journal of Physics: Condensed Matter, 5,* 2351-2376.

16. Sachse, H. B. (1975). *Semiconducting temperature sensors and their applications.* New York, NY: Wiley.

17. Timko, M. P. (1976). A two terminal IC temperature transducer. *IEEE Journal of Solid-State Circuits, 11,* 784-788.

18. Caldwell, F. R. (1962) Thermocouple materials. *NBS monograph 40. National Bureau of Standards,* 1 March 1962.

19. ASTM. (1993). *Manual on the use of thermocouples in temperature measurement. ASTM manual series: MNL: 12-93* (4th ed.). Philadelphia, PA: ASTM.

20. Wickersheim, K. A., et al. (1987). Fluoroptic thermometry. *Medical Electronics, February,* 84-91.

21. Fernicola, V. C., et al. (2000). Investigations on exponential lifetime measurements for fluorescence thermometry. *Review of Scientific Instruments, 71* (7), 2938-2943.

22. Schultheis, L., et al. (1988). Fiber-optic temperature sensing with ultrathin silicon etalons. *Optics Letters, 13* (9), 782-784.

23. Wolthuis, R., et al. (1991). Development of medical pressure and temperature sensors employing optical spectral modulation. *IEEE Transactions on Biomedical Engineering, 38* (10), 974-981.

24. Beheim, G., et al. (1990). A sputtered thin film fiber optic temperature sensor. *Sensors, January,* 37-43.

25. Weng, W., et al. (2014). Nano-Kelvin thermometry and temperature control: Beyond the thermal noise limit. *PRL*, *112*, 160801.

26. Hao, T., et al. (1990). An optical fiber temperature sensor using a thermochromic solution. *Sensors and Actuators A*, *24*, 213-216.

27. Kersey, A. D., et al. (1997). Fiber grating sensors. *Journal of Lightwave Technology*, *15*, 1442-1463.

28. Cazo, R. M., et al. Fiber Bragg Grating temperature sensor. Photonics Div., IEAv, São José dos Campos-SP-Brazil e-mail: carmi@ ieav. cta. br.

29. Williams. J. (1990). *Some techniques for direct digitization of transducer outputs*, *AN7, Linear Technology application handbook*. Milpitas, CA: Linear Technology.

30. Venema, A., et al. (1990). Acoustic-wave physical-electronic systems for sensors. *Fortschritte der Acustik der 16. Deutsche Arbeitsgemeinschaft für Akustik* (pp. 1155-1158).

31. Vellekoop. M. J., et al. (1990). *All-silicon plate wave ascillator system for sensor applications*. New York, NY: Proceedings of the IEEE Ultrasonic Symposium.

32. Smith, W. L., et al. (1963). Quartz crtstal thermometer for measuring temperature deviation in the 10^{-3} to 10^{-6}℃ range. *Review of Scientific Instruments*, *4*, 268-270.

33. Hammond, D. L., et al. (1962). Linear quartz thermometer. *Instrumentation and Control Systems*, *38*, 115.

34. Ziegler, H. (1984). A low-cost digital sensor system. *Sensors and Actuators*, *5*, 169-178.

35. Ueda T. et al. (1986). *Temperature sensor utilizing quatz tuning fork resonator* (pp. 224-229). In Proceedings of the 40th annuals of frequency control symposium Philadelphia, PA, 1986.

36. EerNisse E. P., et al. (1986). *A resonator temperature transducer with no activiry dips.* (pp. 216-223). In Proceedings of the 40th annuals of frequency control symposium, Philadelphia, PA, 1986.

第18章

化学和生物传感器

用于测量和检测化学和生物物质的传感器使用普遍，但是，多数传感器是不显眼的。这些传感器被用于汽车的高效运行、追查罪犯，以及环境和健康监测。其用途包括监测汽车排气系统中的氧气，糖尿病患者取样中的血糖水平，以及环境中的二氧化碳。在实验室中，开发新的化学品或药物时，化学探测器是分析设备的核心部件，用于监测工业过程。化学传感器的进步斐然，其发展历程充满趣味性。最新的进展包括了各种各样的技术，例如在安全应用中改进筛查系统[1]，以及曾经仅用于实验室的系统的小型化[2]。化学传感器能够对不同化学品或化学反应的激励产生响应，因此这些传感器可用于识别以及定量检测化学物质（包括液相和气相）。化学传感器可以是独立的设备，也可以是包括化学反应、分离或其他过程仪器的更大、更复杂系统的一部分。

在工业生产中，金属铸造时扩散气体的含量将影响金属的脆性等特性，因此化学传感器可用于塑料生产和金属铸造的过程和质量控制。化学传感器还可以起到环境监测的作用，防止工人暴露在危险环境中以保证工人的健康。化学传感器还有许多新的用途，如电子鼻。一个电子鼻通常会用到不同类型的传感器[3]，以模仿哺乳动物的嗅觉能力[4]。在医疗中，化学传感器通过监测肺部和血液样品中氧气和微量气体的含量来判断患者的健康水平。化学传感器还可用于体内酒精测定器来测量血液中的酒精含量，以及用于判断患者的消化问题。在军事中，化学传感器能监测燃料释放以警告士兵空气中含有化学毒剂。化学传感器可用于检测液体中的微量污染物，例如，当有大量化学品在军事区被储存、居民区被使用或者工业区被排放时，化学传感器能够搜寻和监测附近地下水的污染物含量[5]。气体传感器和液体传感器合并可应用于实验军事中，检测炼油厂和核电厂产生的化合物以验证其是否符合武器条约。

18.1 概述

18.1.1 化学传感器

传统上，未知物质的化学感应是在一个具有复杂台式实验设备，如质谱仪、色谱分析仪、核磁共振、X 射线和红外技术等的分析实验室中完成的。这些方法相当精确，而且可以识别出大多数种类的未知化学品，可信度很高。然而，这些设备通常昂贵而且需要专业人员进行操作。长久以来，人们致力于开发小型化、低成本的传感系统以满足特定的市场需求。在低成本方面，许多传感器已经取得了很大的进展，但系统的小型化通常与灵敏性、选择性、基本稳定性和重复性相冲突。本章将从分析实验室和移动应用中的小型化系统两个方面对化学传感器和传感系统进行概述。

目前，对于化学传感器的完整分类尚无一种普遍接受的方法。为了本章的叙述目的，我们将化学传感器主要分为两类，一类按转换方法，另一类按实现方法。转换方法又可进一步分为三种：①测量电或电化学性质的化学传感器；②测量物理性质变化的化学传感器；③依靠吸收或释放光或其他电磁辐射波长的化学传感器。

为响应不同的化学、物理和光学特性以帮助检测化学分析物，人们开发出了一系列令人印象深刻的传感器技术。其中一些传感器技术，如微悬臂梁，可用于测量化学和（或）物理性质，但也因此不容易对化学传感器进行完整分类。

18.1.2 生化传感器

生物传感器是一种特殊的化学传感器。自然选择导致的物种进化使器官极为敏感，仅根据几个分子的存在就能产生响应。使用几个物理敏感元件（如测量电流的或热的）结合生物活性材料制成的人造传感器则通常没有那么高的灵敏度。生物识别元件是在传统传感器上安装生物反应器。这样，生物传感器的响应将由分析物、反应产物、共反应物或干扰物的扩散以及识别过程的动力学来决定。可被生物传感器定性或定量探测的生物单元包括生物体、组织、细胞、细胞器、细胞膜、酶、受体、抗体和核酸[6]。

在生物传感器的制造过程中，关键问题之一是在物理或电换能器上固定生化换能器。传感器的固定层或表面必须将生物活性材料限制在敏感元件上，并确保在生物传感器的有效寿命周期内不能发生泄漏，允许其接触到分析物的溶液，允许任意产物扩散到固定层，并且不会使生物活性材料发生变性。用于生物传感器的生物活性材料大多是蛋白质或其化学结构中含蛋白质。为了将蛋白质固定到传感器表面，会用到两种基本方法：绑定或是物理滞留，吸附或共价结合是两种类型的绑定技术。滞留涉及通过传感器表面层从分析物溶液中分离出生物活性材料，传感器表面层对于分析物和任何识别反应的产物都是可渗透的，但不包括生物活性材料。本章会给出多种生物传感器的实例。

18.2 历史

受益于化学品的感知，人类的历史是丰富多彩的。第一个例子涉及巧妙地利用动物王国，如矿工的金丝雀可以监测空气的质量[7]（见图 18.1）。由于没有现代化的通风系统，早期的矿工经常工作于危险的环境中。数百年来，矿工们利用笼中的金丝雀来预警危险的环境状况。金丝雀比人类对低浓度的甲烷和一氧化碳以及隧道塌方时氧气含量的减少更加敏感。只要金丝雀是活着的，矿工就知道空气供应是安全的，而金丝雀死亡则会让矿工意识到处于潜在的危险中。在现代化的矿井里，多数的金丝雀已经被各种个人的、便携的、固定安装的空气监控设备所取代[8]。

图 18.1　矿工的金丝雀

自史前时代，犬科动物就被用于搜寻或追踪。如今，在机场或者其他公共场所，训练有素的狗被用于搜寻爆炸物或者毒品。与人类相比，狗的大脑相应部分比例较大，这使得狗的嗅觉很灵敏。因此，狗已经被证明具有辨别出比人类所能分辨气味低 8 个数量级浓度的能力。自从三万年前人类驯化了狗，人们就开始依赖狗的鼻子[9]。见微知著，化学传感器已经超越了动物王国的能力，发展为一个大的市场，并被广泛地采用。当今工业发展的主流趋势是减小尺寸、降低功耗以及提高便携性，其目的是为了将化学传感器应用于手机和无人驾驶汽车。近年来微流体技术的发展使得微型化医疗设备在诊断分析行业的应用愈加普遍。

18.3　化学传感器的特性

多数化学传感器可以使用普通传感器的指标和特性进行描述，例如稳定性、重复性、线性度、迟滞、饱和度、响应时间等（见第 3 章），但是有两项特征对于化学检测是独一无二且有意义的，那就是选择性和灵敏度。由于化学传感器要识别和定量检测化学量，因此需要其对化学混合物中的特定物质具有选择性和灵敏度。

18.3.1 选择性

选择性描述了传感器仅对所需目标物质响应的程度，很少或者不受非目标物质的干扰。因此评价化学传感器性能最重要的指标之一是其选择性的优劣。

大多数传感器不是只对一种个体具有高度选择性，而是对很多不同的化学物质具有不同的灵敏度。当然，有些类型的传感器依靠其材料或机理的选择可以有非常好的选择性。模仿活生物体的信号处理往往可以显著提高选择性。根据分析物（受验主体）的物理或化学反应，化学传感器通常分为三种类型[107]：锁和钥匙型、催化剂型及电化学型。

1. 锁和钥匙型

具有理想选择性的化学传感器应当除了一种特定的化学物质之外不对任何分析物作出响应。但问题是如何确定正确的化学物质？在锁与钥匙这种方法中，特定的化学分子是敏感元件的一部分，该敏感元件仅与感兴趣的分析物绑定。有时这种方法被称为亲和感知。生物学上的例子是抗体、噬菌体和核酸。携带这种相互作用物质的生物传感器需要特定的流体系统以保持生物材料的活性，并允许光或电转换。

一种亲和方法是使用锁-钥匙原理的分子印迹聚合物（Molecular Imprintable Polymer，MIP）：它们通过预测的方法识别分子的形状和尺寸。MIP 是通过创建一个模板分子的印迹而产生的，然后移除模板，在聚合物上留下一个空白成为负模板图像（见图 18.2）。MIP 的印迹是一种热和化学稳定的结构，其寿命长达 8 年。MIP 材料可以用来构建或用于各种不同的换能器[73]。

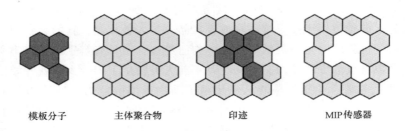

模板分子　　　　主体聚合物　　　　印迹　　　　MIP 传感器

图 18.2　创建锁和钥匙型的 MIP 传感器[107]

2. 催化剂型

敏感元件可以通过添加类似酶或金属的催化剂来激活或加强化学反应，进而识别出特定的分析物。基于加热金属氧化物的探测器可能含有催化剂并使用所谓的"溢出"效应[60]。这种类型的气体传感器，催化剂有助于分离某些特定的气体分子，使分离出的原子（或碎片）溢出到敏感元件的表面上。在金属氧化物表面与可用的氧发生反应，产生可测量的变化。催化活性的速率高度取决于温度和许多其他因素。

实现选择性最有效的方法之一是使用与酶反应的传感器。酶是一种在活的生物体中发现的特殊催化剂，它是一种蛋白质，相对分子质量为 6~4000kDa。它们具有两个显著特性：①它们对给定的物质极具选择性；②它们对提高反应速率非常有效。因此，它们对选择性和输出信号幅值都非常有利。反应的最大速度与酶的浓度成正比。

含酶的传感元件可以是加热的探针、电化学传感器或光学传感器。酶只在水环境中工作，所以它们被纳入固定化基质（如凝胶，特别是水凝胶）中。常见的操作方式如下：酶固定在扩散有来自样本的目标化学物质的层内，当酶与目标化学物质发生反应时，产生可被探测到的化学产物或其他效应。

3. **电化学型**

电化学传感器通常包含两个或三个电极，其中一个作为"工作"电极，相关化学反应在此发生，另外的电极是对电极或辅助电极和参比电极。在某些情况下，参比电极用于强制系统以帮助测量或控制电化学反应。该传感器的工作与电池类似，通过应用特定的电动势或化学物质诱发产生某些特定化学反应（氧化或还原）。反应通常会产生可被探测的电流或电动势。下文将给出实例。

18.3.2　灵敏度

灵敏度（也称为分辨率）描述了设备可以成功且重复感受到最小浓度和浓度变化的能力。图 18.3 和图 18.4 所示为建立传感器灵敏度和选择性的各组数据。需要注意的是，前面章节中所介绍的传感器，当传感器的传递函数为线性时，至少在一个较小的输入范围内，术语灵敏度与斜率为同义词。而对化学传感器，灵敏度等同于分辨率。使用已知浓度下的已知标准化学物质以类似的方法作出的校准曲线可以用来确定化学浓度和传感器响应关系曲线的斜率，并由此确立化学传感器的灵敏度。

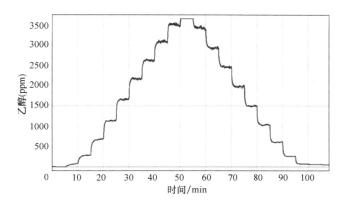

图 18.3　基于金属氧化物半导体的传感器对乙醇浓度增加和减少的响应

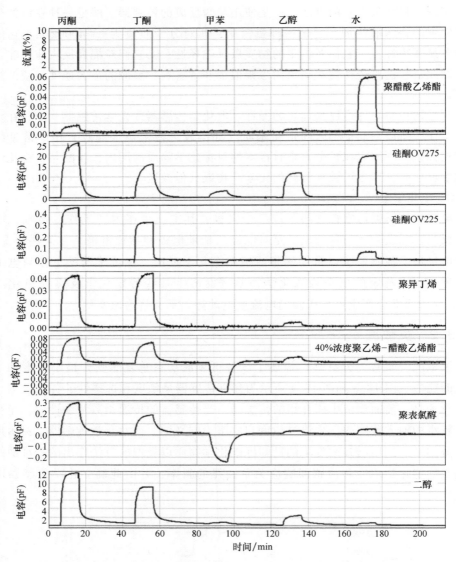

图 18.4　一种由 7 种不同吸收聚合物涂层的化学电容组成的电容式 VOC
传感器阵列在 25℃情况下对丙酮、丁酮、甲苯、乙醇和水的脉冲响应

18.4　电和电化学传感器

　　直接测量目标分析物的电性能或测量分析物对另一种材料的电性能影响的传感器通常是最便宜的商用探测器。使用这些传感器，探测可以是可逆的相互作用或是导致分析物分解的破坏性不可逆过程。这些设备和辅助的电子设备往往设计简单，

由此产生的产品可以用于苛刻的场合。这类传感器包括金属氧化物半导体传感器、电化学传感器、电位式传感器、电导型传感器、电流计传感器、弹性化敏电阻器、化敏电容器和化学场效应晶体管。

18.4.1 电极系统

电化学传感器可以在市场上买到并且种类齐全。根据工作模式的不同，可以分为电位型传感器（测量电势）、电流型传感器（测量电流），以及依靠电导率或电阻率的电导型传感器（测量电导）。在所有这些方法中，要用到一类特殊电极，在这种电极上既发生化学反应，又通过反应调节电荷的传输。电化学传感器的基本原则是总需对闭合的回路，即电流（无论是直流或交流）必须能够流动，以便进行测量。因为电流流动必须要形成回路，所以传感器至少需要两个电极，一个称为工作电极，另一个称作返回电极或对电极或辅助电极（见图 18.5），两个电极都浸入被分析物或电解质中。然

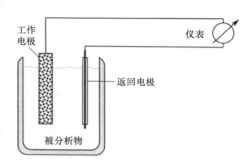

图 18.5 具有工作电极和返回电极的电化学电池

而值得注意的是，即使在电位型传感器中电压测量不需要电流，回路也必须闭合以测量电压。由这些电极和电解质组成的传感器称为电化学电池。

分析物即被分析的物质。它可以溶解在液体中形成电解质，是一种用离子代替电子来运载电荷的介质。这直接限制了能够发生的反应，是赋予电化学传感器选择性的第一阶段。

这些敏感系统中的电极通常由铂或钯等催化金属或碳涂覆金属制成。电极被设计成具有大的表面积以能够与尽可能多的被分析物反应，产生最大的可测量信号。可以对电极做一些处理以提高其反应速率和增加电极寿命。目标化学反应发生在工作电极，电信号是由参比电极测量的。通常，返回电极被作为参比电极。理想情况下，电极不应对分析物造成任何化学变化，同时分析物也不应改变参比电极。参比电极应保持对分析物的恒定电位，而与其浓度或类型无关。

通常，参比电极被"盐桥液"包围，所以与分析物的电接触是通过这个缓冲溶液。氯化钾溶液的浓缩液常用作盐桥液。为了防止盐桥液泄漏到分析物中，参比电极作为金属电极的一个组件，由限制流体流动的多孔隔板（如由陶瓷制成）所包围。在隔板中，来自两侧的离子互相扩散，但由于其各自不同的迁移率，它们会以不同的速度扩散。因此电荷穿过隔板并与离子迁移率的差成比例出现。由于盐桥液，参比电极的电位是两个电位的和：一是从参比电极到盐桥液界面的电位（e_r），而另一个是从盐桥液到分析物界面的电位（e_j）。

$$e_{ref} = e_r + e_j \qquad\qquad (18.1)$$

为了说明这种效果，在使用之前，传感器先要通过标准分析物溶液进行校准，因此参比电位是已知的。

从电荷转移的角度来看，有两种类型的电化学界面：理想极化（纯电容）和非极化。与仅含有惰性电解质的溶液（如硫酸）接触的某些金属（如汞、金、铂）接近理想的极化界面特性。然而，即使在这种情况下，仍有有限的电荷转移电阻存在于这样的界面上，过量电荷泄漏的时间常数由双电层电容和电荷转移电阻的乘积给出（$\tau = R_{ct} C_{dl}$）。

许多分析物是水溶液，因此使用有氢离子参与反应的参比电极是有道理的。标准氢电极（SHE）由具有非常大的表面积、被称为"铂黑"的铂棉包裹的铂箔组成（见图 18.6）。铂组件置于玻璃管内，其内部有一个小的腔室，在铂和铜线之间放置一滴水银实现电接触，以实现与外部的电连接。铂黑浸入分析物溶液以实现电化学反应。玻璃管有一个充氢气的进口，而底部则有孔以便于排出过量的氢。

当纯净干燥的氢气通过进气口时，流过铂黑海绵，在吸附于铂表面的氢气和溶液的 H^+ 之间建立平衡并形成电荷相反的双电层。在导线上产生的电位称为氢电极电位。它被定义为当一个大气压（约 1bar）的氢气与单位浓度的 H^+ 平衡时，在铂金属上吸附的氢气与溶液中的 H^+ 之间形成的电位。标准氢电极的电位被认为是零。由于标准氢电极很难装备和维护，因此在实践中很少将其作为参比电极。标准氢电极的主要目的是用于为其标准参比电极的标准化建立基准电位。因此，参比电极的电位是由氢的标度进行度量的。

其他参比电极包括甘汞电极和银-氯化银（Ag/AgCl）电极，甘汞电极由包含甘汞（Hg_2Cl_2）的汞层组成。在许多实际应用中，后者由于不含有毒的汞且温度稳定性更好，因此是更好的。这种类型的电极被广泛应用于在电生理学中提取心电图、脑电图和其他生物电位。化学传感器中，在浓缩的氯化钾溶液中银电极中的氯化银具有高的溶解性，因此电极受到侵蚀，寿命减少。这种电极组的结构如图 18.7 所示。该电极对饱和溶液的标准电位为 0.1989V。

18.4.2　电位型传感器

电位型传感器的原理是利用在电化学电池中电极-电解质界面发生的氧化还原反应的平衡浓度效应。由于氧化还原反应发生在工作电极表面，因此可能在界面上产生电势，其中，Ox 表示氧化剂，Ze^- 是参与氧化还原反应的电子数，而 Red 指还原产物[10]。

$$Ox + Ze^- = Red \qquad\qquad (18.2)$$

该反应发生在其中一个电极（此种情况为阴极反应），被称为半电池反应。在

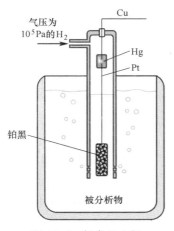

图 18.6　氢参比电极

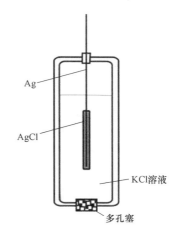

图 18.7　银-氯化银参比电极

热力学准平衡条件下，能斯特方程是适用的，并且可以表示为

$$E = E_0 + \frac{RT}{nF} \ln \frac{C_0^*}{C_R^*} \tag{18.3}$$

式中，C_0^* 和 C_R^* 分别表示 Ox 和 Red 的浓度；n 为转移的电子数；F 为法拉第常数；R 为气体常数；T 为绝对温度；E_0 是标准状态的电极电位。

在电位型传感器中，两个半电池反应同时发生在每个电极处。但是，仅有一个反应用于检测物质种类，而另一个半电池反应最好是可逆的，不受干扰而且是已知的。

电位型传感器的电池电压的测量应在零电流或者准平衡的条件下进行；因此，一般需要具有低偏置电流的高输入阻抗放大器（称为静电计）。离子选择性膜是所有电位型离子传感器的关键组成部分。在样品中其他各种离子成分存在的情况下，它建立了传感器对特定离子响应的参照。离子选择性膜与溶液形成了一个非极化界面。性能良好的膜具有稳定性好、重复性好、不受吸附和搅拌的影响、选择性好等优点，同时具有较高的绝对和相对交换电流密度。

18.4.3　电导型传感器

电化学电导率传感器测量电化学电解池中电解质电导率的变化。电化学传感器可能会涉及电极极化和感应电流或电荷转移过程产生的容抗。

在均匀电解质溶液中，电解质的电导 $G(\Omega^{-1})$ 与 L 成反比，并与 A 成正比，L 是沿电场的电解液中两电极间的距离，而 A 是垂直电场的截面积[11]。

$$G = \frac{\rho A}{L} \tag{18.4}$$

其中 $\rho(\mathrm{cm}^{-1} \cdot \Omega^{-1})$ 是特定电解质的电导率，它与电解液的浓度和离子电荷数量有关。根据科尔劳施的理论[12]，任何浓度溶液的等效电导由下式给出

$$\Lambda = \Lambda_0 \beta \sqrt{C} \tag{18.5}$$

式中，Λ_0 是无限稀释电解质的等效电导；β 是电解质参数；C 是电解质溶液的浓度，单位为 mol/L 或其他任何便于计算的单位。

多年来，电解质的电导一直通过电化学电导率传感器来测量。通常，一个惠斯通电桥（类似图 18.11）是使用电化学电解池（传感器）形成其中一个电桥的阻抗臂。不过，不同于固体电导率的测量，电解质电导率的测量往往由于操作电压引起电极极化而变得复杂。在电极表面会产生感应电流或有电荷转移发生。因此，电导率传感器应维持在没有感应电流发生的电压下。另外一个需要考虑的重要因素是，当在电解池上施加电势时，会形成与每个电极相邻的双层，即瓦尔堡阻抗。因此，即使在没有感应电流的时候，仍然有必要考虑电导测量期间双层的影响。可以通过使传感器的电解池常量 L/A 保持较高的值，而将感应电流过程的影响减到最小，因此电解池电阻应在 $1\Omega \sim 50k\Omega$ 之间，即使用表面积小的电极和大的极间距离。不过，这样会使惠斯通电桥的灵敏度降低。通常解决的办法是使用多电极配置。通过使用高频低幅值交变电流可使双层和感应电流的影响降到最低。另一个好的方法是通过连接一个与电解池相邻的桥区电阻并联的可变电容来平衡电解池的电容和电阻。

电导型传感器的一个应用实例是血糖测量。血液样本的电导率不能通过测量葡萄糖分子浓度的方式来被直接检测，但使用电化学反应，葡萄糖可以用来产生电流。有多种化学方法可以实现这一目的。一种方法是，将一滴血液滴在测试条上，在其上通过一种称为葡萄糖脱氢酶的专用试剂酶（一种蛋白质催化剂）进行化学预处理。然而，葡萄糖和酶与电导率传感器的电极不容易直接交换电子，因此，必须要有一种化学中介物促进（或调节）电子的转移。以下是发生在葡萄糖测试条上的步骤，如图 18.8a 所示。

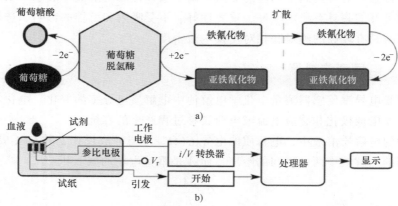

图 18.8 电导型血糖传感器的原理图

a）测试条上的化学反应 b）简化框图

1）血液样本中的葡萄糖首先与葡萄糖脱氢酶发生反应。葡萄糖被空气中的氧气氧化成葡萄糖酸。由于两个电子从葡萄糖分子转移到酶中而使酶暂时被还原。

2）接着还原的酶与中介物（M_{ox}）发生反应，将单个电子转移给两个中介离子中的每一个。酶变成原来的状态，两个 M_{ox} 离子被还原成 M_{red}。

3）在传感器的电极表面，M_{red} 被氧化变回 M_{ox}（完成循环），在一段用于完成反应并稳定过程的培养期后，流经改变后的样品的电流被用来确定血液中的葡萄糖浓度。

葡萄糖脱氢酶是高特异性的，可加速葡萄糖氧化为葡萄糖酸，它也比葡萄糖氧化酶对常见干扰的敏感性小。它的高特异性使它能够在成千上万的可能在复杂的血液样本中产生干扰的化合物存在的情况下，选择性地与葡萄糖反应。这种特异性是非常重要的，因为随着时间的推移，连同许多其他因素如红细胞压积、红细胞的氧含量，新陈代谢的副产物和药物治疗等，在单一的健康的病人体内，血糖水平变化很大。试纸中的介质是铁氰化钾。铁氰化物与亚铁氰化物组成的氧化还原对能迅速与工作电极交换电子。因此，电子通过酶和介质在葡萄糖和电极之间转移，并促使葡萄糖浓度降低时电导率的变化。

图 18.8b 所示为电导型血糖传感器的简化框图。测试条有三个电极与血液样本接触。工作电极与试剂中的介质交换电子。参比电极闭合电流回路，提供有利于化学反应的偏置电压并允许测量样品电导率，而触发电极用于探测血液样本施加到测试条上的时刻。启动电路探测由血液电导率引起的电压下降。流过工作电极的电流与释放的电子数量成线性函数关系。因此，它与血液样本中的血糖分子浓度也近似呈正比关系。

另一种电导型传感器的例子是酒精测试仪。有几种方法检测血液酒精，其中直接血液测试是最准确的，尽管该方法不太方便且较慢。血液酒精筛查是用来确定一个人的血液酒精含量（BAC）是否低于或高于某个阈值。在大多数实际使用中，通常使用呼气式酒精测试仪来测定呼气酒精含量（BrAC）而不是采血。由呼气酒精含量值转换成血液酒精含量值的转换因子已经建立。最常用的转换因子是 2100[109]。为了检测呼吸酒精，样本气体（呼吸）被注入呼气式酒精测试仪的敏感模块。在几种可能的呼吸酒精检测方法中，三种方法比较实用：

1）根据电化学反应制成的燃料电池传感器，气态酒精在催化电极表面被氧化，发生定量的电响应。

2）基于红外光会被酒精分子吸收的工作原理的用于呼吸采样的红外吸收装置。流过样本盒被气体样本吸收的光量可以作为测量酒精含量的方法。

3）半导体敏感元件利用小的、热的（300℃）过渡金属氧化物磁珠，在磁珠上施加电压时会产生一小的恒定的电流。电流的大小受磁珠表面的导电能力的限制。由于电导率受吸附的酒精分子的数量的影响，它可以被用来测量气体样品中的酒精浓度。

电流型传感器

克拉克型溶氧传感器是一种电流型化学传感器，其在 1956 年被提出[13]。电极的工作原理是通过电极组件中的电解液，将来自氧渗透膜的氧扩散到金属阴极。阴极电流来自于两步氧化还原过程，可表示为

$$O_2 + 2H_2O + 2e^- \rightarrow H_2O_2 + 2OH^-$$

$$H_2O_2 + 2e^- \rightarrow 2OH^- \tag{18.6}$$

如图 18.9a 所示，薄膜穿过电极端部被拉伸，氧气通过薄的电解质层扩散到阴极。阳极和阴极都包含在传感器组件中，与外界样本没有电气接触。一阶克拉克电极扩散模型如图 18.9b 所示[14]。薄膜电解质电极系统可看作一维扩散系统，其薄膜表面的局部压力等于局部平衡压力 p_0，阴极压力等于零。平衡稳定状态的电极电流为

$$I \approx \frac{4Fa_mD_mp_0}{x_m} \tag{18.7}$$

式中，a_m 为薄膜上氧的溶解度；F 为法拉第常数；D_m 为扩散常数；x_m 为薄膜厚度。

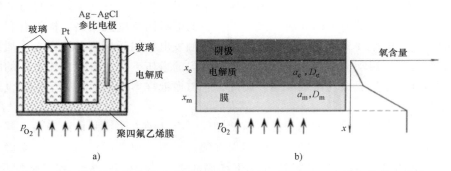

图 18.9　克拉克电极和整个系统的氧压分布第一阶一维模型（改编自参考文献 [14]）

a）克拉克电极　b）整个系统的氧压分布第一阶一维模型

需要指出的是，电流与电解质厚度以及扩散特性并不相关。特氟龙®薄膜是一种透氧薄膜，可将传感器灵敏度定义为电流与局部氧气压力之比

$$S = \frac{I}{p_0} \tag{18.8}$$

例如，如果膜厚为 $25\mu m$，阴极面积为 $2 \times 10^{-6} cm^2$，则灵敏度约为 $10^{-12} A/mmHg$。

电流型酶传感器可由一个能测量因酶催化反应（使用两个克拉克氧电极）引起的氧气相对不足的传感器制成。传感器的工作原理如图 18.10 所示。该传感器具有两个相同的氧电极，其中一个覆有活性酶层（A），而另一个带有不活泼酶层（B）。以葡萄糖传感器为例，其失活可通过化学、辐射或热等方式实现。该传感器密封于塑料载体中，带有由玻璃同轴管支撑的两个铂阴极和一个银阳极。当酶不参

加反应时，氧气流到电极上，从而使这些电极上的扩散电流大致相等。当葡萄糖在溶液中和酶发生催化反应时，到达活性电极表面的氧气数量由于酶的催化反应而减小，这将导致电流的不平衡。

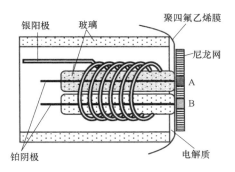

图 18.10　适用于检测葡萄糖的电流型克拉克型溶氧传感器简图

18.4.4　金属氧化物半导体化学传感器

最常见的基于金属氧化物半导体（Metal Oxide Semiconductor，MOS）的传感器可将反应物浓度的变化转换为电阻的变化。这些传感器的发展始于 60 年前，当时研究人员发现半导体的电阻率随着其所处化学环境的变化而改变[15]。锗是早期使用的一个例子，并清楚地显示了可测量的电阻变化，但在重复性上出现了一系列的问题。今天，金属氧化物半导体传感器是市售的，价格便宜、耐用，可以应用于许多不同的场合。

基于金属氧化物的传感器通常由半导体敏感层、用来测量敏感层电阻的电气连接和控制传感器温度的加热器组成[10]。在活性分子吸附于金属氧化物表面后，电荷发生了转移。当金属氧化物晶体，如 SnO_2 在空气中被加热到一定的高温，氧被吸附在晶体表面，形成表面电势，抑制了电子流动。当该表面暴露于可氧化的气体，如氢气、甲烷、一氧化碳中时，表面电势降低，电导率显著增加[16]。由于目标化学品的浓度增加，因此电阻值的变化幅度也随之增加。

薄膜的电阻率与给定可氧化气体浓度的关系可用下述经验公式描述

$$R_s = A [C]^{-\alpha} \tag{18.9}$$

式中，R_s 为传感器的电阻值；对于给定的薄膜成分，A 为特定常数；C 为气体的浓度，α 为材料和预定气体的 R_s 曲线的特征斜率[17]。

金属氧化物器件通过改变电阻率来表示存在可氧化气体，因此需要额外的电路来实现。典型的布置方法是将传感器作为惠斯通电桥的一个臂（见 6.2.3 节），所以，可通过观察电桥电路的电势下降引起的不平衡来检测电阻的变化（见图 18.11a）。带有一个线性并联电阻的 NTC 热敏电阻⊖被用来根据传感器的温度来调整电桥的平衡点。

传感器就像一个可变电阻一样，其阻值由气体的类型及浓度来控制，它两端的电压与电阻成正比，压降与气体浓度的曲线被记录下来。当绘制成对数图时传感器的响应信号是线性的（见图 18.11b）。在特定浓度范围内，不同可氧化气体的曲线互不重叠，这些曲线的斜率及偏移可以区分出气体及其含量[18]。此外，电导率的

⊖　具有负温度系数（NTC）的电阻温度传感器见第 17 章。

变化率也可以用于区分气体和浓度[19]。这些器件的体积电导率会产生漂移，但当由脉冲输入驱动时，电导率的变化率更稳定且重复性较好。

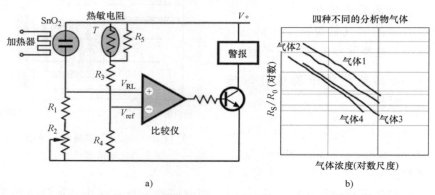

a)　　　　　　　　　　　　　　　b)

图 18.11　用于金属氧化物传感器的 SnO_2 惠斯通电桥电路和对不同气体的响应

a）SnO_2 惠斯通电桥电路　b）对不同气体的响应

　　这些固态传感器具有体积小、功耗相对较低、成本低以及易于批量生产的优点。其控制和测量电路可以集成在硅芯片上，这为设计包含单片集成式传感元件阵列的传感器封装以及片上数据采集和控制系统提供了基础。目前已有的一些关于硅器件上的薄膜和厚膜传感器的参考资料是基于许多不同的材料来检测不同的气体[20,21]。氧化锡是研究最为普遍的纯膜材料[22-26]。另外，掺杂铂[27,28]的和掺杂钯的氧化锡薄膜[29,30]也已被用于检测一氧化碳、氢气和碳氢化合物。不同形式和环境下的二氧化钛已经被用于检测氧气[31]。掺杂铌的二氧化钛[32]被用来检测氢气。氧化锌[33]被用来检测氢、一氧化碳和碳氢化合物。这些材料的电学性能随着气体在表面或体内的吸附、吸收、解吸、重排和反应而变化。它们中许多都具有催化性质，并且气体的吸附和表面反应会导致电导率的变化。

18.4.5　弹性体化学电阻

　　弹性体化学电阻或聚合物导电复合材料（也称为聚合物导体，或简称为 PC）是聚合物薄膜，它可以吸附化学物质并产生膨胀，电阻值的增加可作为判断一种化学物质存在的物理反应。它们可以被用来作为化学探测器，但却没有真正使用一种化学反应。PC 传感器可以在几秒时间内感知诸如异丙醇之类的简单碳氢化合物的存在，而不挥发的化学物质，如油，则需要 10～15s 时间。PC 元件并不能抗腐蚀，但如果暴露在了该环境中应该能保持正常工作数月时间。典型的 PC 传感策略使用不同种处理过的 PC 元件组成阵列，然后通过该阵列采样已获得信息。不同于基于金属氧化物的传感器，PC 并不需要高温和控制操作温度，并且消耗的能量很少。但是，由于反应与温度有关，因此应当保持 PC 的温度恒定。这可以通过将感测元件预热至环境温度以上（如 40℃）来实现，同时在测量过程中保持温度稳定。换言之，就是在 PC 传感器上增加一个恒温器。在制造过程中，PC 薄膜浸渍有微观导电颗粒[108]、炭黑粉末⊖等，如图 18.12a 所示。最初，在无特定气味的情况下由监测电路产生一个参考电流。当特定的气味存在于空气中并被涂层吸收时，PC 涂层的体积有所膨胀，导致导电颗粒之间的平均距离增加，从而导致接线端之间的电阻增加，随后电阻被转换为电信号进行处理，如图 18.12b 所示。

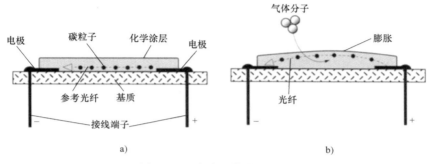

图 18.12　膨胀型化学电阻器

a）参考状态　b）检测状态

由于聚合物在暴露于蒸汽后会立即开始膨胀，因此可以实时或近实时地读取电阻信号。目前，感测薄膜的厚度约为 $1\mu m$，膨胀（因此也表示电阻）达到平衡薄膜膨胀值的反应时间取决于水蒸气和蒸汽扩散通过的聚合物，其范围为 0.1~100s。通过减小薄膜厚度可以简单地获得对平衡更快的反应。由于扩散时间与薄膜厚度的平方成正比，将薄膜厚度减小到 $0.1\mu m$ 可以提供实际的快速响应。在膨胀较小时，蒸汽源被去除后，薄膜完全恢复到初始的不膨胀状态，并且每个阵列元件上的薄膜电阻恢复到其原始值。因此，基于导电聚合物复合材料的电子鼻的灵敏度与其他蒸汽检测系统相比具有较高的优越性。

为检测液体或蒸汽的存在，传感器需要特别指定特定浓度特定的成分，即其对液体的物理和（或）化学性质具有选择性。一个例子是碳氢燃料泄漏电阻探测器。探测器由硅胶（非极性聚合物）和炭黑复合材料制成。该聚合物基体作为敏感元件并使用导电填料以获得相对较低的体积电阻率，在初始状态约为 $10\Omega \cdot cm$。合成物对具有较大溶剂-聚合物互感系数的溶液具有选择性灵敏度[35]，通过改变导电粒子和聚合物的比例可以改变灵敏度和电阻值。传感器以薄膜的形式制成，具有很大的表面积-厚度比。当溶液或蒸汽作用于薄膜传感器时，聚合物基体膨胀致使传导粒子分离。这使得复合材料薄膜的导电性变弱，电阻率高达 $10^9\Omega \cdot cm$，甚至更高。薄膜传感器的响应时间小于 1s。当不再与碳氢化合物接触的时候，传感器回到正常导体状态，因此可以重复使用。

另一个基于电子鼻中的膨胀化学电阻的例子是硫化氢（H_2S）传感器。硫化氢

⊖　电阻率改变的原理与图 10.4 所示厚膜力传感器类似。

是一种有毒的气体，它可能存在于许多环境中，并且具有明显的臭鸡蛋或腐烂的气味。特别的，它也是产生口腔异味（口臭）的原因。硫化氢气体的含量等于或高于 100ppm 时，会给生命和健康带来巨大危害。H_2S 传感器要求对含量相当低的 H_2S 气体具有高灵敏度，还必须能够将 H_2S 与可能存在的其他气体区分开来而不会给出受其他气体影响的错误读数。

正如许多呼气式酒精测试仪一样，为了起效，必须将 H_2S 传感器的表面加热到远远高于环境温度至约 300℃ 左右，这给传感模块电源带来了巨大压力，同时延长了传感器的响应时间。为了减少这两者的影响，可以采用现代 MEMS 技术。图 18.13 所示为 H_2S MEMS 传感器的原理图，其中硅结构由支撑厚度约为 $1\mu m$ 的薄膜的基底组成。这样的薄膜具有较低的热容量，因此可以通过相对较低的功率在短时间内将 H_2S 传感器的表面加热至高温。

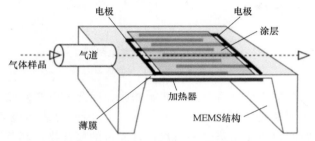

图 18.13　H_2S MEMS 可变电阻传感器原理图

在薄膜的上表面加工形成两个内置数字化（交流）电极，通过溅射和氧化技术在电极顶部沉积选择性涂层。该涂层的电阻很小，且与气体样品中 H_2S 分子的浓度有关。为了制作传感器薄膜，首先在硅膜上溅射一层厚度不超过 $1000Å$ 的 MoS_2，然后溅射一层厚度相同的氧化钨 WO_x；接着在空气中将得到的双涂层在 500℃ 左右的温度下加热数小时。这既有烧结和氧化的作用，同时又可产生复杂的金属氧化物[110]。这种涂层组合不只是由单独的钨和钼的氧化物组成，而是它们之间形成有序的结构，这种结构是氧化物不可分的结合，其实质是一种在同一晶格中包含两种氧化物的晶体结构。硅膜的底部是加热器层，工作时可以使薄膜的温度接近 300℃。工作时，加热器温度稳定在一定水平后，外部气体的样本通过吹入气体管道或微型鼓风机吸取，从而通过薄膜而被吸取。气体与电阻随 H_2S 分子浓度变化的涂层发生反应。该电阻可以通过一种常规方法容易地测量，且与气体浓度有关。该传感器能在几秒钟内响应，而且非常重要的是，其清除时间很快，便于为下次测量做准备。

近年来，纳米材料已经被用来代替炭黑来制备不同用途的快速响应聚合物复合材料[36]。这些材料包括碳纳米管[37]、石墨烯[38]和金属纳米粒子[39]。在某些情况下，将聚合物本身纺成导电纤维[40]，或改进碳纳米管[41]可使其具有一些选择性的化学功能。

18.4.6　化学电容传感器

化学电容传感器（或化学电容器）是一个具有选择性吸收材料的电容，例如使用聚合物或其他绝缘体作为电介质。当化学品被吸收到电介质中时，其介电常数会发生改变，传感器的电容相应发生变化[42]。市场上最常见类型的化学电容器由对水敏感的聚合物构成，并用于湿度检测（见 14.3 节）。然而，化学电容器并不仅限于聚合物电介质。其他材料已被用于拓宽检测到的化学物质的范围，例如溶胶-凝胶化学电容器可用于检测二氧化碳[43]，尽管这样的材料需要加热以达到最佳性能。最近，聚合物已被用于制造低功率传感器以检测挥发性有机化合物（VOC）[44]。

化学电容器可使用常规薄膜技术制作，导电电极可布置成平行式的或叉指式的（类似图 18.13）。通常，叉指式电极由一种单层金属沉积在衬底上形成两个啮合的梳齿。聚合物或其他材料沉积在梳齿的顶部。平板传感器[45]通常由一层金属沉积在衬底上，然后是一层绝缘层，最后是绝缘层顶部的第二层多孔金属层。

一个基于微机械加工电容[46]的化学电容器的例子是 MEMS 传感器，这种传感器已被开发并商业化。图 18.14 所示为一个几何形状为方形的平板电容器，它的一边约为 $285\mu m$，平板间的垂直间隙为 $0.75\mu m$（见图 18.15）。顶板的形状为格子图案，硅梁为 $2.5\mu m$，孔为 $5\mu m$。16 个较大的方形是支柱，它们共同的方形外边缘使顶层平板可弯曲。该结构由导电多晶硅制成，采用商业化的半导体制造方法沉积在绝缘氮化硅层上[47]。

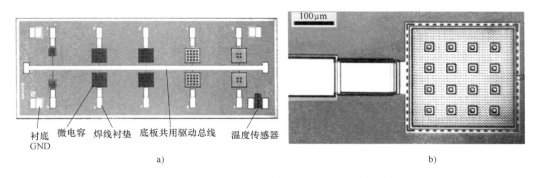

衬底　微电容　焊线衬垫　底板共用驱动总线　温度传感器
GND

a)　　　　　　　　　　　　　　　　　　b)

图 18.14　MEMS 芯片和平板电容顶视图特写

a) 带有不同平板电容设计的 MEMS 芯片（2mm×5mm）　b) 平板电容顶视图的特写

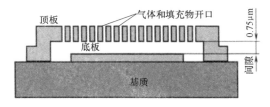

图 18.15　平板电容的横截面图间隙为 $0.75\mu m$

　　这些类型的传感器芯片具有不同的几何形状和不同数量的传感器，每个传感器可以覆有不同的分析物敏感涂层。每个电容使用喷墨方式填充聚合物[37]。目标分析物和聚合物之间的相互作用改变了聚合物的介电特性，导致电容量发生变化。任何的电容测量电路都可用于测量这些类型的设备。这些 MEMS 探测器阵列在环境空气、环境压力和温度下均可运作良好，因此不需要专门的压缩空气载体，保证系统可以减小尺寸和增加便携性。在商业中，这些传感器被用于气相色谱的检测，适合学术实验室学生的培养⊖。

　　为了测量电容量，电路对底层平板施加了方波信号。充/放电读出电路[48,49]如图 18.16 所示，使用一个振荡的充/放电驱动电压测量每个传感器阵列的电容，并产生相应的输出电压 V_{out}。

$$C_{Sensor} = \frac{(V_{out} - V_{mid})}{\Delta V_{OSC}} (\sum C_{ref}) \tag{18.10}$$

式中，C_{Sensor} 为电容传感器的电容量；V_{mid} 是一个虚地电压或参考电压；ΔV_{OSC} 为振荡器驱动电压的振幅；C_{ref} 为参考电容，其值应该接近或者在传感器电容范围内，由增益开关的位置决定。在电路中，参考电容随着传感器电容放电而充电。

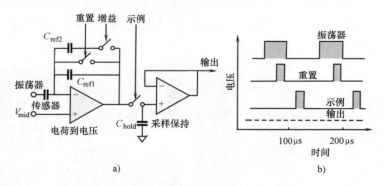

图 18.16　电容测量电路和时间曲线

a）电容测量电路　b）时间曲线

18.4.7　化学场效应晶体管

　　传统的场效应晶体管（Field Effect Transistor，FET）可以等效为压控电阻，具有源极、漏极和栅极 3 个端口。当将 FET 看作可变电阻时，其电阻来源于源极和漏极之间的狭窄硅通道，而栅极作为控制端。这些端的名称和它们的功能有关。一些场效应晶体管也有第 4 端，被称为体、基、块体或衬底。该第 4 端用于偏置晶体

　　⊖　游标微型气相色谱仪（www.vernier.com/probes/gc-mini.html）。

管使其工作，但它通常不用于电路设计中，并且通常是在内部将其连接到源极。但是当物理设计一个集成电路的时候，它的存在就显得尤为重要。栅极通过薄的绝缘体——一层 SiO_2 与沟道绝缘。场效应晶体管"电阻器"中的电子从源极流向漏极，而电流的大小则受施加在源极和栅极之间的控制电压影响。

将场效应晶体管转换成化学传感器的方法是用化学敏感元件来增加栅极端子，这将改变源极-栅极电压以控制源极-漏极电阻，进而改变源极-漏极电流。化学选择性栅极材料改变了器件开始导通的栅极电位，从而指示特定化学物质的存在。这种改进后的场效应晶体管称为化学场效应晶体管（ChemFET）。应用于栅极的不同材料与不同的化学物质（气体或液体）反应进而区分不同的物质。ChemFET 可用于检测空气中的 H_2、血液中的 O_2、军用神经毒气、NH_3、CO_2 和爆炸性气体[50]。例如对氢气敏感的 ChemFET 在其栅极材料上使用 Pd-Ni 薄膜[51]；用于液体检测的 ChemFET 可以在 SiO_2 栅极绝缘层和将栅极与分析物分离的选择性膜之间采用 Ag-AgCl 水凝胶桥。选择性膜通常采用聚氯乙烯、聚氨酯、硅橡胶或聚苯乙烯。

为了检测特定的分析物，在 ChemFET 中设计了一个小腔室，它位于气体或离子选择性涂层（或膜）或晶体管栅极和分析物之间的涂层的顶部。其中化学敏感元件为器件提供了一个控制输入，可以改变与所选化学物质（分析物）相关的源极-漏极传导。含膜 ChemFET 通常用于检测液体中的离子或生物分子，如图 18.17a 所示。当膜与测试溶液（如含有分析物的离子）接触时，在膜与电解质的界面处产生额外的电势差 ΔV，这个电势差连同来自外部电源的偏置电压一起改变栅极电位，从而调节漏极和源极之间的电流。

对于离子选择性化学场效应管（ISFET）[52]，其栅极被化学选择性电解质或其他半导体材料取代或涂覆。如果离子选择膜是离子可渗透的，那么该器件被称为 MEMFET（Membrane-Modified FET），反之，如果离子不能通过，则称之为 SURFET，因为由离子建立了表面电势。ChemFET 的栅极涂层可以是酶膜（ENFET）或离子选择性膜。离子选择性膜用于制作化学传感器，而酶膜则用于制作生化传感器。酶膜是由聚苯胺制成的，它是利用伏安电化学方法生成的一种有机半导体[53]，因此这些器件本身体积小、功耗低。

和传统的场效应晶体管一样，ChemFET 的制造也采用薄膜技术，通常采用具有两个 N 型硅扩散区（源极和漏极）的 P 型硅。ChemFET 的使用包括将相对于源极的栅极和漏极施加正电压。最常用的电路包括从输出到参考栅电极的反馈回路，如图 18.17a 所示。该反馈根据分析物的浓度设定通过电阻器 R 的恒定电流 i。当浓度改变时，ChemFET 的伏安特性发生了变化（见图 18.17b），由此可测量出源极-漏极的电流变化。

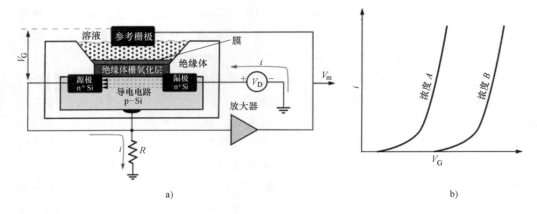

图 18.17　液体化学场效应晶体管的组成和参比电极的反馈电路及伏安特性

a）液体化学场效应晶体管的组成和参比电极的反馈电路　b）伏安特性

18.5　光电离探测器

光电离探测器（PID）通常使用高能量的紫外光将分子分解成带正电的离子。分子吸收光能，使其暂时失去电子而形成带正电的离子。分子产生的电流由静电计测得。式（18.11）表示一个分子 R 被入射的紫外光分解，产生离子 R⁺ 和电子。

$$R+h\nu \rightarrow R^{+}+e^{-} \tag{18.11}$$

紫外光灯是该探测器的核心，紫外光灯的改进设计使得成本显著降低，并且使预期寿命得到延长。紫外光的波长取决于灯中所采用气体的种类。一种普遍的选择是氪气，其发射出光的能量为 10.0eV 和 10.6eV[⊖]。氙和氩灯也偶尔使用。

当气体分子通过紫外光灯时，则会变成离子（见图 18.18）。自由电子被收集在一对紧密放置的电极板上。这些电极产生一个信号以响应电场中的微小变化。该电流的大小直接与气体浓度成比例。

每种化学品均有一个电离电位（IP），气体的 IP 值低于灯的额定输出（单位为 eV），气体将被电离从而能被检测。例如，有机芳香族化合物和胺可被 9.5eV 的灯电离，许多脂肪族有机化合物需要 10.6eV 的灯，如乙炔、甲醛和甲醇之类的化合物需要 11.7eV 的灯。每盏灯能够电离电离能低于其电子伏等级的气体，但不会电离具有较高电离能的气体。通常，便携式的 PID 系统配有 10.6eV 的灯，因为它能够电离大多数挥发性有机化合物。异丁烯通常被用来校准这些器件。对于一个给

⊖　电子伏特（eV）是一种能量单位。根据定义，它等于一个电子经由 1V 的电位差加速度后获得的动能。1eV = 1.620217653×10⁻¹⁹ J。

定的灯能量，每种化学物质都有一个与电离度有关的校准因子。低于 200ppm 的 PID 传感器的输出是线性的，高于 2000ppm 则趋于饱和。

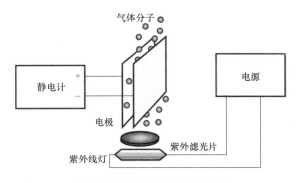

图 18.18　PID 探测器原理图

18.6　物理传感器

一些类型的化学传感器依赖于测量被分析物的物理性质，或者分析物与另一种检测材料相互作用的影响。一般情况下，在敏感单元上不发生化学反应。这些传感器技术可以是可逆的或者破坏性的。通常，可逆技术包括需要将被分析物吸附到敏感微天平上的基体中，该天平可以对质量的变化产生响应。这些传感器包括表面声波（SAW）器件、石英晶体微量天平（QCMs）和微悬臂梁。破坏性的传感器可以直接测量被分析物的分子质量（如在离子迁移光谱测定中）或完整的氧化过程中释放的热量（如热传感器）。

18.6.1　声波器件

声波器件可以用来使化学传感器检测到由于化学分子的吸附而引起的非常微小的质量变化，吸附的化学分子可以引起系统力学性能的改变，这种器件被称为质量、重量或微天平传感器。这些器件一般都采用压电晶体或可以在高频率（从数千赫兹到吉赫兹）下振荡的材料制成。在各种类型的声波器件中，声波由振荡电路产生，可以使晶体产生谐振。当晶体受迫振动时，传感器的谐振频率发生变化，尤其是当吸附使得器件的质量增加时，频率降低[54]。压电晶体谐振频率的变化与晶体表面上沉积的附加质量成比例。根据电路是如何构造的，压电石英振荡器在一个频率下产生的共振称为串联共振（f_r）或并联共振（f_{ar}）（见图 7.1b），频率是晶体质量和形状的函数。例如，一种类型的传感结构可以简化地描述为：振动板的固有频率取决于其质量，质量变化和频率的关系为

$$\frac{\Delta f}{f_0} = S_m \Delta m \qquad (18.12)$$

其中，f_0 是卸载后的固有振荡频率；Δf 是频率变化（$\Delta f = f_{loaded} - f_0$）；$\Delta m$ 是每单位面积的附加质量；S_m 是敏感因子，S_m 的数值取决于声学传感器的设计、材料及工作频率（波长）[47]。因为频率和时间通过电路可以很容易测量出，所以整个传感器的精度几乎由确保 S_m 已知并在测量过程中不发生变化的能力决定。图 18.19 所示为该种类型传感器的一个实例。

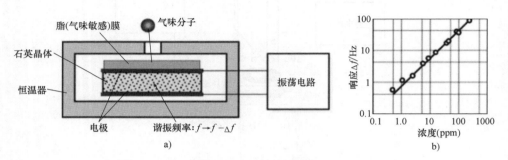

图 18.19　微量天平蒸汽传感器和戊酯气体的传递函数
a）微量天平蒸汽传感器　b）戊酯气体的传递函数

频率的变化由电子电路测量，频率的变化与采样气体的化学浓度相关。该方法的绝对精度取决于以下因素，如晶体的机械夹紧程度、温度等，因此校准通常是必需的。

一般来说，有 4 种类型的声学传感器广泛应用于化学传感研究和生产。它们是石英晶体微量天平（QCM）、表面声波传感器（SAW）、声波板模式传感器（APM）以及由薄膜制成的弯曲板波（FPW）器件。这些类型的器件也有一些变化，被开发来适用特定的用途。这些变化包括使用不同模式的振荡、谐振和材料。与 QCM 工作在谐振频率不同，SAW、APM 和 FPW 设备通常称为"延迟线"器件。延迟指的是在一个设备的终端（发射器）施加电信号，其传播通过材料传播（声波）并在相对端（接收器）进行测量所花费的时间。

不同于前面章节中的化学电阻器或化学电容器，重量传感器不需要直接测量敏感层的属性，而是间接测量该层与环境的相互作用。一般来说，所有的振动传感器都极为敏感。例如，典型灵敏度范围在 5MHz kg/cm² 内，表示的是 1Hz 的变化对应约 17ng/cm² 的质量增加；其动态范围也相当宽，高达 20μg/cm²。为了改善选择性，器件可以涂覆对特定材料敏感的化学层。

重量探测器的一种类型是 SAW 传感器。SAW 器件沿着固体的表面传播机械波，固体与较低密度的介质（如空气）接触[55]。自 1885 年瑞利预测了这些波后，有时也叫瑞利波。如同其他延迟线装置，SAW 装置由三个基本组件构成的传播路线，即由压电发射器、通常含有化学选择层的传输线，以及压电接收器（见13.6.2 节）。电子振荡器引起发射器电极弯曲基体，从而产生一个机械波或声波。

波沿着传输表面传向接收器。基底可由 LiNbO$_3$ 制作，其具有高的压电系数[56]。当然，传输线并不一定必须是压电的，这也为使用诸如硅之类的材料设计传感器提供了可能性。根据选择性涂层的不同，传输面与样品相互影响，从而实现波传播的调制。波在另一端被接收并转换成电信号。很多时候，为了减少干扰和漂移，需要有另一个参考传感器，其信号需要从测试传感器的输出中减去。

重量传感器的另一种类型如图 18.20 所示。传感器在设计上使用了弯曲的薄硅板，其上沉积了使用溅射技术生成的两对叉指式电极。沉积在电极下方的压电氧化锌薄膜使该板可以机械地由外部电路触发。压电薄膜为硅衬底提供压电性能。敏感板的顶面覆有一层薄的化学选择性材料。在这个例子中，整个传感器置于管内，测量时，需要采样气体从下面吹过。左右两对电极连接到振荡电路，其频率 f_0 由传感器金属板的固有机械频率决定。

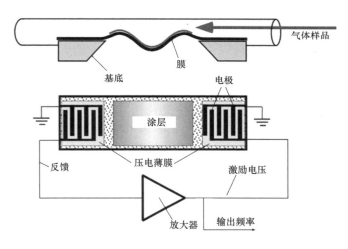

图 18.20　弯曲板的 SAW 气体传感器（为清楚起见，夸大了膜的偏转）

该电路包含一个放大器，其输出用于驱动激励电极。由于压电效应使膜产生弯曲，这样导致偏转波自右至左传播。波速由膜及其涂层状况决定。涂层力学性能的变化取决于其与采样气体的反应。因此，左电极将检测压电响应的时间，这取决于波通过膜的速度有多快。接收信号作为反馈电压提供给放大器输入并引起电路振荡。输出频率的变化与被测气体浓度相关。参考频率通常在测量之前即已经确定。

传感器弯曲板的灵敏度理论值由 $S_m = 0.5\rho d$ 给出，其中 ρ 是板的平均密度，d 是其厚度[57]。在工作频率为 2.6MHz 时，传感器的灵敏度为 $-900 \mathrm{cm}^2/\mathrm{g}$。因此，假如传感面积为 $0.2 \mathrm{cm}^2$ 的传感器，捕获 10ng（10^{-8} g）的物质，振荡频率的变化为 $\Delta f = -900 \times 2.6 \times 10^6 \times 10^{-8}/0.2 = -117 \mathrm{Hz}$。声学传感器非常通用，可用于测量多种化合物。其效果的关键是选择涂层。表 18.1 列举了声学传感器的各种涂层。

表 18.1　SAW 化学传感器涂层及材料[58]

复合物	化学涂层	SAW 基体
有机物蒸汽	聚合物薄膜	石英
SO_2	TEA（三羟乙基胺）	铌酸锂
H_2	Pd	铌酸锂、硅
NH_3	Pt	石英
H_2S	WO_3	铌酸锂
水蒸气	吸湿材料	铌酸锂
NO_2	PC（酞菁染料）	铌酸锂、石英
NO_2、NH_3、SO_2、CH_4	PC（酞菁染料）	铌酸锂
爆炸物蒸汽、毒品	聚合物	石英
SO_2、甲烷	C①	铌酸锂

① 不使用任何化学涂层。检测是基于气体所产生的热导率的变化。

18.6.2　微悬臂梁

微悬臂梁器件的形状像微型跳板，通常由硅或其他材料通过微机械方法加工而成。最初，微悬臂梁用于各种类型的表面探针显微（SPM）中[58]，如今已被用于检测化学品[59, 60]和其他生物材料[61, 62]。同化学电阻器和声学器件一样，化学敏感的吸附剂涂层可被添加到悬臂梁，以提高其对特定化学品灵敏度和选择性。悬臂已经被证明可以从诸如氢[42]、普通挥发性有机化合物[63]、爆炸物[64]等固定气体中检测到广泛的化学分析物。

悬臂梁的长度通常在 $100 \sim 200 \mu m$ 范围内，厚度范围为 $0.3 \sim 1 \mu m$。自 1994 年以来，通过监测微悬臂梁的弯曲或振荡频率的改变，这些器件已被用于检测多种化学品[65-67]。这些器件的灵敏度的关键因素在于它们具有高的表面积与体积之比。这样会放大由于与化学品的相互作用产生的表面应力。

当悬臂梁在其谐振频率处振荡时，就可用于检测吸附质量，与前面描述的声器件相同。由于吸附质量的增加，共振频率降低，而且吸收量越大，频率改变的越大。同样地，当目标化学品被表面覆有选择性吸收化学涂层的悬臂梁的一个表面优先吸收时（见图 18.21），悬臂梁的弯曲则可被

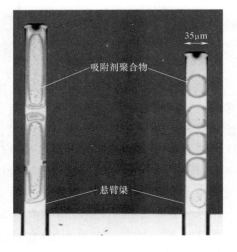

图 18.21　用吸附涂层改进的用于表面探针显微镜的标准光学微悬臂梁（右边的悬臂梁有 5 滴吸附剂聚合物涂层，左边的悬臂梁有一个覆盖其整个长度的连续吸附剂聚合物涂层）

用于测量其表面应力的变化。由于表面应力可以监测得到，所以扩散进入涂层是没有必要的；因此，单层涂层非常适用于这些器件。

引起微悬臂梁弯曲的原因并不是吸收化学品增加的重量，而是由于表面自由能的变化而产生了吸收诱导表面应力。如果表面自由能的密度变化大于悬臂梁的刚度系数，则会产生弯曲。当化学品接触到带涂层的悬臂梁时，静电斥力、膨胀或其他因素将引起表面应力的变化，并最终产生可测量的悬臂梁弯曲。

悬臂梁可用许多方法测量。最初，传感系统是基于光学（激光）的（见图18.22）。在此基础上，新的研究已应用热学[65]、电容[41]、压阻[68]测量技术，从而去掉了激光器和相关的光学系统，使其测量电路更为简单。

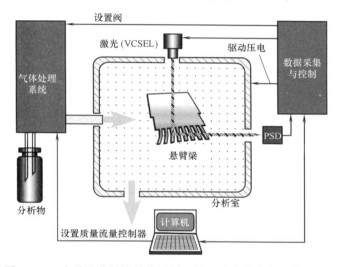

图 18.22 光学悬臂梁测量装置原理图（改编自参考文献 [54]）

18.7 光谱仪

光谱测定法（光谱学）是一种根据能量或质量测定化学组分的有效方法。几种光谱测定法包括：

1）质量光谱测定法（MS）：样品分子被电离，通过静电加速和磁场扰动非常精确地测量这些离子的质量电荷比，提供精确的相对分子质量。

2）离子迁移率光谱测定法（IMS）：一种根据电场影响离子的差分迁移而检测和区分化学物质的技术[69]。

3）紫外和可见光光谱测定法：吸收这部分相对高能量的光（波长 200～800nm）引起电子跃迁。

4）红外光谱测定法：低能量辐射的吸收会导致分子内原子群的振动和转动激发。

5）核磁共振光谱测定法：光谱的低能量射频部分的吸收引起核自旋态的激发，核磁共振光谱仪调谐到特定的原子核。

18.7.1 离子迁移光谱测定法

离子迁移光谱测定法（IMS）由于其高灵敏度和高选择性，已成为检测违禁品和爆炸物的首选技术，它是使用电场中离子的不同迁移率来分离和检测化学物质。在 IMS 技术中，气相物质需要被电离，例如被来自放射性 ^{63}Ni 源的高能电子电离。离子通过一个电偏转场在气流中运动，在大气压下使离子产生分离。具有不同特性（质量、电荷和尺寸）的不同离子具有不同的漂移速度，见式（18.13），其中 K 为离子迁移率，v_d 为该离子的漂移速度（见图 18.23）。

$$v_d = KE \tag{18.13}$$

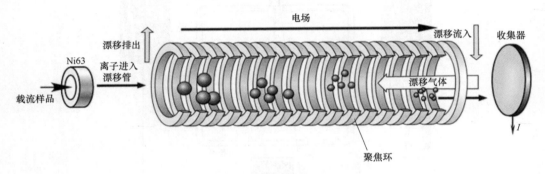

图 18.23　离子迁移谱测量原理

通过增加电场的偏转电压，所有离子束被引导到集电极，在该处测量离子电流 I。通过区分记录下来的 $I(V)$ 曲线查询离子迁移谱。在恒定条件下，离子迁移率 K 对某些种类的离子是一个特征量。通常情况下，IMS 具有 $R>20$ 的高分辨率

$$R = \frac{t_d}{W_{t,1/2}} \tag{18.14}$$

式中，t_d 为漂移时间；$W_{t,1/2}$ 为最大峰高一半处的瞬时峰宽。

离子迁移光谱仪在安全及筛选领域中已成为常用仪器，如用于机场的毒品[70]及爆炸物[71]检测。这类系统为手持式或台式仪器。世界各地的几个研究机构致力于推进这种分析方法，使得该检测技术的研究和开发仍然非常活跃。研究内容包括使用不同的电离方法，添加化学品以增强电离，以及使用交流电场以提高离子的分离[72]等。

近年来，微加工技术的发展使得离子漂移管和探测器更加微型化，被称为差分迁移谱（DMS）或非对称场 IMS（FAIMS）[6]。这种技术是在直流偏压下施加一个非对称的交流电压（垂直于流动方向），当离子流过气体通道时，离子被场强过

滤。商业 FAIMS 系统主要用于防御和筛选应用。

18.7.2 四极杆质谱仪

四极杆质量过滤发明于 1960 年[74]，是现在最常用的质量分析仪，它也被称为传输四极质谱仪（QMS）或四极滤质器。质谱法被用来确定被称为质荷比（m/z）的特定的分子特性。该光谱仪反应快，具有非常宽的动态范围，而且效率很高，虽然它也相当昂贵。

在 QMS 中，分子和碎片质量的分离和测定是通过射频发生器产生的高频电场来控制的。射频电压被施加到放置在高真空的 4 个杆状导电电极（四极）上，如图 18.24a 所示。电离分子的过滤和测定则是随后通过可调同步叠加直流电压的射频电压幅值的编程调制实现的。

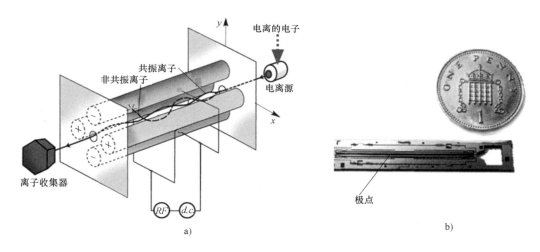

图 18.24 QMS 的原理和采用 MEMS 技术制作的微型 QMS 组件（来自帝国理工学院）

a）QMS 的原理 b）采用 MEMS 技术制作的微型 QMS 组件

被测分子被高能电子、等离子体或化学试剂电离并进入 4 个杆（极）之间的空间。由杆产生的交变电场加速离子从源区出来进入杆之间的四极通道。由于离子穿过通道时，它们被按照质荷比过滤，所以只有单一质荷比值的离子能够击中离子收集器内位于源对侧的探测器。质荷比由施加到电极上的射频和直流电压所决定。这些电压产生的振荡电场充当带通滤波器的功能，只传送选定质荷比值的粒子。因此，特定质荷比的分子与射频频率发生谐振，并在 X-Y 平面振荡，同时向收集器传播。另一方面，共振分子之外的分子则会偏离其原来的轨道，击中杆，永远不会到达探测器，换句话说，它们被拒了。对射频和直流场的扫描（通过直流电位或频率）可收集完整的质谱。近来，业界在尝试采用 MEMS 技术开发微型质谱仪，如图 18.24b 所示。

18.8　热传感器

18.8.1　概念

系统内部能量的变化伴随着吸收或放出热量（热力学第一定律）。因此，有热量变化的化学反应可以用适当的热传感器来检测，如第 17 章所述。这类传感器工作的基本原则是微量热法。热传感器的原理比较简单：在温度探头涂化学选择性层，在引入样本后，探针测量样本与涂层发生反应的热量传递。

一个简化的传感器示意图如图 18.25
所示。它包含一个减少向环境中热损耗
的屏蔽层以及由催化层包裹的热敏电阻。
可以制作一种基于微量热计的生物传感
器，传感器的敏感层将酶固定化到基质
中。一个此类传感器的例子是使用固定
化葡萄糖氧化酶（GOD）包裹的热敏电
阻。酶固定在热敏电阻尖端，之后被密
封在玻璃外套中以减少热流失。另一个
类似带有固定化牛血清白蛋白的传感器
可以用来对比。两个热敏电阻连接作为
惠斯通电桥的桥臂[73]。化学反应导致的
温度增加 dT 与焓的增量变化 dH 成正比

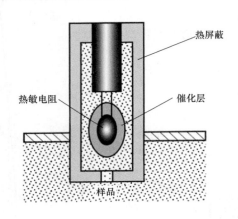

图 18.25　化学热传感器原理图

热屏蔽

热敏电阻

催化层

样品

$$dT = \frac{1}{C_p}dH \qquad (18.15)$$

式中，C_p 是传感组件的热容。

涂层中的化学反应是

$$\beta\text{-D-葡萄糖}+H_2O+O_2 \xrightarrow{GOD} H_2O+D\text{-葡萄糖酸}, \Delta H_1 \qquad (18.16)$$

和

$$H_2O_2 \xrightarrow{\text{酶}} \frac{1}{2}O_2+H_2O, \Delta H_2 \qquad (18.17)$$

式中，ΔH_1 和 ΔH_2 为部分焓，在上述反应中，二者之和约为 $-80kJ/mol$。传感器线性响应的动态范围取决于过氧化氢（H_2O_2）的浓度。

18.8.2　Pellister 催化传感器

Pellister 和其他催化传感器的操作原理类似于酶热传感器。发生在传感器表面的催化反应释放出热，使得器件内部的温度发生变化，这一温度变化可以被测出。

从另一方面来说，这种化学现象类似于高温金属氧化物传感器，只是其转换方法不同。催化气体传感器[10]专用于检测矿井内空气中的低浓度易燃气体。在 Pellister 催化传感器中，铂线圈被嵌入到 ThO_2/Al_2O_3 颗粒中，颗粒外覆有一层多孔催化金属：钯或者铂（见图 18.26）。线圈既作为加热器也作为电阻式温度探测器。当然，任何其他类型的加热元件和温度传感器也能完成此类功能。当可燃气体在催化表面发生反应时，反应产生的热量会使颗粒及铂线圈的温度升高，进而导致电阻增加。此类传感器有两种工作模式，

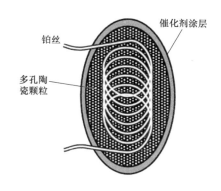

图 18.26　Pellister 或催化型热探测器

一是等温模式，通过电路控制通过线圈的电流以保持温度恒定；在非等温模式下，传感器作为惠斯通电桥的一个桥臂，通过输出电压测量气体浓度。

18.9　光传感器

　　光传感器通过检测辐射的某些特性的调制，来测量光或电磁辐射与目标化学品或选择层之间各种形式的相互作用。这种调制的例子包括强度、极化及在介质中光速的变化等。受分析物中不同化学成分的影响，光的波长会被调制。光调制可以通过光谱进行研究，光谱提供了从原子到聚合物动力学的各种微观结构信息。在一般的测试中，单色辐射通过样品（可以为气体、液体或固体）后，其属性可在输出端检测。另外，样品可能对二次辐射（如诱导致发光）产生响应，也需要检测出来。

18.9.1　红外探测

　　多数的化学品可以吸收红外光，红外光的波长则代表了存在的结合物的类型。对这些化学品来说，由于气体的吸光度与浓度成比例，因此可以使用朗伯-比尔定律。采用这种技术的多数小型便携系统利用了非色散红外（NDIR）吸收法。在 NDIR 中，利用常见的灯光或 LED 等多色光源通过气体样品传递电磁能（见图 18.27a）。可以使用风扇或者泵进行气体采样，或者简单地通过过滤器使其扩散到透光的小室中，通常这种类型的 CO_2 传感器就是如此工作的。在光学探测器前使用滤光器的目的是将入射光限制在与目标分析物相关的特定波长上（见图 18.27b）。某个波长吸收率的降低表明了化学品的存在及其浓度。

　　测量光吸收的光谱系统对于紫外和红外波长非常有用，并且该系统以频谱的方式产生更加复杂的吸收信号用于检测许多化学品。台式红外仪器通常使用色散红外技术。在这些设备中，栅格或棱镜被用来扩展波长范围以便选择一个特定的光波长

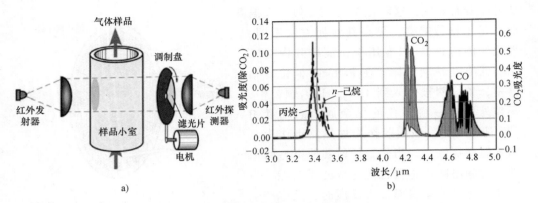

图 18.27　非色散红外和吸收光谱的例子

a）非色散红外（改编自参考文献［74]）　b）吸收光谱的例子

去通过样品。在所有的策略中，光源的波长通常与光极指示器的反应能相匹配，以获得最合理的电信号。

18.9.2　光纤传感器

光纤化学传感器（见图 18.28）使用化学试剂或吸附剂去改变被光纤波导反射及吸收或通过光纤波导传输的光量或光波长。光纤传感器通常由三部分组成：入射光源（指示光源）、光极和将光信号转换为电信号的变换器（探测器），而光极含有试剂相膜或指示剂，它们的光学性能受分析物的影响[75]。

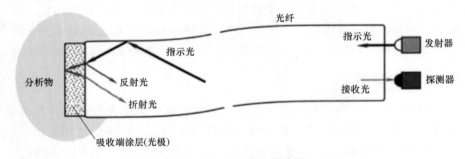

图 18.28　光纤化学传感器

试剂的位置和特定的光学特征因传感器类型的不同而不同。简单的聚合物涂层光纤包裹着玻璃光纤末端的抛光透镜，玻璃纤维内部具有能吸收入射光的试剂。覆盖光纤的包层代替其抛光末端则影响了光的反射以及折射，这被称为渐逝波传感。虽然玻璃光纤坚固耐用，并且在许多情况下耐化学腐蚀，但涂层或指示剂并不如此，由此成为系统中薄弱的组成部分[76]。

差动设计（隔离除需要的反应之外的其他反应）通常被用来分离原始入射光源，并使其中一路光通过试剂部分而另一路不发生变化。两个光路被多路复用到一个单一的探测器（传感器）或将其反馈到不同的变换器以产生一个用于检测的差分信号。光纤传感器的一个变体是使用涂层珠粒，这些珠粒被附加或嵌入到光纤的末端或表面[77]。这些珠粒可以被修改或涂覆以具有化学或生物灵敏度。

18.9.3　比率选择计（脉冲血氧仪）

比例测量技术（见 6.2.1 节）是分析材料特性时提高光学选择性的一种有效方法。它需要对两个不同波长的光传输强度取一个比。该技术背后的基本思想是某些特定的化学品与类似的化学物质相比能够传输特定波长的光。比率技术清除了来自干扰化学品和光谱的非特异性的部分中的信号，从而允许更高程度的选择性。我们通过脉冲血氧仪来说明这个概念，它是一种无创动脉血红蛋白氧合作用监测医疗器械。"无创"是指不需要抽取血液样本，而是在无须穿透病人皮肤的情况下实施光学测量。"脉冲"在这里的意思是，只对检测到的光的可变脉冲部分进行分析，以消除附加的光组分。

简而言之，血液氧合化学过程为氧气通过红细胞被输送到体内所有的活细胞中，并与血红蛋白分子（Hgb）（一种具有氧结合能力的蛋白质）相结合。血红蛋白在肺部获取氧气，将其输送到所有器官并释放。至关重要的是，动脉内的血红蛋白携带了最大可能数量的氧气。血氧饱和度（通常称为 SaO_2 或 SpO_2）定义为血液中氧合血红蛋白（$HgbO_2$）的浓度与血液中血红蛋白总浓度（$HgbO_2+Hgb$）的比值。通常，它被表示为最大可能氧合的百分比。一个健康的人在正常情况下，动脉 SpO_2 在 96%~98% 之间。如果低于 90%，则被认为血氧饱和度较低，会导致睡眠呼吸暂停综合征、哮喘、肺部感染等低氧血症。SpO_2 低于 80% 就可能危及器官的功能，如大脑和心脏，应及时进行处理。静脉血液约 75% 就饱和，因为氧气已经释放给了身体器官。

脉冲血氧仪的工作原理是基于含氧血红蛋白和脱氧血红蛋白的红光和红外光吸收特性。身体组织允许更多的红光和近红外光传输，同时在很大程度上吸收蓝色、绿色、黄色和中红外光。含氧血红蛋白吸收更多的红外光，同时允许更多的红光通过。脱氧（或还原）血红蛋白则相反，它吸收更多的红光同时允许更多的红外光通过。红光波长的范围是 600~750nm，红外光的波长范围是 850~1000nm。图 18.30d 给出了两种类型的血红蛋白的吸收光谱。

为了利用血红蛋白对不同光的吸收，用两个光源（LEDs）照亮患者较薄的组织（通常是指尖或耳垂），一个光源工作在峰值波长 660nm（红光），另一个工作在峰值波长 920nm（近红外）。用光电探测器探测和分析到达手指另一侧的光的强度。光源安装于手指夹内的上部，如图 18.29a 所示，光电探测器则安装在手指相反的另一侧。脉冲式血氧计的概念框图如图 18.29b 所示。通过开关以高频（如 1kHz）交替打开和关闭两个光源，所以每次只有一种光线照亮手指。通过一恒流源确保其稳定性。光电探测器对两个 LED 是通用的，因此其光谱响应范围覆盖了可见光和近红外光区域。探测器的电流流入电流-电压转换器（i/V），交替地为每个 LED 产生可变幅度的输出脉冲。脉冲解调生成两个模拟电压。图 18.30a 作为示例给出了其中之一（红外光或红光）。

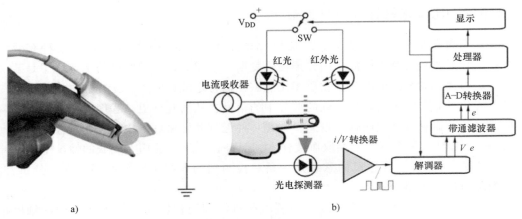

图 18.29　脉冲血氧仪手指夹及其概念框图

a）脉冲血氧仪手指夹　b）概念框图

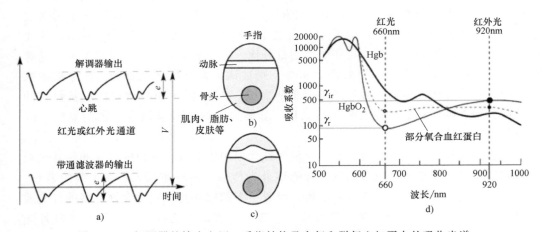

图 18.30　解调器的输出电压、手指结构及含氧和脱氧血红蛋白的吸收光谱

a）解调器的输出电压及红光或红外光带通滤波器　b）心脏跳动前的手指的结构，包括骨骼、各种组织和动脉　c）心脏跳动时带有饱和动脉的手指结构　d）含氧和脱氧血红蛋白的吸收光谱

图 18.30b 所示为一个手指的结构，包括各种组织，如肌肉、指甲、毛细血管、脂肪、皮肤和骨骼，也有一根充满血液的动脉——一柔韧的管子，在心脏跳动前处于松弛状态。图 18.30c 所示为随着心脏的跳动，动脉充满血液并且其体积膨胀$^{\ominus}$。

$\ominus$　这是一个简化模型。实际上，微动脉和毛细血管也随着每次心跳而改变其体积，反而静脉血流量几乎没有搏动成分。

膨胀导致手指对光的吸收更强，探测器探测到的光的值以图 18.30a 所示的曲线下降。电流-电压转换器对应每个波长产生电压脉冲。调幅脉冲被同步解调器解调为两路输出：一路用于红光信号，另一路用于红外光信号。解调的红光和红外光电压信号可分别表示为

$$V_r = g_r k \left[\frac{\Delta_0}{\Gamma_r} + \frac{\Delta_p f(t)}{\gamma_r} \right] = V_r + e_r$$

$$V_{rb} = g_{ir} k \left[\frac{\Delta_0}{\Gamma_{ir}} + \frac{\Delta_p f(t)}{\gamma_{ir}} \right] = V_{ir} + e_{ir} \tag{18.18}$$

式中，g_r 和 g_{ir} 是红光和红外光各自的 LED 亮度；k 是组合探测器和电流-电压转换器的比率因子；Δ_0 是等效手指厚度；Δ_p 是动脉的等效最大充血体积；$f(t)$ 是归一化的心跳时间函数；γ_r 和 γ_{ir} 是血液对两种不同波长光的吸收；Γ_r 和 Γ_{ir} 是手指组织对两种波长的最大组合吸收。应该注意的是，探测器探测到的光强度与吸收系数成反比。

每个信号有两部分：恒定电压（DC）V 代表了心跳前手指对光的总吸收量，可变的部分 e 代表了被心脏跳动调制的光吸收量。e 的幅值仅是电压 V 的 1%。恒定部分取决于多种因素（手指尺寸、组织组成和血管收缩等）。因此，它携带了许多未知的干扰变量，所以在进一步的信号处理之前应消除它的影响。通过带通滤波器（0.5~5Hz）可以移除这部分信号，仅允许可变部分通过 A-D 转换器转换为数字信号

$$e_r = \frac{g_r k}{\gamma_r} \Delta_p f(t)$$

$$e_{ir} = \frac{g_{ir} k}{\gamma_{ir}} \Delta_p f(t) \tag{18.19}$$

为了消除这些方程中的常数或缓慢变化的乘法因子，处理器计算的比例 R 为

$$R = \frac{e_{ir}}{e_r} = \frac{g_{ir} \gamma_r}{g_r \gamma_{ir}} \approx \frac{\gamma_r}{\gamma_{ir}} \tag{18.20}$$

这一最终比率假设 LED 强度 g 被调整到相等的水平。图 18.30d 所示为部分氧合血红蛋白的吸收率 γ，从图中的点线图可以看出，其随 $HgbO_2$ 和 Hgb 的不同比值发生变化。式（18.20）的比

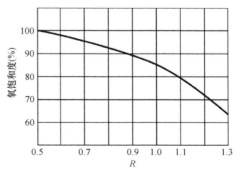

图 18.31 比率 R 与血红蛋白氧饱和的实验关系

值可用于血氧的测量。R 和 SpO_2 的关系建立于临床研究（见图 18.31），并用来标定测量仪。

18.9.4 变色传感器

当暴露于某些化学或生化物质时，颜色会发生改变的传感装置是光学传感器的一个子设备。颜色变化可以通过许多化学途径来完成，如酸碱反应[78]、水化或溶剂化[79]、金属络合物的形成[80]、表面等离子体共振的变化[81]及酶反应[82]，它们已被用于检测气体[83,84]、液体[85]和溶解金属[86]。酸碱指示石蕊试纸是最著名的光学显示平台，其 pH 敏感的发色体已被嵌入到滤纸中。包含分子的不同发色体用来检测不同 pH 的转变和范围。颜色变化也常用于指示水分的存在，商业上可用的材料如 Drierite™[87]，一种硫酸钙干燥剂，它含有氯化钴，当吸收水形成六水合物时，其颜色由蓝色变为粉红色。

颜色变化的机理在很多感知应用中得到实施。军方使用化学剂检测试纸（M8、M9 纸）检测神经性和糜烂性毒剂的存在。这种试纸可以涂抹在表面上，或是简单地放在人员或设备上。颜色变化表明可能接触到了特定的化学试剂，例如，V 型神经性毒素会使 M8 试纸变成墨绿色，G 型神经毒素会使试纸变成黄色，糜烂性毒剂（H）使试纸变成红色；M9 试纸在接触到液态毒素时会变为粉色、红色、红褐色、红紫色，但它不能识别具体是哪种特定毒素。

通常情况下，需要人来发现颜色的变化，但是最近一种先进的光学探测技术使得制造一种小型化的、量化分析和具备不同选择性的阵列检测器成为可能[88]。这种装置通过比较光电探测器信号的相对强度来反映红光、绿光和蓝光，并通常采用与脉冲血氧仪相似的比率技术，形成化学接触的定量测量。

类似的，德尔格管常被用于暴露水平的监测应用[89]。这种装置通常依靠一种或多种化学反应来改变指示物质的颜色。它们的颜色变化机理很容易观察，但可能难以量化。同时它们对其他化学物质有交叉敏感特性[90]。用这些材料填充的刻度管可以用来确定在给定时间内吸收的化学物质的量[91]。

酶联免疫吸附试验（ELISA）是一种常见的比色法，这种方法在实验室中通过人工或自动控制的方式在多步骤过程中利用抗原-抗体反应[92]与目标分析物进行反应。许多类型的生物和非生物的化学物质可以用 ELISA 商用试剂盒检测，包括血糖、病毒[93]、农药[94]或毒品。颜色变化的免疫测试能够非常特效和敏感[95,96]，如用商用妊娠测试检测人体绒毛膜促性腺激素（hCG）的例子。

反射光和透射光的颜色可以用 RGB+IR 颜色传感器进行精确检测和测量，这种颜色传感器有 4 个窄带颜色敏感通道：615nm 波长红光、530nm 波长绿光、460nm 波长蓝光和 855nm 波长近红外。日本滨松生产的 S11059-02DT 颜色传感器就是这种检测器。它不仅能检测出 4 种不同波长的组分，还能够通过串行 I^2C 接口给出 16 位测量结果。

18.10　多传感器阵列

18.10.1　通用条件

处理来自单个化学传感器以及来自多个不同或独立传感器的多个测量值可以提供减少统计误差和提高化学传感器[97]或化学检测仪器的选择性和灵敏度所需的信息。由于测量误差是系统误差和随机误差的总和，因此单个传感器的测量误差可以由多个样本通过统计学数据来减少或消除随机误差[98]。多个冗余采样可以提供足够的数据，以将测量标准偏差以因数为 $\sqrt{n}$ 减小，其中 n 是冗余采样的数量。冗余的样本可能来自同一个传感器或同一类型的多个传感器，以进一步确保最佳的响应[99]。然而，这种方法虽能有效地减小随机误差，但却不能有效防止系统误差。

来自不同类型的多个独立传感器的响应可以结合起来（通常称为传感器融合）以提供重叠的增强响应，从而更好地扩大传感器的响应范围，进而减少分析识别可能存在的薄弱或不可用的缺陷。

18.10.2　电子鼻和电子舌

作为人类最基本的感官，嗅觉和味觉在感知日常生活中的环境条件具有非常重要的作用。电子嗅觉和味觉传感器（电子鼻和电子舌）由于其广泛的潜在商业价值，已被深入地研究和发展。它们被广泛地应用于食品工业、环境保护、制药、军事和其他领域中。这些系统的检测能力主要基于敏感材料对特定气味和离子吸收或反应的能力。虽然电子鼻和电子舌的研究已经取得了一些成就，但是与特定气味和味道的嗅觉和味觉受体细胞生物结合物相比，电子鼻和电子舌仍然在敏感度和特异性上有明显的不足。

电子鼻和电子舌的传感部分是由许多类似但不同的敏感元件组成的器件。这种多感官方法的一个例子是 NIST 开发的基于化学物质与置于 MEMS 微加热器平台顶部的半导体敏感材料的相互作用[100-102]。NITS 电子鼻由 8 种不同类型的传感器组成，这些传感器以金属氧化膜的形式沉积在 16 个微加热器的表面（见图 18.32）。由多晶硅电阻来加热，加热器的热时间常数为几个毫秒。在这个例子中，不同化学敏感薄膜沉积在不同加热器的顶部：氧化锡（SnO_2）、涂覆钛氧化物的氧化锡（SnO_2/TiO_2）、二氧化钛（TiO_2）和涂覆氧化钌的二氧化钛（TiO_2/RuO_x）。众所周知，这些氧化物会与气体物质发生化学作用。由于催化表面反应速率与温度和单个加热元件的精确控制有关，因此可以将每个加热单元看作 $150\sim500$℃ 之间 350 个温度增量的"虚拟"传感器集合，从而使传感器数量增加到了 5600 个左右。传感薄膜和改变温度的能力的结合，使器件在理论上相当于一个充满感觉神经元的面部。

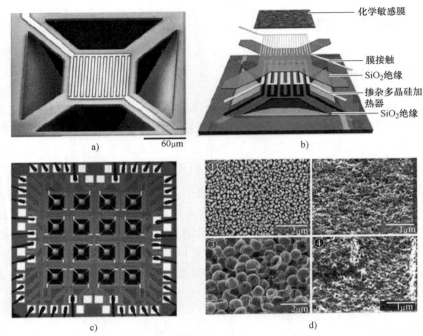

图 18.32　传感器单元的俯视图、微传感器的关键部件扩展图、一个 16 单元的微传感
器阵列以及化学敏感薄膜的扫描电子显微镜图像　[由美国国家标准技术研究所的 Steve
Semancik 博士（stephen. semancik@ nist. gov）提供]

a）单个化学传感器单元的俯视图　b）微传感器的关键部件扩展图　c）一个 16 单元的微传感器阵列
d）沉积在微加热板传感器平台上的多种化学敏感薄膜的扫描电子显微镜图像（图 d）中的 4 幅图比例尺
不同，以显示每个薄膜的纳米结构和形态：①通过化学气相沉积法沉积的多晶金属氧化物膜，这里显示
的是 SnO_2、TiO_2、在 SnO_2 上涂覆 TiO_2 层以及在 TiO_2 上涂覆氧化钌；②通过滴涂应用多孔 TiO_2 薄膜；
③Sb：SnO_2 滴涂外层；④电泳沉积纳米结构导电聚合物（这里是胶态聚苯胺）

　　一个天然的嗅觉系统可以检测到空气中浓度低至万亿分之几的小分子和区分无
数不同化合物之间的不同。对于哺乳动物，气味分子进入鼻孔，与鼻子中的神经元
接触，通过化学反应产生成一种大脑认为是气味的电信号。非凡的嗅觉和味觉源于
许多的嗅觉、味觉受体神经元和其后的神经元处理。虽然许多受体相对受限于一系
列化学相关的化合物，每一个单独的神经元都能够绑定多个不同的具有明显亲和性
和特异性的分子和离子。在人体的鼻道中，大约有数百万的细胞以及其中的约 400
种嗅觉感官，可以探测到数十亿中气味[103]。动物中，例如狗，比人类多了上百种
感觉神经元。当挥发性的化合物（通过呼吸气流）与鼻神经上皮上数百万独特的
嗅觉感官细胞接触时，嗅觉感知的过程就开始了。

　　图 18.33 所示为嗅觉神经元结构。感知发生在受体细胞的微小毛发状突起（纤
毛）。纤毛被黏液覆盖以用来捕捉气味分子。有气味物质的分子性质能够提供的感
知特征是低水溶性、高气压性、低极性、溶于脂肪的能力（亲脂性）和表面活性。

受体细胞产生的电信号通过轴突发送到下一级的信号处理。由于敏感元件的漂移和污染，使得几乎所有的化学传感器的寿命相对较短。自然界中解决这个问题的办法是神经元的频繁再生，人体中所有嗅觉神经元的再生周期约为 40 天，是一种非常罕见的神经元再生。

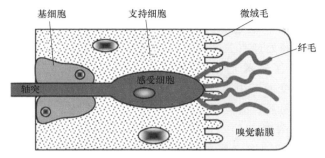

图 18.33　嗅觉神经元结构

对比传统的化学传感器，哺乳动物鼻腔内的受体不会选择性地探测出单种化学物质，但是使用成千上万的部分选择性受体来吸收被吸入的化学物质。每个部分选择性受体可能对特定的气味具有强烈或微弱的反应，或者不会发生任何反应，这些响应则会产生不同的模式传送到大脑进行解释。大脑对这种"气味"模式以前是否被检测过（学习和记忆）进行判断，并将化学物质与一种特定的气味联系起来。这样，不同的分析物传递给大脑不同的模式，而这些模式用来判断感知的气味。在这里需要强调的是，气味种类的识别不是任何特定"嗅觉传感器"的工作，气味或味道的感知和识别是通过一个更加复杂的系统（大脑）来完成，而传感器是不可分割的一部分。鼻子和舌头不仅仅是传感器，更是大脑的延伸。

气味和味道的识别是一个连续的过程，其中分子的识别是渐进的，通过一个分层的模式识别技术，缩小选择范围，从粗到细地甄别气味分子。一般来说，化合物越复杂，识别速度越快且灵敏度越好。例如，碳氢化合物醇的灵敏度值有一个显著的规律，如甲醇、乙醇、丙醇、丁醇、戊醇。随着链长度的增加，灵敏度也随之增加[104]。对于一个 8 个碳原子的链（正辛醇），人体的灵敏度约为 10ppb（十亿分之一），然而对于一个碳原子（甲醇），灵敏度为 1ppt（一千分之一）。

同样，当一些有味道的分子溶于唾液时，受体和味道受体细胞根尖微绒毛上的离子通道与味道相互反应产生了味道的感知[3]。随后，通过细胞传导通路，味觉信号逐渐进入大脑，大脑随后整合和分析这些信号。利用嗅觉和味觉细胞作为敏感材料去发明生物电子鼻或电子舌芯片是有关电子鼻、电子舌的独立研究和开发的趋势之一。

就像许多人发现和记住许多不同的气味和味道，并随后利用这些知识去概括他们以前没遇到过的感知一样，电子鼻和电子舌在能够应对未知情况前，还需要通过训练来识别不同气味的化学特征。现在的研究趋势是结合多传感器和基于神经网络或计算机的信号处理技术的仿生学方法。最主要的思想是使用多种不同类型的传感器，并且要像活着的大脑一样处理数据[105]。电子鼻和电子舌使用更少的传感器或设备，却拥有更多的处理策略。

由于阵列中的电子鼻和电子舌感应单元响应较慢、会产生固有噪声及选择性相对较低，所以仿生信号处理方法日益普及。他们在 DSP 中使用自适应和学习（可训练）的神经网络软件，通过响应感测阵列输出的动态变化，可以产生相当不错的结果[111]。这种神经处理有三个优点：更快的响应速度、更好的信噪比和更好的选择性。图 18.6 显示了暴露于气味中的多个 CP 传感器阵列[112]。动态方法利用了传感器响应的时间瞬变而不用等待它们在恒定水平上稳定。阵列中的每个传感器主要对特定的气味物质敏感，并与神经网络的一个或多个输入信号相联系，以响应信号变化率和幅度（见图 18.34）。传感器的噪声和缓慢响应被神经系统改善形成兴奋性（白色圆圈）和抑制性（黑色圆圈）动力学单元的多重耦合。这种处理方法提高了检测的准确性，并加快了分析物识别的速度。

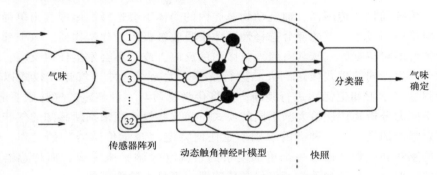

图 18.34　电子鼻神经网络的动态过程[112]

18.11　具体困难

与其他传感器（如温度、压力、湿度传感器等）相比，化学传感器（和系统）的研究难点在于传感过程中与化学品的相互作用会导致传感器的永久性变化。这通常会导致传感器的基线漂移从而不利于传感器的校准。例如，采用液体电解质（通过带电离子而不是电子传导电流的材料）的电化学电池消耗少量的电解质，并且每次测量最终要求补充电解质，在水溶液中工作的化学 FET 传感器可能会在栅膜界面产生碳酸，碳酸腐蚀传感器的组成部分，而吸收性的聚合物涂层在恶劣的环境中可能会被氧化。

此外，压力或温度传感器需要模型化操作的情况较少，而化学传感器则不同，它们几乎经常接触无限数量的化学组合。这将引入干扰反应，例如许多化学传感器在某种程度上对水敏感。因此，当研究在一定条件下工作的传感器系统时，操作者在校准系统时必须考虑湿度变化。

陶瓷珠型和其他催化烃传感器开始烧结（约 400℃），在高温（1000℃）环境下块状铂电极和加热单元开始蒸发，都限制了它们的寿命以及长期连续监测时的有效性[106]。此蒸发率甚至高于现有的可燃气体。铂金属的损失导致导线电阻的变化，从而引起传感器的读数产生偏移误差，并导致加热铂线圈的早期烧损。

有害化学物可能会影响许多传感器，如催化器件，其中氯、硫、铅的化合物会不可逆地结合在传感元件上，抑制碳氢化合物的氧化，并产生不准确的假低读数。如果环境中含有有害的物质时，很多化学传感器通常会用到过滤器。明智地选择过滤材料是必需的，以仅消除有害物而不会减少目标分析物（接触到传感器的化学物质）。

使用物质选择性吸附薄膜的表面声波器件会由吸附的物质引起机械性破坏，并且不会脱附，器件的质量也不会恢复到初始（校准）状态。同样，光纤器件上的气体选择性涂层也可能会被不可移动的物质破坏，永久性减少光的反射率并指示假阳性。

对化学传感器来说还有一个独特的问题是，不同浓度水平下发生的化学反应会有显著的变化。例如，某些反应性碳氢化合物器件（金属氧化物器件、伏安器件等）需要接近化学计量的混合物（平衡的化学反应），以便所需的最少水平的目标分析物碳氢化合物和氧气可用于进行测量反应。如果碳氢化合物含量过高（或确切地说是伴随氧的含量太低），则只有一部分的碳氢化合物会发生反应，从而产生一个假阴性读数。

参考文献

1. Jacoby, M.（2009）. Keepers of the gate. *Chemical and Engineering News*, *87*（22）, 10-13.

2. Zheng, O., et al.（2009）. Handheld miniature ion trap mass spectrometers. *Analytical Chemistry*, *81*（7）, 2421-2425.

3. Nagle, H. T., et al.（1998）. The how and why of electronic noses. *IEEE Spectrum*, *35*, 22-34.

4. Amoore, J. E., et al.（1964）. The stereochemical theory of odor. *Scientific American*, *210*, 42-99.

5. Ho, C. K., et al.（2002）. In-situ chemiresistor sensor package for real-time detection of volatile organic compounds in soil and groundwater. *Sensors*, *2*, 23-34.

6. Dewa, A. S., et al.（1994）. Biosensors. In S. M. Sze（Ed.）, *Semiconductor sensors*（pp. 415-472）. New York, NY: John Wiley & Sons.

7. Kim, T.（2009, February 16）. Canary in the old growth, *High Country News*.

8. For a wealth of information on Mine Safety Gas Monitoring Equipment is the United States Department of Labor. *Mine Safety & Health Administration (MSHA) website*. Retrieved from http：//www. msha. gov.

9. Clutton-Brock，J. (1995). Origins of the dog：domestication and early history. In J. Serpell (Ed.). *The domestic dog，its evolution，behaviour and interactions with people* (pp. 7-20). Cambridge：Cambridge University Press.

10. Gentry S. J. (1988). Catalytic devices. In T. E. Edmonds (Ed.)，*Chemical sensors*. New York，NY：Chapman and Hall.

11. Cobbold，R. S. C. (1974). *Transducers for biomedical measurements*. New York，NY：John Wiley & Sons.

12. www. askiitians. com/iit-jee-chemistry/physical-chemistry/Kohlrausch-law. aspx.

13. Tan T. C.，& Liu，C. C. (1991). Principles and fabrication materials of electrochemical sensors. In Kodansha Ltd (Ed.)，*Chemical sensor technology* (Vol. 3)，Tokyo：Kodansha Ltd.

14. Clark，L. C. (1956). Monitor and control of blood and tissue oxygen tension. *Transactions-American Society for Artificial Internal Organs*，2 (p)，41-46.

15. Madou，M. J.，et al. (1989). *Chemical sensing with solid state devices*. Waltham. MA：Academic.

16. Wolfrum，E. J.，et al. (2006). Metal oxide sensor arrays for the detection. differentiation，and quantification of volatile organic compounds at sub-parts-per-million concentration levels. *Sensors and Actuators*，*B*，*115*，322-329.

17. Persaud，K.，et al. (1982). Analysis of discrimination mechanisms in the mammalian olfactory system using a model nose. *Nature*，*299*，352-355.

18. Sbeveglieri，G. (1992). *Gas sensors：principles，operations，and developments* (p. 8，148，282，346-408). Boston，MA：Kluwer.

19. Blum. L. J. (1997). *Bio- and chemi-luminescent sensors* (pp. 6-32). River Edge，NJ：World Scientific Publishing Co. Pte. Ltd.

20. Sbeveglieri，G. (1995). Recent developments in semiconducting thin-film gas sensors. *Sensors and Actuators*，*B*，*23*，103-109.

21. Demame，V.，et al. (1992). Thin film semiconducting metal oxide gas sensors. In G. Sbeveglieri (Ed.)，*Gas sensors* (pp. 89-116). Dordrecht：Kluwer.

22. Malyshe，V.，et al. (1992). Gas sensitivity of SnO_2 and ZnO thin-film resistive sensors to hydrocarbons，carbon monoxide，and hydrogen. *Sensors and Actuators B*，*10*，11-14.

23. Hoefer，U.，et al. (1994). CO and CO_2 thin-film SnO_2 gas sensors on Si substrates. *Sensors and Actuators*，*B*，*22*，115-119.

24. Demame, V., et al. (1988). An integrated low-power thin-film CO gas sensors on silicon. *Sensors and Actuators*, *B*, *13*, 301-313.

25. Barsan, N., et al. (1995). The temperature dependence of the response of SnO$_2$-based gas sensing layers to O$_2$, CH$_4$, and CO. *Sensors and Actuators B*, *26-27*, 45-48.

26. Van Geloven, P., et al. (1989). Tin (Ⅳ) oxide gas sensors: thick-film versus metallo-organic based sensors. *Sensors and Actuators B*, *17*, 361-368.

27. Schierbaum, K. D., et al. (1993). Specific palladium and platinum doping for SnO$_2$-based thin film sensor arrays. *Sensors and Actuators B*, *13-14*, 143-147.

28. Sulz, G., et al. (1993). Ni, In, and Sb implanted Pt and V catalyzed thin-film SnO$_2$ gas sensors. *Sensors and Actuators B*, *16*, 390-395.

29. Tournier. G., et al. (1995). Selective detection of CO and CH$_4$ with gas sensors using SnO$_2$ doped with palladium. *Sensors and Actuators B*, *26-27*, 24-28.

30. Huck, R., et al. (1993). Spillover effects in the detection of H$_2$ and CH$_4$ by sputtered SnO$_2$ films with Pd and PdO deposits. *Sensours and Actuators B*, *17*, 355-359.

31. Saji, K., et al. (1983). Characteristics of TiO$_2$ oxygen sensor in nonequilibrium gas mixtures. In T. Seiyama. K. Fueki, J. Shiokawa, & S. Suzuki (Eds.), *Chemical sensors, proceedings of the international meeting on chemical sensors, Fukuoka Japan* (pp. 171-176). Tokyo: Elsevier.

32. Mumuera, G., et al. (1989). Mechanism of hydrogen gas-sensing at low temperatures using Rh/TiO$_2$ systems. *Sensors and Actuators B*, *18*, 337-348.

33. Egashira, M., et al. (1989). Gas-Sensing characteristics of Li +-doped and undoped ZnO whiskers. *Sensors and Actuators B*, *18*, 349-360.

34. Grate, J. W., et al. (1990). Role of selective sorption in chemiresistor sensors for organophosphorus detection. *Analytical Chemistry*, *62* (18), 1927-1934.

35. Eastman. M. P., et al. (1999). Application of the solubility parameter concept to the design of chemiresistor arrays. *Journal of the Electrochemical Society*, *146*, 3907-3913. doi: 10. 1149/1. 1392571.

36. Liu, Q., et al. (2014). Nanomaterials for analysis and monitoring of emerging chemical pollutants. *Trends in Analytical Chemistry*, *58*, 10-22.

37. Sharma, S., et al. (2014). MWCNT-conducting polymer composite based ammonia gas sensors: A new approach for complete recovery process. *Sensors and Actuators B: Chemical*, *194*, 213-219.

38. Benz, M., et al. (2012). Freestanding chemiresistive polymer composite ribbons as high-flux sensors. *Journal of Applied Polymer Science*, *125*(5), 3986-3995.

39. Garg, N., et al. (2010). Robust gold nanoparticles stabilized by trithiol for application in chemiresistive sensors. *Nanotechnology*, *21*, 405501.

40. Kwon O., & Seok, O. (2012). Seok multidimensional conducting polymer nanotubes for ultrasensitive chemical nerve agent sensing. *Nano Letters*, *12* (6), 2797-2802.

41. Penza, M., et al. (2010). Metalloporphyrins-modified carbon nanotubes networked filmsbased chemical sensors for enhanced gas sensitivity. *Sensors and Actuators B*: *Chemical*, *144* (2: 17), 387-394.

42. Hierlemann. A., et al. (2000). Application-specific sensor systems based on cmos chemical microsensors. *Sensors and Actuators B*: *Chemical*, *70*, 2-11

43. Endres, H. -E., et al. (1999). A capacitive CO_2 sensor system with suppression of the humidity interference. *Sensors and Actuators B*: *Chemical*, *57*, 83-87.

44. Patel. S. V., et al. (2003). Chemicapacitive microsensors for volatile organic compound detection. *Sensors and Actuators*, *B*, *96* (3), 541-553.

45. Fotis, E. (2002). A new ammonia detector based on thin film polymer technology. *Sensors*. *19* (5), 73-75.

46. Mlsna. T. E., et al. (2006). Chemicapacitive microsensors for chemical warfare agent and toxic industrial chemical detection. *Sensors and Actuators B*: *Chemical*, *116* (1-2), 192-201.

47. The Multi-User MEMS Process (MUMPs) from MEMSCAP. Inc. (Durham, NC) is used to manufacture the these chemicapacitive sensor chips.

48. Britton, C. L., et al. (2000). Multiple-input microcantilever sensors. *Ultramicroscopy*, *82*, 17-21.

49. Baslet, D. R., et al. (2003). Design and performance of a microcantilever-based hydrogen sensor. *Sensors and Actuators B*: *Chemical*, *88* (2), 120-131.

50. Polk, B. J. (2002). ChemFET arrays for chemical sensing microsystems. *IEEE*, *2002*, 732-735.

51. Wilson. D. M., et al. (2001). Chemical sensors for portable. handheld field instruments. *IEEE Sensor Journal*, *1* (4), 256-274.

52. Janata. J. (1989). *Principles of chemical sensors*, *Chapter 4*. New York, NY: Plenum.

53. Kharitonov, A. B., et al. (2000). Enzyme monolayer-functionalized field-effect transistors for biosensor applications. *Sensors and Actuators*, *B*, *70* (1-3), 222-231.

54. Ballantine, D. S., et al. (1997). *Acoustic wave sensors*: *Theory*, *design and physicochemical applications*. Boston, MA: Academic.

55. Ristic. V. M. (1983). *Principles of acoustic devices.* New York: Wiley and Sons.

56. Nieuwenhuizen, M. S., et al. (1986). Transduction mechanism in SAW gas sensors. *Electronics Letters*, *22*, 184-185.

57. Wenzel, S. W., et al. (1989). Analytic comparison of the sensitivities of bulk-surface-, and flextural plate-mode ultrasonic gravimetric sensors. *Applied Physics Letters*, *54*, 1976-1978.

58. Binnig. G., et al. (1986). Atomic force microscope. *Physical Review Letters*, *56*, 930-933.

59. Battiston, F. M., et al. (2001). A chemical sensor based on a microfabricated cantilever array with simultaneous resonance-frequency and bending readout. *Sensors and Actuators B: Chemical*, *77*, 122-131.

60. Sharma. S., et al. (2012). Review article: a new approach to gas sensing with nanotechnology. *Philosophical Transactions of the Royal Society A*, *Mathematical*, *Physical and Engineering Sciences*, *370* (1967), 2448-24-73.

61. Hansen, K. M., et al. (2001). Cantilever-based optical deflection assay for discrimination of DNA single-nucleotide mismatches. *Analytical Chemistry*, *73*, 1567-1571.

62. Baselt, D. R., et al. (2001). A biosensor based on magnetoresistance technology. *Biosensors & Bioelectronics*, *13*, 731-739.

63. Betts. T. A., et al. (2000). Selectivity of chemical sensors based on micro-cantilevers coated with thin polymer films. *Analytica Chimica Acta*, *422*, 89-99.

64. Senesac, L. R., et al. (2009). Micro-differential thermal analysis detection of adsorbed explosive molecules using microfabricated bridges. *Review of Scientific Instruments*, *80*, 035102.

65. Thundat, T., et al. (1995). Detection of mercury-vapor using resonating microcantilevers. *Applied Physics Letters*, *66* (13), 1695-1697.

66. Thundat. T., et al. (1995). Vapor detection using resonating microcantilevers. *Analytical Chemistry*, *67* (3), 519-521.

67. Pinnaduwage. L. A., et al. (2004). Detection of trinitrotoluene via deflagration on a microcantilever. *Journal of Applied Physics*, *95*, 5871-5875.

68. Datskos, P. G., et al. (1996). Remote infrared radiation detection using piezoresistive microcantilevers. *Applied Physics Letters*, *69* (20), 2986-2988.

69. Creaser. C., et al. (2004). Ion mobility spectrometry: a review. Part 1. Structural analysis by mobility measurement. *The Analyst*, *129*, 984-994.

70. Wu, C., et al. (2000). Secondary electrospray ionization ion mobility spectrometry/mass spectrometry of illicit drugs. *Analytical Chemistry*, *72* (2),

396-403.

71. Tam, M., et al. (2004). Secondary electrospray ionization-ion mobility spectrometry for explosive vapor detection. *Analytical Chemistry*, *76* (10), 2741-2747.

72. Rhykerd. C. L., et al. (1999). Guide for the selection of commercial explosives detection systems for law enforcement application. *NIJ Guide* 100-99, NCJ 178913. Retrieved September, 1999, from www. ojp. usdoj. gov/nij/pubs-sum/178913. htm.

73. Kriz, D., et al. (1997). Molecular imprinting: New possibilities for sensor technology. *Analytical Chemistry*, *69* (11), 345A-349A. doi: 10. 1021/ac971657e.

74. Dybko, A., et al. (2000). Fiber optic chemical sensors. Retrieved from www. ch. pw. edu. pl/~dybko/csrg/fiber/operating. html.

75. Seiler. K., et al. (1992). Principles and mechanisms of ion-selective optodes. *Sensors and Actuators B*, *6*, 295-298.

76. Walt. D. R. (2000). Molecular biology: Bead based fiber-optic arrays. *Science*, *287* (5452), 451.

77. Chen, H., X., et al. (2010). Colorimetric optical pH sensor production using a dual-color system. *Sensors and Actuators B*: *Chemical*, *146* (1), 278-282.

78. Kreno. L. E., et al. (2011). Metal-organic framework materials as chemical sensors. *Chemical Reviews*, *112* (2), 1105-1125.

79. Xu, Z., et al. (2010). Sensors for the optical detection of cyanide ion. *Chemical Society Reviews*, *39*(1), 127-137.

80. Vilela D., et al. (2012). Sensing colorimetric approaches based on gold and silver nanoparticles aggregation: Chemical creativity behind the assay. A review. *Analytica Chimica Acta*, *751*, 24-43.

81. Miranda. O. R., et al. (2011). Colorimetric bacteria sensing using a supramolecular enzyme-nanoparticle biosensor. *Journal of the American Chemical Society*, *133* (25), 9650-9653.

82. Mader, H. S., et al. (2010). Optical ammonia sensor based on upconverting luminescent nanoparticles. *Analytical Chemistry*, *82* (12), 5002-5004.

83. Feng. L., et al. (2010). A simple and highly sensitive colorimetric detection method for gaseous formaldehyde. *Journal of the American Chemical Society*, *132* (12), 4046-4047.

84. Burgess, I. B., et al. (2011). Wetting in color: Colorimetric differentiation of organic liquids with high selectivity. *ACS Nano*, *6* (2), 1427-1437.

85. Quang, D. T., et al. (2010). Fluoro-and chromogenic chemodosimeters for heavy metal ion detection in solution and biospecimens. *Chemical Reviews*, *110* (10),

6280-6301.

86. http：//www. drierite. com/

87. Janzen. M. C., et al. (2006). Colorimetric sensor arrays for volatile organic compounds. *Analytical Chemistry*, *78*, 3591-3600.

88. Doran, J. W., et al. (1996). Field and laboratory tests of soil respiration. *Methods for Assessing Soil Quality*, *1996*, 231-245.

89. Dräger Safety AG & Co. KGaA. (2008). *Dräger-Tubes & CMS-handbook* (15th ed., p. 114). Lübeck：Dräger Safety AG & Co. KGaA.

90. Costello, B. P., et al. (2008). A sensor system for monitoring the simple gases hydrogen, carbon monoxide, hydrogen sulfide, ammonia and ethanol in exhaled breath. *Journal of Breath Research*, 2 (3), 037011.

91. R&D Systems. Inc. *ELISA development guide*. Retrieved January 12, 2015, from http：//www. mdsystems. com/pdf/edbapril02. pdf.

92. Jiao, Y., et al. (2012). Preparation and evaluation of recombinant severe fever with thrombocytopenia syndrome virus nucleocapsid protein for detection of total antibodies in human and animal sera by double-antigen sandwich enzyme-linked immunosorbent assay. *Journal of Clinical Microbiology*, *50* (2), 372-377.

93. Pesticides and companies providing ELISA systems are listed at：http：//www. aoac. org/testkits/TKDATA7. HTM.

94. Rissin, D. M., et al. (2010). Single-molecule enzyme-linked immunosorbent assay detects serum proteins at subfemtomolar concentrations. *Nature Biotechnology*, *28* (6), 595-599.

95. Immunoassay methods of acetochlor：Detection Review of existing immunoassay kits for screening of acetochlor and other acetanilides in water. Acetochlor Registration Parnership. Retrieved March, 1995, from http：//www. epa. gov/oppefed1/ aceto/elisa. htm.

96. Gottuk. D. T., et al. (1999). *Identification of fire signatures for shipboard multi-criteria fire detection systems* (pp. 48-87). Washington, DC：NRL/MR/6180-99-8386. Naval Research Laboratory.

97. Einax. J. W., et al. (1997). *Chemometrics in environmental analysis* (pp. 2-75). VCH：Weinheim.

98. Prasad. L., et al. (1994). Fault-tolerant sensor integration using multiresolution decomposition. *Physical Review E*, *49*(4), 3452-3461.

99. Raman, B., et al. (2009). Designing and optimizing microsensor arrays for recognizing chemical hazards in complex environments. *Sensors and Actuators B*, *137*, 617-629.

100. Raman, B., et al. (2008). Bioinspired methodology for artificial olfaction. *Analytical Chemistry*, *80*, 8364.

101. Meier, D. C., et al. (2009). Detecting chemical hazards with temperature-programmed microsensors: Overcoming complex analytical problems with multidimensional databases. *Annual Review of Analytical Chemistry*, *2*, 463-484.

102. Bushdid, C., et al. (2014). Humans can discriminate more than 1 trillion olfactory stimuli. *Science*, *343*, 1370-1372.

103. Cometto-Muñiz. J. E., et al. (1990). Thresholds for odor and nasal pungency. *Physiology and Behaviour*, *48*, 719-725.

104. Wang, P., et al. (2007). Olfactory and taste cell sensor and its applications in biomedicine. *Sensors and Actuators A*, *139*, 131-138.

105. Edmonds. T. E. (Ed.). (1988). *Chemical sensors.* New York, NY: Blackie and Son Ltd.

106. Wilson. D. (2014). Interference and selectivity in protable chemical sensors (Chapter 54). In J. G. Webster & H. Eren (Eds.), *Measurement, instrumentation and sensors handbook.* Boca Raton, FL: CRC Press.

107. Burl. M. C., et al. (2001). Assessing the ability to predict human percepts of odor quality from the detector responses of a conducting polymer composite-based electronic nose. *Sensors and Actuators*, *B*, *72*, 149-159.

108. Jones. A. W. (1976). Precision, accuracy and relevance of breath alcohol measurements. *Modern Problems of Pharmacopsychiatry*, *11*, 65-78.

109. Jones. E., et al. (1989). *Hydrogen sulfide sensor.* U. S. Patent No. 4822465.

110. Rabinovich. M., et al. (2008). Transient dynamics for neural processing. *Science*, *321*, 48-50.

111. Muezzinoglu, M. K., et al. (2009). Chemosensor-driven artificial antennal lobe transient dynamics enable fast recognition and working memory. *Neural Computation*, *21*, 1018-1103.

112. RAE Systems Inc., Theory and operation of NDIR Sensors. *Technical Note TN-169.* rev l wh. 04-02.

第19章
传感器材料与技术

传感器的制造方法有很多且因具体的特殊的设计而不同。它们包括半导体、光学元件、金属、陶瓷和塑料的加工工艺。本章将简要介绍一些材料和最常用的加工技术。

19.1 材料

19.1.1 硅

硅存在于太阳系和其他星系中，是陨石的主要成分。硅是地球上第二丰富的物质，仅次于氧，占地球地壳总重量的 25.7%。自然界中没有硅的单质，它主要以氧化物和硅酸盐的形式存在。部分氧化物是砂石、石英、白水晶、紫水晶、黏土和云母等。硅的制备是用碳电极在电炉上加热硅石和碳而得到，此外也有一些其他的制备方法。晶体硅具有金属光泽，呈浅灰色。用于固态半导体和微机械传感器的单晶硅（SCS）通常用直拉法制备。硅是一种相对惰性的元素，但它可以与卤素和稀碱反应。除了氢氟酸外，大部分的酸都不能腐蚀它。硅元素能传输红外辐射，它被普遍用作中远红外传感器的窗口和镜头。

硅的原子量是 28.0855±0.0003，其原子序数是 14。它的熔点是 1410℃，沸点是 2355℃。25℃时，其相对密度是 2.33，化合价是 4。

硅的性能得到了很好的研究，它在传感器设计上的应用在全世界已得到广泛的研究。该材料价格低廉，并且可以可控地生产和加工出高纯度高标准的硅。硅展现出的一系列物理效应，这对其在传感器上的应用非常有用，见表 19.1。

表 19.1　硅基传感器的效应[1]

激　励	响　应
辐射	光伏效应、光电效应、光电导性和光磁电效应
机械力	压阻效应、横向光电效应和横向光伏效应
热量	泽贝克效应、电导率和接点的温度特性、能斯特效应
磁	霍尔效应、磁阻效应、苏尔效应
化学	离子敏感性

遗憾的是，硅不具有压电效应（或者说是庆幸，因为在很多传感器中压电效应会产生干扰）。硅的很多效应，如霍尔效应、泽贝克效应、压阻效应等是相当大的；然而，硅的主要问题是它对一些激励的响应显示出了很强的温度敏感性。例如，对应变、光和磁场的响应是随温度变化的。当硅表现不出适当的效应时，可在硅衬底上沉积具有期望灵敏度的材料层。比如，溅射 ZnO 薄膜可用于制作压电换能器，由此可制备出表面声波器件（SAW）和加速传感器；用 ZnO 层来检测加速度传感中微机械悬臂梁支撑端的应力。

硅本身表现出非常有用的力学性能，基于 MEMS 技术，现今已被广泛用于制造压力传感器、温度传感器、力和触觉传感器。薄膜和光刻技术使得各种各样微小型、高精度机械结构得以实现。大批量的制造技术用于制造复杂的、小型化的机械零部件，这是采用其他方法所不可能实现的。附表 A.15 中列出了硅与其他普通材料力学特性的对比。

虽然单晶硅是一种脆性材料，它会破坏性地屈服（像多数氧化物玻璃）而不是塑性变形（如大多数金属），但它并没有想象中的那么脆。硅的弹性模量（190GPa）接近于不锈钢，远高于上面所提到的石英和多数玻璃。硅常被误认为极其脆，是因为它通常是以只有 $250 \sim 775 \mu m$ 厚的薄片（见表 19.2）获得。甚至连不锈钢在这种尺寸下也非常容易发生非弹性变形。

表 19.2　标准硅片

直径/in	直径/mm	厚度/μm	直径/in	直径/mm	厚度/μm
1	25.4	250	5	130	625
2	51	275	6(5.9)	150	675
3	76	375	8(7.9)	200	725
4	100	525	12(11.8)	300	775

如前所述，单晶硅的许多结构和机械缺点可以通过薄膜沉积得到缓解。例如，在工业上溅射石英经常用于钝化集成电路芯片来抵制空气杂质和轻微的大气腐蚀的影响。另一个例子是氮化硅（见附表 A.14）的沉积，它具有仅次于金刚石的硬度。各向异性腐蚀在硅的三维结构微细加工中是关键技术。两个腐蚀系统是有实际意义的。一个是基于乙二胺和带有一些添加剂的水。另一个是用纯无机碱溶液的方法，如氢氧化钾、氢氧化钠或氢氧化锂。

形成所谓的多晶硅（PS）材料，就可以开发具有独特特点的传感器。多晶硅层（约 $0.5 \mu m$）可通过真空沉积的方法沉积在厚度约 $0.1 \mu m$ 的硅晶圆的氧化物上[2]。运用半导体工业中非常著名的低压化学气相沉积（LPCVD）技术可把硼掺杂到多晶硅中。

图 19.1a 所示为用 LPCVD 方法制备的掺硼多晶硅与单晶硅电阻率的对照。多晶硅的电阻率通常高于单晶材料，即使硼的浓度非常高。在低浓度掺杂中，电阻率

迅速上升，因此，仅仅杂质浓度范围对传感器的制造都是很重要的。多晶硅电阻随温度的变化是非线性的。通过选择不同的掺杂浓度，电阻温度系数将有非常大的选取范围（见图 19.1b）无论正负。一般来说，在非低温情况下，电阻温度系数随着掺杂浓度的减小而增加。

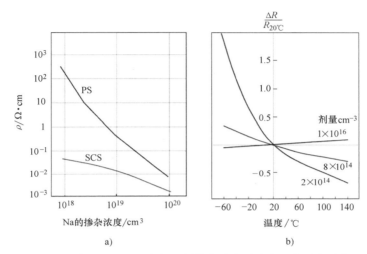

图 19.1　掺硼硅的电阻率与不同掺杂浓度下硅电阻的温度系数

a）掺硼硅的电阻率　b）不同掺杂浓度下硅电阻的温度系数

　　由图 19.2a 可知，多晶硅的温度敏感性远远高于单晶硅，而且可以由掺杂浓度控制。有趣的是，在特定的掺杂浓度下，电阻随温度变化的灵敏度降低了（Z 点）。

　　随着压力、力、加速度传感器的发展，通过应变系数来表示多晶硅电阻的应变

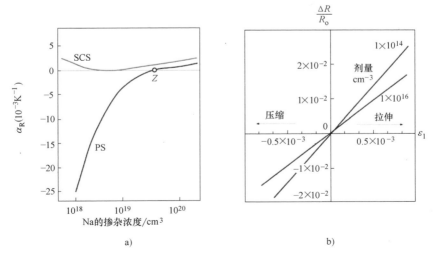

图 19.2　温度系数掺杂浓度与硅的压阻灵敏度的变化

a）掺杂浓度　b）硅的压阻灵敏度的变化

灵敏度非常关键。图 19.2b 所示为掺杂硼的多晶硅电阻的相对电阻变化曲线，参考无应力条件下的电阻 R_0，相对电阻是纵向应变 ε_1 的函数。参数随着掺杂量的变化而变化，可以看出它的电阻随着自身压缩而减小，在拉伸条件下增加。由此可知，应变系数（图 19.2b 曲线的斜率）是温度的函数。多晶硅的电阻至少能够和理想单晶硅电阻一样稳定，因为表面效应对于物质的特性来说只是一个次要因素。

19.1.2 塑料

塑料是由单体化工原料合成的复合材料。单体（一个化学单元），如乙烯和其他单体分子形成重复的以乙烯为单元的长链，这就形成了高分子聚乙烯。用类似的方式，聚苯乙烯可由苯乙烯单体聚合而成。聚合物由碳原子和其他元素组成。高分子化学家仅仅用 8 种元素就可以制造出数以千计的不同塑料。这些元素分别是碳（C）、氢（H）、氮（N）、氧（O）、氟（F）、硅（Si）、硫（S）、氯（Cl）。把这些元素以不同的方式结合就可以得到非常大而且复杂的分子。

每个原子与其他原子结合是有能量限制（能键）的，如果化合物是稳定的，那么它的分子中的每个原子必须满足其键的能量。例如，氢只能与一个原子键结合，然而碳和硅必须结合 4 个原子才能满足。因此，H-H 和 H-F 是稳定的分子，而 C-H 和 Si-Cl 不是。8 种元素和相应的能键见表 19.3。

表 19.3 8 种元素和相应的能键

元素	原子量	能键		元素	原子量	能键	
H	1	—H	1	F	19	—F	1
C	12	—C—	4	Si	28	—Si—	4
N	14	—N—	3	S	32	—S—	2
O	16	—O—	2	Cl	35	—Cl	1

在分子链中增加更多的碳原子，每个碳原子又结合氢原子，这将会创造出更重的分子。例如，乙烷气体（C_2H_6）比甲烷重，那是因为它多了一个碳原子和两个氢原子。它的相对分子质量是 30。其相对分子质量可以以 14（一个碳 + 两个氢）为增量增加，直到复合成戊烷（C_5H_{12}）为止。由于它太重，在室温下呈液态。随着更多 CH_2 的组合，液体逐渐变重，直至达到 $C_{18}H_{38}$，它被称为固体石蜡。如果继续增大分子，石蜡会变得越来越硬。大约到 $C_{100}H_{202}$ 时，材料的相对分子质量是 1402，它足够硬，被称为低分子量聚乙烯，是所有热塑性塑料中最简单的。继续添加更多的 CH_2 基团，会进一步提高材料的韧性，直至其达到中等相对分子质量（1000~5000 个碳原子）和高相对分子质量聚乙烯。聚乙烯是最简单的聚合物（见图 19.3），它在传感器技术中有很多有用的性能。例如，聚乙烯在中远红外光谱范

围内是适度透明的，因此，它被用于制造红外菲涅耳透镜。

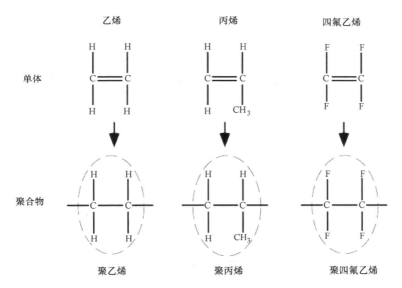

图 19.3 单体和其各自聚合物单元

通过加热、施压和加催化剂，单体将长成长链。这个过程称为聚合反应。链的长度（相对分子质量）很重要，因为它决定了塑料的很多性能。链长度的增加主要影响韧性的增加、抗蠕变性、抗应力开裂性、熔点、熔体黏度和加工难度。聚合完成后，最终的高分子链就像链之间没有物理连接的交织在一起的意大利面条。这种聚合物称为热塑性（热成形）聚合物（见图 19.4）。

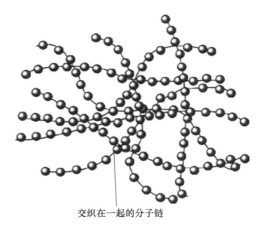

交织在一起的分子链

图 19.4 热塑性聚合物的分子链

如果链与链之间很接近，将形成更致密的聚乙烯，事实上将导致晶体的形成。结晶区变得更硬。这种聚合物有更高的熔点，因此很难加工。也就是说，它很快就会变成低黏度液体而不是软化。另一方面，无定形热塑性塑料会逐渐软化，但是它的流动性不如结晶塑料那么好。无定形聚合物的例子是：ABS（丙烯腈-丁二烯-苯乙烯）、聚苯乙烯、聚碳酸酯、聚砜、聚醚酰亚胺。结晶塑料包括聚乙烯、聚丙烯、尼龙、聚偏氟乙烯和乙缩醛等。

以下是一系列不完全详尽的热塑性塑料。

1）丙烯腈-丁二烯-苯乙烯（ABS）非常坚韧，但也很硬，具有刚性。它具有很好的耐化学腐蚀性、低吸水性和良好的尺寸稳定性。一些改良品可能是电镀的。

2）丙烯酸具有很高的光学清晰度和良好的抗户外风化能力。光滑的材料又具有良好的电气性能，这是很难得的。它可有各种颜色。

3）氟塑料包含一大家族的材料（聚四氟乙烯、聚全氟乙丙烯、可熔性聚四氟乙烯、三氟氯乙烯、乙烯-三氟氯乙烯、四氟乙烯和 PFDF），具有优良的电气性能和耐化学性，低摩擦性及在高温条件下具有很高的稳定性。然而，它们强度一般且成本高。其中一个例子就是聚四氟乙烯，它也被称为杜邦品牌特氟龙。

4）尼龙（聚酰亚胺）具有出色的韧性和耐磨损性、低摩擦系数。它具有良好的电和化学性能。但是，它的吸水性和尺寸稳定性不如大多数的其他塑料。

5）聚碳酸酯具有最高的耐冲击性。它是透明的，具有极好的室外稳定性且在载荷下具有良好的抗蠕变性。它可能会与一些化学品反应。

6）聚酯具有优良的尺寸稳定性，但不适合在室外或热水中使用。

7）聚乙烯重量轻而且廉价，具有良好的化学稳定性和良好的电气性能。它在可见光到远红外光的光谱范围内是适度透明的，尺寸和热稳定性较差。

8）聚丙烯具有优异的抗弯曲性和抗应力开裂性，良好的化学性能、电气性能和热稳定性。它重量轻且廉价。在远红外光谱范围内具有良好的光学透明性。但是，在中红外光谱范围内它的光子吸收和散射比聚乙烯高。

9）聚氨酯非常坚韧耐磨、耐冲击。可以用它来制作薄膜和泡沫。它具有良好的化学和电气性能，然而，紫外光的照射会降低它的某些性能品质。

10）聚丁二烯是合成橡胶，具有高耐磨损性。它很高的电阻率，已经被用来封装电子器件。施加压力后它能恢复到 80%。

11）聚氯乙烯（PVC）是第三种使用广泛的热塑性聚合物，仅次于聚乙烯和聚丙烯。聚氯乙烯便宜、耐用、易于组装。添加增塑剂它将变得更软、更柔韧，最常见的是邻苯二甲酸盐。在电子技术中，它用来使软管和电缆绝缘。

其他类型的塑料称为热固性塑料，其聚合（固化）过程分两个阶段：一个是由材料制造商来做，另一个是由模塑商来完成。以酚醛树脂为例，它的成型过程是在压力下液化，在分子链之间产生交联反应。成型后，热固性塑料几乎所有分子之间都通过较强的物理键连接，这不是热可逆的。实际上，固化热固性塑料就像煮鸡蛋一样。一旦被煮熟后，它仍将是硬的。一般情况下，热固性塑料具有抗高温和良好的尺寸稳定性。这就是为什么热固性塑料（如聚酯）被用来制造船体和断路开关组件，环氧树脂被用来制造印制电路板，三聚氰胺被用来制造餐具。另一方面，热塑性塑料有更高的冲击强度，便于加工，比热固性材料更适用于复杂结构的设计。

在传感器相关的应用中，最有用的热塑性塑料如下。

1）醇酸树脂具有优良的电气性能和非常低的吸湿性。

2）烯丙基（邻苯二甲酸二烯丙酯）具有优异的尺寸稳定性、耐热性和耐腐蚀性。

3）环氧树脂有良好的机械强度和电性能，能够黏附大部分材料。

4）酚醛树脂是一种廉价的材料。它的颜色局限于黑色和棕色。

5）聚酯（热塑性版）有很多种颜色，可能是透明的或者不透明的。收缩率很高。

如果两种不同的单体发生聚合反应，这样的聚合物称为共聚物。共聚物的最终性能取决于两种材料的掺和比。

加入添加剂可以改变聚合物的力学性能，例如，添加纤维可以增加聚合物的强度和刚度，加入塑性物质为了柔韧性，加入润滑油是为了容易成型，或者为了在阳光下具有更好的性能而加入紫外光稳定剂。

另一种控制塑料性能的好方法是聚合物合金或混合物。首先，这样做必须保留每种聚合物单元的属性。

1）导电塑料。作为一种良好的电绝缘材料，塑胶材料往往需要有金属箔的压层，喷上导电涂料，或者金属化使其具有导电性能，并且需要进行屏蔽。另一种使塑料导电的方法是用导电添加剂（如石墨或金属纤维）与塑料混合或者在复合塑料中加入金属网。

2）压电塑料由 PVF_2、PVDF 和共聚物构成，属于晶体材料。最初，压电塑料不具有压电性能，而且要么在高压环境中要么通过电晕放电（见 4.6.2 节）一定会被极化。金属电极要么用丝网印刷，要么用真空镀膜沉积在薄膜的两侧。在某些应用中使用薄膜而不是陶瓷，那要归功于它对机械应力的柔韧性和稳定性。压电塑料的另一个优点是能够形成任何想要的形状。

感测技术中非常有用的聚合物是卡普顿，它是杜邦公司开发的一种聚酰亚胺（PI）薄膜。聚酰亚胺是一种热固性材料，其密度为 $1.42g/cm^3$，低热导率 $0.12W/(m \cdot K)$。PI 在接近绝对零度 $-273 \sim +400℃$ 的很大的温度变化范围内能够保持稳定。PI 被用于柔性印制电路中，该电路可用于将传感器连接到刚性印制电路板（PCB）上。柔性的印制电路板可做成 $50\mu m$ 厚，甚至更薄。这些电路板是柔性的，它可以承受将近一百万次的弯曲。X 射线源（同步加速器束线和 X 光管）的窗口和 X 射线检测器也常会用到 PI。它的高力学性能和热稳定性，以及其对 X 射线的高透光率使得它成为一种优选的材料。它也不会遭受辐射损伤。但是，PI 的机械磨损特性相对较差。

19.1.3　金属

从传感器设计者的角度来看，金属分为两类：黑色金属和有色金属。黑色金属（如钢）通常与磁性传感器结合在一起来测量运动、位移、磁场强度等。当然，它在磁场屏蔽方面也是非常有用的。另一方面，磁场可以穿透有色金属，在不考虑这些场的情况下，很多场合都可以使用。

有色金属提供了各种各样的力学和电气性能。选择某种金属材料时，不仅要考虑其物理性能还要考虑机械加工的难易度。例如，铜具有优良的热和电气性能，但是很难进行机械加工，因此，在多数情况下，用铝来折中地代替铜，特别是在不需要焊接时。

1）铝具有高比强度，并且能够防腐蚀。暴露在空气中时，铝不会被逐步氧化，而铁会。这个保护是由于在铝的表面产生微小的氧化膜层，把铝与空气隔绝。

有数百种铝合金，可以用很多种方法加工这些铝合金，如拉伸、铸造、冲压。一些铝合金可以焊接。除了具有良好的电性能之外，铝合金在近乎从紫外光到无线电波的整个频谱范围内能够极好地反射光。铝镀层被广泛用于镜子和导波管。在中远红外范围内，只有金反射光的能力比铝强。

从缺点来看，铝是很难焊接的。在铜的"正常"焊接中，利用温和的有机物和无机物类助焊剂可以相对容易地除去氧化铜。然而，由于氧化铝会在表面快速形成，而除去这层氧化层又比较困难，所以焊料不能弄湿铝的表面。这就是使用诸如有机胺类助焊剂（达到 285℃）、无机助焊剂（达到 400℃ 的氯化物或氟化物）和复杂氟铝酸盐（高于 550℃）此类特殊助焊剂的原因所在。

2）铍有一些优越的特性。其密度低（是铝的 2/3），单位质量的模量高（是钢的 5 倍），高比热容，良好的尺寸稳定性，以及对 X 射线的透明性。但是，它的价格昂贵。像铝一样，铍的表面会形成一层保护层，从而抵抗腐蚀。铍有许多常规的加工方法，包括粉末冷压。这些金属可用作 X 射线的窗口、光学平台、镜面的基板和卫星结构。

3）镁是一种很轻的金属，具有高比强度。由于它的弹性模量低，因此可以很灵活地吸收能量，这使得它具有良好的阻尼特性。该材料可被多数金属加工技术很容易地加工。

4）镍可以设计非常坚硬的结构，而且还耐腐蚀。镍合金与钢相比，具有超高强度和高弹性模量。镍合金包括二元体系铜、硅和钼。镍及其合金在超低温和高温 1200℃ 时仍能保持其力学性能。镍被用来做高性能高温合金，如 Inconell、蒙乃尔（镍-铜）、镍-铬、镍-铬-铁合金。

5）铜具有很好的导热性和导电性（仅次于纯银），耐腐蚀，相对易加工。然而，它的比强度相对较差。铜也难以进行机械加工，因为它太软。铜及其合金黄铜和青铜以各种形式存在，包括薄膜形式。黄铜合金含有锌和其他特定元素。青铜合金主要包括铜-锡-磷（磷青铜）、铜-锡-铅-磷（铅磷青铜）和铜-硅（硅青铜）合金。在室外条件下，铜会生成蓝绿色铜锈，可以涂上丙烯酸类涂层防止铜氧化。铜合金具有铍所具有的优异力学性能，并用来制作弹簧。

6）铅是所有金属中受 X 射线和 γ 辐射影响最小的。它能够抵抗许多腐蚀性化学品，多种类型的土壤、海洋和工业环境的腐蚀。铅的熔点低，易于铸造成型，具有良好的吸声和吸振能力。铅具有天然的润滑性和抗磨损性。铅很少以单质的形式应用。它最常用的合金是"硬铅"（含 1% ~ 13% 的锑）、钙和锡合金，它们具有更好的强度和硬度。

7）铂是一种银白色的贵金属，极富延展性、韧性和耐蚀性。其电阻正温度系数非常稳定且具可重复性，可用于温度检测。

8）金是非常柔软的化学惰性金属。在氧气中，它仅仅与王水、钠和钾反应。1g 纯金能够被加工成面积为 $5000cm^2$，厚度小于 $0.1\mu m$ 的叶片。金主要用于电镀及和其他金属制造合金，如铜、镍和银。在传感器的应用中，金用于制造电触头、镀镜和在中远红外光谱范围内工作的导波管。

9）银是所有贵金属中成本最低的。它具有非常好的延展性和耐蚀性。所有金属中，银的导电和导热能力最强。

10）钯、铱、铑非常相似，其性能像铂。它们常用作电涂层，用于生产混合物、印制电路板及各种具有电导体的陶瓷基板。另一种用途是用于制造宽光谱范围内的优质反光设备，尤其是在高温或者强腐蚀性的环境中。在所有金属中，铱有最好的耐蚀性，因此，在最关键的应用中才使用。

11）钼在 1600℃ 的高温条件下仍可以保持较好的强度和刚度。钼及其合金可用传统工具加工。在非氧化性环境中，钼与大多数酸不反应。钼主要应用在高温设备上，如加热元件和高温炉中的强红外辐射反射元件。钼的热膨胀系数低，能抵抗熔融金属的腐蚀。

12）钨在很多方面与钼相似，但是它能在较高的温度下工作。由钨制成的热电偶传感器是由一条含 25% 铼的合金导线与另一条含 5% 铼的合金导线制造而成。

13）除了涂层，锌很少被单独使用，它主要以添加剂的形式用在很多合金中。

19.1.4　陶瓷

在传感器技术中，陶瓷是非常有用的晶体材料，其结构强度高，热稳定性好，重量轻，耐多种化学品腐蚀，与其他材料结合能力强，电气性能优异。虽然多数金属与氧至少形成一种化合物，但是只有极少数氧化物的用途能和陶瓷的主要成分的用途相当，实例便是氧化铝和氧化铍。氧化铝中天然的合金元素是硅；然而，氧化铝也可以与铬、镁、钙及其他元素组成合金。

一些金属碳化物和氮化物可以作为陶瓷材料。最常用的是氮化硼及氮化铝等（见附表 A.25）。当要求快速传热时，应该考虑氮化铝，然而碳化硅有高的介电常数，这使得它很适合用来设计电容式传感器。由于它们的硬度，多数陶瓷需要特殊的加工处理。一种既精确又经济的切割各种形状陶瓷基板的方法是利用计算机控制的 CO_2 激光器划线、加工和钻孔。陶瓷可以用来制作 0.1 ~ 10mm 范围厚度的传感器基板。

19.1.5　结构玻璃

玻璃是由熔融二氧化硅和碱性氧化物制成的非晶态固体。虽然它的原子不以晶体结构排列，但它的原子间距非常小。玻璃的特点是透明性，在许多颜色、硬度环境中都可用，氢氟酸除外，它能够抵抗大多数化学物质的腐蚀，玻璃的特性（见附表 A.26）。大多数玻璃建立在硅酸盐体系的基础上，主要有三种成分：二氧化硅（SiO_2）、石灰（$CaCO_3$）和碳酸钠（Na_2CO_3）。非硅酸盐玻璃包括磷酸盐玻璃（抗氢氟酸）、热吸收玻璃（制作中加入了 FeO）及以铝、钡、锗和其他金属氧化物为基础的体系。这种特殊玻璃的一个例子是三硫化二砷（As_2S_3），称为 AMTIR，它在中远红外光谱范围内基本是透明的，可用于制造红外光学设备（见下文）。

1）硼硅酸盐玻璃是最古老的玻璃种类，耐热冲击。在 Pyrex® 耐热玻璃中，一些 SiO_2 分子被硼的氧化物所取代。这种玻璃的热膨胀系数很低，因此被用于光学透镜（如望远镜）的制造中。

2）铅碱玻璃（铅玻璃）中含有铅的一氧化物（PbO），这增加了它的折射率。此外，它还是一种良好的电绝缘体。在传感器技术中，铅玻璃可用于制造光学窗口、棱镜和防核辐射的屏障。其他的玻璃包括铝硅酸盐玻璃（Al_2O_3 代替部分 SiO_2）、96% 的二氧化硅和熔融石英玻璃。

3）另一类玻璃是光敏玻璃，可分为三个等级。光致变色玻璃在紫外光的照射下会变暗，当移除紫外光或者加热玻璃时又会变清晰。一些光致变色的成分仍保持变暗一星期或者更长时间，其他的在紫外光移除之后的几分钟内就会消失。光敏玻璃对紫外光辐射有不同的反应方式；如果在曝光后加热，它将从清晰变为乳白色。这使得在玻璃结构中可创造很多模式。类似的，掺锗石英玻璃在强紫外光下可改变其折射率（见 8.5.5 节）。此外，该曝光后的乳白色玻璃更易于溶于氢氟酸，这一特点可在高效的刻蚀技术中采用。

19.1.6　光学玻璃

1. 可见光和近红外范围

大多数光学玻璃是二氧化硅，（从细砂床或者粉状砂岩中提取获得）、碱（用来降低熔点，通常为苏打；或者为了获得更好的玻璃，可以选用碳酸钾）、石灰（用作稳定剂）、碎玻璃（废玻璃可以帮助熔化混合物）的混合物。通过添加其他物质将使其性能多种多样，但通常以氧化物的形式加入，如加入铅可以增加光泽和重量；加硼可以改善热和电阻；加钡可以提高折射率；加铈可以吸收红外光；加金属氧化物可以改变颜色；加锰可以脱色。

光学玻璃根据其主要化学成分进行分类，通过折射率来辨认。由于折射率是波长的函数，光学玻璃的折射率通过由各种元素产生的特定频谱的光谱线来测量。这些光谱线和一些玻璃的相应折射率和透明塑料的实例见表 19.4。

表 19.4　谱线的波长和一些玻璃和塑料的折射率

波长 /nm	光谱线	元素	折射率			
			玻璃 BSC517642	玻璃 LAF744447	塑料 丙烯酸	塑料 聚碳酸酯
1013.98	t	Hg	1.507	1.726	—	—
852.11	S	Cs	1.510	1.730	—	—
768.19	A′	K	—	—	—	—
706.52	r	He	—	—	—	—
656.27	C	H	1.514	1.739	1.489	1.578
643.85	C′	Cd	—	—	—	—
632.8	632.8	He-Ne 激光	—	—	—	—
589.29	D	Na	—	—	1.492	1.584
587.56	d	He	1.516	1.744	—	—
546.07	e	Hg	1.518	1.748	—	—
486.13	F	H	—	—	1.498	1.598
479.99	F′	Cd	1.522	1.756	—	—
435.83	g	Hg	1.526	1.765	—	—
404.66	h	Hg	1.530	1.773	—	—
365.01	i	hg	1.536	1.787	—	—

注：资料来自皮尔金顿特种玻璃有限公司。

　　玻璃的质量和耐用性取决于它所在的环境。光学元件，如透镜和棱镜的各种制造过程，表面恶化问题是会经常遇到的，一般是调光、染色和潜在的刮伤等问题。这些表面缺陷是由玻璃的成分和周围环境中的水或者和清洗液中的洗涤剂发生化学反应导致的。高折射率可能导致较差的表面特性。

　　抛光玻璃暴露在高湿度和温度急剧变化的环境中会产生水珠。水蒸气可能会凝结在玻璃表面上形成液滴。玻璃的一些成分溶于液滴中，可能会逐渐腐蚀玻璃表面，与空气中的气体（如 CO_2）发生反应。反应产物在玻璃表面形成白色斑点或者一层薄膜，这就是所谓的"调光"。水接触发生化学反应（玻璃中的阳离子和水中的水合氢离子 H_3O^+ 相结合），这将生成富含二氧化硅的表面层，在该层上出现干涉颜色，这就是所谓的"染色"。玻璃表面与洗涤剂中无机盐助洗剂的腐蚀性离子接触时，抛光过程中在玻璃表面产生的细小刮痕将变得肉眼可见。

2. 中远红外范围

　　为了在热辐射范围内（中远红外光）正常工作，无定型硅基玻璃因其有很高的吸收系数而不能使用，取代它的是晶体材料（如硅和锗）或者某些聚合物（聚乙烯和聚丙烯）和特殊的添加硒的硫化物玻璃。这些玻璃可制成纤维，作为光纤传感器和热辐射传输线，为了生产透镜和棱镜，它还可以和硅系玻璃或塑料一样用模具制造。而晶体材料需要进行研磨和抛光，与之相比，这大大简化了生产和降低了成本。硫化物玻璃的特性见表 19.5。注意，硫化玻璃与晶体材料（如硅和锗）相比，折射率较低，这也意味着制成的 AMTIR 玻璃对红外光的反射率较低。

取代 AMTIR 玻璃的是"在中远红外范围内有很大传输能力"的晶体材料。最流行的红外材料和它们的性能见表 19.6。注意：高折射率的玻璃通常具有高反射系数。这会导致信号强度的不良损耗。为了减小反射，推荐使用抗反射（AR）涂层。

表 19.5　硫系玻璃的特性（由美国得克萨斯州的 Amorphous Materials 公司提供）

	AMTIR-1	AMTIR-2	AMTIR-3	AMTIR-4	AMTIR-5	AMTIR-6	Cl
合成物	Ge-As-Se	As-Se	Ge-Sb-Se	As-Se	As-Se	As-S	As-Se-Te
传输范围 /μm	0.7~12	1.0~14	1.0~12	1.0~12	1.0~12	0.6~8	1.2~14
10μm 时的折射率	2.4981	2.7613	2.6027	2.6431	2.7398	2.3807	2.8051
最高使用温度/℃	300	150	250	90	130	150	120

表 19.6　晶体红外材料

材料	有用的光谱范围 /μm	近似折射率	材料	有用的光谱范围 /μm	近似折射率
氟化镁	0.5~9.0	1.36	氧化镁	<0.4~9.5	1.69
硫化锌	0.4~14.5	2.25	碲化钙	0.9~31.0	2.70
氟化钙	<0.4~11.5	1.42	硅	1.2~8.0	3.45
硒化锌	0.5~22.0	2.44	锗	1.3~22.0	4.00

19.2　纳米材料

1959 年，物理学家理查德·费曼首先提出了在原子尺度上制造功能器件的想法。他为科学家们描述了操纵和控制单个原子和分子的可能性。之后，谷口纪男教授提出了纳米技术。在此后的将近 40 年中，纳米技术听起来更多的是一厢情愿的想法而不是真实的东西。因为纳米尺寸的设备尺寸规模应该是 10^{-9} m，而当时大多数微型设备的尺寸规模在 10^{-6} m，比它大了一千倍。如今，这项技术发展非常迅速。目前，我们可以制造的纳米材料和纳米级设备的尺寸规模为 1~100nm，正在接近原子的尺寸，一个原子的直径约为 0.1nm，而一个原子核的直径大概为 0.00001nm。

纳米材料因其独特的电气和力学性能，对新一代传感器的研发非常具有吸引力[3]。例如使用它们被用于制造检测化学成分和生物制剂的具有良好的灵敏度和选择性的快速响应传感器[4]。

一种在检测方面有很大潜力的纳米材料是碳纳米管（CNT）[5]。在碳纳米管中，碳分子排列成筒状，长度与直径比可以高达 $28×10^6$，明显大于其他已知材料[6]。这些管子轧制成的石墨薄片，称为石墨烯（见图 19.5）。碳纳米管的直径仅有几纳米，而长度为几毫米。它最大的特点是在给定容量的情况

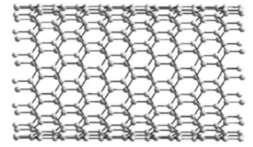

图 19.5　"扶手椅"结构的石墨纳米管

下具有非常大的表面积，其抗拉强度是不锈钢的 100 倍。在目前已经发现的材料中，碳纳米管具有最高的抗拉强度和弹性模量。它们在轴向上具有非常大的弹性模量（见表 19.7）。单壁碳纳米管（SWNT）的弹性模量估计高达 $1 \sim 1.8\text{TPa}$[7]。

表 19.7　单壁碳纳米管、多壁碳纳米管与其他材料的力学性能对比

材　料	弹性模量/GPa	抗拉强度/GPa	密度/(g/cm³)
单壁碳纳米管	1054	150	—
多壁碳纳米管	1200	150	2.6
钢	208	0.4	7.8
环氧树脂	3.5	0.005	1.25
木材	16	0.008	0.6

所有的碳纳米管都表现出很大的各向异性导热系数。沿着管的长度方向，它们是非常良好的热导体，而在管轴方向之外却是很好的热绝缘体，这一属性被称为"弹道传导"。在室温下，碳纳米管的导热系数为 $6000\text{W}/(\text{m} \cdot \text{K})$，而最好的金属热导体——银，其热导率仅为 $419\text{W}/(\text{m} \cdot \text{K})$。在空气中，碳纳米管的热稳定性高达 750℃。正在研制中的碳纳米管希望还能具有非常低的热膨胀系数。这使得碳纳米管对于制造温度和红外传感器是非常具有吸引力的材料。至少在理论上，碳纳米管可以携带比铜导线高几千倍的电流。碳纳米管最终的应用可能会受到它们潜在的毒性制约。

19.3　表面处理

表面处理用来使传感器元件表面拥有一些其本身不具备的特性，例如，为了增强中远红外光传感器对热辐射的吸收，可以在其表面涂覆一层具有高红外光子吸收率的金属，如镍铬合金。压电薄膜可用在硅片上使其具有压电特性。厚膜常用于制作压力传感器或传声器等需要柔性膜的地方。旋转涂膜法、真空沉积、溅射、电镀

和丝网印刷[8]，这些方法可以用来在衬底或半导体晶片上沉积薄的或相对薄的（通常称为"厚"）薄膜层。

19.3.1　旋转涂膜法

旋转涂膜法是将薄膜材料溶解在挥发性液体溶液中（见图 19.6）。将溶液洒在衬底上（见图 19.6a），并使样品高速（一般超过 10 转/s）旋转，离心力使薄膜材料分散开来（见图 19.6b），气流会干燥大部分的溶液（见图 19.6c），溶液蒸发后，一层薄膜就留在了样品上（见图 19.6d）。这种技术通常被用于有机物质的沉积，特别是用于制造湿度传感器和化学传感器。厚度取决于沉积材料的溶解性，通常是在 0.1~50μm 范围内。

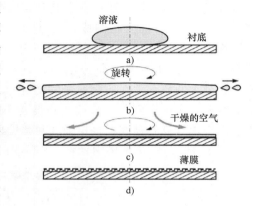

图 19.6　旋转涂膜法的原理

旋转涂膜法的优点是机构简单和过程容易，并且能够获得薄而且相当均匀的涂层。由于高速旋转，高速的气流使得干燥时间很短，可以在宏观尺度和纳米尺度上都形成具有较高一致性的薄膜。然而，因为这个过程依赖于溶液的流动，当样品表面不平时，可能不会形成统一的薄膜而形成岛状（有的区域没有覆盖薄膜）。此外，材料还可能有收缩的趋势。最后，薄膜材料使用率很低，通常在 10% 左右甚至更低，其余都浪费了。即使不考虑环境保护的问题，从制造成本的角度来看，显然这也是一个明显的浪费。然而，在许多情况下，旋转涂膜法是有用的而且是沉积的唯一可以接受的方法。

19.3.2　真空沉积

金属可以被转换成气体形式，然后沉积在样品表面。蒸发系统包括真空室（见图 19.7），扩散泵排出气体后压力为 $10^{-6} \sim 10^{-7}$ Torr（1Torr = 133.322Pa）。将一种沉积材料放入陶瓷坩埚，钨丝将其加热到金属熔点，也可使用电子束加热。

在控制装置的命令下，快门打开，允许熔融金属中的金属原子沉积在样品上。不需要沉积材料的样品区域受到掩膜保护。沉积膜的厚度取决于蒸发时间和金属蒸气的压力。因此，熔点低的材料容易沉积，例如铝。通常，真空沉积的薄膜具有大的残余应力，因此这种技术主要用于沉积薄层。

由于熔融材料实际上是原子的一个点源，它可能会导致沉积膜的非均匀分布和所谓的掩膜效应，即掩膜图案边缘出现模糊。有两种方法可以帮助缓解这一问题。一种方法是使用多个金属源，使用一个以上的坩埚（通常是 3 或 4 个）；另一种方

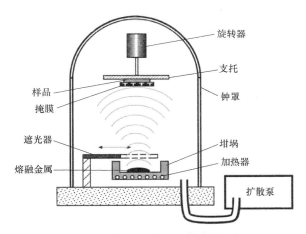

图 19.7　真空室内金属薄膜的沉积

法是使目标旋转。

　　当使用真空沉积时，应当注意防止寄生材料进入腔室。例如，即使是扩散泵很小的石油量泄漏，也会导致有机材料的燃烧并且将这种不希望的化合物作为碳水化合物共同沉积在样品上。

19.3.3　溅射

　　和真空沉积法一样，溅射法是在真空室中进行（见图 19.8），然而，在抽出空气后，要将一种压力约 $(2\sim5)\times10^{-6}$Torr 的惰性气体，如氩气或氦气注入腔室。外部高电压的直流或交流电源连接到阴极（靶），阴极由需要沉积在样品上的材料制成。将样品连到与阴极有一定距离的阳极。高电压点燃惰性气体的等离子体并使气体离子轰击靶。轰击离子的动能足够高以使一些原子从靶面脱离。因此，脱离的原

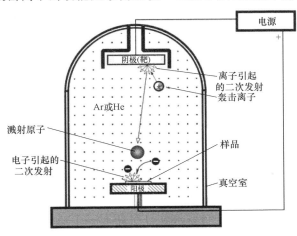

图 19.8　真空室中的溅射工艺

585

子就溅射沉积在样品表面。

溅射技术的产物有很好的均匀性，如果在腔室内加上磁场，离子将更好地定向迁移至阳极。由于这种方法不需要高温，几乎任何材料包括有机材料都可以被溅射。此外，不同用途的材料可在同一时间被沉积（共溅射），材料的配比可控。例如可在热释电传感器的表面溅射镍铬合金（Ni 和 Cr）。

19.3.4　化学气相沉积

化学气相沉积（CVD）对于光学、光电设备和电子设备的生产来说是一项重要的技术。对于传感器技术，它对光学窗口和半导体传感器的制造中，将薄和厚的晶体层沉积在表面上非常有用。

化学气相沉积过程发生在沉积（反应）室中，其简单的实例如图 19.9 所示。

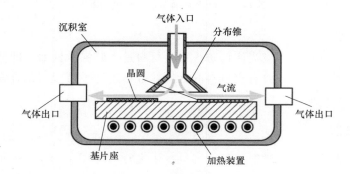

图 19.9　化学气相沉积的简单实例

衬底或晶圆被定位在固定台或旋转台（衬底座）上，加热装置加热使其升高到所需的温度。腔室顶部有一个通入载体氢气（H_2）的入口，可从这里添加各种原料和添加剂。当这些添加剂经过高温的衬底表面时将形成一层薄膜。混合气体从衬底表面的分布锥流出，从气体出口排出。伴随而来的是化学副产品的产生，这些副产品与未反应的前级气体一起被排出腔室。

气压室的平均压力约为 1atm 或者略低。例如，一个 6000Å 的 Ga0.47 In0.53As 层，在 1atm 和 630℃ 条件下，它可以在 InP 衬底上以 1.4Å/s 的速率生长[4]。

在传感器技术中，特别是 MEMS 结构，用 CVD 作为沉积薄膜的方法有许多优点。其中最主要的优点是 CVD 薄膜通常保形性很好，例如侧面膜的厚度和特性与顶部的一致。这意味着薄膜非常适合精心塑造 MEMS 结构，结构特征的内部和底面结构要求、高深宽比孔结构和其他特性都能完全满足。

CVD 也有很多缺点。其主要缺点是前体的属性。理想情况下，前体应在室温下挥发。尽管使用金属-有机前体缓解了这种情况，但是这对元素周期表中的许多元素还是不平常的。化学气相淀积前体也可能是有毒的（如 $NiCO_4$）、会爆炸的

（如 B_2H_6），或具有腐蚀性的（$SiCl_4$）。CVD 的副产品也可能是危险的（CO、H_2 或 HF）。一些前体，特别是金属-有机前体也是相当昂贵的。另一个主要缺点是，薄膜通常需要在高温中保存。这使得选择涂层的衬底也有一些限制。更重要的是，由于沉积的薄膜和衬底材料的热膨胀系数不同，会导致应力的产生，这可能会导致沉积薄膜中的微结构机械不稳定。

19.3.5　电镀

电镀是利用电流在导电物体上沉积金属层的方法。在物体表面形成薄的、平滑的金属层。现代电化学是由意大利化学家 Luigi V. Brugnatelli 于 1805 年发明的。Brugnatelli 使用亚历山德罗·伏特 5 年前发明的伏打电堆完成了第一次电镀实验。

电镀中使用的方法称为电沉积，和原电池的反向作用是类似的。把即将镀膜的零件放入装有一种或多种金属盐溶液的容器中。需要电镀的部分与电路相连，作为电路的阴极，另一个电极（通常是与镀层相同的金属）就是阳极。当电路中通入电流时，溶液中带正电的金属离子移向电极（阴极）。

电镀槽的阳极和阴极与直流电源相连（见图 19.10）。阳极金属被氧化成带正电的阳离子。这些阳离子与溶液中的阴离子相结合。阴极周围的阳离子沉积成金属，从而它的浓度逐渐减小。

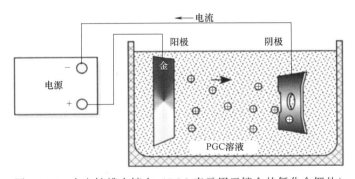

图 19.10　在电镀槽中镀金（PGC 表示用于镀金的氰化金钾盐）

不同于电镀槽电镀的普通电镀方法称为电刷镀。所选择的区域或者整个电镀零件是用饱含电镀溶液的刷子进行电镀。刷子通常是用布料包裹着的不锈钢体，这样既能吸收电镀溶液，又能阻止与被电镀零件直接接触，把刷子与低压直流电源的正极相连。需要电镀的零件与负极相连。刷子作为阳极，但通常不由刷子本身提供电镀材料，虽然有时刷子由电镀材料制成或含有电镀材料，那是为了延长电镀溶液的寿命。

最常见的电镀是镀单一的金属元素，而不是合金。然而，一些合金也能够被电解，尤其是黄铜和锡/铅合金。

一般来说，直接在零件（基板）上电沉积金属不是电镀最有效的方法，这主要是可靠性的原因。例如，假设基板对电镀金属有很差的吸附力。这种情况下，预镀层可先被沉积，典型的预镀层是一层很薄（小于 $0.1\mu m$）的镀层，该薄层的成分是一种高品质的辅助金属，它对镀层金属有好的附着性。该预镀层对于镀层金属和基板都应该是"友好"和兼容的。预镀层是随后电镀的基础。这种情形下的一个例子是电解镍在锌合金上的粘附力很差。解决方案是首先使用铜预镀层，因为铜对多数金属有良好的附着性。

在传感器技术中，使用最频繁的金属电镀是镀金。镀金可以在铜、印制电路板和在中远红外光谱范围内使用的性能良好的反射器表面形成一层耐腐蚀导电层。然而，在铜上直接镀金，如果做法不正确，可能会造成严重的后果，因为铜原子易于扩散到金层内，导致其表面失去光泽并且会产生氧化物和/或硫化物层。在红外反射器中，由于反射率急剧减小，将导致其性能降低。一种合适的屏障金属通常为镍，在镀金前先把镍沉积在铜衬底上。该镍镀层为金层提供了机械保障，提高了它的耐磨性，也减少了可能存在于金层内的微孔的影响。

19.4　微机电系统技术

传感器技术目前无疑正在向微型化或微系统技术（Microsystem Technologies，MST）转变，这些新趋势的一个子集即为微机电系统（Micro-Electro-Mechanical Systems，MEMS）[9]。MEMS 器件具有电子和机械元件，这意味着它至少含有一个可移动或可变形的零件，其中电必须是其操作的一部分。另一个子集被称为微光机电系统（Micro-Electro-Optical-Mechanical Systems，MEOMS），顾名思义，该类设备至少含有一个光学元件。基于 MEMS 或 MEOMS 制造的传感器，都是尺寸在微米级的三维设备。事实上，因为 MEMS 和纳米技术都涉及微小型结构的制造，两者都属于微工程学的范畴，但属于不同的类别。MEMS 的一个重要标准就是，不管元件能否移动，有些元件至少应具有某种机械功能。

微电子和微机械加工是微工程的两种制造技术。微电子技术是一项非常成熟的技术，它可以用于在硅片上制作电子电路。微机械加工是用于制造微机械结构和微机械运动部件的技术。微工程的主要目标之一是要能够把微电子电路整合到微机械结构中来，使之能够产生完全集成的系统（微系统）。这样的系统和在微电子工业中硅芯片的制作具有类似的优点，如成本低、可靠性高和尺寸小等。

目前，有三种微加工技术广泛应用于工业中。其中硅微机械加工是最突出的，因为它是发展较好的一种微机械加工技术。硅是微电子电路生产中主要使用的衬底材料，也是微系统最终生产的最合适的候选材料。

准分子激光器是紫外激光器，它可以在不加热的情况下对许多材料进行微机械加工，而不是像许多其他激光器那样需要通过燃烧或汽化去除材料。准分子激光器特别适合有机材料（如聚合物等）的加工。

LIGA 技术来自德语中加工过程（Lithographie、Galvanoformung 和 Abformung）的缩写。LIGA 技术使用光刻、电铸和注模三个过程产生微结构。

19.4.1　光刻

光刻技术是用来定义微机械结构形状的基本技术，该技术和微电子工业中使用的技术基本相同。

图 19.11a 所示为某种材料（如硅片）衬底上附有其他材料（如二氧化硅）的薄膜。该加工的目标是选择性地去除二氧化硅（氧化），以便只在硅片上的特定区域上保留二氧化硅，如图 19.11f 所示。光刻工艺伴随着光掩膜的制造。光掩膜通常是在玻璃板上制作的铬图案。硅片随后被一种对紫外光敏感的聚合物涂覆，称为光刻胶，如图 19.11b 所示。紫外光通过光掩膜照射到光刻胶上，如图 19.11c 所示。光刻胶曝光后，图形被从光掩膜转移到光刻胶上，如图 19.11d 所示。

有两种类型的光刻胶，被称为正胶（见图 19.11 左侧）和负胶（见图 19.11 右侧）。紫外光照射在正胶上，会减弱聚合物的性能，以便在显影时被光照射过的胶被洗掉——在光

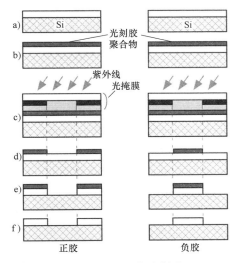

图 19.11　正负光刻法
a) 衬底和薄膜　b) 涂覆光刻胶
c) 紫外光通过光掩膜照射　d) 图形转移到光刻胶上
e) 去除暴露的氧化物　f) 去除光刻胶

刻胶上形成与光掩膜相同的图形。它类似于玻璃板摄影。负胶的情况正好相反。紫外光的照射会使聚合物的性能增强，所以在显影时没有被紫外光照射的光刻胶就会被洗掉，与光掩膜图形互补的形状被转移到光刻胶上。

然后，通过化学方法（或其他方法）去除通过光刻胶开口而暴露的氧化物（见图 19.11e）。最后，去除光刻胶，而留下带有图形的氧化物（见图 19.11f）。

19.4.2　硅微机械加工

有许多基本技术可以用来图形化硅片上沉积的薄膜，从而腐蚀硅片本身以形成基本的微结构（体硅微机械加工）。沉积和图形化薄膜的技术，可在硅片的表面产生相当复杂的微结构（表面硅微机械加工）。电化学腐蚀技术是最基本的硅微机械加工技术。硅键合技术也可以用来将硅微机械加工技术制作成的结构扩展成为多层

结构。

1. 基本技术

有三种基本技术与硅微机械加工相关联，它们分别是薄膜材料的沉积、通过湿法腐蚀去除材料（图形化）和通过干法刻蚀技术去除材料。另一种使用的技术是在硅中掺入杂质以改变其性能（即掺杂）。

2. 薄膜

有许多不同的技术可以用于促进在硅片（或其他合适的衬底）上沉积或形成不同材料的很薄的薄膜（微米量级，甚至更薄）。这些薄膜可以利用光刻技术和适当的刻蚀方法进行图形化。常见的材料包括二氧化硅（氧化物）、氮化硅、多晶硅和铝。其他许多材料可以作为薄膜被沉积，包括像金这样的贵金属。然而，贵金属材料会污染微电子电路使其失效，所以任何带有贵金属材料的硅片都必须使用专用设备进行加工。贵金属薄膜往往使用被称为"剥离"的方法使之图形化，而不是湿法腐蚀或干法刻蚀方法。

通常情况下，光刻胶耐蚀性不够，难以满足腐蚀的需要。因此需要沉积更耐蚀的薄膜材料（如氧化物或氮化物）并使用光刻法对其进行图形化。氧化物/氮化物则被作为腐蚀下层材料的掩膜层。当完成下层材料的腐蚀后，掩膜层则会被去除。

3. 湿法腐蚀

湿法腐蚀是一个总称，其过程包括将硅片浸入到装有液体化学腐蚀剂的容器中去除材料。湿法腐蚀分为两大类：各向同性腐蚀和各向异性腐蚀。各向同性腐蚀在所有方向上以相同的速度腐蚀材料；各向异性腐蚀在不同方向上以不同的速度腐蚀硅片，因此可以可控地制造出更多的形状。一些腐蚀剂以不同的速率腐蚀硅，这取决于硅中杂质的浓度（浓度依赖型腐蚀）。

各向同性腐蚀适用于氧化物、氮化物、铝、多晶硅、金和硅。由于各向同性腐蚀在所有方向上以相同的速率腐蚀材料，腐蚀液在掩膜下水平地去除材料，其速度与腐蚀液腐蚀通过材料的速度相同。图 19.12 显示了使用腐蚀剂（如氢氟酸）腐蚀硅片上氧化物薄膜的速率大于腐蚀下层硅的速率。

各向异性腐蚀剂可用来以不同的速度腐蚀硅的不同晶面。最受欢迎的各向异性腐蚀剂是氢氧化钾（KOH），因为其在使用中最为安全。

腐蚀是在硅片上进行的，而硅片是从一个由单晶体生长而来的硅锭上切下来的薄片。硅原子都以一种晶体结构排列，所以这样的硅片是单晶硅（与前述多晶硅相对）。当购买硅片时，可以指定是与一个特定的晶面平行的切片。

使用 KOH 从最常见的晶向（100）腐蚀硅片可得到最简单的结构，如图 19.13 所示。这些结构可以是 V 形槽，或者是具有直角及斜坡侧壁的凹槽。用不同晶向的硅片可制造出垂直侧壁的凹槽。

氧化物和氮化物在 KOH 中腐蚀得很慢。在 KOH 腐蚀液中，氧化物可作为短时

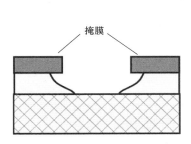

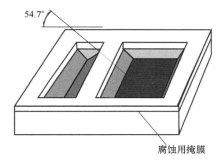

图 19.12　掩膜下的各向同性腐蚀　　　　　图 19.13　KOH 腐蚀的简单结构

间内使用的腐蚀掩膜（即可以用于腐蚀浅槽）。若腐蚀时间长，可以使用氮化物作为掩膜，因为其在 KOH 腐蚀液中的腐蚀速度比较慢。

　　KOH 也可用来制造凸台结构，如图 19.14a 所示。当腐蚀凸台结构时，4 个凸角变成斜的而不是直角，如图 19.14b 所示。这种情况必须以某种方式进行补偿。典型的，把掩膜的凸角设计为带有附加结构的形式。有了这些补偿结构，使得凸角在被腐蚀时，台面能够形成 90°角。使用补偿结构形成直角凸台的一个问题是这些补偿结构限制了凸台间的最小间距。

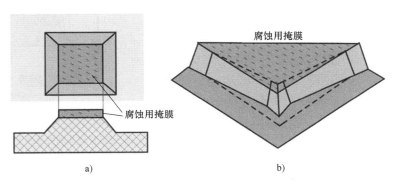

图 19.14　凸台结构

a）KOH 用来制造凸台结构　b）4 个凸角变成斜的

　　膜片制造是传感器制造过程中最重要的步骤之一，它被用来制造加速度计、压力传感器、红外温度传感器（热电堆和微辐射热测量仪）和其他传感器。约 $50\mu m$ 厚度以上的硅膜片可用 KOH 腐蚀整个硅晶片得到，如图 19.15a 所示。膜片的厚度是通过控制腐蚀时间来控制的，因此可能会出现误差。

4. 浓度依赖型腐蚀

　　对于厚度约为 $20\mu m$ 的较薄膜片，可通过掺杂硼来使 KOH 腐蚀停止，如图 19.15b所示，这种方法被称为浓度依赖型腐蚀。薄膜的厚度取决于硼扩散入硅中的深度，这种控制深度的方法比单纯地依靠 KOH 腐蚀时间控制更精确。在硅片

591

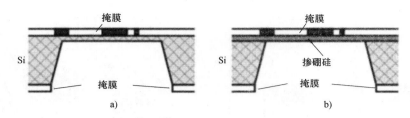

图 19. 15　微加工的膜片

a）腐蚀硅晶片　b）通过掺杂硼来使 KOH 腐蚀停止

中掺杂高浓度硼会使其在 KOH 中的腐蚀速率降低几个数量级，从而有效地阻止对富硼硅的腐蚀。通常通过扩散工艺将硼杂质引入到硅片中。

除了膜片之外，还可以通过浓度依赖型腐蚀来制备许多其他结构。在硅片上形成厚氧化物掩膜，并将其图形化以使需要掺入硼的硅片表面暴露出来，如图 19.16a 所示。然后将硅片放入熔炉中与硼扩散源接触。一段时间后硼原子迁移到硅片中。一旦硼扩散完成，即将氧化物掩膜剥离，如图 19.16b 所示。然后可以在将硅片进入 KOH 腐蚀液之前沉积并图形化第二层掩膜，如图 19.16c 所示。KOH 腐蚀硅片中未被掩膜保护的部分，并在掺杂硼的硅材料周围进行腐蚀，如图 19.16d 所示。经过 15~20h，硼可以渗入硅片中达 $20\mu m$，然而希望尽可能缩短硅片在熔炉内的时间。

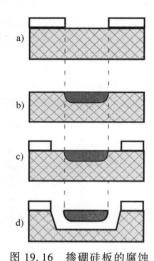

图 19.16　掺硼硅板的腐蚀

a）使需要掺入硼的硅片表面暴露出来
b）将氧化物掩膜剥离　c）沉积并图形化第二层掩膜　d）腐蚀硅片中未被掩膜保护的部分

5. 干法刻蚀

微机械加工应用中干法刻蚀最常见的形式是反应离子刻蚀（Reactive Ion Etching，RIE）。离子加速冲向被刻蚀材料，刻蚀反应在离子运动方向上加强，因此 RIE 是一种各向异性刻蚀技术。RIE 可以在多种材料中刻蚀出具有任意形状带有垂直侧壁的深槽（达十或几十微米），包括硅、氧化物和氮化物。与各向异性湿法腐蚀不同，RIE 不受硅片晶面的限制。干法刻蚀和各向同性湿法腐蚀结合能够形成尖点。首先，使用 RIE 可将具有垂直侧壁的柱刻蚀掉，如图 19.17a 所示；然后使用湿法腐蚀，钻蚀掩膜下面的材料，留下非常细的点，如图 19.17b 所示；最后，去除掩膜。用这样的方法可在悬臂梁末端制造细的点，以作探针用，例如应用于触觉传感器中。

19.4.3　桥和悬臂梁的微机械加工

悬臂梁和窄桥结构因为大量光谱的应用而会经常被使用在 MEMS 传感器中（见

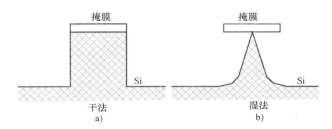

图 19.17　细点结构的干法刻蚀

a）刻蚀垂直侧壁　b）钻蚀掩膜下面的材料

图 15.31b）。其中的一个应用是谐振传感器中的梁和桥。梁和桥结构可设置在其基频处振动。任何引起结构质量、长度等变化的因素都会改变其振动频率。因此，必须要小心以确保只有被测量才会导致频率的显著变化。

图 19.18 所示为一些常见的微悬臂梁的应用实例。在许多传感器中，可通过悬

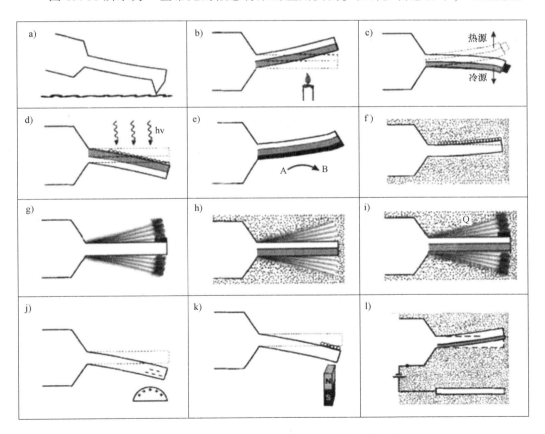

图 19.18　微机械悬臂梁传感器的应用（改编自参考文献 [10]）

a）扫描力显微镜　b）温度传感器　c）热量计　d）光热光谱　e）催化反应　f）压力传感器
g）微天平　h）环境控制　i）热重力测量　j）电荷传感器　k）磁力传感器　l）电化学传感器

臂梁内部的压阻传感器检测在各种激励下梁的变形程度。实例包括各种化学反应造成的应力（见图19.18e）、热失配（见图19.18b）和静电力（见图19.18j）。

浓度依赖型腐蚀技术可以用于窄桥或悬臂梁的加工。图19.19a所示的微桥，其形状由硼扩散来定义，微桥跨越KOH从硅片前面腐蚀出的凹槽。图19.19b中的悬臂梁由相同的方法形成。桥和悬臂梁跨越凹槽的对角线确保它们不被KOH腐蚀。更复杂的结构也可以使用这种技术，但必须注意确保它们不被KOH腐蚀。

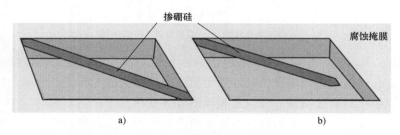

图19.19　桥或悬臂梁的腐蚀
a）微桥　b）悬臂梁

19.4.4　剥离

剥离是一项经常用来图形化贵金属薄膜的图形转移技术。剥离有多种方法可以实现，但这里只概述一种，即辅助剥离方法。首先沉积辅助材料（如氧化物）薄膜，在此上再沉积一层光刻胶，并且图形化，这样可以使金属图形处的氧化物暴露出来以便于光刻，如图19.20a所示。随后湿法腐蚀掉不被光刻胶保护的氧化物，如图19.20b所示。采用蒸镀方法使金属沉积在硅片上，如图19.20c所示。金属图案通过光刻胶上的那些间隙有效地沉积下来，光刻胶及其上不需要的金属层随着去胶工艺被剥离下来，如图19.20d所示。辅助层也被剥离，仅剩下金属图案，如图19.20e所示。

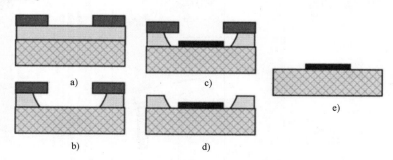

图19.20　剥离技术
a）使金属图形处的氧化物暴露出来　b）湿法腐蚀掉不被光刻胶保护的氧化物
c）在硅片上蒸镀金属　d）剥离光刻胶　e）剥离辅助层

19.4.5 晶片键合

有很多种不同的方法可以将微机械加工的硅片，或其他衬底粘接起来形成更大更复杂的器件。将硅和玻璃粘接在一起的流行的方法称为阳极键合（静电键合）。将硅片和玻璃衬底聚在一起然后加热至高温。在结合点处通入强电场，这有利于加强两种材料的粘接强度。图 19.21 所示为玻璃与带有刻蚀沟槽的硅片的键合。

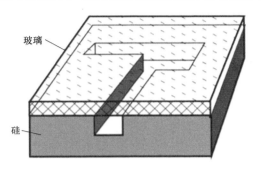

图 19.21 玻璃键合到硅片上

也可以在水中用很小的压力将硅片直接键合到一起（硅的直接键合）。其他键合方法包括使用粘接层，如玻璃或者光刻胶。尽管阳极键合和硅的直接键合可形成很强的结合，但它们也存在一些缺陷，如键合表面必须非常平整和干净。晶片键合技术和一些基本的微机械结构结合可制造出微流体处理系统的膜、悬臂、阀门和泵等，而该系统可能是化学传感器的一部分。

19.4.6 LIGA 技术

LIGA 技术能够制造出厚度接近于 $1000\mu m$ 的精密微结构。在早期发展的技术中，一种特殊的光刻方法是使用 X 射线（X 射线光刻）在非常厚的光刻胶上刻出图形。来自同步辐射源的 X 射线穿过特殊的掩膜照射到覆盖了导电基质的厚光刻胶层上（见图 19.22a）；光刻胶随后被显影（见图 19.22b）；然后在刻出的图案上电铸金属（见图 19.22c），生成的金属结构可以作为最终产品。此外，金属结构还可作为微模具，在其中可注射如塑料等各种材料来形成最终结构。由于同步辐射光源很贵，这使得 LIGA 技术也变得昂贵，替代技术正在开发中，包括高压电子束光

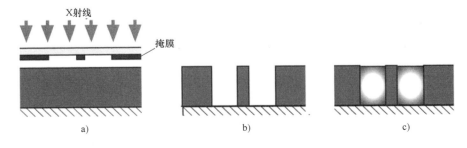

图 19.22 生产金属结构的 LIGA 技术

a）X 射线照射到厚光刻胶层上 b）光刻胶显影 c）电铸金属

刻技术，它可以制造出 $100\mu m$ 厚的结构；准分子激光器，它可以制造出几百微米厚的结构。

当然，电镀并不限于与 LIGA 工艺一起使用，它可以与其他工艺技术或者更传统的光刻法结合起来制造微结构。

参考文献

1. Middelhoek，S. et al. （1985）. Smart sensors：when and where? *Sensors and actuators*，*8* （1），39-48，Elsevier Sequoya.

2. Obermier，E.，et al. （1986）. Characteristics of polysilicon layers and their application in sensors. In：*IEEE solid-state sensors workshop*.

3. Honeychurch. K. C. （Ed.）. （2014）. *Nanosensors for chemical and biological applications*. Sawston：Woodhead Publishing.

4. Frijlink. P. M.，et al. （1991）. Layer uniformity in a multiwafer MOVPRE reactor for Ⅲ-Ⅴ compounds. *Journal of of Crystal Growth*，*107*，167-174.

5. Ratner，M.，et al. （2003）. *Nanotechnology. A gentle introduction to the next big idea*. New York City，NY：Pearson Education，Inc.

6. Popov，V. N. （2004）. Carbon nanotubes：properties and application. *Materials Science and Engineering*，*R43*，61-102.

7. Varshney，K. （2014）. Carbon nanotubes：a review on synthesis properties and applications. *International Journal of Engineering Research and General Science*，*2* （4），660-667.

8. Rancourt. J. D. （1996）. *Optical thin films-User's handbook*. New York，NY：McGraw-Hill.

9. Gad-El-Hak. M. （Ed.）. （2006）. *MEMS-Introduction and fundamentals* （2nd ed.）. Boca Raton. FL：CRC Press.

10. Lang. H. P.，et al. （1999）. An artificial nose based on a micromechanical cantilever array. *Analytica Chimica Acta* （*Elsevier*），*393*，59-65.

附　录

附表 A.1　元素的化学符号

元素名称	元素符号	元素名称	元素符号	元素名称	元素符号	元素名称	元素符号	元素名称	元素符号
锕	Ac	钴	Co	铟	In	锇	Os	钐	Sm
银	Ag	铬	Cr	铱	Ir	磷	P	锡	Sn
铝	Al	铯	Cs	钾	K	镤	Pa	锶	Sr
镅	Am	铜	Cu	氪	Kr	铅	Pb	钽	Ta
氩	Ar	镝	Dy	镧	La	钯	Pd	铽	Tb
砷	As	铒	Er	锂	Li	钷	Pm	锝	Tc
砹	At	锿	Es	铹	Lr	钋	Po	碲	Te
金	Au	铕	Eu	镥	Lu	镨	Pr	钍	Th
硼	B	氟	F	钔	Md	铂	Pt	钛	Ti
钡	Ba	铁	Fe	镁	Mg	钚	Pu	铊	Tl
铍	Be	镄	Fm	锰	Mn	镭	Ra	铥	Tm
铋	Bi	钫	Fr	钼	Mo	铷	Rb	铀	U
锫	Bk	镓	Ga	氮	N	铼	Re	钒	V
溴	Br	钆	Gd	钠	Na	铑	Rh	钨	W
碳	C	锗	Ge	铌	Nb	氡	Rn	氙	Xe
钙	Ca	氢	H	钕	Nd	钌	Ru	钇	Y
镉	Cd	氦	He	氖	Ne	硫	S	镱	Yb
铈	Ce	铪	Hf	镍	Ni	锑	Sb	锌	Zn
锎	Cf	汞	Hg	锘	No	钪	Sc	锆	Zr
氯	Cl	钬	Ho	镎	Np	硒	Se	—	—
锔	Cm	碘	I	氧	O	硅	Si	—	—

附表 A.2　SI（国际单位制）因数

因数	前缀	符号	因数	前缀	符号
10^{18}	exa	E	10^{-1}	deci	d
10^{15}	peta	P	10^{-2}	centi	c
10^{12}	tera	T	10^{-3}	milli	m
10^{9}	giga	G	10^{-6}	micro	μ
10^{6}	mega	M	10^{-9}	nano	n
10^{3}	kilo	k	10^{-12}	pico	p
10^{2}	hecto	h	10^{-15}	femto	f
10^{1}	deca	da	10^{-18}	atto	a

附表 A.3　派生的 SI（国际单位制）单位

量	单位名称	基本单位的表达
面积	平方米	m^2
体积	立方米	m^3
频率	赫兹（Hz）	s^{-1}
密度（浓度）	千克每立方米	kg/m^3
速度	米每秒	m/s
角速度	弧度每秒	rad/s
加速度	米每二次方秒	m/s^2
角加速度	弧度每二次方秒	rad/s^2
体积流量	立方米每秒	m^3/s
力	牛顿（N）	$kg \cdot m/s^2$
压力	牛顿每平方米（N/m^2）或帕斯卡（Pa）	$kg/(m \cdot s^2)$
工作能热转矩	焦耳（J）、牛顿米（N·m）或瓦特秒（W·s）	$kg \cdot m^2/s^2$
热流量	瓦特（W）或焦耳每秒（J/s）	$kg \cdot m^2/s^3$
热通量密度	瓦特每平方米（W/m^2）	kg/s^3
比热容	焦耳每千克开[J/（kg·K）]	$m^2/(s^2 \cdot K)$
热导率	瓦特每米开[W/（m·K）]或[J·m/（s·m^2·K）]	$kg \cdot m/(s^3 \cdot K)$
质量流率（质量通量）	千克每秒	kg/s
质量通量密度	千克每平方米秒	$kg/(m^2 \cdot s)$
电荷	库仑	$A \cdot s$
电动势	伏特（V）或（W/A）	$kg \cdot m^2/(A \cdot s^3)$
电阻	欧姆（Ω）或（V/A）	$kg \cdot m^2/(A^2 \cdot s^3)$
电导	安培每伏特米[A/（V·m）]	$A^2 \cdot s^3/(kg \cdot m^3)$
电容	法拉（F）或（A·s/V）	$A^3 \cdot s^4/(kg \cdot m^2)$
磁通量	韦伯（Wb）或（V·s）	$kg \cdot m^2/(A^2 \cdot s^2)$
电感	亨利（H）或（V·s/A）	$kg \cdot m^2/(A^2 \cdot s^2)$
磁导率	亨利每米（H/m）	$kg \cdot m/(A^2 \cdot s^2)$
磁通密度	特斯拉（T）或韦伯每平方米（Wb/m^2）	$kg/(A \cdot s^2)$
磁场强度	安培每米	A/m
磁动势	安培	A
光通量	流明（lm）	$cd \cdot sr$
亮度	坎德拉每平方米	cd/m^2
光照度	勒克斯（lx）或流明每平方米（lm/m^2）	$cd \cdot sr/m^2$

附表 A.4　SI 转换倍数（为转换为 SI，非 SI 值需乘以表中所给值）

加速度:米每二次方秒(m/s^2)			
英尺每二次方秒(ft/s^2)	0.3048	伽(Gal)	0.01
重力加速度(g)	9.80665	英寸每二次方秒(in/s^2)	0.0254
角度:弧度(rad)			
度(°)	0.01745329	秒($''$)	$4.848137×10^{-6}$
分($'$)	$2.908882×10^{-4}$		
面积:平方米(m^2)			
英亩(acre)	4046.856	公顷(ha)	$1×10^4$
公亩(a)	100.00	平方英里($mile^2$)(美制)	$2.589998×10^6$
平方英尺(ft^2)	$9.290304×10^{-2}$	平方码(yd^2)	0.8361274
弯矩或转矩:牛米($N·m$)			
达因厘米($dyn·cm$)	$1×10^{-7}$	磅力英寸($lbf·in$)	0.1129848
千克力米($kgf·m$)	9.806650	磅力英尺($lbf·ft$)	1.355818
盎司力英寸($ozf·in$)	$7.061552×10^{-3}$	—	
电和磁[①]			
安培小时($A·h$)	3600C	EMU 电感	$8.987×10^{11}H$
EMU 电容	10^9F	EMU 电阻	$8.987×10^{11}Ω$
EMU 电流	10A	法拉第(F)	$9.65×10^{19}C$
EMU 电势	$10^{-8}V$	伽马(Gamma)	$10^{-9}T$
EMU 电感	$10^{-9}H$	高斯(Gs)	$10^{-4}T$
EMU 电阻	$10^{-9}Ω$	吉伯(Gb)	0.7957A
ESU 电容	$1.112×10^{-12}F$	麦克斯韦(Mx)	$10^{-8}Wb$
ESU 电流	$3.336×10^{-10}A$	姆欧	1.0S
EMU 电势	299.79V	欧姆厘米($Ω·cm$)	$0.01Ω·m$
能量(功):焦耳(J)			
英热单位(Btu)	1055	千卡(kcal)	4187
卡路里(cal)	4.18	千瓦时($kW·h$)	$3.6×10^6$
热化学千卡($kcal_{th}$)	4184	TNT 当量(t)	$4.184×10^9$
电子伏特(eV)	$1.60219×10^{-19}$	色姆(therm)	$1.055×10^8$
尔格(erg)	10^{-7}	瓦时($W·h$)	3600
英尺磅力($ft·lbf$)	1.355818	瓦秒($W·s$)	1.0
英尺磅达($ft·pdl$)	0.04214	—	
力:牛顿(N)			
达因(dyn)	10^{-5}	盎司力(ozf)	0.278
千克力(kgf)	9.806	磅力(lbf)	4.448
千克重(kp)	9.806	磅达(pdl)	0.1382
千磅力(1000lbf)	4448	吨力(2000lbf)	8896

（续）

热			
Btu·ft/(h·ft²·℉)（热导率）	1.7307W/(m·K)	cal/cm²	4.18×10⁴J/m²
Btu/lb	2324J/kg	cal/(cm²·min)	697.3W/m²
Btu/(lb·℉)=cal/(g·℃)（比热容）	4186J/(kg·K)	cal/s	4.184W
Btu/ft³	3.725×10⁴J/m³	℉·h·ft²/Btu（热阻）	0.176K·m²/W
cal/(cm·s·℃)	418.4W/(m·K)	ft²/h（热扩散率）	2.58×10⁻⁵m²/s
长度：米（m）			
埃（Å）	10⁻¹⁰	微寸（μin）	2.54×10⁻⁸
天文单位（AU）	1.495979×10¹¹	微米（μm）	10⁻⁶
链	20.11	密耳（mil）	2.54×10⁻⁵
费密	10⁻¹⁵	海里（n mile）	1852.000
英尺（ft）	0.3048	英里（mile）	1609.344
英寸（in）	0.0254	派卡（打印机）（pica）	4.217×10⁻³
光年	9.46055×10¹⁵	码（yd）	0.9144
光			
坎德拉每平方英寸（cd/in²）	1550cd/m²	朗伯（L）	3.183×10³cd/m²
英尺烛光	10.76lx	流明每平方英尺（lm/ft²）	10.76lm/m²
英尺朗伯（fL）	3.426cd/m²	—	—
质量：千克（kg）			
克拉（米制）	2×10⁻⁴	盎司（oz）（金衡或药衡）	3.110348×10⁻²
格令（gr）	6.479891×10⁻⁵	本尼威特（dwt）	1.555×10⁻³
克（g）	0.001	英镑（lb）	0.4535924
英担（cwt）	50.802	英镑（金衡或药衡）（（lb））	0.3732
美担（cwt）	45.359	斯勒格	14.5939
千克力二次方秒每米（kgf·s²/m）	9.806650	短吨（sh ton）	907.184
盎司（oz）	2.834952×10⁻²	吨（米制）（t）	1000
质量：每单位时间（包括流量）			
perm（0℃）	5.721×10⁻¹¹ kg/(Pa·s·m²)	磅每英马力小时 [lb/(hp·h)]（特定燃料消耗）	1.689659×10⁻⁷kg/J
磅每小时（lb/h）	1.2599×10⁻⁴kg/s	吨每小时（ton/h）	0.25199kg/s
磅每秒（lb/s）	0.4535924kg/s	—	—
每单位体积的质量（包括密度和容量）：千克每立方米（kg/m³）			
盎司每英加仑（oz/UKgal）	6.236	盎司每美加仑（oz/USgal）	7.489
盎司每立方英寸（oz/in³）	1729.99	斯勒格每立方英尺（slug/ft³）	515.3788
磅每美加仑（lb/USgal）	119.826	吨每立方码（ton/yd³）	1328.939

（续）

功率：瓦特（W）			
英热单位每秒（Btu/s）	1055.056	电工马力	746
卡每秒（cal/s）	4.184	马力（米制）	735.499
尔格每秒（erg/s）	10^{-7}	英马力（hp）	745.7
马力（550ft·lbf/s）	745.6999	冷冻吨（RT）（12000Btu/h）	3517
压力或应力：帕斯卡（Pa）			
标准大气压（atm）	$1.01325×10^5$	达因每平方厘米（dyn/cm^2）	0.1
工程大气压（at）	$9.80665×10^4$	英尺水柱（ftH$_2$O）（39.2℉）	2988.98
bar	10^5	磅达每平方英尺（pdl/ft^2）	1.488164
厘米汞柱（cmHg）（0℃）	1333.22	磅力每平方英寸（psi 或 lbf/in^2）	6894.757
厘米水柱（cmH$_2$O）（4℃）	98.0638	托（Torr）（mmHg,0℃）	133.322
辐射单位			
居里（Ci）	$3.7×10^{10}$ 贝可（Bq）	雷姆（rem）	0.01 西沃特（Sv）
拉德（rad）	0.01 戈瑞（Gy）	伦琴（R）	$2.58×10^{-4}$ C/kg
温度			
℃	$T=(t℃+273.15)$K	℉	$T=(t℉-32)/1.8℃$
℉	$T=(t℉+459.67)/1.8$K	°R	$T=T°R/1.8$
速度：米每秒（m/s）			
英尺每秒（ft/s）	0.3048	英里每小时（mile/h）	0.44704
英寸每秒（in/s）	$2.54×10^{-2}$	转每分（rad/min）	0.1047 rad/s
节（kn）（nmile/h）	0.51444	—	—
黏度：帕斯卡秒（Pa·s）			
厘泊（动力黏度）（cP）	10^{-3}	磅每英尺秒[lb/(ft·s)]	1.488164
厘斯（运动黏度）（cSt）	10^{-6}	磅力秒每平方英寸（lbf·s/in^2）	6894.757
泊（P）	0.1	斯勒格每英尺秒[slug/(ft·s)]	47.88026
磅达秒每平方英尺（pdl·s/ft^2）	1.488164	斯托克斯（St）	10^{-4}m^2/s
体积（含容积）：立方米（m^3）			
英亩英尺（acre·ft）	1233.489	美及耳（gi）	$1.182941×10^{-4}$
桶(油,42 美加仑)	0.1589873	立方英寸（in^3）	$1.638706×10^{-5}$
美蒲式耳（bu）	$3.5239×10^{-2}$	升（L）	10^{-3}
杯	$2.36588×10^{-4}$	美液盎司（USfloz）	$2.957353×10^{-5}$
美液盎司（USfloz）	$2.95735×10^{-5}$	美干品脱（USdrypt）	$5.506105×10^{-4}$
ft^3	$2.83168×10^{-2}$	美液品脱（USliqpt）	$4.731765×10^{-4}$
英加仑（UKgal）	$4.54609×10^{-3}$	大匙（tablespoon）	$1.478×10^{-5}$
美液加仑（USliqgal）	$3.7854×10^{-3}$	吨位（t）	2.831658
美干加仑（USdrygal）	$4.40488×10^{-3}$	yd^3	0.76455

① ESU 为静电学的 cgs（厘米-克-秒）单位；EMU 为电磁学的 cgs 单位。

附表 A.5　部分材料在室温（25℃）下的介电常数

材料	κ	频率/Hz	材料	κ	频率/Hz
空气	1.00054	0	石蜡	2.0~2.5	10^6
氧化铝陶瓷	8~10	10^4	有机玻璃	3.12	10^3
丙烯酸树脂	2.5~2.9	10^4	聚醚砜	3.5	10^4
ABS 或聚砜	3.1	10^4	聚酯	3.22~4.3	10^3
沥青	2.68	10^6	聚乙烯	2.26	$10^3~10^8$
蜂蜡	2.9	10^6	聚丙烯	2~3.2	10^4
苯	2.28	0	聚氯乙烯	4.55	10^3
四氯化碳	2.23	0	瓷器	6.5	0
硝酸纤维素	8.4	10^3	高硼硅耐热玻璃（7070）	4.0	10^6
陶瓷（二氧化钛）	14~110	10^6	高硼硅耐热玻璃（7760）	4.5	0
堇青石	4~6.23	10^4	橡胶（氯丁橡胶）	6.6	10^3
厚膜电容器用化合物	300~5000	0	橡胶（硅胶）	3.2	10^3
钻石	5.5	10^8	垂直于光轴的金红石	86	10^8
环氧树脂	2.8~5.2	10^4	平行于光轴的金红石	170	10^8
氧化亚铁	14.2	10^8	硅树脂	3.4~4.3	10^4
肉（皮肤、血液、肌肉）	97	$40×10^6$	氯化铊	46.9	10^8
肉（脂肪、骨头）	15	$40×10^6$	聚四氟乙烯	2.04	$10^3~10^8$
硝酸铅	37.7	$6×10^7$	变压器油	4.5	0
甲醇	32.63	0	真空	1	—
尼龙	3.5~5.4	10^3	水	78.5	0
纸	3.5	0	—	—	—

附表 A.6　磁性材料性质

材　料	MEP /10^6G·Oe	剩余磁感应强度/10^3G	矫顽力 /10^3Oe	温度系数 /（%/℃）	成　本
R.E.-钴	16	8.1	7.9	-0.05	最高
铝镍钴合金 1、2、3、4	1.3~1.7	5.5~7.5	0.42~0.72	-0.02~-0.03	中等
铝镍钴合金 5、6、7	4.0~7.5	10.5~13.5	0.64~0.78	-0.02~-0.03	中等/高
铝镍钴合金 8	5.0~6.0	7~9.2	1.5~1.9	-0.01~0.01	中等/高
铝镍钴合金 9	10	10.5	1.6	-0.02	高
陶瓷 1	1.0	2.2	1.8	-0.2	低
陶瓷 2、3、4、6	1.8~2.6	2.9~3.3	2.3~2.8	-0.2	低/中等
陶瓷 5、7、8	2.8~3.5	3.5~3.8	2.5~3.3	-0.2	中等
铜镍铁永磁合金	1.4	5.5	0.53	—	中等

（续）

材 料	MEP /10^6G·Oe	剩余磁感应强度/10^3G	矫顽力 /10^3Oe	温度系数 /（%/℃）	成 本
铁-铬	5.25	13.5	0.6	—	中等/高
塑料	0.2～1.2	1.4	0.45～1.4	-0.2	最低
橡胶	0.35～1.1	1.3～2.3	1～1.8	-0.2	最低

附表 A.7　室温下的电阻率 ρ 和部分材料的电阻温度系数（TCR）α

材　料	$\rho/10^{-8}\Omega\cdot m$	$\alpha/10^{-3}/K$	材　料	$\rho/10^{-8}\Omega\cdot m$	$\alpha/10^{-3}/K$
氧化铝①	>10^{20}	—	镍	6.8	6.9
铝（99.99%）	2.65	3.9	钯	10.54	3.7
铍	4.0	0.025	铂	10.42	3.7
铋	10^6		铂+10%铑	18.2	—
黄铜（70%铜、30%锌）	7.2	2.0	聚晶玻璃①	6.3×10^{14}	—
碳	3500	-0.5	稀土金属	28～300	—
电镀铬	14～66	—	硅（对纯度非常敏感）	$(3.4～15)\times10^6$	—
康铜（60%铜、40%镍）	52.5	0.01	硅青铜（96%铜、3%硅、1%锌）	21.0	
铜	1.678	3.9	氮化硅	10^{19}	
Evanohm 合金（75%镍、20%铬、2.5%铝、2.5%铜）	134	—	银	1.6	6.1
锗（多晶）	46×10^6	—	钠	4.75	—
金	2.24	3.4	不锈钢（铸造）	70～122	
铱	5.3	—	钽	12.45	3.8
铁（99.99%）	9.71	6.5	碳化钽	20	—
铅	22	3.36	锡	11.0	4.7
锰	185	—	钛	42	
锰铜	44	0.01	钛及其合金	48～199	—
锰铜（84%铜、12%锰、4%镍）	48		碳化钛	105	
汞	96	0.89	钨	5.6	4.5
莫来石	10^{21}	—	锌	5.9	4.2
镍铬合金	100	0.4	锆石①	>10^{20}	—
			锆及其合金	40～74	—

① 体积电阻率。

附表 A.8　压电材料在 20℃时的特性

	PVDF	BaTiO$_3$	PZT	石英	TGS
密度/（10^3kg/m³）	1.78	5.7	7.5	2.65	1.69

（续）

		PVDF	BaTiO$_3$	PZT	石英	TGS
介电常数 ε_r		12	1700	1200	4.5	45
弹性模量/(10^{10}N/m)		0.3	11	8.3	7.7	3
压电常数/(pC/N)		$d_{31}=20$ $d_{32}=2$ $d_{33}=-30$	78	110	2.3	25
热释电常数/[10^{-4}C/(m^2·K)]		4	20	27	—	30
机电耦合常数(%)		11	21	30	10	—
声阻抗/[10^6kg/(m^2·s)]		2.3	25	25	14.3	—

附表 A.9　热释电材料的物理性质

材　料	居里温度/℃	热导率/[W/(m·K)]	相对介电常数 ε_r	热释电电荷系数/[C/(m^2·K)]	热释电电压系数/[V/(m·K)]	耦合系数 k_p^2(%)
单晶						
TGS	49	0.4	30	3.5×10^{-4}	1.3×10^6	7.5
LiTaO$_3$	618	4.2	45	2.0×10^{-4}	0.5×10^6	1.0
陶瓷						
BaTiO$_3$	120	3.0	1000	4.0×10^{-4}	0.05×10^6	0.2
PZT	340	1.2	1600	4.2×10^{-4}	0.03×10^6	0.14
聚合物						
PVDF	205	0.13	12	0.4×10^{-4}	0.40×10^6	0.2
多晶层						
PbTiO$_3$	470	2(单晶)	200	2.3×10^{-4}	0.13×10^6	0.39

注：以上数据可能由于制造技术的不同而有变化。

附表 A.10　热电偶特性

连接材料	灵敏度/(μV/℃)（在25℃）	温度范围/℃	应　　用	名　称
铜/康铜	40.9	$-270\sim600$	可用于氧化性、还原性、惰性、真空环境中，低于0℃更佳,具有耐湿性	T
铁/康铜	51.7	$-270\sim1000$	可用于还原性、惰性环境中,应注意避免氧化及潮湿	J
铬镍合金/镍铝合金	40.6	$-270\sim1300$	可用于氧化性及惰性环境中	K
铬镍合金/康铜	60.9	$-200\sim1000$		E

（续）

连接材料	灵敏度/(μV/℃)（在25℃）	温度范围/℃	应　用	名　称
铂(10%)/铑-铂	6.0	0~1550	可用于氧化性及惰性环境中,应注意避免还原性及金属蒸气环境	S
铂(13%)/铑-铂	6.0	0~1600	可用于氧化性及惰性环境中,应注意避免还原性及金属蒸气环境	R
银-钯	10.0	200~600	—	—
康铜-钨	42.1	0~800	—	—
硅-铝	446	-40~150	可用于热电堆和微机械传感器	—

附表 A.11　部分元素的热电系数 α 及体电阻率 ρ

元素	α/(μV/K)	ρ/μΩ·m	元素	α/(μV/K)	ρ/μΩ·m
P-硅(Si)	100~1000	10~500	铝(Al)	-3.2	0.028
P-多晶硅(Si)	100~500	10~1000	铂(Pt)	-5.9	0.0981
锑(Sb)	32	18.5	钴(Co)	-20.1	0.0557
铁(Fe)	13.4	0.086	镍(Ni)	-20.4	0.0614
金(Au)	0.1	0.023	铋(Bi)	-72.8	1.1
铜(Cu)	0	0.0172	N-硅(Si)	-100~-1000	10~500
银(Ag)	-0.2	0.016	N-多晶硅(Si)	-100~-500	10~1000

附表 A.12　超低、超高温度的热电偶

材料	使用范围/℃	近似灵敏度/(μV/℃)
铁-康铜	低至-272	-32
铜-康铜	低至-273	-22.9
铬镍合金-镍铝合金	低至-272	-23.9
钽-钨	高至3000	6.1
钨-钨(50%)/钼	高至2900	2.8
钨-钨(20%)/铼	高至2900	12.7

附表 A.13　在 1atm 压力及 0℃温度下部分材料的密度（单位：kg/m³）

材　料	密度	材　料	密度
最佳实验室真空	10^{-17}	甲烷	0.7168
氢	0.0899	一氧化碳	1.250
氦	0.1785	空气	1.2928

（续）

材　料	密度	材　料	密度
氧气	1.4290	石棉纤维	2400~3300
二氧化碳	1.9768	硅	2333
泡沫塑料	10~600	聚晶玻璃	2518~2600
苯	680~740	铝	2700
乙醇	789.5	莫来石	2989~3293
松脂	860	氮化硅	3183
矿物油	900~930	氧化铝陶瓷	3322~3875
天然橡胶	913	锌合金	5200~7170
低密度聚乙烯	913	钒	6117
冰	920	铬	7169
高密度聚乙烯	950	锡及其合金	7252~8000
碳和石墨纤维	996~2000	不锈钢	8138
水	1000	青铜	8885
尼龙 6	1100	铜	8941
盐酸（20%）	1100	钴及其合金	9217
丙烯酸树脂	1163~1190	镍及其合金	9245
环氧树脂	1135~2187	铋	9799
煤焦油	1200	银	10491
酚醛树脂	1246~2989	铅及其合金	11349
丙三醇	1260	钯	12013
聚氯乙烯	1350	汞	13596
赛纶纤维	1700	钼	13729
硫酸（20%）	1700	钽及其合金	16968
聚酯	1800	金	19320
铍及其合金	1855~2076	钨及其合金	19653
二氧化硅	1938~2657	铂	21452
石墨结晶	1938	铱	22504
硼硅酸盐玻璃（TEMPAX®）[①]	2200	锇	22697

① TEMPAX® 是 Schott Glasswerke（德国，美因兹）的注册商标。

附表 A.14　一些固体材料的力学性能

材　料	弹性模量/GPa	泊松比 ν	密度/(kg/m³)
铝	71	0.334	2700
铍铜	124	0.285	8220

（续）

材　料	弹性模量/GPa	泊松比 ν	密度/（kg/m³）
黄铜	106	0.324	8530
铜	119	0.326	8900
玻璃	46.2	0.245	2590
铅	36.5	0.425	11380
钼	331	0.307	10200
磷青铜	11	0.349	8180
碳素钢	207	0.292	7800
不锈钢	190	0.305	7750

附表 A.15　一些晶体材料的力学性能

材　料	屈服强度/（10^{10}dyn/cm²）	努普硬度/（kg/mm²）	弹性模量/（10^{12}dyn/cm²）	密度/（g/cm²）	热导率/［W/（cm·℃）］	热膨胀系数/（10^{-6}/℃）
金刚石[①]	53	7000	10.35	3.5	20.0	1.0
SiCa[①]	21	2480	7.0	3.2	3.5	3.3
TiC[①]	20	2470	4.97	4.9	3.3	6.4
Al_2O_3[①]	15.4	2100	5.3	4.0	0.5	5.4
Si_3N_4[①]	14	3486	3.85	3.1	0.19	0.8
铁[①]	12.6	400	1.96	7.8	0.803	12.0
SiO_2（纤维）	8.4	820	0.73	2.5	0.014	0.55
Si[①]	7.0	850	1.9	2.3	1.57	2.33
钢（最大强度）	4.2	1500	2.1	7.9	0.97	12.0
W	4.0	485	4.1	19.3	1.78	4.5
不锈钢	2.1	660	2.0	7.9	0.329	17.3
Mo	2.1	275	3.43	10.3	1.38	5.0
Al	0.17	130	0.70	2.7	2.36	25.0

① 单晶。

附表 A.16　声波速度（气体在 1atm 压力下，固体在长细杆状态下）

介　质	速度/（m/s）	介　质	速度/（m/s）
橡胶	40～150	海水	1519
空气（20℃干燥）	344	铅	1190
蒸汽（134℃）	494	混凝土	3200～3600
氢（20℃）	1330	黄铜	3475
淡水	1433	铜	3810

（续）

介　　质	速度/(m/s)	介　　质	速度/(m/s)
铝	3100~6320	Pyrex® 玻璃	5640
金	3240	钢	6100
玻璃	3962	金刚石	12000
硬木	3962	铍	12890
砖	4176	—	—

附表 A.17　几种材料的线胀系数 α

材料	$\alpha/10^{-6}℃^{-1}$	材料	$\alpha/10^{-6}℃^{-1}$
铝镍钴合金 I（永磁体）	12.6	尼龙	90
氧化铝（多晶）	8.0	磷青铜	9.3
铝	25.0	铂	9.0
黄铜	20.0	树脂玻璃（有机玻璃）	72
镉	30.0	聚碳酸酯（ABS）	70
铬	6.0	聚乙烯（高密度）	216
铁钴钼合金（永磁体）	9.3	硅	2.6
铜	16.6	银	19.0
熔凝石英	0.27	焊锡	23.6
玻璃（Pyrex®）	3.2	钢（SAE 1020）	12.0
玻璃（常规）	9.0	不锈钢（304 型）	17.2
金	14.2	聚四氟乙烯	99
铟	18.0	锡	13.0
不胀钢	0.7	钛	6.5
铁	12.0	钨	4.5
铅	29.0	锌	35.0
镍	11.8	—	—

附表 A.18　部分材料的比热容、热导率和密度（在 25℃）

材　　料	比热容/[J/(kg·℃)]	热导率/[W/(m·℃)]	密度/(kg/m³)
空气（1atm）	995.8	0.024	1.2
氧化铝	795	6	4000
铝	481	88~160	2700
酚醛塑料	1598	0.23	1300
黄铜	381	26~234	8500
铬	460	91	—

（续）

材　料	比热容[J/(kg·℃)]	热导率/[W/(m·℃)]	密度/(kg/m³)
康铜	397	22	8800
铜	385	401	8900
金刚石	—	99~232	—
玻璃纤维	795	0.002~0.4	60
锗	—	60	—
玻璃(Pyrex®)	780	0.1	2200
玻璃(常规)	—	1.9~3.4	—
金	130	296	19300
石墨	—	112~160	—
铁	452	79	7800
铅	130	35	11400
锰铜	410	21	8500
汞	138	8.4	13500
镍及其合金	443	6~50	8900
尼龙	1700	0.24	1100
铂	134	73	21400
聚酯	1172	0.57~0.73	1300
聚氨酯泡沫体	—	0.024	40
硅	668	83.7	2333
硅油	1674	0.1	900
银	238	419	10500
不锈钢	460	14~36	8020
泡沫聚苯乙烯	1300	0.003~0.03	50
聚四氟乙烯	998	0.4	2100
锡	226	64	7300
钨	139	96.6	19000
水	4184	0.6	1000
锌	389	115~125	7100

附表 A.19　不同材料的典型辐射率（0~100℃）

材　料	辐射率	材　料	辐射率
黑体(理想)	1.00	铝(氧化铝)	0.11
空腔辐射器	0.99~1.00	铝(抛光)	0.05
铝(阳极化)	0.7	铝(粗糙表面)	0.06~0.07

（续）

材　料	辐射率	材　料	辐射率
石棉	0.96	镍（氧化）	0.40
黄铜（表面有污垢）	0.61	镍（未氧化）	0.04
黄铜（抛光）	0.05	镍铬合金（80%Ni、20%Cr）（氧化）	0.97
砖	0.90	镍铬合金（80%Ni、20%Cr）（抛光）	0.87
青铜（抛光）	0.10	油	0.80
含碳乳胶漆	0.96	硅	0.64
碳灯黑	0.96	硅橡胶	0.94
铬（抛光）	0.10	银（抛光）	0.02
铜（氧化）	0.6~0.7	人的皮肤	0.93~0.96
铜（抛光）	0.02	雪	0.85
棉布	0.80	土	0.90
环氧树脂	0.95	不锈钢（抛光）	0.20
玻璃	0.95	钢（糙附表面）	0.95~0.98
金	0.02	钢（地面）	0.56
金黑	0.98~0.99	锡板	0.10
石墨	0.7~0.8	水	0.96
绿叶	0.88	白纸	0.92
冰	0.96	木材	0.93
铁或钢（锈蚀）	0.70	锌（抛光）	0.04

附表 A.20　几种材料的折射率 n

材　料	n	波长/μm	注　意
真空	1	—	—
空气	1.00029	—	—
丙烯酸塑料	1.5	0.41	—
AMTIR-1（$Ge_{33}As_{12}Se_{55}$）	2.6 2.5	1 10	非晶玻璃[①]
AMTIR-3（$Ge_{28}Sb_{12}Se_{60}$）	2.6	10	非晶玻璃[①]
硫化砷（As_2S_3）	2.4	8.0	非晶玻璃[①]
碲化镉（CdTe）	2.67	10.6	—
冕牌玻璃	1.52	—	—
金刚石	2.42	0.54	具优良的热传导性
熔融石英（SiO_2）	1.46	3.5	

（续）

材　料	n	波长/μm	注　意
硼硅酸盐玻璃	1.47	0.7	TEMPAX®② 透明度:0.3 ~ 2.7μm
砷化镓（GaAs）	3.13	10.6	激光窗口
锗	4.00	12.0	—
最重火石玻璃	1.89	—	—
重火石玻璃	1.65	—	—
硫化锌（ZnS）	2.25	4.3	红外传感器的窗口
溴化钾（KBr）	1.46	25.1	吸湿
氯化钾（KCl）	1.36	23.0	吸湿
KRS-5	2.21	40.0	有毒
KRS-6	2.1	24	有毒
氯化钠（NaCl）	1.89	0.185	吸湿、腐蚀性
聚乙烯	1.54	8.0	低成本红外窗口/镜头
聚苯乙烯	1.55	—	—
Pyrex 7740	1.47	0.589	良好的热性能和光学性能
石英	1.458	0.589	—
蓝宝石（Al_2O_3）	1.59	5.58	耐化学腐蚀
硅	3.42	5.0	红外传感器的窗口
溴化银（AgBr）	2.0	10.6	腐蚀性
氯化银（AgCl）	1.9	20.5	腐蚀性
人的皮肤	1.38	—	—
水（20℃）	1.33	—	—
氟化镱（YbF_3）	1.52	0.22 ~ 12	用于窗口/镜头的增透涂层
硒化锌（ZnSe）	2.4	10.6	红外窗口,具有脆性

① 来自美国 Amprphous Materials 公司：amorphousmaterials.com。

② TEMPAX 是 Schott Glasswerke（德国，美因兹）的注册商标。

附表 A.21　碳-锌及碱性电池的特性

电　池	能量密度/（W·h/L）	能量密度/（W·h/kg）	流失率	保质期
碳-锌	150	85	低-中	2 年
碱性	250	105	中-高	5 年

附表 A.22　锂-二氧化锰原电池特性

结　构	电压/V	容量/（mA·h）	额定直流电流/mA	脉冲电流/mA	能量密度/（W·h/L）
硬币型	3	30 ~ 1000	0.5 ~ 7	5 ~ 20	500

（续）

结　　构	电压/V	容量/(mA·h)	额定直流电流/mA	脉冲电流/mA	能量密度/(W·h/L)
圆柱形卷绕型	3	160~1300	20~1200	80~5000	500
圆柱形骨架型	3	500~650	4~10	60~200	620
圆柱"D"型	3	10000	2500	—	575
棱型	3	1150	18	—	490
平面型	3/6	150~1400	20~125	—	290

附表 A.23　AA 蓄电池的典型特性

系统	电压/V	容量/(mA·h)	放电率 C[①]	能量密度/(W·h/L)	能量密度/(W·h/kg)	循环次数	损耗（%）
NiCad	1.2	1000	10	150	60	1000	15
Ni-MH	1.2	1200	2	175	65	500	20
铅酸	2	400	1	80	40	200	2
锂离子（CoO_2）	3.6	500	1	225	90	1200	8
Li/MnO_2	3	800	0.5	280	130	200	1

① 放电率 C（单位为 mA）数值上等于额定容量（单位为 mA·h）。

附表 A.24　微型二次电池和电池

制造商	组件	类型	尺寸	容量/(mA·h)	电压/V	价格/美元
Avex Corp.（美国宾夕法尼亚州本赛霖姆，800-345-1295）	—	RAM	AA	1.4	1.5	1
GN National Electric Inc.（美国加利福尼亚州波莫纳，909-598-1919）	GN-360	NiCd	15.5mm×19mm	60	3.6	1.10
GP Batteries（美国加利福尼亚州圣迭戈，619-674-5620）	绿色充电	NiMH	2/3AA、AA、2/3AF、4/5AF	600~2500	1.2	2~7
Gould（美国俄亥俄州东湖，216-953-5084）	3C120M	LiMnO$_2$	3cm×4cm×0.12cm	120	3	2.71
House of Batteries Inc.（美国加利福尼亚州亨廷顿比奇，800-432-3385）	绿色电池单元	NiMH	AA、4/5AA、7/5AA	1200~2500	1~2	3.50~12
Maxell Corp.（美国新泽西州费尔劳恩，201-794-5938）	MHR-AAA	NiMH	AAA	410	1.2	4
Moli Energy Ltd.（加拿大不列颠哥伦比亚省枫树岭，604-465-7911）	MOLICEL	Li-ion	18mm（直径）×65mm	1200	3.0~4.1	25
Plainview Batteries, Inc.（美国纽约州普莱恩维尤，516-249-2873）	PH600	NiMH	48mm×17mm×7.7mm	600	1.2	4
Power Conversion（美国新泽西州埃尔姆伍德公园，201-796-4800）	MO4/11	LiMnO$_2$	1/2AA	1000	3.3	5~8

（续）

制造商	组件	类型	尺寸	容量/(mA·h)	电压/V	价格/美元
Power Sonic Corp.（美国加利福尼亚州雷德伍德城,415-364-5001）	PS-850AA	NiCd	AA	850	1.2	1.75
Rayovac Corp.（美国威斯康星州麦迪逊,608-275-4690）	Renewal	RAM	AA、AAA	1200、600	1.5	≥0.50
Renata（美国得克萨斯州理查森,214-234-8091）	CR1025	Li	10mm	25	3.0	0.50
Sanyo Energy（美国加利福尼亚州圣迭戈,691-661-7992）	Twicell	NiMH	10.4mm×44.5mm×67mm	450	1.2	3.85
Saft America, Inc.（美国加利福尼亚州圣迭戈,619-661-7992）	VHAA	NiMH	AA	1100	1.2	2.95
Tadiran Electronics（美国纽约州华盛顿港,516-621-4980）	—	Li	1/AA-DD 包装	37~30000	3~36	>1
Toshiba America（美国伊利诺伊州迪尔菲尔德,800-879-4963）	LSQ8	Li-ion	8.6mm×3.4mm×48mm	900	3.7	12~15
Ultralife Batteries, Inc.（美国新泽西州纽瓦克市,315-332-7100）	U3VL	Li	25.8mm×44.8mm×16.8mm	3600	3.0	4.60
Varta Batteries, Inc.（美国纽约州埃尔姆斯福德,914-592-2500）	—	NiMH	AAA-F	300~8000	1.2	>0.80

注：Li-ion 为锂离子电池，$LiMnO_2$ 为锂锰电池，NiCd 为镍镉电池，NiMH 为镍氢电池，RAM 为可充碱锰电池。

附表 A.25　电子陶瓷（25~100℃）

性能指标	96%矾土（Al_2O_3）	氧化铍（BeO）	氮化硼（BN）	氮化铝（AlN）	碳化硅（SiC）	硅（Si）
努氏硬度/(kg/mm²)	2000	1000	280	1200	2800	—
抗弯强度/(10^5N/m²)	3.0	1.7~2.4	0.8	4.9	4.4	—
热导率/[W/(m·K)]	21	250	60	170~200	70	150
热膨胀系数/(10^{-6}/K)	7.1	8.8	0.0	4.1	3.8	3.8
介电强度/(kV/mm)	8.3	19.7	37.4	14.0	15.4	—
(1MHz 时)介电损耗($10^{-4}\tan\delta$)	3~5	4~7	4	5~10	500	—
(10MHz 时)介电常数 κ	10	7.0	4.0	8.8	40	—

附表 A. 26 玻璃的特性

性能指标	钠钙玻璃	硼硅酸盐玻璃	铅玻璃	硅酸铝玻璃	石英玻璃	96%二氧化硅玻璃
弹性模量/10^6psi	10.2	9.0	8.5~9.0	12.5~12.7	10.5	9.8
软化温度/℉	1285	1510	932~1160	1666~1679	2876	2786
热膨胀系数/[10^{-6}in/(in・℃)]	8.5~9.4	3.2~3.4	9~12.6	4.1~4.7	0.56	0.76
热导率/[Btu-in/(ft^2・h・℉)]	7.0	7.8	5.2	9.0	9.3	10.0
密度/(lb/in^3)	0.089	0.081	0.103~0.126	0.091~0.095	0.079	0.079
电阻率/Ω・cm	$10^{12.4}$	10^{14}	10^{17}	10^{17}	10^{17}	10^{17}
折射率	1.525	1.473	1.540~1.560	1.530~1.547	1.459	1.458